Libellen Europas

Der Bestimmungsführer

2., aktualisierte und ergänzte Auflage

Herausgegeben von Klaas-Douwe B. Dijkstra und Asmus Schröter
Zeichnungen von Richard Lewington

Haupt
NATUR

Klaas-Douwe B. Dijkstra ist ein ausgewiesener Libellenexperte. Er ist als wissenschaftlicher Mitarbeiter am Nationalmuseum für Naturgeschichte *Naturalis* in Leiden (NL) tätig.

Asmus Schröter ist Kenner der Libellenfauna Europas, Vorder- und Zentralasiens sowie der subarktischen Region. Er lebt und arbeitet in Georgien, Südkaukasus.

Richard Lewington ist einer der herausragendsten und renommiertesten wissenschaftlichen Zeichner Europas. Er lebt in Oxfordshire, Großbritannien.

Umschlagbild: Violetter Sonnenzeiger *(Trithemis annulata)*

2. Auflage: 2021
1. Auflage: 2014

ISBN 978-3-258-08219-6

Die 1. Auflage wurde aus dem Englischen übersetzt von
Monika Niehaus, D-Düsseldorf, und Coralie Wink, D-Dossenheim
Fachlektorat der deutschsprachigen Erstausgabe: Asmus Schröter
Übersetzung der Änderungen und Ergänzungen der 2. Auflage: Jochen Tamm, D-Kassel
Satz der deutschsprachigen Ausgabe: Die Werkstatt Medien-Produktion GmbH, D-Göttingen

Die 2. Auflage der englischen Originalausgabe erschien 2020 bei Bloomsbury Publishing, London, unter dem Titel *Field Guide to the Dragonflies of Britain and Europe*.
Die 1. Auflage der englischen Originalausgabe erschien 2006.

Wir verwenden FSC-Papier. FSC sichert die Nutzung der Wälder gemäß sozialen, ökonomischen und ökologischen Kriterien.
Gedruckt in Italien

FSC
www.fsc.org
MIX
Papier aus verantwortungsvollen Quellen
FSC® C015829

Diese Publikation ist in der Deutschen Nationalbibliografie verzeichnet.
Mehr Informationen dazu finden Sie unter http://dnb.dnb.de.

Der Haupt Verlag wird vom Bundesamt für Kultur mit einem Strukturbeitrag für die Jahre 2021–2024 unterstützt.

Wir verlegen mit Freude und großem Engagement unsere Bücher. Daher freuen wir uns immer über Anregungen zum Programm und schätzen Hinweise auf Fehler im Buch, sollten uns welche unterlaufen sein. Falls Sie regelmäßig Informationen über die aktuellen Titel im Bereich Natur erhalten möchten, folgen Sie uns über Social Media oder bleiben Sie via Newsletter auf dem neuesten Stand!

www.haupt.ch

Inhalt

Danksagung

Danksagung des Herausgebers und des Zeichners für die 1. Auflage

Zu viele Kollegen haben ihr Wissen zur Verfügung gestellt und uns unterstützt, als dass man sie hier nennen könnte. Steve Brooks und Graham Vick haben uns unterstützt, als das Buch in seinen allerersten Anfängen steckte. Henri Dumont, Reinhard Jödicke, Vincent Kalkman, Andreas Martens, Ole Müller, Gert Jan van Pelt, Göran Sahlén, Frank Suhling und Hansruedi Wildermuth haben als Autoren der Artmonografien mitgewirkt. Einige von ihnen haben auch Artikel zum Länderführer beigetragen, ebenso Andras Ambrús, Matjaž Bedjanič, Rafał Bernard, Tomo Bogdanović, Jean-Pierre Boudot, Pawel Buczyński, Steve Cham, Adolfo Cordero Rivera, Sónia Ferreira, Matti Hämäläinen, Otakar Holuša, Gilles Jacquemin, Geert De Knijf, Milen Marinov, Rüdiger Mauersberger, Brian Nelson, Maurizio Pavesi, Rainer Raab, Boudjéma Samraoui und Florian Weihrauch. Viele der oben Genannten halfen beim Erstellen der Verbreitungskarten, vor allem Adolfo, Jean-Pierre, Otakar, Pawel, Rafal, Rainer und Sónia, und das Kartenteam wurde durch Elena Dyatlova, Miloš Jović und Cosmin Manci verstärkt. Andere lieferten Belegexemplare und fotografische Vorlagen für Illustrationen, vor allem Gilles, Graham und Reinhard, aber auch Graham Giles, Bob Kemp, Günther Peters und Wolfgang Schneider. Adrian Parr widmete sich intensiv der Diskussion der englischen Trivialnamen. Entscheidend wichtig für den Erfolg des Projekts war der Zugang zu den Einrichtungen des Nationalmuseums für Naturgeschichte in Leiden, wo K.-D. besonders von Jan van Tol unterstützt wurde. Und schließlich möchten wir unseren englischen Verlegern, Andrew und Anne Branson, für ihre Anregungen und ihr Engagement danken. All den oben Genannten schulden wir großen Dank, vor allem Vincent, der während des ganzen Projekts ein kritisch-konstruktiver Ratgeber und unermüdlicher Mitarbeiter war.

Bei einem derart großen Expertenteam war es nicht immer einfach, zu einer Übereinkunft zu kommen, welche Form dieser «Feldführer der nächsten Generation» (wie wir ihn gerne nannten) annehmen sollte. Wie ein Autor es nach einer weiteren Diskussion ausdrückte: «Kühn neu schreiben, was alle anderen zuvor geschrieben haben.» Wir hoffen, dass wir «kühn» etwas Neues geschrieben haben, was viele Leser auf spannende Reisen ins Reich der Libellen mitnehmen wird.

K.-D. B. Dijkstra und Richard Lewington

Danksagung für die 2. Auflage

Zusätzlich zu den oben Genannten sind wir den folgenden Personen sehr verbunden für die Unterstützung in den verschiedenen Phasen der Neubearbeitung: Vasil Ananian, Jörg Arlt, Phil Benstead, Natia Berdzenishvili, Magnus Billqvist, Angelika Borkenstein, Christophe Brochard, Andrea Corso, Cecilia Díaz Martínez, André Günther, Fons Peels, Jorge Pérez, Oz Rittner, Malte Seehausen, David Sparrow, Warwick Tarboton und Santiago Teruel (von PAROTETS S.O.C.V.).

K.-D. B. Dijkstra und Asmus Schröter

Die folgenden Autoren haben Gattungs- und Artentexte beigesteuert:

H. J. Dumont *(Calopteryx)*,
R. Jödicke *(Sympecma, Ischnura, Enallagma)*,
V. J. Kalkman *(Epallage, Pyrrhosoma, Ceriagrion, Anax, Onychogomphus, Paragomphus, Lindenia, Orthetrum, Brachythemis, Selysiothemis)*,
A. Martens *(Platycnemis)*,
G. J. van Pelt *(Cordulegaster)*,
G. Sahlén *(Leucorrhinia)*,
F. Suhling & O. Müller, *(Gomphus* und *Stylurus, Ophiogomphus)* und
H. Wildermuth *(Cordulia, Somatochlora, Epitheca, Oxygastra, Macromia)*.
Alle anderen von K.-D. B. Dijkstra und A. Schröter.

Vorwort

▲ *Erythromma najas,* kopulierendes Paar.

Meinen ersten Bestimmungsführer – über die Vögel Europas – erhielt ich als Neunjähriger. Wir lebten allerdings damals in Ägypten, sodass ich an meinem zehnten Geburtstag begann, mein eigenes Buch zu schreiben und zu illustrieren. Ohne irgendwelche Literatur dazu fing ich im Alter von zwölf Jahren an, Libellen zu beschreiben und ihnen Namen zu geben. Später lernte ich, dass meine «Blutrote Libelle» und die «Graslibelle» lediglich das Männchen und das Weibchen ein und derselben Art waren, die offiziell Feuerlibelle heißt. Acht Jahre nachdem ich als Junge die Schabracken-Königslibelle noch «Haarige Libelle» genannt hatte, gelang meinen Freunden und mir deren Erstnachweis in den Niederlanden. Von da an war meine Leidenschaft für die Libellen voll entbrannt. Und so empfand ich die Erstauflage dieses Buches im Jahr 2006 als die Erfüllung einer Bestimmung.

Auch heute, 15 Jahre danach, ist das Buch (in fünf Sprachen vorliegend) noch immer mein stolzestes Werk. Die Libellen breiteten sich inzwischen mit den wärmeren Sommern aus oder erholten sich zusammen mit ihren verbesserten Habitaten, und manche wurden seltener. Regionale Arbeitsgruppen entstanden und veröffentlichten Atlanten. Alle Libellenarten Europas wurden im Jahr 2015 kartografisch dargestellt. Sechs Arten wurden im behandelten Gebiet neu entdeckt. Zwei davon waren sogar neu für die Wissenschaft. Für die meisten Kontinente gibt es heute ebenfalls Bestimmungs- oder Handbücher. Sie ermöglichen es den Onlineplattformen, Zehntausende von Fundmeldungen pro Jahr zu sammeln. In den kommenden Jahren werden alle rund 6300 bekannten Arten für die Rote Liste der gefährdeten Arten der IUCN bewertet. Damit werden die Libellen die erste Insektenordnung sein, für die das weltweit komplett durchgeführt sein wird.

Wenige Lebewesen repräsentieren das Süßwasser – wohl die wertvollste Lebensressource – so attraktiv wie die Libellen. Ich schaue oft etwas neidisch auf die Aufmerksamkeit, die den blütenbestäubenden Insekten oder den Fischen im Süßwasser-Naturschutz zuteilwird. Die Leute fragen, wozu denn die Libellen nützlich seien. Aber ihr größter Wert liegt eben nicht in ihrem Nutzen für uns. Wir bewundern sie vielmehr wegen ihrer Schönheit und nicht, weil sie vielleicht Stechmücken fressen. Und wir schützen sie in erster Linie zum Wohle ihrer Gesundheit und derjenigen ihrer Lebensräume, die auch die unseren sind. Feldführer begründen diese Überzeugung mit einem bemerkenswerten Ansatz: Arten besitzen Identitäten, gerade so wie sie Menschen auch besitzen, und diese sind zu respektieren. Jede Art hat ihr Gesicht, ihren Namen und ihre Geschichte. Jeder Feldführer bietet einen Weg durch die überbordende Vielfalt des Lebens und erlaubt es uns, andere Lebensformen kennenzulernen und ihre Lebensstätten zu schätzen. Durch ihre Identifikation entstehen die Arten tatsächlich ein zweites Mal, jetzt nicht im «Sein», sondern im «Gesehen-Sein». Auf diese Weise entdecken wir ein endloses Universum paralleler Welten, jede von ihnen besetzt von einer anderen Spezies, jede gleichwertig mit der Menschenwelt.

K.-D. B. Dijkstra

Einleitung

Libellen beobachten

Zeit und Ort

Auch wenn man adulte Libellen fast überall und zu jeder Zeit finden kann, können bestimmte Orte und Zeiten besonders gute Gelegenheiten zur Beobachtung bieten. Um zu verstehen, wo und wann man nach ihnen Ausschau halten sollte, benötigt man gewisse Kenntnisse über ihr Verhalten und ihre Ökologie (siehe: Liebellenverhalten, Libellenvorkommen). Adulte Libellen findet man am ehesten in der Nähe von Süßwasser und wenn es warm ist. Diese Verallgemeinerung verlangt allerdings eine gewisse Präzisierung. Auch wenn Libellenlarven nicht in Salzwasser leben können, tolerieren einige Arten leicht brackige Lebensbedingungen. Sehr kaltes und schnell fließendes Wasser, wie Schmelzwasserbäche, wird gemieden. Spezielle Lebensräume, wie Moore, Sickerzonen und große Flüsse, beherbergen spezialisierte Arten, die mglw. selten oder schwer zu finden sind. Die größte Artenvielfalt findet sich an sonnigen, geschützten Teichen und Weihern, an Seeufern sowie an Flüssen und langsam fließenden Bächen, vor allem solchen mit reichhaltiger Wasser- und Ufervegetation. Viele adulte Libellen entfernen sich auf der Jagd auch weiter vom Wasser. Extensivwiesen, Waldlichtungen, Wald- und Straßenränder und andere Orte mit reichem Insektenleben sind besonders geeignet. Scheue Arten, bspw. Vertreter der Familie Gomphidae, findet man unter Umständen leichter an solchen Orten als an ihren Fortpflanzungsgewässern.

Die beste Zeit, um nach Libellen Ausschau zu halten, ist um die Mittagszeit, und zwar im Sommer bei sonnigem, ruhigem Wetter. Die Imagines der verschiedenen Arten weisen jedoch unterschiedliche Aktivitätsperioden auf (siehe: Flugzeit). Im größten Teil Europas wird man mindestens einen Besuch im Mai/Juni und einen weiteren im Juli/August benötigen, um die Imagines aller dort lebenden Arten zu sehen. Regen und Wind sind der Beobachtung von Libellen nicht zuträglich, auch wenn ungewöhnliche Wetterbedingungen zu interessanten Entdeckungen führen können: Ein Zustrom von Irrgästen oder Einflüge südlicher Arten gehen oft mit günstigen Windrichtungen einher. Die meisten Arten sind bei direkter Sonneneinstrahlung aktiv; manche verlassen sogar ihr Fortpflanzungsgewässer, wenn es sich bewölkt. Dennoch gibt es viele Arten, vor allem Kleinlibellen, die bei bedecktem Himmel aktiv sind, wenn es nur warm genug ist. Auch wenn die Aktivität um die Mittagszeit einen Höhepunkt erreicht, können bestimmte Verhaltensweisen eine Exkursion am frühen Morgen oder späten Abend sinnvoll machen. Bspw. sind viele Edellibellen (Aeshnidae) kurz vor Sonnenuntergang bis zum Einbruch der Dunkelheit besonders aktiv auf Jagd, während bei zwei Arten die Paarung vor allem um den Sonnenaufgang herum stattfindet. Der Schlupf konzentriert sich vor allem bei Anisopteren auf die frühen Morgenstunden.

Beobachtung und Fang

Ein Fernglas mit Naheinstellung ist unverzichtbar, um im Feld Details erkennen zu können. Viele bevorzugen kompakte Ferngläser, die man in die Brusttasche stecken kann, doch die bessere Optik eines wirklich guten Birder-Fernglases ist die Investition wert. Man sollte zumindest in der Lage sein, auf einen Punkt direkt vor den Füßen scharf zu stellen. Viele Details lassen sich jedoch selbst mit den besten Ferngläsern nicht erkennen, sodass ein Fangnetz unverzichtbar ist (siehe: Libellenbestimmung). Zahlreiche Arten, vor allem in südlichen Regionen, lassen sich nur aus nächster Nähe zuverlässig bestimmen. Wegen der Geschwindigkeit und Beweglichkeit von Libellen benötigt man ein recht großes, leichtes Netz (Kescher). Generell ist ein Schmetterlingsnetz mit einem Rahmendurchmesser von 40–75 cm und einer Grifflänge von 1–2 m geeignet. Das Netz muss so tief sein, dass sich der Fangbeutel vollständig schließt und der Fang nicht entkommen kann. Praktisch ist ein Netz mit einem Griff aus zusammensetzbaren Teilstücken oder einer Teleskopstange, sodass sich die Länge variieren lässt. Am besten hält man Libellen mit gefalteten Flügeln zwischen Daumen und Zeigefinger. Größere Arten (vor allem Anisopteren) kann man am Thorax oder an den Beinen halten, vorausgesetzt, mindestens alle drei Beine einer Seite werden ergriffen.

Die meisten Libellen sind zwar kräftig gebaut und nehmen nicht leicht Schaden, doch sorgloses oder längeres Handhaben (vor allem mit verschwitzten Fingern) kann zu einem Beinverlust oder zur Beschädigung der Flügelmembran führen. Frisch geschlüpfte Tiere sind zu weich, um sie gefahrlos in die Hand nehmen zu können. Es gibt grundsätzliche Einwände gegen den Fang von Tieren, auch bei Libellen, doch wenn man die Tiere vorsichtig anfasst, fliegen die meisten nach dem Fang unverletzt davon. Zahlreiche Untersuchungen, in denen Libellen gefangen, markiert und wieder freigelassen wurden, haben gezeigt, dass diese Methode die Mortalität nicht erhöht. Die Auswirkungen auf Populationen sind vernachlässigbar und für das einzelne Individuum wahrscheinlich minimal. Ob man Libellen fängt oder nicht, ist eine persönliche Entscheidung. Auch der Schutzstatus der Art muss berücksichtigt werden. Die Gesetze zum Schutz bestimmter Arten und von Wildtieren insgesamt unterscheiden sich von Land zu Land, wie auch Gesetze und Gepflogenheiten, was das Betreten von Privatbesitz und den Fang oder das Sammeln von Libellen angeht.

▲ Niederländische Libellenbeobachter fotografieren ein *Coenagrion armatum* in De Weerribben, kurz nachdem diese Art in den Niederlanden wiederentdeckt wurde.

Forschung und Sammeln

In Deutschland stehen sämtliche heimischen Libellenarten unter Schutz und dürfen ohne Genehmigung weder gefangen, gesammelt noch getötet werden; will man sie aus wissenschaftlichem Interesse dennoch fangen, muss bei der zuständigen höheren Naturschutzbehörde (Regierungspräsidium) eine Ausnahmegenehmigung eingeholt werden.

Bisher ist über viele Aspekte der Libellen überraschend wenig bekannt. Unser Wissen über die Verbreitungsgebiete, die sich zudem ständig verändern, ist höchst lückenhaft (siehe: Verbreitung). In einigen Regionen, vor allem in SO-Europa, ist der taxonomische Status gewisser Arten kaum bekannt und erfordert eine kritische Analyse der entspr. Merkmale. Insbesondere der Status der meisten Unterarten ist unsicher (siehe: Wissenschaftliche Namen, Unterarten). Zusätzlich könnte eine derartige Forschung klären, wie Besiedlung, Aussterbeereignisse und Hybridisierungen unsere gegenwärtige Libellenfauna geformt haben (siehe: Verbreitung). DNA-Untersuchungen werden zukünftig immer mehr zur Klärung zahlreicher Probleme beitragen. Neben dieser stärker geografisch orientierten Forschung liegt eine wichtige zukünftige Herausforderung in den ökologischen und verhaltensbiologischen Studien. Der Lebenszyklus vieler Arten ist kaum bekannt, und einfache Fragen wie die Dauer der Larvalentwicklung warten noch auf eine Antwort. Solche Antworten könnten bspw. erklären, wie es biologisch möglich ist, dass manche Arten rasch neue Habitate besiedeln, während andere sehr empfindlich auf Veränderungen reagieren.

Bei den meisten Forschungsprojekten müssen Libellen in gewissem Umfang in die Hand genommen und in vielen Fällen auch gesammelt werden. Wie beim Fang von Libellen (siehe: Beobachtung und Fang) ist es wichtig, sich über Zweck und Ziel des Sammelns klar zu sein. Einige Arten (vor allem im Südosten des von diesem Führer behandelten Gebiets) lassen sich nur unter der Lupe zuverlässig bestimmen. In solchen Fällen lässt sich ein Sachverhalt, z. B. für die Ausdehnung eines Verbreitungsgebiets, am besten mit einem gesammelten Exemplar dokumentieren. In vielen Regionen ist das Sammeln eines Exemplars als Nachweisbeleg nicht unbedingt nötig (in der Regel genügen Fotos), kann aber eine Möglichkeit sein, sich mit einer Art vertraut zu machen. Auf jeden Fall ist es wichtig, Besonderheiten zu dokumentieren, denn man kann im Feld immer Details übersehen, die sich später nicht mehr nachvollziehen lassen.

Wenn Sie planen, eine Sammlung anzulegen, sollten Sie Kontakt mit einem nationalen oder regionalen Naturkundemuseum aufnehmen, nicht nur, um sich Rat zu holen, sondern auch, damit das Material für die Nachwelt erhalten bleibt. Heutzutage werden die meisten Libellen nicht wie Schmetterlinge genadelt, sondern in kleinen Plastik- oder Papiertüten aufbewahrt. Das beste Konservierungsmittel ist Aceton.

Libellen, die eine Nacht lang (max. 24 Std.) in Aceton eingelegt (und gleichzeitig getötet) werden, sind dehydriert und trocknen an der Luft rasch, was Entfärbung und Verfall in Grenzen hält. Zudem sei daran erinnert, dass sich die meisten Arten anhand der Exuvie bestimmen lassen, und eine Exuvien-Sammlung ist weniger invasiv als das Sammeln von Imagines; Exuvien müssen lediglich getrocknet werden.

Ein zeitgemäßes Argument für den Aufbau einer Sammlung ist die Verwendung der Libellen für eine DNA-Analyse. Komplexe Fragen über Alter, Ursprung und Beziehungen von Arten, Unterarten und Populationen lassen sich nur mit genügend großen Stichproben beantworten, die aus einem repräsentativen geografischen Verbreitungsgebiet stammen. Wahrscheinlich werden Genetiker zunehmend die Hilfe von Libellenliebhabern suchen. Zwar lässt sich DNA auch aus getrockneten Proben gewinnen, doch mit der Zeit kann sie denaturieren. Konservierung in hochprozentigem Alkohol (70 % oder mehr) ist zuverlässiger. In den meisten Fällen liefert ein einzelnes Bein genug Material für eine DNA-Analyse. Eine DNA-Extraktion aus Exuvien erscheint ideal, weil dazu kein Tier getötet oder verletzt werden muss, doch das funktioniert wahrscheinlich nur bei sehr frischen, korrekt konservierten Proben.

Literatur

In vielen Ländern, die dieser Führer abdeckt, gibt es nationale Gesellschaften, Zeitschriften, Kartierungsprogramme, Verbreitungsatlanten und/oder Handbücher. Wenn Sie sich einen Überblick verschaffen möchten, besuchen Sie z. B. die deutschsprachige Webseite www.libellula.org. Über Libellen gibt es Hunderte von Büchern in verschiedenen Sprachen. Im Folgenden finden Sie nur eine kleine Auswahl von allgemeinen oder umfassenden Titeln:

Bellmann, H. (2013). Der Kosmos-Libellenführer (4. A.). Kosmos, Stuttgart. 320 Seiten

Boudot, J.-P. & Kalkman, V. J. (2015). Atlas of the European dragonflies and damselflies. KNNV Publishing, Zeist. 381 S.

Boudot, J.-P. & al. (2009). Atlas of the Odonata of the Mediterranean and North Africa. Libellula Supplement 9: 1–256

Brochard, C. & van der Ploeg, E. (2014). Fotogids Larven van Libellen. KNNV Publishing, Zeist. 240 S.

Brochard, C. & al. (2016). Fotogids Larvenhuidjes van Libellen (2. A.). KNNV Publishing, Zeist. 320 S.

Cham, S. (2012). Field guide to the larvae and exuviae of British dragonflies. British Dragonfly Society, Peterborough. 152 S.

Corbet, P. S. (1999). Dragonflies: behaviour and ecology of Odonata. Harley Books, Colchester. 830 S.

Gerken, B. & Sternberg, K. (1999). Die Exuvien der Libellen Europas (Insecta Odonata). Arnika & Eisvogel, Höxter. 354 S.

Heidemann, H. & Seidenbusch, R. (2002). Die Libellenlarven Deutschlands. Handbuch für Exuviensammler (2. A.). Goecke & Evers, Keltern. 328 S.

Paulson, D. (2019). Dragonflies and damselflies: A natural history. Ivy Press, Brighton. 224 S.

Siesa, M. E. (2019). Libellen der Alpen. Haupt, Bern. 240 S.

Sternberg, K. & Buchwald, R. (1999, 2000). Die Libellen Baden-Württembergs. Ulmer, Stuttgart. 468 + 712 S. (2 Bde.)

Suhling, F. & al. (2015). «Order Odonata». In: Thorp, J. & Rodgers, D. C. (Hrsg.). Ecology and general biology. Thorp and Covich's freshwater invertebrates (4. A.). Academic Press, S. 893–932

Wildermuth, H. & Martens, A. (2018). Die Libellen Europas. Quelle & Meyer, Wiebelsheim. 960 S.

Libellenverhalten

Der begrenzte Platz und der Fokus auf die Bestimmung bringt es mit sich, dass sich dieser Führer nicht ausführlich mit der Ökologie und dem Lebenszyklus von Libellen beschäftigt. In den Artbeschreibungen werden nur Verhaltensweisen erwähnt, die zur Bestimmung beitragen können, bspw. Eiablage im Tandem in einer Gattung, bei der solitäre Eiablage die Regel ist. Es gibt jedoch zahlreiche ausführliche Werke über die Biologie von Libellen. Es gibt drei grundlegende Tatsachen in der Biologie von Libellen, die die meisten Besonderheiten ihres Verhaltens erklären:

▲ *Sympetrum danae,* Kopula. Libellenpaare kopulieren auf unverwechselbare Weise; die ♂ besitzen zu diesem Zweck einen spezialisierten sekundären Kopulationsapparat.

1. Libellen sind amphibisch Die Larven leben im Wasser, die Imagines an Land und in der Luft. Die Larven häuten sich unter Wasser mehrere Male, damit sie wachsen können. Wenn sie ausgewachsen ist, verlässt die Larve das Wasser, häutet sich ein letztes Mal (und zwar diesmal zur Imago), streckt ihren Hinterleib und ihre Flügel, und fliegt, sobald diese genügend ausgehärtet sind, als adulte Libelle (Imago) davon. Diesen Vorgang bezeichnet man als Schlupf oder Emergenz; Libellen verpuppen sich nicht. Die letzte Larvenhaut, die Exuvie, kann man am Gewässerufer finden; sie zeigt, dass an diesem Ort ein gesamter Lebenszyklus abgelaufen ist und die Art dort bodenständig ist.

2. Libellen leben räuberisch Alle Arten jagen, u.z. als Larven wie auch als Imagines. Meist erbeuten sie Wirbellose, doch große Larven können bspw. auch Kaulquappen oder kleine Fische bzw. Fischbrut fressen.

3. Libellen pflanzen sich auf einzigartige Weise fort; sie haben eine indirekte Besamung und eine verzögerte Befruchtung Das Sperma wird vom Männchen vom Abdomenende, wo es produziert wird, in den sekundären Kopulationsapparat an seiner Abdomenbasis überführt, von wo es an das Weibchen weitergegeben wird. Andere Tierarten besamen ihre Weibchen entweder indirekt, indem sie ihr Sperma außerhalb des Körpers absetzen, oder die Besamung erfolgt direkt. Die Eier der Libellen werden erst bei der Eiablage befruchtet, was den Männchen erlaubt, das Sperma rivalisierender Männchen zu entfernen, wenn es ihnen gelingt, mit einem Weibchen zu kopulieren, das sich bereits zuvor gepaart hat.

Diese Fakten haben zahlreiche Konsequenzen für das Verhalten von Libellen und erklären so typische Beobachtungen wie die heftige Verteidigung von Uferrevieren durch Männchen (gute Larvenhabitate, in die potenzielle Geschlechtspartnerinnen gelockt werden, wenn ihre Eier ausgereift sind), Jagdschwärme (z. B. dort, wo Ameisen auf Hochzeitsflug gehen), das herzförmige Paarungsrad (das bei der Besamung mittels sekundärem Kopulationsapparat entsteht) und das Männchen, das bei der Eiablage über dem Weibchen in der Luft steht (um es vor Rivalen zu schützen, die versuchen könnten, das Sperma des Revierbesitzers durch ihr eigenes zu ersetzen).

Libellenvorkommen

Der Führer behandelt sämtliche Libellenarten, die im Freiland in Europa und in der Türkei (westlich von Moskau und der Linie Samsun–Iskenderun), in NW-Afrika (bis zum Nordrand der Sahara) sowie auf Zypern, Madeira, den Kanaren und den Azoren vorkommen. Arten, die unabsichtlich bei uns eingeführt wurden, und solche, die als Larven mit tropischen Pflanzen importiert wurden, werden nicht behandelt; bisher hat keine dieser Arten im Freiland überlebt.

Da ein riesiges geografisches Gebiet behandelt wird, fehlt der Platz, um jedes räumliche (bspw. Verbreitung, Habitat) und zeitliche (Flugperiode) Detail sowie andere Details (Rückgang, Einflüge) zu diskutieren. Bspw. kommt *Aeshna juncea* auch an den meisten stehenden Gewässern in höheren Lagen bzw. höheren Breitengraden vor, doch in den Tiefländern Mitteleuropas beschränkt sie sich weitgehend auf saure Gewässer, wie Moorseen. Lebensraum und geografische Lage beeinflussen Temperatur und Nahrungsangebot, was wiederum über Larvenwachstum und Schlupfzeitpunkt entscheidet. Das alles ist zu komplex für kompakte Artbeschreibungen, in denen wir allgemeine Merkmale beschreiben und nur übergeordnete regionale Varianten erörtern. Verschärft wird diese Gesamtproblematik dadurch, dass aus vielen Gebieten faunistische Daten fehlen und dass in jüngerer Zeit weitere Veränderungen stattgefunden haben. Wegen der vielen «weißen Flecke» und der Veränderlichkeit der Libellenverbreitung ist weitere Forschung dringend nötig. Wir versuchen zwar, soviel aktuelle Informationen wie möglich zu liefern, rufen aber die Benutzer dieses Feldführers gleichzeitig auf, zu dieser Forschung beizutragen.

Status

Die Häufigkeit einer Art in einem bestimmten Gebiet unterliegt lang- und kurzfristigen Schwankungen. Bekannt ist, dass viele Arten unter der Zerstörung und Degradierung ihres Lebensraums gelitten haben. Ein Fünftel der in diesem Führer behandelten Arten steht entweder auf der Globalen Roten Liste oder in der FFH-Richtlinie der EU, ein ähnlicher Prozentsatz ist auf Europa oder das angrenzende NW-Afrika beschränkt (siehe Tab.). Zusammengenommen bedeutet das, dass zwar zwei Drittel unserer Arten in ihrem riesigen, bis nach Asien und Afrika reichenden Verbreitungsgebiet sicher sind, doch fast ein Drittel sofortige Schutzbemühungen benötigt. Viele weitere Arten stehen auf nationalen oder regionalen Roten Listen.

Während einigen Arten ein Rückgang droht, haben viele andere ihr Verbreitungsgebiet in den letzten Jahren ausgedehnt oder konsolidiert. Dabei handelt es sich vorwiegend um südliche Arten wie *Erythromma viridulum*, *Anax imperator* und *Crocothemis erythraea*, die von den warmen Sommern seit den 1990er-Jahren profitiert haben. Ihre Zunahme erfolgt häufig nicht allmählich, sondern durch Masseneinflug. Bei geeigneter Witterung können *Aeshna affinis* oder *Sympetrum fonscolombii* in großer Zahl in einem neuen Gebiet auftauchen und sich fortpflanzen, in dem sie früher selten oder unbekannt waren. Einige eher östlich beheimatete Arten sind ebenfalls für ihr plötzliches (eruptives) (bspw. *Sympetrum flaveolum*) oder expansives *(S. pedemontanum)* Auftreten bekannt. Während viele Arten durch Habitatveränderung beeinträchtigt wurden, können andere wie *Chalcolestes viridis* und *Orthetrum cancellatum* von Teichen oder Kiesgruben profitieren, die vom Menschen angelegt wurden.

Verbreitung

Die gegenwärtige Verbreitung der Libellenarten in unserer Region hat sich unter dem Einfluss der Eiszeiten auf den Lebensraum der Libellen sowie die Fähigkeit der einzelnen Arten herausgebildet, sich wandelnde Landschaften zu besiedeln. Viele Arten wurden wohl von der relativ starken Vergletscherung im westlichen Eurasien komplett ausgelöscht. Infolgedessen ist unsere Fauna viel artenärmer als diejenige anderer gemäßigter Regionen wie Japan und Nordamerika. Die Fauna in den meisten Gebieten ist relativ jung, da die jüngste Eiszeit vor rund 10 000 Jahren endete. Die typischsten Verbreitungsmuster sind:

1. Südliche Arten Europa war zwar niemals völlig von Eis bedeckt, doch waren und blieben große Gebiete für viele Arten auch noch lange nach Ende der Eiszeit unwirtlich. Diese Arten überlebten die Vereisung dort, wo es warm blieb, und besiedelten die ehemals vergletscherten Gebiete später neu. Solche klimatisch begünstigte Rückzugsgebiete lagen wahrscheinlich an beiden Enden des Mittelmeers. Arten mit ausgeprägt südwesteuropäischer Verbreitung überlebten vermutlich am westmediterranen Ende: *Boyeria irene*, *Macromia splendens* und *Oxygastra curtisii* sind die besten Beispiele. *Epallage fatime* und *Caliaeschna microstigma* dringen über den Balkan gerade noch bis nach Europa vor und müssen am ostmediterranen Ende überlebt haben; ihre nächsten Verwandten leben im tropischen Asien. Andere Arten sind heute so weit verbreitet, dass es schwierig ist, ihre Herkunft auszumachen.

2. Nördliche Arten Die kältetolerantesten Arten konnten ihr Verbreitungsgebiet vergrößern, als Taiga und Tundra die europäische Landschaft dominierten, konnten sich jedoch nur in größeren Höhenlagen und höheren Breitengraden halten, als sich das Klima erwärmte. Beispiele für solche «boreo-alpinen» Arten sind *Aeshna caerulea* und *Somatochlora alpestris*.

Art	End.	Rote Liste	Eur.	Med.	FFH
Lestes macrostigma			VU	NT	
L. numidicus	N	DD		DD	
Sympecma paedisca				EN	IV
Calopteryx exul	N	EN		EN	
C. haemorrhoidalis	E+N				
C. xanthostoma	E				
Platycnemis acutipennis	E				
P. latipes	E				
P. subdilatata	N				
Ceriagrion georgifreyi		VU	CR	VU	
C. tenellum	E+N				
Coenagrion caerulescens	E+N				
C. hylas			VU		II+IV
C. intermedium	E	VU	VU	VU	
C. mercuriale	E+N	NT	NT	NT	II+IV
C. ornatum			NT	NT	II
C. syriacum		NT		NT	
Ischnura fountaineae			VU		
I. genei	E				
I. graellsii	E+N				
I. hastata			VU		
I. intermedia		NT	NT	NT	
Nehalennia speciosa		NT	NT	CR	
Pyrrhosoma elisabethae	E	CR	CR	CR	
Aeshna viridis			NT		IV
Anax immaculifrons			VU		
Boyeria cretensis	E	EN	EN	EN	
B. irene	E+N				
Gomphus graslinii	E	NT	NT	EN	II+IV
G. lucasii	N	VU		VU	
G. pulchellus	E				
G. simillimus	E+N			NT	
Lindenia tetraphylla			VU	NT	II+IV
Onychogomphus assimilis		VU		EN	
O. boudoti	N	CR		CR	
O. costae	E+N	NT	EN	NT	
O. flexuosus		VU		VU	
O. macrodon		VU		VU	
O. uncatus	E+N				
Ophiogomphus cecilia					II+IV
Stylurus flavipes				NT	IV
Cordulegaster bidentata	E			NT	
C. boltonii	E+N				
C. helladica	E	EN	EN	EN	
C. heros	E	NT	NT	VU	II+IV
C. insignis			EN	NT	
C. picta			VU	VU	
C. princeps	N				
C. trinacriae	E	NT	NT	NT	II+IV
Oxygastra curtisii	E+N	NT	NT	NT	II+IV
Macromia splendens	E	VU	VU	VU	II+IV
Somatochlora borisi	E	VU	VU	VU	
Brachythemis fuscopalliata		VU		VU	
Leucorrhinia albifrons				EN	IV
L. caudalis				NT	IV
L. pectoralis					II+IV
Libellula pontica		NT		NT	
Orthetrum nitidinerve	E+N		VU		
Sympetrum depressiusculum			VU	VU	
S. (striolatum) nigrifemur	N				
Zygonyx torridus			VU	NT	

Internationaler Schutzstatus von Arten

Arten sind in Europa (**E**), NW-Afrika (**N**) oder in beiden Gebieten endemisch (**End.**). Sie werden in der Roten Liste der IUCN (2019) eingestuft als vom Aussterben bedroht (Critically endangered, **CR**), stark gefährdet (Endangered, **EN**), gefährdet (Vulnerable, **VU**), gering gefährdet (Near Threatened, **NT**) oder als unzureichend erfasst (Data Deficient, **DD**); und zwar entweder weltweit (**Rote Liste**) oder innerhalb Europas (**Eur.**). Ebenfalls werden Arten einbezogen, die in der FFH-Richtlinie (**FFH**) der EU im Anhang **II** (Arten, für deren Erhaltung besondere Schutzgebiete ausgewiesen werden müssen, sog. Schutzgebietsausweisung) und/oder im Anhang **IV** (Überleben nationaler Populationen muss sichergestellt werden) aufgeführt sind, sowie ihr Status in der Roten Liste des Mittelmeerraumes (**Med.**) aufgeführt.

3. Östliche Arten Diese nehmen eine Zwischenstellung zwischen den südlichen und den nördlichen Arten ein und besiedeln einen intermediären Temperaturbereich mit heißen Sommern und kalten Wintern. Sie haben sich von Osten her ausgebreitet und sind in temperaten Waldgebieten und Mooren zu finden. *Aeshna grandis* und die *Leucorrhinia*-Arten sind Beispiele für Libellenarten, die in NO-Europa und Sibirien häufig sind, nach Westen hin aber immer seltener werden; dort beschränkt sich ihr Vorkommen oft auf Hochländer. Die fragmentierten Ränder der jeweiligen Verbreitungsgebiete lassen sich durch eine Kombination aus lückenhafter Besiedlung und mehreren späteren lokalen Aussterbeereignissen erklären.

Auch wenn sich nicht alle Verbreitungsmuster klar einem dieser Szenarien zuordnen lassen (manche Arten haben mglw. in mehreren Gebieten überlebt), erklären sie insgesamt einen Großteil der heutigen Situation. Die Verbreitung der drei *Erythromma*-Arten spricht bspw. dafür, dass sie sich alle aus einem gemeinsamen Vorfahren entwickelt haben, der schließlich in drei Gebieten isoliert war: im Südwesten *(E. lindenii)*, im Südosten *(E. viridulum)* und im Osten *(E. najas)*. Heutzutage überlappen sich diese Arten im Verbreitungsgebiet, können sich aber nicht miteinander fortpflanzen. Ein ähnliches Szenario gilt für die Gattung *Platycnemis*. Die Komplexität von *Calopteryx-splendens*-Unterarten wiederum lässt sich durch Populationen erklären, die sich in räumlicher Isolation genetisch auseinanderentwickelt haben, sich aber dort, wo sie sich treffen, noch immer in unterschiedlichem Ausmaß miteinander fortpflanzen können.

Karten

Da die Verbreitungsgebiete der Libellenarten veränderlich sind und die Beobachtungsaktivitäten zunehmen, haben wir versucht, die Artbeschreibungen und Verbreitungskarten so aktuell wie möglich zu halten. Die Karten zeigen das allgemeine Verbreitungsgebiet der Arten und sollen die Bestimmung erleichtern. Für Details zur Verbreitung und zum genauen regionalen Vorkommen der Arten verweisen wir auf den «Atlas of the European dragonflies and damselflies» (s. Literatur S. 8).

Dennoch ist unser Wissen noch immer sehr lückenhaft. Die auffälligsten «weißen Flecke» finden sich in Algerien (mit Ausnahme des äußersten Nordostens) und Russland; zudem sind mehr Daten aus großen Gebieten mit geringer Forschungsintensität, wie Fennoskandien, Spanien, Rumänien Weißrussland und der Ukraine, erforderlich. Auch Regionen, die für Arten aus taxonomischen oder Schutzgründen wichtig sind, wie die südliche Balkanregion, die Türkei, Portugal und Polen, müssen besser erfasst werden. Nur das Dreieck zwischen Irland, Deutschland und Italien ist relativ gut bekannt, aber selbst dort ist ein ständiges Monitoring nötig, da Artbestände ab- oder zunehmen. Daher wird deutlich, dass die Verbreitungskarten im Führer lediglich die geschätzte Artverbreitung wiedergeben.

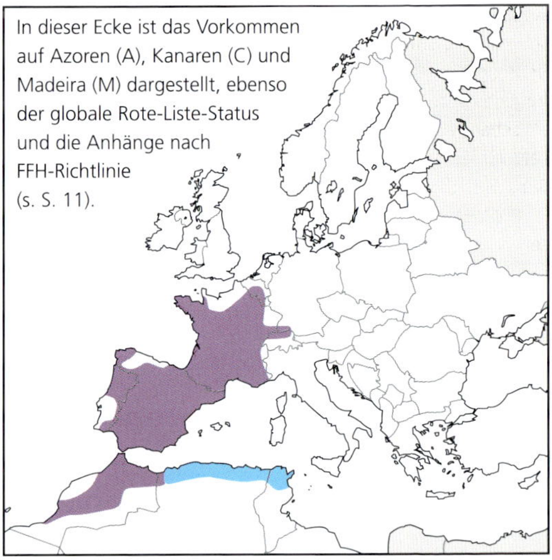

Für viele Gebiete liegen noch immer nicht genügend Daten vor, und einige regionale Kartierungsprogramme sind erst in Vorbereitung. In solchen Regionen basiert die eingetragene Verbreitung manchmal auf Expertenmeinungen. Daher sind überall wertvolle neue Entdeckungen möglich.

Kartenschlüssel

Violett Hauptverbreitungsgebiet; Punkte zeigen isolierte Population(en) oder Nachweis(e) an.

Blau Verbreitungsgebiet von nicht überlappenden nahen Verwandten, z. B. von *G. lucasii* auf der *G.-simillimus*-Karte.

▲ *Chalcolestes viridis*, ♀ bei der Eiablage in einen Weidenzweig. Die Ansprüche von Larven und Imagines zu kennen, ist wichtig, um die Habitatpräferenzen einer Art zu verstehen.

Habitat

Angesichts der Größe der abgedeckten Region und des riesigen Verbreitungsgebiets vieler Arten fällt es schwer, eine umfassende Beschreibung des Habitats jeder Art zu liefern. Viele Arten stellen an ihren Verbreitungsgrenzen sehr spezielle Ansprüche, sind aber zum Zentrum hin toleranter. Im Mittelpunkt steht für jede Art natürlich das Wasser, in dem sich die Larven entwickeln, doch auch dessen Umgebung ist als Lebensraum der Imagines von großer Bedeutung. Ein an sich geeigneter Teich enthält vielleicht keine Larven, wenn in der Nähe der Wald fehlt, in dem die Imagines Schutz finden können. Die wichtigsten Rahmenbedingungen für Libellenhabitate, gestaffelt nach ihrer Bedeutung, sind:

1. Wasserströmung: fließend/stehend Die Mehrheit aller Arten beschränkt sich entweder auf Wasser mit (Bäche, Flüsse) oder ohne Strömung (Tümpel, Teiche, Weiher, Seen). Diese strikte Dichotomie findet ihren Ausdruck auch auf höheren taxonomischen Hierarchieebenen. Die Familien Platycnemididae und Gomphidae bspw. sind fast völlig auf Fließgewässer beschränkt, während das Vorkommen von Coe-

▶ Ein dichter Bestand der Krebsschere *(Stratiotes aloides)* in einem Graben. In Europa legt *Aeshna viridis* ihre Eier ausschließlich in dieser Pflanze ab und ist deshalb auf Vorkommen von Krebsscheren angewiesen.

nagrionidae und Libellulidae stark an Stillgewässerhabitate gebunden ist. Diese Unterschiede könnten mit der höheren Konzentration an gelöstem Sauerstoff und den verschiedenen Bodensubstraten (z. B. Steine, Sand) zusammenhängen, die mit fließendem Wasser einhergehen; manche Libellenarten an Fließgewässern finden dank der Wellenbewegung auch an Seeufern geeignete Lebensbedingungen.

2. Wasserführung: temporär/ausdauernd Viele Arten tolerieren es nicht, wenn ihr Habitat austrocknet oder Veränderungen des Wasserspiegels zu Temperaturschwankungen führen. Andere Arten mit trockenheitsresistenten Eiern oder Larven profitieren unter Umständen von den warmen (und prädatorenfreien) Bedingungen, die in seichten temporären Tümpeln herrschen und ein rasches Larvenwachstum fördern (z. B. *Chalcolestes, Lestes, Sympetrum*).

3. Vegetation Vorkommen und Struktur von Gewässervegetation (submers, Schwimmpfl., emers, Uferpfl.) resultieren in variablen Kombinationen vielfältiger Mikrohabitate, die als Sitzwarte, zur Eiablage und als Lebensraum für die Larven dienen. Wenige Beziehungen zwischen Pflanzen und Libellen sind so einfach wie die Bindung von *Aeshna viridis* an Gräben und Auen mit Krebsschere *(Stratiotes aloides)* oder die Vorliebe von *Nehalennia speciosa* für Schwingrasen mit bestimmten Seggenarten *(Carex)*.

4. Wasserchemie Nährstoffgehalt und pH-Wert der Gewässer beeinflussen wiederum Bodensubstrat, Vegetation und Wassertrübung. Unter Extrembedingungen, wie in versauerten eutrophen Seen, ist das Artenspektrum klein, die Individuenzahl hingegen hoch, während sich bei mittlerem Nährstoffgehalt (mesotroph) ein vielfältigeres Spektrum von spezialisierten Arten einstellt. Das chemische Gleichgewicht eines derartigen Gewässers reagiert höchst empfindlich auf Umweltveränderungen, weshalb die Libellen an mesotrophen Seen in unserem Gebiet zu den am stärksten gefährdeten Odonaten gehören.

Natürlich sind diese vier Umweltfaktoren und die damit verbundenen Variablen eng miteinander verknüpft; gleiches gilt für die Reaktionen der Libellen-Lebensstadien auf diese Faktoren. Darüber hinaus beeinflussen Aspekte wie Parasitismus, Prädation und Konkurrenz unter (Libellen-)Arten um Ressourcen wie Nahrung, inwiefern ein Lebensraum für das Überleben einer Art geeignet ist.

Flugzeit

Der Lebenszyklus von Libellen und daher die Periode, in der die Imagines fliegen, wird weitgehend von der Larvalentwicklung bestimmt. Die adulten Libellen können erst schlüpfen, wenn die Larvalentwicklung abgeschlossen ist. Die Wachstumsrate der Larven wird von der Wassertemperatur und dem Nahrungsangebot gesteuert, die wiederum vom Habitat abhängen. Infolgedessen unterscheiden sich die Flugzeiten regional, aber auch annuell. In den Artbeschreibungen werden grobe Jahreszeitangaben aufgeführt, doch es ist immer möglich, Imagines vor oder nach dem angegebenen Zeitraum zu finden.

In temperaten Regionen ist die warme Jahreszeit gewöhnlich zu kurz, um mehr als eine Generation pro Jahr zu ermöglichen, doch es gibt eine auffällige Aufteilung in Arten, bei denen die Larven ihre Maximalgröße vor bzw. nach dem Winter erreichen. Sobald sich das Wasser im Frühjahr erwärmt, können Arten, deren Larven weitgehend ausgewachsen sind, bei Eintreten günstiger Bedingungen in großer Zahl schlüpfen. Daher ist die Zeitspanne, in der die meisten Imagines auftreten, in der Regel kurz und liegt früh im Jahr. Solche Arten sind als «Frühjahrsarten» bekannt. Larven, die zu Winterende noch immer klein sind (oder erst aus dem Ei schlüpfen müssen), müssen ihre Entwicklung erst abschließen, bis sie als Imagines schlüpfen können. Die Emergenz dieser sog. «Sommerarten» erstreckt sich über einen längeren und in der Regel auch späteren Teil der warmen Jahreszeit.

Auch wenn die meisten Arten nur einen einzigen Häufigkeitsgipfel pro Jahr haben, weisen einige zwei separate Gipfel auf. Dafür könnte es verschiedene Gründe geben. *Anax imperator* kann ihren Lebenszyklus in einem Jahr abschließen, und sich wie eine «Sommerart» verhalten, oder in zwei Jahren wie eine «Frühlingsart». Manchmal besiedeln beide Typen dasselbe Gewässer. *Sympecma*-Arten sind insofern ungewöhnlich, da sie als Imagines überwintern; diese sterben nach der Fortpflanzung im Frühjahr, die nächste Generation schlüpft im Spätsommer und im Herbst und überwintert wiederum als Imagines. In ariden Regionen (z. B. in Nordafrika) trocknen die Fortpflanzungsgewässer im Sommer öfters aus. Imagines sind nur im Frühjahr nach dem Schlupf zu sehen; sie übersommern anderswo (z. B. in Bergwäldern) und kehren dann im Herbst zurück, wenn der Regen ihr Fortpflanzungshabitat wieder regeneriert hat. Übersommern ist das Gegenteil von Überwintern, auch wenn «Trockenanpassung» (Inaktivität in der trockenen Jahreszeit) ein besserer Begriff ist, da es die ungünstige Trockenperiode zwischen Emergenz und

Fortpflanzung ist, die die Adulttiere überstehen müssen. Raschwüchsige Arten können bei warmer Witterung in einem Jahr mehrere sukzessive Generationen produzieren. *Sympetrum fonscolombii* verfolgt eine solche Strategie. Die Einflüge dieser wandernden Art nach Mitteleuropa können im Frühjahr so zeitig stattfinden, dass sich bis Ende Sommer eine lokale Generation entwickeln kann. Bei einigen Arten in heißen Regionen, wie den Rändern der Sahara, ist eine ständige Abfolge von Generationen möglich.

Die Namen der Libellen

Einige Leser bevorzugen die vertrauten Trivialnamen, andere die wissenschaftliche Nomenklatur, weil sie international gültig und eindeutig ist; daher geben wir beides an. Dabei darf man jedoch nicht vergessen, dass jeder Name offen für Interpretationen und damit für Veränderungen ist.

Wissenschaftliche Namen

Auch wenn die Taxonomie der europäischen Odonaten als weitgehend sicher angesehen wird, bleiben einige Probleme, und es gibt oft Widersprüche beim Gebrauch wissenschaftlicher Namen. In der aktuellen Literatur und im Internet finden sich z. B. die alternativen Gattungsnamen *Anaciaeschna* für *Aeshna isoceles*, *Lestes* für *Chalcolestes viridis* und *Gomphus* für *Stylurus flavipes*. Die Artnamen von *A. isoceles*, *Cordulegaster bidentata* und *Sympetrum fonscolombii* werden häufig falsch geschrieben. Dies spricht für einen mangelnden Konsens, der im Allgemeinen durch die Sorglosigkeit derjenigen entsteht, die Namensänderungen vorschlagen und übernehmen. Dieses Buch beruht auf einer recht konservativen Namensliste (siehe: Anhang 2). In Anhang 1 sind unsere Entscheidungen zusammengefasst, was die Zugehörigkeit von Arten zu Gattungen und die Frage angeht, ob man gewisse Unterarten besser als Arten behandeln sollte.

Trivialnamen

Umgangssprachliche Namen sind eine Hilfe, wenn es darum geht, Libellen bekannt zu machen, und sie sollten so zutreffend, kompatibel und anwendungsfreundlich sein wie möglich. Uns erschien es notwendig, für alle abgehandelten Spezies standardisierte internationale Namen zu entwickeln (siehe: Anhang 2).

Libellenbestimmung

In diesem Führer bilden die Abbildungen die Basis zur Bestimmung der Arten, und die Beschreibungen und Bestimmungstabellen sind auf ein Minimum reduziert; sie konzentrieren sich auf die Artbestimmung und wichtige Angaben über Habitat, Status und Verbreitungsgebiet. Bei der Bestimmung von Libellen sollte sich der Leser jedoch im Klaren sein, dass manche Merkmale, vor allem Größe, Färbung und Zeichnung, variieren können. Diese Variationsbreite lässt sich in den Abbildungen oder auch im Text nicht vollständig wiedergeben, aber dennoch ist es nicht schwer, Libellen zu bestimmen. Sobald der Beobachter allgemeine Unterschiede zwischen Männchen und Weibchen oder jungen und alten Individuen kennt, fällt es leicht, die Varianten einzubeziehen, die zunächst verwirrend komplex erscheinen (siehe: Maße, Merkmale im Feld, Varianten).

Ein Feldführer mit zahlreichen Abbildungen lädt zu einem anderen Gebrauch ein als ein traditionelles Bestimmungsbuch mit einem dichotomen Schlüssel. Wir erwarten, dass die Nutzer vorwiegend anhand der Abbildungen an die Bestimmung der jeweiligen Art herangehen und das Insekt im Feld mit ähnlichen Abbildungen vergleichen, bevor sie den Text zu Rate ziehen. Tabellen für Gattungen und Arten sollen als Zusammenfassung für Hauptmerkmale und Gruppen ähnlicher Arten dienen oder als vereinfachtes Werkzeug, um bei einer schwierigen Bestimmung (z. B. einer Gruppe mit vielen ähnlichen Arten) den besten Bestimmungsweg zu wählen. Die Tabellen (bzw. jeder Bestimmungsschlüssel) sollten nicht als starre Festlegung unumstößlicher Merkmale angesehen werden. Eine derartige Perfektion ist angesichts der Variabilität und Komplexität von Libellenmerkmalen utopisch. Deshalb und wegen der zahlreichen Weisen, in denen Merkmale in diesem Buch präsentiert werden, raten wir zu einem «organischen» Zugang zur Bestimmung. Durchstöbern Sie die vorliegenden Informationen und probieren Sie verschiedene Wege von der Sichtung einer Libelle bis zu deren Identifizierung aus – z. B. via Abbildungen oder zunächst über eine Bestimmungstabelle. Die entscheidenden, für die Bestimmung wichtigsten Informationen finden sich stets in den Artbeschreibungen, nicht etwa in den Tabellen oder den Abbildungsbeschriftungen.

Morphologie der Libellen

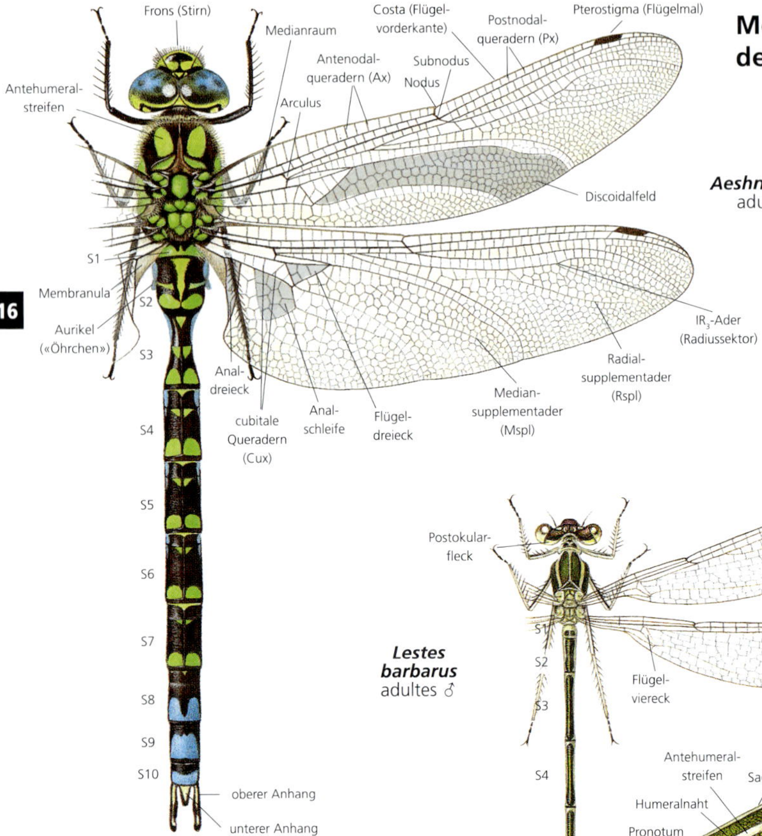

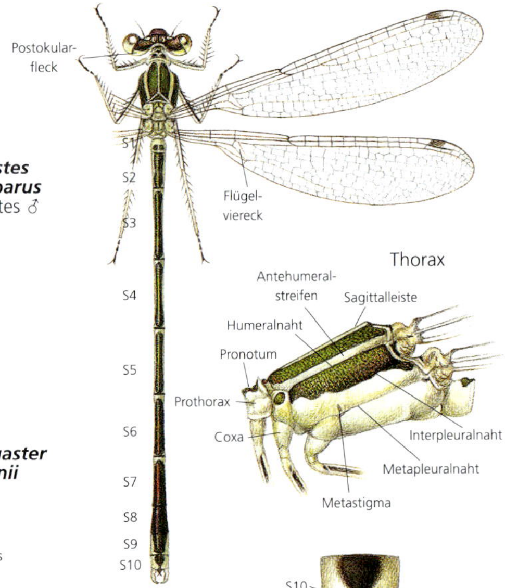

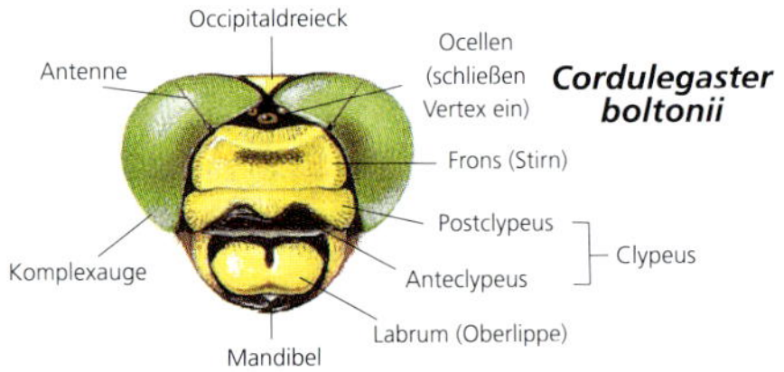

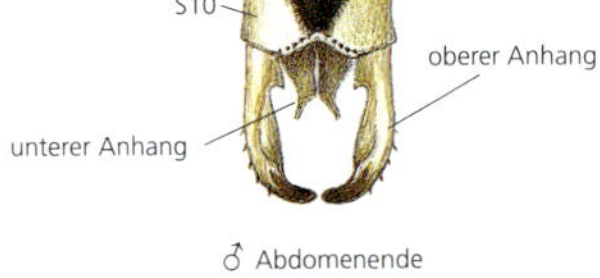

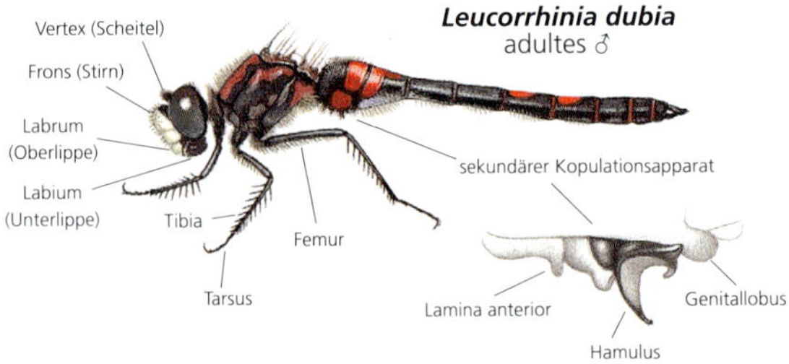

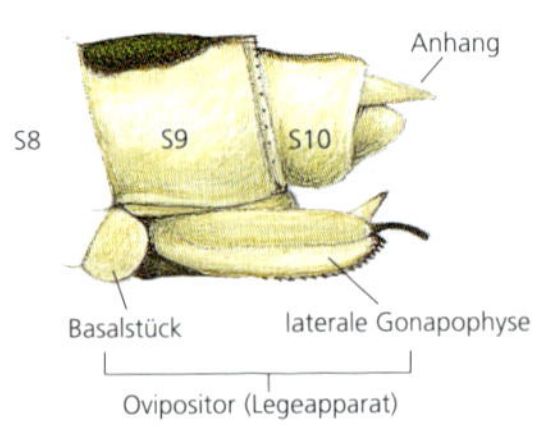

Körperbau und Begriffe

Etwas Kenntnis über die Funktion des Libellenkörpers kann dabei helfen, seine Körpergestalt zu verstehen. Libellen sind räuberische Bewohner des Luftraums, die sich bei der Jagd vor allem auf ihr Sehvermögen stützen; sie haben große Komplexaugen, um ihre Beute aufzuspüren, starke, doch flexible Flügel, um sie zu verfolgen, und kräftige, nach vorn gerichtete Beine, um ihr Opfer zu packen. Das Männchen ist bestens für das einzigartige Fortpflanzungsverhalten der Odonaten ausgerüstet (siehe: Libellenverhalten); es besitzt einen sekundären Kopulationsapparat an der Abdomenbasis und eine Greifzange am Abdomenende, um das Weibchen festzuhalten. Das Abdomenende des Weibchens ist entweder mit einem Legeapparat ausgestattet, um Eier in Pflanzengewebe einzustechen (Zygoptera und Aeshnidae), oder mit einer Legescheide, durch welche die Eier ins Wasser abgestreift oder abgeworfen werden (alle anderen Anisopteren).

Glossar von Fachbegriffen, Abkürzungen und Synonymen

Abdomen Hinterleib; hinterer Teil des Körpers, besteht aus zehn Segmenten; das letzte Segment trägt Anhänge (Appendices).

Aderung Adernetzwerk der Flügel, Flügelgeäder.

Analdreieck 3-eckiges Feld aus zwei oder mehr Zellen direkt neben der Membranula an der Hinterflügelbasis vieler Anisopteren.

Analschleife Deutlich ausgeprägtes Feld von Zellen an der Hinterflügelbasis von Anisopteren; seine Form wird durch eine Ader bestimmt, die sich um das Feld zieht; sie beginnt in der Nähe der hinteren Ecke des Flügeldreiecks und endet in der Nähe der Flügelbasis. Siehe Text zur Bestimmung von Corduliidae (S. 30).

androchrom Männchenfarbig. Auftreten von Farben bei Weibchen, die für geschlechtsreife Männchen typisch sind. Gegenbegriff: gynochrom.

Anhänge (auch Hinterleibsanhänge, Abdominal- oder Analanhänge, Appendices) Extremitäten am Ende des Abdomens. Bei männlichen Libellen gibt es obere und untere Anhänge, die dazu dienen, das Weibchen am Kopf (Anisoptera) oder am Pronotum (Zygoptera) festzuhalten. Weibchen besitzen nur obere Anhänge.

Anisoptera Großlibellen (Anisopteren), eine Unterordnung der Libellen.

Anteclypeus Siehe: Clypeus.

Antehumeralstreifen Helle Längsstreifen auf der Thoraxoberseite, die oberhalb bzw. vor der Humeralnaht verlaufen. Siehe Text zur Bestimmung von Coenagrionidae (S. 24).

Antenodalqueradern Queradern, die zwischen Basis und Nodus senkrecht zur Flügelvorderkante verlaufen. Abkürzung: Ax; Synonym: Antenodaladern, Antenodalen. Siehe Text zur Bestimmung von Anisoptera (S. 26) und Libellulidae (S. 31).

anterior Vorne gelegen, d. h. in Richtung Kopf. Gegenbegriff: posterior.

apikal (von **Apex**, Spitze) An der Spitze bzw. auf die Spitze gerichtet. Gegenbegriff: basal.

Arculus Dicke, klammerartige Querader, zentral in der Nähe der Flügelbasis gelegen. Vom Arculus zweigen zwei Längsadern ab.

Ästivation (Übersommerung, Sommerruhe) Einschränkung der Entwicklung und biologischen Aktivität während der sommerlichen trockenheißen Zeit in mediterranen Gebieten unter Rückzug in kühlere Regionen.

Aurikel («Öhrchen») Ohrförmige Anhängsel an den Seiten von S2 bei den Männchen mancher Anisopteren.

Ax Abkürzung von Antenodalqueradern.

basal An der Basis bzw. zur Basis gehörend. Gegenbegriff: apikal.

Bereifung Wachsartige, weißliche, hellgraue oder blaue Ausscheidung, die im Verlauf der Reifung vor allem am Hinterleib entsteht; besonders auffällig bei einigen Libelluliden- und Lestiden-Männchen.

Brückenraum Eine langgestreckte Dreiecksfläche im Flügel am Subnodus. Siehe Text zur Bestimmung von Libellulidae (S. 31).

Carina Kielartige Längsleiste auf der Oberseite von Thorax oder Abdomen. Plural: Carinae.

Clypeus (Kopfschild) Mittelteil des Gesichts, zwischen Frons (Stirn) und Labrum (Oberlippe), bestehend aus einem anterioren Teil (Anteclypeus) und einem posterioren Teil (Postclypeus).

Costa Dicke Ader, die die Vorderkante des Flügels bildet, verläuft durchgängig von der Basis zur Spitze.

Coxa (Hüfte) Kurzes Beinglied, direkt am Thorax ansitzend. Plural: Coxae.

Cubitalqueradern Queradern zwischen Flügeldreieck und Flügelbasis. Abkürzung: Cux. Siehe Text zur Bestimmung von Corduliidae (S. 30).

Cux Abkürzung von Cubitalqueradern.

Dentikel Schwarze Zähnchen, die einen Teil des Körpers bedecken.

Diapause Entwicklungsstillstand; kann in einem oder mehreren Stadien des Entwicklungszyklus auftreten und stellt in der Regel eine vorgreifende Reaktion auf Umweltbedingungen dar, die für eine ununterbrochene Entwicklung ungünstig sind.

Diskoidalfeld Feld aus mehreren Zellen, das sich distal vom Flügeldreieck zum Flügelrand hin erstreckt. Siehe Text zur Bestimmung von Libellulidae (S. 31). Synonym: Postdiskoidalfeld.
Diskoidalzelle(n), auch: **Discoidalzelle(n)** Auffällige Zelle (oder Gruppe von Zellen) in der Nähe der Flügelbasis, die bei den Zygopteren als Flügelviereck und bei den Anisopteren als Flügeldreieck bezeichnet wird (siehe entspr. Definitionen).
distal Von der Körpermitte nach außen gerichtet. Gegenbegriff: proximal.
dorsal (von **Dorsum**, Rücken) Rückenwärts oder am Rücken gelegen. Gegenbegriff: ventral.
Dorsalleiste (Carina dorsalis) Zentrale Leiste, die sich längs über die Oberseite des Abdomens zieht.
Exuvie Die nach der Häutung zurückgelassene Larvenhülle. Plural: Exuvien.
Femur (Schenkel) Langes und relativ dickes Beinglied über dem «Knie». Plural: Femora.
Flügeldreieck Diskoidalzelle der Anisopteren. Auffälliges, kleines, 3-eckiges Feld aus einer oder mehreren Zellen in der Nähe der Flügelbasis. Siehe Text zur Bestimmung von Anisoptera (S. 26), Corduliidae (S. 30) und Libellulidae (S. 31).
Flügelviereck Discoidalzelle der Zygoptera. Auffällige vierseitige Zelle (bei Calopterygidae Zellreihe) nahe der Flügelbasis. Siehe Text zur Bestimmung von Zygoptera (S. 23).
Form Eigenständige Färbungsvariante (vor allem bei den Weibchen) bei einem bestimmten Anteil von Individuen innerhalb einer Population.
Frons (Stirn) Dorsaler Anteil des Gesichts.
Gattung (Genus, Plural **Genera)** Taxonomische Kategorie zur Klassifizierung von Arten (Spezies), z. B. gehört *Lestes sponsa* zur Gattung *Lestes*.
Genitallobi (Plural; eingedeutscht Genitalloben) Paarige Ausstülpungen an S2, die beim sekundären Kopulationsapparat hinter den Hamuli liegen. Singular: Genitallobus.
gynochrom Weibchengestaltig/weibchenfarbig. Siehe: androchrom.
Hamuli Greiforgane des sekundären Kopulationsapparats, am deutlichsten ausgeprägt bei den Libellulidae, bei denen sie im Regelfall aus einem Haken (anterior) und einem Lobus (posterior) bestehen. Singular: Hamulus.
HF Abkürzung von Hinterflügel.
Hinterleibsanhänge Siehe: Anhänge.
Humeralstreifen Schwarze Streifen auf der Humeralnaht des Thorax. Siehe Text zur Bestimmung von Coenagrionidae (S. 24).
Interpleuralstreifen Schwarze Streifen auf dem Thorax unterhalb der Humeralnaht. Siehe Text zur Bestimmung von Coenagrionidae (S. 24).
Klauen Paarige, hakenförmige Krallen am letzten Fußglied.
Labium (Unterlippe) Paariges, in der Mitte verwachsenes Mundwerkzeug, das die Mandibeln auf der Unterseite des Kopfes bedeckt.
Labrum (Oberlippe) Unterer Teil des Gesichts; Platte, welche die Mandibeln nach vorne abdeckt.
Lamina anterior Quer zur Körperlängsachse verlaufende, dünne Platte am vorderen Teil des sekundären Kopulationsapparats; liegt vor den Hamuli.
lateral Seitlich. Gegenbegriff: medial.
Lateralleiste (Carina lateralis) Längsleiste an den beiden Abdomenseiten; sie trennt Ober- und Unterseite.
Legescheide Lippen-, tüllen- oder trichterartige Struktur unter S8 bei Weibchen, durch die die Eier den Körper verlassen; bei den Arten vorhanden, die ihre Eier nicht per Ovipositor in Pflanzengewebe ablegen. Synonym: Valvula vulvae, Legeröhre, Scheidenklappe.
Libelle Vertreter der Insektenordnung Odonata; d. h. eine Groß- oder eine Kleinlibelle.
medial Zur Mitte hin gelegen. Gegenbegriff: lateral.
Medianraum Flügelfeld zwischen Basis und Arculus, das bei allen Anisopteren mit Ausnahme einiger Aeshniden keine Queradern enthält.
Mediansupplementader Längsader ohne klaren Anfangs- und Endpunkt, die zentral im Flügel von Anisopteren ein wenig unterhalb des Nodus liegt. Abkürzung: Mspl. Siehe Text zur Bestimmung von Aeshnidae (S. 28).
Membranula Annähernd 3-eckige, undurchsichtige Membran (d. h. nicht transparent wie die meisten echten Flügelmembranen) hinter der Flügelbasis bei Anisopteren; am größten im HF.
Mesostigmalplatte Dorsalregion des Thorax direkt hinter dem Pronotum; ihre Struktur ist für einige Zygopterenweibchen charakteristisch.
Metapleuralstreifen Schwarze Streifen auf der Metapleuralnaht, der am weitesten ventral und posterior gelegenen Naht auf den Thoraxseiten.
Metastigma Atemöffnung, die als Punkt auf der Thoraxseite direkt vor der Metapleuralnaht sichtbar ist.
Mspl Abkürzung von Mediansupplementader.
Naht (Sutur) Schmale Furche, die ein Körperteil vom anderen abgrenzt, z. B. auf dem Thorax und im Gesicht.
Nodus («Knoten») Verstärkter Knick in der Flügelvorderkante, etwa in der Mitte zwischen Basis und Pterostigma.
obere Hinterleibsanhänge (Appendices superiores) Synonym: Cerci (Singular: Cercus). Siehe: Anhänge.
Occipitaldreieck Dorsaler, 3-eckiger Teil des Occiputs (Hinterkopf), der bei Anisopteren zwischen den Augen liegt (Ausnahme Gomphidae).

Ocellus (Punktauge) Winziges Lichtsinnesorgan mit einer einzigen Linse; drei derartige Punktaugen liegen zwischen und/oder vor den Komplexaugen. Plural: Ocelli, eingedeutscht Ocellen.
Ovipositor (Legeapparat) Dient zum Einstechen der Eier in Pflanzengewebe; befindet sich unter den letzten Abdominalsegmenten, kommt nur bei Zygopteren- und Aeshnidenweibchen vor (bei anderen Libellen: Legescheide).
Postclypeus Siehe: Clypeus.
posterior Hinten gelegen, d. h. in Richtung Hinterende des Körpers. Gegenbegriff: anterior.
Postnodalqueradern Queradern, die im Bereich zwischen Nodus und Pterostigma senkrecht zur Flügelvorderkante verlaufen. Abkürzung: Px. Synonym: Postnodaladern.
Postokularflecke Paarige, kontrastfarbene, helle Flecke zwischen den Augen auf der Kopfrückseite bei vielen Kleinlibellen. Siehe Text zur Bestimmung von Coenagrioniden (S. 24).
Pronotum (Halsschild) Schildförmige Platte, die den Prothorax (Vorderbrust) dorsal bedeckt; die Form des Halsschild-Hinterrandes (Pronotum-Hinterrandes) ist bei vielen Kleinlibellen, vor allem bei den Weibchen, ein wichtiges Bestimmungsmerkmal.
Prothorax (Vorderbrust) Das kleine, erste Thoraxsegment, direkt hinter dem Kopf gelegen; trägt die Vorderbeine.
proximal Zum Körper hin gelegen oder verlaufend. Gegenbegriff: distal.
Pseudopterostigma Ersetzt bei *Calopteryx*-Weibchen das Pterostigma; andersartig, da nicht deutlich abgesetzt und zudem von Queradern durchzogen.
Pt Abkürzung von Pterostigma.
Pterostigma (Flügelmal) Auffällig verdickte und oft dunkel gefärbte Fläche an der Vorderkante der Flügel nahe der Flügelspitze; bei den meisten Libellen vorhanden. Plural: Pterostigmata. Abkürzung: Pt.
Px Abkürzung von Postnodalqueradern.
Radialsupplementader Längsader ohne klaren Anfangs- und Endpunkt, die bei Anisopteren zentral in der apikalen Flügelhälfte liegt. Abkürzung: Rspl. Synonym: Radiusschaltader. Siehe Text zur Bestimmung von Aeshnidae (S. 28) und Libellulidae (S. 31).
Radiussektor (IR_3) Flügelader bei Anisoptera.
Reifungsperiode (Reifungszeit) Zeitspanne zwischen Schlupf und eingetretener Geschlechtsreife; in dieser Zeit wandern manche Libellen zu neuen Fortpflanzungsgewässern ab.
Rspl Abkürzung von Radialsupplementader.
S1 Abkürzung für 1. Abdominalsegment.
S2–4 Abkürzung für 2. bis 4. Abdominalsegment usw.
Schlupf (Emergenz) Häutung der Libellenlarve zur Imago.
Schlusslicht Auffälliger Farbfleck nahe der Abdomenspitze.
Seitenbinden Seitenstreifen. Dunkle Schrägstreifen auf den Thoraxseiten. Typische Zeichnungselemente der Gomphidae.
sekundärer Kopulationsapparat Begattungsorgan des Männchens. Dient zur Speicherung und Übertragung von Sperma, unterseits der Abdomenbasis (S2) des Männchens gelegen. Das Männchen überträgt Sperma von seinen primären Genitalien (im Abdomenende) auf seine sekundären Genitalien, was ihm ermöglicht, das Weibchen im Zangengriff unter Bildung des Paarungsrades zu besamen. Synonym: akzessorische Genitalien.
sub- Lateinische Vorsilbe. Bedeutet so viel wie «unterhalb». Gegenbegriff: supra-, oberhalb.
Subnodus Kurze, schräg vom Nodus herablaufende Ader.
Subspezies Siehe: Unterart.
Subtriangel Annähernd 3-eckiges Feld aus einer oder mehreren Zellen, das bei einigen Anisopteren basal des Vorderflügeldreiecks liegt. Siehe Text zur Bestimmung von Corduliidae (S. 30) und Libellulidae (S. 31).
Tarsus (Fuß) Letztes, bei Libellen 5-teiliges Beinglied, das die Krallen trägt. Plural: Tarsi, eingedeutscht Tarsen.
Thorax (Brust) Körperteil zwischen Kopf und Hinterleib, trägt Beine und Flügel; besteht aus drei Segmenten (Pro-, Meso-, Metathorax).
Tibia (Schiene) Langes, röhrenförmiges Beinglied zwischen Schenkel (Femur) und Fuß (Tarsus). Plural: Tibiae, eingedeutscht Tibien.
Unterart (Subspezies) Taxonomische Kategorie, in die eigenständige regionale Varianten einer Art gestellt werden.
unterer Hinterleibsanhang/anhänge (Appendices inferiores) Epiproct (der unpaare untere Hinterleibsanhang der Anisoptera), Paraprocte (die paarigen unteren Hinterleibsanhänge der Zygoptera). Siehe auch: Hinterleibsanhänge.
ventral (von **Venter,** Bauch) Bauchwärts oder am Bauch gelegen. Gegenbegriff: dorsal.
Vertex (Scheitel) Erhabene Struktur auf dem am weitesten dorsal gelegenen Teil des Kopfes, darin eingebettet die drei Ocellen.
VF Abkürzung von Vorderflügel.
Vulvardorn Abstehender Dorn an der Basis des Ovipositors (auf der Unterseite von S8) bei manchen Kleinlibellen-Weibchen. Siehe Text zur Bestimmung von Coenagrioniden (S. 24).
Zygoptera Kleinlibellen, eine Unterordnung der Libellen.

Merkmale männlicher und weiblicher Libellen

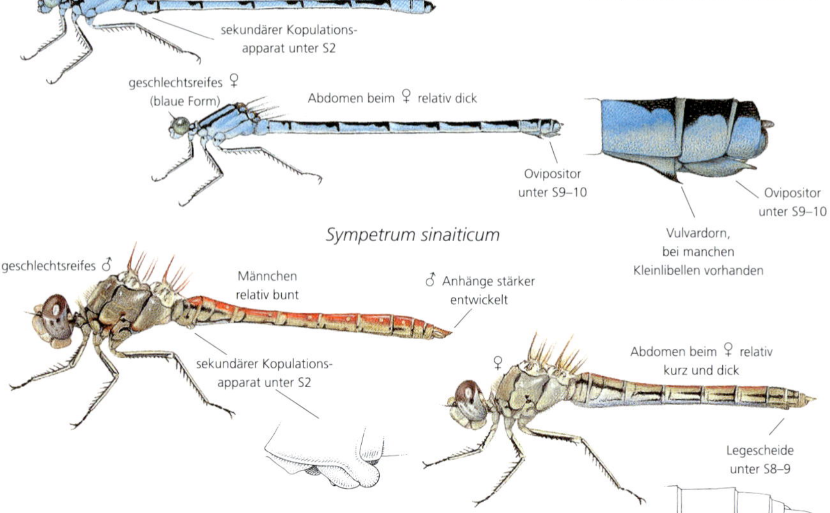

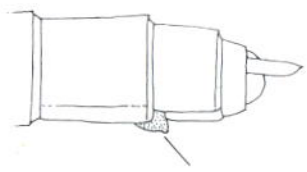

Geschlecht

Es ist wichtig, das Geschlecht einer Libelle bestimmen zu können, da auch Männchen und Weibchen derselben Art oft sehr verschieden aussehen. Männchen erkennt man am besten am Vorhandensein ihres sekundären Kopulationsapparats. In den meisten Fällen ragt dieser auffällig unter der Abdomenbasis des Männchens hervor (Seitenansicht). Die Männchen sind in der Regel farbenprächtiger als die Weibchen, mit gut entwickelten, auf das Greifen spezialisierten Anhängen am Abdomenende. Die Weibchen sind generell kräftiger gebaut und tragen unter dem Abdomenende säge- oder tüllenartige Organe, die zur Eiablage dienen. In jedem Bestimmungsführer liegt der Schwerpunkt unweigerlich auf den Männchen: Da sie sich auffälliger benehmen, nimmt man in der Regel mehr männliche Individuen wahr. Zudem sind viele Merkmale, wie Bereifung und kräftige Farben (aber auch der sekundäre Kopulationsapparat), Männchen-spezifisch. Andere Merkmale, wie Flügeladerung und Zeichnung, gelten genauso für Weibchen.

Maße

Alle genannten Maße sind Näherungen und müssen als Näherungswerte gesehen werden, nicht als die Maximalwerte bei der Art. Angegeben werden: Gesamtlänge (GL) vom Kopf bis zum Abdomenende, Länge des Abdomens (Ab) sowie Länge des Hinterflügels (HF). Die Daten stammen häufig aus unterschiedlichen (oft unvollständigen oder unbestätigten) Quellen. Zudem variieren die meisten Arten in ihrer Größe beträchtlich. Deshalb und da der Größenunterschied zwischen den Geschlechtern relativ gering ist, verzichten wir auf separate Größenangaben für Männchen und Weibchen, mit Ausnahme der großen *Cordulegaster*-Arten, bei denen die Unterschiede gravierender sind (siehe: Varianten).

Merkmale im Feld

Die meisten Merkmale lassen sich mit bloßem Auge oder per Fernglas erkennen. Einige Feldmerkmale mögen vage oder subjektiv erscheinen, so wie allgemeine Aussagen zur Behaarung oder Farbtönung. Solche Merkmale beschreiben den «Gesamteindruck» einer Art. Dieser Gesamteindruck entscheidet oft darüber, ob ein Individuum genauer betrachtet werden muss. Mit etwas Erfahrung lassen sich die meisten Arten im Feld durch aufmerksames Anschauen erkennen. Die zuverlässigsten Bestimmungsmerkmale sind jedoch oft klein und verlangen eine eingehende Untersuchung (s. u.). Bei den Artbeschreibungen haben wir im Abschnitt «Merkmale im Feld» versucht, jede Art mit den ähnlichsten anderen Arten zu vergleichen, und verweisen zur weiteren Information häufig auf andere Texte.

Merkmale in der Hand

Merkmale, die sich auf das allgemeine Aussehen (Färbung, Zeichnung) beziehen und mit bloßem Auge oder einem Fernglas mit Naheinstellung zu erkennen sind, werden als «Merkmale im Feld» behandelt. Bei den Merkmalen in der Hand geht es um «detailliertere» Kennzeichen, vorwiegend Geschlechtsmerkmale (Hinterleibsanhänge und sekundärer Kopulationsapparat beim Männchen, Pronotum und Ovipositor beim Weibchen) sowie die Flügeladerung. Diese Merkmale lassen sich oft erst bei leichter Vergrößerung erkennen; meist reicht eine Handlupe mit zehnfacher Vergrößerung aus. Um Familien und Gattungen zu unterscheiden, sind häufig viele komplexe, schwer zu erkennende Aderungsmerkmale erforderlich. Diese werden im Glossar und im Abschnitt «Bestimmung von Unterordnungen, Familien und Gattungen» erläutert.

Varianten

Bei allen Arten können Größe, Färbung und Zeichnung in Abhängigkeit von Geschlecht, Alter und Herkunft variieren. Sexualdimorphismus und Größenvarianten finden sich in den Artbeschreibungen im Allgemeinen unter «Merkmale im Feld», doch alle anderen Varianten werden unter «Varianten» behandelt. Die individuelle Variationsbreite ist beträchtlich, was es unmöglich macht, sie hier umfassend in Schrift und Bild abzudecken. *Altersabhängige Varianten sorgen für die größte Verwirrung.* Generell entwickeln sich leuchtende Farben (vor allem Rot) und Bereifung erst dann, wenn die Imagines geschlechtsreif werden. So erscheinen bspw. sämtliche Libelluliden beim Schlupf gelblich oder bräunlich mit schwarzer Zeichnung. Bei vielen Odonaten ist selbst die schwarze Zeichnung beim Schlupf noch nicht deutlich ausgeprägt. Ebenso ist die Färbung der Flügel, vor allem die gelblichen Töne, häufig altersabhängig; bei manchen Arten verliert sich die beim Schlupf vorhandene Bernsteintönung, während die Flügel bei anderen mit zunehmendem Alter eher rauchfarben werden. Einige Varianten treten häufig auf und sind daher mit einem eigenen Namen belegt worden. Dabei kann es sich um regionale Vorkommen handeln (siehe: Unterarten) oder sie treten innerhalb von Populationen auf (siehe: Formen).

Unterarten

In der Vergangenheit sind zahlreiche Unterarten benannt worden; dies geschah auf der Basis instabiler Merkmale (z. B. Ausmaß der schwarzen Zeichnung) und ohne Berücksichtigung geografischer und genetischer Aspekte (eine regionale Variante kann bspw. in der Schwärze lediglich Klimagradienten widerspiegeln). Zudem sind viele Gebiete und Arten kaum untersucht, und die Variationsbreite ist möglicherweise sogar noch größer, als gegenwärtig bekannt. Wir glauben, dass sich viele Unterarten nicht als genetisch differenzierbare, eigenständige Einheiten erweisen werden, sobald die geografische Variabilität (vor allem der DNA) erst einmal berücksichtigt worden ist. In diesem Führer konnten die Entscheidungen über die Einbeziehung von Unterarten nicht konsequent umgesetzt werden und sind den einzelnen Autoren überlassen worden. Generell sind nur erkennbare Unterarten, die sich in ihren Merkmalen und ihrer Geografie genügend abheben, einbezogen worden. Da präzise Verbreitungsgrenzen im Allgemeinen kaum bekannt sind (falls sie überhaupt existieren), sind Unterarten auf den Verbreitungskarten nicht angegeben.

Formen

Während sich die Männchen einer Population im Aussehen ziemlich stark gleichen, können sich die Weibchen bei vielen Arten deutlicher unterscheiden, vor allem durch das Vorhandensein oder Fehlen einer «Männchen-ähnlichen», sog. androchromen Färbung. Wahrscheinlich entwickeln einige dieser androchromen Weibchen ihre ungewöhnliche Färbung erst im hohen Alter. Bei den Coenagrioniden sind die weiblichen Farbformen jedoch genetisch vorgegeben und vom Alter unabhängig. Typische Beispiele findet man bei den Scharlachlibellen *(Ceriagrion)* und den Adonislibellen *(Pyrrhosoma)*, bei denen es sowohl völlig rote (androchrome) Formen gibt als auch völlig schwarze (sog. gynochrome) wie auch intermediäre (teils rote, teils schwarze) Formen. Die Unterscheidungsmerkmale der androchromen und gynochromen Formen können also gleitend und nicht immer klar zuzuordnen sein. Diese Variation wird in der Gattung *Ischnura* noch einen Schritt weiter getrieben; dort gibt es sowohl eine genetische als auch eine entwicklungsbiologische Komponente: Deutlich leuchtend gefärbte (violett, rosa, orangefarben), frisch geschlüpfte Formen erlangen mit der Geschlechtsreife eine bräunliche «weibliche» oder eine blaue «männliche» Färbung.

Bestimmung von Unterordnungen, Familien und Gattungen

Die Insektenordnung Odonata wird traditionell in drei Unterordnungen unterteilt: Zygoptera (Kleinlibellen), Anisoptera (Großlibellen) und Anisozygoptera (Urlibellen). Die Zygopteren und die Anisopteren umfassen jeweils mehr als 3000 Arten, während zu den Anisozygopteren nur eine japanische, eine Himalaja-Art und zwei eher umstrittene chinesische Arten zählen. Diese ähneln am stärksten Anisopteren-Arten, doch ihre Flügel erinnern an die von Zygopteren.

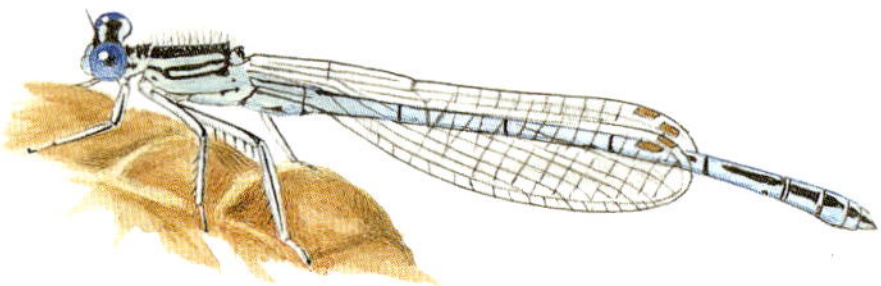

Blaue Federlibelle *Platycnemis pennipes* – eine typische Kleinlibelle (Zygoptera)

Vierfleck *Libellula quadrimaculata* – eine typische Großlibelle (Anisoptera)

Unterscheidung der Unterordnungen Großlibellen und Kleinlibellen (Odonata)

Form der Hinterflügelbasis	Augen	Flügel in Ruhe	Unterordnung
Ähnlich wie die Vorderflügelbasis	Durch den Kopf weit voneinander getrennt	Gewöhnlich geschlossen	Zygoptera
Deutlich breiter als die Vorderflügelbasis	Schließen den Kopf ein und berühren einander häufig	Ausgebreitet	Anisoptera

Die Unterscheidung der beiden Unterordnungen ist der erste Schritt zur Bestimmung. Gewöhnlich genügen Aussehen und Körperhaltung: Anisopteren sind kräftig gebaut und ruhen mit ausgebreiteten Flügeln, während Zygopteren schlank sind und ihre Flügel in Ruhe zusammenfalten. Es gibt jedoch Ausnahmen von der Regel: *Chalcolestes*- und *Lestes*-Arten ruhen mit halb geöffneten Flügeln. Die Unterordnungen unterscheiden sich durch etliche Merkmale, doch Flügelform sowie Sitz und Größe der Augen lassen sich am leichtesten erkennen (siehe unten).

Dieser Abschnitt liefert das nötige Rüstzeug, um die höheren taxonomischen Kategorien (Unterordnungen, Familien, Gattungen) der in diesem Führer besprochenen Odonaten zu unterscheiden. Die Merkmale werden tabellarisch verglichen, und schwierige (z. B. Flügeladerung) werden im Begleittext erklärt; dort sind sie zum leichteren Auffinden fett gedruckt sind. Viele Gruppen lassen sich durch ein oder mehrere **Bestimmungsmerkmale** leicht unterscheiden. Dabei handelt es sich im Allgemeinen um unverwechselbare Kennzeichen (Alleinstellungsmerkmale), die sie von anderen Gruppen in derselben Tabelle unterscheiden. Wenn bspw. «Postokularflecke fehlen» für eine Gruppe ein Bestimmungsmerkmal ist, kann man erwarten, dass die andere Gruppe, wenn nicht anders erwähnt, dieses Merkmal immer aufweist. Da es selbst bei Bestimmungsmerkmalen oft Ausnahmen gibt, verweisen Begriffe wie «häufig» und «gewöhnlich» darauf, wo Ausnahmen möglich sind. Gattungen lassen sich auch anhand der Gattungstexte identifizieren oder, indem man zunächst die Abbildungen anschaut und die vermutete Bestimmung anhand der Tabellen überprüft.

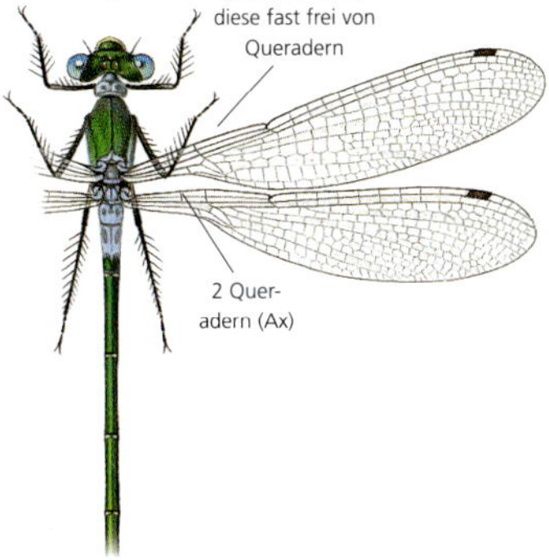

Zygopteren bestimmen

Alle Familien verfügen über eine Kombination von Merkmalen, die ein schnelles Erkennen erleichtern. Da die Coenagrioniden, zu denen die Mehrzahl aller Kleinlibellen gehört, auf die man im Freiland trifft, eine große und vielfältige Gruppe bilden, ist es am einfachsten, zunächst die vier anderen Familien aufgrund ihrer Bestimmungsmerkmale zu eliminieren. Zwei Familien mit relativ wenigen Arten lassen sich aufgrund ihrer beträchtlichen Größe und ihres dichten Adernetzes sofort von den drei anderen trennen. Die Familien lassen sich auch anhand der Form des **Flügelvierecks** voneinander unterscheiden. Diese vierseitige Struktur liegt zentral in der Nähe der Flügelbasis und wird bei allen Familien – mit Ausnahme der Calopterygiden, bei denen es sich um ein schmales Rechteck aus vielen Zellen handelt – von einer einzigen Zelle gebildet. Die Vorderseite des Flügelvierecks ist bei Coenagrioniden und Lestiden so kurz, dass die Zelle wie ein schiefes Trapez oder bei den Lestiden fast wie ein Dreieck erscheint. Bei den Euphaeiden and Platycnemididen ist die Vorderseite in etwa so lang wie die Rückseite, und daher ist das Flügelviereck ± rechteckig.

Unterscheidung von Familien der Kleinlibellen (Zygoptera)

Länge des Hinterflügels	Ax im Vorderflügel	Flügel	Familie	▶
23–37 mm	12 oder mehr	Oft gefärbt. Verjüngen sich allmählich zur Basis hin, mit vielen Queradern bis zum Ansatzpunkt am Körper.	Calopterygidae Euphaeidae	A
11–28 mm	2	Stets durchscheinend. Alle mit schmaler, stielartiger Basis, die fast keine Queradern aufweist.	Lestidae Platycnemididae Coenagrionidae	B

A: Große Kleinlibellen

Körper	Pterostigmata	Ax im Vorderflügel	▶
Metallisch grün bis blau	Fehlen bei ♂, doch ♀ mit weißlichen «Pseudopterostigmata» (mit Adern).	18 oder mehr	Calopterygidae: *Calopteryx* (S. 84)
Hell bis dunkel, mit der Zeit grau bereift	Bei beiden Geschlechtern sehr lang, weißlich bis schwarz.	12–14	Euphaeidae: *Epallage* (S. 93)

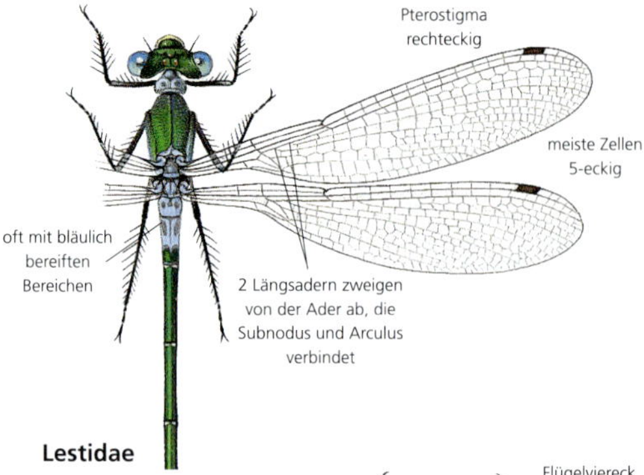

Lestidae

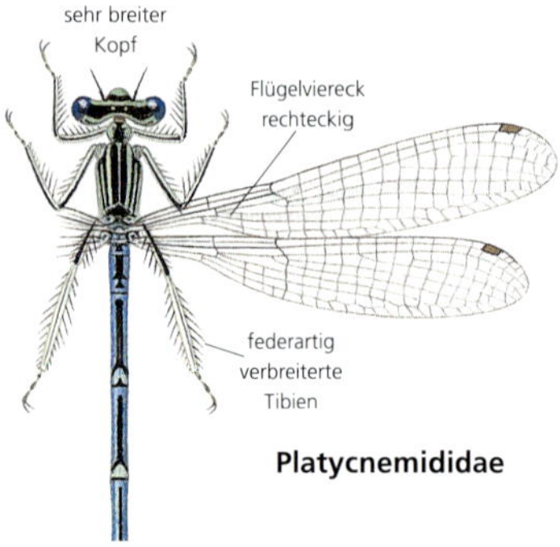

Platycnemididae

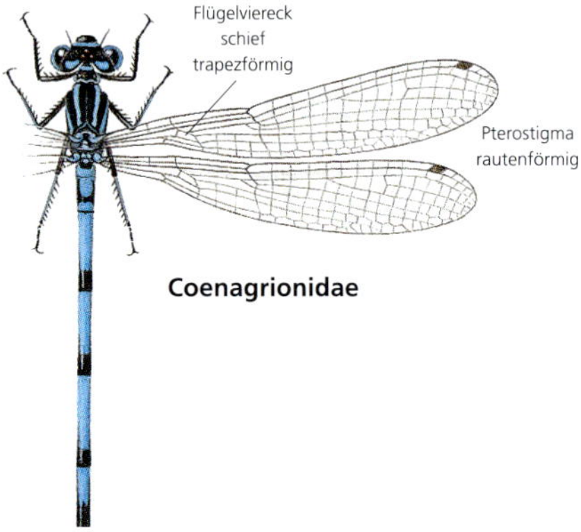

Coenagrionidae

B: Kleine Kleinlibellen

Bestimmungsmerkmale	▶
Pterostigma rechteckig, länger als hoch, nicht rautenförmig. Flügelzellen: viele 5-eckig, nicht in der Mehrzahl 4-eckig. Von der Ader, die Arculus und Subnodus verbindet, zweigen auf etwa halber Strecke 2 Längsadern ab. Körper oft metallisch grün und/oder bläulich bereift.	Lestidae
Tibien federartig: teilweise hell und oft verbreitert, nicht dunkel und über die ganze Länge dünn. Kopf sehr breit (3x so breit wie lang), über dem Vertex mit heller Binde von Auge zu Auge. Flügelviereck rechteckig, kein schiefes Trapez.	Platycnemididae: *Platycnemis* (S. 95)
Keines der obigen Merkmale, doch die folgende charakteristische Kombination. Pterostigma in der Regel rautenförmig. Die meisten Flügelzellen 4-eckig. Flügelviereck ist ein schiefes Trapez. Körper selten metallisch grün oder bereift. Kopf etwa 2x so breit wie lang, meist mit heller Binde vor dem Vertex (auf der Stirn) oder dahinter (oder dort mit Postokularflecken). Tibien dünn und oft dunkel.	Coenagrionidae

Unterscheidung von Gattungen der Teichjungfern (Lestidae)

Pterostigmata	**Körper**	**Flügel in Ruhe**	▶
In Vorder- und Hinterflügeln gleich weit von der Flügelspitze entfernt	Metallisch grün bis bronzefarben und/oder bläulich bereift	Gewöhnlich halb ausgebreitet	*Chalcolestes* und *Lestes* (S. 69)
Im Vorderflügel eindeutig näher an der Spitze	Gelblich/bräunlich mit metallischer Zeichnung	Stets geschlossen	*Sympecma* (S. 80)

Bestimmung von Coenagrionidae (Schlanklibellen)

Neben der Bestimmung der zahlreichen südlichen Libelluliden-Gattungen bereitet dem enthusiastischen Anfänger vermutlich die Unterscheidung der verschiedenen Coenagrioniden-Gattungen besondere Schwierigkeiten. Geschlechtsreife Männchen der meisten Arten lassen sich aufgrund des Vorhandenseins oder Fehlens von Postokularflecken und einer leuchtend roten Färbung (vor allem der Augen) relativ leicht zwei Gruppen zuordnen. Verwirrender sind oft die juvenilen Männchen oder die Weibchen, doch die Präsenz eines **Vulvardorns** an der Basis des Ovipositors (auf der Unterseite von S8, sichtbar mit einer Handlupe) bei *Enallagma*- und *Ischnura*-Weibchen erleichtern die Bestimmung. Orangefarbene *Ischnura*-Weibchen können bspw. mit Rubinjungfern oder Adonislibellen verwechselt werden, haben aber größere Postokularflecke und einen auffälligen Vulvardorn. *Pseudagrion* und *Nehalennia* – mit jeweils nur einer einzigen Art – fallen aus diesen Gruppen heraus, sind aber im Vorkommen streng lokal (siehe unten).

Die Gattungen der Azurjungfern und Pechlibellen (Tabelle B) werden oft miteinander verwechselt. In den meisten Fällen kann man sich an der Thoraxzeichnung orientieren. Die **Antehumeralstreifen** sind die hellen «Schulter»-Streifen, die vorne (anterior) über den Thorax verlaufen. Sie können schmal (d. h. schmaler als die schwarzen Humeralstreifen darunter) oder breit (genauso breit oder breiter als die Humeralstreifen) sein. Die **Interpleuralstreifen** sind kurze schwarze Streifen auf den Nähten unter den Humeralnähten. Die Ausprägung dieser Zeichnungen bei der Gattung *Ischnura* ist variabel, teilweise wegen der diversen Farbformen der Weibchen; auch hier kann der **Vulvardorn** bei der Bestimmung helfen.

Unterscheidung von Gattungen der Schlanklibellen (Coenagrionidae)

Bestimmungsmerkmale	Gattung	▶
Postokularflecke fehlen. Augen und Körper oft rot. Man beachte: V. a. Weibchen mglw. ohne Rot, doch ihnen fehlen stets sowohl Postokularflecke als auch ein Vulvardorn.	*Ceriagrion* *Erythromma* *Pyrrhosoma*	A
Nicht wie oben. Man beachte: Alle Kleinlibellen mit 2 deutlichen Postokularflecken und ohne Rotfärbung gehören hierhin, ebenso alle Weibchen mit einem Vulvardorn.	*Coenagrion* *Enallagma* *Erythromma* *Ischnura*	B
Nur Marokko. Geschlechtsreife ♂ mit rotem Gesicht, Postokularflecken und bereiftem Körper.	*Pseudagrion* (S. 145)	
Fast ausschließlich in Mooren mit Seggenschwingrasen; sehr lokal, von den Alpen nord- und ostwärts. Hinterflügel gewöhnlich unter 15 mm. Körper leuchtend metallisch grün. Kopfrückseite mit heller, bogenförmiger Zeichnung statt mit 2 separaten Postokularflecken.	*Nehalennia* (S. 144)	

A: Rubinjungfern, Granataugen und Adonislibellen

Bestimmungsmerkmale	▶
Beine und Pterostigma rötlich, nicht schwarz. Stirn mit Querleiste zwischen den Antennen.	*Ceriagrion* (S. 142)
♂ Körper nicht überwiegend rot, sondern dunkel, mit Blau gezeichnet. ♀ Körper mit Blau- und Grün-, aber nie mit Rotstich.	*Erythromma* (S. 135)
Keines der obigen Merkmale, stattdessen roter bis rötlicher Körper (mit Ausnahme einiger ♀) und schwarze Beine.	*Pyrrhosoma* (S. 139)

B: Azurjungfern, Becherjungfern und Pechlibellen

Bestimmungsmerkmale	Antehumeral-streifen	Interpleural-streifen	♂ S2-Oberseite	♀ Vulvardorn	▶
Oberseite von S8 beim ♂ komplett schwarz, nicht blau. ♂ obere Anhänge länger als untere und S10. ♀ mit Höcker an beiden Thoraxseiten, direkt hinter dem Pronotum.	breit	vorhanden	schwarz	fehlt	*Erythromma* (S. 135)
Bestimmung meist möglich durch gleichzeitiges Auftreten von schmalen Antehumeral- und von Interpleuralstreifen.	schmal	vorhanden	blau	fehlt	*Coenagrion* (S. 120)
♀ kombiniert eine torpedoförmige schwarze Zeichnung auf dem Abdomen mit einem Vulvardorn. Unterscheidungsmerkmal beim ♂ ist die Kombination von Thorax- und S2-Zeichnung.	breit	fehlt	blau	vorhanden	*Enallagma* (S. 117)
Vorderflügel-Pterostigma beim ♂ und einigen ♀ schwarz-weiß, nicht einfarbig.	variabel	variabel	schwarz	vorhanden	*Ischnura* (S. 103)

Anisoptera bestimmen

Mit etwas Übung wird die Unterscheidung von Anisopteren-Familien zur zweiten Natur. Vor allem die drei als «primitiver» angesehenen Familien (sie teilen bestimmte Merkmale der Flügeladerung) lassen sich leicht an ihren Augen erkennen: entweder deutlich getrennt (Gomphidae), sich nur in einem Punkt berührend (Cordulegastridae) oder sich auf einer langen Strecke berührend (Aeshnidae). Als Gruppe lassen sie sich am einfachsten anhand von Form und Ausrichtung der Flügeldreiecke unterscheiden, die in Vorder- und Hinterflügeln ähnlich sind. Bei den Corduliidae und den Libellulidae weist die **spitze Ecke des Vorderflügeldreiecks** in eine andere Richtung, weil es um 90 Grad gedreht ist. Daher verläuft bei ihm die Längsseite des Dreiecks im Hinterflügel parallel, im Vorderflügel hingegen rechtwinklig zur Längsachse des Flügels. Als weiteres Merkmal dieser drei «primitiven» Familien gelten zwei der vielen **Antenodalqueradern** (Ax), die relativ dick sind und eine Längsader kreuzen, d. h. ihr anteriorer und ihr posteriorer Abschnitt stehen in einer Linie. Die anderen Antenodalqueradern sind dünner, und die zahlreichen Queradern auf beiden Seiten jener Ader stehen nicht in einer Linie. Bei den Corduliidae und Libellulidae sind alle Antenodalqueradern von gleicher Dicke und Ausrichtung. Alle Ansiopteren-Männchen – mit Ausnahme von *Anax* (Aeshnidae) und allen Libelluliden – besitzen ein **Analdreieck**, ein auffälliges 3-eckiges Feld an der Hinterflügelbasis direkt neben der Membranula, zudem ein Paar **Aurikel** (Öhrchen), zwei öhrchenförmige Strukturen an den Seiten von S2; oft ist zudem die körpernahe Hinterkante des Hinterflügels winklig (nicht abgerundet).

Das **Verhalten** ist eine große Hilfe bei der Bestimmung von Anisopteren-Familien und lässt sich am besten bei territorialen Männchen oder jagenden Individuen beobachten. Im Flug jagende Großlibellen («fliers») patrouillieren ihr Jagd- oder ihr Fortpflanzungsrevier ständig und jagen nur selten von einer Sitzwarte aus. Typisch ist eine hängende Ruhehaltung, wobei das Abdomen höchstens leicht über die Vertikale angehoben wird. «Perchers» jagen von einer Sitzwarte aus und halten den Körper deutlich über die Vertikale (es sei denn, sie sind geschwächt oder frisch geschlüpft) und oft sogar über die Horizontale. Die Gattungen *Pantala, Tramea* und *Zygonyx* sind die einzigen fliers unter den Libelluliden, während alle Corduliiden fliers sind. Auch wenn sich Corduliiden und Libelluliden leicht anhand des Gesamteindrucks auseinanderhalten lassen (s. Abb.), sind morphologische Unterschiede entweder subtil oder beschränken sich auf die Männchen. Das gilt auch für das diagnostisch wichtige Vorhandensein von langen, flachen, hellen Tibialkielen bei Corduliiden-Männchen (nicht unbedingt an allen Beinpaaren).

Unterscheidung von Familien der Großlibellen (Anisoptera)

Bestimmungsmerkmale	♂ Analdreieck und Aurikel	Spitze Ecke des Vorderflügeldreiecks weist	Verhalten	▶
Augen durch eine Leiste getrennt, sich nicht berührend.	vorhanden	nach außen	percher	Gomphidae (S. 29)
Abdomen oft dunkel, mit blauen Flecken aufgrund innerer Pigmente, nicht Bereifung (d. h. sie sind leuchtender und lassen sich nicht abkratzen). ♀ mit vollständigem Legeapparat (Ovipositor).	vorhanden oder fehlend	nach außen	flier	Aeshnidae (S. 28)
Augen berühren sich nur in einem Punkt, nicht auf langer Strecke. ♀ mit langer, stilettartiger Legescheide, die deutlich über die Abdomenspitze hinausragt.	vorhanden	nach außen	flier	Cordulegastridae: *Cordulegaster* (S. 220)
Mitte des hinteren Augenrandes kurz, aber abrupt vorgebuchtet. Körper oft metallisch grün.	vorhanden	nach hinten	flier	Corduliidae (S. 30)
Abdomen oft blau bereift oder rot.	fehlend	nach hinten	percher	Libellulidae (S. 31)

Anisopteren-Familien

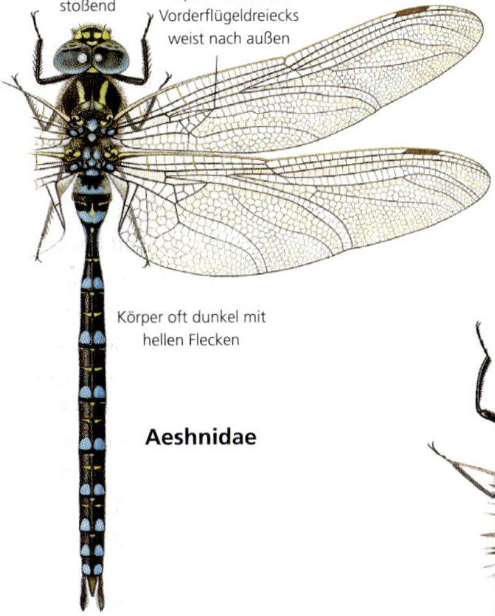

Aeshnidae

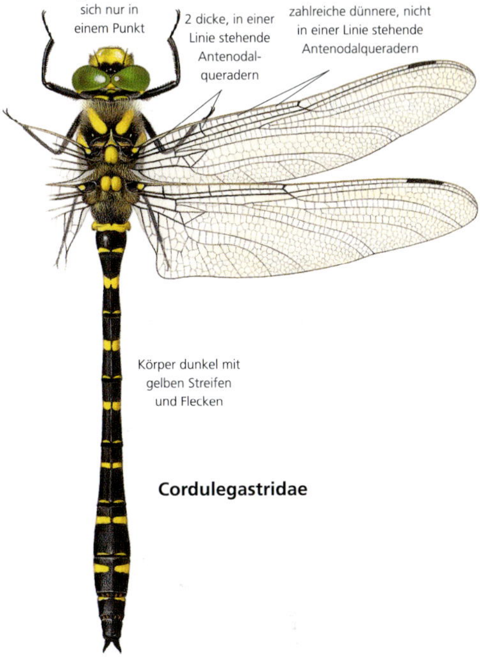

Cordulegastridae

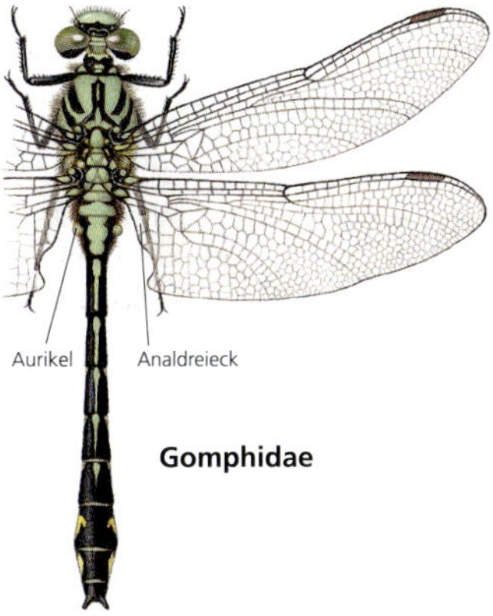

Gomphidae

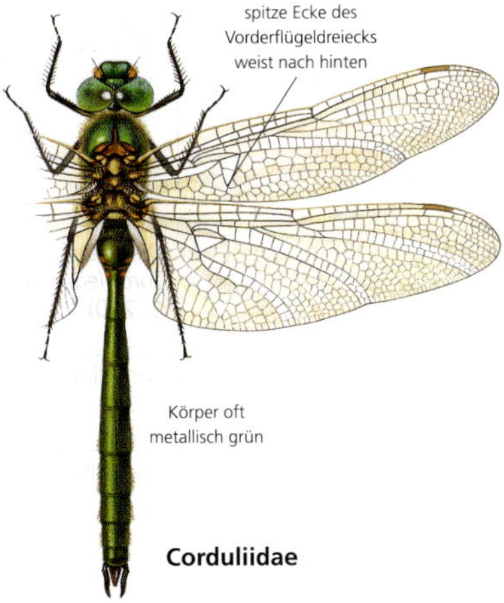

Corduliidae

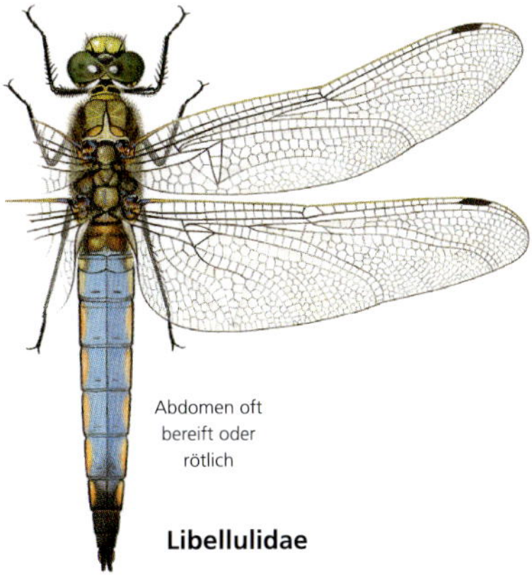

Libellulidae

Bestimmung von Aeshnidae (Edellibellen)

Wenn man sich ein wenig mit der Flügeladerung auskennt, ist die Unterscheidung der Gattungen dieser Familie recht einfach. Das Fehlen von mehreren (gewöhnlich 2–4) **Queradern im Medianraum der Flügelbasen** ist sehr deutlich, denn es steht im auffälligen Kontrast zu den anderen Räumen an der Flügelbasis, die stets Queradern aufweisen. Die **IR_3-Gabel** liegt, wenn vorhanden, zentral in der apikalen Hälfte der Flügel, und zwar als auffällige Gabelung einer Längsader zwischen der Radialsupplementader und dem Pterostigma. Je nachdem gibt es eine oder mehrere (1–5) **Zellreihen vor der Radial- und der Mediansupplementader** (die Reihen liegen zwischen diesen Adern und der davor liegenden Längsader). Ebenfalls wichtig ist, ob das Ende der Radialsupplementader auf den Flügelbereich vor *(Anax)* oder hinter der Spitze (andere Gattungen) gerichtet ist. Bei den Aeshniden-Weibchen fehlen zwar die Aurikel auf S2 und die winkligen Hinterflügelbasen, und das Abdomen ist meist in Basisnähe nicht tailliert, doch das Vorhandensein des ersten Merkmals ist bei den Männchen ein Bestimmungsmerkmal für *Anax*, das letzte ist für *Brachytron* entscheidend.

Aeshniden-Flügel Bilder maßstabsgetreu (Beispiele für die in den Tabellen aufgelisteten Merkmale)

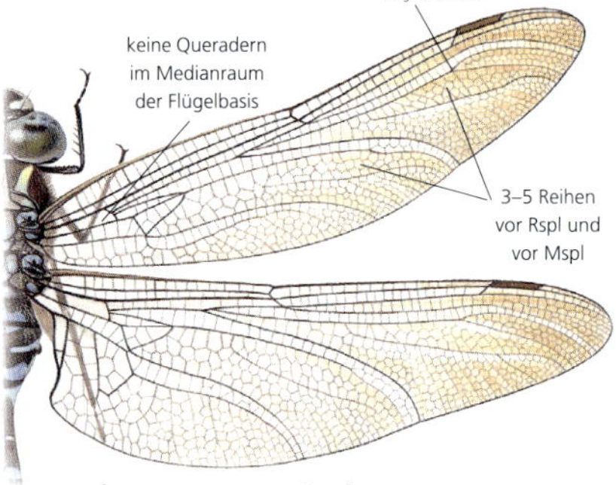

Aeshna

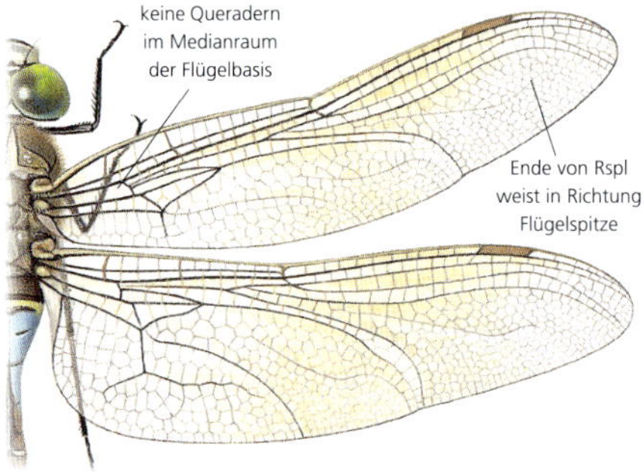

Anax

Brachytron

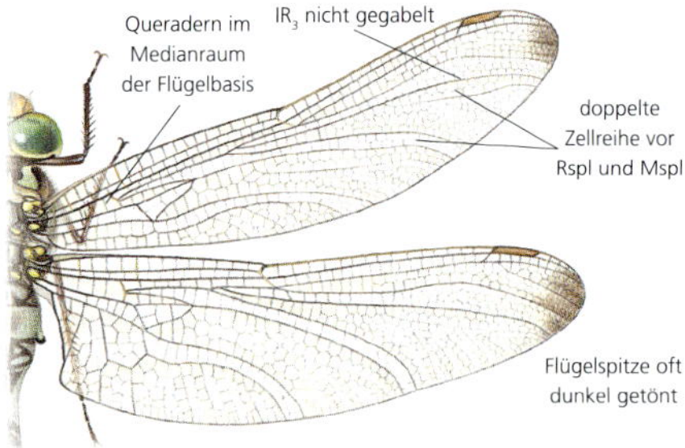

Boyeria

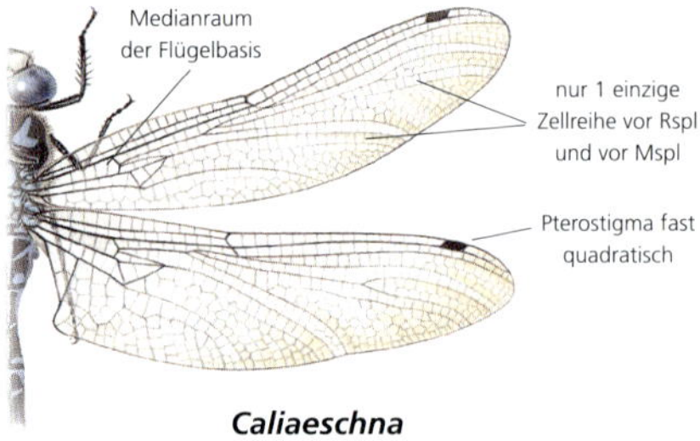

Caliaeschna

Unterscheidung von Gattungen der Edellibellen (Aeshnidae)

Bestimmungsmerkmale	Queradern im Medianraum der Flügelbasis	IR_3-Gabelung	Zahl der Zellreihen über Rspl und Mspl	▶
Keines der folgenden.	fehlend	vorhanden	3–5	*Aeshna* (S. 147)
Thorax oft einheitlich, nicht gebändert. ♂ HF-Basis abgerundet, nicht winklig, Analdreieck und Aurikel auf S2 fehlen. Ende von Rspl weist zw. Pterostigma und Flügelspitze.	fehlend	fehlend	4–5	*Anax* (S. 170)
Flügel an der Spitze oft dunkler getönt.	vorhanden	fehlend	2	*Boyeria* (S. 184)
♂ Abdomen in Basisnähe zylindrisch, nicht tailliert. ♂ HF-Basis abgerundet, doch Analdreieck und Aurikel vorhanden. Pterostigma sehr lang.	fehlend	vorhanden	1 (2)	*Brachytron* (S. 182)
Pterostigma nur wenig länger als breit.	vorhanden	vorhanden	1	*Caliaeschna* (S. 186)

Bestimmung von Gomphiden

Auch wenn sich die Gattungen in dieser Familie oberflächlich ähneln, lassen sich die ♂ sofort anhand der Form ihrer **Anhänge** der richtigen Gattung zuordnen. ♀ können ein größeres Problem darstellen. Die Gattungen *Gomphus* und *Stylurus* lassen sich anhand der schmalen, hellen Linie erkennen, die medio-dorsal über das Abdomen verläuft, doch die Variationsbreite dieses Merkmals erfordert eine gewisse Vertrautheit damit. Die **Analschleife** ist ein deutliches Feld aus 1 oder wenigen Zellen, das zw. Flügel- und Analdreieck im Hinterflügel liegt. Falls vorhanden, unterbricht sie eine gerade, senkrecht verlaufende Ader, die sich vom Hinterrand des Flügels zu der am weitesten hinten gelegenen dicken Längsader in der Flügelbasis zieht.

Unterscheidung von Gattungen der Flussjungfern (Gomphidae)

Bestimmungsmerkmale	♂ obere Anhänge und Äste des unteren Anhangs	Analschleife	▶
Gesamtlänge über 65 mm. Flügeldreiecke aus mehr als 1 Zelle. Breite, blattartige, seitliche Ausstülpungen an S7–8.	Obere viel länger als unterer und parallel (wie Finger). 	vorhanden	*Lindenia* (S. 218)
Breite, blattartige, seitliche Ausstülpungen an S8–9.	Obere viel länger als unterer und parallel, die Spitzen hakenförmig nach unten gebogen. 	fehlend	*Paragomphus* (S. 216)
Abdomen mit heller dorsomedialer Linie, diese viel schmaler als die Abdomenbreite.	Alle etwa gleich lang und nach außen weisend. 	fehlend	*Gomphus* und *Stylurus* (S. 188)
♀ Occiput (Hinterkopf) mit bedornten Hörnern.	Alle gleich lang und parallel. 	vorhanden	*Ophiogomphus* (S. 202)
Keines der obigen Merkmale.	Alle ca. gleich lang und zueinander gebogen, sodass sich die Spitzen wie bei einem Greifer treffen. 	vorhanden	*Onychogomphus* (S. 204)

Bestimmung von Corduliiden, Macromiiden und *Oxygastra*

Die Familie Corduliidae schloss traditionell Gattungen ein, die mit den Libellulidae verwandt sind, jedoch eine Reihe von (oft als primitiv angesehenen) Merkmalen aufweisen, die in jener Familie verloren gegangen sind. Nicht alle Gattungen sind nah verwandt, und *Macromia* und *Oxygastra* werden inzwischen anderen Familien zugeordnet. Die Unterscheidung der Gattungen ist recht einfach, besonders bei Männchen, doch drei Merkmale der Flügeladerung erfordern eine nähere Erklärung. Dem **Vorderflügeldreieck und dem Vorderflügelsubtriangel** (Letzteres ist das 3-eckige Feld, das basal des Dreiecks liegt) kann eine Querader fehlen, sodass sie aus jeweils einer Zelle (1) bestehen, oder sie können durch eine oder mehr Queradern in mehrere Zellen (2–3) unterteilt werden. Die Zahl der **cubitalen Queradern (Cux) im Hinterflügel** wird zwischen Flügeldreieck und Flügelbasis gezählt. Die **Form der Analschleife** wird von einer Ader bestimmt, die sich um ein klar umrissenes Feld von Zellen in der Hinterflügelbasis zieht; die Analschleife beginnt in der Nähe der hinteren Ecke des Flügeldreiecks und endet ganz in der Nähe der Flügelbasis. Die eingeschlossene Fläche kann stiefelförmig (langgestreckt mit deutlich erkennbarer Ferse und Zeh, wie bei allen Libelluliden), sackförmig (langgestreckt ohne «Fuß») oder eher quadratisch sein.

Corduliiden-Flügel Bilder maßstabsgetreu (Beispiele für die in den Tabellen aufgelisteten Merkmale)

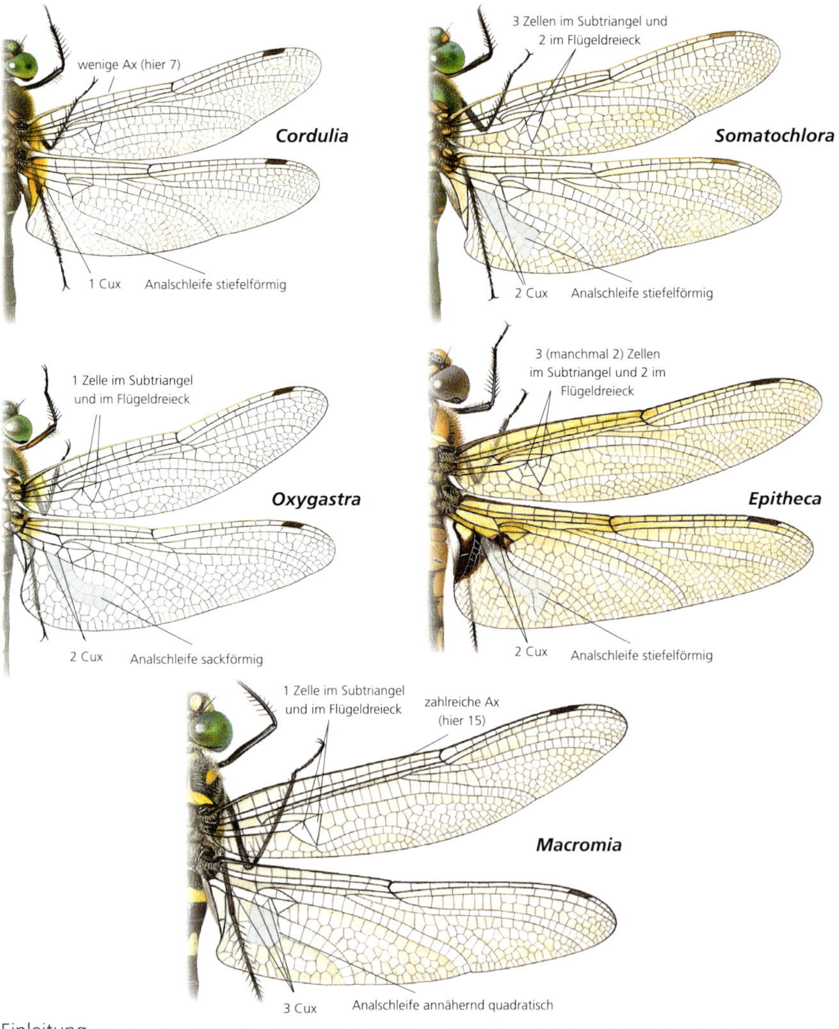

Unterscheidung von Gattungen der Falkenlibellen (Corduliidae), Flussherrscher (Macromiidae) und Flussfalken *(Oxygastra curtisii)*

Bestimmungsmerkmale	Gesicht	VF-Dreieck und Subtriangel	Cux im HF	Form der Analschleife	♂ Zentralspalt im unteren Anhang	▶
Hinterflügelbasis mit großem braunem Fleck. Körper überwiegend braun, nicht metallisch und/oder schwarz. Abdomen verjüngt sich allmählich von einer breiten Basis zu einer schmalen Spitze.	überwiegend gelb	3 (2)	2	Stiefel	fehlend	*Epitheca* (S. 250)
Abdomen gewöhnlich im Bereich S5–7 am dicksten, nicht weiter oben oder unten.	gelb gezeichnet	2–3	2 (1)	Stiefel	fehlend	*Somatochlora* (S. 238)
♂ unterer Anhang mit aufwärts gerichteten Zähnen nicht nur an der Spitze, sondern auch direkt davor.	völlig dunkel	2–3	1	Stiefel	vorhanden	*Cordulia* (S. 236)
♂ S10 mit hohem, hellem, medio-dorsalem Kiel.	völlig dunkel	1	2	Sack	vorhanden	*Oxygastra* (S. 232)
Gesamtlänge 70 mm oder mehr. 13–15 Ax im Vorderflügel, nicht 7–10.	überwiegend gelb	1	3 oder mehr	Quadrat	fehlend	*Macromia* (S. 234)

Bestimmung der Libelluliden

Die Unterscheidung der Gattungen dieser Familie basiert hauptsächlich auf der Flügeladerung und kann schwierig sein. Nur die fett gedruckten Gattungen (siehe 1. Tabelle auf nächster Seite) sind weit verbreitet, und ihre Bestimmung ist unkompliziert, wenn man zwei Merkmale kombiniert. (1) Der möglicherweise vorhandene **schwärzliche Fleck auf der Hinterflügelbasis** ist tief dunkelbraun und sollte nicht mit der **Bernsteinfärbung an der Hinterflügelbasis** verwechselt werden, die einen markanten gelben oder orangebraunen Fleck bilden kann, der einen beträchtlichen Teil des Flügels einnimmt (und z. B. bis in die Nähe des Flügeldreiecks reicht). (2) Die **Zahl der Antenodalqueradern (Ax) im Vorderflügel** wird längs der Vorderflügelkante zwischen Basis und Nodus gezählt. Die **letzte (d. h. am weitesten distal gelegene) Antenodalquerader im Vorderflügel** ist dem Nodus am nächsten und kann wie all die anderen Antenodalqueradern vollständig sein und eine Längsader kreuzen oder unvollständig sein, wobei nur die vordere Hälfte vorhanden ist (½).

Die zahlreichen weiteren Gattungen treten nur in südlichen Gefilden oder als Irrgäste auf; die meisten kommen bei uns lediglich mit 1 oder 2 Arten vor. Aus praktischen Gründen werden sie anhand derselben Kriterien in 4 Gruppen unterteilt und in eigenen Tabellen weiter verglichen, wo sie in den meisten Fällen durch eine Merkmalskombination der Flügeladerung unterschieden werden. Das **Diskoidalfeld im Vorderflügel** liegt distal des Flügeldreiecks; es weist an seiner Basis eine charakteristische Zahl von Zellreihen (1–4) auf und kann sich in Richtung Flügelkante verengen oder verbreitern. Dem **Vorderflügeldreieck** kann eine Querader fehlen, sodass es nur aus einer einzigen Zelle (1) besteht, oder es kann durch 1 oder 2 Queradern in mehrere Zellen (2–3) aufgespaltet sein. Basal des Vorderflügeldreiecks liegt das **Subtriangel**, ein annähernd 3-eckiges Feld, das aus einer oder mehreren Zellen (1–6) bestehen kann. Vor der **Radialsupplementader (Rspl)** kann es eine einzelne (1) oder eine doppelte (2) Reihe von Zellen geben – die Reihen liegen zwischen dieser Ader und der davor liegenden Längsader. Und schließlich wird die Gattung *Libellula* durch zusätzliche (2 oder mehr, statt 1) **Queradern im Brückenraum** charakterisiert, einem langgestreckten, 3-eckigen Raum auf der Basalseite der Schrägader, die vom Nodus herabzieht.

Bedenken Sie stets, dass die Merkmale der Flügeladerung nicht in Stein gemeißelt sind, sondern dass es sich um ein flexibles Netzwerk von Adern handelt, das sich im Lauf der Entwicklung verändern kann. Abweichungen von den beschriebenen Merkmalen können vorkommen, wie einige Varianten in den Tabellen zeigen, wie aber auch die Abbildungen im Buch belegen, die auf echten Individuen basieren, nicht auf dem Idealbild, das sich der Taxonom von einer Art macht. Einige Beispiele sind auf S. 34 zu sehen.

Unterscheidung von Gattungen der Segellibellen (Libellulidae)

	Schwärzlicher Fleck auf der Hinterflügelbasis: fehlend	vorhanden
8½–20 Ax im Vorderflügel, oft 2 Zellreihen über Rspl	▶ A ***Crocothemis*** ***Orthetrum*** *Pantala* *Trithemis* *Zygonyx*	▶ B ***Libellula*** *Tramea* *Trithemis*
6–8 Ax im Vorderflügel*, gewöhnlich 1 Zellreihe über Rspl	▶ C ***Sympetrum*** *Acisoma** *Brachythemis* *Diplacodes** *Pachydiplax* *Selysiothemis*	▶ D ***Leucorrhinia*** *Brachythemis* *Diplacodes** *Pachydiplax* *Rhyothemis* *Urothemis*

* *Diplacodes* und *Acisoma* haben gelegentlich 8½ Ax.

A: Segellibellen ohne schwärzlichen Hinterflügelfleck und mit 8½ oder mehr Ax im Vorderflügel

Bestimmungsmerkmale	Bernsteinfärbung an der Hinterflügelbasis	Diskoidalfeld im Vorderflügel	Zellreihen vor Rspl	▶
Kein Schwarz an den Beinen.	ausgeprägt	verbreitert sich	1	*Crocothemis* (S. 301)
Letzte Ax im Vorderflügel ist vollständig. ♂ Abdomen mit der Zeit oft blaugrau bereift.	fehlend oder schwach	verbreitert sich	1–2	*Orthetrum* (S. 259)
Hinterflügellänge 45 mm oder mehr. Patrouilliert ohne Ansitzen, keine horizontale Ruhehaltung. Abdomen dunkel, mit 6–7 hellen Ringen.	fehlend	verjüngt sich	1–2	*Zygonyx* (S. 322)
Pterostigma im Hinterflügel viel kleiner als im Vorderflügel. R_3 sehr wellig. 2 Cux im Hinterflügel, nicht 1. S3–5 mit transversaler Carina.	schwach	verjüngt sich	2	*Pantala* (S. 316)
Keines der obigen Merkmale.	ausgeprägt	verjüngt sich	2 (1)	*Trithemis* (S. 304)

B: Segellibellen mit schwärzlichem Hinterflügelfleck und 8½ oder mehr Ax im Vorderflügel

Bestimmungsmerkmale	Zahl der Ax im Vorderflügel	Diskoidalfeld im Vorderflügel	▶
2 oder mehr Queradern im Brückenraum beider Flügel	12–20	verbreitert sich	*Libellula* (S. 252)
Hinterflügelbasis mit dunklem Fleck. Pterostigma im Hinterflügel viel kleiner als im Vorderflügel. 2 Zellreihen entlang der Mspl im Vorderflügel.	10½–12½	verjüngt sich	*Tramea* (S. 318)
Gesamtlänge unter 40 mm. Stirn dorsal oft mit Metallglanz.	9½–12½	verjüngt sich	*Trithemis* (S. 304)

C: Segellibellen ohne schwärzlichen Hinterflügelfleck und mit 8 oder weniger Ax im Vorderflügel

Bestimmungsmerkmale	Letzte Ax im Vorderflügel	Diskoidalfeld im Vorderflügel	Vorderflügeldreieck	Subtriangel	▶
Irrgast aus N-Amerika. Gesicht weiß, kontrastierend mit der metallisch dunklen Stirnbasis. Hinterflügelbasis gelb, mit 2 schwarzen Balken.	1	3	2	3	*Pachydiplax* (S. 315)
Abdomen oft rot.	½	3 (2–4)	2	3	*Sympetrum* (S. 281)
Keines der ansonsten erwähnten Merkmale.	½	2	1	1–2	*Diplacodes* (S. 312)
S4 mit Querleiste wie jene auf S3. Alle Flügel können von der Basis aus großflächig braun gezeichnet sein. Über Rspl können 2 Zellreihen liegen.	½	3	1	1	*Brachythemis* (S. 309)
Nur NW-Afrika. Abdomen lang kegelförmig, schwarz, mit fragmentierten, weißlichen Flecken.	½	2	1	1	*Acisoma* (S. 314)
Flügeladerung sehr hell, fast unsichtbar.	1	2	1	1	*Selysiothemis* (S. 313)

D: Segellibellen mit schwärzlichem Hinterflügelfleck und 8 oder weniger Ax im Vorderflügel

Bestimmungsmerkmale	Letzte Ax im Vorderflügel	Diskoidalfeld im Vorderflügel	Vorderflügeldreieck	Subtriangel	▶
Nur NW-Afrika. Dunkle Fläche bedeckt basales ⅓ des Hinterflügels. Körper vollständig bronzefarben.	½	3–4	2–3	4–6	*Rhyothemis* (S. 320)
Völlig weißes Gesicht.	1	3	2	3	*Leucorrhinia* (S. 274)
Irrgast aus N-Amerika. Gesicht weiß, kontrastierend mit der metallisch dunklen Stirnbasis. Hinterflügelbasis gelb, mit 2 schwarzen Balken.	1	3	2	3	*Pachydiplax* (S. 315)
Nur NW-Afrika. ♂ Abdomen wird dunkel, nicht hell; blaue Bereifung.	1	2	1	3	*Urothemis* (S. 321)
Keines der ansonsten erwähnten Merkmale.	½	2	1	1–2	*Diplacodes* (S. 312)
S4 mit Querleiste wie jene auf S3.	½ (1)	3	1	1 (3)	*Brachythemis* (S. 309)

Libelluliden-Flügel Bilder nicht maßstabsgetreu. Beispiele für in den Tabellen aufgelistete Merkmale sind nur für ausgewählte Gattungen gezeigt.

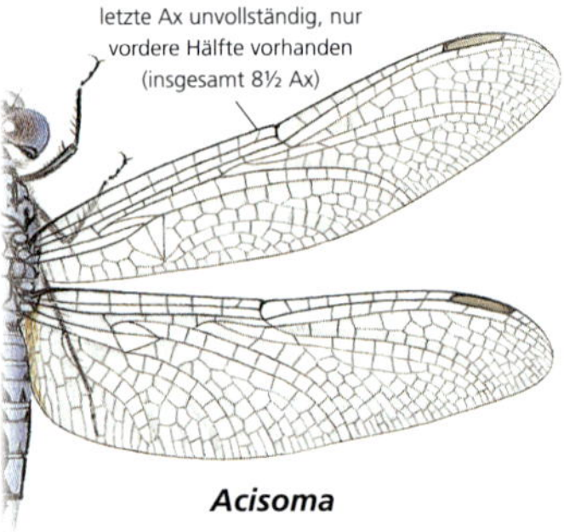

Acisoma

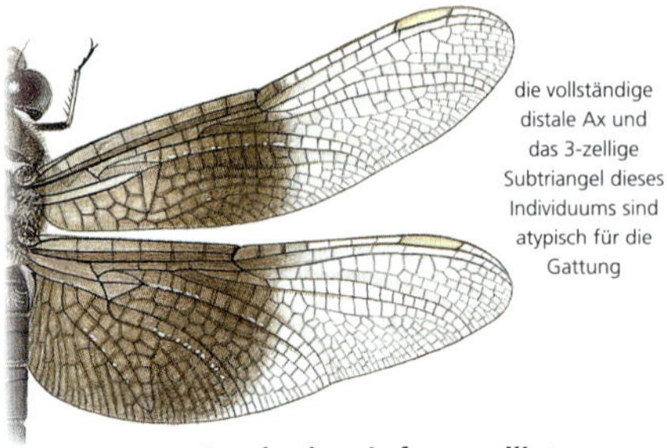

Brachythemis fuscopalliata

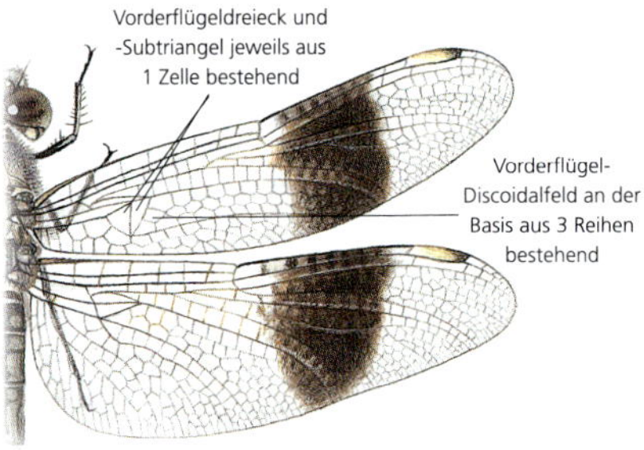

Brachythemis impartita

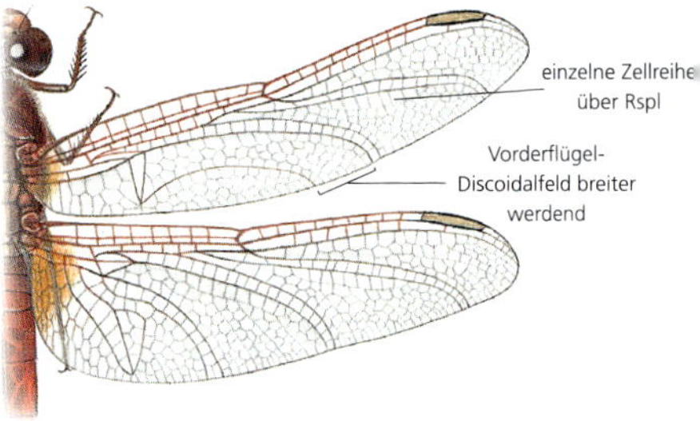

Crocothemis

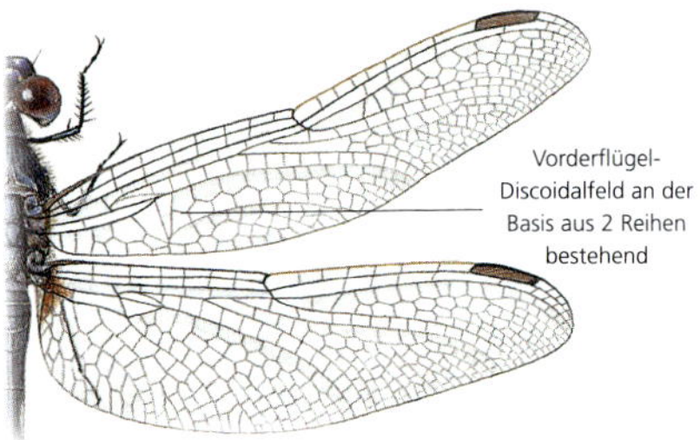

Diplacodes

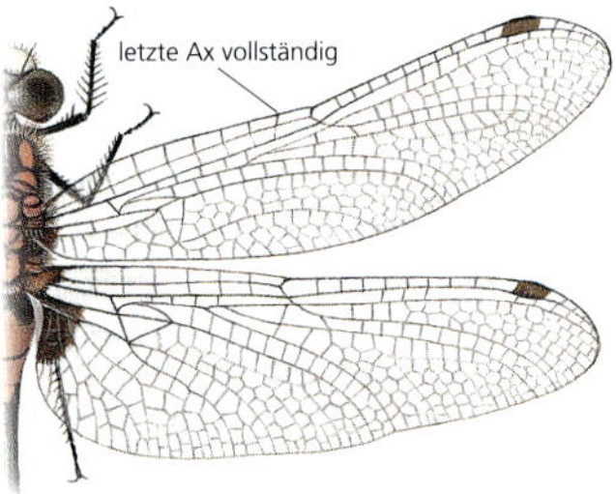

Leucorrhinia

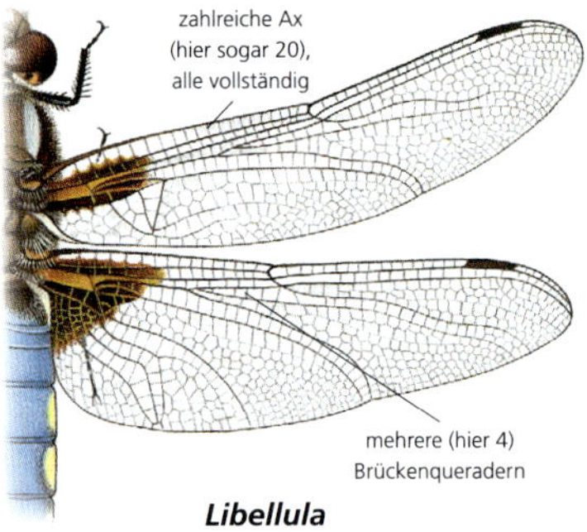

Libellula

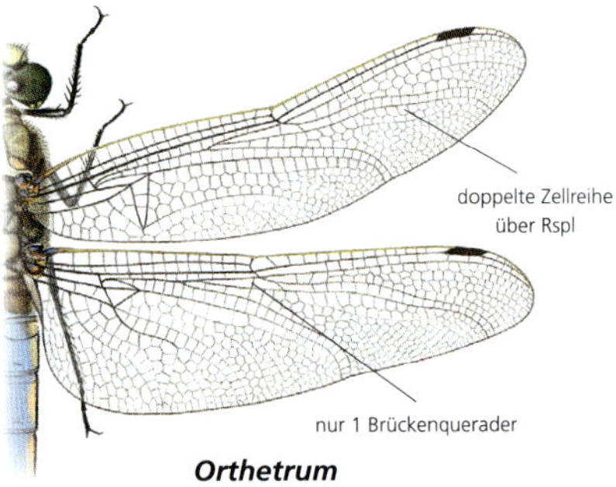

Orthetrum

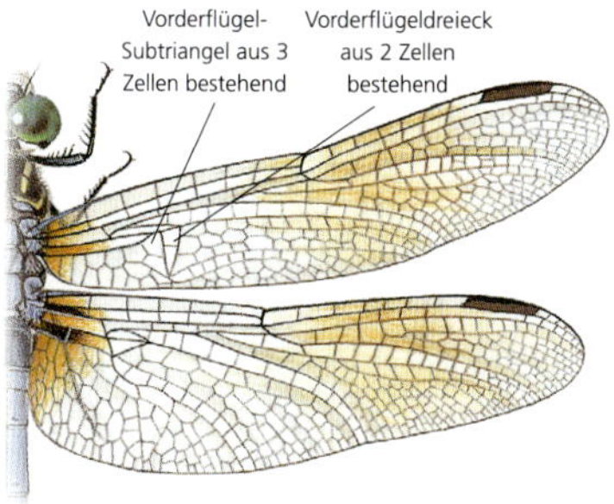

Pachydiplax

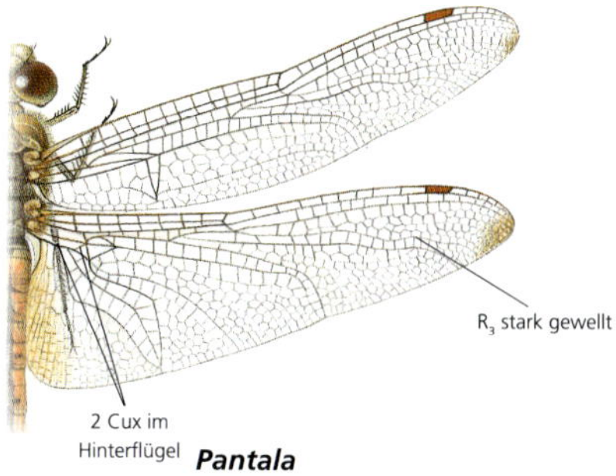

Pantala

Rhyothemis

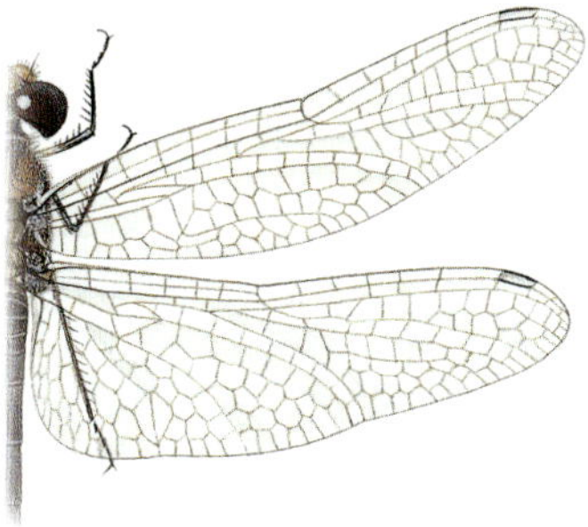

Selysiothemis

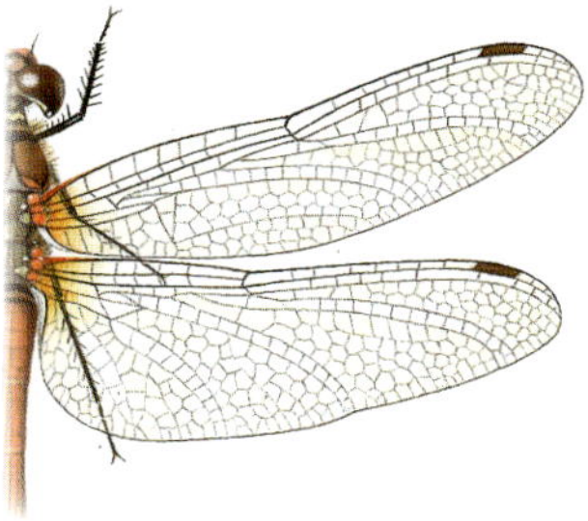

Sympetrum

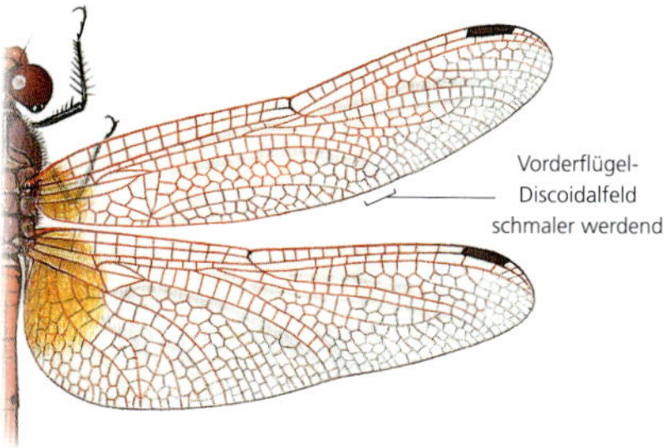

Trithemis

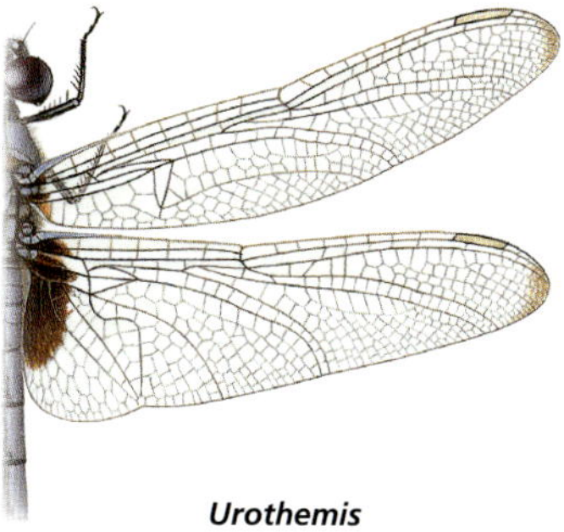

Urothemis

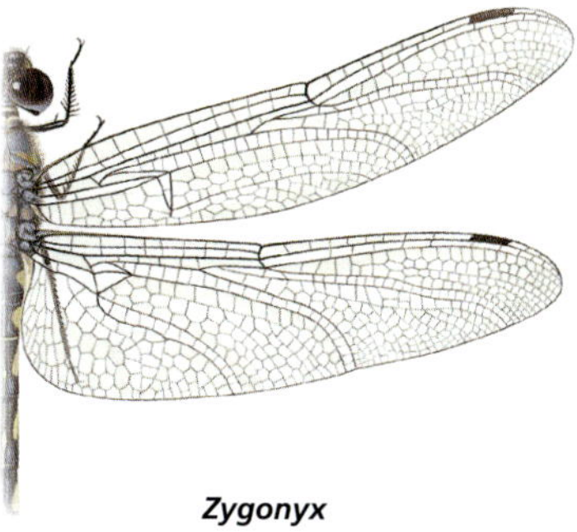

Zygonyx

Larven und Exuvien

Wenn wir Libellen untersuchen, gilt die größte Aufmerksamkeit gewöhnlich den Imagines. Zum Verständnis der Ökologie und der Populationsentwicklung einer Art tragen allerdings die Larven und Exuvien (die Larvenhäute, die beim Schlupf der Imago zurückbleiben) weitaus mehr bei. In der Tat verbringen die meisten europäischen Arten mehr Zeit unter als über Wasser. Darüber hinaus sind die Larven – wie auch die Imagines – zupackende Prädatoren von unterschiedlichstem Aussehen und Verhalten.

Alle Libellenlarven besitzen Mundwerkzeuge, die zum blitzschnellen Ergreifen vorbeiziehender Beute gestaltet sind, ganz nach Art der Chamäleonzungen oder der Fangbeine der Gottesanbeterinnen. Die Fangmasken der Libellen sind innerhalb der Ordnung der Insekten einzigartig, doch variiert ihre Form von Art zu Art stark, sodass diese ein gutes Bestimmungsmerkmal ist.

▲ *Aeshna mixta.*

▲ *Macromia splendens.*

Kleinlibellenlarven tragen drei dünne Chitinauswüchse am Abdomenende, die als Tracheenkiemen fungieren. Sie sind zumeist blattförmig, können aber in Größe und Form variieren und der Artbestimmung dienen.

▲ *Enallagma cyathigerum.*

▲ *Calopteryx haemorrhoidalis.*

▲ *Chalcolestes viridis.*

Die Larven von *Epallage fatime* besitzen unter den Libellen Europas als einzige Fadenkiemen und Wülste auf der Unterseite des Abdomens, die an die Larven der Eintagsfliegen (Ephemeroptera) erinnern.

▶ *Epallage fatime.*

Großlibellenlarven besitzen keine Außenkiemen, sondern innere Kiemen im Enddarm. Sie saugen zum Atmen das Wasser durch den Anus ein.

▲ *Aeshna crenata*.

▲ *Leucorrhinia caudalis*.

▲ *Cordulegaster helladica*.

▲ *Onychogomphus uncatus*.

Nachdem die voll ausgewachsene Larve aus dem Wasser auf einen Stein, einen Ast oder eine andere Uferstruktur geklettert ist, platzt die Larvenhaut auf und die Imago schlüpft, wie hier *Onychogomphus uncatus*.

Eine frisch geschlüpfte Imago, wie dieses Männchen von *Epitheca bimaculata,* bleibt für einige Zeit am Platz, um auszuhärten, bevor sie abfliegt. Zurück bleibt die Larvenhaut («Exuvie» genannt). Des Öfteren werden an besonders günstigen Schlupfplätzen ganze Haufen von übereinandersitzenden Exuvien gefunden, wie hier bei *Trithemis annulata*.

◀ *Epitheca bimaculata* ♂.

▼ *Trithemis annulata*.

Länderführer

Ziel dieses Buchs ist es, die Bestimmung von Libellen im Feld zu erleichtern, es soll aber auch das Auffinden der Libellen selbst vereinfachen, indem es einige gute Stellen vorschlägt. Das Länderkapitel soll jedoch kein detaillierter Standortführer sein oder eine umfassende Diskussion der Biogeografie bieten, sondern die lokalen Besonderheiten der reichhaltigen, aber manchmal schwer zu erfassenden Libellenfauna sowie typische Merkmale der Landschaften skizzieren, in denen sie vorkommen. Die hier vorgestellten Standorte stehen aber nur für einen Bruchteil der besten Habitate. Viele sind noch gar nicht bekannt und werden Neuentdeckungen bringen – gut möglich, dass die interessantesten Stellen hier gar nicht erwähnt sind. Moldawien bleibt z. B. unberücksichtigt, weil von dort schlicht zu wenig Informationen vorliegen. Gegenwärtig sind aus diesem Land etwa 35 Arten bekannt, aber wahrscheinlich noch bis zu 20 Arten zu entdecken. Mindestens 84 Arten sind aus dem europäischen Teil Russlands bekannt. Mit Ausnahme der Region Kaliningrad, wo 60 Arten vorkommen, ist der riesige Raum Russlands nur spärlich untersucht. In seinem SO treten z. B. mediterrane Arten wie *Epallage fatime* und *Cordulegaster picta* auf sowie die einzigen Populationen der asiatischen Arten *Sympecma gobica, Coenagrion glaciale, C. ecornutum, Somatochlora graeseri* und *Sympetrum tibiale* auf europäischem Boden (Letztere in diesem Buch nicht behandelt). Für mehr Informationen über die laufende Forschung an europäischen Libellen verweisen wir auf den Abschnitt «Literatur» (S. 8).

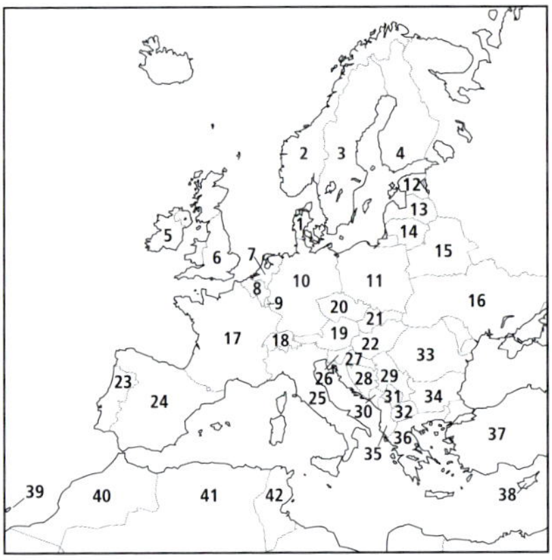

Schlüssel und Reihenfolge der Einträge

1 Dänemark
2 Norwegen
3 Schweden
4 Finnland
5 Irland
6 Großbritannien
7 Niederlande
8 Belgien
9 Luxemburg
10 Deutschland
11 Polen
12 Estland
13 Lettland
14 Litauen
15 Weißrussland
16 Ukraine
17 Frankreich
18 Schweiz
19 Österreich
20 Tschechien
21 Slowakei
22 Ungarn
23 Portugal
24 Spanien
25 Italien
26 Slowenien
27 Kroatien
28 Bosnien & Herzegowina
29 Serbien
30 Montenegro
31 Kosovo
32 Nordmazedonien
33 Rumänien
34 Bulgarien
35 Albanien
36 Griechenland
37 Türkei
38 Zypern
39 Kanaren, Madeira & Azoren
40 Marokko
41 Algerien
42 Tunesien

Dänemark, Norwegen, Schweden

Skandinavien beherbergt eine große Vielfalt an Habitaten: von den eisigen Gebirgen und Tundren in den Skanden über weite Moränenlandschaften bis zu fruchtbaren Lehmböden und sandigen Gebieten im Süden. Große Teile der Region sind mit borealen Nadelwäldern bedeckt, dort nehmen Torfmoore bis zu 30 % der Fläche ein; Gewässer sind hier mit Moortümpeln, Seen und Flüssen allgegenwärtig. Der südliche Teil der Region ist trockener, da viele Seen und Feuchtgebiete in den Agrarregionen trockengelegt wurden.

Viele noch erhaltene Seen im Süden beherbergen starke Populationen mit großer Artenvielfalt; etliche dieser Arten sind in anderen Teilen Europas bedroht, z. B. *Aeshna viridis, Leucorrhinia albifrons* und *L. pectoralis*. Ein typisches Artenspektrum für viele skandinavische Gewässer umfasst *Lestes sponsa, Enallagma cyathigerum*, *Aeshna grandis*, *Cordulia aenea*, *Libellula quadrimaculata*, *Leucorrhinia dubia*, *L. rubicunda* und *Sympetrum danae*. In bewaldeten Gebieten können *Coenagrion hastulatum* und *Aeshna juncea* als Arten dazutreten.

Tundramoor im Abisko-Nationalpark (Schweden).

Das Artenspektrum an den Flüssen ähnelt demjenigen der Seen, doch typisch für südskandinavische Flüsse sind *Calopteryx virgo*, *C. splendens*, *Platycnemis pennipes* und manchmal *Gomphus vulgatissimus*. In bewaldeten Gebieten treten *Onychogomphus forcipatus* und *Cordulegaster boltonii*, aber von den oben genannten nur *C. virgo* auf. Aus Norwegen sind gegenwärtig 48 Arten bekannt, 59 aus Dänemark und 64 aus Schweden. Südliche Arten, wie *Erythromma viridulum, Anax imperator, Crocothemis erythraea* und *Sympetrum fonscolombii,* breiten sich dort aus und weitere werden erwartet.

In der Tundra ist die Artenzahl gering, Arten wie *Aeshna caerulea*, *Somatochlora alpestris, Leucorrhinia rubicunda und L. dubia* können hier aber regional in hoher Dichte angetroffen werden. Die heimliche *Somatochlora sahlbergi* lässt sich an den Weihern der Palsa-Moore um den **Dávvajávri-See** nordöstlich von Kiruna (Schweden) und entlang der Küstenstraße westlich von **Bugøynes** an der Südküste des Waranger-Fjords beobachten (Norwegen).

Auf Moorflächen innerhalb der borealen Wälder kommen norm. nur 4 Arten vor: *Aeshna caerulea*, *A. juncea*, *Leucorrhinia dubia* und *L. rubicunda*. An Stellen mit Seggenbewuchs zwischen den Torfmoosen und nur relativ kleinen freien Wasserflächen finden sich mehr Arten, wie *Coenagrion hastulatum*, *C. johanssoni*, *Enallagma cyathigerum*, *Aeshna grandis*, *Libellula quadrimaculata* und manchmal *Cordulia aenea*. Als Ausgangspunkt für Exkursionen in diese nördl. Habitate bietet sich **Abisko** an (westl. von Kiruna in Schweden); von dort aus führen Wanderwege in den **Sarek-Nationalpark**.

Die Westküste Norwegens zw. **Trondheim** und **Bergen** hat ein relativ mildes Atlantikklima und einige interessante kleine Moore und Seen, wo *Pyrrhosoma nymphula*, *Somatochlora alpestris* und *S. arctica* vorkommen, ferner dunkel gefärbte Populationen von *Sympetrum striolatum*, die manchmal als eigenständige Art *S. nigrescens* angesehen werden. Manche Moorseen in S-Schweden sind sehr artenreich. So können im selben See alle 6 nördl. *Coenagrion*-Arten *(armatum*, *hastulatum*, *johanssoni*, *lunulatum*, *puella*, *pulchellum)* sowie alle 5 *Leucorrhinia*-Arten *(albifrons*, *caudalis*, *dubia*, *pectoralis*, *rubicunda)* auftreten.

Schön, aber sehr versteckt ist **Mårdsjön** (bei Norrtälje in Uppland, SE); dort kann man bis zu 17 Arten finden. In vielen Seen dieses Gebiets ist *Aeshna viridis* dank der Bestände an Krebsschere *(Stratiotes aloides)* bodenständig, und flutende Torfmoosrasen bieten großen Populationen von *Aeshna subarctica* Lebensraum. Oft tritt *Coenagrion johanssoni* gemeinsam mit Letzterer auf. **Tåkern** und **Hornborgasjön** (S-Schweden), zwei große eutrophe Flachseen mit ausgedehnten Schilfbeständen, weisen ein breites Artenspektrum auf. Hier kann man große Populationen von *Coenagrion armatum*, *Aeshna serrata* und *Somatochlora flavomaculata* sehen und später im Jahr zahlreiche *Sympetrum*-Arten. Allein im Tåkern-Gebiet wurden insgesamt etwa 40 Arten beobachtet, darunter *Epitheca bimaculata*. Ein bekannter Fundort dieser seltenen Art ist **Dagstorpsjön**, nördlich von Höör (Skåne, SE). An diesem mesotrophen Braunwassersee schlüpfen in guten Jahren Tausende von Individuen.

Als Lebensraum besonders interessant sind die küstennahen Brackgewässer der Ostsee; sie lassen sich vielleicht am besten in N-Uppland beim kleinen Ort **Hållnäs** erkunden. Seit der letzten Eiszeit hebt sich das Land pro Jahr um etwa 1 cm, sodass sich ständig kleine, flache Seen bilden. Hier kommen *Brachytron pratense*, *Aeshna serrata*, *Orthetrum cancellatum* vor. In anderen Seen dieser Gegend finden sich große Populationen von *Somatochlora flavomaculata*. Das «Highlight» der Ostseeinsel **Öland** ist das einzigartige *Stora Alvaret* (ein Alvar ist ein Kalkplateau mit nur zentimeterdicker Mutterbodenschicht); in den dortigen Gewässern kommen große Populationen von *Orthetrum cancellatum* und bis zu 6 *Sympetrum*-Arten vor. Als Ausgangspunkt für Exkursionen bietet sich der **Möckelmossen** zw. Resmo und Stenåsa an. In den Feuchtgebieten auf **Gotland** finden sich oft gute Populationen von *Aeshna isoceles,* und kürzlich wurde sogar die seltene *Nehalennia speciosa* wiederentdeckt. Beide Ostseeinseln wurden im Lauf der letzten 10 Jahre von südlicheren Arten besiedelt, wie *Sympecma paedisca, Sympetrum fonscolombii, Erythromma viridulum* und *Anax imperator.*

Moorsee im Nuuksio-Nationalpark (Finnland).

Die Seen im Süden der Region können große Zahlen an *Gomphus vulgatissimus* aufweisen. **Algunnen** (in Småland, SE) und viele Seen in der Gegend von **Ry** (in Jütland, DK) sind gute Habitate für Libellen. Im letztgenannten Gebiet findet man über 30 Arten, darunter starke Populationen von *Aeshna subarctica* und *Libellula fulva*. An einigen Klarwasserseen mit großen Schilfröhrichten wie **Han Vejle** tritt *Aeshna serrata* auf, die kürzlich das nördliche Jütland besiedelt hat.

Zu den besonders lohnenden Flüssen gehören der **Susåen** bei Naestved (auf Seeland, DK) sowie **Emån** und **Alsterån** (zw. Kalmar und Oskarshamn, SE). Hier finden sich *Calopteryx splendens*, *C. virgo*, *Platycnemis pennipes*, *Pyrrhosoma nymphula*, *Gomphus vulgatissimus*, *Somatochlora metallica* sowie *Libellula fulva*. In den Flüssen N-Schwedens kommen vorw. *Calopteryx virgo*, *Onychogomphus forcipatus*, *Cordulegaster boltonii* vor. *Ophiogomphus cecilia* ist im **Råneälven** im hohen Norden heimisch. Gute Exkursionsziele im Bereich dieser nördl. Flüsse finden sich rund um den **Siljan** (See in Dalarna), im Gebiet der Flüsse **Klarälven** (in Värmland) oder **Ljusnan** (in Hälsingland).

G. Sahlén

Finnland

Die Landschaft in Finnland ist durch das Miteinander von Wald und Wasser gekennzeichnet. Nadelwälder bedecken ⅔ der Landfläche, sie sind von zahllosen großen und kleinen Seen, Flüssen und Bächen durchzogen. Vor allem Mittel- und SO-Finnland sind sehr seenreich, im Südwesten liegt vor der Küste das Schärenmeer, ein Archipel aus zahllosen kleinen Inseln. Moore und Sümpfe bedecken insbesondere im Norden große Landstriche.

Bisher wurden in Finnland 62 Arten nachgewiesen; die jüngsten Neuzugänge sind *Aeshna affinis* (2008), *Anax imperator* und *Sympetrum pedemontanum* (beide 2010), *Lestes virens* und *Sympetrum fonscolombii* (beide 2011), *Anax parthenope* (2013) sowie *Anax ephippiger* und *Stylurus flavipes* (beide 2014). Nördlich des Polarkreises wurden nicht weniger als 25 Arten gefunden, 16 Arten sogar jenseits von 68°30′ nördl. Breite. *Aeshna caerulea* gehört in Lappland zu den häufigsten Arten. SO-Finnland (nördl. und östl. von Hamina) besitzt die reichste Libellenfauna (mind. 45 Arten). Besonders empfehlenswert sind die Gebiete rund um den **Lohjanjärvi** und **Enäjärvi** (zwei Seen etwa 50–80 km westl. von Helsinki). Die höchste Artenzahl tritt in der 2. Julihälfte auf, die häufigste Art ist *Coenagrion hastulatum*.

Libellenliebhaber hoffen in Finnland seltene Arten wie *Aeshna crenata*, *A. serrata* und *Somatochlora sahlbergi* zu Gesicht zu bekommen. Die beiden ersten Arten sind recht einfach zu finden: *A. crenata* lässt sich am besten entlang des Salpausselkä-Höhenrückens rund 100 km nördlich von Helsinki beobachten, wo eiszeitliche Gletscher bei ihrem Rückzug Toteis-Blöcke zurückließen, aus denen tiefe Seen hervorgingen. Viele dieser Toteis-Seen, wie der **Santastenlammi** an der Straße zwischen Tammela und Loppi, sind von starken Populationen besiedelt. Weitere empfehlenswerte

Fundplätze liegen 20–25 km nordwestlich von Helsinkis Stadtzentrum auf dem Nuuksio-Hochplateau (Gemeinde Espoo). Sie ist dort innerhalb und außerhalb des **Nuuksio-Nationalparks** an mehreren kleinen Waldseen heimisch. Am besten lässt sich *A. crenata* vielleicht im Waldgebiet zwischen den Seen Bodominjärvi und Nuuksion Pitkäjärvi beobachten, wo vor allem der Waldsee **Pikku Sorlampi** sehr gute Beobachtungsmöglichkeiten bietet. Sie schlüpft Anfang Juli und fliegt bis zur 1. Septemberwoche. In Nuuksio kommen 35 Libellenarten vor, weitere interessante boreale Arten sind *Coenagrion johanssoni*, *Aeshna subarctica*, *Leucorrhinia albifrons*, *L. caudalis*.

Aeshna serrata tritt längs der gesamten Süd- und Westküste auf. Sie entwickelt sich hauptsächlich im Brackwasser verschilfter und reich bewachsener Ostseebuchten. Die Art ist leicht im **Uutela**-Naturschutzgebiet nahe des Fährhafens am Ostrand Helsinkis zu beobachten. Weitere gute Fundplätze finden sich rund um die **Lupinlahti-Bucht** in Hamina und zw. **Tvärminne** und **Hanko**. Interessanterweise sind *Orthetrum cancellatum*, *Sympetrum striolatum* und die sehr seltene *Nehalennia speciosa* in Finnland auch weitgehend auf Brackwasserhabitate beschränkt.

Nach *Somatochlora sahlbergi* sucht man am besten auf dem Fjällplateau südlich von **Nuorgam** (Gemeinde Utsjoki), der nördlichsten Gemeinde Finnlands, wo die Art an einigen tiefen Seen knapp östlich des **Skáidejávri** sehr häufig ist. Das Laassavaara-Fjäll südöstlich des Sees **Kilpisjärvi** (Gemeinde Enontekiö) im äußersten NW des Landes ist ein weiterer guter Platz, um diese seltene Art zu finden. Sie entwickelt sich dort in einigen kleinen bis mittelgroßen Moorweihern mit Seggen- und Wollgrasrieden.

M. Hämäläinen

Irland

Der ausgleichende Einfluss des Atlantiks und v. a. der Golfstrom sind verantwortlich für das gemäßigte (temperate) Klima in Irland. Auf dem Höhepunkt der letzten Eiszeit war die gesamte Insel vergletschert, weshalb ein Großteil der heutigen Landfläche von eiszeitlichen Ablagerungen bedeckt ist, welche die Entwässerung behindern. Im Zentrum der Insel liegt ein Tiefland mit Kalkgesteinuntergrund und zahlreichen Feuchtgebieten in Form von Hoch- und Niedermooren sowie Seen. Berggebiete (nur mit mittleren Höhenlagen) befinden sich hpts. an der Peripherie der Insel. Dort ist das Wetter generell deutlich kühler und trüber, und Libellen sind oberhalb 200 m selten. In Irland wurden 32 Arten nachgewiesen; davon sind 24 bodenständig, 4 weitere wurden seit Beginn des 20. Jh. nicht mehr gesichtet. *Anax imperator* und *Aeshna mixta* sind seit 2000 eingewandert.

Am häufigsten sind Libellen in den intakten Niedermooren und Seen des zentralen Tieflands und des Drumlin-Gürtels (niedrige, tropfenförmige Hügel aus eiszeitlichem Geschiebe) in der Nordhälfte der Insel. Vielerorts findet man 8–12 Arten, an den besten sogar 13 oder 14. Am typischsten sind *Aeshna grandis*, *Brachytron pratense*, *Coenagrion pulchellum*. Die Besonderheit dieser Feuchtgebiete ist *Coenagrion lunulatum*. Hochmoore waren früher in den größeren Flusstälern und Seenbecken des zentralen Tieflands häufig, sind aber größtenteils dem Torfabbau zum Opfer gefallen. Intakte Hochmoore beherbergen nur wenige, auf saure Gewässer spezialisierte Arten (z. B. *Aeshna juncea*, *Pyrrhosoma nymphula*), doch in Mooren, wo der Torf als Brennstoff von Hand gestochen wurde, sind vielfältige und interessante Feuchtgebiete entstanden. Gute Beispiele für einen solchen Lebensraum finden sich in **Montiaghs Moss** beim Lough Neagh (Nordirland) und in den **Boora Parklands** bei Tullamore (Gft. Offaly). An all diesen Standorten sind *Brachytron pratense*, *Coenagrion pulchellum* und *Sympetrum danae* gewöhnlich häufig.

Die einzigen irischen Populationen von *Somatochlora arctica* und *Cordulia aenea* kommen in SW-Irland vor, und zwar in den Mooren und kleinen Seen rund um Killarney; am besten lassen sie sich im **Killarney National Park** beobachten. Die sog. *Turloughs* (temporäre Karstseen in W-Irland) sind ein wirklich einzigartiges irisches Libellenhabitat und der wichtigste Lebensraum von *Lestes dryas*. Flache, basenreiche, doch von Natur aus oligotrophe Seen sind für die westlichen Regionen typisch; sie sind der Hauptlebensraum von *Orthetrum cancellatum* in Irland.

B. Nelson

Großbritannien

Großbritannien umfasst England, Schottland und Wales, und quer durch die Insel verläuft die nördliche Verbreitungsgrenze mehrerer Arten, die auf dem europäischen Festland häufig sind. Insgesamt nimmt die Artenvielfalt ab, je weiter man nach Norden kommt. Die vielfältigen Habitattypen reichen von Marschwiesen (± auf Meereshöhe) bis zu Tümpeln in atlantischen Feuchtheiden und im Hochland, wo einige lokale Besonderheiten vorkommen.

In jüngerer Zeit sind einige neue Arten vom europ. Festland eingewandert und andere haben ihr Verbreitungsgebiet nach Norden ausgedehnt. Hervorzuheben sind *Erythromma viridulum*, das in den letzten zwei Jahrzehnten große Teile von SO-England besiedelt hat, sowie *Lestes barbarus*, der erstmals 2002 nachgewiesen wurde und inzwischen an der engl. Ostküste auftritt. Nach nur drei Nachweisen vor 2009 ist *Chalcolestes viridis* heute fest etabliert und im SO Englands, v. a. in Essex und Suffolk, nicht selten. *Coenagrion scitulum* wurde seit den 1950ern für ausgestorben gehalten, aber vor einiger Zeit wiedergefunden. 2010 gelang der Nachweis ihrer Reproduktion. Der Erstnachweis von *Sympecma fusca* im Jahr 2008 mag ein Vorbote der allgemeinen Nordausbreitung sein, die diese Art gegenwärtig auf dem europäischen Festland vollzieht. Bisher wurden in Großbritannien insgesamt 58 Arten nachgewiesen, davon zuletzt *Somatochlora flavomaculata* im Jahr 2018. Allerdings werden davon 13 Arten noch nicht für bodenständig gehalten.

Habitat von *Coenagrion mercuriale* im New Forest (GB).

Die wichtigsten und artenreichsten Lebensräume in Südengland gehören zu den Heide- und Moorhabitaten des Tieflands. **Thursley Common** bei Guildford ist der Ort mit der größten Artenzahl (28) in ganz Großbritannien. Hier finden sich starke Populationen von *Cordulia aenea, Ceriagrion tenellum, Orthetrum coerulescens, Somatochlora metallica*, *Sympetrum danae*. Auch der **New Forest** (Hampshire) besitzt eine Reihe an Heide- und Moorhabitaten von nationaler Bedeutung. An den Bach- und Weiherrändern hat sich durch Beweidung mit Großvieh ein einzigartiges Mikrohabitat entwickelt, das u. a. einige der größten landesweiten Vorkommen von *Coenagrion mercuriale* beherbergt. Andererseits wurde *C. mercuriale* auch an manchen Flussabschnitten von **Test** und **Itchen** nachgewiesen, zwei Karbonat-Flüssen in Hampshire; dort bevorzugt sie die an die Marschwiesen angrenzenden Grabensysteme.

Einige Tiefland-Flusssysteme in England und Wales beherbergen seltene Arten. *Gomphus vulgatissimus* ist zwar auf dem europäischen Festland relativ verbreitet, in Großbritannien jedoch nur auf bestimmte Standorte beschränkt. Den Massenschlupf dieser Art kann man wohl am besten an der **Themse** beobachten, und zwar im Frühsommer zw. Goring und Pangbourne. Auch *Libellula fulva* ist auf wenige Flusssysteme in S- und O-England beschränkt. Am **Arun** (Fluss in Sussex) tritt sie gemeinsam mit *G. vulgatissimus* und *Brachytron pratense* relativ zahlreich auf. In jüngster Zeit wurde *L. fulva* in neuen Gebieten beobachtet, ist also vermutlich in Ausbreitung begriffen.

Aeshna isoceles ist in GB selten und auf wenige Vorkommen in Suffolk und Norfolk beschränkt, wo sie meist mit Krebsschere *(Stratiotes aloides)* assoziiert ist. Die tief liegenden Marschwiesen der **Norfolk Broads** (O-England) sind der beste Platz, um diese Art zu beobachten; im Schutzgebiet Upton Fen des Norfolk Wildlife Trust pflanzt sie sich relativ zahlreich fort. Auch die wichtigsten Vorkommen von *Lestes dryas* liegen in O-England. Dort, wo sie vorkommt, kann sie besonders häufig sein, v. a. an Gräben in den Marschwiesen von Essex und Kent. In Norfolk ist sie an flachen Pingos (eiszeitlichen Thermokarstseen) zu finden, z. B. am **Thompson Common** und dem nahe gelegenen **Frost's Common**, wo sie in hoher Dichte zu finden ist.

Im letzten Jahrzehnt haben viele britische Arten ihr Verbreitungsgebiet nach Norden erweitert. Bei *Leucorrhinia dubia* hat jedoch eine Arealschrumpfung stattgefunden. Das südlichste Vorkommen liegt inzwischen in **Chartley Moss** (Staffordshire). Dieses nicht allgemein zugängliche Schutzgebiet (mglw. das beste Beispiel eines *Schwingmoor*-Habitats in ganz GB) beherbergt eine beachtliche Population. Sie ist an den Tümpeln mit dichten, flutenden Torfmoosrasen bodenständig. Auch in **Whixall Moss** (Shropshire) und an einigen wenigen Fundorten wie **Scaleby Moss** (Cumbria) ist *L. dubia* zahlreich. Nur in N-Schottland ist diese Art weit verbreitet.

Im Schottischen Hochland ist die Artenzahl zwar begrenzt, doch es gibt bedeutende Populationen seltener Arten. In den Lochans (kleine Seen) im Gebiet des **Glen Affric** (NW-Schottland) kommen wichtige Populationen von *Cordulia aenea*, *Somatochlora arctica*, *S. metallica* wie auch *L. dubia* und *Aeshna caerulea* vor. *Somatochlora metallica* weist in GB ein bemerkenswertes Verbreitungsmuster auf und kommt jeweils nur in einer Region in Südengland sowie in Schottland vor. Ganz auf Schottland beschränkt ist *Coenagrion hastulatum*, wo die Art z. B. im Gebiet des **Loch Garten** (Spey-Tal im Schottischen Hochland) zu finden ist.
S. Cham

Niederlande

Die Niederlande sind eines der flachsten, am tiefsten gelegenen und gleichzeitig wasserreichsten Länder Europas. Die zentrale Landschaft ist das Rhein-Maas-Delta; große Gebiete besitzen tonigen und torfigen Untergrund. Viele Gewässer sind künstlich: kilometerlange Grabensysteme zum Entwässern der Polder und Seen, die nach und nach die Reste ausgebeuteter Torfmoore überdeckten. Das grüne Tiefland ist im Westen durch Küstendünen begrenzt, während der Osten des Landes durch Moränen und Sanddünen einen kontinentaleren Charakter besitzt. Zurzeit sind 71 Arten nachgewiesen, *Anax ephippiger* und *Coenagrion scitulum* sind 1995 bzw. 2003 dazugekommen.

Ein für die Niederlande typisches Habitat ist das *laagveen* (Niedermoor); im Lauf des Torfabbaus entstand auf den Moorflächen oft ein Patchwork-Muster aus *petgaten* («Torfkuhlen», Orten des Torfaushubs) und *legakkers* (schmalen Landstreifen, wo der Torf getrocknet wurde) – heute ein Flickenteppich aus Wald, Röhrichtbeständen und Wasser mit sumpfigen Randbereichen und üppiger Gewässervegetation. Arten wie *Coenagrion pulchellum*, *Erythromma najas*, *Brachytron pratense*, *Cordulia aenea* oder *Libellula fulva* sind hier häufig. Ein typisches Element sind die Bestände von Krebsschere *(Stratiotes aloides)*, in denen lokal große Populationen von *Aeshna isoceles* und *A. viridis* vorkommen. *Laagveen* lässt sich bequem auf der **Kromme Rade** bei Hilversum sehen; dieser Fußweg ist von Gräben gesäumt, wo die genannten Arten sehr häufig sind. *Leucorrhinia pectoralis* wird hier oft beobachtet. Das beste Libellenrevier der Niederlande ist jedoch zweifellos **Weerribben** (dort werden Torfstiche und Torftrocknungsplätze «weren» und «ribben» genannt; daher der Name). Alle Besonderheiten können entlang der Fußpfade durch **Woldlakebos** gesehen werden, aber auch vom Wasser aus mit Booten, die man in Ossenzijl oder Kalenberg mieten und mit denen man die Sümpfe absuchen kann. Die einzigen niederländischen Vorkommen von *Coenagrion armatum* sind zwar nicht zugänglich, aber *Sympecma paedisca*, die andere lokale Besonderheit, ist häufig, ebenso alle anderen oben erwähnten Arten. Zudem wurden *Somatochlora flavomaculata, Leucorrhinia caudalis* und *Sympetrum depressiusculum* im vergangenen Jahrzehnt häufig.

Im Bereich der Küstendünen kann man die Wanderungen der Libellen gut beobachten. Bei Ostwind kommt es im Hochsommer zu massiven Einflügen von *Aeshna mixta* und *Sympetrum*-Arten. Abhängig vom Wasserstand können z. B. die sanften Tälchen in **Voornes Duin** und bei **Hoek van Holland** von *Lestes barbarus* und drei weiteren *Lestes*-Arten individuenreich besiedelt sein. Auch *Aeshna affinis, Sympetrum fonscolombii* und *S. meridionale* treten dort in manchen Jahren auf (und könnten sich fortpflanzen). *Coenagrion scitulum* breitet sich stetig entlang der Küste aus und dürfte bald Rotterdam nach Norden passieren.

Die großen Flüsse, welche die Landschaft der Niederlande formten, erscheinen auf den ersten Blick meist sehr libellenarm, doch an den meisten Ufern der Rheinarme **Lek**, **Waal** und **IJssel** lassen sich Exuvien von *Stylurus flavipes* und *Gomphus vulgatissimus* finden. Diese Arten fehlten im 20. Jh. weitgehend, doch sie haben die niederländischen Flüsse in den späten 1990ern wiederbesiedelt. Sehr abwechslungsreiche, schöne Exkursionsziele sind **Budel-Dorplein** bei Weert und **De Plateaux** bei Bergeyk, beide an der belgischen Grenze. Im Laufe eines Wochenendes lassen sich hier leicht 25 Arten beobachten. Besonderheiten sind *Somatochlora flavomaculata*, *Sympetrum depressiusculum*, *S. pedemontanum*. Genauso lohnend ist **De Meinweg** bei Roermond, wo an der **Rur** die reichste Flussfauna des Landes vorkommt, die alle fünf Gomphiden der Niederlande enthält, einschließlich der stärksten Population von *Ophiogomphus cecilia*. Auf abgelegenen Mooren *(veen)* und an Heideseen *(ven)* in den Kiefernwäldern der Provinz **Drenthe** sind *Lestes virens*, *Ceriagrion tenellum*, *Coenagrion lunulatum*, *Leucorrhinia* *rubicunda* recht zahlreich; an Stellen mit flutenden Torfmoosrasen kommt *Aeshna subarctica* dazu. *Leucorrhinia albifrons*, die in den Niederlanden als ausgestorben galt, wurde im benachbarten Teil von Friesland 2005 wiederentdeckt; möglicherweise ist sie anderenorts bisher übersehen worden.

K.-D. B. Dijkstra

Belgien und Luxemburg

Belgien gehört zu den kleinsten Ländern Europas, verfügt aber über vielfältige Naturregionen und Habitate. Die relativ flache nördliche Landeshälfte ist durch die vielen Flüsse und meist künstlichen Gewässer charakterisiert. Im NO herrschen nährstoffarme Sandböden vor, eingestreut findet man kleine Flusstäler und torfige Böden. Im S liegen die Ardennen, eine stark bewaldete Mittelgebirgslandschaft mit vielen klaren, sauberen Flüssen und mit Hochmooren auf den höchsten Erhebungen. Dies ist auch der feuchteste und kälteste Teil Belgiens. Die Artenliste umfasst zurzeit 71 Arten; *Orthetrum albistylum* kam erst im Jahr 2016 dazu.

Die Region **Kempen** im NO beherbergt die größte Libellen-Diversität in den Beneluxstaaten; bis zu 48 Arten konnten an einem einzigen Standort nachgewiesen werden. Die lohnendsten Exkursionsziele sind **Den Diel** bei Mol-Postel oder das **Hageven** bei Neerpelt. Dieser Naturraum, der bis in die Niederlande reicht (siehe De Plateaux), zeichnet sich durch ein Mosaik aus mesotrophen Heideseen *(vennen)*, ausgedehnten Fischteichen und kleinen Bächen aus. *Sympecma fusca*, *Brachytron pratense*, *Libellula fulva* sind Beispiele für die interessanten Frühjahrsarten, im Sommer treten *Sympetrum depressiusculum*, *S. pedemontanum*, *Orthetrum coerulescens*, *Ceriagrion tenellum* an ihre Stelle.

Weiter westlich liegen die Heideflächen von **Kalmthout** und **Groot Schietveld** bei Wuustwezel und Brecht; diese besucht man am besten im Frühling, wenn *Coenagrion lunulatum* und *Leucorrhinia rubicunda* sehr häufig sind. Auch die Heideflächen von **Teut** bei Zonhoven oder **Zijpbeek** bei Lanaken lohnen einen Besuch. Die dortigen Besonderheiten sind *Coenagrion hastulatum*, *Ceriagrion tenellum*, *Somatochlora arctica*, *S. flavomaculata*, *Orthetrum coerulescens*. In den für die **Schelde** typischen Altarmen, z. B. im Damvallei bei Gent oder am Kreek bei Rupelmonde, kommen *Erythromma najas*, *Coenagrion pulchellum*, *Libellula fulva*, *Brachytron pratense* vor.

Die **Ardennen** sind wegen der Libellenfauna ihrer Fließgewässer bekannt. Die lohnendsten Flüsse sind Ourthe, Lesse und Semois mit vielen Populationen von *Onychogomphus forcipatus*, *Calopteryx splendens*, *Gomphus vulgatissimus*. An der Ourthe findet sich zw. Barvaux und Durbuy die nördlichste Population von *Oxygastra curtisii*. In den oberen Abschnitten und an den meisten Nebenflüssen sind *Calopteryx virgo* und *Cordulegaster boltonii* recht häufig. Die interessantesten Hochmoore der Ardennen sind das **Plateau des Tailles** und die **Fagnes de Spa-Malchamps**. Zu den dortigen Besonderheiten zählen *Aeshna subarctica*, *Somatochlora arctica*, *Coenagrion hastulatum*.

Im äußersten Süden findet sich in der sog. **Gaume** eine ganz besondere Fauna: Populationen von *Cordulegaster bidentata* an den Kalktuffablagerungen («Crons»), z. B. in Buzenol; *Coenagrion mercuriale*, *C. scitulum*, *Libellula fulva* und *Orthetrum brunneum* im Tal von Laclaireau (zw. Buzenol und Ethe); eine sehr große Population von *Somatochlora flavomaculata* im Landbruch (Vance). An mehreren Weihern und Teichen der Region (Etalle, Latour) entdeckt man mit etwas Glück einige südl. Arten wie *Anax parthenope* und *Aeshna affinis*.

Die Fauna des angrenzenden **Luxemburg** gleicht jener von SO-Belgien. Am Ufer der Our befindet sich das einzige Vorkommen von *Oxygastra curtisii*, das für Luxemburg und Deutschland bekannt ist.

G. De Knijf

Deutschland

Deutschland besitzt eine besondere Vielfalt an Naturräumen und Habitaten und bietet ein breites Spektrum interessanter Lebensräume für Libellen. Da sind die großen Flüsse Rhein, Elbe, Oder und Donau mit ihren Einzugsgebieten; die nordostdeutsche Seenplatte mit ihren unzähligen Seen; Mittelgebirgsgegenden mit Quellen, Bächen und Mooren; schließlich die eiszeitlich geprägten Moorlandschaften im Süden. Mit zurzeit 81 nachgewiesenen Arten (davon 77 bodenständig) zeigt die Libellenfauna in Deutschland einen für Mitteleuropa typischen Querschnitt. In Deutschland sind sämtliche Libellenarten geschützt: Das Sammeln und selbst der (temporäre) Fang von Imagines ist ohne Sondererlaubnis untersagt. Außerhalb von Naturschutzgebieten darf man jedoch die Exuvien sammeln.

Früher gab es in NW-Deutschland besonders viele Heidegebiete und Torfmoore. Trotz großflächiger Umwandlung der Moore in landwirtschaftliche Nutzflächen existieren z. B. in der **Lünebur-**

ger Heide noch Moore mit starken Populationen von *Coenagrion lunulatum*, *C. hastulatum*, *Aeshna subarctica*, *A. juncea*. In mikroklimatisch günstigen Bereichen sind häufig auch *Ceriagrion tenellum*, *Lestes virens* oder *Orthetrum coerulescens* zu finden, so etwa im Raum Celle, wo an der Örtze auch Deutschlands einzige bodenständige Population von *Boyeria irene* lebt. An den kleinen Nebenflüssen von **Elbe** und **Aller** sind *Ophiogomphus cecilia*, *Cordulegaster boltonii*, *Calopteryx virgo*, *Platycnemis pennipes* häufig. Eine lokale Besonderheit ist die starke, aber hochgradig isolierte Population von *Boyeria irene* an der **Örtze,** die im Jahr 2010 entdeckt wurde. Diese Art tritt dort v. a. zwischen Hermannsburg und der Örtze-Mündung in die Aller auf, z. B. dicht südlich von Evers oder im Umfeld der Brücke östlich von Winsen. Bekannt sind die Populationen von *Aeshna virdis* und *Coenagrion pulchellum* an den Altarmen in den Aller-Auen und an den Gräben der **Weser**-Auen bei Bremen.

Die pleistozäne Seenlandschaft von **Mecklenburg** und **Brandenburg** ist für Libellen ideal. Etwa 5000 Seen unterschiedlichsten Typs, dazu Weiher, Tümpel und andere Feuchtgebiete bilden einen 300 km langen Biotopverbund zw. Schwerin und Frankfurt/Oder. An den Röhrichtgürteln der Seen, Kanäle und Gräben kommen *Sympecma fusca*, *Brachytron pratense*, *Aeshna isoceles*, *Anax parthenope*, *Libellula fulva* vor. Bei einer Bootsfahrt auf den Seen rund um Templin kann man diese Arten zusammen mit *Epitheca bimaculata* beobachten, und an einem typischen sonnigen Juniwochenende findet man im UNESCO-Biosphärenreservat Schorfheide-Chorin mglw. 40 Libellenarten. Am Ufer des Gollinsees (eines Klarwassersees) kann man die Männchen von *Onychogomphus forcipatus* beobachten. Kleine, submers reich verkrautete Flachseen mit sumpfigen Ufern beherbergen eine artenreiche Libellenfauna (bis zu 38 Arten), z. B. *Leucorrhinia caudalis*, *L. pectoralis*, *Sympecma paedisca*, *Erythromma viridulum*, *Somatochlora flavomaculata*. Typisch und gut zugänglich ist der Steißsee bei Metzelthin (westl. Uckermark). Tümpel in Mooren beherbergen Populationen von *Leucorrhinia albifrons* und *Aeshna subarctica*.

Im 20. Jh. waren **Oder** und **Spree** zeitweilig die wichtigsten deutschen Rückzugsorte für *Stylurus flavipes*, ferner *Gomphus vulgatissimus* und *Ophiogomphus cecilia*, inzwischen sind diese jedoch auch an der **Elbe** wieder weit verbreitet. An den temporären Gewässern der Flussaue kommen *Aeshna affinis* und *Lestes barbarus* vor. Im ehemaligen Auenbereich der **Havel** (westl. von Berlin) und in Gegenden mit alten Torfstichen im **Peenetal** bei Anklam dienen Gräben und Teiche mit Massenbeständen der Krebsschere *(Stratiotes aloides)* als Fortpflanzungsgewässer von *Aeshna viridis*. An Entwässerungsgräben im Einzugsgebiet der **Unstrut** zw. Sangerhausen und Gotha kann man *Coenagrion mercuriale* und *C. ornatum* finden, die hier ihre Verbreitungsgrenze erreichen.

Die Torfmoore in den Höhenlagen von **Erzgebirge**, **Thüringer Wald** und **Harz** beherbergen *Aeshna subarctica*, *Somatochlora alpestris*, *S. arctica*. An großen Seen, temporären Gewässern und Quellaustritten im Bereich des früheren Braunkohletagebaus zw. **Cottbus** und **Halle** lassen sich *Lestes virens*, *Ischnura pumilio*, *Orthetrum coerulescens*, *O. brunneum*, *Sympetrum fonscolombii*, *Leucorrhinia dubia*, *L. albifrons* finden.

Reste von *Heidemooren* in Nordrhein-Westfalen, wie etwa jene in der **Wahner Heide** bei Köln oder im Naturpark **Schwalm-Nette** bei Viersen, weisen zahlreiche Arten auf, ebenso viele *Schlatts* (eiszeitliche Thermokarstgewässer) im westl. Niedersachsen, wie etwa die **Dianaseen** bei Cloppenburg. Von den urspr. riesigen Hochmooren, den *Dosen,* sind nur mehr wenige erhalten, z. B. die **Esterweger Dose** im Emsland. In diesen Habitaten können *Lestes virens*, *Ceriagrion tenellum*, *Coenagrion lunulatum*, *Aeshna subarctica* äußerst zahlreich sein. *Kuhlen* (Altarme und Sümpfe), wie die **Fleuthkuhlen** bei Geldern, sind typisch für den **Niederrhein**; zu den Besonderheiten zählen *Brachytron pratense* und *Libellula fulva*. Gute Plätze für *Sympetrum depressiusculum* sind die **Dülmener** und die **Ahlhorner Fischteiche**, beides große Teichanlagen für die Karpfenzucht, die im Winter regelmäßig trockenfallen.

An der Grenze von Rheinland-Pfalz und Luxemburg findet sich an der **Our** das einzige deutsche Vorkommen von *Oxygastra curtisii*. Die **Oberrheinebene** zw. Karlsruhe und Freiburg ist ein Schwerpunkt für *Coenagrion mercuriale*. Südliche Arten wie *Anax parthenope*, *Crocothemis erythraea*, *Orthetrum albistylum* können hier problemlos beobachtet werden. Quellen und Bäche an den Westhängen des **Schwarzwalds** bieten Habitate für *Cordulegaster bidentata* und *C. boltonii*. Deutschlandweit einzigartig sind die Vorkommen von *Gomphus simillimus* am Hochrhein zw. Bodensee und Basel; am Bodenseeufer kann auch *Boyeria irene* beobachtet werden. Der flache, temporäre **Schmiechener See** bei Ulm ist ein perfektes Fort-

Niedermoor im Chiemgau (Süddeutschland).

pflanzungsgewässer für *Lestes dryas* und *Sympetrum flaveolum*, in manchen Jahren sogar für *S. meridionale*.

Mittelfranken ist bekannt wegen seiner Populationen von *Stylurus flavipes*, *Gomphus vulgatissimus* und *Ophiogomphus cecilia*; sie kommen in größeren Flüssen wie der Regnitz vor. Eine besonders große Population von *Coenagrion ornatum* existiert bei Ansbach im Oberen Altmühltal, wo sie in Wiesengräben bodenständig ist. Die Kiesgruben und größeren Altarme in den **Donau-Auen** bei **Plattling** bieten am ehesten eine Chance, die Männchen von *Epitheca bimaculata* beim ausdauernden Patrouillenflug zu beobachten (mit dem Fernglas) und die großen Exuvien im Mai zu sammeln. *Sympetrum pedemontanum* ist eine typische Art der **Münchner Schotterebene** mit ihren temporären Gewässern. Hier ist in den Gräben und Bächen des Dachauer Mooses auch eine sehr große Population von *Coenagrion mercuriale* bodenständig, gemeinsam mit *Orthetrum coerulescens*. Zahlreiche Nieder- und Hochmoore, etliche davon Naturschutzgebiete, finden sich im breiten, eiszeitlich geprägten Gürtel nördl. der Alpen (Alpenvorland), der **Allgäu**, **Werdenfelser Land**, **Oberland** und **Chiemgau** umfasst: z. B. Murnauer Moos, Kirchsee oder die Eggstätter und die Seeoner Seen. Zu den Besonderheiten zählen *Sympecma paedisca*, *Coenagrion hastulatum*, *C. pulchellum*, *Aeshna isoceles*, *A. subarctica*, *Somatochlora arctica*, *S. flavomaculata*, *Leucorrhinia caudalis*, *L. pectoralis*, um nur einige zu nennen. Wer intensiv sucht, kann sogar die winzige Kostbarkeit der Region entdecken, die vom Aussterben bedrohte *Nehalennia speciosa*. In den Alpen selbst kann man auf den Höhen rund um Oberstdorf in Torfmooren die seltene *Aeshna caerulea* finden.

F. Weihrauch, R. Jödicke, A. Martens, R. Mauersberger

Polen, Estland, Litauen, Lettland, Weißrussland und Ukraine

Kennzeichnend für diese riesige Region sind Tieflandgebiete, die weitflächig durch die Eiszeit geprägt sind. Gebirgszüge finden sich haupts. in Südpolen und der Ukraine (Sudeten und Karpaten). Das vorherrschende Klima ist kontinental. Die extreme Vielfalt an Naturräumen reicht von borealen Nadelwäldern (Taiga) im N über temperate Laubwälder bis zu Mittel- und Hochgebirgen im SW und temperaten Grasländern (Steppen) im SO.

Ein wesentliches Merkmal der Region sind die zahlreichen und diversen urspr. Feuchtbiotope, die weitgehend gut erhalten sind. Die wertvollsten sind Seen verschiedener Trophiegrade (d. h. Nährstoffgehalt), überwiegend in einem breiten Gürtel vom nördlichen Weißrussland über SO-Estland, O-Lettland, O- und S-Litauen bis nach N- und Zentralpolen; weiterhin Moore und Gewässer mit *Sphagnum*-Rändern (deren Häufigkeit nach S hin abnimmt); Niedermoore und Sümpfe in Seengebieten wie in Flusstälern; schließlich zahlreiche mittlere und große Flüsse, die großteils unbegradigt (im SW hingegen weniger) und oft von Flusslandschaften mit intakten Biotopen gesäumt sind.

Mindestens 80 Libellenarten sind aus diesem Gebiet bekannt. Die wichtigsten Neuzugänge sind *Lindenia tetraphylla* (Ukraine 2013) und *Pantala flavescens* (Polen 2016). Die nördl. Verbreitungsgrenze vieler mediterraner Arten verläuft durch diese Region. Bemerkenswert ist v. a. die arten- und individuenreiche östl. Libellenfauna. Da die östl. Arten in W- und Mitteleuropa vergleichsweise selten und die Populationen abnehmend sind, ist diese osteuropäische Region für sie ein wichtiger Rückzugsraum. Die Regionalfauna ist in Polen, Litauen, Lettland und der Ukraine mittelmäßig erfasst, in Estland und Weißrussland nur begrenzt.

Saure Gewässer mit Torfmoosvegetation sind in den borealen und temperaten Nadelwäldern sehr häufig. In Seengebieten (Seenplatten) beherbergen die Gewässer in Torfmooren und/oder kleinen Waldseen mit *Sphagnum*-Rändern *Aeshna subarctica* (regelm.), *Leucorrhinia albifrons* (mäßig häufig), *Nehalennia speciosa* (lokal und nur an flachen Schlenken mit Seggenschwingrasen). *Aeshna crenata* und *Coenagrion johanssoni* kommen in diesen Habitaten nur im nördl. Teil der Seengebiete vor. In einem Torfmoorgürtel 2 km östlich von **Golce** (bei Wałcz, N-Polen) findet man an kleinen Seen als Hauptattraktion *N. speciosa* in sehr großer Zahl, auch *A. subarctica* und *L. albifrons* kommen vor. Eine ähnliche Fauna ist in den entspr. Habitaten im **Regionalpark Labanoras** (O-Litauen) und den südlich gelegenen Wäldern heimisch, die lokale Besonderheit ist jedoch *A. crenata*. In Kleinseen in NO-Lettland und SO-Estland kommt *C. johanssoni* hinzu (*A. crenata* fehlt hier), am **Vinnora**-See (1,2 km südwestl. der SW-Ecke des Kerigumäe-Sees, EST) lebt eine große Population. Lohnende Ziele sind auch zwei Seen in Lettland: **Mazais Paiķis** an der Straße nach Pskov (3 km südöstl. von Korneti) und **Lidacis** zw. dem Garulis-See und Cirgali.

Südlich der Seenzone ist in den Torfmooren und Sümpfen (sie sind überwiegend klein und liegen in Wäldern) oft *Somatochlora arctica* bodenständig, lokal auch *N. speciosa*. Beide Arten kommen in SO-Polen, z. B. 1 km südöstlich von **Hamernia**, vor. Ein klassisches Habitat von *S. arctica* findet sich in kleinen, komplett mit Torfmoos zugewucherten Tümpeln 0,7 km südlich von **Majdan Kasztelański**. Im Spätfrühjahr kann man südlich von **Khvaensk** (Hvoyensk) im **Pripyatskiy-Nationalpark** (Weißrussland) Schwärme von *S. arctica* antreffen; im nahe gelegenen **Simanichy**-Moor sind *A. subarctica*, *L. albifrons* und zahlreiche *N. speciosa* heimisch.

Im Mai kann man in den folgenden Waldseen (oft mit Schwimmpflanzen) zahlreiche Exuvien von *Epitheca bimaculata* finden: z. B. im **Nationalpark Drawa** (NW-Polen), dem **Iława-Seengebiet** (N-Polen), den **Golossejewski**-Seen in Kiew und dem **Supoy**-See bei Jahotyn (Ukraine). Mit Fernglas kann man die Imagines Ende Mai und im Juni beim Flug über den Seen beobachten; auch Waldlichtungen und Straßen in der Nähe sind gut geeignet. Die Seen Zentral- und N-Polens sowie der baltischen Staaten sind besonders gute Habitate für *Libellula fulva*. Nähstoffärmere Seen, oft mit reicher submerser, flutender und emerser Vegetation (insbes. mit Seggen, *Carex*), beherbergen interessante *Leucorrhinia*-Arten. *L. albifrons* ist in N-Polen und den baltischen Staaten weit verbreitet und lokal recht häufig; *L. caudalis* ist insgesamt stärker zerstreut, doch im Norden nicht selten. *L. albifrons* ist eine typische Art der bekannten «Lobelien-Seen» in N-Polen. Diese Seen sind meist schwach sauer, nährstoffarm und gekennzeichnet durch eine besondere Vegetation *(Lobelia, Isoetes, Litorella)*, Klarwasser sowie niedrige Kalziumkonzentrationen; Beispiele sind der **Czarnówek**-See (nördl. von Złocieniec) oder der **Bieszkowice**-See. Erstaunlicherweise kommt auch *Sympetrum striolatum* in diesem recht borealen Habitat vor. Im Juni und Anfang Juli kann man *L. caudalis* an bestimmten Seen beobachten, z. B. **Łakie** (5 km südlich von Goscim, W-Polen) – dort auch *Erythromma lindenii* – und an der SO-Ecke des **Šventas**-Sees (im Gražute-Naturpark, NO-Litauen). Gute Seen in SO-Estland sind **Külajärv** bei Plaani (auch mit *L. albifrons*) und **Vaaba järv** bei Kooraste.

Typisch für NO-Europa sind außerdem Gewässer mit Krebsschere *(Stratiotes aloides)*, an denen meist auch *Aeshna viridis* zu finden ist. Sie lässt sich gut an Altarmen und anderen Gewässern nördl. von **Khvaensk** (Hvoyensk, Weißrussland) beob-

Waldsee im Białowieża-Nationalpark, Nordostpolen.

achten, wie auch an einer Aussichtsplattform am SO-Ufer des **Łukie**-Sees im Poleski-Nationalpark, an Torfstichen im Norden von Dorohucza (beide O-Polen) und in der Umgebung von Borne Sulinozo (N-Polen). In den beiden erstgenannten Gebieten lässt sich im Mai in der emersen Vegetation mglw. die heimliche *Coenagrion armatum* entdecken.

Die Tieflandflüsse beherbergen in einem großen Teil der Region ansehnliche Gomphiden-Populationen. *Ophiogomphus cecilia* lässt sich am besten an kleinen Fließgewässern wie im **Nationalpark Drawa** oder am **Grabia**-Fluss (N- bzw. Zentralpolen) beobachten. Die Region ist europäischer Verbreitungsschwerpunkt von *Stylurus flavipes*, dessen Exuvien an den Ufern vieler Tieflandflüsse gesammelt werden können, z. B. an **Warthe, Weichsel, Pilica, Narew, Bug** (alle Polen; sogar in Städten wie Warschau und Posen), an **Memel** (Weißrussland/Litauen), **Prypjat**, **Beresina** (Weißrussland), **Dnjepr** und **Worskla** (beide Ukraine).

Flüsse und Bäche in den Bergen und Hügeln der südlichen **Krim** (z. B. der **Alma**-Fluss und Fließgewässer in der Umgebung von **Simferopol**) beherbergen Populationen von *Calopteryx splendens* mit sehr kleinen Flügelflecken, die manchmal als endemische Art *C. taurica* angesehen werden. An den Gewässern in der Steppenzone der Krim kommen *Lestes macrostigma* und *Sympetrum meridionale* in großer Zahl vor.

Gräben bei den Teichen von **Chojno-Młyn** (W-Polen), der **Nereśl**-Fluss und angrenzende Gräben in Tykocin (NO-Polen) sowie Stillgewässer einer Kiesgrube in **Matuizos** (S-Litauen) sind empfehlenswert für *Sympetrum pedemontanum*. *Aeshna serrata* kommt an schilfbestandenen Gewässern im Einflussbereich der Ostsee vor, so etwa an zahlreichen Stellen auf der estnischen Insel **Saaremaa**. Mit dem Fernglas lassen sich die über den Schilfgürteln der Meeresbuchten und -lagunen patrouillierenden Männchen gut beobachten; ebenso können diese aber jagend auf Waldlichtungen und an Waldrändern angetroffen werden.

Zu den gut zugänglichen und lohnenden Fundorten an anthropogenen Gewässern Polens gehören die Torfgruben beim **Strzeszyńskie**-See und der Bach **Bogdanka** in Poznán *(Leucorrhinia caudalis, L. pectoralis, L. albifrons)*, ferner 0,8 km südöstlich von **Zagłebocze** ein Gebiet in der Pufferzone des Poleski-Nationalparks, wo man bei gründlicher Suche *Nehalennia speciosa*, *Aeshna subarctica*, *L. albifrons*, *L. pectoralis*, *Sympecma paedisca* finden kann. Letztere ist in der Region lokal sehr häufig und kann z. B. in großer Zahl in O-Polen an den Teichen in **Zalesie Kańskie** (bei Rejowiec) oder 3 km südwestlich von **Stary Brus** (im Poleski-Nationalpark) beobachtet werden. *Orthetrum albistylum*, das ihr Verbreitungsgebiet in jüngster Zeit regional stark ausgedehnt hat, ist an Teichen, Kies- und Sandgruben in SO-Polen und der Ukraine weit verbreitet. Der Süden und Südosten der Region ist für Arten mit kontinentalem Verbreitungsschwerpunkt, die warme und trockene Sommer brauchen, wie *Aeshna affinis* und *Sympetrum meridionale*, besonders günstig. Empfehlenswert ist z. B. die weitere Umgebung der ukrainischen Städte **Kaniw**, **Baryschiwka** und **Jahotyn** (Zentral- und N-Ukraine).

R. Bernard, P. Buczynski

Frankreich

Frankreich ist durch die Mischung aus atlantischem und mediterranem Klima geprägt, ferner durch seine vielfältigen Landschaften, die vom Meeresniveau bis zu 4808 m reichen. Entsprechend weist die französische Libellenfauna 97 Arten unterschiedlicher Herkunft auf. 10 Arten sind auf SW-Europa beschränkt, darunter sind *Platycnemis latipes*, *P. acutipennis, Gomphus graslinii* und *Macromia splendens* nur für die Iberische Halbinsel und Frankreich nachgewiesen. Bei ¼ der Arten sind die Vorkommen weitgehend mediterran, manche sind auf Korsika und andere Inseln des Tyrrhenischen Meers beschränkt. Von den 7 Arten mit afrik. Ursprung haben einige ihr Verbreitungsgebiet in jüngster Zeit nach Norden ausgedehnt.

Die einzelnen Regionen besitzen jeweils ein unterschiedliches Artenspektrum. Die Tieflandgebiete lassen sich in S (Aquitanien, Mittelmeerregion und Korsika), NW, Zentrum und NO unterteilen. Die meisten süd- und südwesteurop. Besonderheiten sind in den Fließgewässern Aquitaniens und der Mittelmeerregion heimisch. Fast an jedem Fluss findet man Arten wie *Calopteryx xanthostoma*, *Platycnemis latipes*, *P. acutipennis*, *Gomphus simillimus*, *Oxygastra curtisii* sowie die Unterart *meridionalis* von *Calopteryx virgo*. Ein Teil dieser Arten besiedelt sogar in großer Zahl stehende Gewässer. *Gomphus graslinii* und *Macromia splendens*, 2 geschützte südwesteurop. Endemiten, sind allerdings nicht so verbreitet. Gute Populationen von *G. graslinii* existieren nur innerhalb des von Mittelmeer, Massif Central, Rhone und Gironde begrenzten Gebiets. Dort lassen sie sich an langsamen bis mittelschnellen Flüssen mit sandiger bis steiniger Sohle finden, wo auch *Boyeria irene* weit verbreitet ist. Die besten Populationen von *Macromia splen-*

dens sind ebenfalls in diesem Gebiet anzutreffen, doch sie ist bis auf einige Plätze im südl. **Massif Central** und im **Languedoc**-Tiefland selten und kommt v. a. an Flussabschnitten vor, die langsam fließen oder aufgestaut sind (z. B. am **Tarn** zw. Millau und Albi).

An kleinen, verkrauteten Bächen (z. B. mit Wasser-Minze) sind *Coenagrion mercuriale*, *Ceriagrion tenellum* und *Calopteryx haemorrhoidalis* weit verbreitet, *Coenagrion caerulescens* ist dagegen extrem lokal. Östlich der Rhone tritt an kleinen Bächen mit sandiger Sohle die Unterart *immaculifrons* von *Cordulegaster boltonii* auf. An größeren Bächen und Flüssen der südl. Vorberge von Alpen und Massif Central bis hin zum Mittelmeer finden sich gute Populationen der Unterart *unguiculatus* von *Onychogomphus forcipatus*, während *O. uncatus* Flüsse mit fast reißender Strömung bevorzugt.

Auch stehende Gewässer sind für diesen wärmsten Teil Frankreichs typisch. Auf den Kalkhochflächen wurden kleine Tümpel (sog. *lavognes*) angelegt, um Regenwasser für das Vieh zu sammeln. Dort sind große Populationen von *Lestes virens*, *L. barbarus* und *Coenagrion scitulum* bodenständig. An der Mittelmeerküste gedeiht im Brackwasserbereich eine salztolerante Vegetation, für die z. B. Queller-Arten (*Salicornia* spp.) typisch sind. Diese sog. *sansouires* sind in der **Camargue** (im Rhonedelta) weit verbreitet und ein bevorzugter Lebensraum von Arten wie *Lestes barbarus*, *L. macrostigma*, *Anax parthenope*, *A. ephippiger*, *Sympetrum fonscolombii*, *S. meridionale*. *Trithemis annulata* erreichte das franz. Festland im Jahr 1994 und ist heute im S und SW ziemlich weit verbreitet. Die verwandte *T. kirbyi* dürfte ihr folgen und wurde erstmals im Jahr 2017 an fünf Stellen nachgewiesen.

Die echte Besonderheit in **Korsika** ist – neben vielen mediterranen Arten und Seltenheitsnachweisen – der tyrrhenische Endemit *Ischnura genei*. Wie auch in Sardinien und Sizilien ist dieser dort an allen stehenden und langsam fließenden Gewässern weit verbreitet. Die östlichen Arten *Chalcolestes parvidens* und *Somatochlora meridionalis* sowie der südliche *Paragomphus genei* kommen ebenfalls auf Korsika vor, sind aber sehr selten.

Das Flusssystem der Loire ist der wichtigste «Libellen-Hotspot» in W- und Zentralfrankreich und verfügt über gute Gomphiden-Habitate. *Stylurus flavipes* und *Ophiogomphus cecilia* sind am häufigsten. Die besten Flussabschnitte für diese beiden Arten finden sich an **Loire** und **Vienne** im Dep. **Indre-et-Loire**, an der Loire im Dep. **Loiret** sowie an Loire und **Allier** im Dep. **Nièvre**. Daneben kommen auch andere Gomphiden vor, wie *Gomphus vulgatissimus*, *G. simillimus*, *G. pulchellus*, die Unterart *forcipatus* von *Onychogomphus forcipatus* sowie der seltenere *O. uncatus*. Bei Besuchern aus N-Europa ist der landschaftlich schöne **Parc Naturel Régional de la Brenne** bei Chateauroux sehr beliebt, doch von den zahlreichen Teichen liegen etliche auf Privatgrundstücken. Hier kann man *Leucorrhinia caudalis*, *L. pectoralis* oder *Epitheca bimaculata* beobachten.

Die besten Libellenhabitate in NO-Frankreich sind stehende Gewässer. An zahlreichen Teichen mit Riedgürtel und gut ausgebildeter submerser Vegetation der Regionen Lorraine und Champagne-Ardenne ist *Epitheca bimaculata* zu finden. Die besten Plätze liegen in den bewaldeten Teilen des **Parc Naturel Régional de Lorraine**, dort v. a. im **Pays des Étangs** (Dep. Moselle) und im **Forêt de la Reine** westl. von Nancy. In diesen

Kiesbänke am Flussufer in den Gorges du Tarn (Massif Central, FR).

See im oberen Tal des Drugeon (Jura, FR).

sehr häufig sind, ist *Aeshna subarctica* in Frankreich nur in den **Vogesen** und im **Jura** oberhalb 700 m bodenständig, jedoch selten. Auch *Coenagrion hastulatum* ist eine Besonderheit, die nur in kleinen Populationen, und zwar in echten Torfmooren und sauren Tümpeln, vorkommt. Neben den Moor-Lebensräumen sind Quellbereiche sehr lohnend und beherbergen gute Populationen von *Cordulegaster boltonii*. Typisch für Travertinquellen (Quellaustritte mit Kalktuffbildung) ist *C. bidentata*, die in NO-Frankreich lokal auch in niedrigen Lagen vorkommt.

Gebieten tritt auch *Leucorrhinia caudalis* auf, ferner weiter verbreitete Arten wie *Aeshna mixta*, *A. isoceles*, *Brachytron pratense*, *Crocothemis erythraea*, *Erythromma viridulum*, *Lestes virens*. Im kleinen Dep. Territoire de Belfort ist *Sympetrum pedemontanum* an vielen Fischteichen im **Parc Naturel Régional des Ballons des Vosges** bodenständig.

In NO-Lothringen und im nordwestl. Elsass, v. a. in den sog. **Nordvogesen**, herrscht Buntsandstein vor. An den sehr sandigen Flüssen und Bächen finden sich norm. gute Populationen von *Ophiogomphus cecilia*, gemeinsam mit *Cordulegaster boltonii*, *Gomphus vulgatissimus* und *G. pulchellus*.

Die Gebirgsgegenden besitzen eine eigeständige Fauna, die auch boreale Arten einschließt. Viele Fließgewässer sind zu kalt und zu reißend, um viele Libellen zu beherbergen, doch Flüsse mit mäßiger Strömung sind geeignet. Die zahlreichen Hoch- und Niedermoore sind sehr vielversprechend. Häufige Arten wie *Lestes sponsa*, *Coenagrion puella*, *Enallagma cyathigerum*, *Pyrrhosoma nymphula*, *Aeshna grandis*, *Cordulia aenea*, *Somatochlora metallica*, *Libellula quadrimaculata* sind leicht zu finden. *Somatochlora arctica* ist in Torfmooren weit verbreitet und kann an allen geeigneten Standorten und in allen Höhenlagen angetroffen werden – ausgen. sind die Pyrenäen mit nur wenigen bekannten Fundorten. *S. alpestris* ist in ihrer Höhenverbreitung wesentlich eingeschränkter; mit Sicherheit bodenständig ist sie in den Vogesen nur oberhalb 800 m und in den Alpen rund um und oberhalb der Baumgrenze (oberhalb 1800 m). In den Südalpen kann man *S. alpestris* einige km nördlich des Col de Salèse im **Nationalpark Mercantour** gut beobachten. Während *Aeshna juncea*, *Leucorrhinia dubia* und *Sympetrum danae* in den meisten Moorhabitaten

J.-P. Boudot, G. Jacquemin

Schweiz

Die Schweiz ist ein kleines, gebirgiges Land – die Alpen im S und der Jura im NW machen zusammen fast ¾ der Landfläche aus. Zwischen diesen Gebirgszügen liegt das dicht besiedelte und landwirtschaftlich intensiv genutzte Mittelland mit sanft gewellten Hügeln, Ebenen und einigen großen Seen.

Die Libellenfauna ist mit 77 Arten relativ reichhaltig und schließt auch mediterrane sowie alpine Elemente ein. Das Vorkommen von *Boyeria irene* am **Vierwaldstättersee, Zugersee** und **Ägerisee** sowie von *Oxygastra curtisii* am **Lago di Lugano** und am **Lago di Origlio** ist für Mitteleuropa außergewöhnlich. Sehr lohnend zum Beobachten von Libellen ist die Alpenregion zw. 1200 m und 2000 m mit ihren kleinen Seen, Weihern und Mooren. Allerdings beschränkt sich die Diversität auf wenige, teils spezialisierte Arten, die an oder oberhalb der Baumgrenze vorkommen. Viele Fundplätze sind klein, abgelegen, schwer zu finden und nur zu Fuß erreichbar, während andere – z. B. an Passstraßen – mit dem Auto oder öffentlichen Verkehrsmitteln gut zugänglich sind. Beste Zeit ist im Juli und August; das Sammeln von Libellen ist jedoch nicht erlaubt!

Zu den typischen Libellenhabitaten im **Jura** gehören die Torfmoore, allerdings sind die meisten durch früheren Torfabbau geschädigt. Am **Lac de Gruère** bei Saignelégier, einem kleinen, wunderschönen Moorsee auf 1000 m, kommen 22 für die Gegend typische Arten vor, darunter *Coenagrion hastulatum* und *Aeshna juncea*. An den Fischteichen von **Bonfol**, die teils in Wäldern liegen, lässt sich *Epitheca bimaculata* schweizweit am besten beobachten. Hier kommen über 40 Libellenarten vor, darunter *Libellula fulva* und *Anax parthenope*.

Am Jurasüdfuß liegt im **Mittelland** der **Lac de Neuchâtel** mit der **Grande Cariçaie** an seinem Südufer. Ein 800 ha großer Teil dieses Schutzgebiets besteht aus Schilfröhrichten und Seggenrieden, in denen 45 Libellenarten vorkommen, darunter bedeutende Populationen von *Sympecma fusca, Nehalennia speciosa, Brachytron pratense* und *Somatochlora flavomaculata*. Letztere dient während der Schlupfperiode als Hauptfutter für die Nestlinge des Rohrschwirls *(Locustella luscinioides)*. Zum Beobachten der Libellen der Grande Cariçaie eignet sich **Champ Pittet** bei Yverdon am besten. Im deutschsprachigen Teil des Mittellands findet sich in der stark besiedelten **Greifensee**-Region bei Uster ein weiteres Gebiet mit einer artenreichen Libellenfauna. Hier gibt es mehrere große Flachgewässer, die in den Niedermooren am Südende des Sees zu Naturschutzzwecken angelegt worden sind. Hier sind über 35 Arten nachgewiesen. Neben den häufigen Tieflandarten können hier seltenere und südliche Arten wie *Orthetrum albistylum*, *Sympetrum depressiusculum*, *Crocothemis erythraea* beobachtet werden. An den Bachzuflüssen sind *Calopteryx virgo* und *C. splendens* bodenständig: Am Seeausfluss, an der **Glatt**, schlüpfen jährlich *Gomphus vulgatissimus* und *Onychogomphus forcipatus* in beträchtlicher Anzahl.

In den Alpen ist das Gebiet **Flumserberg**, südöstlich des Walensees, ein lohnendes Ziel für einige typische Alpenarten. Knapp über der Baumgrenze liegen in Gehentfernung von der Maschgenkamm-Seilbahnstation die beiden Alpen **Panüöl** und **Fursch** mit verschieden großen, bewachsenen Weihern, an denen u. a. *Aeshna juncea*, *A. caerulea*, *Somatochlora alpestris* und *Leucorrhinia dubia* vorkommen. An den drei kleinen Seen der **Seebenalp** sind 11 Arten nachgewiesen, darunter große Populationen von *Somatochlora metallica* und *Enallagma cyathigerum*. Letztere ist regional die einzige Kleinlibelle in dieser Höhenlage.

Das Oberengadin, ein weites Hochtal in Graubünden, ist ein weiterer ausgezeichneter Platz zum Beobachten von alpinen Libellen. Der **Lej da Staz** bei St. Moritz ist ein kleiner Moorsee, in dessen Umgebung drei *Somatochlora*-Arten vorkommen, gemeinsam mit *Aeshna caerulea*, *A. subarctica*, *Leucorrhinia dubia* und *Coenagrion hastulatum*. Eine ähnliche Fauna findet sich auch weiter talaufwärts in den Mooren rund um **Maloja** und den **Lago di Cavloggio**. Im Unterengadin kann man bei Scuol/Tarasp am **Lai Nair** 14 Arten antreffen. Nicht weit entfernt liegt direkt hinter der Landesgrenze, oberhalb von Nauders (Tirol, A), ein weiterer Braunwassersee, der **Schwarze See**, der zusammen mit dem **Grünen See** und etlichen moorigen Waldlichtungen einen Besuch wert ist. *Somatochlora arctica*, *S. alpestris*, *S. metallica*, *Leucorrhinia dubia*, *Erythromma najas* und *Coenagrion hastulatum* sind für das **Tiefwald**-Gebiet typisch.

Im Westteil der Schweizer Alpen ist das **Aletsch**-Gebiet, ein UNESCO-Weltnaturerbe, ein lohnendes Ziel. Oberhalb der Riederalp, beim **Breite Bode**, kann man mit herrlicher Sicht auf den längsten Alpengletscher einige kleine Weiher finden, die typische alpine Arten beherbergen. *Somatochlora alpestris* und *Aeshna juncea* lassen sich selbst im Alpengarten des Pro Natura Zentrums auf der Riederfurka antreffen.

Ganz anders geartet sind zwei Standorte im wärmeren Talboden des Rhonetals im Wallis: mehrere große Weiher im **Pfynwald**, einem Kiefernwald auf einem prähistorischen Bergsturz bei Sierre, und der Rhone-Altarm von **Leukerfeld** bei Leuk – beides Standorte mit mind. 30 Arten, wie *Erythromma lindenii*, *E. viridulum*, *Aeshna isoceles* und *Leucorrhinia albifrons*. Auch in den Südalpen lassen sich alpine Arten entdecken. In den höheren Lagen des Tessins gibt es mehrere gute Orte, z. B. **Piora** oberhalb von Ambri Piotta.

H. Wildermuth

Österreich

Österreich wird im Westen und Süden von hohen Gebirgszügen dominiert. Die nördlichen und nordöstlichen Landesteile fallen sanft ab und bilden die Donauebene, die in das flache Wiener Becken übergeht; ganz im Osten liegt der große Neusiedler See. Mit 78 Arten ist die Libellenfauna Österreichs sehr vielfältig und schließt auch mediterrane und alpine Elemente ein, darunter Besonderheiten wie *Lestes macrostigma*, *Coenagrion hylas*, *Stylurus flavipes*, *Cordulegaster heros*, *Somatochlora meridionalis* und als letzten Neuzugang *Chalcolestes parvidens*. Mit Ausnahme der letztgenannten kommen alle diese Arten in der benachbarten Schweiz nicht vor. Andererseits sind die typisch alpinen Arten in beiden Ländern dieselben.

Die lohnenden alpinen Gebiete sind ähnlich gut zugänglich wie in der Schweiz. Im Gegensatz zu den alpinen Lebensräumen, die man am besten im Juli und August besucht, sind tief gelegene Gebiete wie der Neusiedler See oder die Donauauen von

April bis September interessant. Sämtliche Libellenarten sind in Österreich streng geschützt und dürfen nicht gesammelt werden.

In Vorarlberg kann man im Montafon auf alpine Arten wie *Aeshna juncea*, *A. caerulea*, *Somatochlora alpestris* und *Leucorrhinia dubia* treffen, wenn man von der Bergbahnstation Tafamuntalpe (in der Nähe von Partenen) zum **Wiegensee** (1900 m) und zum **Zeinisjoch** am Kops-Stausee wandert. Bei der Bergbahnstation **Sonnenkopf** zw. Dalaas und Silbertal trifft man inmitten von Almwiesen an kleinen Weihern auf dieselbe Fauna. Alpine Arten, darunter *Coenagrion hastulatum* und *Aeshna subarctica*, kommen in Tirol auch an vielen Orten vor, z. B. auf der **Hartkaseralp** bei Ellmau, in der **Wildschönau/Schatzberg** bei Auffach, am Pass **Filzenscharte/Trattenbach** zw. Westendorf und Wald (Pinzgau, Salzburg) und im Zirbenwald bei **Obergurgl/Ötztal**. Im unteren Inntal kommen im Gebiet um **Thierberg** (bei Kufstein) und **Kramsach** (mit den **Reintaler** Seen) 42 bzw. 37 Arten vor, darunter *Sympecma paedisca* und *Libellula fulva*. Der Tiroler **Lech** zw. Stanzach und Weissenbach ist einer der letzten Wildflüsse der Alpen. Dieser Abschnitt des Lechtals ist auch zum Beobachten von Libellen lohnend. Neben etlichen anderen Arten kann man am Rand der Talebene *Coenagrion hylas* finden, und zwar in Weihern und Kleinseen mit kaltem, langsam fließendem Wasser.

Ganz im Osten Österreichs befindet sich in der Gegend des Neusiedler Sees/Seewinkels nicht nur der tiefste Punkt des Landes, sondern auch eines der interessantesten Libellengebiete. Der **Neusiedler See** ist Europas westlichster flacher Steppensee. Ein großer, bis zu 5 km breiter Schilfgürtel säumt das Ufer. Für den angrenzenden **Seewinkel** sind die etwa 45 *Lacken* typisch: kleine, flache Sodaseen mit jahreszeitlich schwankendem Wasserstand. Beide gehören zum **Nationalpark Neusiedler See-Seewinkel**. Mit seinem Mosaik aus großen und vielfältigen Feuchtgebietsbiotopen zählt er überregional zu den wichtigsten Gebieten für viele Arten, insbesondere für *Lestes macrostigma*, doch ebenso *Chalcolestes parvidens, Lestes barbarus, L. virens, Ischnura pumilio, Aeshna affinis, A. isoceles, Sympetrum fonscolombii, S. meridionale, Leucorrhinia pectoralis*. Insgesamt wurden hier 49 Arten nachgewiesen.

Ein wunderbares Exkursionsziel sind auch die **Donauauen** flussabwärts (östl.) von Wien mit zurzeit 50 Arten. In Österreich ist dies der inzwischen einzige unverbaute Donauabschnitt mit großen Auen- und Auwaldgebieten. Das ganze Gebiet ist im **Nationalpark Donauauen** geschützt. Die großen Süßwasser-Stillgewässer der **Unteren Lobau**, etwa Mittelwasser und Kühwörter Wasser, beherbergen – nur wenige km vom Wiener Stadtzentrum – wichtige Populationen von *Coenagrion pulchellum*, *Brachytron pratense*, *Aeshna isoceles*, *Epitheca bimaculata*. Weiter westlich und noch näher am Stadtzentrum kann man in der **Oberen Lobau** *Anax parthenope* und *Libellula fulva* finden. Der wichtigste Fundort für *Stylurus flavipes* liegt an der Mündung der March in die Donau, direkt an der österr.-slow. Grenze. An der **March** und in ihren Auen sind bedeutende Populationen von *Epitheca bimaculata* und *Orthetrum albistylum* bodenständig. Auf den jährlich von der March überschwemmten, großen, tief liegenden Flächen hat man gute Chancen, *Aeshna affinis* und *Sympetrum flaveolum* zu finden. Ein guter Ausgangspunkt für eine Libellenexkurison in den Marchauen ist Marchegg, von dort aus geht es zu Fuß nach Baumgarten (Richtung Norden). Der **Wienerwald** bedeckt die nordöstl. Ausläufer der Alpen und reicht bis in die südwestl. äußeren Stadtbezirke Wiens. An kleinen Bächen kommt hier *Cordulegaster heros* vor; man kann sie sogar innerhalb der Stadtgrenzen im Lainzer Tiergarten, am Rotwasserbach und am Gütenbach finden.

Das **Waldviertel** liegt im Norden des Landes (Niederösterreich), am Südende des aus Granit bestehenden Böhmischen Massivs, das die Wasserscheide zw. Elbe und Donau bildet. Es

Schilfgürtel am Neusiedler See (Österreich).

beherbergt 58 Libellenarten und ist durch mehr als 1400, großteils nicht intensiv genutzte Fischteiche gekennzeichnet (Gesamtfläche ca. 1700 ha). Die größeren Teiche sind oft durch ausgedehnte Röhrichtgürtel und andere Gewässervegetation gekennzeichnet. Erleben kann man die faszinierende Artenvielfalt des Gebiets sehr gut an den Teichen rund um **Pürbach** (südl. von Schrems) oder im Süden und Westen von **Heidenreichstein**, z. B. am Brünauteich. Abgesehen von den Fischteichen finden sich auch in den Mooren und Bächen des Waldviertels wichtige Populationen verschiedener Libellenarten, wie *Lestes dryas*, *L. sponsa*, *L. virens*, *Coenagrion hastulatum*, *Erythromma najas*, *Cordulegaster boltonii*, *Sympetrum flaveolum*, *Leucorrhinia dubia*. Die einzigen Stellen in Österreich, wo *Leucorrhinia rubicunda* zurzeit vorkommt, sind drei Moore im nordwestl. Waldviertel. Im südl. Waldviertel gibt es interessanterweise einen kleinen Bach, den **Felbringbach**, wo alle 3 österr. *Cordulegaster*-Arten gemeinsam auftreten: *bidentata* lebt in den Quellgebieten der kleinen Zuflüsse, *heros* ist an den mittleren, meist bewaldeten Bachabschnitten bodenständig und *boltonii* kommt hauptsächlich am Unterlauf vor, wo der Bach durch Wiesen fließt. An den Gräben und Bächen der südöstl. **Steiermark** findet sich eine interessante Artenvielfalt, darunter *Somatochlora meridionalis*. Diese Art bevorzugt halbschattige Ufer von Fließgewässern, z. B. am **Mühlgang** südwestl. von Poklitsch.
R. Raab

Tschechien und Slowakei

Diese beiden Länder mitten im Herzen Europas bestehen überwiegend aus Hügel- und Mittelgebirgslandschaften, gehen aber im Norden und Westen in Gebirge und im Süden in die Pannonische Tiefebene über. In die tieferen Lagen dringen mediterrane Arten vor, die hier ihre nördl. Verbreitungsgrenze erreichen, während in den Gebirgsgegenden einige isolierte Populationen von borealen Arten auftreten. In Tschechien wurden 74 Arten nachgewiesen, mit den letzten Neuzugängen *Erythromma lindenii*, *Gomphus pulchellus*, *Cordulegaster heros* und *Somatochlora meridionalis*. In der Slowakei wurden 69 Arten nachgewiesen, als letzter Neuzugang *Anax ephippiger*.

Šumava, Krušné hory, Jizerské hory, Krkonoše, Králický Sněžník und **Hrubý Jeseník** sind Gebirgszüge an der tschechischen Grenze; sie bieten verschiedenste lohnende Habitate. An kleinen Seen sind *Aeshna juncea* und *Somatochlora alpestris* bodenständig, während an kleinen Torfmooren die seltenere *S. arctica* vorkommt und die Moore in höheren Lagen vereinzelt Populationen von *A. caerulea* beherbergen. An Seen mit flutenden Torfmoosrasen sind regelmäßig *Coenagrion hastulatum*, *Aeshna subarctica*, *Cordulia aenea*, *Leucorrhinia dubia* zu finden. Im slowak. Teil der **Karpaten** (Karpaty) kommt an Waldquellen und kleinen Bächen *Cordulegaster bidentata* vor, während Flüsse mit Schotterbänken für *Onychogomphus forcipatus* und *Gomphus vulgatissimus* ideal sind.

Hunderte künstlich angelegter Teiche charakterisieren das Hügelland der **Mittelböhmischen** und **Böhmisch-Mährischen Höhe** zw. Prag und Brno. *Coenagrion puella*, *Aeshna mixta*, *A. grandis*, *Libellula quadrimaculata* sowie *Lestes*- und *Sympetrum*-Arten sind dort häufig. An kleinen Teichen mit *Sphagnum*-Rändern treten *Coenagrion hastulatum*, *Leucorrhinia pectoralis* und *Sympetrum danae* auf, selten auch *C. lunulatum* und *L. rubicunda*. *Calopteryx splendens*, *C. virgo*, *Cordulegaster boltonii* und *Somatochlora metallica* kommen an den Bächen des Hügellands vor.

In tieferen Lagen kann man an vielen Teichen und Sandgruben bei **Trebon** (östl. von Ceské Budejovice) *Erythrommma viridulum*, *Aeshna isoceles* und *Crocothemis erythraea* finden, ferner an den kristallklaren Bächen *Ophiogomphus cecilia* und *Cordulegaster boltonii*. Seltenheiten wie *Nehalennia speciosa*, *Somatochlora arctica*, *S. flavomaculata*, *Leucorrhinia dubia*, *L. pectoralis*, *L. rubicunda*

See im Nationalpark Šumava (Tschechien).

kommen in Torfmooren vor, manche davon mit Seen, die durch den Torfabbau entstanden sind. Im Tiefland bei **Most** (NW-Tschechien) kommt lokal *Sympecma paedisca* vor, während *Libellula fulva* und *Sympetrum depressisculum* in alten Tagebaugruben bei **Ostrava** (NO-Tschechien) zu finden sind. An den nahe gelegenen, naturbelassenen Flussabschnitten der **Oder** fliegen *Stylurus flavipes*, *Gomphus vulgatissimus*, *Ophiogomphus cecilia*, *Onychogomphus forcipatus*.

In den Tiefländern an der **Donau** und ihren Nebenflüssen Thaya, March, Ipel' und Theiß existieren permanente Populationen von südl. Arten wie *Coenagrion scitulum*, *Crocothemis erythraea*, *Orthetrum brunneum* und *Sympetrum meridionale*. *Aeshna affinis* tritt hier regelmäßig auf, und *Epitheca bimaculata* kommt in einigen Kiesgruben vor. In Gebieten mit unverbauten Flüssen findet man Populationen von *Stylurus flavipes*, *Ophiogomphus cecilia* und manchmal auch *Onychogomphus forcipatus*. Klare Waldbäche sind der Lebensraum von *Cordulegaster heros*, an schlammigen Bächen in offenem Gelände sind *Coenagrion ornatum*, *Orthetrum coerulescens*, *Sympetrum pedemontanum* heimisch. Jüngst wurden in dieser Region auch *Somatochlora meridionalis* (1995) und *Leucorrhinia caudalis* (2002) gefunden.

O. Holuša

Ungarn

Ungarn ist insgesamt ein sehr flaches Land. Die weite Pannonische Tiefebene ist von zahlreichen mäandrierenden Bächen und Flüssen durchzogen, entlang deren Verläufe eine Vielzahl unterschiedlicher Libellenlebensräume zu finden sind. In der Pusztalandschaft der Großen Ungarischen Tiefebene, die weite Bereiche Zentralungarns einnimmt, liegen zahlreiche flache, alkalische Steppenseen, die im Sommer oft austrocknen und eine typische Libellenfauna beherbergen. Mit der Entdeckung einer Population von *Erythromma lindenii* im SO (2014) und eines einzelnen *Trithemis-annulata*-Männchens (2016) wurden in Ungarn 66 Arten nachgewiesen.

Die flachen alkalischen Seen der **Großen Ungarischen Tiefebene** sind die wichtigsten Stillwasserhabitate für Libellen. Ihr temporärer Charakter sagt nicht allen Libellenarten zu, doch sie sind ein Paradies für *Lestes macrostigma*, *Sympetrum depressiusculum*, *S. meridionale* und weitere an derartige Umweltbedingungen angepasste Arten. In Seen, deren Wasserstand im Sommer etwas höher ist, können sich *Sympetrum fonscolombii* und *Anax ephippiger* innerhalb weniger Monate fortpflanzen; lokal kann man auch *Coenagrion scitulum* finden. Kelemenszék im **Nationalpark Kiskunság** (ca. 30 km südl. von Budapest) ist eines der besten Gebiete. Für die Sumpfflächen im Kiskunság-Gebiet und rund um Kis-Balaton sind starke Populationen von *Coenagrion pulchellum*, *Aeshna isoceles*, *Somatochlora flavomaculata*, *Leucorrhinia pectoralis* typisch. Eine der größten zentraleuropäischen Populationen der letztgenannten Art kommt am Kolon-See im Nationalpark Kiskunság vor.

Ähnliche Habitate findet man im länderübergreifenden Nationalpark **Neusiedler See und Fertö-Hanság** (gemeinsam mit Österreich). Er besteht aus einem flachen Steppensee mit riesigem Schilfgürtel, benachbarten kleinen Sodaseen *(Lacken)* sowie traditionell bewirtschaftetem Weideland. Im Juni kann man *Lestes macrostigma* und *Leucorrhinia pectoralis* beobachten. Das dichte Kanalnetzwerk im Niedermoor des Nord-Hanság lohnt einen Besuch, um gute Populationen von *Coenagrion ornatum* und *Libellula fulva* zu sehen, dazu *Orthetrum coerulescens* und *O. brunneum*. Im Sommer trifft man hier oft auch auf *Aeshna grandis* und *Sympetrum pedemontanum*.

Einige ungarische Flüsse, wie die obere **Theiß** im NO (z. B. bei Tiszabecs, Tarpa, Vásárosnamény, Tokaj) und die **Raab** im W (Szentgotthárd, Magyarlak, Körmend, Rábahídvég), gehören zu den besten Stellen, um alle 4 zentraleurop. Gomphiden zusammen zu finden: *Stylurus flavipes*, *Onychogomphus forcipatus*, *Ophiogomphus cecilia* und *Gomphus vulgatissimus* (die am weitesten verbreitete Art). Die Theiß ist berühmt wegen der «Theißblüte», die Mitte Juni durch den Massenschlupf der Eintagsfliege *Palingenia longicauda* verursacht wird. Die Altarme, Auen und Kiesgruben am Fluss sind wichtige Lebensräume für die äußerst lokalen *Leucorrhinia caudalis* und *L. pectoralis* wie auch für die häufigere *Epitheca bimaculata*: Vorkommen bei Tiszadob, Tiszafüred und Tiszacsege-Egyek können mit Führern des Hortobágy-Nationalparks besucht werden.

In NO-Ungarn kann man an Beständen der Krebsschere *(Stratiotes aloides)* *Aeshna viridis* finden, gut zugängliche Gebiete liegen an der **Csaronda** bei Tiszaszalka und Lónya an der Grenze zur Ukraine. Die Bäche in den Hügeln von **Sopron, Orség, Szentgyörgyvölgy** und **Mecsek** (N- und W-Ungarn) sind die besten Plätze, um nach *Cordulegaster heros* zu suchen.

A. Ambrús, M. Bedjanič

Abzugsgraben im Nationalpark Fertö-Hanság (Ungarn).

Portugal

Portugal liegt im SW der Iberischen Halbinsel und ist durch vielfältige Landschaften gekennzeichnet: Es fällt von der span. Grenze zum Atlantik hin ab, ebenso von Norden nach Süden. Der Tejo trennt den gebirgigen Norden von den hügeligen Ebenen im Süden. Die Libellenfauna des portugiesischen Festlands umfasst 65 Arten.

Der **Parque Nacional da Peneda-Gerês** im Nordwesten des Landes ist von zahlreichen Bächen durchzogen, an denen *Boyeria irene*, *Cordulegaster boltonii*, *Onychogomphus uncatus*, *Calopteryx virgo*, *Pyrrhosoma nymphula* allgegenwärtig sind. Am Stausee von **Lindoso** (an der Grenze zu Spanien) kommt zudem auch *Macromia splendens* vor. Zu den interessantesten Gebieten im NO gehören das Tal des **Rio Sabor** und seine Zuflüsse; dort sind über 20 Arten anzutreffen, darunter die geschützten Arten *Coenagrion mercuriale*, *Gomphus graslinii*, *Macromia splendens*, *Oxygastra curtisii*.

In **Salreu**, einem großen Sumpfgebiet ganz in der Nähe der Atlantikküste (bei Aveiro), kann man Libellen fast ganzjährig beobachten, manchmal in hoher Dichte. Die interessanteste nachgewiesene Art des Gebiets ist *Brachytron pratense*, die bereits Anfang März fliegt; dazu kommen viele andere wie *Aeshna mixta*, *Crocothemis erythraea*, *Chalcolestes viridis*. Etwas weiter südlich und näher am Meer liegt **Lagoa da Vela**, ein kleiner Süßwassersee, zu dessen Besonderheiten die seltene *Diplacodes lefebvrii* und *Brachythemis impartita* gehören.

Aeshna juncea ist landesweit nur für die **Serra da Estrela** nachgewiesen; diese ist das höchste Gebirge auf dem portug. Festland und gleichzeitig der größte Naturpark. Auf dem Hochplateau liegen etliche Seen, an denen auch *Lestes dryas*, *Enallagma cyathigerum*, *Anax imperator*, *Libellula quadrimaculata* und *Sympetrum flaveolum* vorkommen, während an den sauberen Bächen und Flüssen *Calopteryx virgo*, *Platycnemis latipes*, *P. acutipennis*, *Boyeria irene*, *Cordulegaster boltonii*, *Onychogomphus forcipatus* und *O. uncatus* heimisch sind. Das Tal des **Rio Mira** (bei Santa Clara-a-Velha) ist ein gutes Gebiet, um *Lestes virens* und *Ceriagrion tenellum* zu sehen, bei intensiver Suche kann man auch *Coenagrion scitulum* finden.

Die vielen kleinen, sauberen Nebenflüsse des **Rio Guadiana** mit ihren unberührten Tälern beherbergen eine ausgesprochen interessante Libellenfauna, z. B. *Calopteryx xanthostoma*, *Ischnura pumilio*, *Gomphus graslinii*, *G. simillimus*, *Onychogomphus costae*, *O. forcipatus*, *Paragomphus genei*, *Macromia splendens*, *Oxygastra curtisii*, *Orthetrum chrysostigma*, *O. nitidinerve*, *O. trinacria*, *Trithemis annulata*. Besonders schön ist das Ramsar-Gebiet **Ribeira do Vascão** (an der Grenze der Distrikte Beja und Faro).

An der **Algarve** kann man in den Sümpfen von **Alvor** u. a. *Diplacodes lefebvrii*, *Anax parthenope* und *Libellula quadrimaculata* antreffen, an der Südküste manchmal, v. a. im Herbst, Massenwanderungen von *Anax ephippiger* und *Sympetrum fonscolombii* beobachten. In der Nähe von **Faro** (und damit am westlichsten Punkt ihres Verbreitungsgebiets) wurde kürzlich *Selysiothemis nigra* entdeckt. *Trithemis kirbyi* hat sich im Jahr 2017 in **Ribeira de Asseca** fortgepflanzt und ist auch andernorts im SO zu erwarten.

F. Weihrauch, S. Feirrera

Spanien

Auf dem span. Festland (inkl. der Balearen) wurden bisher 80 Arten nachgewiesen, letzter Neuzugang war *Trithemis kirbyi*. Nach ihrer Ankunft in Andalusien im Jahr 2007 besiedelte die Art rasch einen Großteil des Ostens und des Landesinneren und erreichte vor Kurzem das Pyrenäen-Vorgebirge. Das Klima der nördl. Regionen mit ihren feuchten Sommern ist sehr gegensätzlich zum wüstenähnlichen Klima des Südens, dies spiegelt sich auch in der Artenzusammensetzung wider. Arten wie *Macromia splendens*, *Oxygastra curtisii*, *Lestes dryas*, *L. sponsa*, *Calopteryx virgo*, *Aeshna juncea*, *Gomphus vulgatissimus*, *Cordulegaster bidentata* findet man nur im Norden bzw. sie werden nach Süden hin zunehmend seltener. Dagegen sind *Lestes macrostigma*, *Anax parthenope*, *A. ephippiger*, *Paragomphus genei*, *Orthetrum trinacria*, *O. chrysostigma*, *Brachythemis impartita*, *Diplacodes lefebvrii*, *Trithemis annulata*, *T. kirbyi*, *Selysiothemis nigra*, *Zygonyx torridus* typisch südl. Arten, von denen viele auch in Nordafrika häufig sind.

Die Flüsse in **Galicien** (z. B. Cabe, Sil, Lérez, Tea, Tambre, Arnoia, Limia) beherbergen eine reiche Libellenfauna; *Oxygastra curtisii* ist dort sehr häufig und tritt gewöhnlich zusammen mit *Macromia splendens* und manchmal *Gomphus graslinii* auf. An den Küstenlagunen in Galicien, wie Doniños, Valdoviño, Louro, Xuño und Vixán, finden sich große Populationen von *Ischnura elegans* (in Spanien größtenteils selten), *Lestes virens*, *L. barbarus*, *Aeshna mixta* und *Sympetrum fonscolombii*. An manchen Lagunen existieren Mischbestände von *I. elegans* und *I. graellsii*, und es kommt regelmäßig zur Hybridisierung.

Im gebirgigen **Asturien** sind die Flüsse kurz und reißend. Am häufigsten sind hier *Calopteryx virgo*, *Boyeria irene* und *Cordulegaster boltonii*. Auch *Calopteryx haemorrhoidalis* ist weit verbreitet; wegen des metallisch violetten Körpers der Männchen wird sie manchmal als eigene Unterart *asturica* behandelt. An den *ibones* (Bergseen) von **Aragón** kommen große Populationen von *Aeshna juncea* vor, ferner *A. cyanea*, *Libellula depressa*, *L. quadrimaculata*, *Sympetrum flaveolum*, *Lestes dryas*, *L. sponsa*, *Pyrrhosoma nymphula*, *Enallagma cyathigerum*. Diese nördl. Arten sind insgesamt nicht häufig und auf der Iberischen Halbinsel auf Hochlagen beschränkt. Einige in Spanien seltene Arten, wie *Sympetrum vulgatum* (die helle Unterart *ibericum*), *S. flaveolum*, *Lestes sponsa*, *Aeshna juncea* und *Gomphus vulgatissimus*, findet man in den Bergen der Provinz **León** (zw. Asturien und den Hochebenen von Zentralspanien). Andere nördl. Arten kommen nur in den Pyrenäen vor: *Coenagrion hastulatum*, *Somatochlora metallica*, *Leucorrhinia dubia*, *L. pectoralis*.

Die Region **Madrid** besitzt eine reiche Fauna, wahrscheinlich wegen ihrer geogr. Lage im Zentrum der Halbinsel, wo südl. und nördl. Arten gemeinsam vorkommen. An der Mittelmeerküste treten viele afrikanische Arten auf, z. B. *Orthetrum nitidinerve*, *O. chrysostigma*, *Brachythemis impartita*, *Trithemis annulata*, *T. kirbyi*, *Selysiothemis nigra*, *Zygonyx torridus*. *S. nigra* kommt auf den Balearen regelm. vor. Die Gegend um **Valencia** und der **Ebro**, v. a. das Deltagebiet, gehören zu den artenreicheren Teilen der Region. Einige andalusische Flüsse, z. B. **Yeguas** und **Hozgarganta**, beherbergen starke Populationen von westeurop. Endemiten, wie *Platycnemis acutipennis*, *P. latipes*, *Gomphus graslinii*, *G. pulchellus*, *Macromia splendens*. *Onychogomphus costae* ist im Einzugsgebiet von Guadalquivir, Júcar und Ebro lokal sehr häufig. *Sympetrum sinaiticum* pflanzt sich in allen Gewässertypen fort und ist an der gesamten Küste von Andalusien bis Katalonien recht häufig. Ein besonders interessantes Gebiet ist der **Nationalpark Doñana**, wo seltenere Arten wie *Lestes macrostigma*, *Brachytron pratense*, *Anax ephippiger*, *Paragomphus genei* und *Diplacodes lefebvrii* vorkommen, obwohl *B. pratense* in jüngerer Zeit dort nicht mehr beobachtet wurde.

A. Cordero Rivera

Lagune von El Rocío in der Coto Doñana (Spanien).

Lago de Erina, Nationalpark Covadonga (Spanien).

Italien

Italien reicht von den Hochalpen bis in den subtropischen Mittelmeerraum und zeichnet sich durch einen ungewöhnlichen Reichtum an verschiedenen Landschaften aus. Folglich ist die Libellenfauna mit 95 Arten sehr vielfältig. Es fehlen zwar etliche west- und ostmediterrane Besonderheiten, doch v. a. die Tyrrhenischen Inseln beherbergen eine afrik. geprägte Fauna, im Süden kommt mit *Cordulegaster trinacriae* sogar eine endemische Art vor. Mehrere Arten sind in jüngerer Zeit hinzugekommen wie *Aeshna subarctica* (2009) in den Alpen sowie auf kleinen Mittelmeerinseln *Sympetrum sinaiticum* (2010), *Pantala flavescens* (2012), *Diplacodes lefebvrii* (2013) und *Tramea basilaris* (2016). Die Letztgenannte hat hier ihr einziges europäisches Vorkommen nördlich der Sahara.

Wenn man im Norden des Landes Libellen beobachten will, sind die Südalpen ein guter Startpunkt. Direkt unterhalb der Schutzhütte **Baita Segantini** am Rollepass (Trentino) liegt ein Moor mit *Aeshna caerulea* und *Somatochlora alpestris*. Im Torfmoor der **Torbiera di Pian Gembro** bei Trivigno im oberen **Veltlin** (Lombardei) treten *Coenagrion hastulatum, Somatochlora arctica* und *Leucorrhinia dubia* in z. T. hohen Abundanzen auf. Im kleinen **Lago di Lod** beim Dorf Antey-Saint-André (im Valtournenche, Aostatal) kommt *Aeshna grandis* in großer Zahl vor.

Weiter südlich liegt zw. Iseo und Provaglio das große Feuchtgebiet **Torbiere d'Iseo**; dort findet man mehr als die Hälfte aller in Italien nachgewiesenen Libellenarten. Die seltene *Oxygastra curtisii* kommt hier ebenso vor wie *Brachytron pratense*, zudem die einzige überlebensfähige Population von *Leucorrhinia pectoralis* in Italien (und bis vor ein paar Jahrzehnten *Nehalennia speciosa*). Hier findet man, wie auch in anderen Seen am Rand der lombardischen Voralpen, *Erythromma najas* und *Cordulia aenea*, ferner *Coenagrion pulchellum*, *Erythromma viridulum*, *E. lindenii*, *Ceriagrion tenellum*, *Aeshna isoceles* und *Somatochlora flavomaculata*.

Der Westteil der **Po-Ebene** ist eine Agrarlandschaft mit großen Kanälen, Flüssen und Bächen, an denen *Orthetrum albistylum* und *Sympetrum pedemontanum* in großer Zahl vorkommen. *Ophiogomphus cecilia* und *Stylurus flavipes* patrouillieren über der Wasserfläche oder jagen am Rand von Getreidefeldern. Bis in die 1970er traf man in den Reisfeldern auf riesige Schwärme von *Sympetrum depressiusculum*, doch ihre Zahlen sind inzwischen sehr stark zurückgegangen. Fast jeder Bach beherbergt *Calopteryx splendens*, *Pyrrhosoma nymphula*, *Gomphus vulgatissimus*, *Libellula fulva* und gelegentlich *Calopteryx virgo*, *Boyeria irene* und *Cordulegaster boltonii*. Lohnend ist die Gegend von **Tromello** (Prov. Pavia, Lombardei) rund um die Kanäle **Naviglio Langosco** und **Canale Cavour** und den Fluss **Terdoppio**. Die relativ ungestörten Abschnitte des **Po** zw. Lombardei und Emilia sind gute Gebiete für *Stylurus flavipes*. In mehreren kleinen Flüssen in Ligurien, z. B. im **Erro** bei Pontinvrea, kommen *Boyeria irene*, *Onychogomphus uncatus*, *Oxygastra curtisii* vor. Rund um den **Lago di Massaciuccoli** (Toskana) kann man mit etwas Glück *Lindenia tetraphylla* finden. An den südital. Gebirgsflüssen, z. B. am Oberlauf des **Bussento** (Kampanien) und **Agri** (Basilikata), entdeckt man vielleicht die in Italien endemische *Cordulegaster trinacriae*.

Afrikanische Arten kann man am besten auf den Inseln des Tyrrhenischen Meers beobachten, vorzugsweise im Sommer. Nur auf diesen Inseln kann man *Ischnura genei* antreffen, die hier häufig ist. **Sizilien** bietet viele Möglichkeiten: Bei einem Besuch des Küstensees **Biviere di Gela** (bei Gela an der S-Küste) kann man etliche *Orthetrum trinacria*, *Trithemis annulata* und *Selysiothemis nigra* sehen, mglw. auch *Paragomphus genei*. Schon bevor man das Ufer erreicht, fliegen dem Besucher zahlreiche *Brachythemis impartita* um die Füße. Die Südhänge der felsigen Rocca Busambra bei **Ficuzza** sind ein lohnendes Ziel in den Bergen bei **Palermo**. An den kleinen Bächen dieser Gegend kann man die leuchtend gelb gezeichnete Unterart *sicilica* von *Cordulegaster bidentata* finden, gemeinsam mit dem seltenen *Orthetrum nitidinerve*. *Cordulegaster trinacriae* kommt rund um Castelbuono und Mezzojuso vor.

Wer auf der kleinen Insel **Pantelleria** Ferien macht, sollte den Vulkansee **Bagno dell' Acqua** oder **Specchio di Venere** besuchen, der die einzige bisher bekannte europ. Population von *Ischnura fountaineae* beherbergt – praktisch die einzige Libellenart, die man dort findet.

Das Ampolatal beim Gardasee (Südalpen, Italien).

Die afrik. Arten *Orthetrum trinacria* und *Trithemis annulata* kommen auch auf **Sardinien** vor. Die Letztgenannte trifft man gewöhnlich an Bächen und Flüssen an, während die Erstere meist an Stillgewässern heimisch ist, z. B. im NW der Insel am **Lago Baratz** und am kleinen **Stagno di Platamona**. An klaren Bächen mit sandigem Bett und Ufer, wie **Rio Terramala** bei Monti oder die Bäche bei **Posada**, kann man *Paragomphus genei* in großer Menge beobachten. Am Stagno di Platamona oder an der Mündung des **Rio Padrogianu** bei Olbia lässt sich mit etwas Glück *Lindenia tetraphylla* beobachten. Auf den Binsenhorsten rund um die Salztümpel in **Su Palosu** bei **Oristano** sitzen Ende Mai und Anfang Juni Hunderte von *Lestes macrostigma*, die wie hellblaue Blüten wirken. Diese Art ist fast als einzige in der Lage, sich dort fortzupflanzen. Zeitweilig ausgetrocknete Tümpel (im Sommer nur noch vertrocknetes Röhricht), z. B. die verstreuten Tümpel auf dem **Monte Limbara** bei Tempio Pausania, sind ebenfalls für die meisten Libellenarten ungeeignet – bis auf *Lestes barbarus* und *L. virens*, die zu Hunderten dort vorkommen können.

M. Pavesi

Slowenien

Slowenien ist ein kleines, grünes Land südlich der Alpen, das durch wunderschöne Landschaften und eine reiche Fauna und Flora charakterisiert ist. Die Lage am Schnittpunkt mehrerer biogeografischer Regionen (Mittelmeer-, Pannonische, Alpine und Dinarische Region) und der Reichtum an Süßwasserhabitaten sind wohl primär dafür verantwortlich, dass die Libellenfauna mit 72 Arten sehr vielfältig ist. Slowenien ist der beste Ort in Europa, um die faszinierende *Cordulegaster heros* und *Somatochlora meridionalis* zu beobachten.

Nur wenige km südlich von Ljubljana liegt eines der interessantesten Gebiete. Einst das bekannteste Moorgebiet in ganz S-Europa, stellt sich das **Laibacher Moor** heute als weiträumige, aber schöne Agrarlandschaft dar, die von einem dichten, ökologisch vielfältigen Netz an Abzugskanälen, Gräben und Bächen durchzogen ist. Dort und in der näheren Umgebung sind über 40 Arten nachgewiesen, von besonderem Interesse ist die jeweils größte slowenische Population von *Somatochlora flavomaculata* und *Coenagrion ornatum*.

Der Frühsommer ist die beste Zeit, um die größte europ. Libellenart, *Cordulegaster heros*, zu finden. Sie bevorzugt kleine Waldfließgewässer mit langsamer bis mäßig rascher Strömung, wie sie für den Übergang von Hügel- zu Tiefland typisch sind. Im N von Ljubljana kann man an den Waldbächen westl. der Straße Kranj–Škofja bzw. nördl. der Straße Cerklje–Preddvor fündig werden. Auch in Zentral- und O-Slowenien ist *C. heros* sehr häufig; sie tritt oft zusammen mit *Calopteryx virgo*, manchmal auch mit *Cordulegaster bidentata* und *Somatochlora meridionalis* auf. Letztere ist ebenfalls sehr häufig, bevorzugt aber etwas größere, beschattete, mäandrierende Fließgewässer im Tiefland. Sie wird meist von *Calopteryx virgo*, *C. splendens*, *Platycnemis pennipes* und *Onychogomphus forcipatus* begleitet.

In N-Slowenien, auf der sonnigen Alpensüdseite, liegen einige der südlichsten Torfmoore Europas: der Pohorje sowie die Pokljuka- und die Jelovica-Hochebene in den **Julischen Alpen** sind gute Gebiete für *Aeshna juncea*, *Somatochlora arctica*, *Leucorrhinia dubia*. Nur eine Autostunde entfernt befindet sich eine der größten Sehenswürdigkeiten, der **Cerkniško See**, ein temporärer Karstsee mit ständig wechselnder Wasserführung und mind. 36 Libellenarten. Trotz vieler Badegäste lohnt im Juni ein Besuch an der **Slowenischen Riviera**: Die alten Salzfelder in Secovlje, die Brackwasserlagune Škocjanski Zatok (bei Koper) und zwei Tongruben-Seen in Fiesa (bei Piran) beherbergen über 40 Arten, darunter in Fiesa eine starke Population von *Ceriagrion tenellum*.

In NO-Slowenien gibt es einige Stillgewässer mit je über 35 Arten: die großen Fischteiche bei den Dörfern **Podvinci** und **Zgornji Velovlek** (bei Ptuj), der **Komarnik-See** (bei Lenart) und das **Medvedce**-Staubecken (südl. von Pragersko). Der Mai ist der beste Zeitpunkt, um *Epitheca bimaculata* zu beobachten, die in diesem Teil des Landes an mehr als 70 Stellen nachgewiesen ist. Im Juni kann man an einem Wochenende leicht über 30 Arten antreffen, darunter *Leucorrhinia pectoralis*, *Aeshna isoceles*, *Erythromma najas*.

Weiter östlich findet sich ein weiterer Libellen-Hotspot: In den **Mura**-Auen mit ihren Altarmen und zahlreichen Kiesgruben kommen über 50 Arten vor. An einigen älteren Altarmen (dort, wo die Mura bei **Petišovci** die Grenze bildet) sind sowohl *Chalcolestes viridis* als auch *C. parvidens* bodenständig, an manchen kommen sogar die gefährdete *Aeshna viridis*, *Leucorrhinia caudalis* und *L. pectoralis* vor, während *Aeshna isoceles* und *Coenagrion pulchellum* häufig sind.
M. Bedjanič

Kroatien

Abgesehen von Mooren besitzt Kroatien alles, was gute Libellenhabitate ausmacht: Tieflandflüsse mit intakten Auen und Altarmen, große Fischteiche, Karstflüsse, dazu die imposante, zerklüftete Adriaküste und ihre Inseln mit zahllosen kleinen Weihern und Viehtümpeln. In bestimmten Gebieten von O-Slawonien, Banovina und Dalmatien sollte man jedoch etwas vorsichtiger sein, da dort im Kroatienkrieg Minenfelder verlegt wurden. Zurzeit umfasst die Libellenfauna von Kroatien 68 Arten.

Sehr interessant sind die unteren Abschnitte der **Drava** in N-Kroatien an der Grenze zu Ungarn; dort kann man *Ophiogomphus cecilia*, *Stylurus flavipes* und *Gomphus vulgatissimus* gemeinsam sehen. Der Naturpark **Kopacki rit** ist eine der größten Sumpf- und Auenlandschaften Europas; er liegt im äußersten Osten des Landes am Zusammenfluss von Drava und Donau. Hier wurden über 40 Libellenarten nachgewiesen.

In Zentralkroatien findet man ähnliche Habitate mit reicher Libellenfauna im Nationalpark **Lonjsko polje**. Das malerische, von traditioneller Landwirtschaft geprägte Dorf Čigoć ist als Storchendorf berühmt; bemerkenswert sind auch die urspr. Turopolje-Schweine, die frei umherstreifen und beim Suhlen in den überschwemmten Weidegründen oft kleine Libellenbiotope schaffen. Diese temporären Tümpel bieten passenden Lebensraum für *Lestes barbarus*, *L. dryas*, *Sympecma fusca*, *Ischnura pumilio*, *Aeshna affinis*, *Sympetrum meridionale*.

Auf dem Weg von Zagreb zur Adriaküste sollte man die berühmten **Plitvicer Seen** im Kapela-Gebirge besuchen. Die Plitvicer Seenkette am Fluss Korana gehört zu den beeindruckendsten Beispielen einer Karstlandschaft, sie ist als Nationalpark und UNESCO-Weltnaturerbe geschützt. Zwischen den einzelnen Seen liegen Travertinbarrieren und imposante Wasserfälle. Hier wurden mehr als 30 Arten nachgewiesenen. Die Artenzusammensetzung ist für Flussläufe in Kalksteingebieten typisch und gekennzeichnet durch zahlreiche *Calopteryx splendens* und *C. virgo*, *Platycnemis pennipes*, *Gomphus vulgatissimus* und *Orthetrum coerulescens*.

Auf einigen größeren Inseln der Kvarner-Bucht, z. B. **Pag** und **Krk**, kommen über 35 Libellenarten vor; *Selysiothemis nigra* und *Lindenia tetraphylla* erreichen hier ihre nördliche Verbreitungsgrenze. **Velo Blato,** ein See im Südteil von Pag, gehört zu den besten Plätzen in Europa, um beide Arten Ende Juni und im Juli zu beobachten. *Pantala flavescens* wurde im Jahr 2010 in Kroatien bei Krk das erste Mal nachgewiesen. Auf den kroat. Inseln sind Fließgewässer und Seen zwar selten, doch das wird durch unzählige kleine Viehtümpel, die *lokve*, wettgemacht. Typisch für ihre Libellengesellschaften sind *Anax imperator*, *Libellula depressa*, *Crocothemis erythaea*, *Sympetrum striolatum* und *S. meridionale*, doch *Chalcolestes parvidens*, *Coenagrion scitulum*, *Ceriagrion tenellum* können ebenfalls vorkommen und zudem, wie im Nationalpark **Brijuni**, *Lestes macrostigma*. Die Südküste von **Dalmatien** gehört zu den besten Libellengegenden im ganzen

Mittelmeerraum. Im Mündungsgebiet der **Neretva** wurden mind. 36 Arten nachgewiesen, darunter *Sympecma fusca*, *Ceriagrion tenellum*, *Coenagrion ornatum*, *Erythromma lindenii*, *Lindenia tetraphylla*, *Selysiothemis nigra*. In den Bächen der Region **Konavle** trifft man häufig auf *Caliaeschna microstigma*, *Cordulegaster bidentata* sowie die Unterart *balcanica* von *Calopteryx splendens*.
T. Bogdanovič, M. Bedjanič

Weitere Staaten des ehemaligen Jugoslawien

Serbien, Montenegro, Bosnien und Herzegowina, Kosovo sowie Nordmazedonien nehmen den größten Teil des nordwestl. Balkans ein. Im NO liegen die Libellenhabitate weitgehend im Einflussbereich der Donau und ihrer Nebenflüsse. Die gebirgige Mitte der Region ist stark verkarstet und damit für Libellen relativ ungünstig. Weiter südlich macht sich nach Montenegro und Nordmazedonien hin der zunehmende mediterrane Einfluss in Klima, Libellenhabitaten und Artenzusammensetzung bemerkbar. Die Libellenfauna der gesamten Region ist nur wenig erforscht. Im einzelnen sind aus Serbien 63, aus Bosnien und Herzegowina 64, aus Montenegro 67, aus Nordmazedonien 62 und aus Kosovo 42 Arten nachgewiesen. Wegen der im Krieg verlegten Minenfelder ist in Bosnien und Herzegowina bei der Freilandarbeit Vorsicht angebracht.

Im serbischen Teil des Pannonischen Tieflands gibt es viele Flüsse, Teiche, Weiher und Sümpfe, in denen eine ähnliche Libellenfauna heimisch ist wie in den angrenzenden Gebieten in Kroatien und Ungarn. Aus zoogeogr. Sicht sind die isolierten Reliktpopulationen von *Coenagrion hastulatum*, *Leucorrhinia dubia* und *Aeshna juncea* interessant, die an den Bergseen des **Nationalparks Durmitor** (Montenegro) und des **Golija-Gebirges** (S-Serbien) vorkommen. In den Bächen der Bergregionen von Serbien und Nordmazedonien sind *Cordulegaster heros* und *C. insignis* weit verbreitet.

Bosnien und Herzegowina sind, was die Libellenhabitate angeht, sehr vielfältig. Die Flussebenen an **Sava** und **Bosna** sind für viele häufige Arten wie *Calopteryx splendens*, *C. virgo* und *Libellula depressa* geeignet; lokal findet man auch Populationen von *Leucorrhinia pectoralis* und *L. caudalis*. An den Gebirgsbächen kommen, v. a. in Zentralbosnien, Arten wie *Cordulegaster bidentata* und *Gomphus vulgatissimus* vor. Wie sehr sich die Mischung aus mediterranen und kontinentalen Einflüssen auf die Libellenfauna auswirkt, lässt sich an den Populationen von *Calopteryx splendens* erkennen, mit unterschiedlich stark ausgeprägten Merkmalen der Unterarten *balcanica* und *ancilla*. Der Landesteil Herzegowina ist zwar insgesamt trocken und felsig, hat aber viele kleine Flüsse. Hier kann man interessante Artenkombinationen finden, wie *Lindenia tetraphylla*, *Cordulia aenea*, *Somatochlora meridionalis* und *Coenagrion ornatum* (z. B. im **Nationalpark Hutovo Blato** bei Capljina).

Das gebirgige Landesinnere von Montenegro ist für Libellen zwar nicht sehr geeignet, doch im Tiefland rund um den **Skutarisee** und in der Küstenregion an der Adria rund um **Ulcinj** kann man mit etwas Glück interessante südliche Arten wie *Gomphus schneiderii*, *Trithemis annulata*, *Selysiothemis nigra* und die Unterart *nitidula* von *Platycnemis pennipes* beobachten. Der See beherbergt eine der größten bekannten Populationen von *Lindenia tetraphylla* wie auch eine erst kürzlich entdeckte, sehr isolierte Population der ansonsten westmediterranen *Gomphus pulchellus*.

In Nordmazedonien ist die Libellenfauna von **Dojran-** und **Prespasee** samt Umgebung gut erforscht. Im Presapsee, der in den Bergen an der Grenze zu Griechenland und Albanien liegt, wurden über 30 Arten nachgewiesen; die interessantesten sind *Leucorrhinia pectoralis*, *Cordulia aenea* und *Sympetrum vulgatum*, die nach S-Europa hin sehr selten werden. Im tief gelegenen Dojransee (an der Grenze zu Griechenland) kommen über 35 Arten vor, darunter eine große Population von *Lindenia tetraphylla*, während *Epallage fatime* in den Bergen nördl. des Sees vorkommt. An den Abhängen des **Belasitsa**-Gebirges lässt sich an manchen Bächen *Caliaeschna microstigma* an warmen Sommernachmittagen relativ einfach beobachten.
M. Bedjanič, T. Bogdanovič

Bulgarien und Rumänien

Die Landschaften dieser Region sind äußerst vielfältig. Da ist das riesige Tiefland mit den zahlreichen Nebenflüssen und der Donau selbst, die an ihrem Unterlauf von zahllosen Seen begleitet wird und ein riesiges Flussdelta bildet. An Küstenlagunen schließen sich überschwemmte Wälder mit fast tropischem Aussehen an. Hügelige Hochflächen mit Karstseen leiten in große Gebirgsketten mit Torfmooren (die zu den südlichsten in Europa gehören) und Bergseen über. In diesem Teil des Balkans kommen kontinentale und mediterrane Arten gemeinsam vor. Mit den Neunachweisen von *Pantala flavescens* (2012) und *Epitheca bimaculata*

(2017) umfasst die Libellenfauna in Bulgarien 71 Arten. Die rumänische Libellenfauna ist noch immer kaum erforscht. Gegenwärtig sind dort ebenfalls 71 Arten nachgewiesen, als letzte kamen *Aeshna subarctica* (2009) und *Selysiothemis nigra* (2013) hinzu.

Der Veleka in Südbulgarien, Habitat von *Somatochlora borisi*.

Der Ostbalkan ist ein schönes Reiseziel mit reicher, bisher aber ungenügend erforschter Artenvielfalt, die großes Potenzial für Neuentdeckungen bietet. Im sw-bulgarischen **Rila-Gebirge** hat man erst kürzlich *Somatochlora arctica* und *Leucorrhinia dubia* gefunden (zugleich ihr südlichstes Vorkommen). Während der Vereisung drangen diese und andere nördliche Arten über die **Karpaten** und das **Balkangebirge** südwärts vor. In den Torfmooren der höheren Bergregionen gibt es isolierte Vorkommen von *Lestes sponsa*, *Pyrrhosoma nymphula*, *Aeshna juncea*, *Cordulia aenea*, *Libellula quadrimaculata*, *Sympetrum flaveolum*. Sehr lokal verbreitet sind *Erythromma najas*, *Coenagrion hastulatum*, *C. lunulatum*, *Aeshna grandis*, *Epitheca bimaculata*, *Somatochlora metallica*, *S. alpestris* und *Leucorrhinia pectoralis*, sie könnten sich aber als häufiger erweisen, sobald man die rumänischen Regionen Moldau und Transsilvanien (Siebenbürgen) erforscht. Mglw. kommen im äußersten Norden der rumän. Ostkarpaten noch *Coenagrion armatum* und *Nehalennia speciosa* vor.

Dagegen werden die Tiefebenen und breiten Täler der Flüsse, die zur Ägäis und zum Schwarzen Meer hin entwässern, von mediterranen Arten bevorzugt. **Burgas** ist ein guter Ausgangspunkt, um die südl. **Schwarzmeerküste** zu entdecken. An den vielen kleinen Flüssen sollte man nach *Epallage fatime*, *Caliaeschna microstigma*, *Cordulegaster picta* und *Somatochlora meridionalis* Ausschau halten. *Lestes macrostigma* lässt sich an verkrauteten Tümpeln in den Dünen südl. von Burgas beobachten. Kleine Nebenflüsse der Donau sind gute Gewässer für *Cordulegaster insignis*, z. B. bei Vetren. *Somatochlora borisi* wurde in der Nähe der Flüsse Ropotamo und Veleka beobachtet; der Ort, wo die Art im Jahr 1999 als neu für die Wissenschaft entdeckt wurde, liegt jedoch im Tal des **Byala reka** bei den Dörfern Byalgradets und Gugutka (in den östl. Rhodopen). Zumindest *S. meridionalis* und *L. macrostigma* kommen bis ins zentrale Rumänien hinein vor. Zur typischen Libellenfauna der kleinen Tieflandflüsse gehören *Calopteryx splendens*, *Coenagrion ornatum*, *Orthetrum brunneum*, *O. coerulescens*. Häufig tritt *Libellula fulva* gemeinsam mit ihnen auf, wie auch *Erythromma lindenii*. Die nomadische *Selysiothemis nigra* lässt sich am besten in den verbrackten Küstengebieten am Schwarzen Meer weit im Süden beobachten. Dort gelang im Jahr 2017 auch ein Fortpflanzungsnachweis für *Lindenia tetraphylla;* auch *Trithemis annulata* dürfte dort auf Neuentdeckung warten.

Mit ihren vielfältigen Habitaten bildet die **Donau** die dynamische Ader dieser Region. *Stylurus flavipes* kommt am gesamten Donaulauf vor. Das Biosphärenreservat Donaudelta – es nimmt einen Großteil der rumän. **Norddobrudscha** ein – besteht aus unzähligen Seen, Kanälen und überfluteten Gebieten. Typisch sind losgerissene, kleine, schwimmende Schilfinseln *(Plaur)* aus dicht verflochtener Vegetation, die mit Wind und Strömung verfrachtet werden. *Aeshna isoceles* und *Anax imperator* sind über offenen Schilfflächen typisch, während *Erythromma viridulum* lieber auf flutenden Wasserpflanzen sitzt. Für das Delta sind über 30 Arten nachgewiesen, aber mehrere Neunachweise, wie derjenige von *Selysiothemis nigra,* legen nahe, dass die wirkliche Artenzahl eher bei 40 liegen dürfte. Eine ähnliche Artenvielfalt findet sich im **Biosphärenreservat Srebarna**, einem Feuchtgebiet, das in der bulg. **Süddobrudscha** liegt.

M. Marinov

Griechenland und Albanien

Fast $^{4}/_{5}$ des griechischen Festlands besteht aus Gebirgen, dort erreichen einige nördliche Libellenarten ihre südliche Verbreitungsgrenze. Klima und Fauna der Küstengebiete sind mediterran. Die über 2000 griech. Inseln machen fast $^{1}/_{5}$ des Staatsgebiets aus, doch nur 150 sind bewohnt. Viele sind artenarm, was Libellen angeht, doch einige größere Inseln bieten ihnen günstigere Bedingungen. Zurzeit sind 79 Arten für Griechenland nachgewiesen. Die Libellenfauna von Albanien gleicht derjenigen von N-Griechenland, erfordert jedoch weitere Untersuchungen. Mit *Gomphus pulchellus* (2014) und *Somatochlora metallica* (2015) wurde die Artenliste auf 59 verlängert.

Was die Anzahl an (fast) endemischen Libellenarten angeht, nimmt Griechenland in Europa den ersten Platz ein. Diese Arten sind über die Inseln und das Festland verteilt, sodass es schwierig ist, bei einem einzigen Aufenthalt alle zu Gesicht zu bekommen. Zwar werden viele südl. Arten in stehenden Gewässern gefunden, doch die meisten (Fast-)Endemiten kommen in Fließgewässern vor. Die erst kürzlich beschriebene *Somatochlora borisi* wurde an einigen wenigen Orten in den östlichen **Rhodopen** und dem **Strandscha-Gebirge** (Bulgarien/Türkei) nachgewiesen. Empfehlenswert ist der Fluss **Diavolorema** bei Dadia (10 km südwestlich von Souflion, in der Nähe der türkischen Grenze). Ein weiterer Fast-Endemit des griech. Festlands ist *Pyrrhosoma elisabethae*; sie ist nur von einigen Bächen des nördl. **Peloponnes** bekannt (z. B. in der Umgebung von Kalávrita und Dáfni), von einem Fundort in S-Albanien und von der Insel Korfu.

Auf **Korfu** findet man auch *Ceriagrion georgifreyi*, eine Rubinjungfer mit kleinem Verbreitungsgebiet, die auch auf Thasos, Zakinthos, Lesbos und lokal auf dem Peloponnes vorkommt. Erstaunlicherweise tritt auf **Kreta** und auf der nahe gelegenen Insel Ios nur die weiter verbreitete Art *Ceriagrion tenellum* auf, die allerdings im restlichen Griechenland fehlt. Auf Kreta gibt es 2 endemische Arten: *Coenagrion intermedium*, ein an Bachsystemen auf der ganzen Insel recht häufiger naher Verwandter von *C. puella,* sowie die nur lokal häufige *Boyeria cretensis,* die an rund 15 Bachsystemen nachgewiesen ist (u. a. am **Kabanos** südöstlich von Koufi und am **Petres** nordwestlich von Kaloniktis). Die Bäche der Insel unterliegen einem starken Nutzungsdruck durch touristische Infrastrukturprojekte und Landwirtschaft, weshalb diese Art inzwischen gefährdet ist.

In Griechenland kommen 5 *Cordulegaster*-Arten vor. Auf dem Festland sind *C. bidentata*, *C. heros*, *C. picta* und *C. helladica* anzutreffen. Letztere ist in Griechenland endemisch und mit 3 Unterarten vertreten, von denen *buchholzi* nur auf den **Kykladen** vorkommt. An einem großen Brunnen 8 km westl. von Kalávrita (Peloponnes) kann man die Unterart *helladica* in großer Zahl finden, gemeinsam mit *C. heros*. Ein klassischer Fundort für die Unterart *kastalia* sind die Quellen in den Ruinen von Delphi. Die kleinen Bäche direkt im SW von Neos Pandeleimónas (30 km südl. von Katerini) sind gute Fundorte für *C. bidentata* und *C. heros*. Die fünfte Art, *C. insignis*, ist auf den Inseln Thasos, Lesbos und Samos anzutreffen, wo sie gemeinsam mit *C. picta* vorkommt. Auf Rhodos, Karpathos und Ikaria finden sich die westlichsten Populationen der südasiatischen Art *Anax immaculifrons*, die an eine überdimensionierte *Cordulegaster* erinnert. An großen Seen wie Volvi und Iliki kann man auf *Lindenia tetraphylla* treffen, eine weitere besondere griechische Art.

Auch die Insel **Lesbos** ist mit deutlich mehr als 40 Arten zum Beobachten von Libellen geeignet. Darunter gibt es Besonderheiten wie *Epallage fatime*, *Lestes macrostigma, Ceriagrion georgifreyi, Caliaeschna micro-*

Schlucht im Pindos-Gebirge (Nordgriechenland).

stigma, *Gomphus schneiderii*, *Cordulegaster picta*, *C. insignis*, *Selysiothemis nigra*.
V. J. Kalkman

Türkei und Zypern

Die Türkei, dieses große, zerklüftete und vielfältige Land, reicht in ihren Lebensräumen von Schneegipfeln und temperierten Wäldern über kalte Steppen und heiße Wüsten bis zu subtropischen Küstenlandschaften. Entsprechend vielfältig ist die Libellenfauna – mit mind. 101 Arten ist sie die reichhaltigste unter den Ländern dieses Führers. Für viele tropische, afrikanische und asiatische Arten stellt die türkische und zypriotische Mittelmeerküste die äußerste Verbreitungsgrenze dar.

Mit angenehmem Klima, schöner Landschaft und interessanten Libellen ist die Südtürkei ein beliebtes Reiseziel. *Orthetrum chrysostigma*, *O. sabina*, *O. taeniolatum*, *Trithemis annulata* sind häufig und weit verbreitet. *Epallage fatime*, *Caliaeschna microstigma* und *Trithemis festiva* kommen an den meisten Bächen vor. Der beste Ausgangspunkt ist die Gegend um den **Köycegiz-See**, wo über 50 Arten nachgewiesen sind. Der See selbst wartet mit besonders großen Beständen von *Erythromma lindenii*, *Aeshna isoceles*, *Lindenia tetraphylla* und *Libellula fulva* auf. Nicht weit entfernt ist der Fluss **Esen** (Xanthos) mit *Onychogomphus flexuosus*. Die Bäche in den Amberbaumwäldern *(Liquidambar orientalis)* sind Fundorte für *Gomphus schneiderii*, *Cordulegaster insignis*, *C. picta*. An felsigen Gebirgsbächen in der Nähe findet man die beeindruckende *Anax immaculifrons*. An Rinnsalen beim Ort Köycegiz trifft man auf *Ceriagrion georgifreyi* und eine ungewöhnliche dunkle Variante von *C. pulchellum*.

Das **Göksu**-Delta, v. a. die Dünentäler und schilfbewachsene Gräben an der Akgöl-Lagune, ist eine gute Stelle für *Lestes macrostigma*, *Brachythemis fuscopalliata*, *Diplacodes lefebvrii*, *Pantala flavescens*, *Selysiothemis nigra* und *Trithemis arteriosa*. *Crocothemis servilia* tritt hier mit *C. erythraea* auf. Die meisten dieser Arten kann man auch rund um **Adana** finden. An Bewässerungskanälen und Tümpeln im Deltabereich (z. B. bei Kadirli) findet man auch *Coenagrion syriacum*, *Platycnemis dealbata*, *P. kervillei*, *Gomphus davidi*, *Paragomphus lineatus*, *Libellula pontica*. Im Delta sind am Ceyhan-Fluss 4 *Onychogomphus*-Arten heimisch *(O. forcipatus, O. flexuosus, O. lefebvrii, O. macrodon)*, ferner *Stylurus ubadschii*, eine Art, die in der ganzen Türkei vorkommt, aber nur selten beobachtet wird. Zwischen Göksu und Adana liegt die Kalksteinschlucht von **Limonlu**, wo man *Gomphus schneiderii*, *Onychogomphus assimilis* und *Anax immaculifrons* antreffen kann. Die westlichsten Populationen der zentralasiat. Art *Sympetrum haritonovi* sind hoch in den Bergen über Alanya zu finden.

In der Westtürkei gibt es noch viel zu entdecken. An einem Bach 5 km südl. von Tarakli (40 km südl. von Adapazarı) kommt eine große Population von *Libellula pontica* vor, was einer Ausweitung ihres bekannten Verbreitungsgebiets um mehr als 500 km gleichkommt.

Gute Ziele in der NW-Türkei sind **Manyas-See, Uluabat-See** und das **Kocaçay-**Delta (alle westl. von Bursa). An den vielen Lagunen und Flüssen der türk. Westküste sollte man nach *Lestes macrostigma* und der wenig bekannten Art *Stylurus ubadschii* suchen. Tausende von *Erythromma lindenii* flitzen über die großen Seen bei Isparta, die Hügel in der Umgebung bieten guten Lebensraum für *Leucorrhinia pectoralis* und *Sympetrum vulgatum decoloratum*. Über die Ökologie der Letztgenannten ist wenig bekannt; sogar die Exuvien fehlen bisher – man hat frisch geschlüpfte Imagines an einem quellgespeisten See direkt nördl. von Çayiryazi (35 km südl. von Çay) gefunden.

Landschaft und Fauna in der N-Türkei sind sehr verschieden und erinnern eher an die Gebirge von Zentraleuropa. Arten wie *Pyrrhosoma nymphula*,

Habitat von *Brachythemis fuscopalliata*, Karpuz Çay (Türkei).

Aeshna cyanea, *Cordulia aenea* und *Sympetrum danae* besitzen hier ihre einzigen türk. Vorkommen. In der äußersten NO-Türkei an der regnerischen Schwarzmeerküste (in diesem Führer nicht behandelt) sind abweichende Formen von *Calopteryx splendens*, *Coenagrion puella* und *Cordulegaster insignis* heimisch, die oft als jeweils eigene Art angesehen werden.

Die Libellenfauna **Zyperns** besitzt Ähnlichkeiten zur Fauna des gegenüberliegenden Festlands, ist jedoch mit 37 Arten relativ verarmt; auffällig ist das Fehlen der Gattungen *Coenagrion*, *Gomphus*, *Cordulegaster* und *Libellula*. Trotzdem sind die schönen Arten der anatolischen Bäche, nämlich *Epallage fatime*, *Caliaeschna microstigma* und *Anax immaculifrons*, auf der ganzen Insel vorhanden, obwohl Letztere nicht häufig ist. Bäche im Flusstal des **Diarizos** sind die besten Orte, um die Besonderheit der Insel zu finden: *Ischnura intermedia*. Die Art konnte erst im Jahr 2013 der europäischen Liste hinzugefügt werden. *Lestes macrostigma* lässt sich in den Brackwasserlagunen von Larnaka und Akrotiri finden.

V. J. Kalkman, K.-D. B. Dijkstra

Kanaren, Madeira und Azoren

Diese vulkanischen Inselgruppen im Atlantik sind wegen ihrer sehr hohen und schroffen Berge bekannt, deren Hänge steil zur Küste abfallen – der Pico del Teide auf Teneriffa ist sogar 3715 m hoch. Der NO-Passat, der seine Feuchtigkeit auf den meisten Kanareninseln an den steilen Berghängen abregnet, bestimmt das Klima der Inseln, sodass die nördlichen Inselteile fruchtbar und die Südteile trocken und heiß sind. Natürliche Süßwasserhabitate sind – bis auf den Azoren – selten und entsprechend arm ist die Libellenfauna: Auf den Kanaren gibt es nur 10 regelmäßig nachgewiesene Arten, auf Madeira 7 und auf den Azoren 5.

Die Libellenfauna ist stark durch die Nähe zu Afrika beeinflusst, was sich an den beiden einzigen Kleinlibellen der Kanaren, *Ischnura saharensis* und *I. senegalensis*, ablesen lässt. Ein Besuch auf den **Azoren** lohnt wegen einer amerik. *Ischnura*-Art: *I. hastata* kommt auf allen größeren Inseln vor, man findet allerdings nur Weibchen. Dies ist die einzige sich rein parthenogenetisch fortpflanzende Libellenpopulation. Auch *Ischnura pumilio* hat die Azoren besiedelt und ebenso **Madeira**.

Die Landschaft auf den Kanaren ist durch *barrancos* geprägt, diese tiefen, steilen Schluchten ziehen sich von den Bergen herab und sind fast ganzjährig trocken oder bieten nur temporäre Süßwasserlebensräume. Der Mangel an Fließgewässern in den *barrancos* wird aber durch offene Bewässerungsrinnen wettgemacht, die als Lebensraum für die Larven der afrik. Arten *Orthetrum chrysostigma*, *Trithemis arteriosa* und *Zygonyx torridus* dienen können. Gute Plätze sind der **Barranco del Infierno** und der **Barranco de Masca** auf Teneriffa. Von Zeit zu Zeit kommt es aus Afrika zu Masseneinflügen von *Anax ephippiger* und der allgegenwärtigen *Sympetrum fonscolombii*. Auch *Pantala flavescens* folgte wohl in ihrem Windschatten, denn zwei Individuen auf Gran Canaria im Jahr 2018 waren der Erstnachweis für die Kanaren. Der erste europäische Nachweis von *Orthetrum ransonnetii* gelang 2018 im **Barranco de Rio Cabras** auf Fuerteventura, und *Ischnura senegalensis* hat einige wenige Stellen auf La Palma und im Südteil Teneriffas neu besiedelt.

Sympetrum nigrifemur ist nur bekannt von Madeira, La Gomera, Gran Canaria und Teneriffa, manche Taxonomen sehen diese Art aber nur als große, dunkle Form von *S. striolatum* an. Die Art ist recht häufig und fliegt fast das ganze Jahr über.

F. Weihrauch

Marokko

Für europäische Reisende ist Marokko ein perfekter Einstieg für Afrika. Es ist von Spanien nur durch eine 15 km breite Meeresenge getrennt und erinnert im Norden landschaftlich sehr an Andalusien. Süden und Osten sind dagegen trockener – die Sahara bildet zugleich die Grenze zw. den Faunenprovinzen der Paläarktis und Afrotropis. Diese «europ.-afrik. Mischung» ist auch für Algerien und Tunesien typisch (die 3 Länder bilden gemeinsam den Maghreb), doch Marokko ist in zweierlei Hinsicht besonders: Erstens sorgt der Atlantik an der gesamten Küste für ein relativ feuchtes Klima mit markanten Landschaften und Habitaten. Zweitens ist das Land von Hochgebirgen durchzogen, die außergewöhnliche Gebirgslebensräume bieten.

Im Norden liegt das recht niederschlagsreiche Rif-Gebirge (2448 m). Im Zentrum befinden sich Mittlerer und Hoher Atlas (3340 m und 4165 m), die das Land als mächtiges Rückgrat in zwei gegensätzliche Seiten teilen: in den relativ feuchten NW und den fast wüstenhaften SO. Im Süden liegen Anti-Atlas (2531 m), durch die Atlantiknähe relativ niederschlagsreich, und der aride Djebel Saghro (2712 m).

Diese geogr. Vielfalt spiegelt sich in der marokkanischen Libellenfauna, die 64 Arten zählt – in der Mehrzahl mediterrane (v. a. westmediterrane Arten

wie *Calopteryx haemorrhoidalis, Ischnura graellsii, Boyeria irene*), aber auch einige holarktische Arten mit isolierten Gebirgspopulationen (wie *Lestes dryas* und *Libellula quadrimaculata*) sowie schließlich Arten, die nur im Maghreb und auf der Iber. Halbinsel vorkommen. Zu den Letztgenannten zählen *Onychogomphus costae* und *Orthetrum nitidinerve*, 3 maghrebinische Endemiten *(Calopteryx exul, Platycnemis subdilatata, Enallagma deserti)*, 1 Sahara-Endemit *(Ischnura saharensis)* und sogar 2 marokkanische Endemiten *(Cordulegaster princeps* und *Onychogomphus boudoti)*. Etwa 15 Arten sind typisch afrikanisch. Die meisten kommen auch im äußersten Süden Europas vor *(Paragomphus genei, Trithemis annulata, T. kirbyi, Brachythemis impartita, Zygonyx torridus)*, nicht jedoch *Trithemis arteriosa* und *Pseudagrion sublacteum*. *Ischnura fountaineae* ist bis tief in die asiatischen Trockengebiete verbreitet.

Tal im Hohen Atlas (Marokko).

Es ist manchmal schwierig, Libellen in Marokko zu beobachten; ohne Geduld und Hartnäckigkeit geht es nicht. Die geeigneten Habitate sind nicht immer mit dem Auto erreichbar, viele sind in schlechten Jahren zudem völlig ausgetrocknet. Die Flugzeit ist sehr lang, die Imagines können daher recht spärlich sein (mit deutlichem Rückgang in den heißesten Monaten). Generell lassen sich an einem Ort gleichzeitig nur eine Handvoll Arten beobachten. Stehende Gewässer sind knapp, abgesehen von großen Bewässerungsstaubecken sowie temporären Weihern und Seen (*daya* oder *dayet*), die nach ergiebigen Niederschlägen entstehen. Daher darf man die vorherrschenden Habitate, die *Oueds* (Flüsse und Bäche), nicht vernachlässigen; oft haben sie viele langsamere und stehende Abschnitte, wo die meisten marokk. Arten anzutreffen sind.

Wenn man die Nord- und die Atlantikküste Marokkos erkunden will, sind die *Oueds* im westlichen **Rif** ein guter Ausgangspunkt. *Trithemis annulata, Orthetrum nitidinerve* und *O. chrysostigma* lassen sich leicht entdecken, oft kommen auch *Paragomphus genei, Onychogomphus costae* oder *Trithemis kirbyi* vor. Ein gutes Beispiel ist **Oued Loukkos** (zw. Chefchaouen und Ouezzane); am **Oued Laou** (bei Chefchaouen) herrscht bereits mehr Gebirgsatmosphäre. In den Küstensümpfen von **Larache** (an der Mündung von Oued Loukkos) hat man Gelegenheit, viele Arten zu beobachten. Die afrik. *Diplacodes lefebvrii* ist anderenorts nur schwer zu finden. Weiter südlich kommen an der Brackwasserlagune von **Sidi Bou Ghaba** (bei Qenitra) die «Afrikaner» *Orthetrum trinacria* und *Brachythemis impartita* gemeinsam mit den «Europäern» *O. cancellatum* und *Aeshna mixta* vor. Wer südl. Arten wie *Trithemis arteriosa, Ischnura saharensis* und (mglw.) *Pantala flavescens* sehen möchte, sollte **Oued Massa** und den **Youssef-Ben-Tachfine**-Stausee am Rand des Anti-Atlas (zwischen Agadir und Tiznit) besuchen.

Auch das Binnenland und der Atlas bieten interessante Beobachtungsmöglichkeiten. Die *aguelmam* (Seen) im **Mittleren Atlas** beherbergen paläarktische Arten wie *Lestes dryas, Enallagma cyathigerum* und *Libellula quadrimaculata*, zusammen mit Besonderheiten wie *E. deserti* und der Unterart *maroccanus* von *Gomphus simillimus*. Empfehlenswerte Ziele sind **Sidi Ali** und **Azigza**, zwei malerische Gebirgsseen, und temporäre Seen wie **Ifrah**, **Iffer** oder **Aaoua**. An diesen Stehgewässern kann man typisch mediterrane Arten wie *Coenagrion scitulum* und *Aeshna affinis* finden. Der **Oued Tizguid** (bei Ifrane, v. a. die Stelle «Source Vittel») ist ein herrlicher Fluss, wo man fast mit Sicherheit Besonderheiten wie *Calopteryx exul* und *Cordulegaster princeps* zu Gesicht bekommt.

Pseudagrion sublacteum und *Zygonyx torridus*, zwei afrik. Arten, gehören zu den schönsten Libellenarten Marokkos. Man kann sie am ehesten an kleinen oder mittelgroßen *Oueds* in den semiariden Gebieten des Landesinneren beobachten, wo

sie meist gemeinsam mit *Onychogomphus costae* vorkommen. Diese Arten sucht man am besten (nur an schnell fließenden Abschnitten) am **Oued Sebou** (oberhalb von Fès) oder seinen Nebenflüssen (z. B. **Oued El-Ammar**, bei Matmata) sowie an den Nebenflüssen des **Oued Oum Er-Rbia**, dort, wo sie aus dem Atlas heraustreten (z. B. **Oued El-Abiod**, bei der Brücke von Imezgane). Sogar *Onychogomphus boudoti* könnte jetzt an solchen Nebenflüssen entdeckt werden, nachdem sie erst im Jahr 2014 in der Provinz **Khénifra** für die Wissenschaft neu beschrieben wurde.

Wer die östl. Art *Ischnura fountaineae* finden will, muss den Mittleren Atlas ostwärts überqueren und in die Region «L'Oriental» fahren. Am besten ist vermutlich der **Oued Za** mit seinen Nebenflüssen bei Aïn Bni Matar. Hier ist die Art sehr häufig und kommt gemeinsam mit *I. saharensis* und *Enallagma deserti* vor. (Letztere tritt hier ohne *E. cyathigerum* auf!) Diese 3 Arten lassen sich auch an den Rückhaltebecken von **Guir** und **Ziz** beobachten.

Im Süden gibt es in den Tälern von **Ziz**, **Todgha**, **Dades** oder **Draa** wunderbare Palmenhaine. Bei Wanderungen an den Flüssen und *saqiya* (Bewässerungsgräben) kann man etliche Libellen entdecken, z. B. *Platycnemis subdilatata*, *Coenagrion caerulescens*, *Ischnura saharensis*, *Anax parthenope*, *Orthetrum chrysostigma*, *O. nitidinerve*, *Sympetrum fonscolombii* und verschiedene *Trithemis*-Arten. Man suche nach *Selysiothemis nigra* an einem kleinen Staubecken am **Oued Tata** südwestlich von Tata. An diesem Fluss wurde auch *Orthetrum ransonnetii* im Jahr 2003 erstmals in Marokko gefunden. Die Art kann aber auch am **Oued Tarkal** bei Zawyat Sidi Blal angetroffen werden, zusammen mit *Sympetrum sinaiticum,* einer weiteren Art, die erst kürzlich die Liste Marokkos bereicherte. Schließlich wurde auch *Orthetrum sabina* im Jahr 2007 in Marokko neu entdeckt, und zwar am **Oued Ez-Zahar** in der Nähe von Akhfennir.
G. Jacquemin

Algerien

In Algerien, dem zweitgrößten Land Afrikas, sind Klima und Topografie sehr abwechslungsreich. Das Land lässt sich in 3 Regionen einteilen: einen feuchten Küstenstreifen mit immergrünen Eichenwäldern und Macchie, die zahlreiche Sümpfe und *garaet* (flache Seen) umgeben; ein Gebiet der flachen, semiariden Hochebenen mit ausgedehnten Salzseen, den sog. Schotts und *sebkhas*; schließlich die Sahara, wo *ergs* (Sanddünen) sich mit *regs* (Felsplateaus) abwechseln und Feuchtgebiete in Form von Oasen spärlich sind. Insgesamt wurden 63 Arten nachgewiesen, und die Erstbeschreibung von *Lestes numidicus* erfolgte 2003 in Algerien. Viele algerische Arten kommen auch im benachbarten Marokko und Tunesien vor.

Abgesehen von möglichen Neuentdeckungen locken auch Besonderheiten wie *Gomphus lucasii*, *Urothemis edwardsii* und *Acisoma inflatum*. Zudem kann man die imposanten Gebirgsschluchten von Tassili N'Ajjer und Ahaggar im tiefen Süden erkunden: Diese Gebiete werden im Führer nicht behandelt, dort kann man afrik. Arten wie *Pseudagrion hamoni* und Wüstenspezialisten wie *Orthetrum ransonnetii* antreffen.

Viele Libellenarten kommen aufgrund des subtropischen Klimas im NO vor, in der historischen Provinz Numidien, die seit Langem als wichtige Wasservogelregion bekannt ist. Gebiete wie **Lac Tonga**, **Lac des Oiseaux** und **Lac Oubeïra** haben von Schutzmaßnahmen profitiert. Wer im **Nationalpark El Kala** und Umgebung das Mosaik an Feuchtgebieten erkundet, wird wahrscheinlich Schwärme von *Ischnura graellsii, Erythromma viridulum* und *Aeshna isoceles* zu Gesicht bekommen, dazu die afrik. Arten *Diplacodes lefebvrii* und *Brachythemis impartita*. Ähnlich wie ein Kuhreiher folgt Letztere großen Säugern, auch dem Menschen! An den schnell fließenden *oueds* und *wadis* (Flüssen) findet man wahrscheinlich *Calopteryx haemorrhoidalis*, *Coenagrion mercuriale*, *Gomphus lucasii* und die dämmerungsaktive *Boyeria irene*, während an langsameren Flüsse eher *Platycnemis subdilatata* und *Paragomphus genei* vorkommen.

Zwischen den Küstendünen befinden sich Kleinseen mit reicher Fauna und Flora. In **Lac Bleu** wurden mehr als 30 Libellenarten nachgewiesen, darunter Seltenheiten wie *Urothemis edwardsii* und *Acisoma inflatum*. Die Zusammensetzung und das Verhalten der Arten unterscheiden sich je nach Jahreszeit erheblich. Typisch für den kurzen nordafrik. Frühling sind die umherschwirrenden Imagines von *Sympecma fusca*, *Anax ephippiger* und *Sympetrum fonscolombii*. *Aeshna isoceles* hält sich im Frühjahr gerne im dunklen, nassen Erlenwald am **Lac Tonga** auf. Später im Jahr suchen etliche Arten wie *Lestes barbarus* und *Chalcolestes viridis* in den kühlen, feuchten Erlengebüschen Schutz vor der sengenden Sommerhitze. Kurz bevor die ersten Regenfälle die verdorrte Landschaft wieder zum Leben erwecken, kann man Zeuge eines spektakulären Naturschauspiels werden, wenn Millionen von *Aeshna mixta*, *Sympetrum meridionale* und *S. striolatum*

aus ihrer «Sommerfrische» in den Bergen zurückkehren und über dem **Mekhada**-Sumpf und den angrenzenden Feuchtgebieten umherfliegen. Aus dem **Nationalpark El Kala** sind Vorkommen der *Lindenia tetraphylla* und *Rhyothemis semihyalina* bekannt. Erstere wurde im Jahr 2018 nach 170 Jahren am Lac Noir wiederentdeckt, Letztere gilt in Algerien noch immer als ausgestorben.

Der Oued Mellègue in Tunesien.

Auf den Hochebenen sind Süßwasser-Feuchtgebiete (wie der See von **Timerganine** bei Oum El Bouaghi) seltener; dort sind *Enallagma deserti*, *Coenagrion coerulescens*, *Anax parthenope* und *Orthetrum cancellatum* sehr häufig. An einigen ausdauernden Bächen sind *Orthetrum nitidinerve* oder *Calopteryx exul*, eine schwer zu findende, in Nordafrika endemische Art, heimisch. Wer *Ischnura saharensis* und *I. fountaineae*, ferner *Sympetrum sinaiticum*, *Trithemis arteriosa* und *T. kirbyi* beobachten möchte, findet die besten Plätze am Nordrand der Sahara.

B. Samraoui

Tunesien

In Tunesien, einem typischen Land des Maghreb, wurden bisher 58 Libellenarten nachgewiesen. Für Besucher aus Europa ist die Artenzusammensetzung faszinierend, denn es gibt einige maghrebinische Endemiten, dazu bekannte paläarktische Vertreter und schließlich einen guten Anteil an tropisch-afrik. Arten. Mit Auto, Straßenkarte und mind. einer Woche zur Verfügung kann man eine Auswahl typischer Fundplätze in ganz Tunesien besuchen. Wegen der heißen Sommer sind Mai/ Juni bzw. September am besten geeignet. In den südl. Oasen kann man die meisten Arten von Ende März bis Ende Oktober beobachten.

Im mediterranen Norden gibt es mehrere kleine, aber ganzjährig wasserführende Flüsse, die im **Tell-Atlas** entspringen. An steinigen Flussbetten steht Oleander *(Nerium oleander)*, an schlammigen wachsen große Rohrkolbenbestände *(Typha)*. Es lohnt sich, jeden Fluss zu untersuchen, den die Straße kreuzt. *Boyeria irene* und *Onychogomphus uncatus* kommen zahlreich an den Flüssen **Lebgâa** und **Bransia** bei Aïn Draham vor. *Pyrrhosoma nymphula* und *Aeshna cyanea* wurden erstmals im Jahr 2014 gefunden und sind die neuesten Erstnachweise für Tunesien.

Oued Zarga (Region Beja), **Oued Maden** (bei Nefza) und **Oued Ghezala** (bei Fernana) beherbergen bspw. sämtlich die nordafrik. Endemiten *Calopteryx exul*, *Platycnemis subdilatata* und *Gomphus lucasii*.

Eine weite, zentrale Steppe liegt zwischen den Südhängen des Tell-Atlas und dem Nordrand der Sahara. In dieser trockenen Gegend sind Staubecken meist gute Fundplätze. Das beste Beispiel ist ein Kleinsee am südöstl. Ausfluss der **Barrage el Habib** (nördl. der Straße Kairouan–Sbeitla). Bisher wurden dort 25 Arten nachgewiesen, darunter *Lindenia tetraphylla*, *Onychogomphus costae*, *Orthetrum nitidinerve*. *Brachythemis impartita* ist für große Stauseen typisch, während *Enallagma deserti* kleinere bevorzugt.

In den Oasen der **Nordsahara** gibt es viele geeignete Lebensräume: Bewässerungskanäle, wo das Wasser hochgepumpt wird, und Brackwasserseen oder -sümpfe, wo das Wasser versickert. Die besten Stellen liegen rund um **Douz** und **Tozeur**; dort findet man *Ischnura fountaineae*, *I. saharensis*, *Sympetrum sinaiticum*, *Diplacodes lefebvrii* und *Selysiothemis nigra* normalerweise zu Tausenden. Nördlich von Gabès überquert die Straße den **Oued Akarit**, einen von mehreren wunderbaren Küstenflüssen; dort trifft man auf *Orthetrum trinacria*, *O. sabina* und *Paragomphus genei*. *Zygonyx torridus* wurde 2002 an einem der drei Wasserfälle des Gebirgsflusses entdeckt, der an der Oase Tamerza entspringt.

R. Jödickee

Bestimmung

Anordnung der Gattungen und Arten

Die Familien sind nach taxonomischen Gesichtspunkten geordnet (s. Anhang 2, S. 325). Diese Ordnung gibt die evolutionären Verwandtschaftsverhältnisse und die Formenvielfalt der Familien wieder, indem sie immer mit demjenigen Ast des Familien-Stammbaumes beginnt, der die wenigsten Arten aufweist. Die neueren molekulargenetischen Forschungen bestätigten die meisten phylogenetischen Beziehungen innerhalb der Libellen, wie sie zuvor aus den morphologischen Befunden hergeleitet worden waren. Diese Forschungen ergaben allerdings auch, dass die Familie Lestidae und ein paar nahestehende Familien (die in Europa nicht vorkommen) weitaus näher miteinander verwandt sind als mit allen anderen Kleinlibellen. Daher werden nun sie, anstatt wie bisher die Calopterygidae und Euphaeidae, an den Anfang der Artenkapitel gestellt. Ebenso sind die Platycnemididae und Coenagrionidae am engsten miteinander verwandt, doch die erstgenannte artenärmere Familie wird jetzt zuerst aufgeführt. Schließlich stellte sich heraus, dass die Gattungen *Oxygastra* und *Macromia* nicht zu den Corduliidae gehören. Sie wurden daher abgetrennt und vorgezogen. Innerhalb der Familien sind die Gattungen und Arten so angeordnet, dass bekanntere Taxa weiter vorn und ähnliche Taxa nahe beieinander stehen. Wo möglich, haben wir ähnliche Arten paarweise auf gegenüberliegende Seiten gestellt, um einen direkten Vergleich zu erleichtern.

Gattungs- und Artbeschreibungen

Sowohl die wissenschaftlichen als auch die Trivialnamen, die in diesem Kapitel verwendet werden, werden in der Einleitung auf S. 15 und auch in den Anhängen (S. 323 ff.) besprochen. In den Gattungsportraits werden deren diagnostische Merkmale sowie die der einzelnen Arten aufgeführt. Da sich ähnliche Arten im Allgemeinen ähnlich verhalten, werden an dieser Stelle auch die meisten Verhaltensmerkmale beschrieben. In der Einleitung finden sich auch tabellarische Schlüssel, mit denen Libellen bis zur Gattung bestimmt werden können (S. 22–35).

Jede Artbeschreibung ist unterteilt in einen Abschnitt zur **Bestimmung**, die eine **allgemeine** Einführung, **Merkmale im Feld**, **Merkmale in der Hand, Varianten** und **Verhalten** umfasst, gefolgt von einem Abschnitt über **Vorkommen, Verbreitung**, **Status**, **Habitat** und **Flugzeit**. Bei Gattungen mit nur einer einzigen Art sind Gattungs- und Artbeschreibung vereint worden. Weitere Einzelheiten zu Anordnung und Inhalt der Beschreibungen finden sich in der Einleitung. Zu den Details siehe Bestimmung (S. 15–21), Verhalten (S. 8–9), Vorkommen (S. 9–12), Habitat (S. 13–14) und Flugzeit (S. 14) sowie den Kartenschlüssel (S. 12).

Maßstab der Abbildungen

Das Hauptbild jeder Art ist maßstäblich gezeichnet. Die Kleinlibellen sind in 1,8-facher, die Großlibellen in 1,4-facher Lebensgröße dargestellt. Anmerkungen zu den Abbildungen weisen auf Bestimmungsmerkmale (oder Besonderheiten des Individuums) hin und sollten zusammen mit der Beschreibung im Haupttext benutzt werden.

Calyopteryx splendens ♂

Lestidae

Lestes Leach, 1815 & *Chalcolestes* Kennedy, 1920

Teichjungfern

Binsenjungfern

Bestimmung

Beschreibung Die meisten Kleinlibellen, die eine metallische Färbung, einen oftmals teilweise bereiften Körper, ein großes rechteckiges Pterostigma (das an 2 oder 3 darunterliegende Zellen grenzt) aufweisen und mit ausgebreiteten Flügeln ruhen, gehören zur Gattung *Lestes* oder *Chalcolestes*.

Unterscheidung von anderen Gattungen Frisch geschlüpfte *Lestes* und *Chalcolestes* ruhen oft mit geschlossenen Flügeln; die Kleinlibellen anderer Familien breiten sie gelegentlich auch aus, v. a., wenn sie aufgeregt sind. Die Flügeladerung (mit vielen 5- statt 4-eckigen Zellen), die 4-eckigen Pt und die ♂ Anhänge erinnern an *Sympecma*. *Sympecma*-Arten haben jedoch einen hellbraunen Körper mit dunkler, bronzefarbener Zeichnung und ruhen mit geschlossenen Flügeln, wobei die Pt der VF und HF versetzt liegen (weitere Einzelheiten siehe bei *Sympecma*). *Calopteryx* haben ebenfalls einen metallisch gefärbten Körper, und *Epallage* kombiniert sogar Bereifung, ein langes Pt und offene Flügel in Ruheposition, doch beide haben zwischen Flügelbasis und Nodus zahlreiche (nicht nur 2) Queradern. Einige kleine Zygopteren, wie *Erythromma*, *Ceriagrion* und v. a. *Nehalennia*, können einen metallisch gefärbten Körper haben, doch sie haben ein kleines, rautenförmiges Pt, v. a. quadratische Flügelzellen und ein anderes Zeichnungsmuster. Im Zweifelsfall lassen sich Nicht-Lestiden stets daran erkennen, dass keine Längsadern von der Ader zw. Arculus und Subnodus abzweigen.

Unterscheidung der Arten *Lestes* ist eine kosmopolitische Gattung mit rund 80 Arten. Alle Arten des Gebiets haben ähnliche ökologische Ansprüche, weshalb regelmäßig bis zu 5 gemeinsam vorkommen. Die Gattung *Chalcolestes* umfasst nur 2 Arten. Sie sind größer, gestreckter und entwickeln niemals eine Bereifung. Ihre Eiablage in lebende Holzgewächse ist einzigartig unter den europ. Libellen. Neben einigen ziemlich feinen Unterschieden in der Morphologie der Imagines und der Larven steht die Gattung *Chalcolestes* v. a. auch genetisch näher bei *Sympecma* als bei *Lestes*. Die verschiedenen Arten lassen sich an den ♂ Anhängen bestimmen und mit etwas Erfahrung auch am ♀ Ovipositor (+ Basalstück). Geschlechtsreife ♂♂ lassen sich gewöhnlich direkt im Feld identifizieren. Die Unterscheidung von *C. parvidens* und *C. viridis* im SO und *L. barbarus* und *L. virens* im SW erfordert zusätzliche Sorgfalt. Die ähnlichen Arten *L. dryas* und *L. sponsa* treten oft nebeneinander auf, daher kann jede übersehen werden.

Verhalten Robuste Arten mit kälte- und trockenheitsresistenten Eiern, schnell wachsenden Larven und sehr mobilen Imagines, was ein Überleben in temporär austrocknenden Habitaten erlaubt. Die ♂♂ bilden oft Tripeltandems mit anderen Arten oder ♂♂-Tandems, doch Hybriden sind nur zwischen den eng verwandten Arten *C. parvidens* und *C. viridis* bekannt. Das ♂ eskortiert das eierlegende ♀ im Tandem. Die beiden *Chalcolestes* haben sich darauf spezialisiert, ihre Eier in der Rinde lebender Zweige zu legen. ***K.-D. B. Dijkstra***

Tabellarischer Schlüssel zu den Artengruppen. Wenn die Aussage zutrifft, vergleiche die angegebenen Arten. Wenn sie nicht zutrifft, gehe zur nächsten Aussage weiter.

Unterer Rand der metallisch grünen Fläche auf dem Thorax deutlich spornförmig. Niemals bereift.	***C. parvidens*** ***C. viridis***
Unterseite des Hinterkopfs gelb, in scharfem Kontrast zur schwarzen Oberseite. Pterostigma hellbraun und/oder gelb, niemals schwärzlich. Höchstens S9–10 bereift; S1–2 und S8 niemals bereift.	***L. barbarus*** ***L. virens***
Thorax ohne metallisch grüne oder bronzefarbene Bereiche, vollständig bereift. Pterostigma groß, grenzt an etwa 3 darunterliegende Zellen. Untere Anhänge weniger als ½ so lang wie obere. Basalstück des Ovipositors abgerundet, vollständig dunkel gefärbt.	***L. macrostigma***
Zumindest die Oberseite des Thorax ist leuchtend metallisch grün oder bronzefarben. Pterostigma klein, grenzt an etwa 2 darunterliegende Zellen. Basalstück des Ovipositors spitz zulaufend, teilweise hell.	***L. dryas*** ***L. sponsa***

Lestes sponsa (Hansemann, 1823) Gemeine Binsenjungfer

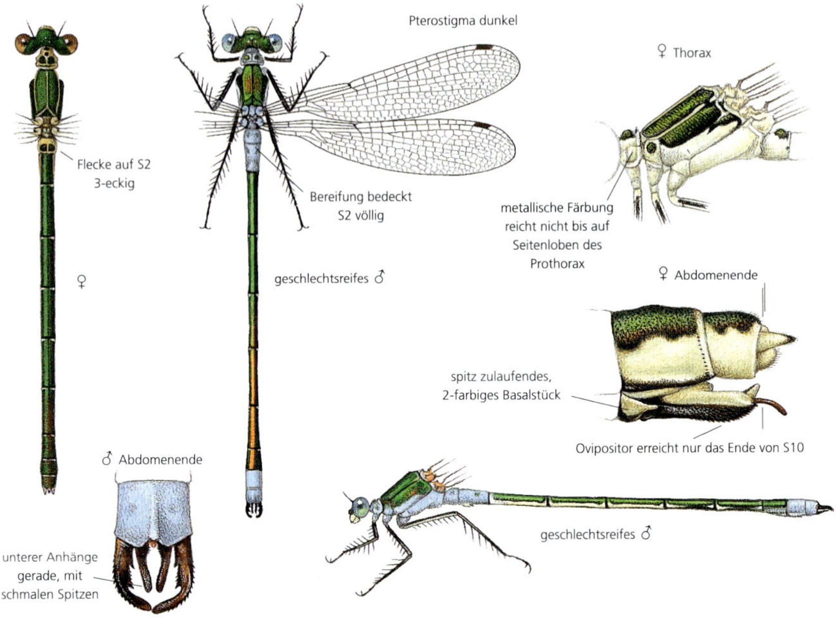

Bestimmung

Allgemein In vielen Gebieten der am weitesten verbreitete und häufigste *Lestes*, whs. aufgrund seiner geringen Bindung an temporäre Habitate.
Merkmale im Feld GL 35–39 mm, Ab 25–33 mm, HF 17–24 mm. Unterscheidet sich von *L. barbarus* und *L. virens* durch dunkle Kopf-US, das dunkle Pt (wenn geschlechtsreif) und die ausgedehntere Bereifung. *C. parvidens* und *C. viridis* sind unbereift, haben weißliche Anhänge, ein größeres, helleres Pt und eine kennzeichnende Thoraxzeichnung. *L. macrostigma* hat größeres Pt und dunkleren, stärker bereiften Körper fast ohne Grün. Für direkten Vergleich mit dem ähnlichen *L. dryas* siehe dort.

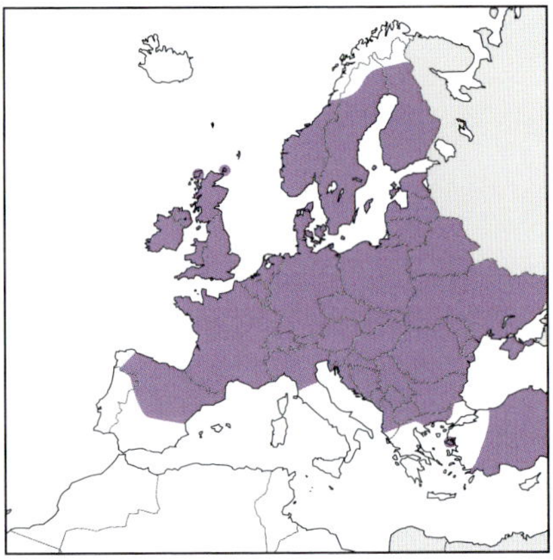

Merkmale in der Hand Untere Anhänge des ♂ lang und gerade, mit schmalen Spitzen. Das Basalstück des ♀ Ovipositors ist wie bei *L. dryas* zugespitzt und 2-farbig, der Ovipositor selber jedoch kürzer, deutlich zierlicher und anders gezeichnet.
Varianten Nach dem Schlupf helle Bereiche deutlich orange getönt; metallisch gefärbte Partien vor der Bereifung leuchtender und blauer. Manche ♀♀ entwickeln Bereifung wie ♂♂, v. a. auf S1–2.

Vorkommen

Verbreitung/Status Über weite Teile Mittel- und N-Europas bis Japan eine der häufigsten Kleinlibellen, im Mittelmeerraum weitgehend fehlend.
Habitat Eine Vielzahl stehender Gewässer mit Sauergras- oder Röhrichtbeständen. An neu entstandenen, seichten oder sauren Gewässern oft zahlreich, ist aber weder an Temporär- oder Pioniergewässer, noch an moorige Verhältnisse gebunden.
Flugzeit Generell Mitte Mai–Mitte Oktober, Höhepunkt im August. Schlupf in der Regel ein paar Wochen später als *L. dryas*.

Lestes dryas Kirby, 1890 — Glänzende Binsenjungfer

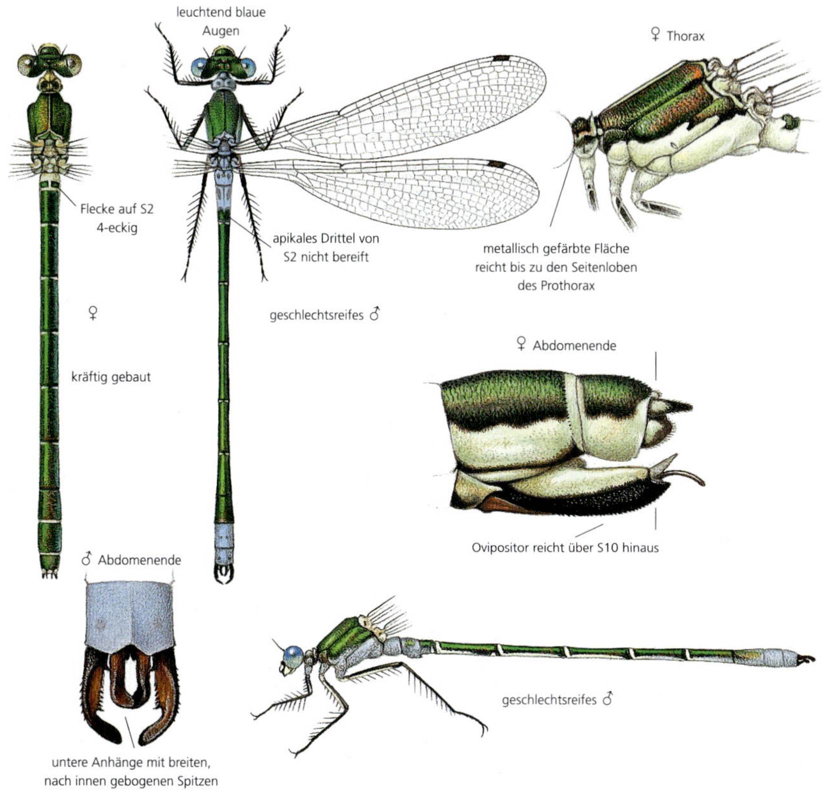

Bestimmung

Allgemein Tritt oft zusammen mit *L. sponsa* auf, mit dem er leicht verwechselt wird. Mit etwas Erfahrung leicht am Gesamteindruck zu erkennen, doch für eine definitive Bestimmung ist eine Untersuchung per Handlupe ratsam.

Merkmale im Feld GL 35–40 mm, Ab 26–33 mm, HF 20–25 mm. Ähnelt in Größe und allgemeinem Aussehen *L. sponsa*, ist aber stämmiger gebaut (dickeres Abdomen) und leuchtender gefärbt. ♀♀ sind besonders kräftig und dunkel. ♂♂ lassen sich von *L. sponsa* durch mehrere, wenn auch nicht immer ganz zuverlässige Merkmale unterscheiden: (1) Bereifung bedeckt nur ²/₃ von S2, sodass auf der apikalen Hälfte ein metallisch gefärbtes Quadrat sichtbar bleibt (Aufsicht); (2) Pterostigma ist weniger langgestreckt, die Seiten sind hell abgesetzt; (3) Augen intensiver blau (bei *L. sponsa* gewöhnlich matter oder dunkler, vor allem dorsal).

Merkmale in der Hand Spitzen der langen unteren Anhänge beim ♂ breiter und aufeinander zugebogen. Ovipositor des ♀ größer als bei *L. sponsa* und ragt gew. über S10 hinaus. Bei der Bestimmung des ♀ helfen 2 kleine Details der metallischen Zeichnung: (1) die metallische Zeichnung des Prothorax erstreckt sich nach unten bis auf die unteren, seitlichen Loben; (2) die beiden metallischen Flecke auf OS von S2 annähernd quadratisch, nicht 3-eckig. Diese Merkmale treffen auch für ♂♂ zu, werden jedoch mit zunehmendem Alter durch die Bereifung überdeckt.

Varianten Frisch geschlüpfte Individuen können ähnlich *L. sponsa* rötlich orange glänzen.

Vorkommen

Verbreitung/Status Ähnlich *L. sponsa*, doch nach S vergleichsweise häufiger, im nördlichen Teil des Verbreitungsgebiets eher lokal und seltener als

◀ *Lestes dryas* ♂. Die Bereifung bedeckt nur ⅔ von S2.

dieser. Einziger europäischer *Lestes*, der auch in N-Amerika vorkommt.

Habitat Eine breite Palette gewöhnlich dicht mit Binsen oder Seggen bewachsener, stehender Gewässer, die meist im Laufe des Sommers austrocknen, starke Wasserstandschwankungen aufweisen oder dank flacher Ränder warme Mikrohabitate für die Larven aufweisen, z. B. Dünenseen, Vernässungs- und Überschwemmungsflächen oder Moorränder.

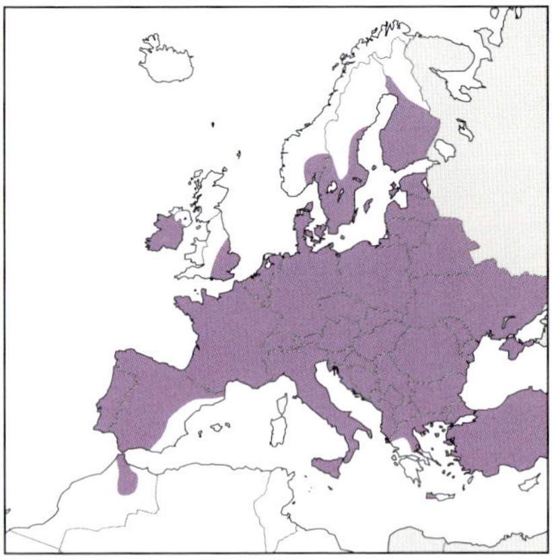

Flugzeit In den meisten Gebieten der früheste *Lestes*; Schlupf von April in Spanien bis Ende Mai in N-Europa. Am häufigsten im Juli und August; späteste Beobachtungen im Oktober.

▲ *Lestes macrostigma*, Paar bei der Eiablage. Mit typischer blauer Bereifung und großen, dunklen Pterostigmata.

Lestes macrostigma (Eversmann, 1836) Dunkle Binsenjungfer

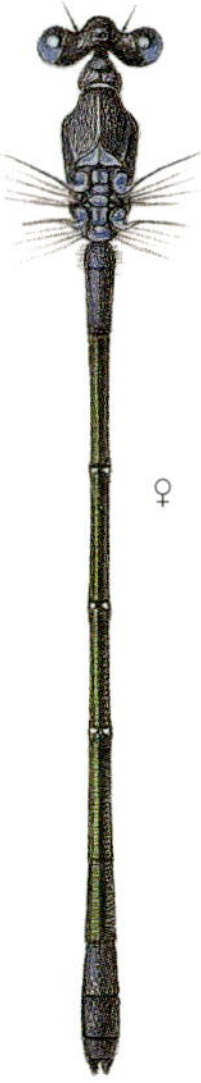

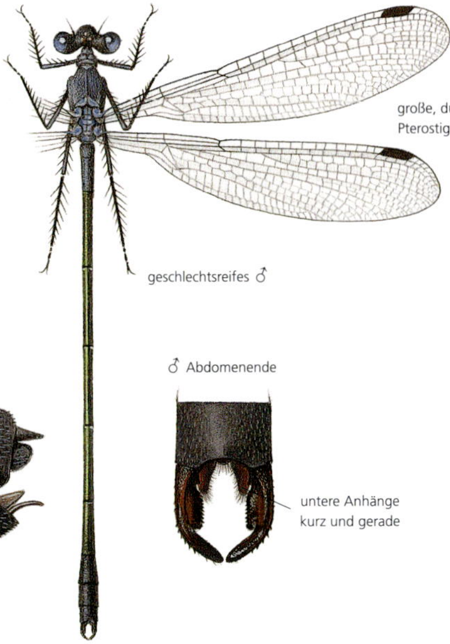

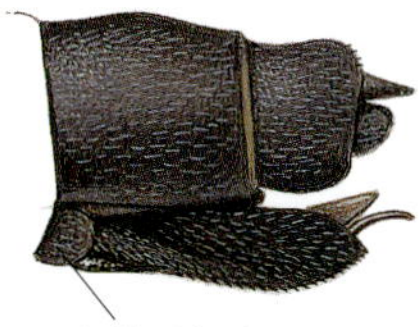

Bestimmung

Allgemein Unverkennbar durch dunklen, stark bereiften Körper und Vorliebe für Brackwasserhabitate.

Merkmale im Feld GL 39–48 mm, Ab 31–38 mm, HF 24–27 mm. Größer und kräftiger als die meisten anderen Arten der Gattung, zeigt niemals deren ausgedehnte, leuchtend grüne oder bronzefarbene Färbung. Höchstens S3–7 sind bronzegrün, sonst überall dunkel und auf dem Kopf, dem ganzen Thorax, S1–2 und S8–10 stark bereift. Diese Bereifung weist eine auffällige purpurfarbene bis bläuliche Tönung auf, ist bei beiden Geschlechtern erheblich und bereits kurz nach dem Schlüpfen vorhanden. Das Pterostigma ist auffällig groß und dunkel und grenzt an etwa 3 darunterliegende Zellen; bei geschlechtsreifen Tieren schwärzlich (bei frisch geschlüpften hellbraun). Bei anderen *Lestes* ist zumindest die Oberseite des Thorax leuchtend metallisch, die Pterostigmata sind kleiner (grenzen gewöhnlich an 2 Zellen) und/oder heller (z. B. bei *C. viridis* groß und cremefarben).

Merkmale in der Hand Typisch sind die recht kurzen und einfachen unteren Anhänge des ♂. Der Ovipositor des ♀ ist mittelkräftig und völlig dunkel sowie bereift, mit gerundetem Basalstück.

Varianten Frisch geschlüpfte Tiere sind stärker metallisch gefärbt, was der sich sehr rasch einstellenden darüberliegenden Bereifung einen bezeichnenden blauen Schimmer verleiht.

Vorkommen

Verbreitung/Status Steppen Zentralasiens bis Europa. Im Gebiet sehr lokal, als Habitatspezialist zumeist an Küsten gebunden. Verbreitungsschwerpunkt im mitteleurop. Binnenland ist die Ung. Tiefebene. Isolierte Funde lassen vermuten, dass die Art weite Wanderungen unternimmt.

Habitat Fast ausschließlich an Flachgewässern mit dichtem Binsenbestand, v. a. mit Gew. Strandbinse, in Küstennähe, in salzigen Binnenfeuchtgebieten.

Flugzeit Im spanischen und türk. Mittelmeerraum Schlupf bereits Ende Februar/März, tritt in Mitteleuropa jedoch hpts. im Juni, Juli und August auf.

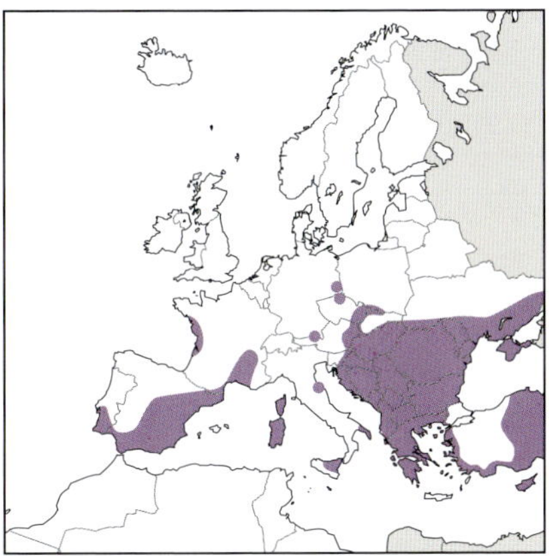

Lestes barbarus (Fabricius, 1798) Südliche Binsenjungfer

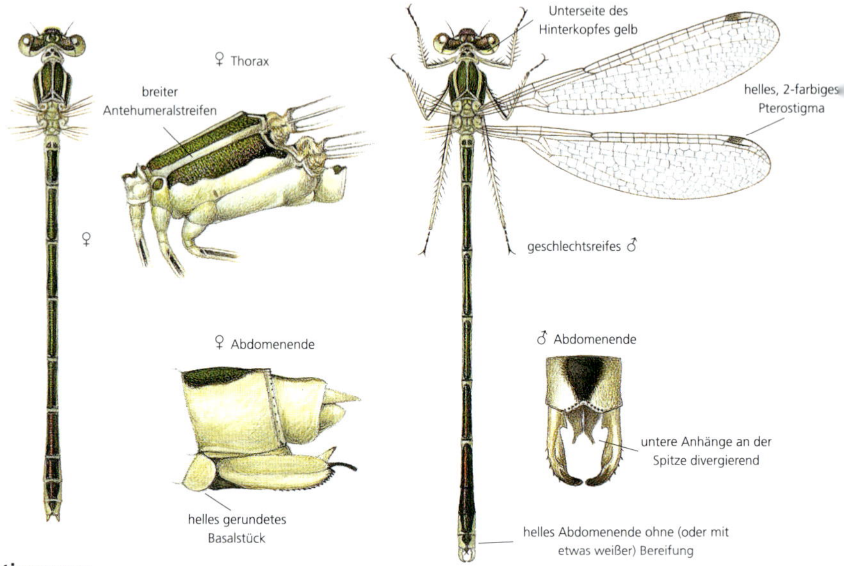

Bestimmung

Allgemein Typ. Art temporärer Flachgewässer. Lässt sich in den meisten Gebieten an ihrer hellen Färbung und an ihrem 2-farbigen Pt erkennen.
Merkmale im Feld GL 40–45 mm, Ab 26–35 mm, HF 20–27 mm. Heller und etwas größer als die meisten anderen *Lestes*. Nur *L. virens* besitzt ebenfalls eine deutlich zur dunklen Kopf- und Augen-OS kontrastierende gelbe US des Hinterkopfs. Frisch geschlüpfte Imagines weiterer Arten können tendenziell ebenfalls einen hellen Hinterkopf aufweisen, doch ihnen fehlt der starke Kontrast. Unterscheidet sich von *L. virens* und anderen Gattungsverwandten durch: (1) hellbraunes Pt, bei dem die äußere Hälfte weißlich ist; (2) hellgelbe Zeichnung ausgedehnter, am auffälligsten bei den breiten Antehumeralstreifen, den hellen Seiten von S9–10 und den weißlichen Anhängen; (3) ♂♂ kaum bereift; höchstens leicht und deutlich weiß auf S10. In Teilen der Ib. Halbinsel weist *L. virens* ebenfalls ein 2-farbiges Pt auf, doch dessen heller Anteil nimmt nur rund ⅓ ein, und ♂♂ sind i. d. R. auf S9–10 bläulich bereift.
Merkmale in der Hand Die schlanken unteren Anhänge der ♂♂ divergieren an der Spitze. ♀ Ovipositor und Basalstück vollständig hell. Letzteres ist gerundet (anders als *L. dryas, L. sponsa* und *L. virens*).
Varianten Beträchtliche Größenunterschiede. Helle Bereiche frisch geschlüpfter Imagines leuchtend zitronengelb.
Verhalten Eiablage oft in völlig trockenen Gebieten.

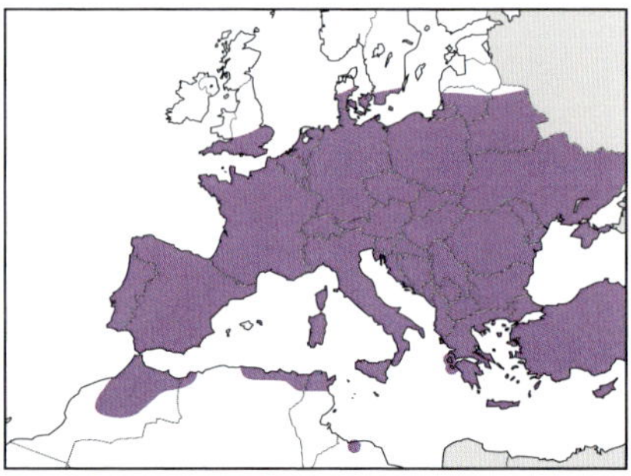

Vorkommen

Verbreitung/Status Hochmobile Wanderart, die östlich bis in die Mongolei vorkommt; kann örtlich jahrelang fehlen und dann plötzlich große Kolonien etablieren, die jahrelang bestehen können. Eine südlich-kontinentale Art, die in Europa seit Mitte der 1990er ihr Areal stark nach Norden erweitert hat.
Habitat Bevorzugt stärker noch als andere *Lestes*-Arten ephemere Gewässer, wie Dünentäler, Wiesentümpel und flache Senken.
Flugzeit Im südl. Mittelmeerraum März–Okt., doch im N schlüpfen die meisten Imagines whs. im Juni und Juli und erreichen im August die höchste Dichte.

Lestes virens (Charpentier, 1825)

schließt ein: *Lestes numidicus* Samraoui, Weekers & Dumont, 2003

Kleine Binsenjungfer

(Numidische Binsenjungfer)

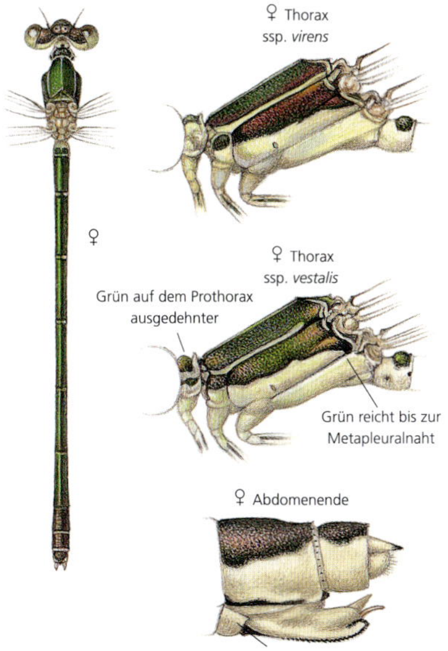

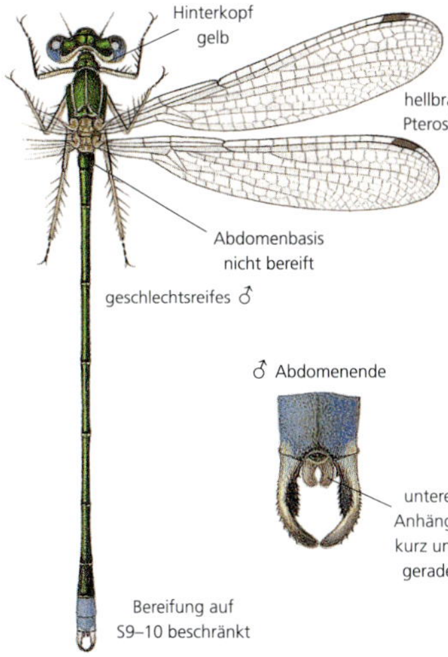

Bestimmung

Allgemein Zierlichste *Lestes*-Art des Gebiets und norm. leicht anhand ihrer Größe und Färbung zu erkennen, auch wenn einige Pop. auf der Ib. Halbinsel an *L. barbarus* erinnern. Diese sind Teil eines in seinen Einzelheiten noch weitgehend unverstandenen Artkomplexes, der auch die kürzlich benannte kryptische Art *L. numidicus* aus Algerien einschließt.
Merkmale im Feld GL 30–39 mm, Ab 25–32 mm, HF 19–23 mm. Etwas kleiner und schlanker als *L. sponsa*. Unterscheidet sich von allen Arten außer *L. barbarus* durch die gelbe Unterseite des Hinterkopfs. ♂ Abdominalmuster unverkennbar; blaue Bereifung beschränkt sich auf S9–10, fehlt aber auf S1–2. Die Pterostigmata sind gew. einfarbig hellbraun mit weißlichen Seiten, doch bei einigen Populationen auf der Ib. Halbinsel sind deren äußere Drittel hellgelb und ähneln diesbezüglich täuschend jenen von *L. barbarus* (siehe diese Art).
Merkmale in der Hand Die unteren Anhänge der ♂♂ sind auffällig kurz und gerade. Der Ovipositor der ♀♀ ist recht schwach ausgebildet; sein helles Basalstück ist stärker zugespitzt als bei *L. barbarus*, aber weniger stark als bei *L. dryas* und *L. sponsa*.

Varianten Individuen aus N-Afrika, der Ib. Halbinsel, S-Frankreich und den Inseln des Tyrrh. Meeres haben eine reduzierte dunkle Zeichnung, vor allem auf dem Thorax: (1) Prothorax nur dorsal grün metallisch; (2) die hellen Antehumeralstreifen sind länger und breiter; (3) das grüne Areal erreicht die Metapleuralnaht nicht; (4) dieser Naht fehlt eine schmale dunkle Linie. Diese Populationen sind als Unterart *virens* bekannt. Nördl. und östl. Populationen gehören zu ssp. *vestalis,* deren Vertreter zum Balkan und der Türkei hin blasser werden. Individuen aus dem feuchteren W und S der Ib. Halbinsel, einschließlich des locus typicus der ssp. *virens*, haben ein 2-farbiges Pterostigma (s. o.). Sog. *virens* in Algerien bestehen aus 2 Populationen, die sich nicht durch ihre Verbreitung und Morphologie, sondern durch ihre Fortpflanzungszeit unterscheiden. Vor Kurzem wurde die Herbstgruppe aus genetischen Gründen als *L. numidicus* abgetrennt. Ihre Vertreter werden nicht als grünlich gefärbt, sondern als rötlich beschrieben. Doch bei allen *L.-virens*-Formen scheint sich die metallische Färbung mit zunehmendem Alter ins Bronzefarbene zu verändern. Nur eine fundierte genetische und

◀ *Lestes virens* ♂. S9–10 sind bereift, S1–2 jedoch nicht.

◀ *Lestes barbarus* ♂. Bezeichnend sind die Antehumeralstreifen und die hellen Abdomenseiten.

fortpflanzungsbiologische Analyse unter Einbezug weiterer Populationen NW-Afrikas und SW-Europas kann diesen komplexen Sachverhalt aufklären.

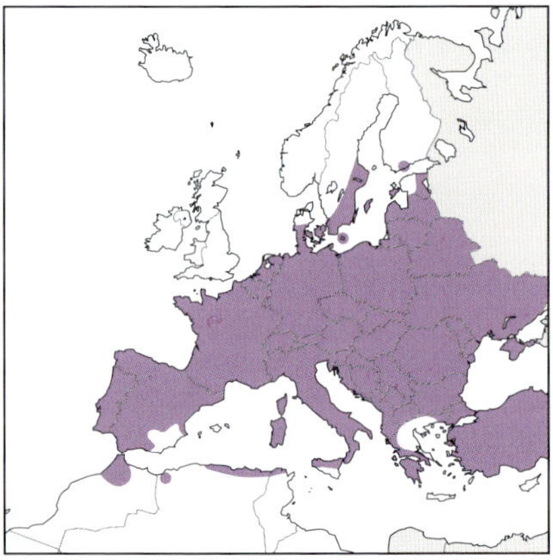

Vorkommen

Verbreitung/Status Weit verbreitet, wenn auch selten die vorherrschende *Lestes*-Art. Die Verbreitung erinnert an *L. barbarus*, und wie diese Art neigt sie zum Wandern.

Habitat Im S ein breites Spektrum saisonal austrocknender, flacher Gewässer mit Röhricht (ähnlich *L. barbarus*); im NW wählerischer, dort am häufigsten an Heide- und Moorseen mit Torfmoosen *(Sphagnum)* und Binsengewächsen *(Juncus)*.

Flugzeit Nördl. Pop. schlüpfen überwiegend im Juli und fliegen bis in den November. Im äußersten Süden Europas Flugzeit genauso lang, Schlupf aber schon im April möglich. Schlupf in Algerien in der 2. Aprilhälfte und im Mai; hierzu gehören Individuen, die sich von Juni bis August fortpflanzen, wie auch solche, die von Ende Aug.–Anfang Nov. aktiv sind (Letztere werden als *L. numidicus* bezeichnet).

Chalcolestes viridis
(Vander Linden, 1825)

Westliche Weidenjungfer

Bestimmung

Allgemein Unterscheidet sich zusammen mit ihrer Schwesternart *C. parvidens* durch morphologische und ökologische Eigenschaften von *Lestes*-Arten. Beide Arten haben auffallend helle ♂ Anhänge, sind recht groß, auffällig leuchtend grün gefärbt und sitzen gerne in Bäumen und Büschen. Sie sind die einzigen europäischen Libellen, die Eier in lebendes Holz ablegen.

Merkmale im Feld GL 39–48 mm, Ab 29–39 mm, HF 23–28 mm. Größer und mit längerem Körper als andere *Lestes*. Gewöhnlich relativ leuchtend metallisch grün, ohne blaue Akzente (z. B. Augen, Bereifung). Bei *C. viridis* und *C. parvidens* läuft metallisch grüne Färbung des Thorax seitlich zw. Inter- und Metapleuralnaht in einen nach vorne weisenden Sporn aus. Beiden Arten fehlt jede Bereifung. Abdomenende völlig dunkel metallisch grün und kontrastiert mit weißlichen Anhängen. Pt groß und beim geschlechtsreifen Tier heller als bei anderen Arten, gewöhnlich hellbraun mit hellerem cremefarbenem Zentrum. Frisch geschlüpfte Imagines anderer *Lestes*-Arten sind noch unbereift und weisen ebenfalls weißliche Pt auf, diesen fehlt jedoch die Spornzeichnung oder sie ist stark reduziert.

Merkmale in der Hand ♂♂ haben sehr kurze untere Anhänge und einen auffälligen Zahn dicht unter der Spitze der oberen Anhänge. Ovipositor der ♀♀ ist gewöhnlich teilweise dunkel mit hellem Rand (bei *Lestes* umgekehrt oder völlig hell oder dunkel); unterer Rand mit 10–14 kräftigen Zähnen. *Lestes* mit zahlreichen, aber kleineren Zähnen.

Varianten Im Vergleich zu *Lestes* kaum vorhanden.

Verhalten Imagines sitzen gewöhnlich in Bäumen und Büschen, manchmal weit vom Wasser entfernt. I. Ggs. zu *Lestes* erfolgt Eiablage meist in holzigen und anderen festen Pflanzengeweben (weniger ausgeprägt im NO des Verbreitungsgebiets), v. a. in dünnen, übers Wasser ragenden Zweigen, in deren Rinde die Ei-Logen anhand typ. symmetrischer Muster zu erkennen sind.

▶ *Chalcolestes viridis*. Paar bei der Eiablage in einen Zweig.

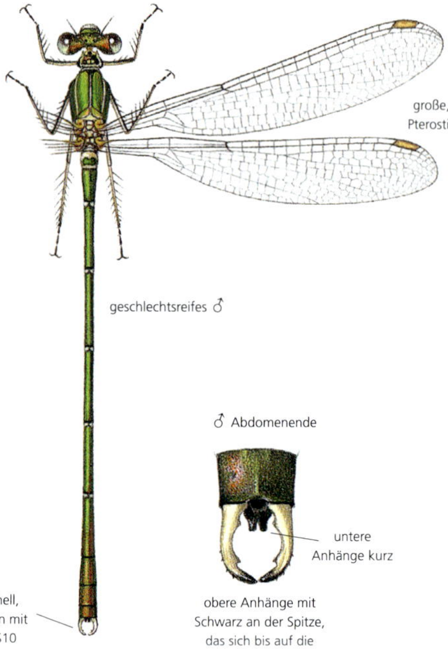

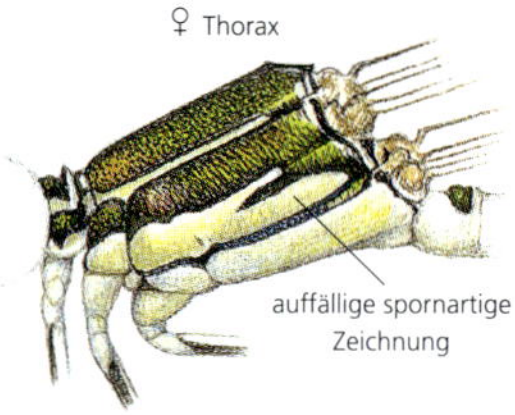

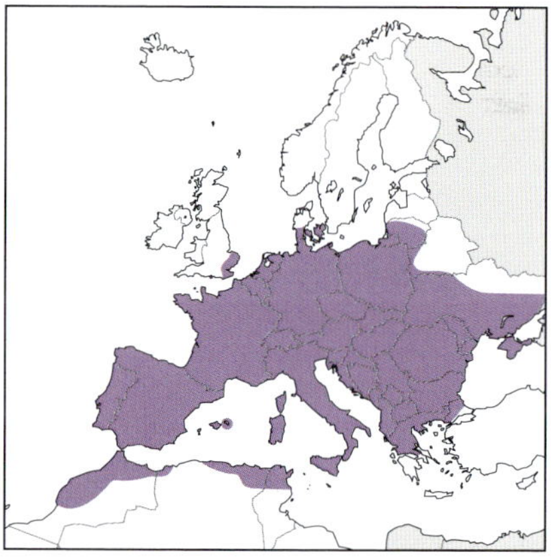

Vorkommen

Verbreitung/Status Im größten Teil des Gebiets weit verbreitet und häufig. Profitiert von Urbanisierung und dehnt sein Gebiet nach Norden aus. Die SO-Grenzen sind aufgrund von Verwechslungen mit *C. parvidens* noch unzureichend bekannt, doch reichen sie zumindest bis Sizilien und Zentralgriechenland.

Habitat Fast alle Arten stehender oder langsam fließender perennierender Gewässer mit Bäumen oder Büschen am Ufer. Im Gegensatz zu *Lestes* keine Bevorzugung temporärer Gewässer.

Flugzeit Schlüpft in Mitteleuropa selten vor Mitte Juli, auf der Ib. Halbinsel jedoch bereits im Mai. Höhepunkt im August und Sept., mit Nachweisen bis in den November.

Chalcolestes parvidens — Östliche Weidenjungfer

(Artobolevskii, 1929)

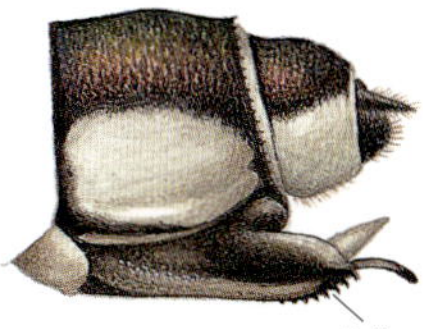

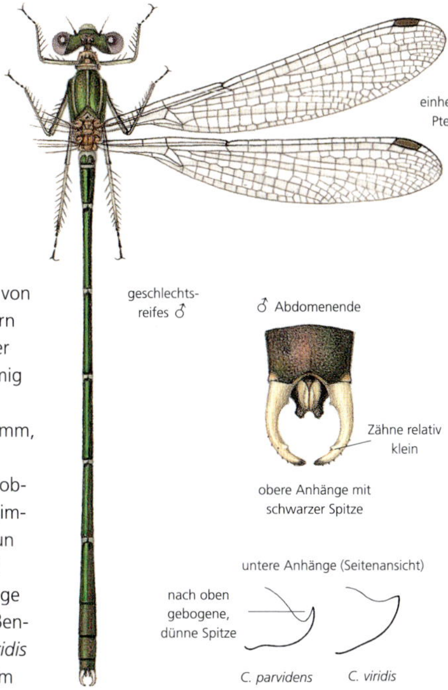

Bestimmung

Allgemein Zunächst auf der Krim als Unterart von *C. viridis* beschrieben, stellte sich in den 1990ern heraus, dass sich die Verbreitungsgebiete beider Formen in Italien und auf dem Balkan weiträumig überschneiden.

Merkmale im Feld GL 44–50 mm, Ab 34–39 mm, HF 22–26 mm. Größe und allg. Aussehen wie *C. viridis*. Im Feld lassen sich 2 Unterschiede beobachten, anhand derer jedoch keine zuverl. Bestimmung möglich ist: (1) Pt dunkler, einfarbig braun (wie *L. virens*) statt cremefarben (aber weiß bei frisch geschlüpften Tieren); (2) ♂ obere Anhänge nur an der Spitze schwarz, niemals an den Außenrändern; allerdings haben auch südwestl. *C. viridis* großenteils weiße obere Anhänge, besonders im SW des Verbreitungsgebiets.

Merkmale in der Hand ♂ Anhänge zeigen die zuverl. Merkmale (Untersuchung mit der Handlupe): (1) Innenrand der oberen Anhänge mit kleinerem Zahn, der etwas weiter dorsal sitzt als bei *C. viridis* (Aufsicht); (2) untere Anhänge mit schlankeren, stärker nach oben gebogenen, dünnen Spitzen (Seitenansicht). ♀♀ tragen 6–8 Zähne auf der Carina der lat. Gonapophysen (bei *C. viridis* hingegen 10–14); geleg. auftretende ♀♀ mit 9 Zähnen können nicht sicher zugeordnet werden.

Varianten Hybriden mit *C. viridis* sind aus Regionen mit syntopem Vorkommen beider Arten bekannt (in den Merkmalen der ♂ Anhänge dann intermediär), sind aber recht selten.

Verhalten Wie *C. viridis*, aber Eiablage häufiger in unverholztes Material. Beobachtungen in gemischten Pop. Italiens deuten auf untersch. tageszeitliche Aktivitätsmuster: Der Aktivitätsgipfel von *C. parvidens* liegt eher vor-, der von *C. viridis* nachmittags.

Vorkommen

Verbreitung/Status Überlappt südl.der Alpen und Tatra auf riesiger Fläche mit *C. viridis*. Letztere in Italien und auf N-Balkan vorherrschende Art. Auf S-Balkan jedoch *C. parvidens* weitaus häufiger.

Habitat Wie *C. viridis*; mögliche ökologische Unterschiede sind unzureichend bekannt.

Flugzeit Ende April–Ende Nov. In Italien und auf dem nordwestl. Balkan Schlupf Ende Mai, nach einer Reifungsperiode von mehreren Wochen kehren die Imagines im späten Juli zu ihren Fortpflanzungsgewässern zurück. Schlüpft mglw. i. Durchschn. früher als der gms. vorkommende *C. viridis*.

Sympecma Winterlibellen

Burmeister, 1839

▼ *Sympecma fusca* ♂.

Bestimmung

Aussehen Körper bräunlich, mit dunkler, bronzefarbener Rückenzeichnung, diese auf OS von S3–6 torpedoförmig. Hellbraune Pt langgestreckt rechteckig und stehen vor 2 Zellen. Pt des VF deutlich näher an Flügelspitze als Pt des HF, sodass die Pt bei zusammengeklappten Flügeln deutlich versetzt und nicht überlappend.

Unterscheidung von anderen Gattungen Flügeladerung mit vielen 5-eckigen statt rechteckigen Zellen, lange Pt sowie ♂ Anhänge erinnern an *Lestes* und *Chalcolestes*, ebenso die grünlich metallische Zeichnung bei frisch geschlüpften *Sympecma*, obschon diese an Intensität niemals die leuchtende Grünfärbung von *Chalcolestes* und *Lestes* erreicht. Bei *Sympecma* Flügel schmaler und spitzer zulaufend; zudem ruhen *Chalcolestes* und *Lestes* i. d. R. mit halb ausgebreiteten Flügeln, und falls ihre Flügel geschlossen sind, überlappen die Pt der VF und HF deutlich. Pronotum-Hinterrand bei *Chalcolestes* und *Lestes* einfach gerundet, bei *Sympecma* hingegen durch 2 Einbuchtungen in einen ausgeprägten mittleren und 2 seitliche Loben ausdifferenziert. Der *Sympecma*-Ovipositor ist schwach ausgeprägt und kurz, seine Spitze reicht nur bis zur Mitte von S10; ♀ Anhänge auffallend groß und hell. Die braunen *Enallagma*-♀♀ haben ähnliches Abdominalmuster, aber kleines, rautenförmiges Pt, kurze, dunkle Anhänge, einen Vulvardorn an Basis des Ovipositors und andersartige und dunklere Zeichnung auf Thorax und Kopf (Postokularflecke).

Unterscheidung der Arten Paläarktische Gattung mit 3 Arten, wovon eine auf Zentralasien und Iran beschränkt ist. Ihre Unterscheidung verlangt eine genaue Untersuchung (am besten in der Hand) der Thoraxzeichnung und der ♂ Anhänge.

Verhalten Aufgrund von Färbung und Verhalten unauffällig. In Ruhe sind die Flügel geschlossen und werden auf einer Seite des Ab gehalten. Dabei schmiegen sich die Tiere oft eng an das Substrat an und sind dann hervorragend getarnt. Imagines schlüpfen im Spätsommer und pflanzen sich nach der Überwinterung erst im folgenden Frühjahr fort, während andere europ. Libellenarten als Eier oder Larven überwintern. Suchen nach dem Schlupf offene, strukturierte Landschaften auf. Hier verbringen sie ihre Reifezeit und den Winter, den sie gegen Kälte geschützt auf einer exponierten Sitzwarte, an einen Pflanzenstängel gepresst oder unter Steinen und Rinde versteckt überdauern. Bei entsprechender Temperatur und Witterung kann die Hibernation jederzeit von Aktivitätsphasen unterbrochen werden, Beobachtungen zwischen Nov. und März sind jedoch selten. Eiablage im Tandem und meist an auf Wasser schwimmendem abgestorbenem Pflanzenmaterial.

R. Jödicke

▲ *Sympecma fusca,* überwinterndes ♀, frostbedeckt.

▲ *S. paedisca,* kopulierendes Paar. Gut erkennbar die langen, braunen, versetzten Pterostigmata.

Sympecma fusca

(Vander Linden, 1820)

Gemeine Winterlibelle

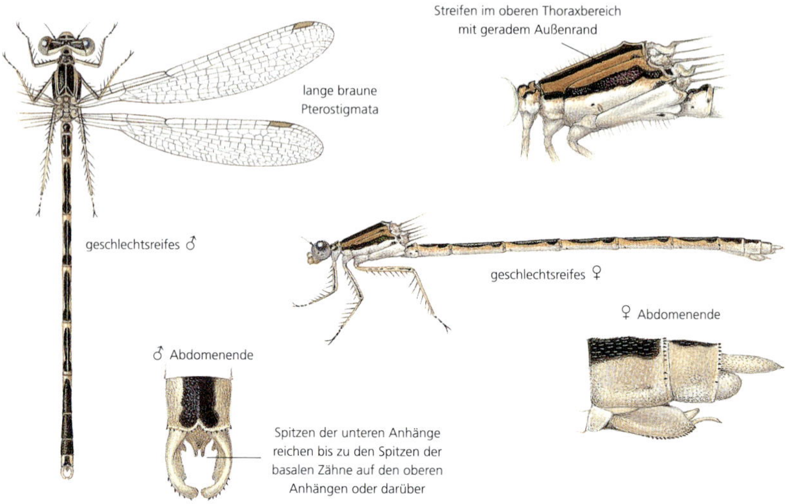

Bestimmung

Allgemein Eine häufige, unauffällig graubraun gefärbte und daher leicht zu übersehende Kleinlibelle. ♂♂ und Tandems tauchen an den ersten sonnigen Frühlingstagen plötzlich auf, sitzen an Binsen- und Schilfhalmen des vorigen Sommers und legen dort ihre Eier ab. Im N und im O kann sich die ähnlich aussehende *S. paedisca* unter *S. fusca*-Populationen mischen oder umgekehrt.
Merkmale im Feld GL 34–39 mm, Ab 25–30 mm, HF 18–23 mm. Etwas länger als *Enallagma cyathigerum*. Körper hellbraun, mit glänzend dunkler Zeichnung auf der Oberseite von Kopf, Thorax und Abdomen. Kann nur mit *S. paedisca* (s. dort) verwechselt werden, die dunkle Binde auf der Thorax-OS hat jedoch einen geraden unteren Rand.
Merkmale in der Hand Die unteren männlichen Anhänge sind schlank und reichen bis mindestens zu den Spitzen der basalen Zähne auf den oberen Anhängen oder überragen diese.
Varianten Im Süden ist die dunkle Zeichnung in der Regel weniger ausgedehnt. Die braune Grundfärbung wird bis zum Herbst hin dunkler und kann bei sehr alten Individuen schwärzlich sein. Geschlechtsreife Individuen haben im Frühjahr auf der Oberseite der Augen einen blauen Fleck.

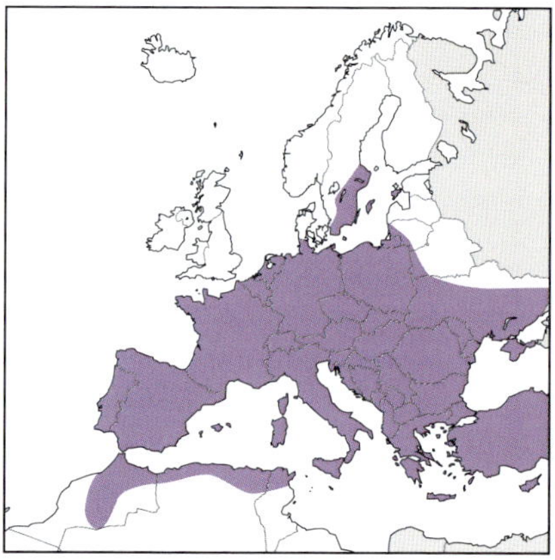

Vorkommen

Verbreitung/Status Im Großteil des Gebiets häufig, östlich bis Zentralasien. Am nördlichen Verbreitungsrand seltener und lokaler, jedoch gegenwärtig das Areal nach Norden ausdehnend.
Habitat Stehende, verkrautete Gewässer aller Art, vor allem mit flutenden, abgestorbenen Binsen- oder Schilfhalmen.
Flugzeit Imagines können ganzjährig angetroffen werden, hauptsächlich jedoch während der Fortpflanzungszeit im April und Mai, sowie Imagines der neuen Generation im August und September. Vor allem weiter im Süden können sich aufeinander folgende Generationen im Sommer zeitlich überschneiden.

Sympecma paedisca Sibirische Winterlibelle

(Brauer, 1877)

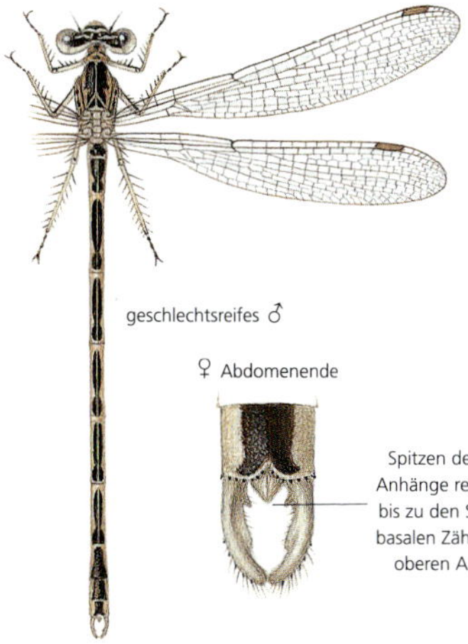

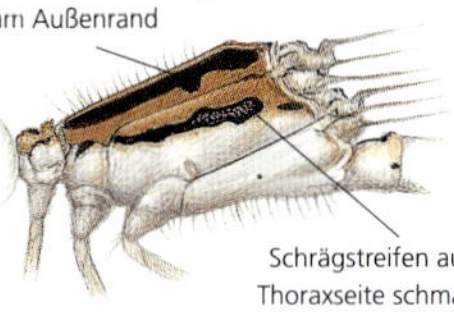

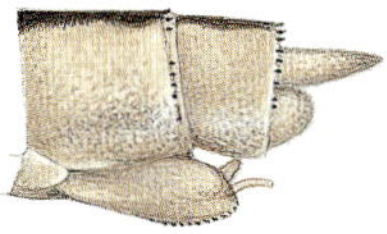

Bestimmung

Allgemein Weiter nördlich und östlich vorkommende Schwesternart von *S. fusca*, sehr ähnlich in Färbung, Verhalten und Biologie. Geeignete Habitate in Mitteleuropa beherbergen oft beide Arten, was einen sorgfältigen Vergleich erfordert.

Merkmale im Feld GL 36–39 mm, Ab 25–29 mm, HF 18–22 mm. Dieselbe Größe wie *S. fusca*. Unterscheidung im Feld ist schwierig: Die Außenränder des dunklen Bereichs auf der Thoraxoberseite (direkt hinter der Mitte) weisen eine deutliche, annähernd rechteckige Wölbung auf (gefolgt von einer leichten Einbuchtung). Der dunkle Schrägstreifen an den Thoraxseiten ist normalerweise dünner als bei *S. fusca*.

Merkmale in der Hand Das einzig zuverlässige morphologische Merkmal ist die Form der ♂ Anhänge: Die unteren sind deutlich kürzer als bei *S. fusca* und erreichen nicht die Spitzen der basalen Zähne der oberen Anhänge, meist nur deren halbe Länge (Aufsicht). Diese Zähne liegen bei *S. paedisca* zudem etwas weiter von der Basis entfernt.

Varianten Wird mit zunehmendem Alter wie *S. fusca* dunkler, wodurch die Thoraxzeichnung an Kontrast verliert. Die dorsale Hälfte der Augen ist bei geschlechtsreifen ♂♂ (im Frühjahr) blau, während ♀♀ einen blauen Augenfleck wie *S. fusca* entwickeln.

Verhalten Wie *S. fusca*, Eier werden in tote, aber auch in lebende Pflanzen abgelegt.

Vorkommen

Verbreitung/Status Riesiges nordeurasisches Verbreitungsgebiet (bis Japan). In O-Polen häufig, in Mitteleuropa jedoch sehr lokal und gefährdet.

Habitat Ähnlich wie *S. fusca*. Im asiat. Verbreitungszentrum anspruchslos und fast mit jedem limnischen Gewässertyp vorliebnehmend. In W- und Mitteleuropa hingegen ökologisch deutlich enger eingenischt und offenbar v. a. in Bezug auf die Qualität der terrestrischen Habitate recht wählerisch. Hinsichtlich der Larvallebensräume lässt sich die Art hier aber nur schwer mit einem bestimmten Habitattyp in Verbindung bringen.

Flugzeit Schlupf beginnt Ende Juli, Eiablage erfolgt vorwiegend im April und Mai.

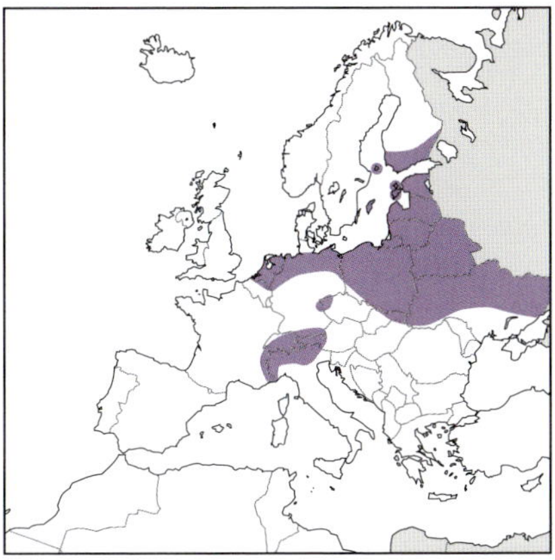

Calopterygidae

Calopteryx Leach, 1815 Prachtlibellen

▼ *Calopteryx splendens* ♂. Die Prachtlibellen-♂♂ präsentieren ihre farbigen Flügel beim Balzflug.

Bestimmung

Beschreibung Große, breitflüglige Kleinlibellen mit metallisch glänzendem Körper und Flügeladern. Die ♂♂ sind farbenprächtig (meist blau) und haben häufig großflächig gefärbte Flügel. Die ♀♀ sind metallisch grün oder braun gefärbt, mit durchscheinenden bis braunen Flügeln; nur selten entwickeln sie eine männliche Färbung. Die auffällig langen, spinnenartigen Beine sind stark beborstet. Die Flügel sind ungestielt (d. h. ohne abrupt verengte Basis, der Queradern fehlen) und außerordentlich stark geädert (z. B. mit 18 oder mehr Ax). ♂♂ fehlen Pterostigmata, ♀♀ besitzen helle Pseudopterostigmata, die nicht deutlich umrissen und zudem geädert sind.

Unterscheidung von anderen Gattungen Die Flügelfärbung, der metallisch glänzende Körper, das Fehlen (echter) Pt und dichte Aderung sind kennzeichnend. *Lestes*- und *Chalcolestes*-Arten ebenfalls metallisch grün, aber kleiner, mit schmalen, gestielten, ungezeichneten Flügeln. Die große *Epallage* hat ähnliche Flügel, doch ihr fehlt der metallische Glanz, und sie hat kurze Beindornen und lange Pt.

Unterscheidung der Arten Morphologische Unterschiede zw. den Arten gering (z. B. ♂ Anhänge aller Arten fast identisch), doch anhand von Flügelform und -färbung, Farbton von Thorax und Abdomen sowie der Farbe des Schlusslichts (auf US des Abdomenendes) lassen sich die ♂♂ bestimmen. Da im größten Teil des Gebiets nur *C. splendens* und *C. virgo* vorkommen, ist auch der Einbezug der jeweiligen Verbreitungsgebiete hilfreich. Bestimmung der ♀♀ kann schwierig sein, oft ist es einfacher, in der Nähe nach ♂♂ Ausschau zu halten. Für die weit verbreiteten Arten *C. haemorrhoidalis, C. splendens* und *C. virgo* sind zahlreiche, i. A. schlecht definierte Unterarten beschrieben worden. Die beiden anderen Arten, *C. exul* und *C. xanthostoma*, werden manchmal als Unterarten von *C. splendens* angesehen. Durch Hybridisierung existieren oft breite Misch- und Übergangszonen zw. den (vermeintlichen) Unterarten. Auch gms. vorkommende Arten erzeugen in freier Natur Hybridformen, sogar die beiden weit verbreiteten, aber nicht sehr eng verwandten *C. splendens* und *C. virgo*. ♂ Hybriden zeigen dabei intermediäre Merkmale mit Flügelflecken wie *C. splendens* und mit rötlichem Schlusslicht wie *C. virgo*.

Verhalten Typ. Ruhehaltung mit erhobenem Ab und zusammengeklappten Flügeln. Beide Geschlechter treten, oft in großer Zahl, an Fließgewässern auf. ♂♂ verteidigen in der Nähe geeigneter Eiablageplätze (z. B. submerse Wasserpflanzen) heftig ihr Revier. Sie locken ♀♀ mit komplizierten Balzflügen an, bei denen sie die farbigen Flügel und das Schlusslicht präsentieren. Versammeln sich abends oft in großen Gruppen an Schlafplätzen am Ufer.

H. J. Dumont

Calopteryx splendens (Harris, 1780) Gebänderte Prachtlibelle

Bestimmung

Allgemein Die wohl bekannteste Fließgewässerart des Gebiets, die sehr variabel ist und von der zahlreiche Formen beschrieben wurden. Unter diesen weisen *C. xanthostoma* und *C. exul* die auffälligsten Merkmalsunterschiede auf und werden hier separat als gute Arten behandelt.

Merkmale im Feld GL 45–48 mm, Ab 33–41 mm, HF 27–36 mm. Größte Kleinlibelle, abgesehen von *Epallage* und anderen *Calopteryx*. ♂♂ metallisch blau, mit dunkelblauer Binde auf jedem Flügel (tatsächlich braun, durchzogen von metallisch blauen Adern). In Extremfällen kann Flügelzeichnung fehlen, auch wenn die Flügel wegen der metallischen Adern immer noch blau wirken. Schlusslicht (unterseits S8–10) (nur ♂♂) leuchtend gelb bis grauweiß, mit schwarzem Mittelstreifen auf S8 und meist S9. S10 bei älteren ♂♂ oft weißlich bereift. Typische ♀♀ sind weniger auffällig, mit metallisch grünem Körper und Adern, durchscheinenden grünlichen Flügeln (nicht braun getönt) und gewöhnlich weißen Pseudo-Pt. Bei androchromen ♀♀, die eine ♂ Flügelfärbung aufweisen, kontrastieren die Flügelbinden mit dem weißen Pseudo-Pt (das den ♂♂ fehlt). Zur Unterscheidung siehe andere Arten.

Varianten Flügelzeichnung beim Schlupf vorhanden, aber noch nicht voll ausgefärbt. Das Ausmaß der ♂ Flügelfärbung variiert individuell und geografisch stark. Auf dieser Variation basieren viele vorgeschlagene Unterarten, doch auch innerhalb der Unterarten ist die Variation groß, und zwischen ihnen existieren breite Introgressionszonen. Der größte Teil dieser Vielfalt ging aus der intensiven Hybridisierung hervor, die der Ausbreitung der Populationen nach ihrer eiszeitlichen Isolation folgte. Die Mischpopulationen sind daher weder genetisch noch geografisch unterschieden und rechtfertigen somit nicht den Status einer Unterart. Außerhalb unseres Gebiets kommen auch *C.-splendens*-Populationen mit völlig transparenten Flügeln vor (ähnlich *C. exul*).

Vorkommen

Verbreitung/Status Oft häufig, nach Osten bis zum Baikalsee und NW-China verbreitet. Wandernde ♂♂ werden oft weit entfernt von geeigneten Lebensräumen beobachtet.

Habitat Die meisten (partiell) offenen Fließgewässer, wobei kalte Wildbäche, Hochlagen der Gebirge und tiefer Schatten gemieden werden; an großen Flüssen selten.

Flugzeit Im S Ende April–Oktober, im N Mai–Aug.

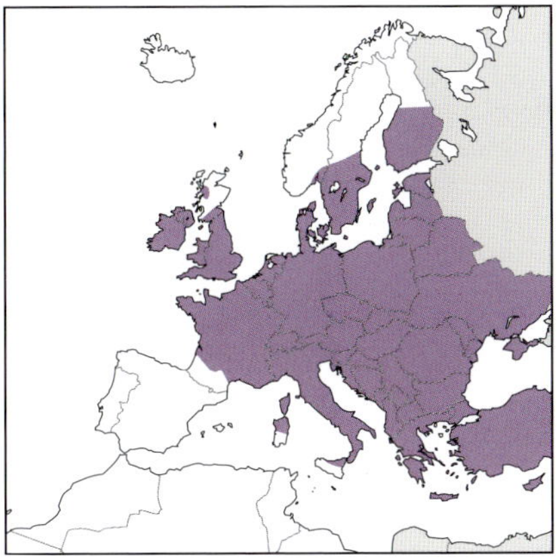

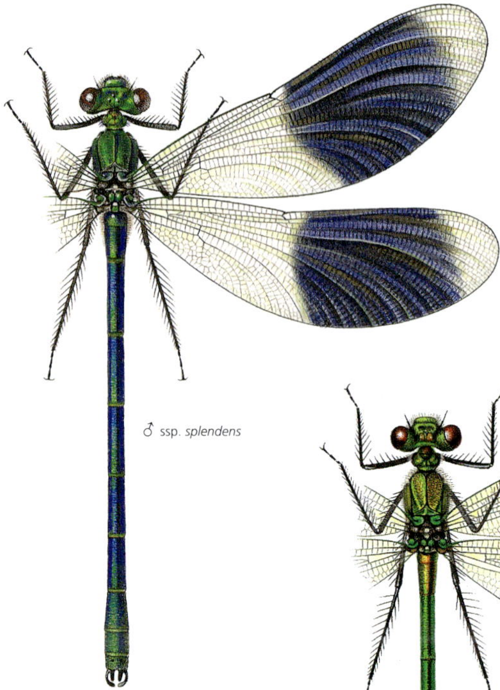

♂ ssp. *splendens*

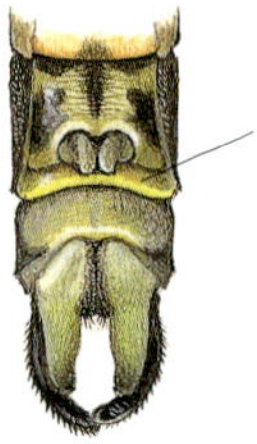

♂ Abdomen,
apikale Segmente
(Ansicht von unten)

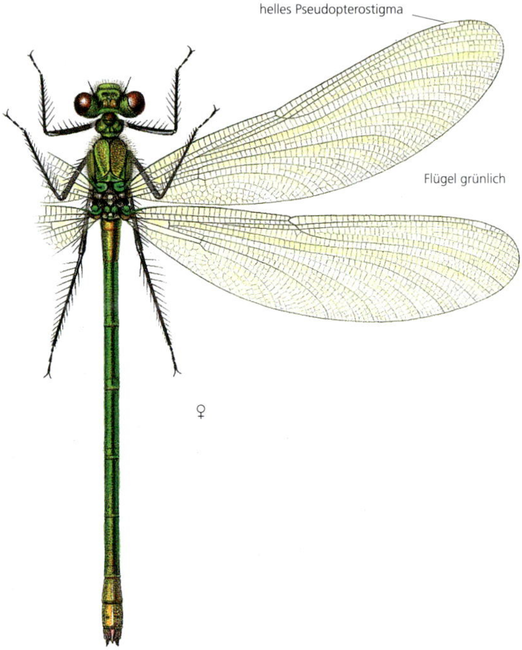

♀

♂ ssp. *balcanica;*
in der Türkei kommen Formen mit noch mehr Blau vor (einschließlich der Flügelspitze und eines größeren Teils der Basis)

♀ ssp. *balcanica*
(androchrom)

Calopteryx xanthostoma (Charpentier, 1825) — Westliche Prachtlibelle

Bestimmung

Allgemein Ersetzt *C. splendens* auf der Ib. Halbinsel, S-Frankreich und in Italien an der ligurischen Küste. Wird manchmal als Unterart dieser Art betrachtet, doch genetische Befunde sprechen für eine eigenständige Art. Im Überlappungsgebiet lässt sich *C. xanthostoma* am besten an den völlig dunklen Flügelspitzen der ♂♂ erkennen. Die südöstl. Unterarten von *C. splendens* lassen sich anhand der Flügelzeichnung nicht von *xanthostoma* unterscheiden, sind jedoch geografisch völlig von dieser getrennt.

Merkmale im Feld GL 45–48 mm, Ab 35–37 mm, HF 28–31 mm. Größe und Verhalten wie bei *C. splendens*, doch die Flügelfärbung beim ♂ erreicht stets die Flügelspitze und reicht nur selten weit über den Nodus. Das oft als Unterscheidungsmerkmal zu *C. splendens* angeführte gelbe Schlusslicht (bei dieser ist es angeblich weißlich) hat sich als nicht zuverlässig herausgestellt. Schwarze Zeichnung auf US der letzten 3 Ab-Segmente wesentlich breiter: ein breiter Streifen auf S8, ein Streifen und oft zus. Flecke auf S9. Bei alten ♂♂ ist der größte Teil von S8 dunkel, manchmal sogar metallisch gefärbt. ♀♀ metallisch grün und schwer von *C. splendens* zu unterscheiden, obgleich die Dorsalseite des letzten Ab-Segments norm. nicht metallisch grün, sondern mattbraun ist.

Varianten I. Ggs. zu *C. splendens* sind die Flügel beim Schlupf ungefärbt, die Färbung entwickelt sich erst in der ersten Woche danach. Das Ausmaß der Flügelfärbung zw. Basis und Nodus kann etwas variieren. Androchrome ♀♀ sind nicht bekannt, i. Ggs. zu ähnlich gezeichneten südöstl. Unterarten von *C. splendens*, wo derartige ♀♀ häufig sind.

Vorkommen

Verbreitung/Status In S-Frankreich sehr häufig, auf Ib. Halbinsel nach S hin seltener. Hybridisiert oft mit C. *splendens*, z. B. in Ligurien und zw. Loire und Garonne (F). Berichte von Funden in N-Afrika beruhen whs. auf Verwechslungen.

Habitat Wie *C. splendens*, jedoch bevorzugt an größeren Wasserläufen, wo jene Art auch vorkommt, z. B. Flüsse und Kanäle im Tiefland.

Flugzeit April–September.

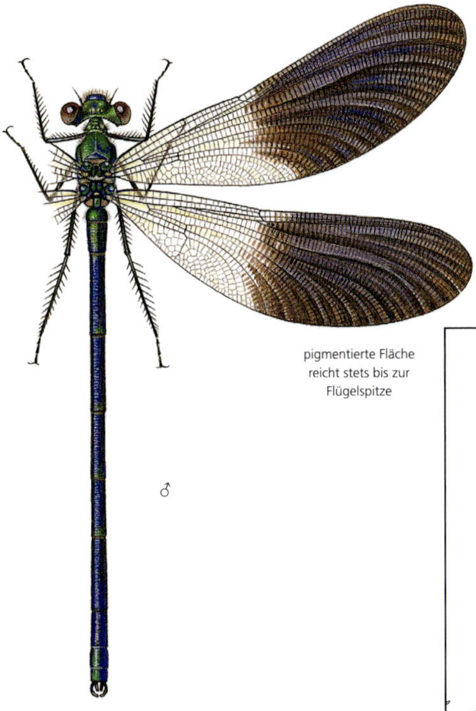

pigmentierte Fläche reicht stets bis zur Flügelspitze

♂

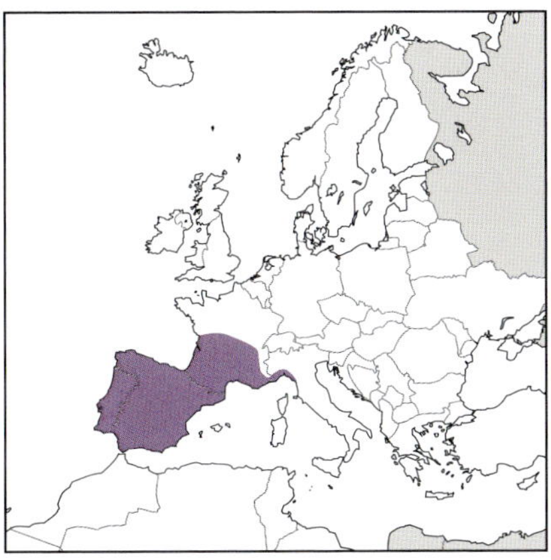

Calopteryx virgo (Linnaeus, 1758) Blauflügel-Prachtlibelle

Bestimmung

Allgemein Die größte und dunkelste *Calopteryx*, deren ♂♂ (fast) völlig metallisch blauschwarze, die ♀♀ durchscheinend grüne bis dunkelbraune Flügel zeigen. Flug schmetterlingsartig, aber schwerfälliger als bei *C. splendens*; regelmäßig in Wäldern anzutreffen.

Merkmale im Feld GL 45–49 mm, Ab 31–42 mm, HF 24–36 mm. Relativ groß und kräftig. Die Flügel, v. a. HF der ♂♂, sind breiter als bei anderen *Calopteryx*, fast paddelförmig und wirken vollständig blauschwarz (s. aber Varianten). Schlusslicht des ♂ braun bis rötlich, ausgiebig schwarz gezeichnet (bei anderen Arten heller oder ungezeichnet). Nur ♂♂ großer, dunkler *C.-splendens*-Formen (z. B. türkisch-kaukasische ssp. *intermedia*) können mit *C. virgo* verwechselt werden (v. a. mit hellerer ssp. *meridionalis* in SW-Europa); Formen, die potenziell zu Verwechslungen führen können, sind jedoch geografisch weit getrennt. Zudem Schlusslicht von *C. splendens* gelblich. ♀♀ metallisch (bräunlich) grün und schwer von *C. splendens* zu unterscheiden, doch Flügel i. d. R. breiter und brauner (manchmal sogar sehr dunkel).

Varianten 3 Hauptformen lassen sich anhand der Flügelfärbung unterscheiden und werden gewöhnlich als Unterarten behandelt. In den meisten Gebieten (etwa nördl.von Loire, Alpen und Donau) trifft man auf *virgo*, charakterisiert durch ♂♂, bei denen nur die äußersten Spitzen (v. a. VF) und die Basis heller sind als der Rest des Flügels (was «ausgewaschen» wirkt). Etwa von der Linie Normandie–Genf südwärts kommt die recht charakteristische ssp. *meridionalis* vor. Sie hat auffällig transparente Flügelbasen, doch völlig dunkle Spitzen; die Begrenzung des transparenten Bereichs ist sehr scharf (nicht «ausgewaschen»). In der Türkei und im südl. Balkan (an der Küste mind. bis nach Montenegro und SO-Rumänien) findet man *festiva*, die größte europ. *Calopteryx:* Flügel der ♂♂ gänzlich blauviolett. Es gibt ♀♀ mit dunkelbraunem Flügelmuster, welches das Muster der *festiva*-♂♂ nachahmt. Über Verbreitung und Umfang dieser Übergangsformen zw. den 3 Unterarten ist wenig bekannt; z. B. treten in Italien *meridionalis, festiva* und Zwischenformen auf. Gelegentlich ♀♀ mit dunkleren HF-Spitzen um Schwarzes Meer *(festiva)* und in westl. Mittelmeerraum *(meridionalis),* die an *C. haemorhoidalis* erinnern.

Vorkommen

Verbreitung/Status Lokal häufig, im S jedoch über weite Strecken fehlend, z. B. auf vielen größeren Inseln; in der Türkei hpts. auf Küstengebiete beschränkt, auf zentraler Hochebene selten. Unklar, wie weit die Art über den Ural hinausgeht, weil sie sich von ihrer östl. Schwesternart *C. japonica* nur schwer unterscheiden lässt.

Habitat Bevorzugt i. Ggs. zu anderen *Calopteryx* kühlere, kleinere und schattiger, höher gelegenere oder karstige Fließgewässer, typw. kleine Waldbäche. Am Übergang zu breiteren, offeneren Bächen macht *C. virgo* der verwandten Art *C. splendens* Platz. Hybride treten regelm. auf, sind aber meist nur schwer zu erkennen.

Flugzeit Mai–Ende September.

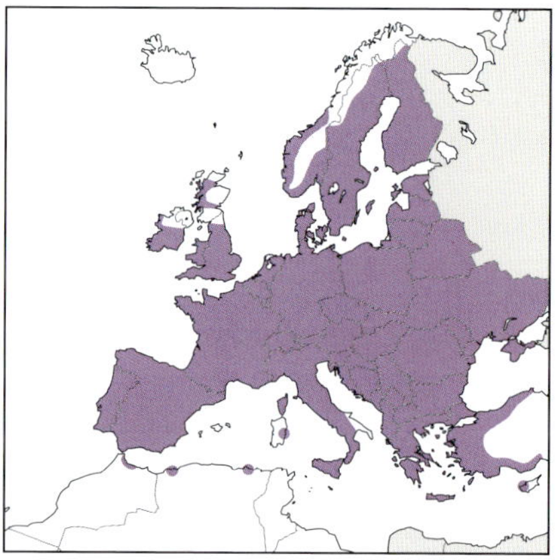

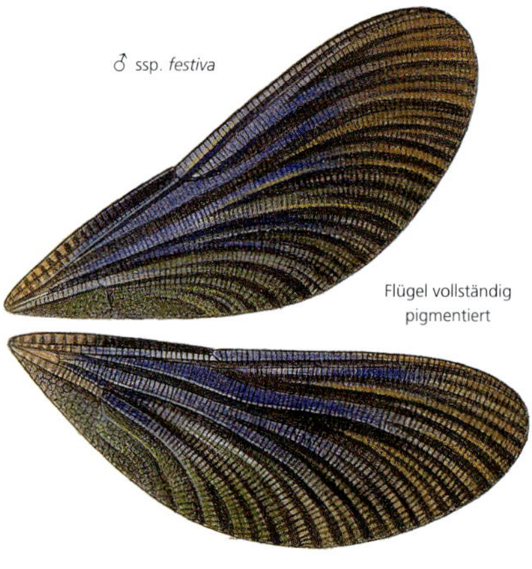

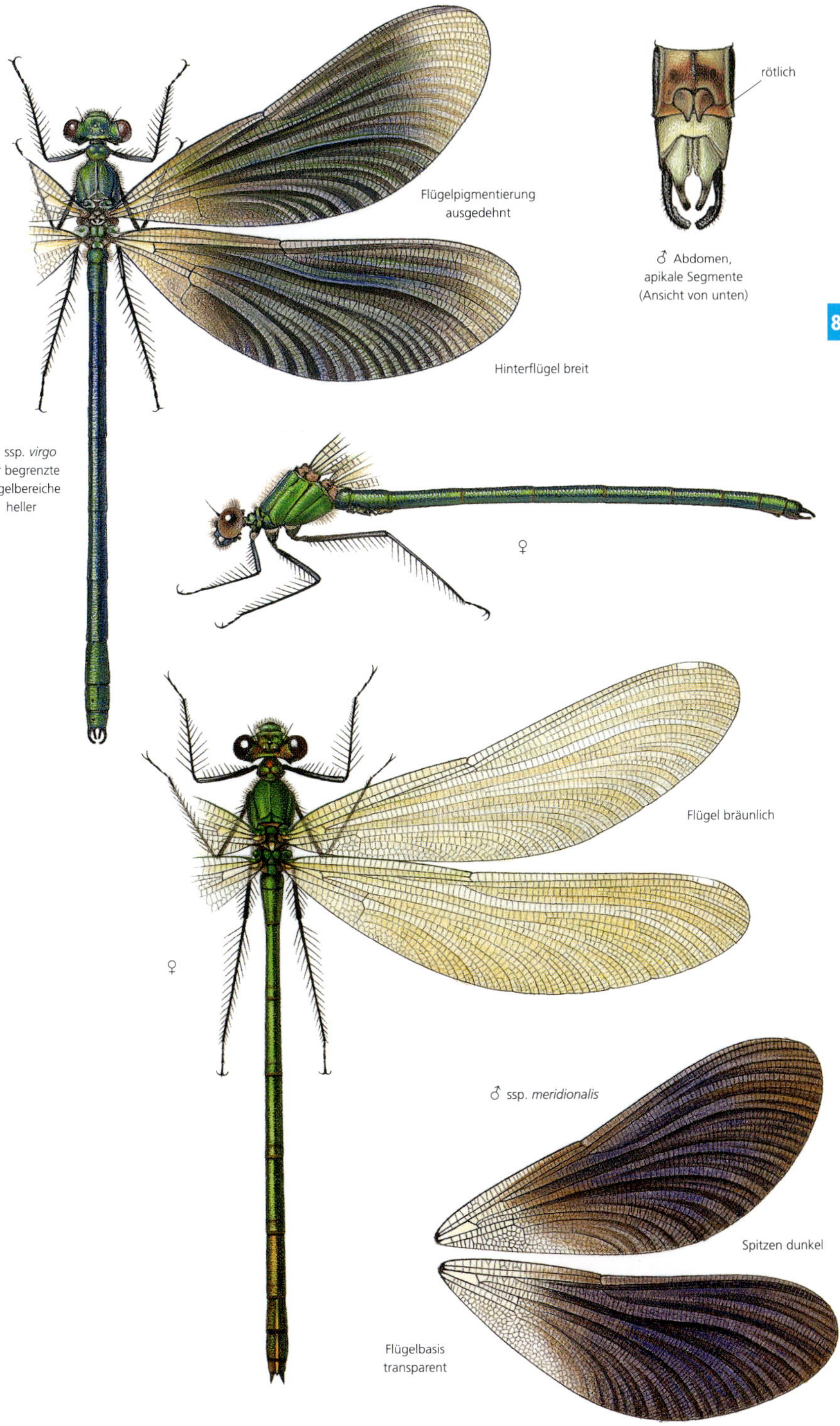
rötlich
♂ Abdomen,
apikale Segmente
(Ansicht von unten)
Flügelpigmentierung
ausgedehnt
Hinterflügel breit
♂ ssp. *virgo*
nur begrenzte
Flügelbereiche
heller
♀
Flügel bräunlich
♀
♂ ssp. *meridionalis*
Spitzen dunkel
Flügelbasis
transparent

Calopteryx haemorrhoidalis
(Vander Linden, 1825)

Bronzene Prachtlibelle

Bestimmung

Allgemein Leicht zu bestimmen anhand des karminroten Schlusslichts der ♂♂ sowie des dunklen apikalen Flecks auf HF der ♀♀. In den meisten Gebieten ist der kupferrote Körper des ♂ ebenfalls kennzeichnend, aber nicht bei allen Pop. dieser im westl. Mittelmeerraum endemischen Art ausgeprägt.
Merkmale im Feld GL 45–48 mm, Ab 30–43 mm, HF 23–37 mm. Typ. ♂♂ sind unverkennbar aufgrund des bronzerötlichen Körpers und der großteils dunklen Flügel, die in geschlossenem Zustand dunkelbraun (statt blau) erscheinen, mit einem auffälligen transparenten Bereich an der Basis. Die Abgrenzung zur transparenten Basis verläuft deutlich schräg, da die farbige Fläche an der Flügelvorderkante fast bis zur Basis verläuft. Lokal kommen ♂♂ vor, die braun, leicht violett, dunkelblau, olivfarben oder fast schwarz erscheinen. Diese Färbung ist stets dunkler und matter als das leuchtende Grün bis Blau von *C. splendens* und *C. virgo*, während die Flügel braun bis schwarz, nicht blau, erscheinen. Bei den ♂♂ ist die US des Abdomenendes einfarbig leuchtend pink bis lebhaft rot. Die metallisch grünen bis bronzefarbenen ♀♀ lassen sich leicht an ihren kontrastierenden dunklen HF-Spitzen erkennen und weisen i. Ggs. zu anderen ♀♀ schmale, helle Humeralstreifen auf. Bei beiden Geschlechtern Tibien häufig rostbraun gefärbt (bei den meisten anderen *Calopteryx* schwarz).
Varianten Körperfarbe der ♂♂ kann variieren (s. o.). Bei typ. *haemorrhoidalis*-♂♂ sind ²/₃ des Flügels schwarz, höchstens schmale apikale Ränder transparent. Nordwestl. Populationen haben hellere Flügel: ♂♂ mit breitflächig transparenten VF-Spitzen (bekannt als *occasi*) kommen an der

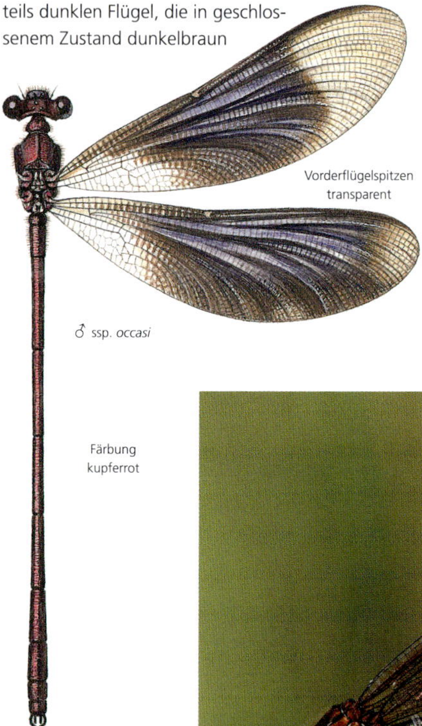

▶ *Calopteryx haemorrhoidalis* ♀; auffällig sind die dunklen Hinterflügelspitzen mit kontrastierenden hellen Pseudopterostigmata und die braunen Tibien.

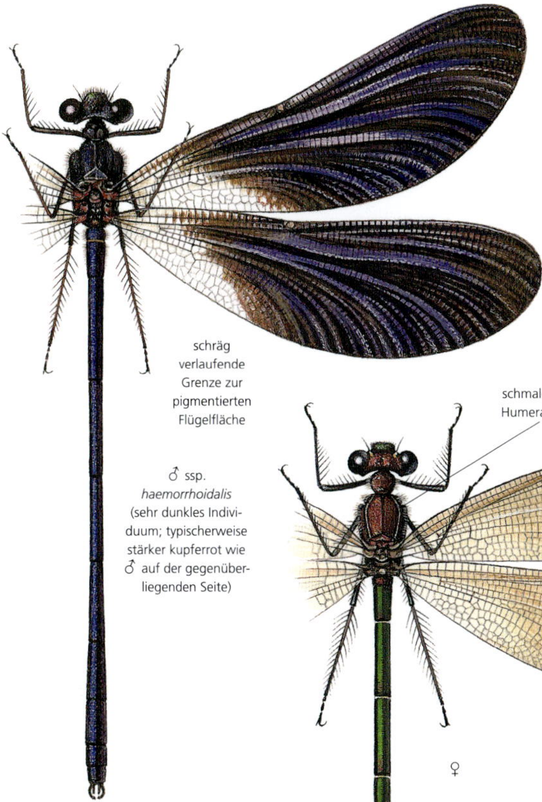

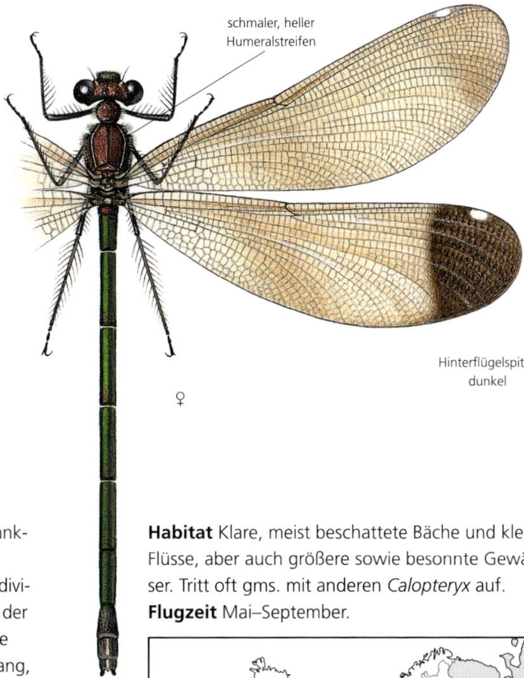

ligurischen Küste (N-Italien), in S-Frankreich im Landesinneren und an den Südhängen der Pyrenäen vor. Bei Individuen an der span. Nordküste reicht der transparente Bereich der Flügelspitze basal soweit am VF-Hinterrand entlang, dass ein deutlicher, etwa quadratischer, dunkler Fleck entsteht. Einige Individuen von der Ib. Halbinsel sind auffällig klein. Meldungen von *C. haemorrhoidalis* außerhalb des westl. Mittelmeerraums beziehen sich auf ♀♀ von *C. virgo* ssp. *festiva* mit ungewöhnlich dunklen Flügelspitzen. Relativ kleine, helle ♂♂ aus der asturischen Küstenregion sind als Form *asturica* beschrieben worden.

Vorkommen

Verbreitung/Status Nur westl. Mittelmeergebiet einschl. der größeren Inseln. Generell häufig; die am weitesten verbreitete *Calopteryx* in NW-Afrika.

Habitat Klare, meist beschattete Bäche und kleine Flüsse, aber auch größere sowie besonnte Gewässer. Tritt oft gms. mit anderen *Calopteryx* auf.

Flugzeit Mai–September.

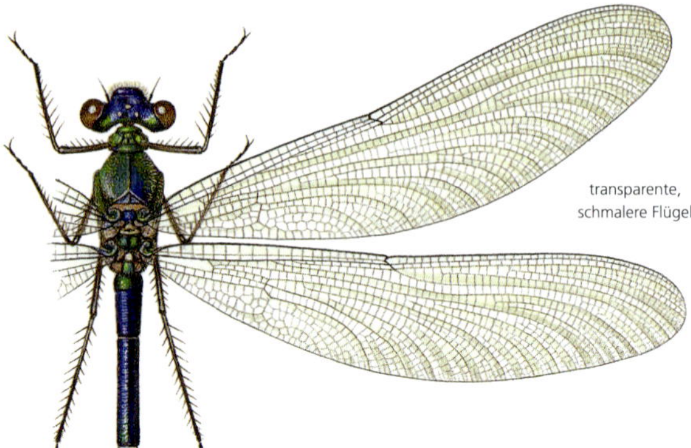

▼ *Calopteryx exul* ♂.

Bestimmung

Allgemein Maghr. Endemit, der *C. splendens* in NW-Afrika ersetzt, aufgrund schmaler, ungebänderter Flügel, die beim raschen Flug dicht über der Wasseroberfläche auffällig blau irisieren, leicht zu erkennen.

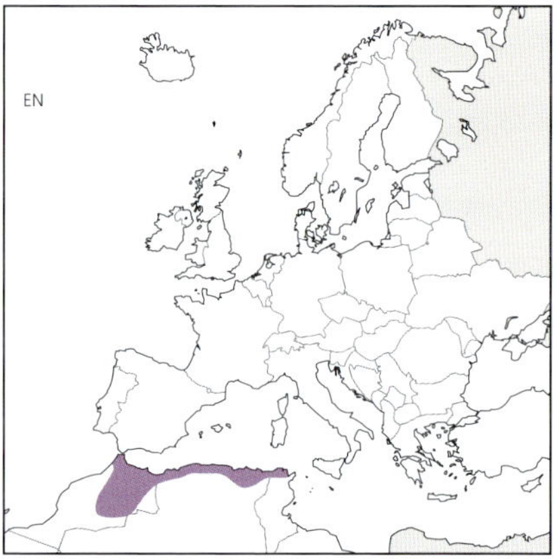

Merkmale im Feld GL 45–50 mm, Ab 34–36 mm, HF 27–29 mm. Bei beiden Geschlechtern sind die Flügel schmaler als bei allen anderen Vertretern dieser Gattung und zeitlebens völlig transparent. Flügeladerung beim ♂ metallisch glänzend, sodass die Flügel bei jedem Schlag hellblau aufblitzen. Die Beine, vor allem die Femora, sind in der Regel heller als bei anderen Arten und bei beiden Geschlechtern eher schokoladenbraun als schwarz oder schwarz mit gelben Innenseiten.

Vorkommen

Verbreitung/Status Endemit des Atlas-Gebirges von Marokko bis Tunesien. Selten in Algerien, wo die meisten Vorkommen durch Habitatzerstörung bereits erloschen sind. Tritt meist in geringer Individuendichte auf.

Habitat Bäche und Flüsse zwischen 200–2000 m.

Flugzeit Mai–August.

Euphaeidae

Epallage Charpentier, 1840 Orientjungfern

Epallage fatime (Charpentier, 1840) Blaue Orientjungfer

Bestimmung

Allgemein Eine große, gedrungen wirkende Kleinlibelle, die in Körperbau und Haltung an Großlibellen erinnert. Die Abdominalmusterung der ♀♀ und frisch geschlüpften ♂♂ und das blaue, nicht metallische Abdomen der geschlechtsreifen ♂♂ sind zusammen mit den schwarzen Flügelspitzen unverkennbar. Die Gattung *Epallage*, die nur eine Art umfasst, ist die einzige Vertreterin der Euphaeidae im Gebiet. Ansonsten besteht diese Familie aus über 70 südostasiatisch verbreiteten Arten.

Merkmale im Feld GL 40–50 mm, Ab 28–37 mm, HF 30–34 mm. Unverkennbar, auch wenn fliegende ♂♂ auf den ersten Blick für bereifte Lilbelluliden gehalten werden können. Größe ähnlich wie *Calopteryx splendens*, jedoch mit deutlich schmaleren Flügeln, kürzerer Beinbeborstung und stämmigerer Gesamterscheinung. ♀♀ haben einen weißlich gelben oder blassblauen Körper mit schwarzer Zeichnung, die mit zunehmendem Alter ausgeprägter wird. Frisch geschlüpfte ♂♂ sind weitgehend schwarz, mit blassen Streifen an den Seiten von Thorax und Abdomen. Innerhalb weniger Tage nach dem Schlüpfen färben sie sich vollständig blau. Die sehr langen Pt sind unverkennbar und bei ♂♂ graublau, bei ♀♀ auffällig weiß bis grau. Die dunklen Flügelspitzen reichen gew. bis zur Hälfte des Pt (s. aber Varianten). Flügel der ♀♀ oft hellgelb überhaucht und an der Basis mit bernsteinfarbenem Fleck. Anhand der 12–14 Ax unterscheidet sich *E. fatime* von allen anderen reg. Arten. *Calopteryx*, ebenfalls mit ungestielten Flügeln, weist 18 oder mehr auf, während alle anderen Kleinlibellenarten gestielte Flügel (d. h. abrupt verschmälerte Flügelbasen) mit nur 2 Ax zeigen.

Varianten Ausmaß und Stärke der dunklen Färbung der Flügelspitze können in und zwischen Populationen beträchtlich variieren. Bei einigen Individuen sind die Flügel völlig rauchfarben, während sie bei anderen gar nicht gezeichnet sind. Diese Variation hat zur Beschreibung mehrerer fragwürdiger Unterarten geführt.

Verhalten Beide Geschlechter sitzen oft auf Zweigen oder Steinen über dem Wasser oder in Gewässernähe. Dabei kommt es auch bei hoher Individuendichte kaum zu aggressiven Interaktionen.

◀ *Epallage fatime*, Paar im Tandem. Mit typisch stämmigem Körperbau, dunklen Flügelspitzen sowie blauer Bereifung des ♂.

Einzige Kleinlibelle des Gebiets, die mit ausgebreiteten Flügeln und waagrecht gehaltenem oder sogar erhobenem Abdomen ruht. Der kurze, schnelle Flug erinnert ebenfalls an Großlibellen. Eiablage im Tandem, in organisches Material wie Wurzeln oder an Zweigen und Kiefernnadeln im Gewässer.

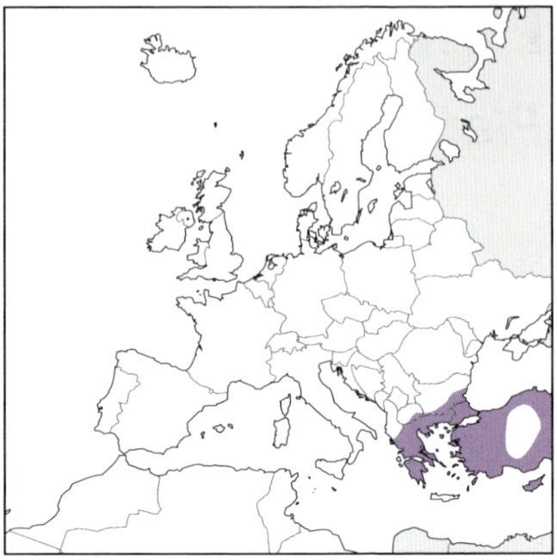

Vorkommen

Verbreitung/Status In der Türkei, Zypern und Griechenland sowie auf einem Teil der größeren Inseln nicht selten. Nach Osten bis Afghanistan und Pakistan verbreitet.

Habitat Steinige Fließgewässer, höchste Dichte an Bächen, aber auch an Flüssen zu finden.

Flugzeit In der Türkei Ende April–Mitte August.

V. J. Kalkman

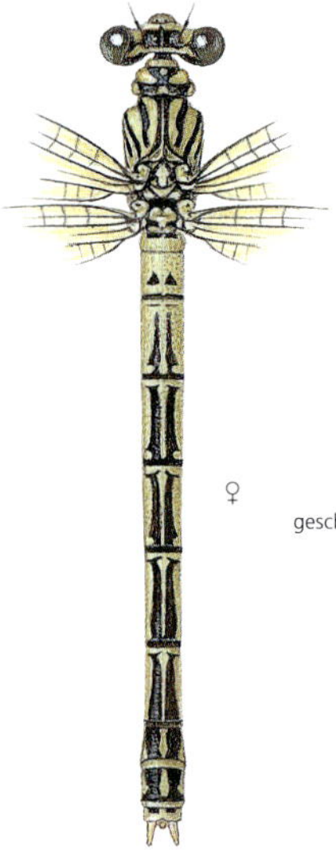

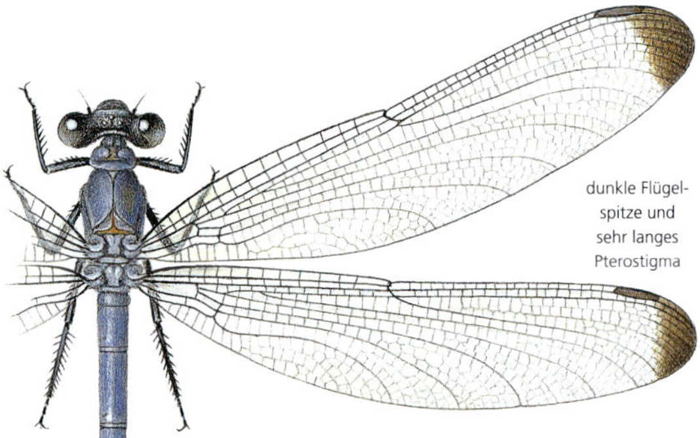

▲ *Epallage fatime* ♀. Weibchen zeigen manchmal nur dunkle Flügelspitzen, können aber auch völlig pigmentierte Flügel haben.

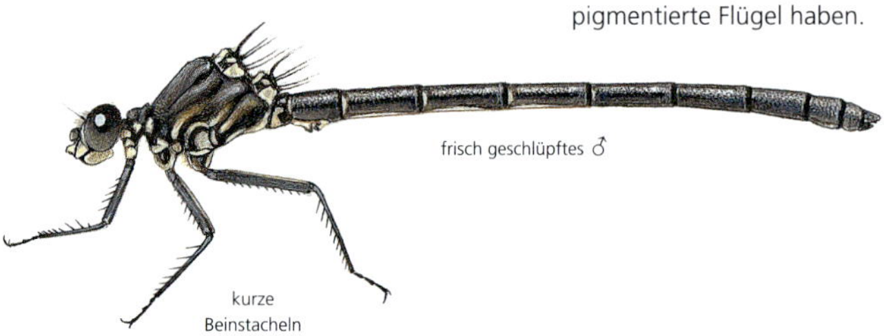

Platycnemididae

Platycnemis Burmeister, 1839 Federlibellen

Bestimmung

Aussehen Helle, nicht metallisch gefärbte Kleinlibellen mit auffällig breitem Kopf. Die Beine tragen zahlreiche, relativ lange Borsten, die Tibien sind oft verbreitert und großteils weiß (v. a. bei ♂♂). Das Flügelviereck aller Flügel ist fast rechteckig und gewöhnlich durch 2 Zellen vom Subnodus (der vom Nodus abgehenden Ader) getrennt. Form von Kopf, Beinen sowie Aderung und Zeichnungsmerkmale sind unter den Kleinlibellen des Gebietes einzigartig.

Unterscheidung von anderen Gattungen Arten der Familie Coenagrionidae mit ähnlicher Färbung haben einen kompakteren Kopf, nicht verbreiterte, weniger stark beborstete und dunklere Beine. Zudem ist der Vorderrand der Discoidalzelle deutlich kürzer als der Hinterrand, mit meist 3 Zellen Abstand zum Subnodus. Nur *P. pennipes* wird blau, doch deren schwarze Zeichnung unterscheidet sich deutlich von allen blauen Arten der Coenagrionidae (s. Artbeschreibung).

Unterscheidung der Arten Der Einbezug der arttyp. Verbreitungsmuster der 6 Arten des Gebiets erleichtert die Bestimmung. Geschlechtsreife ♂♂ lassen sich aufgrund ihrer Färbung sowie Merkmalen an Tibien und Anhängen unterscheiden. ♀♀ aller Arten sind relativ ähnlich gefärbt, die Unterschiede in Form und Färbung der Tibien gering. Sie sollten daher durch sorgfältige Untersuchung des Prothorax bestimmt werden (s. Tab. unten).

Verhalten ♂♂ sitzen am Ufer oder in der benachbarten Vegetation. Im typischen Zickzackflug suchen sie längs des Ufers oder des Vegetationsrands nach ♀♀. Das ♂ packt das ♀, indem es oft direkt aus dem Flug auf dessen Thorax landet. Nach der Paarung fliegt das Paar im Tandem zur Eiablage. Stellen mit eierlegenden Paaren locken weitere Paare an, was zu großen Eiablage-Gruppen führt. Beide Geschlechter setzen die Beine nicht bei der Balz, wohl aber beim Drohverhalten ein und präsentieren diese anderen Artgenossen ausgestreckt im Flug.

A. Martens

Tabellarischer Schlüssel zu den Arten. Tibien weiß mit einer schwarzen Linie unterschiedlicher Länge. Obere Anhänge gewöhnlich an der Spitze eingekerbt; die relative Länge der Spitzen über und unter dieser Kerbe ist diagnostisch. Pronotum-Hinterrand der ♀ kann einen paarigen Satz von Zähnen unterschiedlicher Größe und Lage tragen.

Vergleich von Arten in:	Verbreitung	Abdomen, adultes ♂	Breite Hintertibien; schwarze Zeichnung ♂	Spitzen der oberen Anhänge ♂	Zähne Pronotum-Hinterrand ♀	Art
	NW-Afrika	weißlich bis grünblau	schmal; vollständige Linie	etwa gleich lang	fehlt	*subdilatata*
SW-Europa	Frankreich, Spanien und Portugal	weiß	sehr breit; an Basis allenfalls klein	untere länger	klein, sublateral	*latipes*
SW-Europa	Frankreich, Spanien und Portugal	orange bis rötlich	sehr schmal; vollständige Linie	obere länger	groß, lateral	*acutipennis*
SW-Europa, Türkei	weit verbreitet, nicht auf der Ib. Halbinsel und in Afrika	hellblau	breit; an der Basis zumindest klein, oft eine Linie	etwa gleich lang	fehlt	*pennipes*
Türkei	SO-Türkei	weiß	breit, ungezeichnet	Spitze ungekerbt	klein, lateral	*dealbata*
Türkei	SO-Türkei	graublau bereift	sehr schmal; vollständige Linie	etwa gleich lang	fehlt	*kervillei*

Platycnemis pennipes (Pallas, 1771) — Blaue Federlibelle

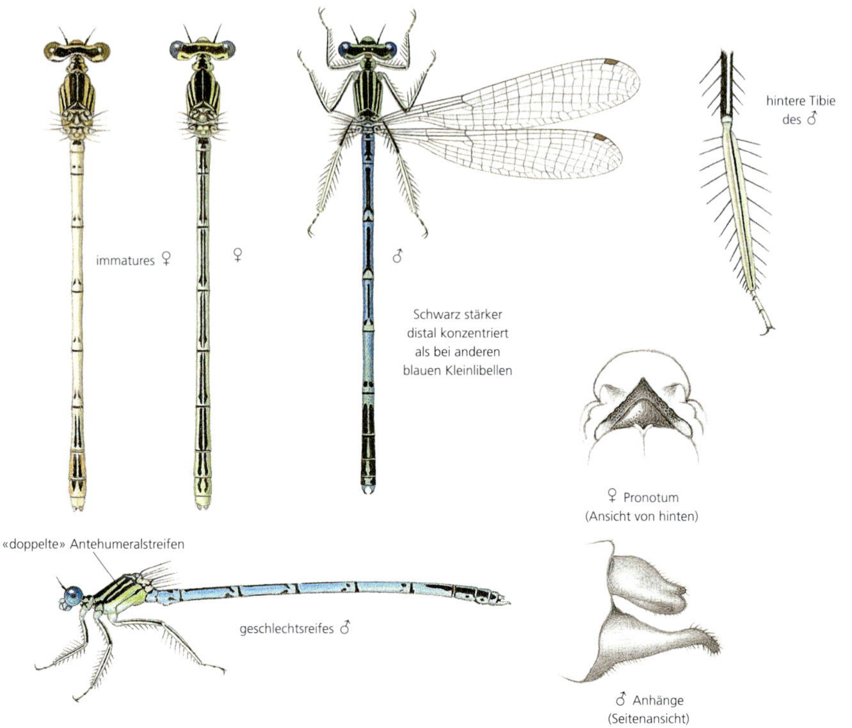

Bestimmung

Allgemein Die hellblauen ♂♂ mit ihren weißen Beinen sind an Flüssen und ruhigen Bächen in großen Teilen Europas ein vertrauter Anblick. Hier ist die Art oft die einzige *Platycnemis* und leicht anhand des breiten Kopfes und der federartigen Beine zu erkennen.

Merkmale im Feld GL 35–37 mm, Ab 27–31 mm, HF 19–23 mm. Etwas größer als *Coenagrion puella* oder *Enallagma cyathigerum*. ♂♂ sind die einzigen *Platycnemis*, die völlig blau werden, erscheinen aber aufgrund von weniger Schwarz und lichterer Blaufärbung heller als andere blaue Kleinlibellen (z. B. *Coenagrion*). In Details unterscheidet sich die schwarze Zeichnung bei dieser und anderen *Platycnemis* deutlich: (1) Gesicht großflächiger hell und Kopf-Querbinde zwischen den Ocelli, nicht vor ihnen; (2) langer, schwarzer Interpleuralstreifen läuft jeweils an der Basis des mittleren Beinpaares mit Antehumeralstreifen zusammen; (3) schwarze Zeichnung auf S7–10 nicht durch helles Schlusslicht unterbrochen, aber durch eine feine, helle Mittellinie abgetrennt; erscheint dadurch paarig. Verbreitungsgebiet überschneidet sich mit anderen *Platycnemis*-Arten nur an SW- und SO-Rändern; Verwechslung am ehesten mit *P. latipes* in Frankreich und *P. dealbata* in der Türkei. Bei diesen beiden Arten geschlechtsreife ♂♂ porzellanweiß, mit breiten (fast ungezeichneten) Tibien. Es ist aber zu beachten, dass *P. pennipes*-♂♂ weiß sind, bevor sie blau werden (s. Varianten).

Merkmale in der Hand Obere Anhänge beim ♂ über apikaler Einkerbung so lang wie darunter. Pronotum-Hinterrand beim ♀ ohne Zähne.

Varianten Schwarzanteil der Zeichnung höchst variabel, abhängig von Umgebungsfeuchtigkeit beim Schlupf: Individuen, die bei trockenem Wetter schlüpfen, haben weniger Zeichnung, z.B . kann diese auf den Tibien und S2–6 fehlen. Daher können die Muster regional und saisonal variieren. Farbveränderungen bei beiden Geschlechtern von durchscheinend rosa direkt nach dem Schlupf über weiß bis blau bei ♂♂ und gelblich braun, grünlich oder manchmal blau bei ♀♀. ♂♂ von der Adriaküste Montenegros, Albaniens und Griechenlands

sowie des Peloponnes mit durchschnittlich breiteren, weniger stark gezeichneten Tibien. Sie werden der Unterart *nitidula* zugeordnet und können an *P. latipes* und *P. dealbata* erinnern.
Verhalten Eierlegende Tandems bilden Gruppen an Blütenstängeln der Gelben Teichrose *(Nuphar lutea)*, an Tausendblatt *(Myriophyllum)* oder Laichkräutern *(Potamogeton)* sowie an Treibholz und Wurzeln.

Vorkommen

Verbreitung/Status Vom Atlantik im W bis zum Jenissei im O. Das Nominattaxon ist meist häufig, doch die in ihrer Verbreitung eingeschränkte ssp. *nitidula* könnte als schutzbedürftig einzustufen sein.
Habitat Typische Art der Auen, v. a. an Altarmen und offenen Flussabschnitten. Auch an Seen und anthropogenen Habitaten wie Kanälen, Kiesgruben, Fischteichen; Larven gut an das gms. Vorkommen mit Fischen angepasst. Im N (z. B. England, NL, Fennoskandien) v. a. auf Fließgewässer beschränkt.
Flugzeit In Mitteleuropa Anfang Mai–Ende Sept., länger in der Türkei, kürzer in England und Fennoskandien. Höhepunkt Juni und Juli.

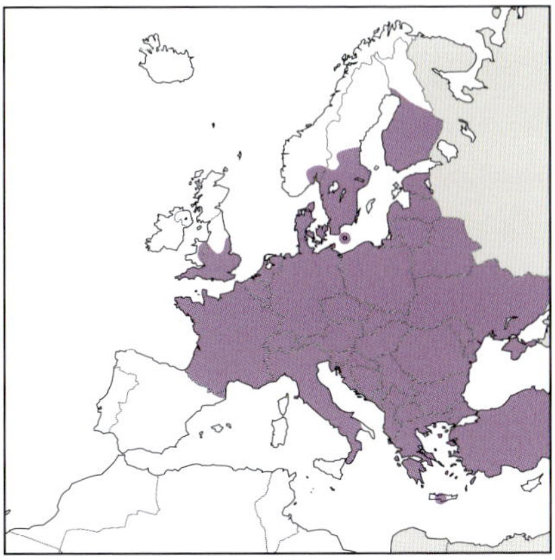

◀ *Platycnemis dealbata* ♂. Abdomen und Beine sind überwiegend weiß.

◀ *Platycnemis pennipes* ♂. Typisch sind das schwarze Muster im distalen Bereich des Abdomens und der für alle *Platycnemis* diagnostische «doppelte» Antehumeralstreifen.

Platycnemis subdilatata Selys, 1849 Maghreb-Federlibelle

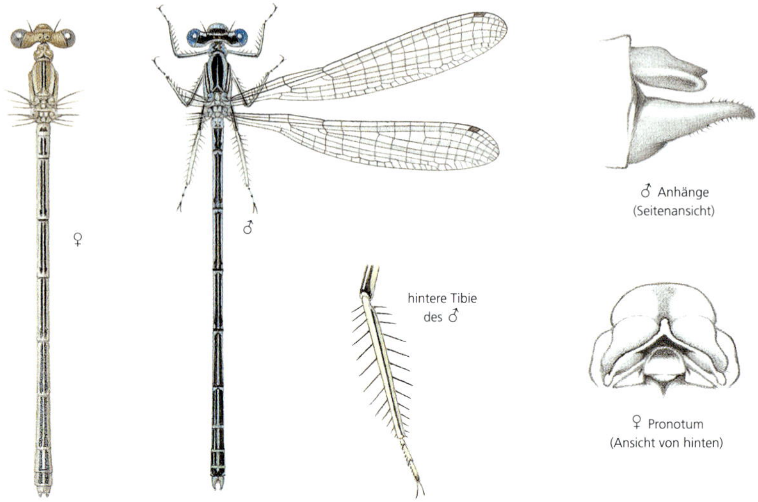

Bestimmung

Allgemein Endemische Art des Maghreb, dort aufgrund der Gattungsmerkmale unverwechselbar.

Merkmale im Feld GL 33–36 mm, Ab 22–28 mm, HF 17–21 mm. In ihrem Verbreitungsgebiet einzige kleine und helle Kleinlibelle mit breitem Kopf, fast rechteckiger Discoidalzelle und federartigen Beinen. Ähnelt am stärksten *P. pennipes*, was die Ausdehnung von Schwarz auf Abdomen und Beinen angeht, doch geschlechtsreife ♂♂ sind weiß bis hell grünlich blau statt blau; ♀♀ weiß. Tibien schmaler als bei *P. pennipes*.

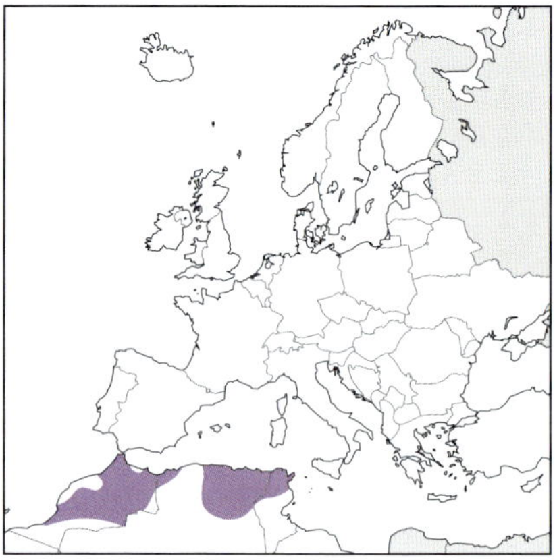

Merkmale in der Hand ♂ Anhänge und ♀ Pronotum ganz ähnlich wie bei *P. pennipes*.

Varianten Variabel in der Ausdehnung der schwarzen Zeichnung. Kopf, Beine und Thorax junger ♀♀ auffällig rötlich.

Vorkommen

Verbreitung/Status Endemisch in Marokko, Algerien und Tunesien, dort lokal häufig. Keine Funde südl. des Atlas außer in einigen algerischen Oasen. Kommt whs. in ganz N-Algerien vor. Hinweise auf Vorkommen auf Teneriffa (Kanaren) durch ein einzelnes Museumsexemplar konnten bislang nicht bestätigt werden. Durch hohen anthropogenen Nutzungsdruck auf Fließgewässer lokal bedroht.

Habitat Breites Spektrum permanenter Fließgewässer.

Flugzeit Mitte April–Ende September.

Platycnemis acutipennis Selys, 1841 — Orange Federlibelle

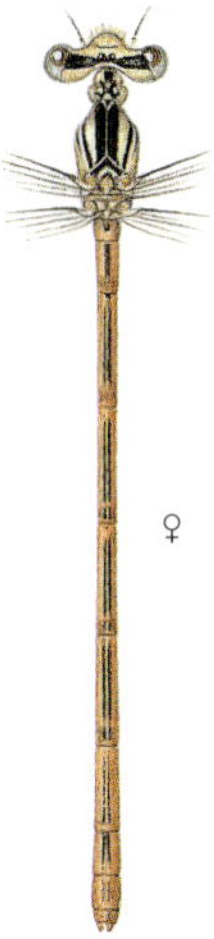
♀

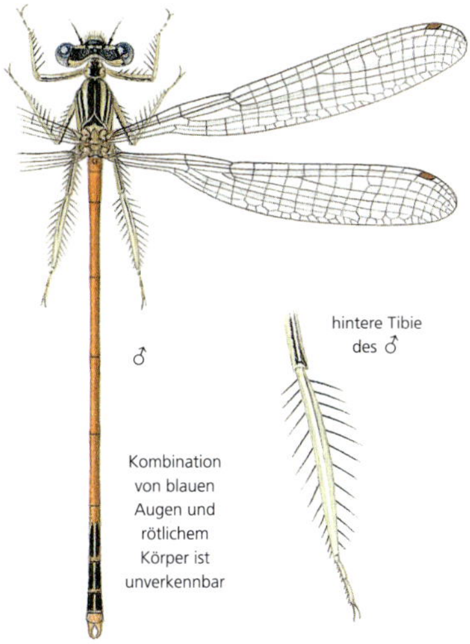
♂

Kombination von blauen Augen und rötlichem Körper ist unverkennbar

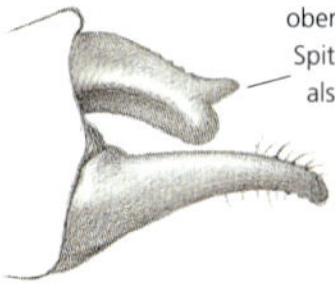
oberer Teil der Spitze länger als unterer

♂ Anhänge (Seitenansicht)

hintere Tibie des ♂

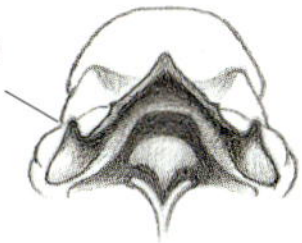
lateraler Zahn auf dem Pronotum-Hinterrand

♀ Pronotum (Ansicht von hinten)

Bestimmung

Allgemein Das blauäugige ♂ mit orangefarbenem Körper gehört zu den auffälligsten Kleinlibellen des Gebietes, obschon rötliche Färbung und schmale Tibien nicht sofort an eine *Platycnemis*-Art denken lassen.

Merkmale im Feld GL 34–37 mm, Ab 24–28 mm, HF 18–19 mm. Nach Zeichnung und Kopfform eine typische *Platycnemis*, doch Tibien des mittleren und hinteren Beinpaars nicht auffällig verbreitert, und geschlechtsreife Imagines mit orangerotem Abdomen. *P. pennipes* und *P. latipes* mit deutlich verbreiterten Tibien; nur einige ♀♀ mit rötlicher Tönung. Färbung geschlechtsreifer Imagines weniger intensiv als bei *Ceriagrion tenellum* oder *Pyrrhosoma nymphula*, die anders gezeichnet sind. Zudem hat *P. acutipennis* wie andere geschlechtsreife *Platycnemis*-♂♂ bläuliche Augen – eine unverwechselbare Farbkombination.

Merkmale in der Hand Obere Spitze der ♂ oberen Anhänge länger als untere Spitze. Pronotum-Hinterrand des ♀ lateral mit einem Paar auffälliger Zähne.

Varianten Abdomen subadulter Imagines weißlich.

Verhalten Eiablage in Wasserpflanzen, aber auch in Wurzeln oder Treibholz.

Vorkommen

Verbreitung/Status Endemisch auf der Iberischen Halbinsel und in Frankreich, dort häufig.

Habitat Fließgewässer mit schneller oder mäßig schneller Strömung, selten an stehenden Gewässern.

Flugzeit Im Großteil des Verbreitungsgebiets Ende Mai–Mitte August. In Südspanien früher: Ende März–Ende Juni.

Platycnemis latipes Rambur, 1842 — Weiße Federlibelle

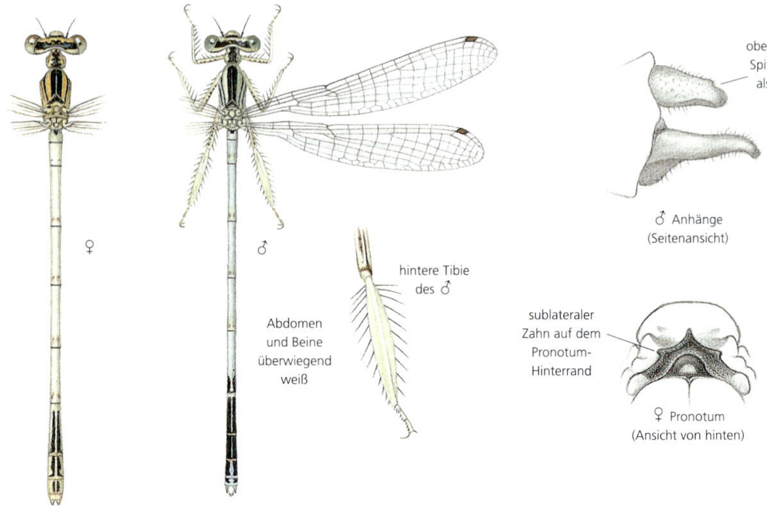

Bestimmung

Allgemein Im Verbreitungsgebiet sind adulte ♂♂ aufgrund ihres porzellanweißen Körpers und der verbreiterten Beine mit kaum entwickelter, schwarzer Zeichnung unverwechselbar. Diese feenartigen Kleinlibellen sind an Flüssen im warmen SW von Europa oft in großer Zahl anzutreffen.

Merkmale im Feld GL 33–37 mm, Ab 25–30 mm, HF 18–22 mm. ♂♂ heller und mit breiteren Tibien als sympatrisch verbreitete Gattungsverwandte. Abdomen cremeweiß, gewöhnlich zumindest S2–5 ungezeichnet. Bei beiden Geschlechtern Tibien des mittleren und hinteren Beinpaars ohne oder nur mit kurzer, schwarzer, basaler Zeichnung. *P. subdilatata* (N-Afrika) und *P. dealbata* (Türkei) sind ähnlich, aber geografisch getrennt. Eine Verwechslungsgefahr besteht mit frisch geschlüpften *P. pennipes*-♂♂, die weißlich sind (noch nicht blau) und eine weniger ausgeprägte schwarze Zeichnung aufweisen können.

Merkmale in der Hand Obere Spitze der ♂ oberen Anhänge kürzer als untere Spitze. Pronotum-Hinterrand des ♀ lateral mit einem Paar kurzer Zähne, die bei *P. acutipennis* größer sind und weiter außen stehen, bei *P. pennipes* aber meist fehlen.

Varianten Ausmaß der schwarzen Zeichnung auf S6–10 variiert stark.

Vorkommen

Verbreitung/Status Endemisch auf der Iberischen Halbinsel und der SW-Hälfte von Frankreich.

Habitat Fließgewässer mit mäßig schneller oder langsamer Strömung, bspw. größere Flüsse. Tieflandart und im Gebirge eher selten.

Flugzeit Mitte Juni–Ende September. In Südspanien Anfang Mai–Ende August.

Platycnemis dealbata — Elfen-Federlibelle

Selys in Selys & Hagen, 1850

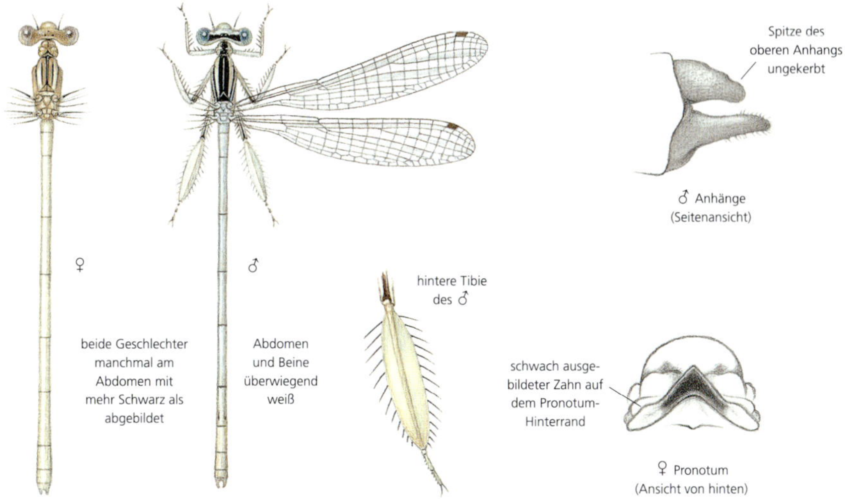

Bestimmung

Allgemein In ihrem Verbreitungsgebiet sind adulte ♂♂ durch elfenbeinweißen Körper und verbreiterte weiße Beine unverkennbar. In dieser Hinsicht fast identisch mit *P. latipes*, die jedoch geografisch von *P. dealbata* getrennt ist.

Merkmale im Feld GL 28–38 mm, Ab 21–30 mm, HF 16–19 mm. Beide Geschlechter unterscheiden sich von den sympatrisch verbreiteten *P. pennipes* und *P. kervillei* durch die (fast) ungezeichneten weißen Tibien des mittleren und hinteren Beinpaars. Zudem Abdomen des ♂ fast völlig weiß und meist nur auf S7–9 schwarz gezeichnet, i. d. R. nicht blau *(P. pennipes)* und nie bereift *(P. kervillei)*.

Merkmale in der Hand Im Gegensatz zu anderen *Platycnemis* obere Anhänge des ♂ ohne Einkerbung an der Spitze. Pronotum-Hinterrand des ♀ mit kleinen, aber auffälligen seitlichen Zähnen.

Varianten Wie bei *P. latipes* variiert die Ausdehnung der schwarzen Zeichnung auf S6–10. Bei alten ♂♂ kann das Weiß von Thorax, Abdomen und Tibien eine bläuliche, fast schillernde Tönung aufweisen.

Vorkommen

Verbreitung/Status Im Gebiet nur in der Türkei. Nach O über den Kaukasus bis Zentralasien und Indien und Pakistan verbreitet, im S begrenzt durch Sinai, Syrische Wüste und Persischen Golf. Oft sehr häufig.

Habitat Ein breites Spektrum unterschiedlicher Fließgewässertypen.

Flugzeit In der Türkei Ende April–Ende September; im Nahen Osten März–Oktober.

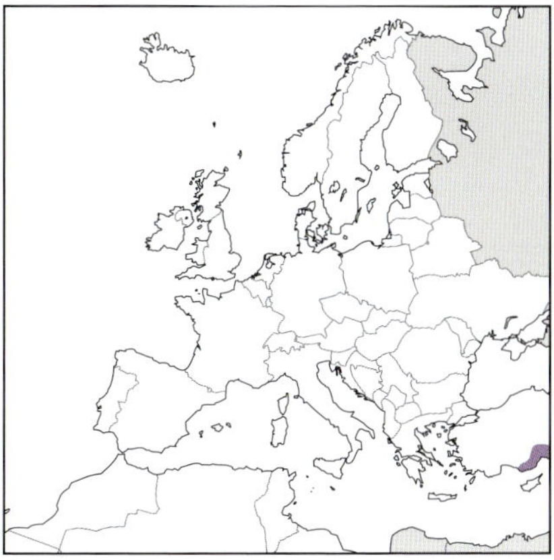

Platycnemis kervillei (Martin, 1909) Bereifte Federlibelle

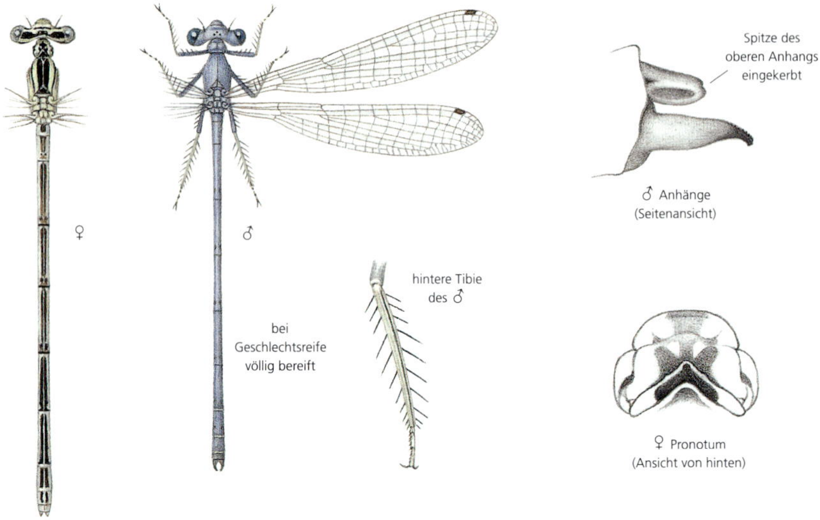

Bestimmung

Allgemein Adulte ♂♂ mit ihren nicht verbreiterten Tibien und ihren weißlich blau bereiften Körpern erinnern nicht unmittelbar an *Platycnemis*, doch Kopfform, Beinbeborstung, Aderung und Anhänge sind typisch für die Gattung.

Merkmale im Feld GL 30–38 mm, Ab 24–28 mm, HF 18–22 mm. ♀♀ und frisch geschlüpfte ♂♂ wie typische *Platycnemis* gezeichnet, doch Tibien bei beiden Geschlechtern nicht deutlich verbreitert. ♂♂ entwickeln auf Kopf, Thorax und Abdomen fast durchgehende Bereifung. In der Levante (sowie in der Türkei knapp außerhalb des Gebietes) kommt mit *Pseudagrion syriacum* eine weitere Art vor, deren ♂♂ ebenfalls bereift sind. Geschlechtsreife ♂♂ dieser Art sind jedoch ungleichmäßiger bereift und weisen z. B. auffällige Antehumeralstreifen auf. Sie behalten außerdem oft kleine, grünliche Postokularflecke bei, und es fehlen ihnen typ. *Platycnemis*-Merkmale (s. Gattungstext S. 95).

Merkmale in der Hand ♂ obere Anhänge mit eingekerbter Spitze. ♀ Pronotum-Hinterrand ohne auffällige seitliche Zähne. Bei *Pseudagrion syriacum*-♂♂ sind die oberen Anhänge länger als die unteren.

Varianten Immature mit weißem Abdomen, an der Spitze eines jeden Segments mit 2 schwarzen Flecken. Bereifung entwickelt sich vom Kopf aus und zieht sich dann sukzessive über Thorax und Beine bis zum Abdomenende. ♀♀ schwächer bereift.

Verhalten Ähnlich wie andere *Platycnemis*-Arten, doch vergleichsweise wenig untersucht. ♂♂ sitzen im Schatten von Bachufern.

Vorkommen

Verbreitung/Status Endemit des Nahen Ostens, von SO-Türkei bis Israel und N-Irak und SW-Iran verbreitet. Verbreitung im Gebiet fast identisch mit *P. dealbata*, doch offenbar weniger häufig. Status unklar, begrenzte Verbreitung und regional hoher anthropogener Nutzungsdruck auf aquatische Habitate legen jedoch eine (potenzielle) Bedrohung nahe.

Habitat Vorwiegend dicht bewachsene Fließgewässer mit schattigen Ufern.

Flugzeit Früher und kürzer als sympatrisch verbreitete Gattungsverwandte: in der Türkei Anfang April–Ende Juli, Höhepunkt im Mai.

Coenagrionidae

Ischnura Charpentier, 1840 Pechlibellen

Bestimmung

Beschreibung Zarte Kleinlibellen, die ♂♂ (und androchrome ♀♀) lassen sich leicht an ihrem Schlusslicht erkennen, einer auffälligen blauen Markierung am Abdomenende. Diese fällt auf, weil das Abdomen sonst weitgehend bronzeschwarz, dessen Unterseite im Bereich von S3–6 hingegen gelblich ist. ♂♂ haben im VF ein 2-farbiges Pterostigma: innen dunkelgrau, außen weißlich. ♀♀ weisen auf der Unterseite von S8 an der Basis des Ovipositors i. d. R. einen kleinen Vulvardorn auf.
Unterscheidung von anderen Gattungen Das dunkle Ab mit dem blauen Schlusslicht kann an dunkle *Coenagrion*- oder *Erythromma*-Arten erinnern. Die Arten dieser Gattungen haben jedoch völlig dunkle Pt, bei *C.* ist S2 vorwiegend blau, dunkle *E.* haben rote Augen. Ein Vulvardorn kommt sonst nur noch bei *Enallagma*-♀♀ vor, diese haben jedoch eine andere Ab-Zeichnung.
Unterscheidung der Arten Im Gebiet kommen 9 Arten dieser kosmopol. Gattung vor, 3 davon erreichen jedoch unseren Raum nur randlich und sind auf Inseln an seiner Peripherie beschränkt. Im größten Teil des Gebiets kommen nur 2 Arten gms. vor: *I. elegans* (o. eine ihrer nahen Verwandten) und *I. pumilio*. Die Verbreitungsgebiete der Arten der *elegans*-Gruppe, *I. fountaineae* und *I. senegalensis* überschneiden sich regional; bis zu 3 von ihnen können am Rand der Sahara gms. vorkommen. Diese Arten sind grundsätzlich ähnlich gezeichnet und müssen anhand der ♂ Anhänge und des Pronotum-Hinterrands unterschieden werden. Bei ♀♀ kann nur das letztgenannte Merkmal herangezogen werden, doch auch dies unterliegt einer gewissen Variabilität. Die Bestimmung erfordert eine mind. 10×-Vergrößerung und ein gewisses Maß an Erfahrung. Dabei ist es empfehlenswert, pro Fundort mehrere Individuen zu überprüfen. Von hinten sehen die oberen Anhänge der ♂♂ wie ein umgedrehtes U aus; die jeweilige Form und Position ihrer Zweige ist artspezifisch. Die Bestimmung wird zus. durch die Existenz verschiedener ♀ Farbformen erschwert. Es gibt 3 Grundtypen, die hier als A, B und C bezeichnet werden (siehe Tab. unten). Die Färbung hängt von der Farbform, aber auch vom individuellen Alter ab.
Verhalten I. Ggs. zu anderen Vertretern der Coenagrionidae legen die ♀♀ ihre Eier nach einer langen Kopulation allein ab. Nach dem Schlupf bleiben viele Imagines nahe am Wasser, weshalb kopulierender Paare und frisch geschlüpfte Imagines oft verhältnismäßig zahlreich am Gewässer anzutreffen sind.

R. Jödicke

Definition weiblicher Farbformen. * Gilt nur für Arten der *elegans*-Gruppe; das Schlusslicht fehlt bei den Weibchen von *I. fountaineae, I. hastata* und *I. pumilio.*

Typ	Andro-/ Gynochrom	Schwarzer Humeralstreifen nach Schlupf	Thorax und Abdomenbasis nach Schlupf	Thorax und Abdomenbasis bei Geschlechtsreife	Färbung des Schlusslichts bei Geschlechtsreife*
A	androchrom	vorhanden	lila oder orange	leuchtend grün bis blau	blau
B	gynochrom	vorhanden	lila	olivgrün oder braun	braun
C	gynochrom	fehlend	rosa oder orange	braun bis grün	braun

Tabellarischer Schlüssel zu den Arten (Artengruppen) (nur ♂♂). Wenn die Aussage nicht zutrifft, gehe zur nächsten Zeile. Auf den Azoren auf *I. hastata*-♀♀ achten (nicht in der Tabelle).

1	Pterostigma im Vorderflügel größer als im Hinterflügel. Blaues Schlusslicht des Männchens auf S9, nicht auf S8 konzentriert.	***pumilio*** ***intermedia***
2	Untere Anhänge etwa so lang wie obere, nicht deutlich länger. N-Sahara, SO-Türkei.	***fountaineae***
3	Das Schwarz vorne auf S2 nach unten ausgebuchtet, einen Sattel formend. Kanaren und tropische Gewächshäuser.	***senegalensis***
4	Das Schwarz auf S2 von dessen farbigem Unterteil mit gerade verlaufendem Rand getrennt. Weit verbreitet, auch Kanaren.	***elegans*-Gruppe**

Artenvergleich innerhalb der *elegans*-Gruppe:					
Verbreitung	**Gemeinsames Vorkommen (Sympatrie)**	**Medianlobus des Pronotums**	**Innere Äste der oberen Anhänge (von hinten)**	**Spitzen der unteren Anhänge (Aufsicht)**	**Art**
Korsika, Sardinien, Sizilien usw.	Elba und Giglio	angedeutet 2-lobig, niedrig	lang und gekreuzt	parallel	***genei***
weit verbreitet	großflächig auf der Iberischen Halbinsel	lang, aufrecht	kurz und parallel, aber im SO gekreuzt	divergierend	***elegans***
Iberische Halbinsel und NW-Afrika	selten am NW-Rand der Sahara	leicht gebogen	lang und divergierend	konvergierend	***graellsii***
Sahara		leicht gebogen	lang und gekreuzt	parallel	***saharensis***

Anhänge von *Ischnura*-Männchen, von hinten gesehen

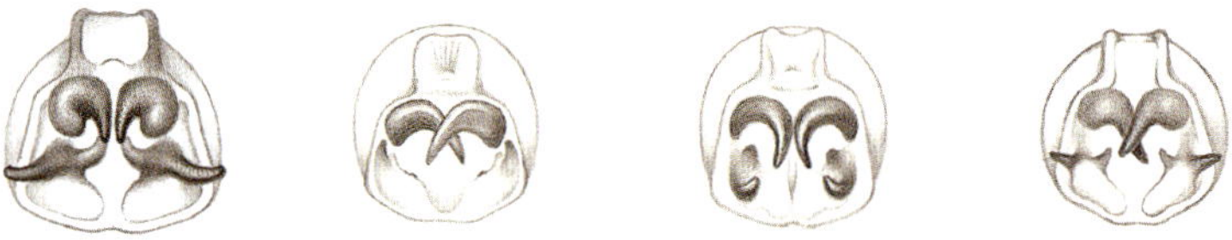

I. elegans *I. genei* *I. graellsii* *I. saharensis*

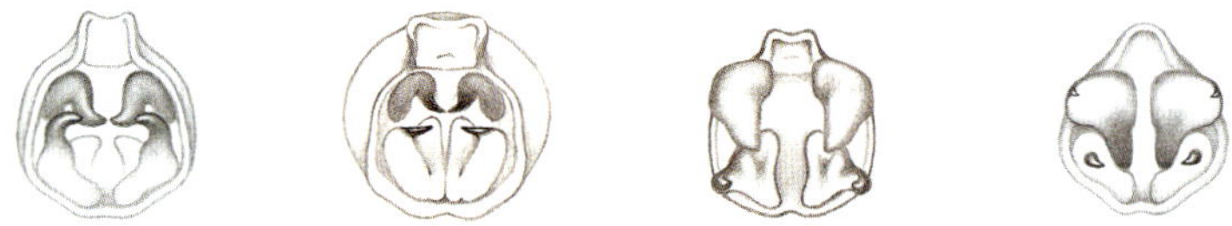

I. senegalensis *I. fountaineae* *I. pumilio* *I. intermedia*

Pronotum verschiedener *Ischnura*-Männchen

I. elegans *I. genei* *I. graellsii* *I. saharensis*

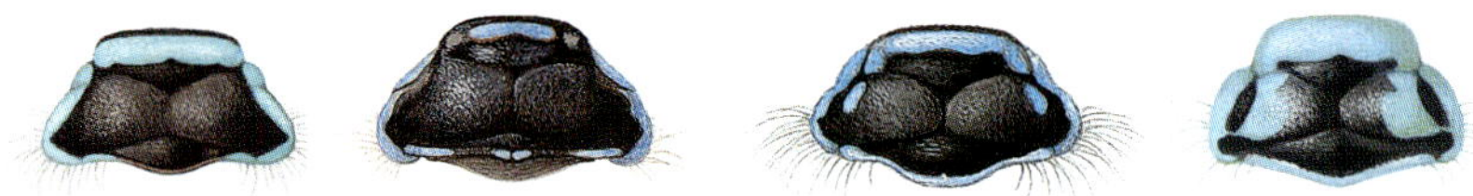

I. senegalensis *I. fountaineae* *I. pumilio* *I. intermedia*

Ischnura elegans (Vander Linden, 1820) Große Pechlibelle

Bestimmung

Allgemein Eine der am weitesten verbreiteten, häufigsten Libellenarten Europas. In Teilen des westl. Mittelmeerraums und N-Afrikas durch sehr ähnliche Arten ersetzt.

Merkmale im Feld GL 30–34 mm, Ab 22–29 mm, HF 14–21 mm. Größe ähnlich wie *Enallagma cyathigerum*. ♂♂ bronzeschwarz, bei Geschlechtsreife sind Kopf, Thorax, Abdomenbasis und -ende himmelblau gezeichnet. Kopf, Thorax und Abdomenbasis bleiben bei *I. genei* und *I. saharensis* relativ grün, diese können aber nur in der Hand sicher von *I. elegans* unterschieden werden; Gleiches gilt für *I. graellsii*.

Merkmale in der Hand ♂ untere Anhänge an den Spitzen divergierend (Aufsicht). Die äußeren Äste der oberen Anhänge (An-sicht von hinten) relativ dick und lang; die inneren Äste verlaufen parallel zueinander (aber siehe Varianten). Ein schmaler, aufrecht stehender Vorsprung am Hinterrand des Pronotums unterscheidet diese Art von allen anderen, fehlt aber bei einigen ♀♀ und reg. bei ♂♂.

Varianten Junge ♂♂ sind grün. ♀♀ treten in 3 Farbmorphen auf: Geschlechtsreife A-♀♀ ähneln den ♂♂ sehr, haben aber, solange sie noch immatur sind, einen violett getönten Thorax. B-♀♀ sind als immature Individuen identisch, färben sich aber bei Geschlechtsreife bräunlich oder matt grün. C-♀♀ haben zunächst einen rosafarbenen Thorax, sehen später aber ähnlich wie B-♀♀ aus. Alte B- und C-♀♀ können sehr dunkel werden. Die Taxonomie von *E. elegans* und verwandten Arten ist komplex. Südwestl. verbreitete Vertreter der *elegans*-Gruppe werden als eigenständige Arten betrachtet, während die noch unzureichend untersuchten südöstl. Taxa als zweifelhafte Unterarten eingestuft werden. ♂♂ in S-Italien, Türkei, Kreta, Zypern und Nahem Osten haben gewöhnlich gekreuzte innere Äste der oberen Anhänge. Allerdings können solche ♂♂ auch in Mitteleuropa und andernorts auftreten. Bei ♂♂ der Ungarischen Tiefebene und dem nördl. Balkan bis Zentralasien ist der hoch stehende Lobus am Pronotum-Hinterrand nicht oder nur undeutlich vorhanden.

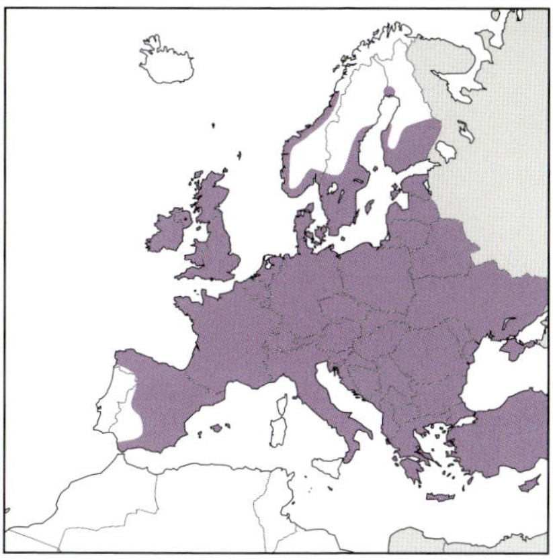

▲ *Ischnura elegans*, kopulierendes Paar (androchromes ♀).

Vorkommen

Verbreitung/Status Von Irland bis Japan. Im Gebiet weit verbreitet, i. d. R. an stark eutrophierten Standorten die häufigste Art, kann aber regional in N- und O-Europa, wo nährstoffärmere Gewässer dominieren, eher selten und lokal sein.

Habitat An Fließ- und vor allem Stillgewässern sehr häufig; toleriert einen gewissen Salzgehalt, meidet aber saure Habitate wie *Sphagnum*-Moore.

Flugzeit In Mittel- und N-Europa Ende April–Ende September, norm. nur 1 Generation pro Jahr, im S jedoch längere Flugzeiten mit mehr Generationen.

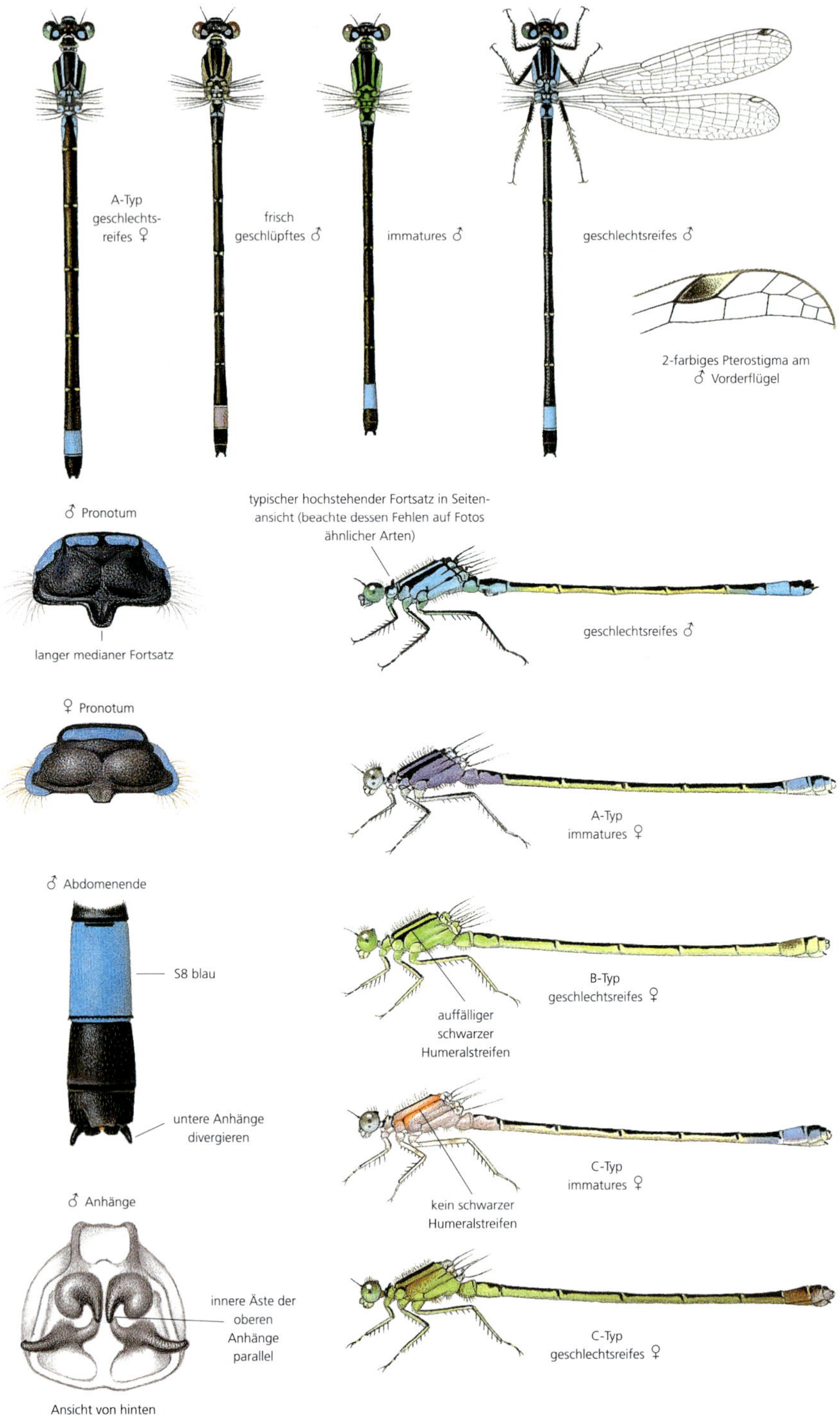
A-Typ
geschlechts-
reifes ♀
frisch
geschlüpftes ♂
immatures ♂
geschlechtsreifes ♂
2-farbiges Pterostigma am
♂ Vorderflügel
♂ Pronotum
langer medianer Fortsatz
typischer hochstehender Fortsatz in Seiten-
ansicht (beachte dessen Fehlen auf Fotos
ähnlicher Arten)
geschlechtsreifes ♂
♀ Pronotum
A-Typ
immatures ♀
♂ Abdomenende
S8 blau
untere Anhänge
divergieren
B-Typ
geschlechtsreifes ♀
auffälliger
schwarzer
Humeralstreifen
C-Typ
immatures ♀
kein schwarzer
Humeralstreifen
♂ Anhänge
innere Äste der
oberen
Anhänge
parallel
Ansicht von hinten
C-Typ
geschlechtsreifes ♀

Ischnura genei (Rambur, 1842) Insel-Pechlibelle

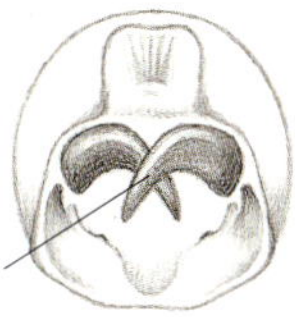

▲ *Ischnura genei* ♂. Mit Grünfärbung von Gesicht und Thorax sowie Fehlen eines hochstehenden Lobus am Pronotum.

▲ *Ischnura genei*, immatures ♀ vom C-Typ mit typischer schwarzer Zeichnung auf S8.

Bestimmung

Allgemein Eng mit *I. elegans* verwandt, die sie auf den Inseln des Tyrrhenischen Meeres westlich von Italien ersetzt. Morphologisch *I. saharensis* sehr ähnlich. Kommt zusammen mit *I. elegans* auf 2 kleinen Inseln nahe des italienischen Festlands vor.
Merkmale im Feld GL 29–32 mm, Ab 18–26 mm, HF 12–18 mm. Ähnlich *I. elegans*, doch Gesicht, Thorax, Pronotum und Abdomenbasis der ♂♂ und androchromen A-♀♀ gewöhnlich grün gefärbt

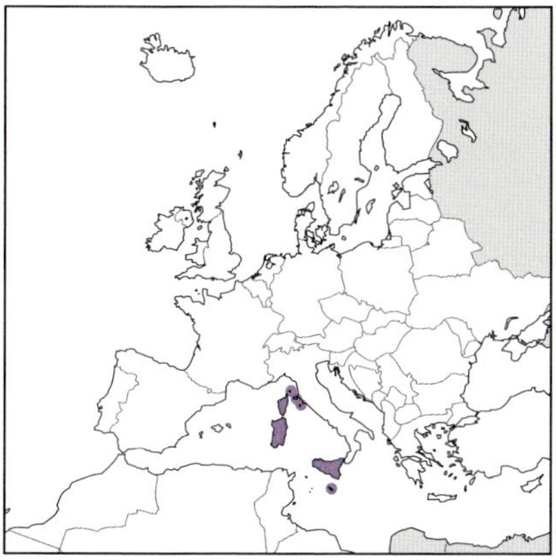

(auch wenn sich bei voll geschlechtsreifen Individuen eine türkisfarbene Tönung entwickelt), und die ♀♀ aller Farbmorphen können eine schwarze Zeichnung auf S8 aufweisen. Geschlechtsreife ♀♀ ohne schwarze Humeralstreifen können mit *I. pumilio* verwechselt werden, deren VF weisen aber deutlich größere Pt auf als die HF.
Merkmale in der Hand Innere und äußere Äste der ♂ oberen Anhänge etwa gleich lang und dick; die Spitzen Ersterer kreuzen sich (Ansicht von hinten). *I. elegans* hat anders proportionierte untere Anhänge; nur bei ssp. *ebneri* sind sie gekreuzt. Hinterrand des Pronotums mit kurzem zentralem Lobus, der jedoch nicht aufgerichtet ist.
Varianten Weibliche Farbmorphen wie bei *I. elegans*, doch der A-Typ weniger intensiv blau, und der C-Typ ist direkt nach dem Schlüpfen lachsrosa.

Vorkommen

Verbreitung/Status Endemisch auf Korsika, Sardinien, Sizilien, Malta, Capraia und Linosa; kommt auf Elba und Giglio zusammen mit *I. elegans* vor. Innerhalb dieses begrenzten Verbreitungsgebiets weit verbreitet und lokal häufig.
Habitat Dicht bewachsene Still- und Fließgewässer.
Flugzeit Mai bis September.

Ischnura graellsii (Rambur, 1842) Spanische Pechlibelle

▲ *Ischnura graellsii*, geschlechtsreifes ♂. Bei dieser Art sind Antehumeralstreifen und Postokularflecke häufig reduziert oder fehlen völlig.

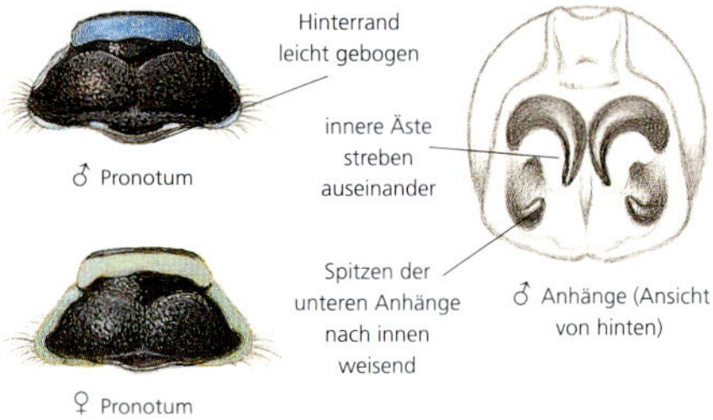

Bestimmung

Allgemein Art der *elegans*-Gruppe, die auf die westlichsten Teile Europas und den Mahgreb beschränkt ist. Hybridisiert auf der Ib. Halbinsel lokal mit *I. elegans*, v. a. im N und W, während auf den Balearen nur *I. elegans* vorkommt. Trifft am Rand der Sahara sehr lokal auf *I. saharensis*, doch Hybride zw. diesen Arten sind nicht bekannt. Einzelne geschlechtsreife ♀♀ lassen sich in diesen Gebieten oft nicht zuverlässig bestimmen.

Merkmale im Feld GL 26–31 mm, Ab 20–25 mm, HF 13–19 mm. Durchschn. kleiner als *I. elegans*, und i. Ggs. zu dieser sind Postokularflecke und Antehumeralstreifen bei beiden Geschlechtern häufig reduziert oder fehlen völlig, während die Mehrheit der gynochromen ♀♀ (B und C) auf S8 eine variable schwarze Zeichnung trägt. Auf der Ib. Halbinsel sollten größere, deutlich gezeichnete (Postokularflecke, Antehumeralstreifen) ♂♂ sorgfältig geprüft werden, da es sich um *I. elegans* handeln könnte (aber siehe Varianten). ♀♀ ohne Postokularflecke können mit *Erythromma viridulum* verwechselt werden, tragen aber einen Vulvardorn.

Merkmale in der Hand I. Ggs. zu *I. elegans* konvergieren die Spitzen der unteren ♂ Anhänge und laufen nach oben aufeinander zu (Ansicht von hinten). Die Spitzen der inneren Äste der oberen Anhänge divergieren (Ansicht von hinten). Der Hinterrand des Pronotums ist leicht gebogen, ohne einen senkrechten Lobus wie bei *I. elegans*.

Varianten Die Tiere der Frühjahrsgeneration sind generell größer und dunkler, mit nur schwachen oder fehlenden Antehumeralstreifen und Postokularflecken. Wie bei *I. elegans* treten bei ♀♀ A-, B- und C-Typen auf, doch ist die Thoraxfärbung frisch geschlüpfter ♀♀ kennzeichnend: (grünlich) gelb bei A; hellviolett bei B; orange bei C. Letztere kann an *I. pumilio* erinnern; Schwarzanteil auf S2 beschränkt sich auf das distale Viertel.

Vorkommen

Verbreitung/Status Verbreitet und häufig. Hybridisiert lokal mit *I. elegans*.

Habitat Still- und Fließgewässer aller Art.

Flugzeit In Katalonien Mitte April–Mitte Oktober; in Andalusien und N-Afrika März–November. 2 Generationen im N und bis zu 4 im S.

Ischnura saharensis Aguesse, 1958 — Sahara-Pechlibelle

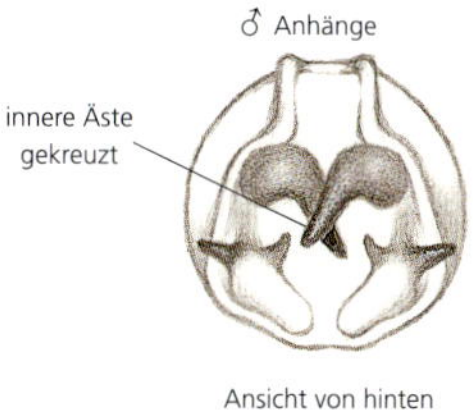

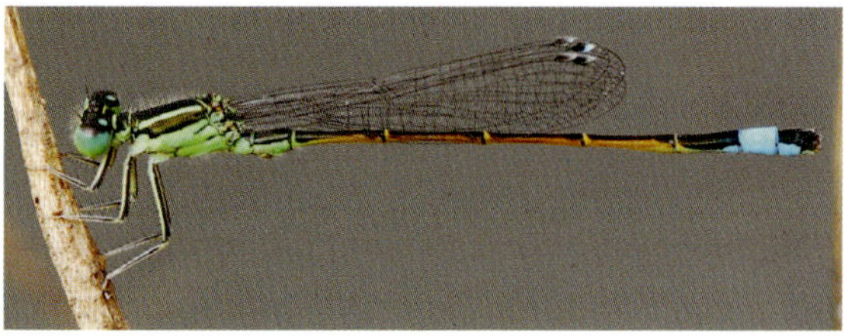

▲ *Ischnura saharensis*, geschlechtsreifes ♂. Mit grünem Thorax und lebhaft orange gefärbter Abdomenunterseite.

Seitenansicht

♂ Pronotum

♀ Pronotum

Bestimmung

Allgemein Diese enge Verwandte von *I. elegans* ist im Westen der Sahara und auf den Kanaren endemisch. Von *I. graellsii* lässt sie sich durch ihren grünen Thorax, von *I. fountaineae* auch durch ihre geringere Größe unterscheiden; sicher lässt sie sich aber nur anhand der ♂ Anhänge bestimmen. ♀♀ können im Feld praktisch ununterscheidbar sein.

Merkmale im Feld GL 26–31 mm, Ab 19–25 mm, HF 12–17 mm. Eine unserer kleinsten *Ischnura*. Ähnlich wie *I. elegans*, doch bei geschlechtsreifen ♂♂ Kopf, Thorax und Abdomenbasis grün gefärbt. Die Abdomenunterseite der ♂♂ ist (mit Ausnahme von *I. fountaineae*) von S3–7 lebhafter orange gefärbt als bei allen anderen Arten. Die Oberseite von S8 der ♀♀ ist im Gegensatz zu *I. graellsii* und *I. fountaineae* niemals schwarz gezeichnet. Bei beiden Geschlechtern sind Postokularflecke i. d. R. klein und Antehumeralstreifen schmal, doch das ist bei *I. graellsii* und *I. fountaineae* ähnlich.

Merkmale in der Hand Wie bei *I. genei* sind die inneren Äste der ♂ oberen Anhänge gekreuzt. Die Spitzen der unteren Anhänge sind länger, schlanker und schwächer gezähnt als bei *I. elegans*. Lobus des Pronotum-Hinterrandes bei beiden Geschlechtern sehr ähnlich wie bei *I. graellsii*.

Varianten Die Frühjahrsgeneration ist besonders dunkel, mit reduzierten Postokularflecken und Antehumeralstreifen. Farbvarianten der ♀♀ und deren Entwicklung nur unzureichend bekannt. Typ C ist am häufigsten und weist zunächst rosafarbenen Thorax und große Postokularflecke auf, wird später grünlich und schließlich braun. Typ B ist bei Geschlechtsreife ähnlich, doch die Färbung immaturer Individuen ist unbekannt. Androchrome A-♀♀ entweder mit leuchtend grünem oder leuchtend blauem Thorax.

Vorkommen

Verbreitung/Status Weit verbreitet und am nördl. Rand der Sahara lokal sehr häufig, nach Osten bis Libyen und nach Süden bis N-Niger verbreitet. Zusammen mit *I. senegalensis* die einzige Kleinlibelle, die auf den Kanaren bodenständig ist.

Habitat Fließ- und Stillgewässer, v. a. mit dichter Vegetation; meidet einen höheren Salzgehalt.

Flugzeit Mehrere Generationen im Lauf des Jahres; von Dezember–Februar selten.

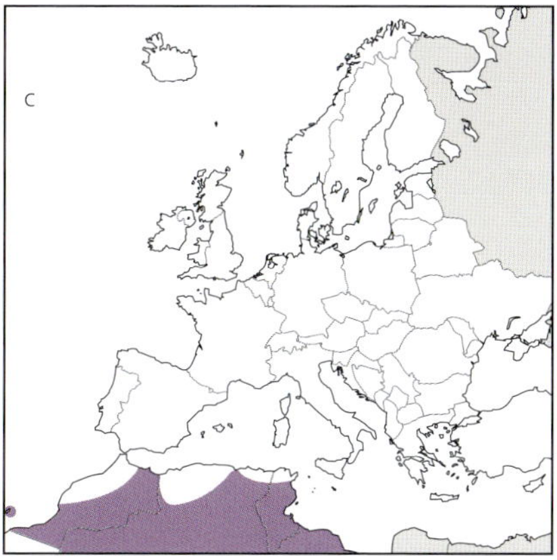

Ischnura fountaineae Morton, 1905 Oasen-Pechlibelle

▶ *Ischnura fountaineae*, Paarungsrad. Gynochromes ♀ (Typ C) ohne Schlusslicht.

♂ Pronotum

♀ Pronotum

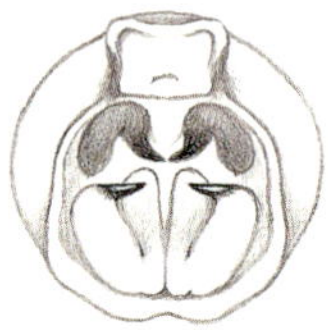

Ansicht von hinten

♂ Anhänge

Seitenansicht

obere und untere Anhänge fast gleich lang

Bestimmung

Allgemein Eine Wüstenart, die das Gebiet gerade noch an den Grenzen der Sahara erreicht, wo sie gms. mit den beiden kleineren Arten *I. saharensis* und (selten) *I. graellsii* vorkommt. In gemischten Populationen kann sie an ihrer Größe und dem meist fehlenden Schlusslicht der ♀♀ erkannt werden.

Merkmale im Feld GL 27–34 mm, Ab 21–25 mm, HF 19–24 mm. Eine der größeren *Ischnura*-Arten. Bei geschlechtsreifen ♂♂ haben Thorax und Abdomenbasis eine himmelblaue Grundfärbung ganz ohne Grünschimmer sowie eine glänzende schwarze Zeichnung; US von S3–6 ist auffällig orange, vergleichbar nur *I. saharensis* und *I. senegalensis*. Ähnlich *I. graellsii* und *I. saharensis* sind bei beiden Geschlechtern die Postokularflecke klein und die Antehumeralstreifen der ♂♂ schmal. Die meisten ♀♀ sind gynochrom (Typ C), ihnen fehlen die Humeralstreifen und ein Schlusslicht, die Abdomenoberseite auf S2–9 ist schwarz. Zuverlässige Bestimmung im Feld ist oft schwierig, neben der Gesamtgröße sind aber die kleineren Postokularflecke sowie die schwarzen S2 und S8 kennzeichnend.

Merkmale in der Hand ♂♂ lassen sich zuverl. anhand ihrer Anhänge bestimmen, die alle etwa gleich lang sind.

Varianten Später blau werdende Flächen immaturer ♂♂ weißlich, nicht grünlich. Postokularflecke und Antehumeralstreifen oft reduziert oder völlig fehlend. Immature ♀♀ orange mit schwarzer Zeichnung. Geschlechtsreife ♀♀ oliv, später braun. Androchrome ♀♀ (Typ-A) selten, Typ-B-♀♀ unbekannt.

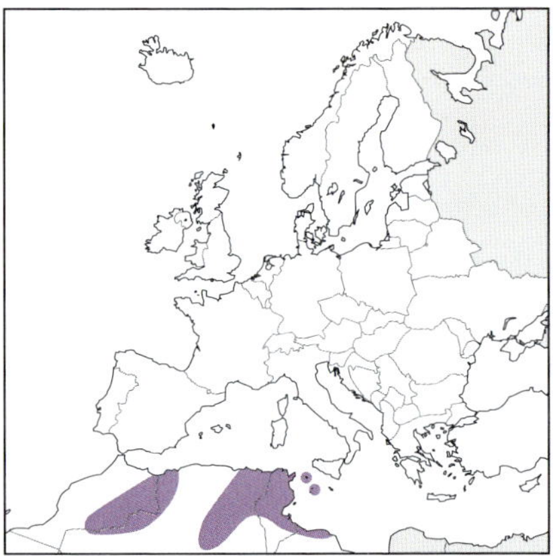

Vorkommen

Verbreitung/Status Von Zentralasien über den Nahen Osten und die Osttürkei bis Tunesien, Algerien, Marokko und Pantelleria (Insel zw. Sizilien und Tunesien). In geeigneten Habitaten sehr häufig.

Habitat Vorwiegend Wüstenoasen und brackige Standorte an der Küste. Vegetationsarme Quellen und Flüsse, flache Seen, Quellerwiesen *(Salicornia)*; toleriert hohen Salzgehalt.

Flugzeit In tunesischen Oasen ganzjährig, im Winter in sehr geringer Zahl, ansonsten März–November; mehrere Generationen pro Jahr.

Ischnura senegalensis (Rambur, 1842) Senegal-Pechlibelle

♂ Pronotum

♀ Pronotum

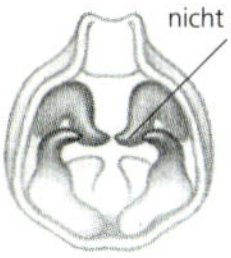

♂ Anhänge
(Ansicht von hinten)

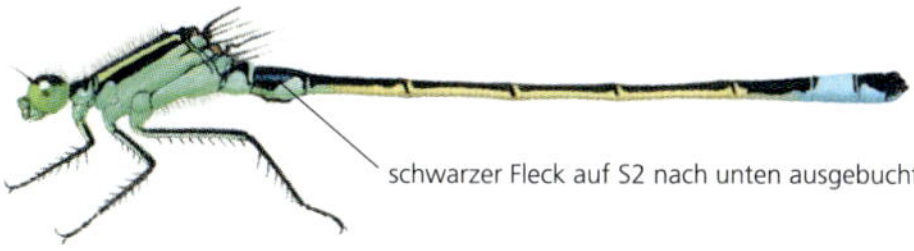

♂ Abdomenende

geschlechtsreifes ♂

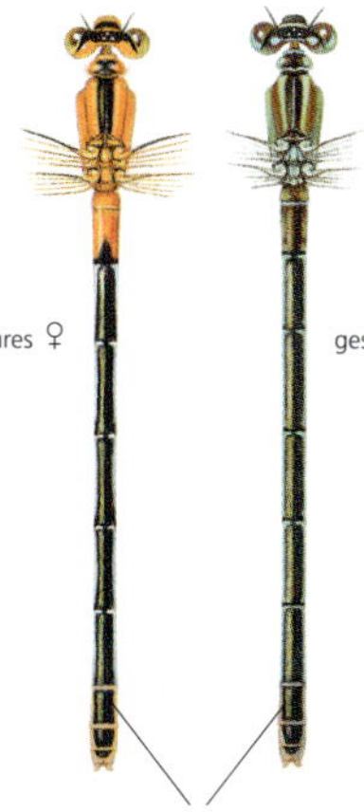

immatures ♀ geschlechtsreifes ♀

Bestimmung

Allgemein Eine der am weitesten verbreiteten Kleinlibellen der altweltlichen Tropen, die das Gebiet soeben auf den Kanaren erreicht. Wurde lange Zeit für die dort ebenfalls vorkommende *I. saharensis* gehalten und erst 2014 erkannt. Die Art wird oft mit Wasserpflanzen eingeschleppt und kann sich in Gewächshäusern fortpflanzen, wo sie von höheren Temperaturen und menschlichen Einflüssen profitiert. Es lohnt sich daher, die Augen aufzuhalten für die subtilen, aber eindeutigen Abdominalzeichnungen der ♂♂.

Merkmale im Feld GL 28–31 mm, Ab 19–25 mm, HF 13–16 mm. Erinnert in Größe und Gesamterscheinung an *I. saharensis* und andere Arten der *elegans*-Gruppe. Am besten in der Hand zu unterscheiden. Dennoch bei den ♂♂ im Feld erkennbar: (1) Vorderteil des glänzend schwarzen Flecks auf S2 deutlich nach unten ausgebuchtet und erscheint wie ein schwarzer Sattel, statt ziemlich gerade von grüner US getrennt zu sein. (2) Blau auf S8 beginnt vorne wie quer abgeschnitten und ragt nicht oder kaum auf S7. Bei den anderen Arten erstreckt es sich dagegen lateral etwa über die halbe Länge von S7. (3) Schwarze Linie auf Interpleuralnaht des Thorax kürzer und dünner, zumindest auf den Kanaren. Dort wurden nur gynochrome ♀♀ (Typ C) gefunden, die immatur orange und auf OS von S8 schwarz gefärbt sind. Alle Formen von *I. saharensis* dagegen auf S8 blau oder braun wie auch *I. elegans*. Beide Geschlechter ähneln *I. fountaineae*, die auf den Kanaren vorkommen kann. Deren ♂ ist gew. größer mit blauem oder (immatur) weißem Thorax statt grün. Der etwas ähnliche Sattel auf S2 undeutlicher. Die genaue Bestimmung erfordert eine Untersuchung der sehr verschiedenen Anhänge. Die meisten *I. genei*-♂♂ ebenfalls grün, doch ist die Art auf Mittelmeerinseln beschränkt.

Merkmale in der Hand Die inneren Äste der ♂ oberen Anhänge berühren sich, aber sind nicht gekreuzt wie bei *I. saharensis*. I. Ggs. zu Letzterer und den anderen Arten der *elegans*-Gruppe Spitzen der unteren Anhänge einwärts gerichtet. Höcker an der Spitze von S10 (über den Anhängen) außerdem kleiner und daher unauffällig.
Varianten Die grüne Zeichnung der reifen ♂♂ ist selten blau überhaucht. Androchrome ♀♀ sind aus anderen Teilen des Verbreitungsgebiets bekannt und können einen schwarzen Sattel auf S2 tragen wie die ♂♂, aber auch nur Teile davon oder gar keinen.

▲ *Ischnura senegalensis* ♂.

Vorkommen

Verbreitung/Status Weit verbreitet und häufig von Afrika bis Japan, erreicht über das Niltal die Levante. Lokal und selten auf Teneriffa und La Palma, aber whs. auch auf den übrigen Kanaren oder in S-Marokko vorkommend. Wird am häufigsten mit Wasserpflanzen nach Europa eingeschleppt und kann in Gewächshäusern sogar Populationen aufrechthalten.

Habitat Breites Spektrum stehender und langsam fließender Gewässer, oft mit dichter Vegetation. Toleriert organische Verschmutzung und Salzgehalt, deshalb an brackigen, eutrophierten, urbanen und landwirtschaftlich geprägten Standorten oft häufiger als andere Arten des Verbreitungsgebiets. Auf den Kanaren an anthropogenen Gewässern wie Wassertanks und Stauseen.
Flugzeit Auf den Kanaren Ende Februar bis November. Da die Art aber mehrere Generationen pro Jahr entwickeln kann, könnten Imagines ganzjährig auftreten.

Ischnura pumilio (Charpentier, 1825) Kleine Pechlibelle

Bestimmung

Allgemein Eine recht kleine, aber sehr mobile Libellenart, die rasch Pionierhabitate besiedelt. Junge ♀♀ sind auffällig orange gefärbt; Schlusslicht der ♂♂ auf S9.
Merkmale im Feld GL 26–31 mm, Ab 22–25 mm, HF 14–18 mm. Eine der kleinsten europ. Arten. Leicht von Arten der *elegans*-Gruppe zu unterscheiden durch: (1) Pterostigma im VF deutlich größer als im HF, v. a. bei ♂♂; (2) das blaue Schlusslicht der ♂♂ befindet sich auf S9 und der angrenzenden Hälfte von S8, statt nur auf S8; (3) ♀♀ stets ohne Schlusslicht, immature ♀♀ leuchtend orange mit etwas Schwarz auf Kopf, Thorax und Abdomen (d. h. S1–2 und Basis von S3 ungezeichnet); geschlechtsreife ♀♀ meist sehr unauffällig (siehe Varianten). Immature ♀♀ von *I. graellsii* und *I. fountaineae* können ebenfalls orange sein, zeigen aber mehr Schwarz auf Kopf (das die Postokularflecke einschließt) und an Abdomenbasis (wenigstens OS von S2 teilweise schwarz). Geschlechtsreife ♀♀ heben sich von diesen durch größere Pt auf VF und völlig schwarze OS von Abdomen und Pronotum ab (s. u.). Grünliche ♀♀ können wegen ihrer Größe mit *Nehalennia speciosa* verwechselt werden; diese aber metallisch gefärbt und noch zierlicher.
Merkmale in der Hand Den oberen Anhängen der ♂♂ fehlen die inneren Äste, wie sie die Arten der *elegans*-Gruppe aufweisen (Ansicht von hinten). Der Hinterrand des Pronotums bildet einen einfachen Bogen ohne einen deutlich ausdifferenzierten oder senkrecht aufragenden Lobus.
Varianten Die Färbung der ♂♂ verändert sich von weißlich über gelb und grün zu blau. Das Schlusslicht ist variabel (manchmal sehr stark) schwarz gezeichnet. Distaler Bereich des Pterostigmas bei geschlechtsreifen ♂♂ blau. ♀♀ normalerweise ohne schwarzen Humeralstreifen und meist nur mit einer dünnen schwarzen Linie längs der Naht. Postokularflecke anfangs groß, verschmälern sich während der Reifungsperiode zu runden Flecken,

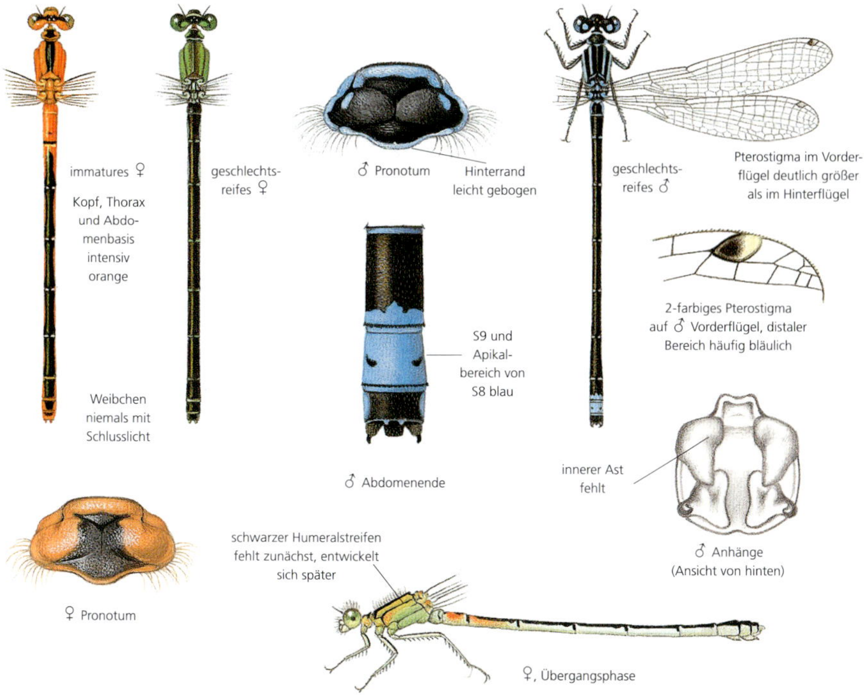

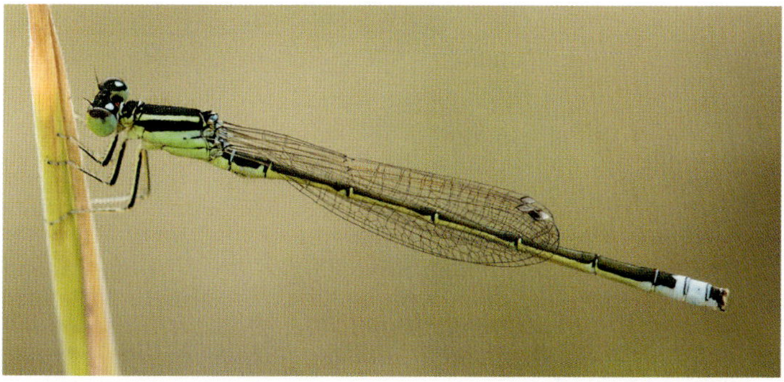

◀ *Ischnura pumilio*, geschlechtsreifes ♂ mit großen, 2-farbigen Pterostigmata auf den Vorderflügeln.

◀ *Ischnura pumilio*, immatures ♀. Dieses leuchtend orange Entwicklungsstadium wird auch als *aurantiaca*-Farbform bezeichnet.

während sich OS des Abdomens völlig schwarz färbt (gynochromer C-Typ). Manchmal verfärben sich die ♀♀ beim Heranreifen jedoch nicht grün, sondern blau und entsprechen dann eher dem androchromen Typ. Selten sind auch weitgehend schwärzliche ♀♀ und grüne ♀♀ ohne deutliche schwarze Zeichnung gefunden worden.

Verhalten In seltenen Fällen Eiablage im Tandem.

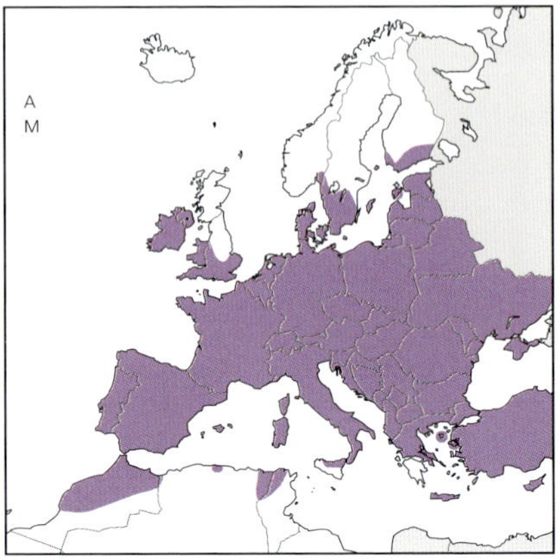

Vorkommen

Verbreitung/Status Diese wanderfreudige Pionierart ist von den Azoren und Madeira bis NO-China verbreitet und lokal sehr häufig. Die Populationen sind oft kurzlebig und verschwinden im Lauf der Habitatsukzession.

Habitat Pionierhabitate natürlichen oder anthropogenen Ursprungs, wie etwa Sandgruben oder Fluttümpel in Flussauen, können riesige Populationen beherbergen, doch kann die Art auch an einer Vielzahl weiterer Gewässertypen wie Quellen oder Gräben gefunden werden.

Flugzeit Im Süden März–Oktober, mind. 2 Generationen pro Jahr; im Norden Ende Mai–Mitte September, 2 Generationen pro Jahr scheinen hier normal zu werden.

Ischnura intermedia Dumont, 1974 — Persische Pechlibelle

Bestimmung

Allgemein Eine unauffällige Ischnura aus SW-Asien, die gerade noch Zypern und die SO-Türkei erreicht. Im Gegensatz zu anderen Arten der Gattung nimmt das blaue Schlusslicht der ♂♂ S 8 und 9 komplett ein. Diese recht seltene und lokal verbreitete Art wurde vermutlich wegen ihrer Ähnlichkeit mit *I. pumilio* übersehen und erst 2013 auf Zypern entdeckt.

Merkmale im Feld GL 26–29 mm, Ab 19–21 mm, HF 11–13 mm. Sehr klein, im Durchschnitt sogar kleiner als *I. pumilio*. Die ♂♂ sind von dieser und den anderen *Ischnura*-Arten leicht zu unterscheiden durch die markante Form des blauen Schlusslichts, das S8 und S9 komplett einnimmt (aber siehe Varianten). Beide Geschlechter sind von den anderen Arten, außer *I. pumilio,* zu unterscheiden durch das auffällig kurze Pterostigma im HF. Bei ♂♂ ist das Pterostigma der VF sogar mehr als doppelt so lang und zudem stärker dunkel getönt als bei *I. pumilio*. ♀♀ sind denen von *I. pumilio* sehr ähnlich (s. Varianten) und am besten in der Hand zu bestimmen.

Merkmale in der Hand Form und relative Länge der ♂ Anhänge sind unter den *Ischnura*-Arten einzigartig. Von der Seite betrachtet enden die oberen Anhänge in kleinen Haken und sind leicht (aber deutlich) länger als die unteren Anhänge. Von oben gesehen erscheinen die oberen Anhänge wie klaffende Zangen und umfassen die unteren Anhänge (fast) komplett. Wie bei *I. pumilio* fehlen den oberen Anhängen die inneren Äste, die bei den meisten anderen *Ischnura*-Arten vorhanden sind. Von oben gesehen erweist sich der Hinterrand des ♀ Pronotums als eingekerbt und nicht als geschwungen wie bei *I. pumilio*. Der Ovipositor ist kürzer und zugespitzter als bei *I. pumilio*. Zudem steht er schräg vom Abdomen ab, anstatt anzuliegen oder parallel zu stehen.

Varianten Das blaue Schlusslicht der ♂♂ kann unterschiedlich stark schwarz gefärbt sein, so wie bei *I. pumilio*. Das Ausmaß wechselt übers Jahr, mit mehr Schwarz im Frühjahr. Solche frühen ♂♂ können an *I. pumilio* erinnern, doch bleibt zumindest ¾ von S8 blau, während sogar bei den blauesten *I.-pumilio*-♂♂ höchstens ½ von S8 schwarz ist. Der Thorax geschlechtsreifer ♂♂ kann grünlich oder bläulich sein. Bisher beobachtete ♀♀ waren gynochrom (C-Typ), dürften aber die gleiche Farbvariabilität ausweisen wie *I.-pumilio*-♀♀ mit ihren leuchtend orangefarbenen Immaturen mit großen Postokularflecken, die im Alter dunkeloliv werden. Blaue androchrome ♀♀ wurden noch nicht beobachtet, kommen aber wahrscheinlich vor.

♂ Pronotum

♂ Anhänge
(Ansicht von hinten)

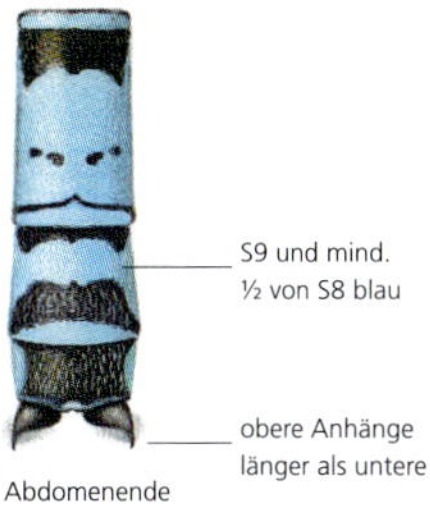

♂ Abdomenende

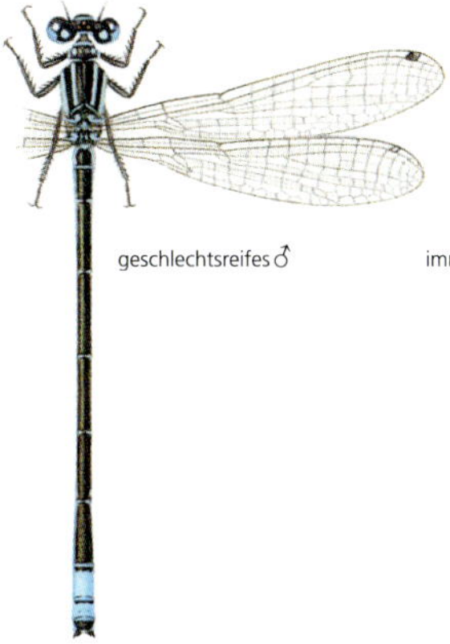

geschlechtsreifes ♂

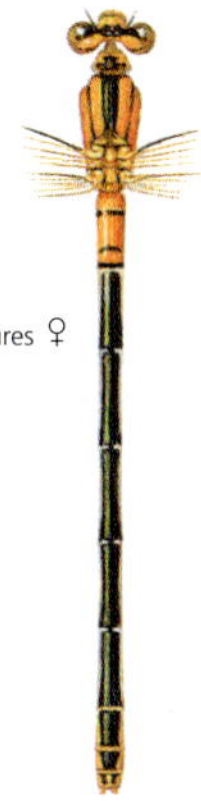

immatures ♀

geschlechtsreifes ♀

Weibchen ohne Schlusslicht

♀ Pronotum

Hinterrand
leicht eingekerbt

immatures ♂

Vorkommen

Verbreitung/Status Scheint selten und lokal aufzutreten, ist aber wegen der geringen Größe und Unauffälligkeit auch leicht zu übersehen. Seit ihrer Entdeckung am türkischen Euphrat-Abschnitt (knapp außerhalb des behandelten Gebiets) sind nur zwei Dutzend Fundorte bekannt geworden, die verstreut in N-Syrien, Irak, Iran und S-Turkmenistan liegen. Im Gebiet nur Einzelfunde bei Birecik und Adana (Türkei) und fünf Tälern in SW-Zypern, wo die Art aber nicht selten ist.

Habitat Kleine, seichte Quellrinnen, Bäche und kleine Flüsse mit geringer Strömung und dichter Vegetation. Tritt zusammen mit *I. elegans* und *I. pumilio* auf, wenngleich die letztgenannte Art bisher auf Zypern nicht gefunden wurde.

Flugzeit Auf Zypern Ende März–Ende November: Die Individuenzahlen sind von Ende April–Mitte Juni hoch, fallen dann ab und steigen im August wieder an. Das lässt dort mind. 2 Generationen pro Jahr vermuten.

Ischnura hastata (Say, 1839) Rätselhafte Pechlibelle

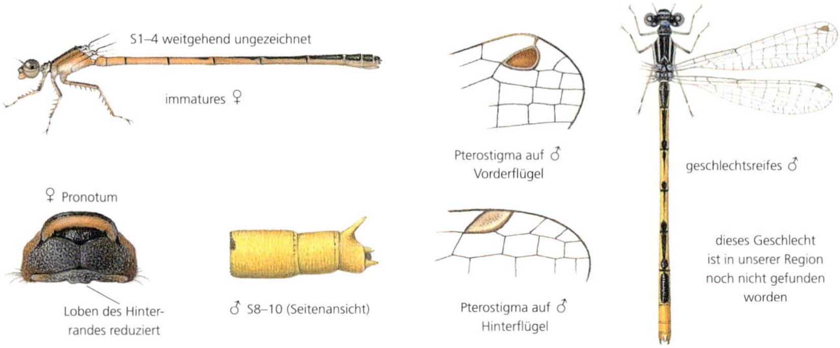

Bestimmung

Allgemein Einzige amerik. Art, die sich im Gebiet fortpflanzt. Bis 1990 wurde die einzige bekannte Pop. (auf den Azoren) falsch bestimmt, auch wenn sie dort vmtl. schon mind. ein Jh. früher zu finden war. Dieses Vorkommen auf den Azoren ist die einzige bekannte, sich parthenogenetisch fortpflanzende Libellenpop. weltweit und besteht nur aus ♀♀, die unbefruchtete Eier produzieren, aus denen wiederum nur ♀♀ entstehen. Exp. Versuche, die Parthenogenese zu unterbrechen und ♂♂ zu produzieren, misslangen.

Merkmale im Feld GL 20–27 mm, Ab 17–21 mm, HF 11–15 mm. Sehr klein, noch deutlich kleiner als *I. pumilio*. Das in Europa nicht auftretende ♂ ist aufgrund seines weitgehend gelben Abdomens unverkennbar. Das tieforange VF-Pterostigma ist ganz vom Flügel umschlossen (♀♀ haben normale Pterostigmata). Bei frisch geschlüpften ♀♀ ist die basale Hälfte des Abdomens orange, S1–4 sind (weitgehend) ungezeichnet; bei *I. pumilio* ist nur die eigentliche Basis (S1–2) ungezeichnet. Geschlechtsreife *I. hastata*-♀♀ färben sich hellbraun bis matt oliv, die Oberseite ihres Abdomens ist völlig schwarz. Schließlich entwickeln sie fast am ganzen Körper eine gräuliche Bereifung (s. Foto). *I. pumilio* verfärbt sich grün oder geleg. blau, ist aber niemals bereift. Olivfarbene ♀♀ beider Arten sind einander sehr ähnlich, unterscheiden sich aber durch die Form des Pronotum-Hinterrandes.

Merkmale in der Hand Das ♂ trägt auf S10 einen unverwechselbaren rutenartigen Fortsatz. Der Lobus am Hinterrand des Pronotums des ♀ ist i. V. zu *I. pumilio* noch kürzer und weiter reduziert.

Verhalten Die Azoren-♀♀ legen ohne vorherige Kopulation Eier und erzeugen eine neue ♀-Generation. Bei anderen Wirbellosen ist gew. die Infektion mit einem Bakterium *(Wolbachia)* für eine Parthenogenese verantwortlich, dieses konnte jedoch bei *I. hastata* noch nicht nachgewiesen werden. ♂♂ von *I. pumilio* (der einzigen weiteren Kleinlibellenart auf den Azoren) wurden im Tandem mit *I. hastata*-♀♀ beobachtet.

Vorkommen

Verbreitung/Status Kommt auf sämtlichen Azoreninseln vor und ist dort die häufigste Art (stets *I. pumilio* dominierend). Wanderfreudige Art, die in N- und S-Amerika (auch auf den Galapagosinseln) weit verbreitet ist, Parthenogenese ist dort jedoch unbekannt.

Habitat Besiedelt auf den Azoren fast jeden der dort typw. dicht mit Laichkräutern *(Potamogeton)* und Sumpfbinsen *(Eleocharis)* bewachsenen Teiche.

Flugzeit Auf Azoren Ende Mai–Anfang Aug. Im S der USA fast ganzjährig; weiter im N April–Nov.

◀ *Ischnura hastata* ♀ auf den Azoren.

Enallagma Becherjungfern

Charpentier, 1840

Bestimmung

Aussehen Typische blaue Vertreter der Coenagrionidae, mit charakteristischer schwarzer Zeichnung (siehe *E. cyathigerum*). ♀♀ sind gewöhnlich braun oder blau, mit torpedoförmigen Zeichnungen auf S3–7 und kleinem, aber markantem Vulvardorn an der Basis des Ovipositors auf der Unterseite von S8.

Unterscheidung von anderen Gattungen Die schwarz-blaue Zeichnung der ♂♂ erinnert an die meisten *Coenagrion*-Arten und an *Erythromma lindenii* (siehe *E. cyathigerum* für einen detaillierten Vergleich). Nur *Ischnura*-♀♀ haben ebenfalls einen, wenn auch schwächeren, Vulvardorn. Braune ♀♀ können mit *Sympecma*-Arten verwechselt werden, die auf S3–6 eine ähnliche Zeichnung tragen, sich aber durch ihre langen Pterostigmata sowie Zeichnungs- und Aderungsmerkmale unterscheiden.

Unterscheidung der Arten Im Gebiet kommen nur 2 sehr ähnliche Arten dieser fast ausschließlich nearktischen Gattung vor, wovon eine zu den am weitesten verbreiteten Libellenarten überhaupt gehört, während die andere als mahgrebinischer Endemit völlig auf NW-Afrika beschränkt ist. Ihre Unterscheidung erfordert eine genaue Untersuchung der ♂ Anhänge (siehe *E. deserti*).

Verhalten Erinnert stark an *Coenagrion*-Arten, doch anders als diese bevorzugen die ♂♂ offenes Wasser, wo sie dicht über der Oberfläche fliegen und auf flutenden Pflanzen rasten.

R. Jödicke

◀ *Enallagma cyathigerum* ♂. Typisch sind die breiten Antehumeral- und die fehlenden Interpleuralstreifen, wodurch der Thorax sehr blau wirkt.

Enallagma cyathigerum Gemeine Becherjungfer

(Charpentier, 1840)

Bestimmung

Allgemein Eine der zahlreichen blauen Kleinlibellenarten, die sich am sichersten in der Hand bestimmen lassen. Schwarze Zeichnungen wie das becherförmige Muster (Name!) des ♂ auf S2 sowie die torpedoförmigen Flecke auf S3–7 des ♀ sind ebenso typisch wie breite blaue Antehumeralstreifen und fehlende schwarze Interpleuralstreifen, wodurch der Thorax beider Geschlechter sehr blau wirkt. Im Gegensatz zu den meisten ebenfalls blauen Azurjungfern ist die Flugaktivität stärker auf die offene Wasserfläche konzentriert.

Merkmale im Feld GL 29–36 mm, Ab 22–28 mm, HF 15–21 mm. Größe und Proportionen ähnlich anderer blauer Coenagrioniden, wirkt etwas kräftiger und intensiver blau. Folgende Kennzeichen: (1) breite Antehumeralstreifen und große Postokularflecke bei beiden Geschlechtern; Antehumeralstreifen gewöhnlich mind. so breit wie schwarzer Humeralstreifen darunter; (2) Thoraxseiten wirken 1-farbig blau, da die schwarzen Interpleuralstreifen fehlen (Unterschied zu *Coenagrion*); (3) ♂ mit becherförmiger Zeichnung auf S2; S8–9 vollständig blau, daher auffälliges Schlusslicht; (4) ♀ mit schwarzen, torpedoförmigen Mustern auf der Oberseite des Abdomens. Wie *Enallagma cyathigerum* fliegen *Erythromma lindenii*-♂♂ dicht über der Wasserfläche und haben breite Antehumeral-

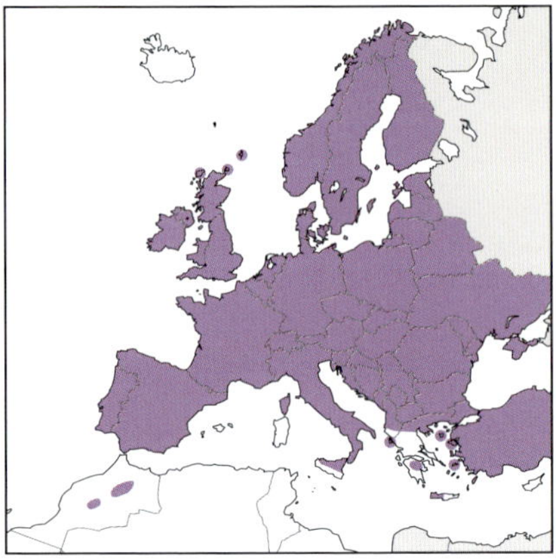

streifen, doch deren Postokularflecke sind reduziert, Interpleuralstreifen deutlich ausgebildet, ganze Oberseite von S2 schwarz und Blau auf S9–10 verlagert (S8 schwarz). *Coenagrion*-♂♂ aus der Ferne kaum zu unterscheiden, Aktionsbereich aber stärker auf die Ufervegetation fokussiert; zudem Antehumeral- schmaler als Humeralstreifen, deutliche Interpleuralstreifen und andersartige Zeichnung auf S2 (aber siehe Varianten). Die erwähnten Merkmale von Kopf und Thorax gelten auch für ♀♀ von *Coenagrion* und *Erythromma*.
Merkmale in der Hand ♀ mit Vulvardorn, was eine sichere Unterscheidung von allen *Coenagrion*-, *Erythromma*- und *Sympecma*-Arten ermöglicht (Handlupe). Bei beiden Geschlechtern Pronotum-Hinterrand nur leicht gebogen, im Gegensatz zu den meisten *Coenagrion*-Arten (diese oft mit deutlich vorstehendem Lobus, v. a. ♀♀). Im Unterschied zu *Coenagrion* ist im Hinterflügel unter der Flügelvorderkante zwischen Pterostigma und Flügelspitze meist mind. eine Zelle verdoppelt.
Varianten Der «Becher» auf S2 des ♂ kann rund oder zugespitzt sein, der Stiel kann fehlen oder flügelartige seitliche Fortsätze aufweisen. Gelegentlich gibt es sehr dunkle ♂♂, vor allem im Norden und Osten des Gebiets. Ihr Abdomen kann ausgedehnt schwarz sein (mit Seitenstreifen, die an *Coenagrion hylas* und *C. johanssoni* erinnern). Blaue androchrome ♀♀ sind nicht selten, doch oft sind gynochrome grünliche und bräunliche ♀♀ in der Überzahl.

Vorkommen

Verbreitung/Status Im Großteil des Gebiets häufig, nach Osten bis Kamtschatka verbreitet. Nordamerikanische Populationen gehören wahrscheinlich zu einer eigenen Art.
Habitat Teiche, Weiher, Seen und auch langsam strömende Flüsse aller Art. An sauren Gewässern ohne Fischbestand oft sehr zahlreich.
Flugzeit Ende April–Oktober. Larvalentwicklung dauert im N mehr als ein Jahr, während im S jedes Jahr bis zu 2 Generationen schlüpfen.

Enallagma deserti (Selys, 1871) — Wüsten-Becherjungfer

Bestimmung

Allgemein Aussehen und Ökologie sehr ähnlich wie *E. cyathigerum*; wird manchmal als dessen

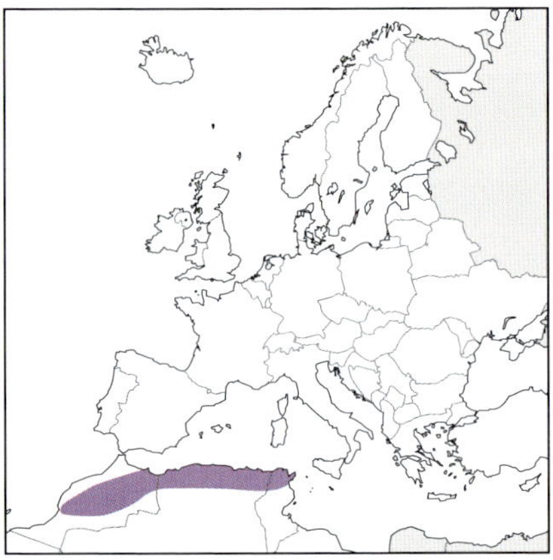

Unterart angesehen, doch beide kommen gemeinsam in N-Marokko vor. Sichere Bestimmung ist nur mittels Vergrößerung möglich.
Merkmale im Feld GL 32–37 mm, Ab 24–29 mm, HF 19–23 mm. Etwas größer als *E. cyathigerum*, scheint ansonsten praktisch identisch. Zur Unterscheidung von anderen blauen Vertretern der Coenagrionidae siehe dort sowie Gattungstext.
Merkmale in der Hand Obere Anhänge des ♂ arttypisch geformt und mit etwas Erfahrung per Handlupe gut zu erkennen. Die bei *E. cyathigerum* hervorstehenden Endspitzen sind bei *E. deserti* deutlich reduziert, und die bei *E. cyathigerum* wie zwei Finger nach innen weisenden darüberliegenden Zähne sind bei *E. deserti* deutlich kleiner, kürzer und mehr nach oben gerichtet (Ansicht von oben und hinten). ♂♂ mit intermediären Merkmalen wurden nachgewiesen. Schwach ausgeprägte morphologische Unterschiede an der Mesostigmal-

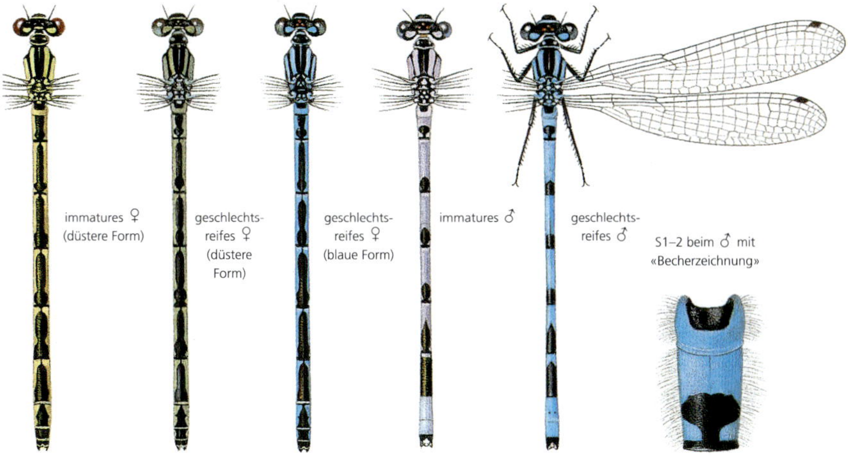

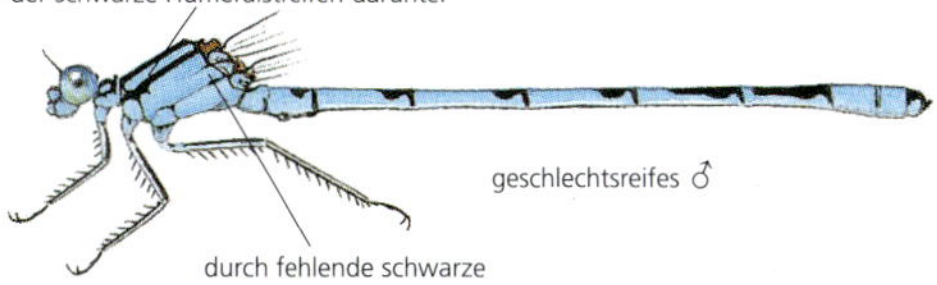

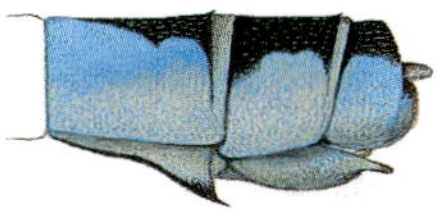

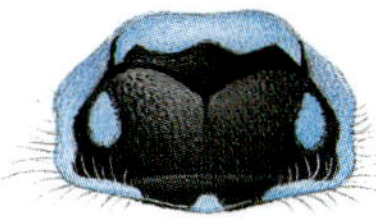

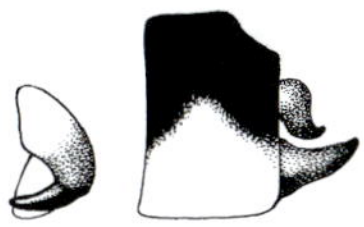

platte (Teil des Thorax direkt hinter dem Pronotum) sind für eine zuverlässige Bestimmung der ♀♀ zu subtil und klein.

Varianten Gynochrome ♀♀ herrschen vor und sind allesamt grünlich gefärbt.

Vorkommen

Verbreitung/Status Ziemlich seltener maghrebinischer Endemit, der lokal aber riesige Populationen ausbilden kann und vom zunehmenden Bau von Staubecken und Regenwasser-Reservoirs profitiert.

Habitat Ruhige Flussabschnitte oder Seen, Staubecken und Teiche mit flutenden Blättern submerser Pflanzen.

Flugzeit Mitte April–Ende September; wahrscheinlich mehrere Generationen pro Jahr.

Enallagma deserti

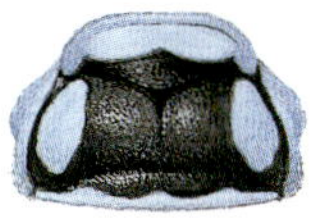

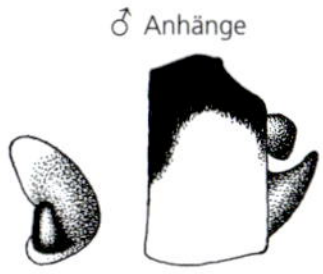

Coenagrion Azurjungfern

Kirby, 1890

Bestimmung

Aussehen ♂♂ sind kleine, blaue Kleinlibellen mit schwarzer Zeichnung. Die gefärbten Bereiche können (teilweise) auch grünlich oder weißlich sein. ♀♀ sind schwärzer und öfter grün oder bräunlich. Innerhalb der heterogenen Gruppe der blauen Kleinlibellen lassen sich *Coenagrion*-Arten am besten durch Ausschluss der kleineren Gattungen bestimmen (s. u.). Eine Kleinlibelle mit 1-farbigen Pterostigmata, rundlichen Postokularflecken, Antehumeralstreifen, die breiter als die darunterliegenden Humeralstreifen sind, sowie mit deutlichen Interpleuralstreifen gehört in den meisten Fällen zur Gattung *Coenagrion*.

Unterscheidung von anderen Gattungen *Enallagma*-Arten fehlen die Interpleuralstreifen und weisen Antehumeralstreifen auf, die breiter als die Humeralstreifen sind. *Ischnura*-♂♂ haben 2-farbige Pterostigmata. ♀♀ von *Enallagma* und *Ischnura* tragen einen Vulvardorn. *Erythromma* dunkler, mit reduzierten oder fehlenden Postokularflecken, und ♂♂ haben rote oder ganz blaue Augen, während diese bei *Coenagrion* blau mit dunklen Kappen versehen sind. Das blaue *Erythromma lindenii* sieht auf den ersten Blick sehr ähnlich aus, unterscheidet sich aber in zahlreichen Details der Zeichnung, einschließlich breiterem Antehumeralstreifen, völlig schwarzer OS von S2 und kürzerem Schlusslicht, das am äußersten Ab-Ende liegt.

Unterscheidung der Arten Mit 13 Arten die artenreichste Kleinlibellengattung des Gebiets. ♂♂ lassen sich anhand ihrer Zeichnung und ihrer Anhänge unterscheiden. Die Zeichnung auf S2 des ♂ ist ein bekanntes Bestimmungsmerkmal, aber da alle Zeichnungen sehr variabel sind, kann dies nur als Hinweis dienen. In manchen Fällen könnte es klug sein, die Anhänge und das Pronotum zu überprüfen. Ein einfacher Schlüssel für ♂♂ ist unten zu finden. Die Bestimmung der ♀♀ kann schwierig sein, und die Form des Pronotum-Hinterrandes sollte, wenn möglich, immer miteinbezogen werden.

Verhalten ♂♂ fliegen in der Regel niedrig zwischen oder längs der Ufervegetation. Eiablage im Tandem, oft gruppenweise auf Schwimmpflanzen, wobei das ♂ in aufrechter Haltung über dem ♀ steht.

K.-D. B. Dijkstra

Tabellarischer Schlüssel zu den Arten (Artgruppen) (nur ♂♂). Wenn die Aussage nicht zutrifft, weiter zur nächsten Zeile. Siehe auch Fotos auf der gegenüberliegenden Seite.

1	Abdomen völlig schwarz, bis auf bläuliche Flächen an der Basis und in der Nähe des Endes. Untere Anhänge massiv und schaufelförmig, lassen die oberen klein erscheinen.	*armatum*
2	Abdomenseiten am unteren Rand mit durchgezogener schwarzer Linie. Basis der Hinterbeine (Coxa) mit schwarzer Zeichnung. Ausschließlich boreale oder alpine Art.	*johanssoni* *hylas*
3	Schwarze Zeichnung auf den mittleren Abdomensegmenten lateral in je eine lange Spitzen ausgezogen.	*puella* *pulchellum* *syriacum* *intermedium*
4	Unterseite von Augen, Gesicht und oft auch Thorax grün oder grünlich, nicht blau. Schwarze Zeichnung auf S2 meist 3-teilig. Obere Anhänge an der Spitze niemals hakenförmig gebogen. Eher nördliche als südliche Art.	*hastulatum* *lunulatum*
5	S6 ist weitgehend schwarz, Endhälfte des Abdomens erscheint daher bis auf das blaue Schlusslicht schwarz. Pterostigmata lang und hell.	*scitulum* *caerulescens*
6	Wenigstens basales Drittel von S6 blau; das ganze Abdomen wirkt alternierend schwarz-blau gemustert. Pterostigmata rautenförmig und dunkel.	*mercuriale* *ornatum*

◀ *Coenagrion armatum* ♂.

▼ **Unten links** *C. caerulescens* ♂.
▼ **Unten rechts** *C. puella* ♂.

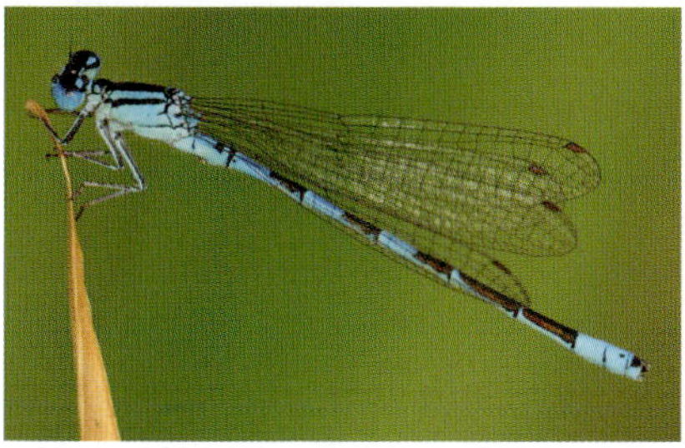

◀ *C. hastulatum* ♂.

◀ *C. lunulatum* ♂.

◀ *C. hylas* ♂.

Coenagrion pulchellum (Vander Linden, 1825) — Fledermaus-Azurjungfer

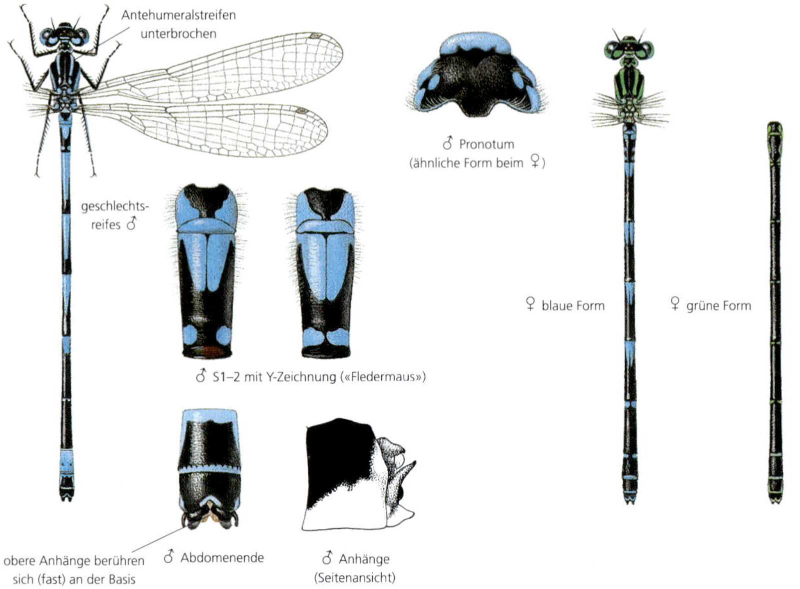

Bestimmung

Allgemein Auffallend schlanke und sehr variabel gefärbte Kleinlibelle, kann leicht mit dem helleren *C. puella* verwechselt werden. Die Antehumeralstreifen der ♂♂ sind typw. unterbrochen und erinnern an blaue Ausrufezeichen (Aufsicht), die schwarze Zeichnung auf S2 ist Y-förmig («Fledermaus»). Vor allem die ♀♀ sind sehr variabel, doch der W-förmige Pronotum-Hinterrand (Handlupe!) ist sehr charakteristisch.

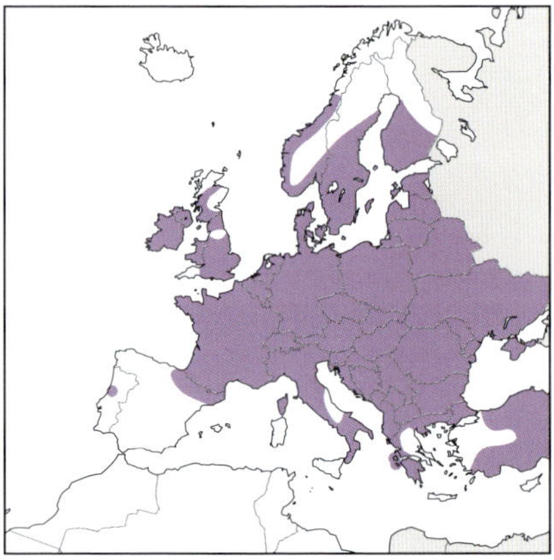

Merkmale im Feld GL 34–38 mm, Ab 23–32 mm, HF 16–23 mm. Im Vergleich zu *C. puella* zeigen ♂♂ folgende Merkmale: (1) Gesamteindruck dunkler durch ausgedehntere schwarze Zeichnung und satteren Blauton; (2) Antehumeralstreifen gew. unterbrochen; (3) schwarze Zeichnung auf S2 dorsal durch Stiel mit Segmentgrenze verbunden (gew. Y- statt U-förmig); (4) S3–6 deutlich schwärzer, S4–5 mind. zur Hälfte schwarz. ♀♀ variabler als alle anderen *Coenagrion*, normalerweise mit vollständigen Antehumeralstreifen (s. u.).

Merkmale in der Hand ♂ Anhänge ähnlich wie bei *C. puella*, doch obere so lang wie untere (Seitenansicht), einander an der Basis (fast) berührend (Aufsicht). Pronotum-Hinterrand des ♀ an 2 Stellen tief eingebuchtet und mit 3 deutlichen Loben.

Varianten ♂♂ im Osten und Süden (z. B. im Mittelmeerraum und in der Türkei) können sehr dunkel sein. ♂♂ mit mehr Blau, die an *C. puella* erinnern, können unter normalfarbigen zu finden sein. Diese zeigen ein schwarzes «U» auf S2, doch S6 ist in der

Regel mehr als zur Hälfte schwarz, und die Antehumeralstreifen sind gewöhnlich unterbrochen. Androchrome ♀♀ mit breiten, blauen Basen an den Abdominalsegmenten sind häufig und ähneln ♂♂, weisen aber mehr Schwarz an S2 und S8–9 auf. Gynochrome grüne ♀♀ mit völlig schwarzer Oberseite des Abdomens, nicht unähnlich dem verbreiteten ♀-Typ von *C. puella*, sind ebenfalls häufig. Andere Varianten sind selten oder lokal, wie etwa eine an ein *C. armatum*-♂ erinnernde Variante, bei der S1–2 und S8 auffällig hell sind.

Vorkommen

Verbreitung/Status Weit verbreitet und lokal häufig, aber insgesamt deutlich seltener als *C. puella*, vor allem im S. Nach O bis Zentralasien und zum Jenissei verbreitet.

Habitat Breites Spektrum stehender, manchmal auch langsam fließender, reifer Gewässer. Diese sind gewöhnlich üppig mit aquatischer Vegetation bewachsen, wie etwa Altwasser, Gießen oder Seebuchten.

Flugzeit April–Mitte September; am häufigsten Ende Mai und im Juni.

Coenagrion puella (Linnaeus, 1758) Hufeisen-Azurjungfer

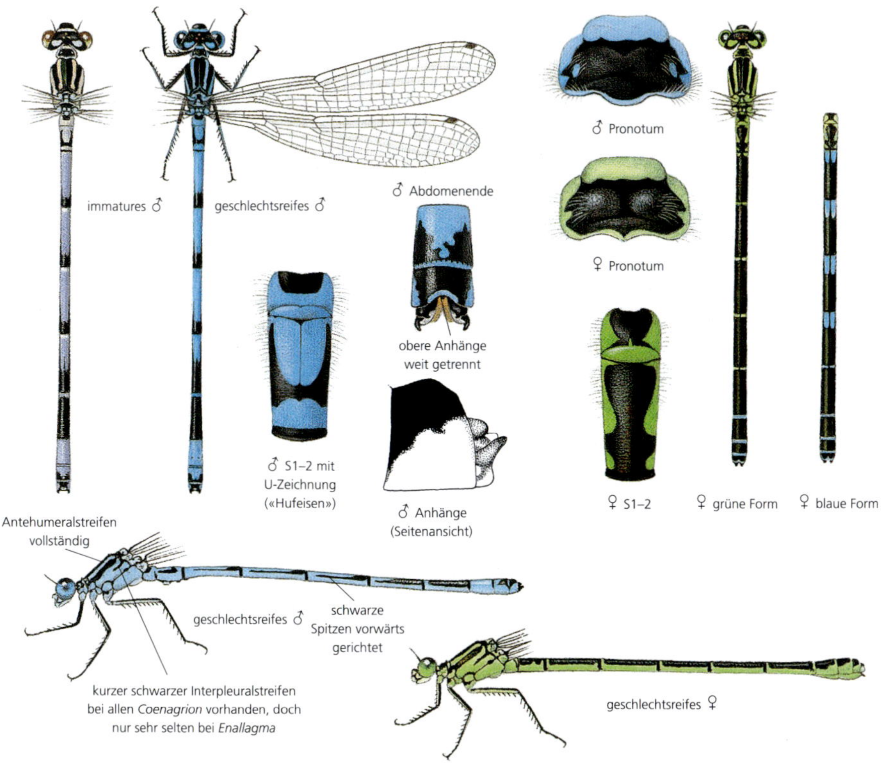

Bestimmung

Allgemein In großen Teilen Europas eine der häufigsten Libellenarten. ♂♂ sind gewöhnlich am schwarzen U («Hufeisen») auf S2 und den lateral in 2 Spitzen ausgezogenen Abdominalmustern zu erkennen, können jedoch mit dem ebenso weit verbreiteten, aber meist deutlich dunkleren und stärker lokalen *C. pulchellum* verwechselt werden. 2 nah verwandte, sehr ähnliche Arten ersetzen *C. puella* auf Kreta und in der Südtürkei.

Merkmale im Feld GL 33–35 mm, Ab 22–31 mm, HF 15–24 mm. ♂ hellblau, in der Regel mit schmalen, aber vollständigen Antehumeralstreifen, schwarzer U- bzw. hufeisenförmiger Zeichnung auf S2 und schwarzen Ringen auf den apikalen Fünfteln von S3–5. Diese Ringe sind auf beiden Seiten jeweils in eine dünne, schwarze Spitze ausgezogen (fehlt bei hellen Individuen auf S3), die fast bis zur Segmentbasis reicht. Diese Spitzen finden sich auch bei den fast identisch aussehenden Arten *C. syriacum* (S-Türkei) und *C. intermedium* (Kreta) sowie beim dunkleren, aber weiter verbreiteten *C. pulchellum* (s. diese Art). Gynochrome gelblich grüne ♀♀ mit völlig schwarzer Abdomen-OS überwiegen.
Merkmale in der Hand ♂ obere Anhänge deutlich kürzer als untere, weit getrennt und mit nach innen gekrümmten Haken an der Spitze (Aufsicht). Die breite Lücke zwischen den oberen Anhängen ist als Merkmal diagnostisch gegenüber den oben erwähnten verwandten ähnlichen Arten. Pronotum-Hinterrand des ♀ gewellt und mit 3, nur sehr schwach ausgeprägten, breiten Loben.
Varianten ♂♂ variieren stark hinsichtlich der Ausdehnung der schwarzen Zeichnung. In NW-Afrika zeigen ♂♂ 2 deutliche schwarze Flecke auf S8, die anderswo kleiner sind oder fehlen. Diese maghrebinischen Vorkommen werden daher manchmal als Unterart *kocheri* abgetrennt, doch gibt es diesbezüglich graduelle Übergänge, z.B. zu benachbarten span. Populationen. Bei einer androchromen ♀-Variante ist das basale Fünftel von S3–6 blau, die

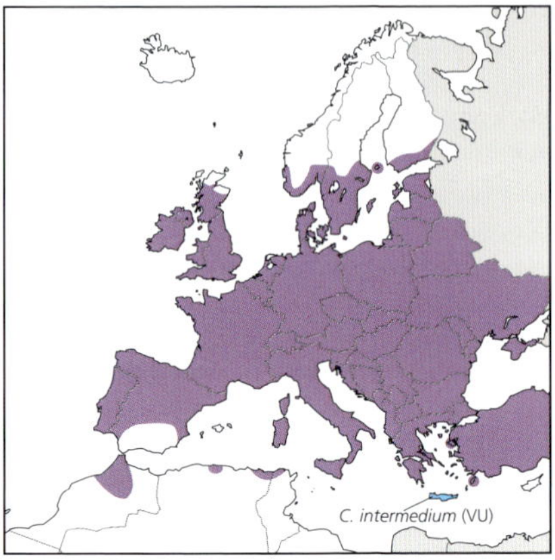

schwarze Zeichnung auf diesen Segmenten 3-zähnig und erinnert daher an typische androchrome ♀♀ von *C. pulchellum* und *C. ornatum*, doch diese zeigen normalerweise mehr Blau auf S7–9.

Vorkommen

Verbreitung/Status Häufigste Art der Gattung und in einem sehr großen Teil des Gebiets gemein. Nach O bis ins Westsib. Tiefland und O-Kasachstan verbreitet.
Habitat Charakterart eutropher Kleingewässer aller Art, meist mit üppiger aquatischer Vegetation.
Flugzeit April–September, in Algerien ab März. Höhepunkt Mitte Mai–Ende Juli.

Coenagrion intermedium Kretische Azurjungfer

Lohmann, 1990

Bestimmung

Allgemein Auf Kreta endemische Art, die dort *C. puella* ersetzt. Unterscheidet sich hpts. durch die Form der ♂ Anhänge, lässt sich daher am einfachsten anhand ihrer Verbreitung bestimmen.
Merkmale im Feld GL 35–36 mm, Ab 26–32 mm, HF 19–22 mm. Durchschnittlich etwas größer und dunkler als *C. puella* in Mittel- und Nordeuropa, äußerlich aber ansonsten fast identisch mit diesem und mit *C. syriacum*. *C. puella* vom benachbarten Festland ist ähnlich dunkel.
Merkmale in der Hand ♂ Anhänge ähnlich wie bei *C. puella*, doch obere Anhänge berühren sich in Basisnähe mehr oder minder (Aufsicht), wie bei *C. syriacum* und *C. pulchellum*. Pronotum-Hinterrand des ♀ intermediär zwischen *C. puella* und *C. pulchellum*.

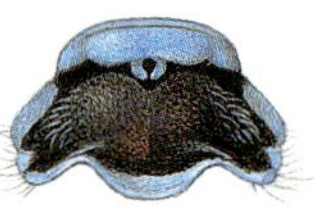

♂ Pronotum

♀ Pronotum

♂ Anhänge (Seitenansicht)

♂ S1–2

Varianten Eine androchrome ♀-Form (siehe *C. puella*) wurde bisher noch nicht nachgewiesen.

Vorkommen

Verbreitung/Status Auf Kreta verbreitet (blau auf Karte S. 124), aber aufgrund der Habitatpräferenzen nur lokal. Wird in der Roten Liste als gefährdet (VU) eingestuft.

Habitat Im Gegensatz zu den nah verwandten Festlandarten weitgehend auf permanente, meist von Galeriewald umgebene Fließgewässer beschränkt.

Flugzeit Mitte Mai–Anfang August.

▲ *Coenagrion intermedium* ♂.

Coenagrion syriacum (Morton, 1924) Syrische Azurjungfer

Bestimmung

Allgemein Ersetzt das täuschend ähnliche *C. puella* im Nahen Osten. Beide Arten treffen in der S-Türkei aufeinander, wo eine zuverlässige Bestimmung nur anhand der ♂ Anhänge möglich ist.

Merkmale im Feld GL 30–37 mm, Ab 24–29 mm, HF 16–20 mm. ♂ erscheint äußerlich praktisch identisch mit *C. puella*, ist aber schwärzer als typische ♂♂ dieser Art in Mittel- und N-Europa (z. B. ist S6 weitgehend schwarz, bei *C. puella* meist nur zur Hälfte) und kann daher an *C. pulchellum* erinnern, doch türkische *C. puella* sind tendenziell ähnlich dunkel.

Merkmale in der Hand ♂ obere Anhänge berühren einander in Basisnähe mehr oder minder (Aufsicht). Untere Anhänge länger und waagerechter als bei verwandten Arten, etwa 2× so lang wie die oberen Anhänge und gerade nach hinten weisend, nicht halb aufwärts. Pronotum-Hinterrand des ♀ deutlicher 3-lobig als bei *C. puella* (erinnert an *C. pulchellum*), wobei der mittlere Lobus recht schmal ist.

Varianten Weist dieselben ♀♀-Farbmorphen wie *C. puella* auf, wobei die helle Form tendenziell blauer ist und an *C. pulchellum*-♀♀ erinnert.

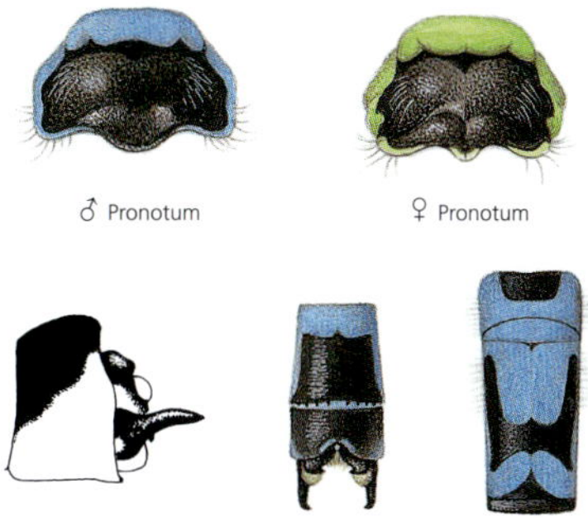

Vorkommen

Verbreitung/Status Ersetzt *C. puella* längs des Mittelmeers von Antalya (Türkei) bis Israel, Libanon und Syrien.

Habitat Stehende und langsam fließende Gewässer mit gut entwickelter submerser Vegetation.

Flugzeit In der Türkei Mitte April–Ende Mai.

Coenagrion mercuriale (Charpentier, 1840) Helm-Azurjungfer

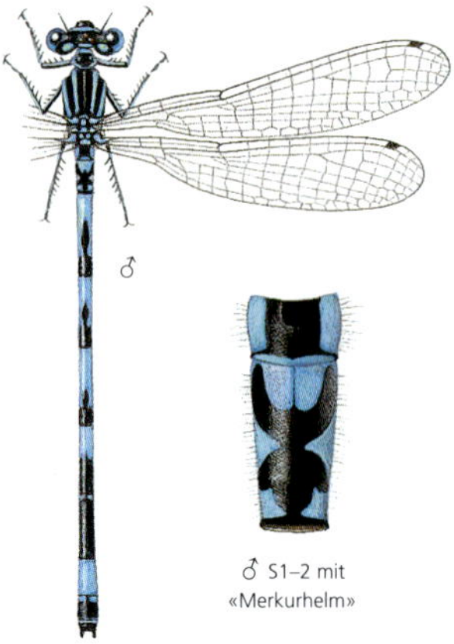

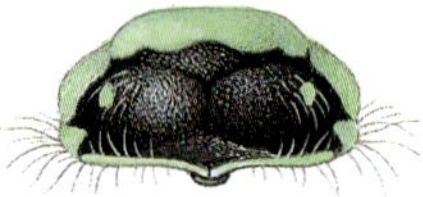

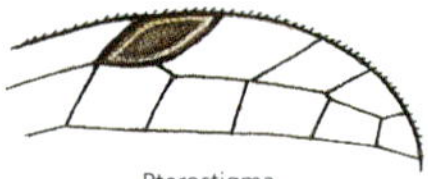

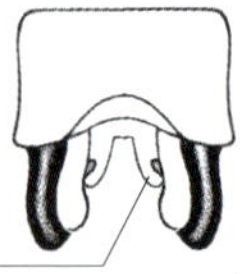

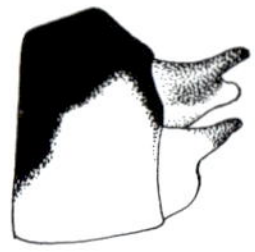

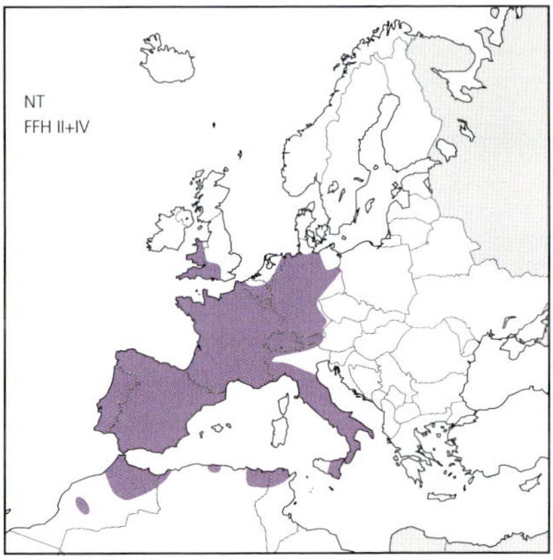

Bestimmung

Allgemein Diese kompakte, tiefblau gefärbte Azurjungfer ist eine Charakterart kleiner Fließgewässer SW-Europas. S2 des ♂ mit auffallendem schwarzem Muster, das an das alchemistische Mercurius-Zeichen (wiss. Name) oder auch an einen geflügelten bzw. gehörnten Helm erinnert (dt. Name!).

Merkmale im Feld GL 27–31 mm, Ab 19–27 mm, HF 12–21 mm. Stämmiger als *C. puella* und einer der kleinsten Vertreter der Gattung. Zeichnung auf S2 des ♂ wie bei anderen Arten der Gattung recht variabel, aber typw. an einen Kopf mit gehörntem Helm erinnernd. S3–6 selten mehr als ½ schwarz, S7 stets mit etwas Blau an der Basis. ♂♂ lassen sich praktischerweise durch Ausschluss von syntop vorkommenden Gattungsgenossen bestimmen: *C. puella* S3–6 mit lateral in lange, schwarze Spitzen ausgezogenen, apikalen, schwarzen Ringen; *C. ornatum* mit stärker lanzettförmiger Zeichnung auf S3–4 und Hinterrand der Postokularflecke gezackt; *C. caerulescens* und *C. scitulum* mit langgestreckten Pterostigmata und S6–7 weitgehend schwarz. Typische ♀♀ sind gynochrom, mit gelblich grüner Zeichnung, aber ziemlich dunkel und unauffällig, lassen sich ebenfalls am besten durch Ausschluss anderer Arten bestimmen.

Merkmale in der Hand Obere Anhänge des ♂ ähnlich *C. scitulum* und *C. caerulescens* an der Spitze stark gekrümmt, aber etwa so lang wie die unteren und zudem mit auffälligen inneren Zähnen nahe der Basis. Pronotum-Hinterrand des ♀ mit winzigem Mittellobus, deutlich kleiner als jener bei *C. scitulum*.

Varianten Androchrome ♀♀ sind ziemlich selten; ihre hellen Bereich auf dem Abdomen sind größer und intensiver blau. ♀♀ mit deutlich rosafarbenem Thorax und Abdomen können sich schon fortpflanzen, dürften aber noch nachdunkeln.

Vorkommen

Verbreitung/Status In Frankreich und im Norden der Ib. Halbinsel lokal häufig, auch in SW-Deutschland regional nicht selten. Im N des Verbreitungsgebiets aber nur sehr lokal und mit zerstreuten, isolierten Einzelpopulationen.Nicht bekannt aus Gebieten östl. von Italien, Österreich und Deutschland; zahlreiche alte Fundmeldungen aus O-Europa beruhen whs. auf Fehlbestimmungen.

Habitat Besonnte, oft kalkhaltige Quellbäche, Wiesengräben oder Entwässerungskanäle mit reicher Wasser- und Ufervegetation, wie Wasserstern *(Callitriche)* oder Schmalblättrigem Merk *(Berula erecta)*.

Flugzeit Im N Mitte Mai–Mitte August mit Höhepunkt im Juni und Juli, aber weiter im S länger, in Marokko z. B. Anfang März–Ende September, was für 2 Generationen pro Jahr spricht.

Coenagrion ornatum (Selys, 1850) Vogel-Azurjungfer

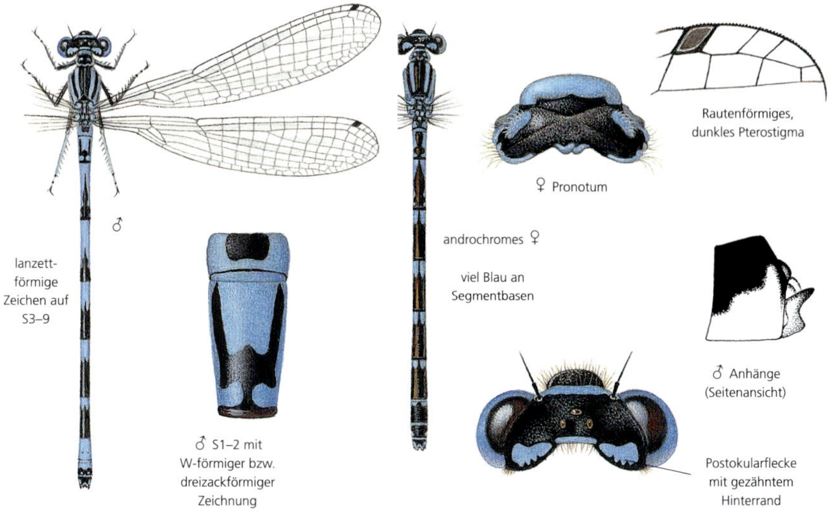

Bestimmung

Allgemein Das östliche ökologische Pendant zu *C. mercuriale*. Beide Arten sind in Mitteleuropa großflächig sympatrisch verbreitet und kommen, obschon nur sehr lokal, regelmäßig an denselben Bächen vor. Neben der schwarzen Zeichnung in Form eines gestielten W auf S2 des ♂ ist v. a. der gezackte Hinterrand der Postokularflecke typisch.

Merkmale im Feld GL 30–31 mm, Ab 20–30 mm, HF 17–24 mm. Kleiner und stämmiger als *C. puella*. Hinterrand der Postokularflecke bei beiden Geschlechtern in der Regel gezähnt. S2 des ♂ mit schwarzem Muster in Form eines Dreizacks oder gestielten W (mit etwas Fantasie auch an einen fliegenden Vogel erinnernd; Name!). ♂ S3–4 distal mit zwiebelförmigen, schwarzen Zeichnungen, die typischerweise in der Mitte zu sehr langen Spitzen ausgezogen sind. Androchrome ♀♀ überwiegen. Sie zeigen mehr Blau an den Segmentbasen als die meisten anderen Arten und erinnern an androchrome ♀♀ von *C. pulchellum*. ♀♀ letzterer Art sind jedoch schlanker, und die lateralen schwarzen Spitzen der schwarzen Segmentzeichnungen sind länger als die Zentralspitze; bei *C. ornatum* ist es genau umgekehrt.

Merkmale in der Hand ♂ obere Anhänge kürzer als untere (Seitenansicht) und ohne stark gekrümmte Spitze, daher größere Ähnlichkeit mit *C. pulchellum* als mit anderen südlichen *Coenagrion*. Pronotum-Hinterrand des ♀ mit schwach ausgeprägtem Mittellobus, dieser im Zentrum etwas eingekerbt.

Varianten Gynochrome ♀♀ ohne blaue Segmentbasen. Wie bei *C. mercuriale* sind manche ♀♀ auf Thorax und Abdomen rosa gefärbt.

Vorkommen

Verbreitung/Status Im N und W ihres Verbreitungsgebietes sehr lokal, im SO regional recht häufig.

Habitat Ähnlich wie *C. mercuriale* an sonnigen, reich bewachsenen Bächen und Gräben, oft mit kalkhaltigem Wasser.

Flugzeit Anfang Mai–Mitte August.

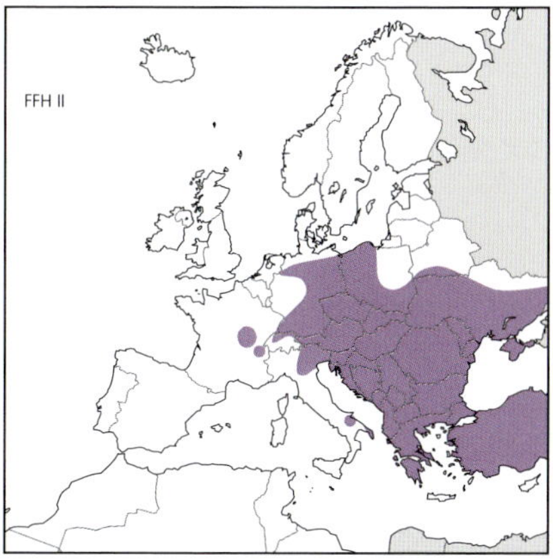

Coenagrion scitulum (Rambur, 1842) Gabel-Azurjungfer

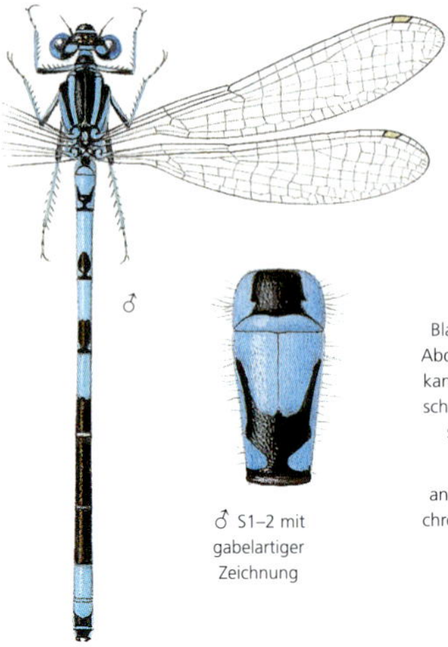

♂

♂ S1–2 mit gabelartiger Zeichnung

♀ viel Blau am Abdomen, kann aber schwärzer sein

androchromes ♀

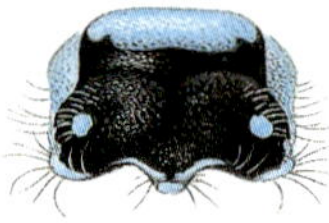

♀ Pronotum

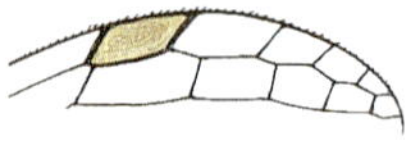

Pterostigma lang und hell

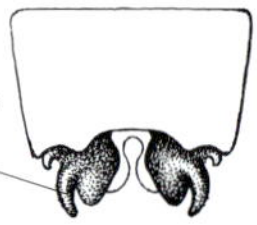

stark einwärts gekrümmte Haken

weniger als ½ so lang wie S10

Seitenansicht

♂ Anhänge

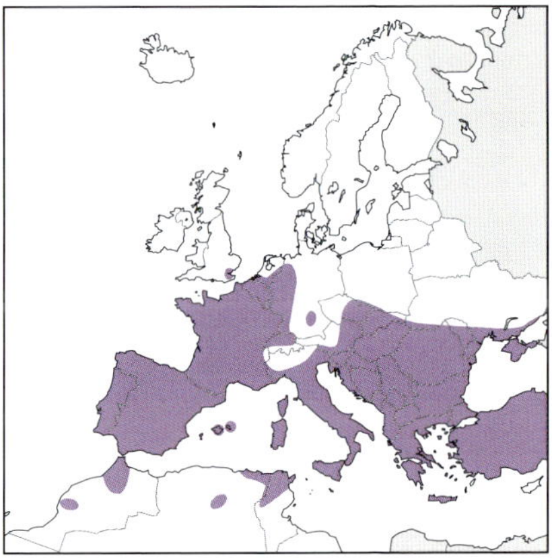

Bestimmung

Allgemein Kleine Azurjungfer, die dicht mit submerser Vegetation bewachsene, ruhige Gewässer bevorzugt. Das schwarz-blaue Muster der ♂♂ wirkt, als stamme die basale Hälfte des Abdomens von einem *Coenagrion*, die terminale von einer *Ischnura*.

Merkmale im Feld GL 30–33 mm, Ab 20–27 mm, HF 14–20 mm. Kürzer als *C. puella*, eine der kleinsten *Coenagrion*-Arten. ♂♂ unterscheiden sich von jenen der oft gms. vorkommenden *C. mercuriale*, *C. ornatum* und *C. puella* dadurch, dass S3–5 etwa ½ und S6–7 völlig schwarz sind. S2 des ♂ sehr variabel gezeichnet, typw. mit schwarzer «Stimmgabel» (Name!). Gynochrome ♀♀ grünlich oder braun, doch gewöhnlich seltener als die androchromen, mit relativ weit ausgedehnter, blauer Zeichnung auf S3–5, die typw. torpedoförmige, schwarze Muster einschließt. Pterostigmata lang und hell (s. u.).

Merkmale in der Hand Teilt folgende Bestimmungsmerkmale mit *C. caerulescens*: (1) Pt bei beiden Geschlechtern langgestreckter und oft heller (bräunlich, nicht schwarz) als bei anderen *Coenagrion*, wobei VS deutlich länger ist als HS (bei anderen *Coenagrion* etwa gleich lang); (2) ♂ obere Anhänge deutlich länger als untere (Seitenansicht), mit auffälligem Zahn an der Spitze, aber nicht an der Basis eines jeden Anhangs (Aufsicht). Im Gegensatz zu *C. caerulescens* obere Anhänge des ♂ mit stark gekrümmten Haken (Aufsicht) und weniger als ½ so lang wie S10. Pronotum-Hinterrand des ♀ mit kleinem Mittellobus, Hinterrand beim ♂ breit 3-eckig, in der Mitte spitz.

Varianten ♀♀ variabel, oft dunkler.

Vorkommen

Verbreitung/Status Weit verbreitet im Mittelmeerraum und ziemlich häufig in Frankreich und Teilen der Ib. Halbinsel; wird zum Kaspischen Meer hin lokaler und in Zentralasien selten. Hat sich in Europa seit den 1990ern beträchtlich nach Norden ausgebreitet.

Habitat Besonnte, stehende, manchmal auch langsam fließende Gewässer mit reicher aquatischer Vegetation, wie Tausendblatt *(Myriophyllum)* und Hornblatt *(Ceratophyllum)*.

Flugzeit April–September; am häufigsten Mitte Mai–Ende Juli.

Coenagrion caerulescens
(Fonscolombe, 1838)

Südliche Azurjungfer

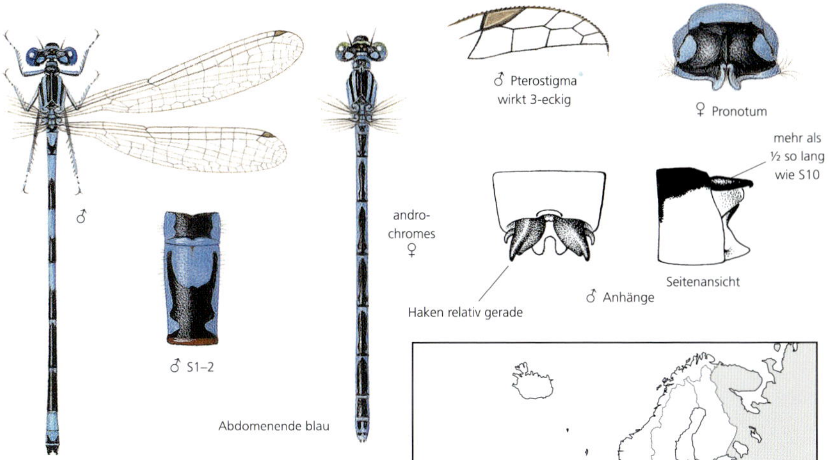

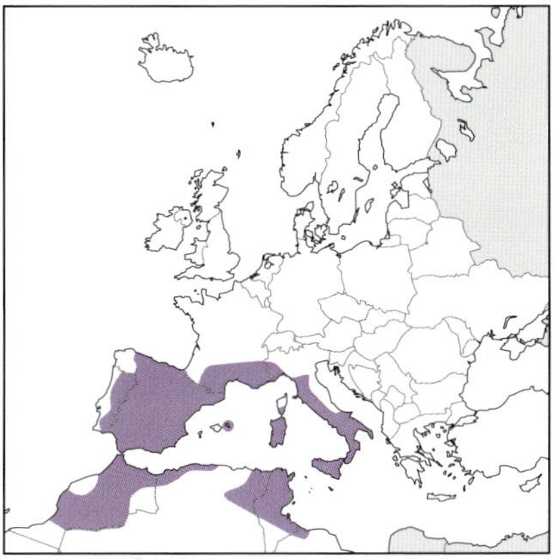

Bestimmung

Allgemein Doppelgänger von *C. scitulum*, jedoch auf den südwestlichen Mittelmeeraum beschränkt und fließende statt stehende Gewässer bevorzugend. Auf der Iberischen Halbinsel und in Nordafrika relativ häufiger als das ähnliche *C. scitulum*.
Merkmale im Feld GL 30–33 mm, Ab 18–27 mm, HF 14–21 mm. Gesamteindruck ähnlich *C. scitulum*, im Gegensatz zu jenem aber: (1) beide Geschlechter in der Regel mit großen, hellen, paarigen Flecken auf dem Pronotum (nicht klein oder fehlend); (2) bei ♂♂ gewöhnlich mehr als die Hälfte (nicht weniger) von S3–4 schwarz, oft vergleichsweise mehr auf S3 als auf S4 (nicht umgekehrt). ♀♀ ähnlich *C. scitulum* (ebenfalls mit langen Pterostigmata), doch im Allgemeinen sehr hell und Antehumeralstreifen breiter als schwarzer Humeralstreifen, mit größeren Postokularflecken und schmalerer schwarzer Zeichnung auf der abdominalen Oberseite. Im größten Teil des Verbreitungsgebiets (nicht bzw. weniger in Italien und auf Inseln des Tyrrhenischen Meeres) Abdomenende (S9–10 und Anhänge) zuoberst weitgehend blau, nicht schwarz wie bei sympatrischen *Coenagrion*-Arten, einschließlich *C. scitulum*.
Merkmale in der Hand Äußere Ecke des Pterostigmas spitzer als bei *C. scitulum* (erscheint eher 3- als 4-eckig). ♂ obere Anhänge länger und gerader als bei *C. scitulum*, an der Spitze nur leicht gebogen und mehr als ½ so lang wie S10. ♀ Pronotum-Hinterrand mittig tief eingeschnitten und in zwei spitze Loben ausgezogen. ♂ Pronotum-Hinterrand mit kleinem Höcker in der Mitte.
Varianten Bei beiden Geschlechtern variiert das Ausmaß der Zeichnung stark, Status von Unterarten, wie z. B. des italienischen ssp. *caesarum,* jedoch noch unklar.

Vorkommen

Verbreitung/Status Endemisch im westlichen Mittelmeerraum. Das häufigste *Coenagrion* im Maghreb, außerhalb des Maghreb jedoch eher lokal und nur selten zahlreich.
Habitat Sonnige Quellaustritte, Bäche und Flüsse mit reichem Pflanzenbewuchs.
Flugzeit In Teilen von NW-Afrika Mitte April–Mitte Oktober (mglw. 2 Generationen/Jahr); anderenorts hauptsächlich Mai–August.

Coenagrion hastulatum (Charpentier, 1825) Speer-Azurjungfer

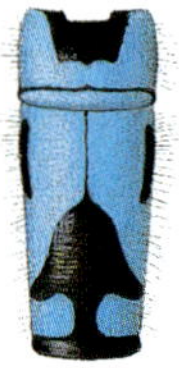

♂ S1–2 mit «Speerspitzen»-Zeichnung

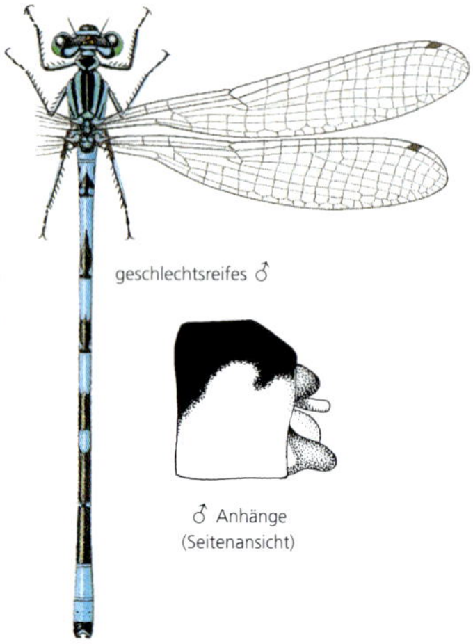

geschlechtsreifes ♂

♂ Anhänge (Seitenansicht)

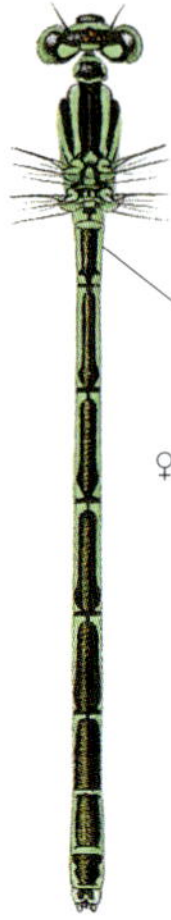

♀

an der Basis mehr Grün sichtbar als bei *C. puella*

♀ Pronotum

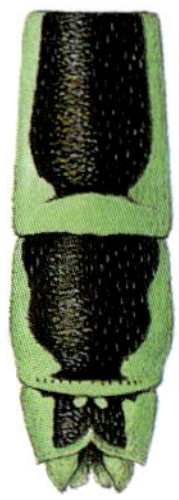

♀ Abdomenende

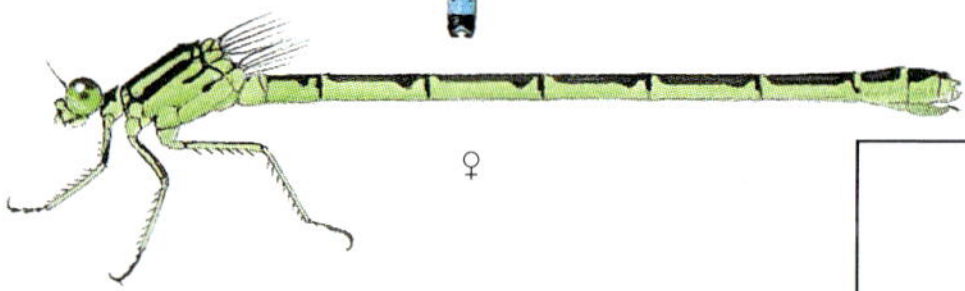

♀

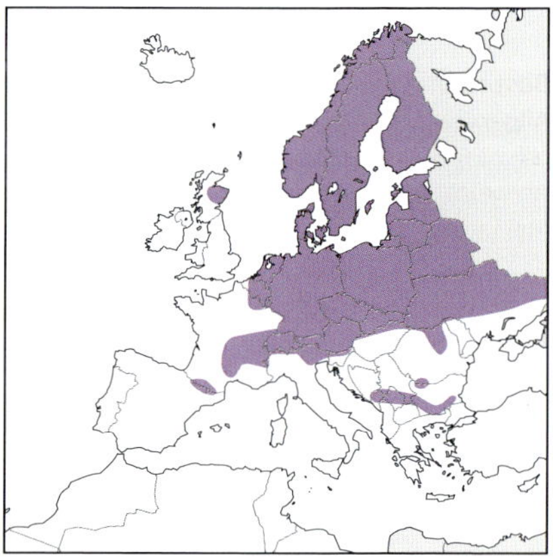

Bestimmung

Allgemein Häufigste blaue Kleinlibelle im Großteil des borealen Europa. ♂♂ erkennbar an ihrer grünlichen Tönung und den langen, lanzettförmigen Zeichnungen auf den basalen Abdominalsegmenten.

Merkmale im Feld GL 31–33 mm, Ab 22–26 mm, HF 16–22 mm. Kürzer als *C. puella*. ♂ hellblau mit türkisem Schimmer, v. a. auf US der Augen und des Thorax auch deutlicher grün (ähnlich *C. lunulatum*). Zeichnung auf S2 sehr variabel, typw. speerspitzen- oder pilzförmig, mit 2 schwarzen Strichen. S3–4 gew. weniger als ½ schwarz, Zeichnung auf S3 typw. mit lang ausgezogener lanzett- bzw. speerspitzenförmiger Spitze. Typ. ♀ grün, ganze OS des Abdomens schwarz, was an *C. puella* erinnert, doch bei *C. hastulatum* wird die schwarze Zeichnung zur Basis hin allmählich schmaler, sodass von oben auf S3–4 mehr seitliches Grün zu sehen ist als auf S6–9.

Merkmale in der Hand ♂ obere Anhänge kürzer als untere. Pronotum-Hinterrand des ♀ mit 2 geraden, schräg verlaufenden Rändern, die sich wie bei einem weit geöffneten V in einer kleinen Spitze treffen.

Varianten ♂ Zeichnung auf S2 ohne basalen Längsstiel und daher an *C. lunulatum* erinnernd.

Vorkommen

Verbreitung/Status Über weite Teile des nördl. Eurasien sehr häufig, in W- und S-Europa jedoch nur selten und isoliert an höher gelegenen oder moorähnlichen Standorten. Im Gebiet in den letzten Jahrzehnten starker Rückgang südl. des fennoskandischen Kerngebietes.

Habitat Im N euryök und an praktisch allen Arten stehender Gewässer, in Mittel- und S-Europa beschränkt auf Moore oder anmoorige Gewässer.

Flugzeit In nördlicheren Breiten bis Anfang September, im mitteleurop. Flachland am häufigsten in der 2. Maihälfte und im Juni; nach Juli selten zu sehen.

Coenagrion lunulatum (Charpentier, 1840) Mond-Azurjungfer

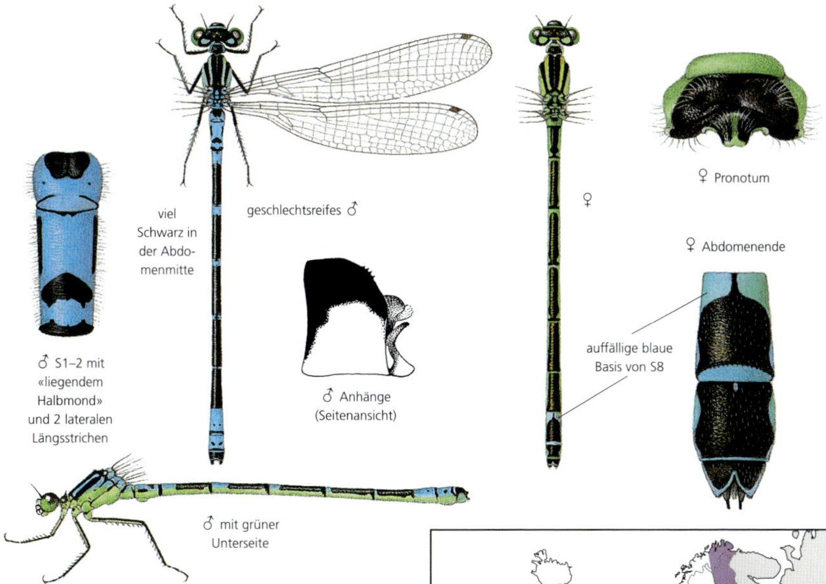

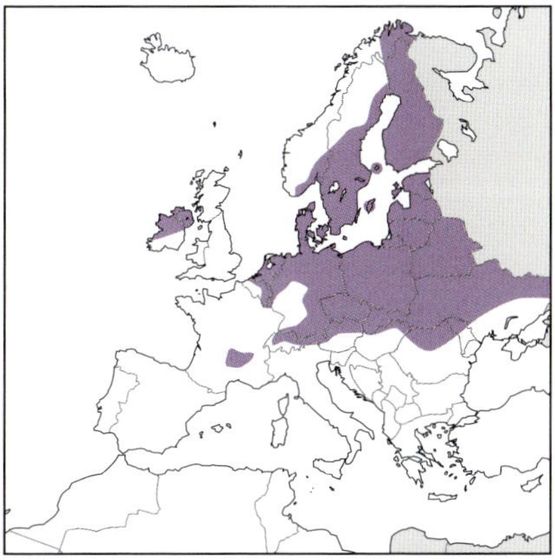

Bestimmung

Allgemein Kräftig gebaute Azurjungfer mit auffällig grünlich blauer Grundfärbung und dunklem Abdomen.

Merkmale im Feld GL 30–33 mm, Ab 22–26 mm, HF 16–22 mm. Stämmiger als *C. puella*. Kräftiger als *C. hastulatum* und deutlich dunkler. Mehr noch als bei diesem geht beim ♂ das satte Blau der OS von Thorax und Abdomen zur US hin in ein helles Grün über. Weitere Unterschiede zu *C. hastulatum*: (1) Keine blaue Querlinie am Hinterkopf zw. den Postokularflecken; (2) S2 typw. mit 3-teiliger Zeichnung aus schwarzem, querliegendem Halbmond (Name!) und zwei lateralen Längsstrichen; (3) S3–4 mehr als ½ schwarz; (4) S6 fast ganz schwarz, daher erscheint terminale Abdomenhälfte abgesehen vom blauen Schlusslicht schwarz. Sowohl grüne bis bräunliche gynochrome ♀♀ als auch stärker blau gefärbte androchrome ♀♀ treten häufig auf. Beide ähneln *E.-cyathigerum*-♀♀ (s. diese Art). Oberseite des gesamten Abdomens schwarz, doch auf S8 durch charakteristisch geformtes, helles Basisfeld breit unterbrochen.

Merkmale in der Hand Im Gegensatz zu *C. hastulatum* obere Anhänge des ♂ mind. so lang wie die unteren. Pronotum-Hinterrand des ♀ mit deutlichem, langem Mittellobus.

Varianten Umfang und Intensität der Blaufärbung bei androchromen ♀♀ variieren stark. So können Abdominalzeichnung und Postokularflecke leuchtend blau sein und mit graubraunem Thorax kontrastieren.

Vorkommen

Verbreitung/Status Weit verbreitet in der gemäßigten Zone Eurasiens bis nach Kamtschatka. Isolierte Regionalpopulation in der Bergsteppe am Dreiländereck Türkei-Georgien-Armenien. Allgemein recht lokal, kann aber in hoher Individuendichte auftreten.

Habitat Habitatansprüche komplex, mit großen regionalen Unterschieden. Meist in sauren, nährstoffarmen Gewässern, lokal aber auch in Kiesgruben oder eutrophen Weihern.

Flugzeit Ende April–Ende Juli, mit Höhepunkt im Mai und Juni.

Coenagrion hylas (Trybom, 1889) Bileks Azurjungfer

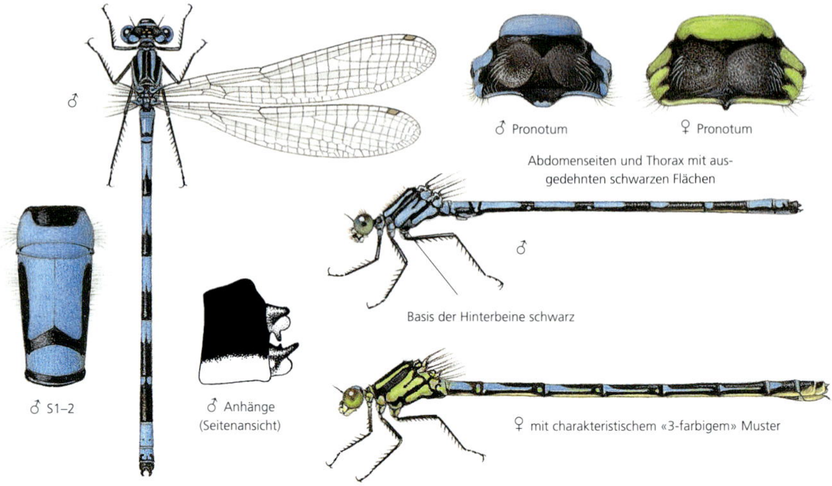

Bestimmung

Allgemein Große, dunkle Azurjungfer Ostsibiriens, in Europa als Relikt aus dem Postglazial eine der seltensten Arten mit nur wenigen Fundorten in den nördl. Kalkalpen sowie in der Taiga N-Russlands. Innerhalb ihres europ. Verbreitungsgebiets lassen sich die ♂♂ leicht an ihren schwarzen Abdomenseiten erkennen.

Merkmale im Feld GL 33–38 mm, Ab 25–32 mm, HF 19–28 mm. Größte *Coenagrion*-Art des Gebiets. Beide Geschlechter unterscheiden sich von allen anderen kleinen, blauen Kleinlibellen (abgesehen vom winzigen, *C. johanssoni,* der aber nicht in demselben Gebiet vorkommt) durch die schwarzen Seiten und US des Ab. Von *C. johanssoni* außerdem durch Größe und Verbreitungsgebiet unterschieden. Zudem *C.-hylas*-♂♂ kräftige schwarze Metapleuralstreifen, die sich vom Ansatz der HF bis zu den Hinterbeinen erstrecken (wie auch bei einigen ♀♀ von *C. johanssoni*). ♀♀ recht stämmig, mit blauen Postokular- und Ab-Flecken, grünem Thorax und unverkennbarer schwarzer Zeichnung.

Varianten Bei ♀♀ variiert die Länge der schwarzen Interpleuralstreifen.

Verhalten Imagines fliegen am späten Vormittag von ihren bis zu 500 m entfernt gelegenen Jagdgebieten an die Gewässer. Ihre Anzahl kulminiert dort um Mittag, aber die meisten unverpaarten ♂♂ fliegen nach 1 h fast gleichzeitig wieder ab. Die Eier legenden Paare verbleiben zumeist 2 h länger.

Vorkommen

Verbreitung/Status Geschlossenes Areal von Japan bis zum Jenissei. Westl. davon 3 postglaziale Isolate im Polar-Ural, in Pinega-Region N-Russlands sowie in den bayr. und österr. Kalkalpen. Vorkommen in Bayern aufgrund von Habitatzerstörung seit 1967 erloschen, aktuell nur noch von rund 14 Fundorten im Tiroler Lechtal bekannt.

Habitat Kalte, kalkreiche, quellgespeiste Bergseen mit dicht bewachsenen Verlandungszonen sowie sonnige, nährstoffarme, quellige Flachgewässer der Flussaue des Lech. In der Pinega-Region N-Russlands in Karstseen der Taiga.

Flugzeit Mai–August; am häufigsten im Juni und Juli.

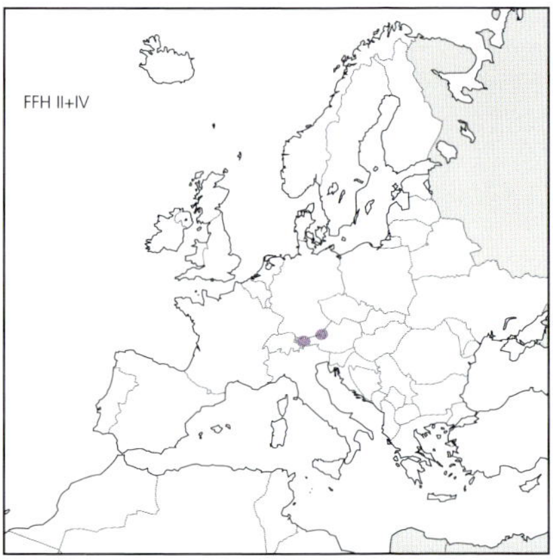

Coenagrion johanssoni — Nordische Azurjungfer

(Wallengren, 1894)

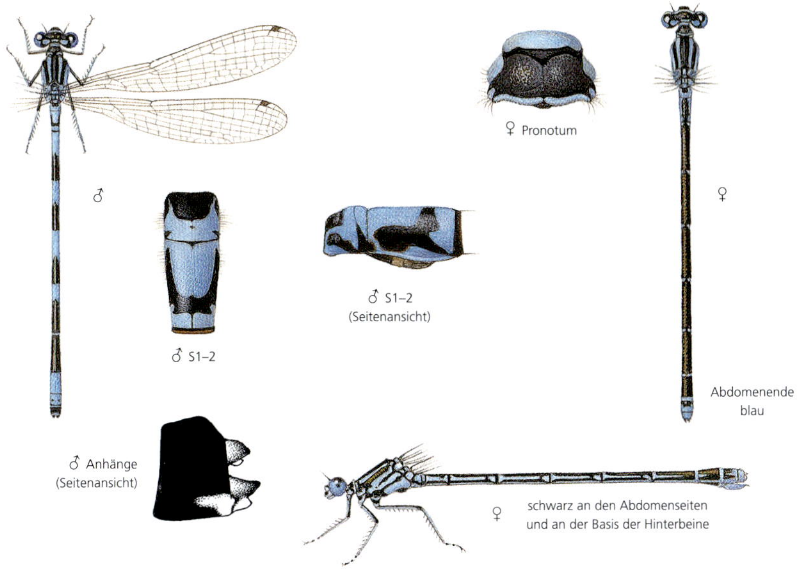

Bestimmung

Allgemein Kleine, dunkle Azurjungfer mit dem nördlichsten Verbreitungsgebiet aller europ. Kleinlibellen. Leicht an ihrer Größe und ihren schwarzen Abdomenseiten zu erkennen.

Merkmale im Feld GL 27–30 mm, Ab 20–24 mm, HF 15–19 mm. Deutlich kürzer und graziler als *C. puella*, kleinste Art der Gattung im Gebiet. Wegen der schwarzen Abdomenseiten ähneln beide Geschlechter am stärksten dem deutlich größeren *C. hylas*, beide Arten kommen jedoch nach heutigem Wissensstand im Gebiet nicht gemeinsam vor. Anders als bei C. hylas tragen die ♂♂ von *C. johanssoni* auf S2 gew. eine U-förmige, schwarze Zeichnung, die über dünnen Stiel mit Segmentbasis verbunden ist. Oft syntop mit *C. hastulatum* und *C. lunulatum*, deren ♂♂ jedoch deutlich kräftiger, mit grünlicher US und ohne schwarze Flanken am Ab sowie gew. mit 3-teiliger Zeichnung auf S2. ♀ von *C. johanssoni* mit blauem Ab-Ende (S10 und anschl. Teil von S9), ein Merkmal, das man sonst nur noch beim mediterranen *C. caerulescens* findet.

Merkmale in der Hand Tropfenförmige Postokularflecke kein zuverl. Bestimmungsmerkmal.

Varianten Die Ausdehnung der Schwarzfärbung auf den Thoraxseiten der ♀♀ variiert, wobei die Metapleuralstreifen manchmal mit den Interpleuralstreifen zusammenlaufen. Eine gynochrome Morphe mit beigem bis gelbem Thorax und Abdomen ist selten.

Vorkommen

Verbreitung/Status In Fennoskandien weit verbreitet und recht häufig, eher lokal in den baltischen Staaten. Areal reicht bis nach Kamtschatka und die Beringstraße.

Habitat Vor allem Aapamoore, der vorherrschende Nasslebensraum im borealen Taiga-Gürtel, außerdem Moorseen, Hochmoore und sumpfige Buchten oder Schwingmoore an Seeufern.

Flugzeit Juni–August.

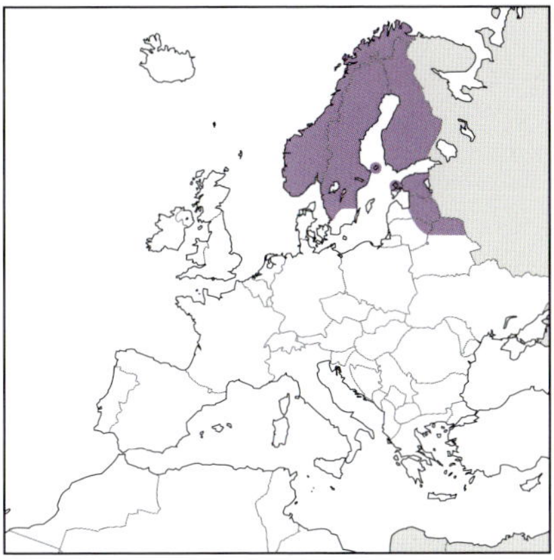

Coenagrion armatum (Charpentier, 1840) Hauben-Azurjungfer

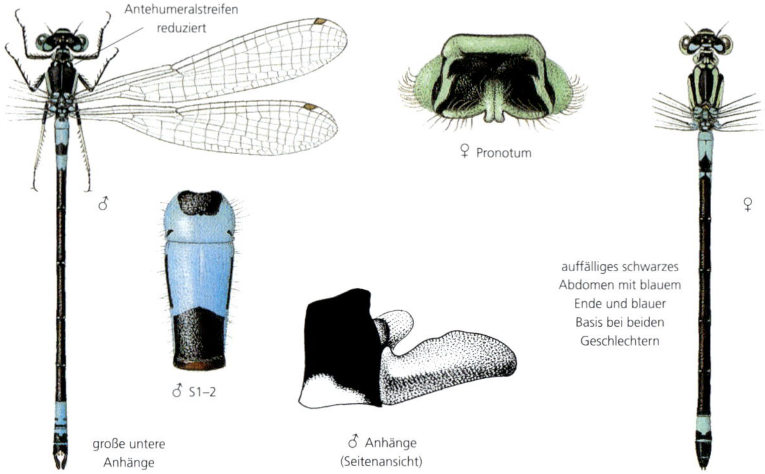

Bestimmung

Allgemein Dunkle, unauffällige Kleinlibelle, die sich meist recht verborgen in der Sumpfvegetation aufhält. Erinnert auf den ersten Blick eher an eine *Ischnura* als ein *Coenagrion*. Beide Geschlechter lassen sich anhand des schwarzen Abdomens und dessen charakteristischer blauer Zeichnung an Basis und Ende bestimmen. Das ♂ ist mit auffallend großen unteren Anhängen ausgestattet, die selbst mit bloßem Auge gut zu sehen sind.
Merkmale im Feld GL 31–34 mm, Ab 22–26 mm, HF 16–21 mm. Etwas kleiner als *C. puella*. ♂ weitgehend schwarz mit grünlich blauer Zeichnung. Antehumeralstreifen fehlend oder auf 1–2 Flecke reduziert, Abdomen mit charakteristischem Muster auf S1–3 und S8–9. ♀ Abdomen großflächig schwarz, Basen von S2 und S8 weitgehend hell. Im Gegensatz zum ♂ Antehumeralstreifen vollständig.
Merkmale in der Hand ♂ untere Anhänge sehr groß, 2× so lang wie S10, dünn bereift. ♀ Pronotum-Hinterrand mit schmalem, rechteckigem Lobus.
Varianten ♀ Färbung von olivgrün bis graublau.
Verhalten Unauffällig und meist in der Vegetation verborgen, wo auch die ♂♂ niedrig auf der Suche nach ♀♀ fliegen.

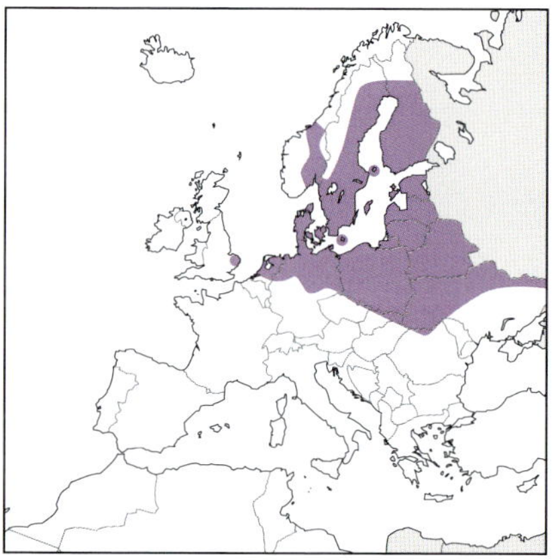

Vorkommen

Verbreitung/Status Nordöstl. Art, im Gebiet allgemein sehr lokal, hat sich aus weiten Teilen ihres vormaligen Verbreitungsgebiets zurückgezogen, sich aber jüngst lokal erholt (z. B. N-Deutschland). Kommt bis in den russ. Fernen Osten und Kamtschatka vor, mit Reliktpopulation in den Bergsteppen Georgiens und Armeniens.
Habitat Flache, mesotrophe Niedermoorgewässer mit Beständen von Seggen (*Carex* spp.), Teich-Schachtelhalm *(Equisetum fluviatile)* oder auch Flatterbinse *(Juncus effusus)*. Imagines halten sich v. a. in Bereichen mit ganz spezifischer Halmdichte auf, die ausreichend Schutz bei noch genügend Bewegungsfreiheit ermöglicht.
Flugzeit In Mitteleuropa kurz und früh, mit Gipfel im Mai, im N und in größeren Höhen bis Anfang August.

Erythromma Granataugen

Charpentier, 1840

Bestimmung

Aussehen Diese Gattung umfasst 2 Typen von Arten, die folgende Merkmale teilen: (1) Die Augen des ♂ sind leuchtend rot oder blau und ohne schwarze Kappe, weshalb der obere Teil der Augen zur schwarzen Oberseite des Kopfes kontrastiert; (2) Postokularflecke sind auf schmale Streifen reduziert oder fehlen ganz; (3) schwarze Zeichnung auf S2 der ♂♂ reicht über das ganze Segment; (4) ♂♂ ohne Blau auf der OS von S8, während S9–10 völlig oder größtenteils blau sind; (5) ♂ obere Anhänge deutlich länger als die unteren, etwa so lang wie S10; (6) Flügelspitzen (v. a. der Hinterflügel) durch Zellverdoppelungen gew. dicht geadert und die Pterostigmata sind recht lang.

Unterscheidung von anderen Gattungen Im Gegensatz zu *Enallagma* und *Ischnura* haben ♀♀ keinen Vulvardorn. Die Arten werden in den Artbeschreibungen mit anderen blau-schwarzen Kleinlibellen verglichen. Die rotäugigen *Erythromma*-♂♂ sind die einzigen Kleinlibellen, die rote Augen mit einer blauen Körperzeichnung und einem völlig dunklen Hinterkopf verbinden. Ihre ♀♀ haben dunkle Augen, keine Postokularflecke, die ganze Oberseite des Abdomens ist dunkel. ♂♂ anderer Kleinlibellen mit blauem Schlusslicht *(Coenagrion, Enallagma, Ischnura)* zeigen keine roten Augen, aber Postokularflecke sind gewöhnlich vorhanden. Andere Arten mit roten Augen *(Ceriagrion, Pyrrhosoma)* haben auch einen roten Körper. Das ♂ von *Pseudagrion sublacteum* mit komplett roter Kopfvorderseite ist auf wenige Relikvorkommen in Marokko und der Levante beschränkt. *Erythromma*-♀♀ können dunklen Formen von *Ceriagrion* und *Pyrrhosoma* ähneln. Diese weisen jedoch oft Spuren von Rot auf und zeigen eine abweichende schwarze Thoraxzeichnung; *Ceriagrion* zeigt an den Beinen zudem keinerlei Schwarz.

Verhalten Im Gegensatz zu anderen Kleinlibellen ist der Aktivitätsbereich der ♂♂ stark auf die offene Wasserfläche konzentriert, wo sie in schnellem und direktem Flug niedrig umherfliegen oder auf Schwimmblattfluren Sitzwarten beziehen.

K.-D. B. Dijkstra

◀ *Erythromma viridulum* ♂, mit bronzeschwarzem Abdomen und blauen Seiten von S2–3 sowie S8.

◀ *Erythromma lindenii* ♂. Auffällig sind die kontrastierenden blauen Augen und die breiten Antehumeralstreifen.

Erythromma najas (Hansemann, 1823) Großes Granatauge

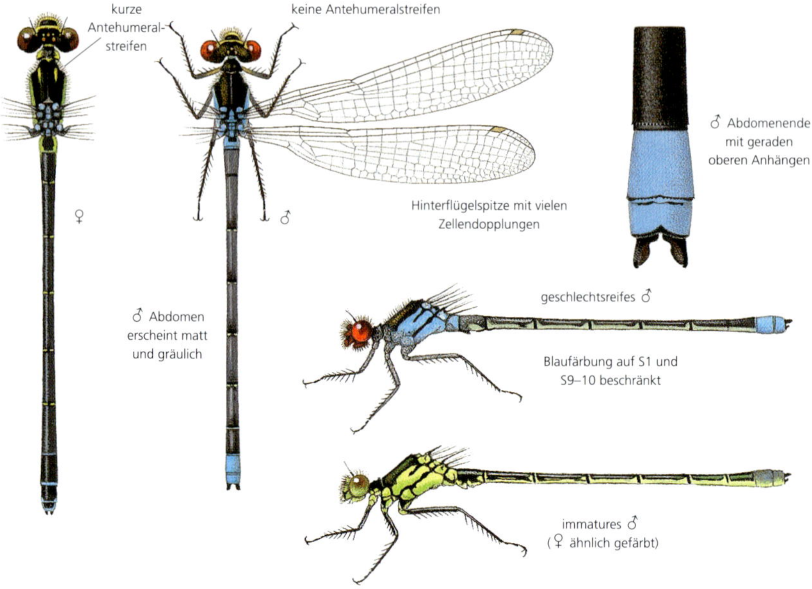

Bestimmung

Allgemein Im Großteil N-Europas noch immer die einzige rotäugige Kleinlibelle, auch wenn *E. viridulum* zunehmend in ihr Verbreitungsgebiet vorstößt. ♂ sitzen typischerweise flach auf der Schwimmblattvegetation und fallen durch rote Augen, blauen Thorax und blaues Abdomenende auf.

Merkmale im Feld GL 30–36 mm, Ab 25–30 mm, HF 19–24 mm. Etwas größer und stämmiger als *Ischnura elegans*. Dunkler, matter gezeichnet und kräftiger als *E. viridulum*. Beine völlig schwarz, ♂ ohne Antehumeralstreifen, jene des ♀ reduziert. ♂ S2–8 weitgehend schwarz ohne blaue Seiten, S9–10 völlig blau. Dunkle abdominale Flächen mit der Zeit bereift, erscheinen dann matt grau. ♀ schwärzer als die meisten Kleinlibellen, sonst vorwiegend grün; braune Augen oft rötlich. Frisch geschlüpfte ♀♀ auffällig bronzefarben und können mit *Lestes*- und *Chalcolestes*-Arten verwechselt werden.

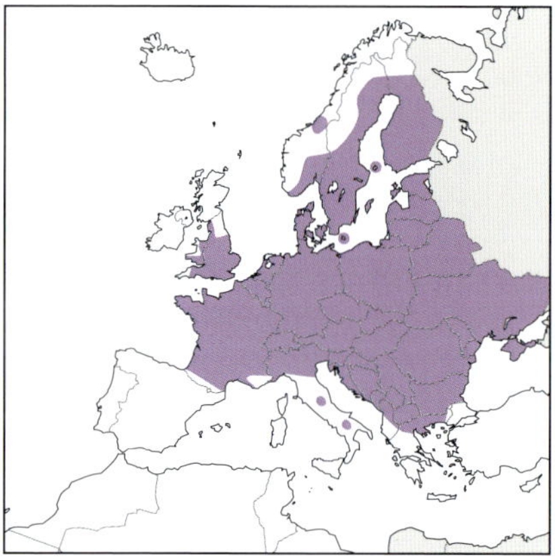

Merkmale in der Hand ♂ obere Anhänge gerade (Aufsicht). Pronotum-Hinterrand des ♀ mit vorstehendem, schmalem Lobus (Aufsicht).

Verhalten ♂♂ sitzen oft auf Schwimmblattvegetation und unternehmen kurze, rasche Flüge über das Wasser.

Vorkommen

Verbreitung/Status Vielerorts recht häufig, am Südrand des Verbreitungsgebietes jedoch lokal. Transpaläarktisch verbreitet und östlich bis Japan vorkommend.

Habitat Typischerweise größere stehende Gewässer mit gut ausgeprägter Schwimmblattvegetation aus See- oder Teichrosen *(Nuphar, Nymphaea)*, Seekanne (*Nymphoides*) oder Laichkräutern *(Potamogeton)*.

Flugzeit April–August, mit Höhepunkt im Juni, daher im Durchschnitt etwa einen Monat früher als *E. viridulum*.

Erythromma viridulum (Charpentier, 1840) Kleines Granatauge

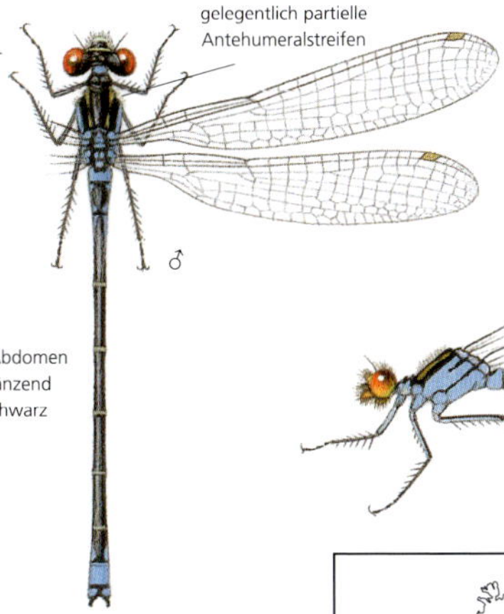

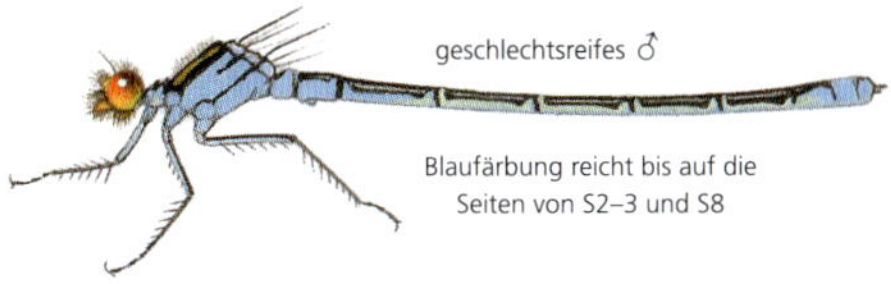

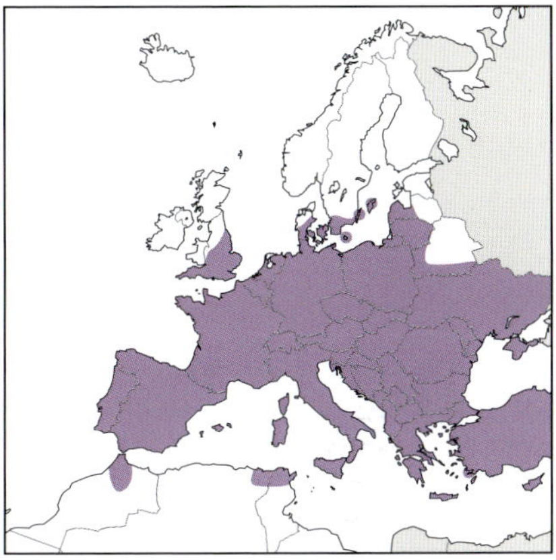

Bestimmung

Allgemein Heller, schlanker und zierlicher als *E. najas*, mit südlicherem Verbreitungungsschwerpunkt und späterer Flugzeit. Verbreitung und Flugzeit überschneiden sich jedoch, und *E. viridulum* weitet sein Areal derzeit rasch nach N in Gebiete aus, die früher nur von *E. najas* bewohnt wurden. Wie bei *E. najas* sitzen die ♂♂ oft weit vom Ufer entfernt auf emerser Vegetation, gerne auch auf flutenden Algenmatten.

Merkmale im Feld GL 26–32 mm, Ab 22–25 mm, HF 16–20 mm. Etwa so groß wie *Ischnura elegans*. US der Beine gewöhnlich hell. Antehumeralstreifen komplett. OS von S2–8 beim ♂ schwarz, auf S2–3 und S8 geringerer Schwarzanteil, sodass die Seiten dieser Segmente blau bleiben. Blau auf Thorax und Abdomenende erstreckt sich daher auf die Seiten der Nachbarsegmente (sowie Basen der Beine), was verglichen mit *E. najas* zu einem helleren, weniger scharf kontrastierenden Gesamteindruck führt. S9–10 weitgehend blau, doch OS von S10 mit einem schwarzen X. Ab niemals bereift, sondern glänzend bronzeschwarz. ♀ mit kompletten Anterhumeralstreifen, i. Ggs. zu *E. lindenii* an Thoraxseiten sowie Ab-Basis und -Ende oft bläulich gezeichnet.

Merkmale in der Hand ♂ obere Anhänge mit nach innen gebogenen Spitzen (Aufsicht). Pronotum-Hinterrand des ♀ ohne Lobus (Aufsicht).

Varianten Im S des Verbreitungsgebiets tendenziell etwas heller. Die Unterart *orientale* (von der Levante ostwärts) stellt überwiegend eine solche helle Variante dar und rechtfertigt keinen eigenen taxonomischen Status.

Verhalten Sitzt in der Regel auf emerser Gewässervegetation.

Vorkommen

Verbreitung/Status Erweitert seit den 1990ern sein Verbreitungsgebiet nach N und ist inzwischen auch in weiten Teilen des nördl. und nordwestl. Mitteleuropa häufig. Hat im 21. Jh. Litauen, Lettland, Weißrussland, Dänemark und Schweden besiedelt.

Habitat Bevorzugt eutrophe, dicht mit aquatischer Vegegtation bewachsene Stillgewässer. Typisch sind Hornblatt *(Ceratophyllum)* und Tausendblatt *(Myriophyllum)* sowie Algenmatten usw., lokal sogar an flutenden Torfmoosen *(Sphagnum)*.

Flugzeit Im S Mai–September, im N vorwiegend Juli und August.

Erythromma lindenii (Selys, 1840) Saphirauge (Pokaljungfer)

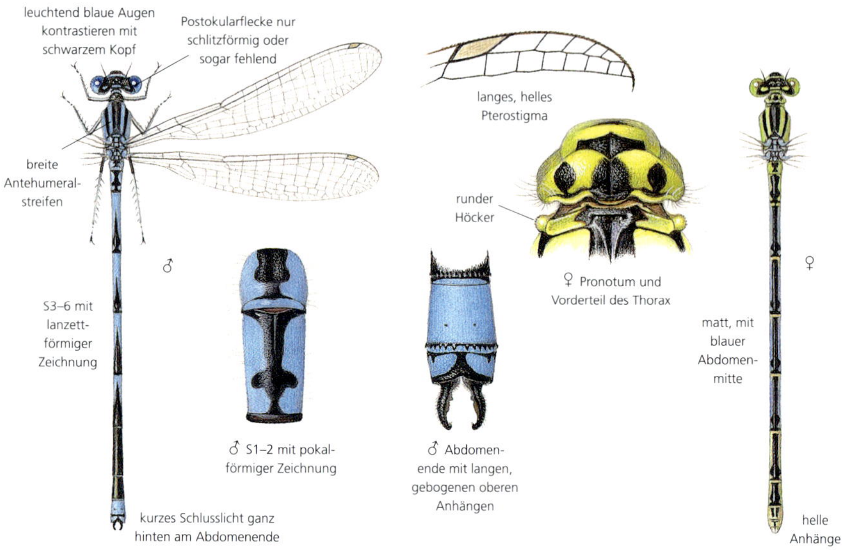

Bestimmung

Allgemein Die schlanken, völlig blau wirkenden ♂♂ kreuzen dicht über der Wasseroberfläche und ruhen auf uferfernen, oft schwimmenden Sitzwarten. Dabei fallen die leuchtend blauen Augen, die breiten Antehumeralstreifen und das ganz ans Abdomenende gerückte Schlusslicht auf.

Merkmale im Feld GL 30–36 mm, Ab 24–28 mm, HF 19–21 mm. In Größe und Gesamteindruck ähnlich wie *Enallagma cyathigerum* und *Coenagrion puella*. Postokularflecke schlitzförmig, über den Hinterkopf oft mit blauer Querverbindung, diese manchmal fehlend. Helle Antehumeralstreifen breiter als die schwarzen Humeralstreifen (wie bei *E. cyathigerum*), doch i. Ggs. zu diesem mit Interpleuralstreifen (wie *Coenagrion*). ♂ Abdomen blau, OS von S2 mit vollständig schwarzer, pokalförmiger Binde (Name!), S3–6 mit lanzettförmiger, schwarzer Zeichnung, S7–8 weitgehend schwarz, S9–10 weitgehend blau. ♂♂ von *Coenagrion* und *Enallagma* mit runderen Postokularflecken, oft mit weniger Blau auf Thorax und S3–6 sowie S9–10, aber mehr Blau auf S2 und S8. ♀ char. 3-farbig: Kopf, Thorax und Abdomenbasis hell gelblich braun bis grünlich, mittlerer Teil des Abdomens (v. a. S4–6) blau, Ende hellbraun. Abdomen-OS von der Basis bis zum Ende fast durchgängig schwarz.

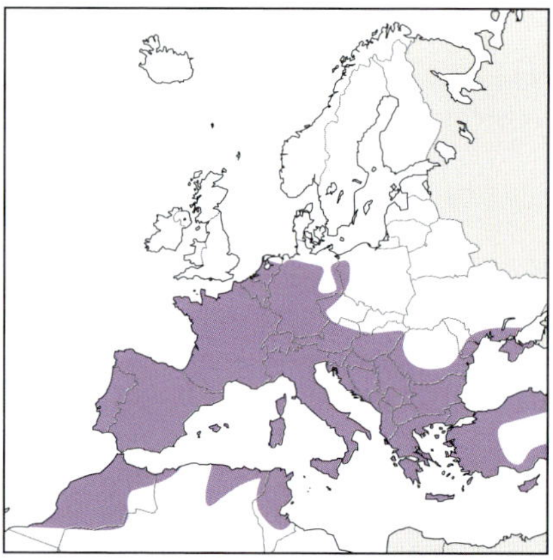

Merkmale in der Hand ♂ obere Anhänge länger als bei den meisten anderen blauen Kleinlibellen. ♀ auf den Thoraxseiten hinter dem Pronotum mit runden Höckern. Anhänge hell (schwarz bei den meisten ähnlichen Arten) und im Gegensatz zu *E. cyathigerum* ohne Vulvardorn.

Varianten Status von Populationen im Nahen Osten und in der deutsch-polnischen Grenzregion, die als Unterarten *zernyi* resp. *lacustris* abgetrennt wurden, ist noch weitgehend unklar und spiegelt im erstgenannten Fall jahreszeitliche Variation wider.

Verhalten ♂♂ fliegen niedrig, rasch und fern vom Ufer über das Wasser und ruhen oft waagerecht an exponierten Strukturen der Gewässervegetation, wo sie dann leicht zu entdecken sind.

Vorkommen

Verbreitung/Status Südliche Art, die im Mittelmeerraum, lokal aber auch in Mitteleuropa, sehr häufig sein kann und ihr Areal derzeit langsam, aber stetig nach Norden ausdehnt.

Habitat Größere, sauerstoffreiche Gewässer, wie Seen, Kiesgruben, langsam strömende, große Flüsse und breite Kanäle mit üppiger Gewässervegetation wie Tausendblatt *(Myriophyllum)*.

Flugzeit Im S März–Oktober, im N vorwiegend Juli und August.

Pyrrhosoma Adonislibellen

Charpentier, 1840

Bestimmung

Aussehen Eher große und kräftige Kleinlibellen mit einem vorwiegend roten Abdomen, ohne Postokularflecke, schwarzen Beinen und dunklen Pterostigmata. Einigen ♀♀ fehlt jedes Rot; sie sind schwarz mit gelber Zeichnung. Antehumeralstreifen sind nahe der Flügelbasis unterbrochen und bilden (oft rote) charakteristische, liegende «Ausrufezeichen», die die Humeralnähte kreuzen.

Unterscheidung von anderen Gattungen Rote Individuen können nur mit *Ceriagrion*-Arten verwechselt werden, unterscheiden sich aber durch Bein- und Pterostigma-Färbung und die auffälligen Antehumeralstreifen. Schwarze ♀♀ können mit den ♀♀ von *Erythromma* und der schwarzen Form von *Ceriagrion* verwechselt werden, unterscheiden sich aber durch Details der Thoraxzeichnung.

Unterscheidung der Arten Im Gebiet sind 2 Arten zu finden, doch eine kommt nur sehr lokal auf dem Südbalkan vor. Sie lassen sich nur in der Hand mittels der ♂ Anhänge und des ♀ Pronotums sicher unterscheiden.

Verhalten ♂♂ beider Arten verhalten sich untereinander aggressiv, unterhalten aber offenbar keine klaren Reviere. Eiablage im Tandem.

V. J. Kalkman

▲ *Pyrrhosoma nymphula* ♂ mit auffälligen, roten Antehumeralstreifen und schwarzen Beinen.

Pyrrhosoma nymphula (Sulzer, 1776) Frühe Adonislibelle

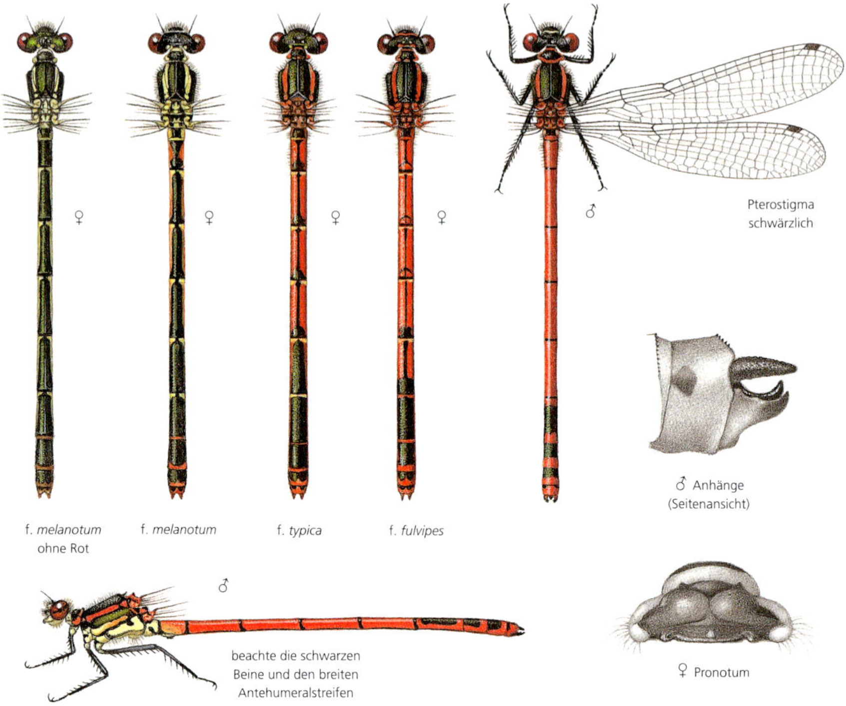

Bestimmung

Allgemein Das einzige *Pyrrhosoma* in NW-Afrika, der Türkei und dem größten Teil Europas und hier ein bekannter Frühlingsbote. Wenn auch auf Gattungsebene leicht zu identifizieren, ist es nicht möglich, *P. nymphula* im Flug von seinem Pendant *P. elisabethae* im südlichen Balkan zu unterscheiden.

Merkmale im Feld GL 33–36 mm, Ab 25–30 mm, HF 19–24 mm. Etwas größer und kräftiger als *Enallagma cyathigerum*. Beide Geschlechter mit rotem Abdomen; nur die letzten Segmente (v. a. S7–9) weitgehend schwarz. Thorax schwarz mit gelblichen Seiten und Antehumeralstreifen bei jungen Tieren, die im Alter rot werden.

Merkmale in der Hand Zur Unterscheidung von *P. elisabethae* siehe dort.

Varianten Wahrscheinlich in Abhängigkeit von Region und Population variieren ♀♀ im Ausmaß der schwarzen und roten Färbung. Genauere Informationen fehlen, obgleich ♀♀ im Süden im Allgemeinen schwärzer sind. Mehrere ♀♀-Formen sind benannt worden, es existiert jedoch eine breite Palette von Zwischenformen.

Die 3 Hauptformen sind: (1) f. *typica* (einschließlich f. *intermedia*): S2–6 rot, mit schwarzer Mittellinie, die sich am Ende jedes Segments zu einem Fleck ausdehnt, sowie schmalen, gelben Ringen

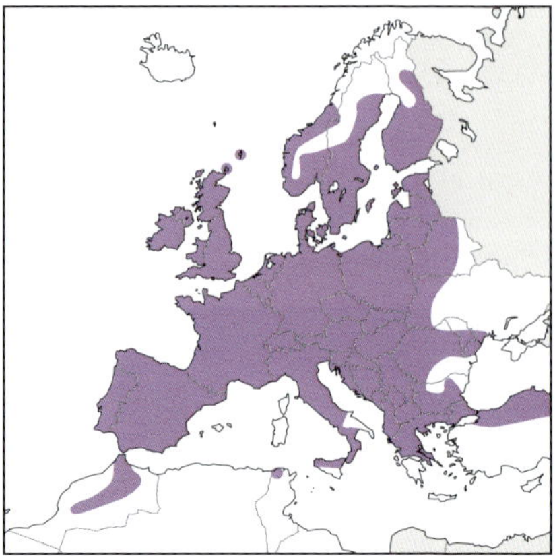

an deren Basis. (2) f. *fulvipes*: Form ähnelt dem ♂, obgleich gelbe Ringe vorhanden sind. Im Vergleich zu f. *typica* schwarze Linie und Flecke auf S2–6 deutlich reduziert. S7–9 fast völlig schwarz, rote Kante des Pronotums durch schwarzen Hinterrand unterbrochen. (3) f. *melanota:* Abdomen weitgehend oder völlig bronzeschwarz. Im Gegensatz zu den beiden anderen Formen werden die Antehumeralstreifen im Alter nicht rot, was an *Erythromma*-♀♀ erinnern kann.

Vorkommen

Verbreitung/Status Westpaläarktische Art, die westlich des Urals über weite Gebiete häufig ist und nur südwärts lokaler auftritt.
Habitat Breite Palette meist dicht bewachsener, perennierender Gewässer, in Teilen O-Europas vorwiegend an Fließgewässern.
Flugzeit In N- und Mitteleuropa eine der frühesten Arten. April–August, mit Höhepunkt im Mai und Juni.

Pyrrhosoma elisabethae Schmidt, 1948 Balkan-Adonislibelle

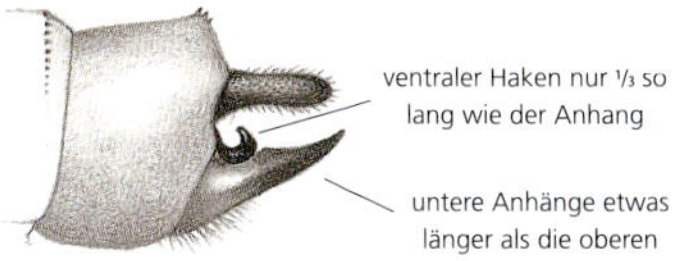

♂ Anhänge (Seitenansicht)

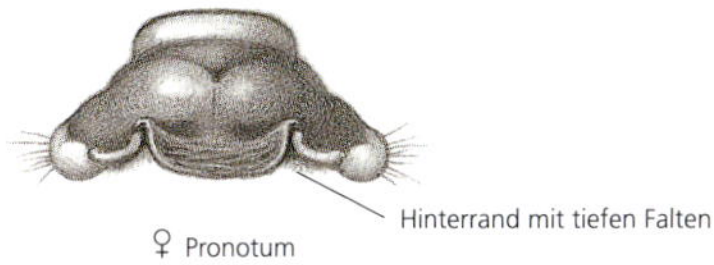

♀ Pronotum

Bestimmung

Allgemein Ersetzt *P. nymphula* auf dem S-Balkan, wo alle *Pyrrhosoma* sorgfältig bestimmt werden sollten, da die genauen Verbreitungsgrenzen beider Arten noch ungenügend bekannt sind und sich ihre Areale überschneiden könnten.
Merkmale im Feld GL 36–38 mm, Ab 28–30 mm, HF 20–24 mm. Färbung und Zeichnung wie bei *P. nymphula*.
Merkmale in der Hand Unterscheidet sich von *P. nymphula* in 3 subtilen Merkmalen (Handlupe): (1) ventraler Haken der oberen Anhänge des ♂ ca. ⅓ so lang wie der Anhang selbst. Dieser Haken ist bei *P. nymphula* ⅔ so lang wie die oberen Anhänge. (2) ♂ untere Anhänge reichen über die oberen hinaus. Bei *P. nymphula* untere Anhänge etwa ebenso lang oder kürzer als obere. (3) ♀ Pronotum-Hinterrand beiderseits mit tiefer Einfaltung; diese Einfaltung erscheint in Auf- und Seitenansicht erhaben. *P. nymphula* ♀♀ an derselben Stelle des Hinterrands nur mit schwacher Einfaltung; bei Seitenansicht nicht erhaben und über den Rand ragend.
Varianten Wahrscheinlich treten dieselben Farbmorphen wie bei *P. nymphula* auf, f. *fulvipes* wurde bisher jedoch noch nicht gefunden.

Vorkommen

Verbreitung/Status Seltene und vom Aussterben bedrohte Art, die nur von wenigen Fundorten auf der Peloponnes, Kérkira (Korfu) und in Südalbanien bekannt ist, möglicherweise aber in Albanien und NW-Griechenland weiter verbreitet ist, als bisher angenommen.
Habitat Kleine, dicht bewachsene, kühle Bäche und Gräben; offenbar nur an Fließgewässern.
Flugzeit Vom letzten Aprildrittel–Mitte Juni.

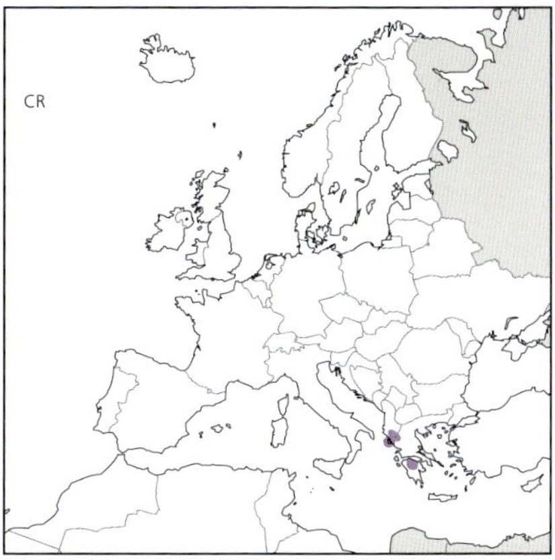

Ceriagrion Selys, 1876 **Rubinjungfern**

Bestimmung

Aussehen Einzige Kleinlibellen des Gebietes ohne Postokularflecke und mit rötlichen Beinen und Pterostigmata sowie gewöhnlich einem (teilweise) roten Abdomen. Die gelben Antehumeralstreifen sind sehr dünn oder fehlen völlig. Am Kopf verläuft vor den Antennen eine scharfe Querleiste.

Unterscheidung von anderen Gattungen Andere Kleinlibellen mit Rot und/oder ohne Postokularflecke haben mind. teilweise schwarze Beine, was auch für die kräftigeren *Pyrrhosoma*-Arten gilt, die zusätzlich schwarze Pterostigmata und eine abweichende Thorax- und Abdomenzeichnung haben.

Unterscheidung der Arten Im Gebiet kommen nur 2 auf den ersten Blick fast identische Arten vor, die nur in der Hand sicher zu unterscheiden sind. Die Verbreitungsgebiete beider Arten könnten sich lokal in Griechenland überschneiden, wurden aber noch nie gemeinsam gefunden.

Verhalten Eher flugfaule Arten, die meist nahe des Wassers in der Vegetation sitzen. ♂♂ interagieren aggressiv, besetzen aber keine klaren Reviere. Eiablage im Tandem.

V. J. Kalkman

Ceriagrion tenellum (de Villers, 1789) Zarte Rubinjungfer

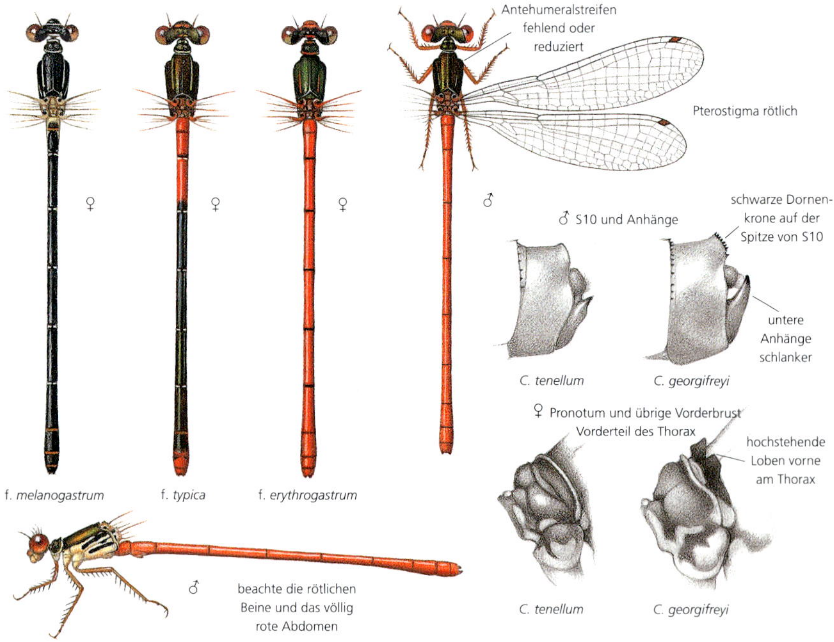

Bestimmung

Allgemein Diese zierliche, wenig flugaktive Kleinlibelle ist im größten Teil Europas sowie in NW-Afrika das einzige *Ceriagrion*.

Merkmale im Feld GL 25–35 mm, Ab 22–30 mm, HF 15–21 mm. Völlig rotes Abdomen beim ♂, rötliche Beine und Pterostigmata sowie fehlende Postokularflecke sind Gattungsmerkmale, die über weite Teile Europas auch diagnostisch für diese Art sind.

Merkmale in der Hand Zur Unterscheidung vom fast identisch aussehenden *C. georgifreyi* siehe dort.

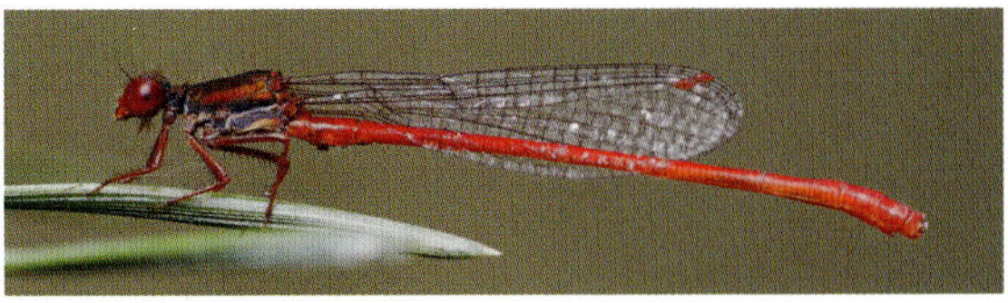

▲ *Ceriagrion tenellum* ♂.

Varianten Bei ♀♀ sind 4 Farbformen bekannt, deren relative Häufigkeit je nach Region und Pop. schwankt, wobei f. *melanogastra* im S deutlich häufiger ist und im N weitgehend fehlt. Die Formen unterscheiden sich durch den Schwarzanteil des Ab und Gesichts: (1) f. *typica*: Ab schwarz, dabei größter Teil von S1–3 und S9–10 rot; Ausdehnung der schwarzen Zeichnung kann leicht variieren, Gesicht cremefarben, wobei Postclypeus und Labrumbasis schwarz sind; (2) f. *erythrogastra:* Ab und Gesicht völlig rot, wie beim ♂; (3) f. *melanogastra:* ganze OS des Ab und Großteil des Gesichts schwarz; (4) f. *intermedia:* umfasst alle vorw. roten, aber auch schwarz gezeichneten Übergangstypen der ersten beiden Formen, daher recht variabel; Gesicht gezeichnet wie f. *typica*.

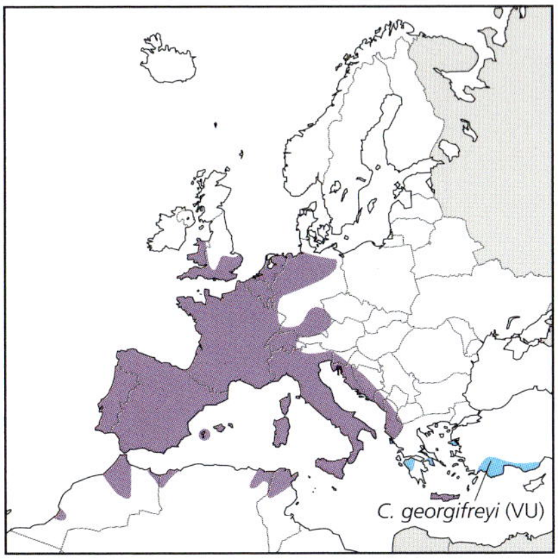

Vorkommen

Verbreitung/Status Im westl. Mittelmeerraum weit verbreitet und häufig, ebenso reg. in NW-Mitteleuropa. Selten und lokal in O-Europa, hier auf einen schmalen Streifen entlang der Adria von Slowenien bis Albanien beschränkt. Auch auf Kreta und auf Ios.

Habitat Kleine Bäche und Quellsümpfe (oft kalkhaltig), im NW vorwiegend Moore und Heideseen mit Torfmoos *(Sphagnum)* und Sumpf-Johanniskraut *(Hypericum elodes)*.

Flugzeit Im N Ende Mai–Anfang Sept., Höhepunkt im Juli und Aug. Im S Anfang April–Okt.

Ceriagrion georgifreyi Schmidt, 1953 — Große Rubinjungfer

Bestimmung

Allgemein Ersetzt *C. tenellum* im Nahen Osten, in der Türkei, auf dem griech. Festland und auf einigen griech. Inseln. Gemeinsame Vorkommen beider Arten sind nicht bekannt, doch ist das Verbreitungsgebiet von *C. georgifreyi* noch wenig erforscht, sodass sorgfältige Untersuchungen in der Hand erforderlich sind.

Merkmale im Feld GL 35–40 mm, Ab 28–33 mm, HF 17–20 mm. Etwas größer als das auf den ersten Blick identische *C. tenellum*.

Merkmale in der Hand Unterscheidet sich von *C. tenellum* in 3 subtilen Merkmalen (Handlupe): (1) untere Anhänge des ♂ schlanker; (2) bei ♂♂ leicht erhabene Spitze von S10 mit einer Krone aus schwarzen Dornen. *C. tenellum* ♂♂ ohne solche Krone, doch Individuen aus Kreta (und mglw. Ios) manchmal mit einigen kleinen Dornen; dann ist die Form der Anhänge entscheidend; (3) ♀♀ mit 2 auffälligen, hochstehenden Thoraxloben direkt hinter dem Pronotum, welches von diesen überragt wird. Bei *C. tenellum* sind diese Loben unauffälliger und niemals höher als der Pronotum-Rand.

Varianten ♀♀ wahrscheinlich mit denselben Farbmorphen wie *C. tenellum*, bisher wurden jedoch nur f. *typica* und f. *erythrogastra* gefunden.

Vorkommen

Verbreitung/Status Kommt in einem schmalen Streifen entlang der Mittelmeerküste von Israel bis in die SW-Türkei vor (auf der Karte blau) sowie auf den griech. Inseln Thásos, Zákinthos, Kérkira (Korfu) und Lesbos. Neue Nachweise bei Athen und NW-Peloponnes lassen vermuten, dass ältere Meldungen von *C. tenellum* aus NO-Griechenland ebenfalls *C. georgifreyi* betrafen. Innerhalb seines kleinen Verbreitungsgebiets nicht häufig; mglw. durch Habitatzerstörung berdroht.

Habitat Quellaustritte und kleine Bäche.

Flugzeit Anfang Mai–Ende September.

Nehalennia Selys, 1850 — Zwerglibellen

Nehalennia speciosa (Charpentier, 1840) — Zwerglibelle

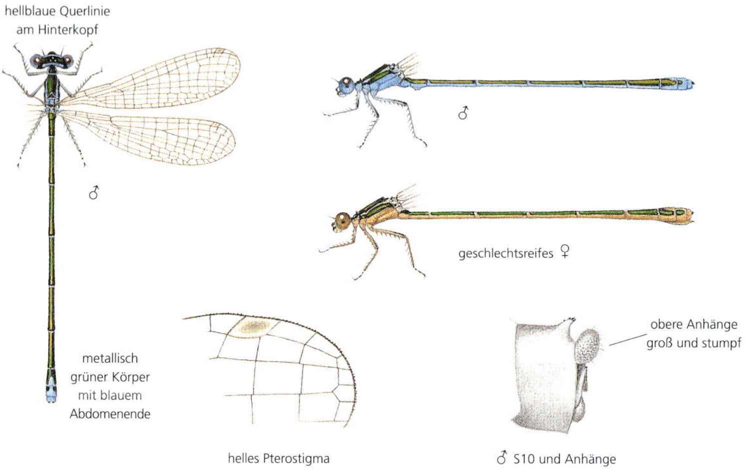

Bestimmung

Allgemein Kleinste und zierlichste Libellenart Europas, die aufgrund ihrer spezifischen Habitatansprüche nur lokal vorkommt, aber wegen ihrer Größe, ihres geringen Flugvermögens und aufgrund hoher Ortstreue sehr unauffällig ist und oft übersehen wird.

Merkmale im Feld GL 24–26 mm, Ab 19–25 mm, HF 11–16 mm. Kleiner als alle anderen Kleinlibellen des Gebiets und auffallend kurzflüglig. Geschlechtsreife ♂♂ und ♀♀ sind leuchtend metallisch grün, der Thorax unterhalb der Interpleuralnähte jedoch hellblau. Ebenso hellblau gefärbt sind eine bogenförmige Querlinie am Hinterkopf sowie Teile von S8–10, die dadurch ein auffälliges Schlusslicht bilden. Im Gegensatz zu den meisten *Coenagrion* fehlen runde Postokularflecke, Antehumeralstreifen sowie die schwarze Zeichnung auf S10. Die metallische Grundfärbung kann an *Lestes*- und *Chalcolestes*-Arten erinnern, besonders bei hellblauer Bereifung. Alle *Lestes* und *Chalcolestes* sind jedoch deutlich größer (über 30 mm GL), haben lange Pterostigmata und ruhen i. d. R. mit halb ausgebreiteten Flügeln. Geschlechtsreife ♀♀ mit orangebrauner Färbung werden aufgrund von Größe und Färbung regelm. mit *Ischnura pumilio* verwechselt, Letztere hat jedoch stets einen Vulvardorn.

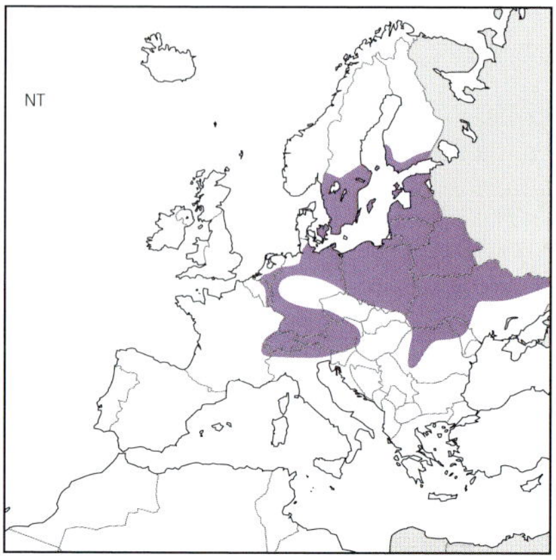

Merkmale in der Hand Stirn mit scharfer Querleiste vor den Antennen, wie man sie sonst nur bei *Ceriagrion* findet. ♂ obere Anhänge groß und stumpf, untere Anhänge praktisch nicht zu sehen.

Varianten Bei älteren ♀♀ wird Hellblau durch (rötliches) Braun ersetzt.

Verhalten Flugfaul, sitzt meist verborgen in der Vegetation. V. a. frisch geschlüpfte Individuen verstecken sich bei Annäherung durch Drehung um den Halm gezielt vom Betrachter weg, sodass hinter dem Halm seitlich nur die Augen sichtbar sind.

Vorkommen

Verbreitung/Status Nordpaläarktische Art, die östlich bis N-Japan vorkommt. Da in ihrem Verbreitungsgebiet große Teile der für die Art essenziellen Übergangs- und Niedermoorlebensräume vernichtet oder degradiert wurden, gehört *N. speciosa* zu den am stärksten gefährdeten Arten Europas. Während die Vorkommen in großen Teilen des westl. Verbreitungsgebiets bereits erloschen sind, scheint sich die Art in einigen Gebieten zu erholen und wurde in mehreren Ländern, wie in Frankreich (2009) oder den Niederlanden (2015), wiederentdeckt. In NO-Europa (z. B. in den balt. Staaten weit verbreitet und regional nicht selten) sowie weiter östlich ist die Art regional etwas häufiger.

Habitat Auf spezielle Vegetationsstrukturen in Moorschlenken oder flachen Randbereichen von sauren, nährstoffarmen Seen beschränkt, die einen gleichförmigen Bewuchs von schmalblättrigen Sauer- oder Süßgrässern in ganz spezifischer Vegetationsdichte aufweisen. Seggenschwingrasen aus Faden-Segge *(Carex lasiocarpa)* und Schlamm-Segge *(C. limosa)* sind besonders typisch, regional auch Blaues Pfeifengras *(Molinia caerulea)* und Teich-Schachtelhalm *(Equisetum fluviatile)*.

Flugzeit Mitte Mai–Mitte September, Höhepunkt im Juni und Juli.

K.-D. B. Dijkstra

◀ *Nehalennia speciosa* ♂. Kennzeichnend sind die kurzen Flügel, die hellen Beine sowie der blaue, bogenförmige Streifen auf dem Hinterkopf.

Pseudagrion Selys, 1876 — Elfenjungfern

Pseudagrion sublacteum (Karsch, 1893) Kirschaugen-Elfenjungfer

Bestimmung

Allgemein Im Gebiet einziger Vertreter von *Pseudagrion*, einer der größten Kleinlibellen-Gattungen mit über 150 Arten in den warmen Regionen der Alten Welt. ♂♂ bräunlich grau, mit leuchtend roter vorderer Kopfhälfte.

Merkmale im Feld GL 32–39 mm, Ab 25–33 mm, HF 17–23 mm. Etwas größer als *Enallagma cyathigerum*. Vordere Kopfhälfte samt Augen bei geschlechtsreifen ♂♂ ziegelrot oder orange. Schwarze Zeichnung auf Kopf und Thorax begrenzt, umgrenzt große, hellbraune bis mattorange

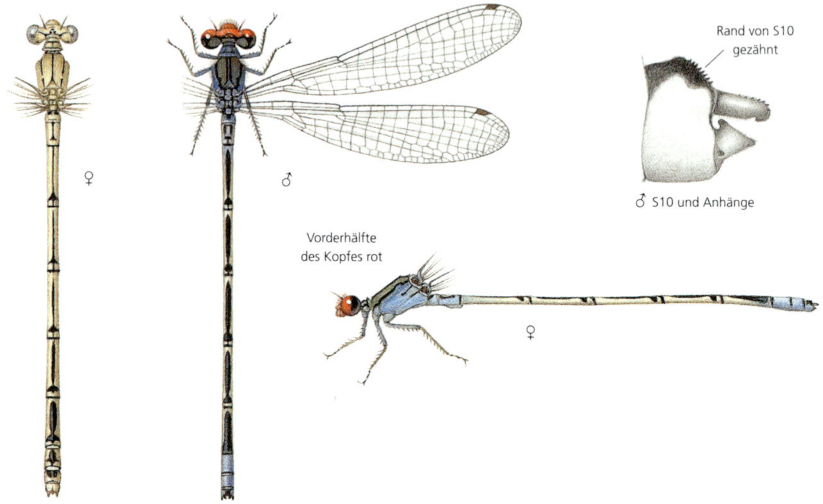

Postokularflecke und Antehumeralstreifen. Thoraxseiten der ♂♂ bläulich, Abdomen mit fast durchgängiger, schwarzer, dorsaler Zeichnung, die auf S3–6 deutlich keulenförmig ist; S8–9 zunächst blau, später zunehmend bereift. Abgesehen von der roten vorderen Gesichtshälfte entwickeln ♂♂ überall weißliche Bereifung, v. a. auf S8–9. ♀♀ hellbraun, mit spärlicher schwarzer Zeichnung, diese deutlich anders als bei allen anderen Coenagrionidae-♀♀ des Gebiets. *Erythromma*-Arten ebenfalls mit rotäugigen ♂♂, diese zeigen jedoch leuchtend blaue Thoraxseiten sowie Abdomenenden.

Merkmale in der Hand Apikaler Rand von S10 des ♂ mit mehreren kleinen, schwarzen Zähnen.

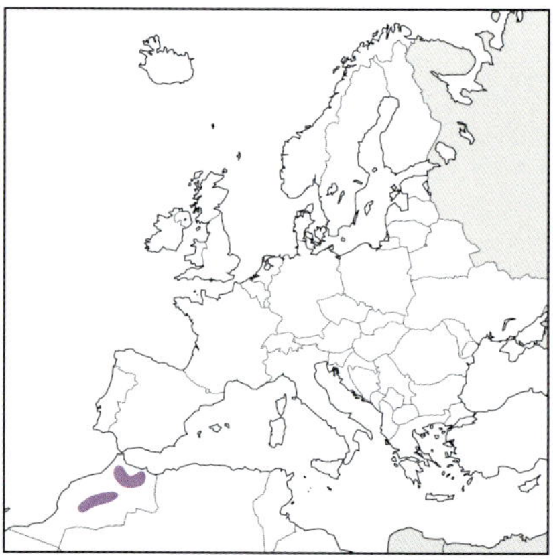

Obere Anhänge des ♂ lang und stumpf, deutlich länger als die unteren Anhänge. Letztere mit auffälligem dorsalem Höcker (Seitenansicht) und gerundeten Spitzen (Seitenansicht und Aufsicht). *P. hamoni* kommt in NW-Afrika vor und hat ebenfalls rotes Gesicht und gezähntes S10. Geschlechtsreifes ♂ sehr dunkel; untere Anhänge kaum länger als obere. Untere Anhänge ohne oder nur mit schwachem Höcker, aber zugespitzt. *P. syriacum* ist aus SO-Türkei bekannt, hat aber kein rotes Gesicht und wird dort eher mit einer anderen bereiften Kleinlibelle verwechselt: *Platycnemis kervillei* (s. diese Art).

Varianten Ausdehnung der schwarzen Zeichnung und Stärke der Bereifung variieren individuell, regional und altersabhängig. Zusammen mit der jeweiligen Grundfarbe kann *P. sublacteum* deshalb ein breites Spektrum von Grau-, Braun- und Violetttönen zeigen.

Verhalten ♂♂ sitzen mit Vorliebe auf Steinen und Stöcken.

Vorkommen

Verbreitung/Status Über weite Teile Afrikas südlich der Sahara häufig. Reliktvorkommen in Marokko und dem Nahen Osten.

Habitat Im Großteil des Verbreitungsgebiets sonnige Tümpel, Gräben, Bäche und Flüsse aller Art, in Marokko jedoch beschränkt auf schnell fließende Tieflandflüsse in semiariden Gebieten.

Flugzeit In Marokko Ende Mai–Anfang August.

K.-D. B. Dijkstra

Aeshnidae

Aeshna Fabricius, 1775 Mosaikjungfern

Bestimmung

Beschreibung Am besten durch Ausschluss anderer Gattungen der Aeshnidae zu bestimmen. Die Gattung ist recht heterogen und nicht alle Arten eng miteinander verwandt. *A. isoceles* dürfte ziemlich sicher künftig in eine eigene Gattung gestellt werden. Typische *Aeshna*-Arten haben einen dunklen Körper mit farbigen Binden auf dem Thorax und einem «Mosaik» aus Flecken auf dem Abdomen. Der Medianraum wird nicht von Queradern durchzogen. Vor Mspl und Rspl liegen 3 oder mehr unregelm. Zellreihen. ♂ mit Aurikeln und Analdreieck aus 2–4 Zellen (außer *A. isoceles*).

Unterscheidung von anderen Gattungen Am engsten mit *Brachytron* verwandt, das sich durch zahlreiche (wenn auch recht relative) Merkmale unterscheidet, einschließlich früher Flugzeit, geringer Größe, haarigem Körper, schmalen Pterostigmata und untailliertem Abdomen. In der Hand sind unverwechselbare Details von Aderung und Zeichnung erkennbar. *Anax* unterscheidet sich in Form und Flügeladerung, lässt sich im Feld aber anhand des ungemusterten Thorax und hellen Abdomens mit einer schwarzen Längsbinde auf der Oberseite ausschließen (mit Ausnahme des großen *A. immaculifrons*). *Boyeria* und *Caliaeschna* weisen im Medianraum Queradern auf.

Unterscheidung der Arten Eine große, vielfältige Gruppe mit Diversitätszentrum in N-Amerika. Abgesehen von einigen Paaren ähnlicher Arten weist jede Art mehrere unverwechselbare Merkmale auf. Der tabellarische Schlüssel unten führt zu den Hauptgruppen. ♀♀ können androchrome Färbung aufweisen, wobei Ausdehnung und Intensität der Blaufärbung stark variieren.

Verhalten Jagen oft auf offenen, aber geschützten Flächen, wie Lichtungen und Gärten, ferner über vorwiegend stehenden Gewässern. ♂♂ führen über dem Wasser aggressive, rasche Patrouillenflüge durch; dabei folgen sie gewöhnlich einer recht festen, oft ausgedehnten Route und unterbrechen ihren direkten Flug häufig mit kurzen Schwirrflugphasen. ♀♀ aller Arten, mit Ausnahme von *A. affinis*, legen ihre Eier gewöhnlich allein ab.

K.-D. B. Dijkstra

Tabellarischer Schlüssel zu den (Paaren ähnlicher) Arten.
Trifft die Aussage zu, vergleiche die angegebenen Arten. Bei Nichtzutreffen weiter zur nächsten Zeile.

1	Auffällige grüne Antehumeralstreifen, die breiter sind als die dunkle Fläche dazwischen. Thoraxseiten stets grün mit schwarzen Streifen.	***cyanea*** ***viridis***
2	Körper überwiegend braun, Abdomen auf der Oberseite ohne klares «Mosaik» aus Flecken. Zeichnung auf der Stirnoberseite schwach oder einzelne dunkle Querbalken, aber kein deutliches schwarzes T.	***grandis*** ***isoceles***
3	Berührungslinie der Augen ist weniger als 2× so lang wie die Senkrechte des Occipitaldreiecks dazwischen.	***caerulea***
4	Gesamtlänge unter 65 mm. Gesichtsnaht ohne oder nur mit dünner dunkler Linie, nicht mit dicker schwarzer. Analschleife umschließt 2 Zellreihen, nicht 3 oder mehr. Analdreieck aus 3 Zellen, nicht aus 2.	***mixta*** ***affinis***
5	♂ obere Anhänge mit einer Gruppe kleiner Zähne auf der Oberseite (Seitenansicht). Bei ♀ ist Basalplatte des Ovipositors am Hinterrand ziemlich gerade (Sicht von unten).	***crenata*** ***serrata***
6	♂ obere Anhänge mit glatter Oberseite. Beim ♀ ist Basalplatte des Ovipositors am Hinterrand tief eingeschnitten (von unten).	***juncea*** ***subarctica***

Aeshna mixta Latreille, 1805 Herbst-Mosaikjungfer

◀ *Aeshna mixta* ♂.

Bestimmung

Allgemein Häufigste kleine Mosaikjungfer, kann aber mit dem ähnlich großen *Brachytron pratense* verwechselt werden, v. a. zeitiger im Jahr. In einem Großteil des Gebiets häufig, doch obgleich sie im Mittelmeerraum vom Frühling bis in den Frühwinter angetroffen werden kann, ist ihr Auftreten weiter nördlich vor allem mit Spätsommer und Herbst verknüpft. Die Art hat eine ausgeprägte Neigung zu Massenwanderungen und ist gut anhand ihrer Größe, relativ gedeckter Färbung und der charakteristischen gelben «Nagel»-Zeichnung an der Abdomenbasis zu erkennen.

Merkmale im Feld GL 56–64 mm, Ab 43–54 mm, HF 37–42 mm. Deutlich kleiner als die meisten *Aeshna*, ähnelt einer kleinen *A. juncea*. Oberseite von S2 mit zentraler T- oder nagelförmiger gelber Zeichnung, die bei ausgefärbten ♂♂ deutlich mit der blauen abdominalen Fleckung kontrastiert. ♀♀ und frisch geschlüpfte ♂♂ zeigen ein gelbliches Fleckenmuster. Antehumeralstreifen bei beiden Geschlechtern auf einen kurzen, gelben Streifen reduziert. Zum Vergleich mit der ähnlichen *A. affinis* siehe dort.

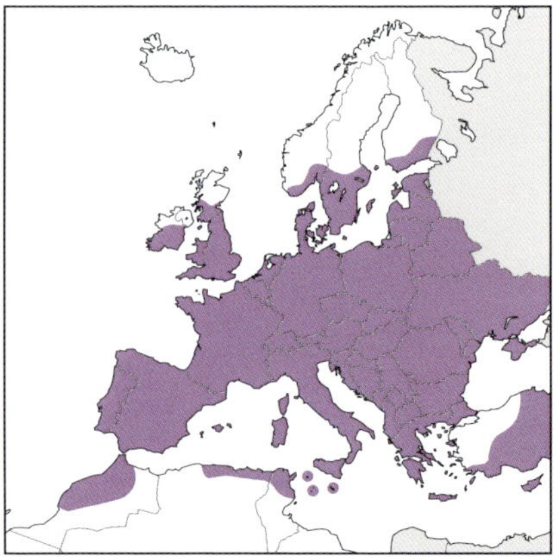

Merkmale in der Hand Im Gegensatz zu *A. juncea* und anderen großen Mosaikjungfern Gesichtsnaht zwischen Frons und Clypeus nicht mit einer deutlichen schwarzen Linie gezeichnet. Unterscheidet sich zusammen mit *A. affinis* von den meisten *Aeshna* durch 2 (nicht 3) Zellreihen in der Analschleife, 3 (nicht 2) Zellen im Analdreieck und 7–9 (nicht mehr) Queradern zwischen Nodus und Pt. Im Gegensatz zu *A. affinis* ♂ obere Anhänge jedoch basal auf der US ohne Zahn und Anhänge des ♀ länger als S9–10 zusammen.

Varianten Bei kühlem Wetter verfärbt sich die blaue Zeichnung des ♂ lila. ♂♂ vom Ural und aus W-Sibirien haben eine gänzlich blaue abdominale Fleckung. Ihnen fehlt sogar die gelbe «Nagel»-Zeichnung. So können sie leicht mit *A. affinis* verwechselt werden. Solche Individuen können wegen des starken Wanderverhaltens der Art überall in Europa auftauchen.

Verhalten Jagdflug meist schnell und hoch (oft über 2 m), oft im Kronenbereich von Bäumen, v. a. am Spätnachmittag. Patrouillenflug der ♂♂ in geringerer Höhe, häufig im Schwirrflug.

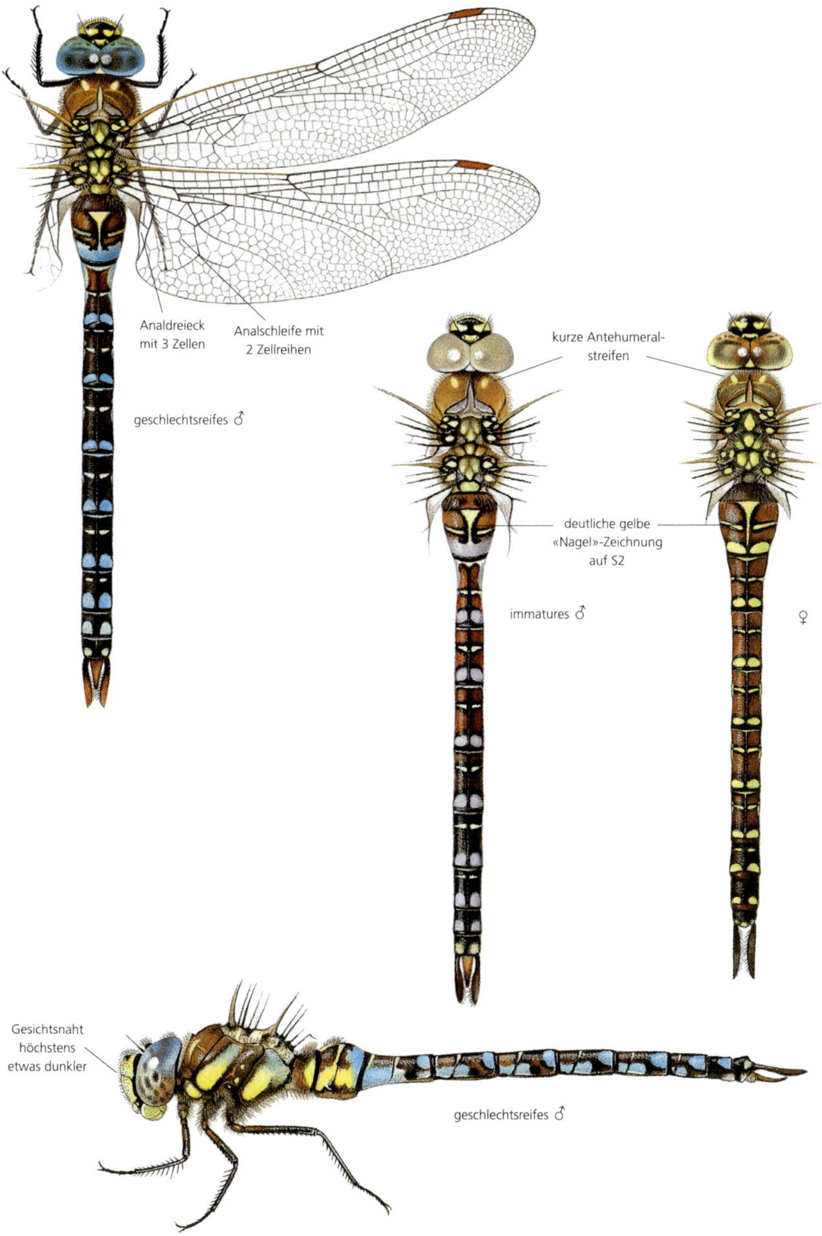

Vorkommen

Verbreitung/Status In großen Teilen von Europa weit verbreitet und häufig; östlich bis Japan. Erweitert gegenwärtig ihr Verbreitungsgebiet nach N.
Habitat Fortpflanzung in Vielzahl verschiedener stehender und langsam fließender, meist mit Röhricht bewachsener Gewässer. Meidet saure Habitate, toleriert aber Brackwasser.
Flugzeit Im Süden Mai–Dezember, doch im größten Teil des Verbreitungsgebiets vorwiegend August und September.

▲ *Aeshna affinis,* frisch geschlüpftes ♂, noch wie ♀ gezeichnet und nur mit kleinen grünen Antehumeralstreifen.

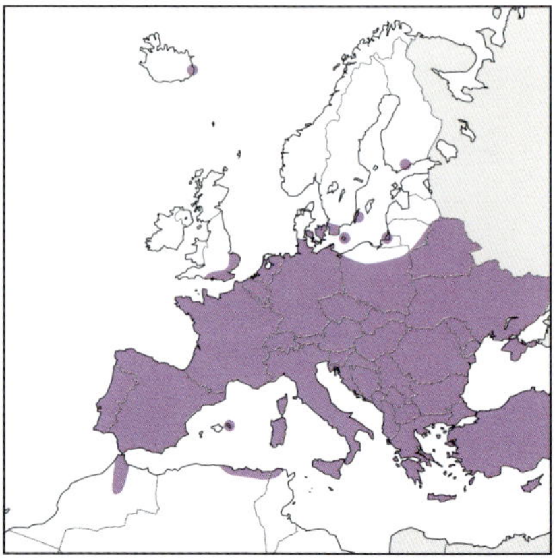

Bestimmung

Allgemein Im Flug leicht mit der ähnlich kleinen *A. mixta* zu verwechseln. Wie diese mit ausgeprägter Wanderneigung, manchmal in großen Massen. ♂♂ oft bei niedrigen Patrouillenflügen über trockenfallenden Feuchtgebieten zu beobachten. Ab und Augen des ♂ leuchtend blau gefärbt, was in Kombination mit den weitgehend grüngelben Thoraxseiten im Gesamteindruck etwas an eine kleinere Ausgabe von *Anax imperator* erinnern kann.

Merkmale im Feld GL 57–66 mm, Ab 39–49 mm, HF 37–42 mm. Größe und Erscheinung wie *A. mixta*, doch ♂ fehlt gelbe, nagelförmige Zeichnung auf S2. Thoraxseiten grüngelb, mit dünnen schwarzen Linien längs der Nähte, doch i. Ggs. zu anderen *Aeshna* mit weitgehend grünen Thoraxseiten, nur mit kleinen grünen Antehumeralstreifen. Ab des ♂ kräftiger und ausgedehnter blau gezeichnet als bei *A. mixta*; am auffälligsten sind die größeren mittleren Fleckenpaare auf S3–7 und das völlig blau und schwarz gefärbte S2 mit typ. maskenartiger Zeichnung. Eine Verwechslungsgefahr besteht mit russischen *A. mixta,* die eine komplett blaue abdominale Fleckung aufweisen; sie können v. a. in Osteuropa zuwandern. Die grün oder gelb gezeichneten ♀♀ (sowie junge ♂♂) erscheinen in der Regel ebenfalls leuchtender und heller als *A. mixta*.

Merkmale in der Hand Pt von *A. affinis* länger als bei *A. mixta*. ♂ obere Anhänge basal mit stumpfem Zahn auf der US (Seitenansicht). ♀ Anhänge kürzer als S9–10 zusammen. Zu Besonderheiten der Flügeladerung beider Arten siehe *A. mixta*.

Varianten Geschlechtsreife ♂♂ entwickeln auf dem grünen Thorax oft eine blaue Tönung. ♀♀ können eine leuchtend blaue, androchrome Färbung aufweisen.

Verhalten Patrouillienflug der ♂♂ meist in geringer Höhe, durchsetzt mit regelmäßigen Schwirrphasen sowie unterbrochen durch relativ häufiges Ausruhen. Einzige Art der Gattung, die Eier regelmäßig im Tandem ablegt.

Vorkommen

Verbreitung/Status Häufigkeitsschwerpunkt im kontinentalen O-Europa und den nördl. Mittelmeeranrainern, auf einem Großteil der Ib. Halbinsel und in N-Afrika jedoch selten. Östl. bis in die Mongolei. Heißes Sommerwetter kann zu Einflügen weiter im N führen.

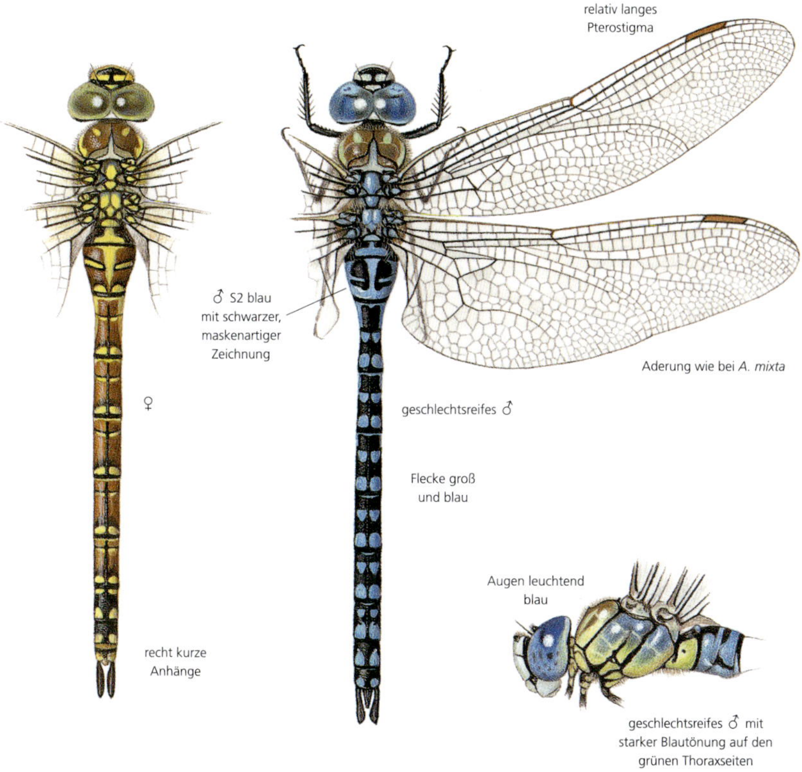

▼ *Aeshna affinis* ♂ mit leuchtend blauer Färbung von Abdomen und Augen.

Habitat Bevorzugt stehende Gewässer, die im Lauf des Sommers trockenfallen, oft dicht mit niedrigen Binsen, Rohrkolben oder Schilf überwachsen.

Flugzeit Schlüpft im Mittel früher als *A. mixta*. Hpts. Mai–August zu sehen, v. a. jedoch in den späteren Monaten.

▲ *Aeshna isoceles* ♂. Auffällig sind die kontrastierenden grünen Augen.

Bestimmung

Allgemein Braune und recht schlicht gefärbte Mosaikjungfer mit transparenten Flügeln und auffälligen grünen Augen. Charakteristisch sind das gelbe Dreieckmuster («Keilfleck») auf S2 sowie Färbung und Form der HF-Basis.

Merkmale im Feld GL 62–66 mm, Ab 47–54 mm, HF 39–45 mm. Größe zw. *A. mixta* und *A. juncea*. Körper völlig braun und – abgesehen von 1 schmalen, schwarzen Stirnstrich, 2 gelben Binden auf den Thoraxseiten und dem auffälligen gelben Keilfleck auf der OS von S2 – fast zeichnungslos. Bei geschlechtsreifen Tieren kontrastieren die grünen Augen mit dem braunen Körper. Flügel transparent, mit dunklen Adern und char., tief bernsteinfarbenem Fleck an der HF-Basis. Die ebenfalls braune *A. grandis* ist größer, dunkler und hat völlig bernsteinfarbene Flügel sowie blaue oder gelbe Flecke auf den Abdomenseiten. Die ebenfalls bräunlichen *Anax ephippiger* und *A. parthenope* können grünliche Augen haben, zeigen jedoch einen ungebänderten Thorax und eine blaue «Schabracke» an der Abdomenbasis.

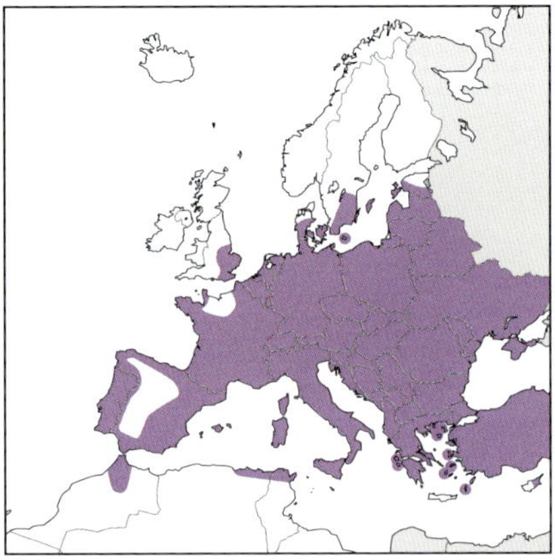

Merkmale in der Hand Membranula und Analdreieck des ♂ langgestreckt, Letzteres mit 3–7 Zellen (bei *Aeshna* oft 2 und selten mehr als 4). ♂ obere Anhänge schlanker als bei anderen *Aeshna*, basal mit Zahn auf der Unterseite.

Varianten Individuen vom S-Balkan ostwärts haben meist ausgedehnte gelbe Thoraxzeichnung mit auffälligen nagelförmigen Antehumeralstreifen. Diese Individuen wurden als ssp. *antehumeralis* betrachtet, sind aber whs. nur blasser infolge des wärmeren Klimas und erreichen keinen taxonomischen Status.

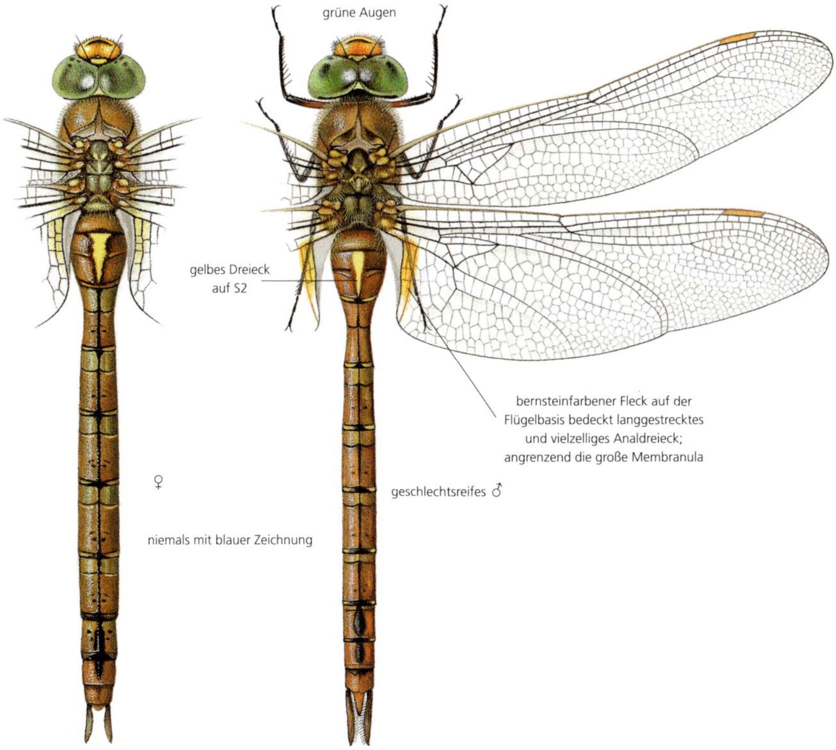

Verhalten Im Gegensatz zu den meisten anderen Mosaikjungfern setzen sich ♂♂ während der Patrouillenflüge häufig hin.

Vorkommen

Verbreitung/Status Weit verbreitet, aber im Großteil ihres Verbreitungsgebiets sehr lokal, vor allem im SW; wo sie auftritt, jedoch oft zahlreich. Nach Osten bis Zentralasien verbreitet.

Habitat Dicht bewachsene, röhrichtbestandene Gräben, Sümpfe, Weiher, Teiche und Seen, z. T. auch langsam fließende Gewässer. Bevorzugt in Teilen ihres nördl. Verbreitungsgebiets Schwimmblattbestände mit Krebsschere *(Stratiotes aloides)*.
Flugzeit Im größten Teil ihres Verbreitungsgebiets Mai–August, mit Höhepunkt im Juni.

Aeshna grandis (Linnaeus, 1758) Braune Mosaikjungfer

▲ *Aeshna grandis* ♂ mit typischer blauer Zeichnung auf der Abdomenseite.

Bestimmung

Allgemein Stämmige Mosaikjungfer mit tabakfarbenem Körper und bernsteinfarbenen Flügeln. Oft zu beobachten, wie sie elegant über Waldlichtungen dahingleitet oder hoch über Waldseen fliegt.
Merkmale im Feld GL 70–77 mm, Ab 49–60 mm, HF 41–49 mm. Größe ähnlich wie *A. juncea*, erscheint aber wegen ihrer dunkel getönten Flügel größer. Körper einschließlich Augen völlig rötlich braun; Thorax mit 2 zitronengelben Binden auf jeder Seite. Geschlechtsreifes ♂ mit blauen Glanzlichtern auf Augen, 6 blauen Flecken auf OS (1 je Flügelbasis und 1 Paar auf S2) und 1 Reihe lateraler Flecke auf S3–8. Letztere Zeichnung bei meisten ♀♀ und Immaturen gelb. Flügel über gesamte Fläche dunkelgelb bis goldbraun, einschließl. Adern. T-Zeichnung der Frons undeutlich und mit fehlender oder nur sehr dünner Längsverbindung. Zum Vergleich mit *A. isosceles* siehe dort. Die ähnlich großen und braunen *Anax ephippiger* und *A. parthenope* völlig andere Verbreitungsschwerpunkte und Habitatpräferenzen.

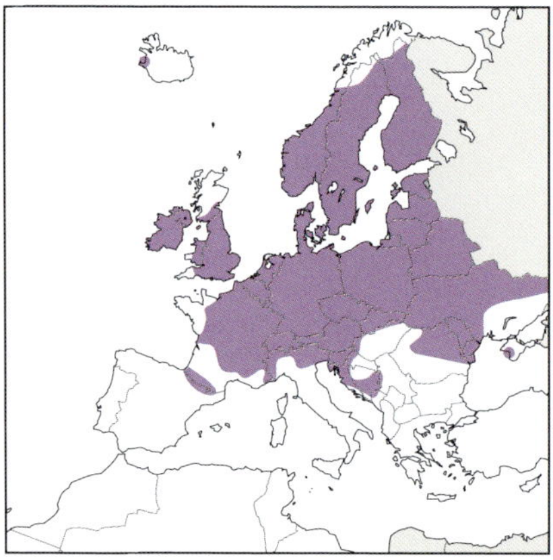

Merkmale in der Hand Obere Anhänge des ♂ mit runderen Spitzen als bei den meisten Gattungsverwandten (Aufsicht).
Varianten Nord-fennoskandische Individuen der Unterart *linnaei* sind durchschnittlich kleiner und haben schmalere Thoraxbinden.
Verhalten Jagt in typischem, langsam erscheinendem Gleitflug, unterbrochen von wenigen flachen Flügelschlägen sowie eleganten Wendungen und Loopings, oft bis tief in die Abenddämmerung. Paarung v. a. um Sonnenaufgang herum, wobei ♂♂ in die dichte Vegetation einfliegen, um ruhende ♀♀ zu finden. Paarungsräder, die gebildet wurden, während sich ♀ noch an seinen Sitzplatz klammerte, können misslich verdreht sein, z. B. indem ♂ über den Kopf des ♀ hinweg herunterhängt, sein Abdomen längs im Gesicht der Partnerin.

Vorkommen

Verbreitung/Status Eine der häufigsten Mosaikjungfern Mittel- und O-Europas, v. a. in bewaldeten Gebieten. Sehr zahlreich im größten Teil der borea-

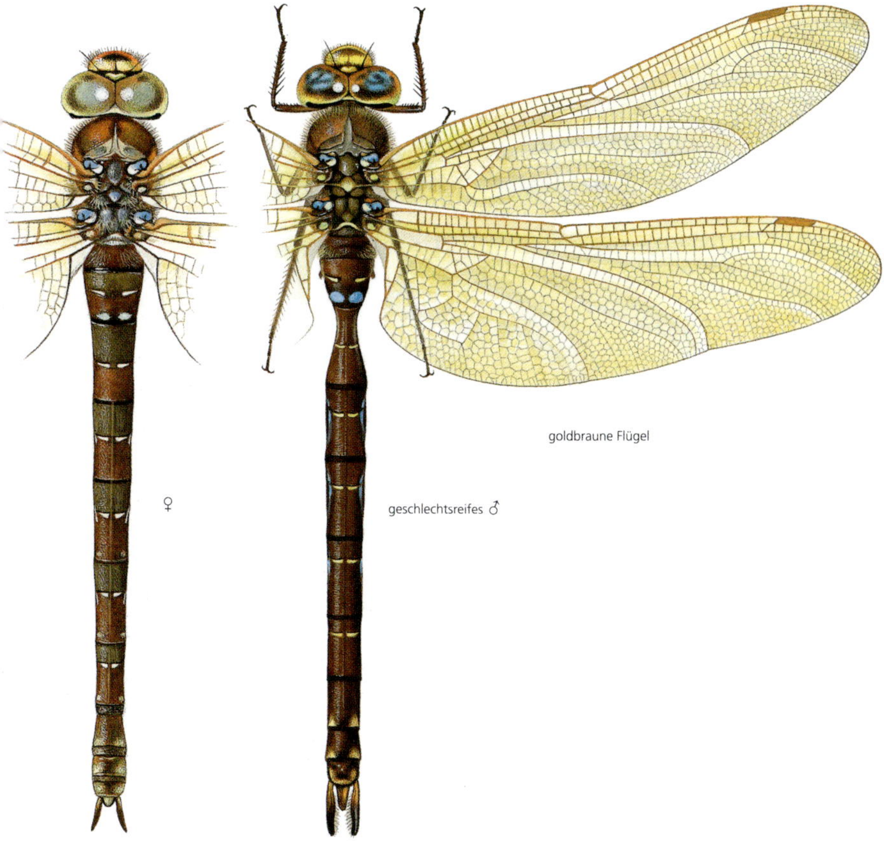

len Waldzone N-Europas und z. B. in Finnland häufigste Großlibelle überhaupt. Nach S hin seltener und lokaler. Nach O bis zum Baikalsee.

Habitat Fortpflanzung in einer Vielzahl unterschiedlicher, meist reich bewachsener Stillgewässertypen, wie Altarme, Flussauen, Kanäle, Moor- und Waldseen. Imagines häufig in bewaldeten Gebieten zu finden.

Flugzeit Ende Mai–Anfang Oktober; Höhepunkt Ende Juli und im August.

Aeshna caerulea (Ström, 1783) Alpen-Mosaikjungfer

▲ *Aeshna caerulea* ♂ flach gedrückt auf einer hellen Oberfläche ruhend.

Bestimmung

Allgemein Kleine, sehr blaue Mosaikjungfer des hohen Nordens und der Gebirge, bekannt für ihre Gewohnheit, sich gerne mit niedergedrückten Flügeln auf hellen Oberflächen zu sonnen.

Merkmale im Feld GL 54–64 mm, Ab 42–48 mm, HF 37–41 mm. Ähnlich groß wie *A. mixta* und damit deutlich kleiner als die anderen *Aeshna*-Arten, mit denen sie gewöhnlich auftritt. Seitenstreifen auf dem Thorax schmal und S-förmig, doch abdominale Flecke relativ groß. Antehumeralstreifen der ♂ reduziert, bei ♀♀ fehlend. Alle hellen Flächen sind bei geschlechtsreifen ♂♂ blau, bei ♀♀ und Immaturen gelb.

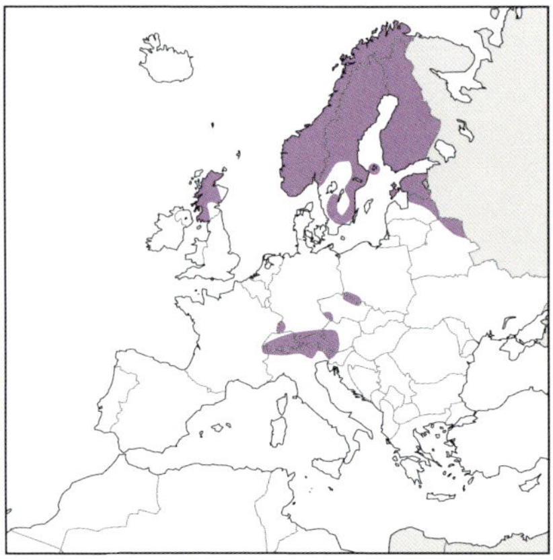

Merkmale in der Hand Berührungslinie der Augen weniger als 2× so lang wie die Senkrechte des Occipitaldreiecks dazwischen (Aufsicht). Im Gegensatz zu anderen *Aeshna* Gabelung der IR_3 nur schwach ausgeprägt.

Varianten ♂♂ können die Körperfarbe je nach Umgebungstemperatur reversibel ändern. Unterhalb 16 °C (bzw. 10 °C) verdüstert sich das blaue Abdomen (bzw. die Augen) zu grauviolett. ♀♀ können entweder gelb oder wie ♂♂ blau gezeichnet sein.

Verhalten Ruht häufig waagerecht auf stark reflektierenden Oberflächen, wie Felsen und Birkenstämmen. ♂♂ patrouillieren in geringer Flughöhe an Gewässerrändern und über Seggenrasen.

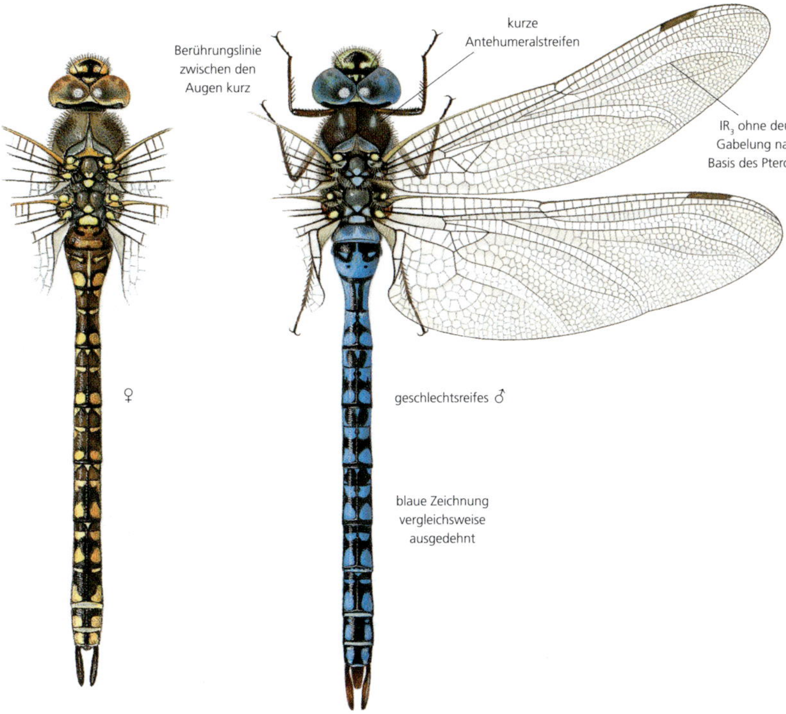

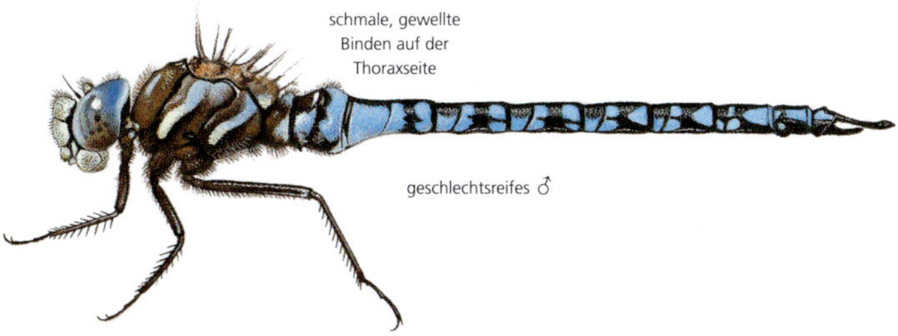

Vorkommen

Verbreitung/Status Nordpaläarktische Art, die von Schottland bis nach Kamtschatka verbreitet ist. In Fennoskandien Charakterart der Gewässer der subarktischen Strauchtundra. Als Postglazialrelikt in Schottland, den Alpen sowie einigen Mittelgebirgen wie Schwarzwald oder Riesengebirge.

Habitat In den Alpen und Mittelgebirgen vorwiegend Wald-Hochmoore, im Norden Fennoskandiens ohne Moorbindung und an Gewässern aller Art. In den Alpen selten unter 1000 m (in der Schweiz vorwiegend 1400–2200 m).

Flugzeit Im Großteil von Europa Mitte Juli–Mitte September.

Aeshna cyanea (Müller, 1764) Blaugrüne Mosaikjungfer

Bestimmung

Allgemein Große, bunte Mosaikjungfer mit dunklem, lebhaft apfelgrün und himmelblau gezeichnetem Körper. Jagt meist niedrig an Wald- und Gebüschsäumen, oft fast geisterhaft im Halbdunkeln. Zeichnung, Morphologie und Verhalten machen sie ziemlich unverwechselbar.

Merkmale im Feld GL 67–76 mm, Ab 51–61 mm, HF 43–53 mm. Eine der größten *Aeshna*-Arten, Größe ähnlich wie *A. juncea*. Geschlechtsreifes ♂ mit paarigen grünen Flecken auf der Oberseite von S1–7, im deutlichen Kontrast zu den blauen Flecken an den Seiten und auf S8–10. Oberseite von S9–10 jeweils mit einzelner blauer Binde statt paarigen Flecken, diese bilden ein auffälliges Schlusslicht. Zeichnung von ♀ und Immaturen (gelb-)grün. Thorax mit 2 breiten, ovalen, grünen Antehumeralstreifen und grünen Seiten, die von 2 dicken schwarzen Linien durchzogen werden, von denen nur eine vollständig ist.

Merkmale in der Hand Hinterrand der Augen stark eingebuchtet, sodass selbst in Seitenansicht hinter den Augen ein heller Fleck sichtbar wird. Beim ♂ Analdreieck mit mind. 3 Zellen, selten nur 2 wie bei anderen großen *Aeshna*-Arten. Pterostigma auffällig kurz (nur rund 3 mm) und 2× so lang wie breit. ♂ Oberseite von S10 ohne den aufragenden Dorn der anderen *Aeshna*-Arten. Obere Anhänge des ♂ verbreitern sich zum Ende hin, verjüngen sich dann abrupt und laufen in einen nach unten geschwungen ausgezogenen Dorn aus.

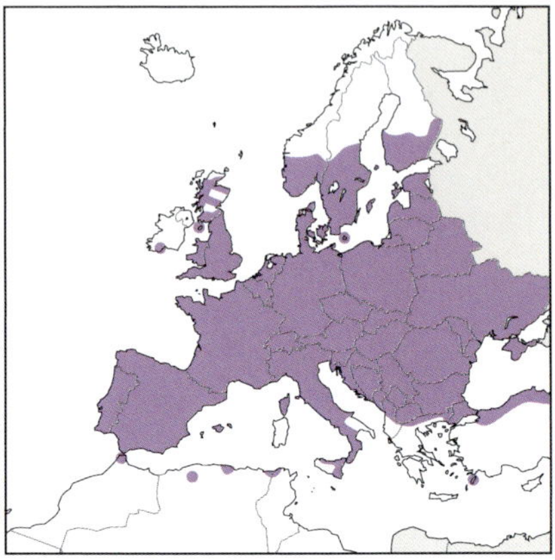

Verhalten Charakteristischer, oft sehr gleichmäßiger Jagdflug entlang von Gehölzsäumen und Hecken, oft im Schatten oder in der Abenddämmerung. Oft weit abseits von Gewässern anzutreffen, dabei neugierig und wenig scheu. Am Fortpflanzungsgewässer verteidigen ♂♂ aggressiv ein Revier gegen männliche Artgenossen, daher sieht man über einem kleinen Weiher, aus dem vielleicht Dutzende Imagines geschlüpft sein mögen, gewöhnlich nur ein einziges patrouillierendes ♂.

Vorkommen

Verbreitung/Status Schwerpunktmäßig westpaläarktisch verbreitet und in Mitteleuropa eine der häufigeren *Aeshna*-Arten, nach NO und S hin deutlich seltener werdend; östl. bis mind. zum Ural.

Habitat Sehr weites Spektrum unterschiedlicher permanenter stehender Gewässer, regelm. auch solche, die von anderen Arten völlig gemieden werden. Kulturfolger, der von urbanen Gewässern profitiert. Bevorzugt werden kleine, eher schattige Gewässer wie Gartenteiche oder kleine Park- und Waldseen.

Flugzeit Typische Hoch- und Spätsommerart (Juli und August). Fliegt bis weit in den Herbst, in Mitteleuropa bei Frostfreiheit oft bis in den November.

▲ *Aeshna cyanea* ♂, obere Anhänge mit «Vogelkopf»-Profil.

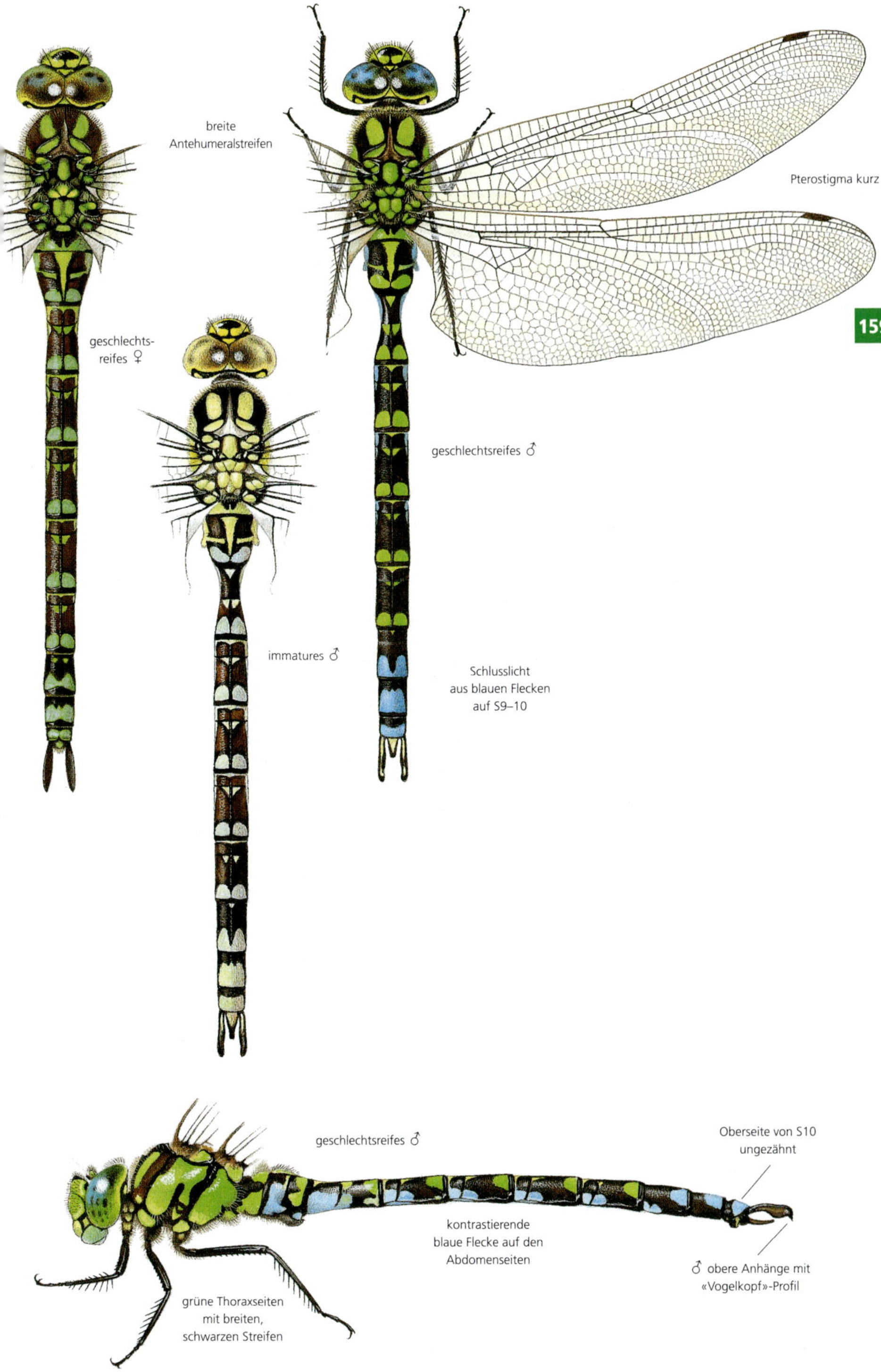
breite
Antehumeralstreifen
Pterostigma kurz
geschlechts-
reifes ♀
geschlechtsreifes ♂
immatures ♂
Schlusslicht
aus blauen Flecken
auf S9–10
geschlechtsreifes ♂
Oberseite von S10
ungezähnt
kontrastierende
blaue Flecke auf den
Abdomenseiten
♂ obere Anhänge mit
«Vogelkopf»-Profil
grüne Thoraxseiten
mit breiten,
schwarzen Streifen

Aeshna viridis Eversmann, 1836 — Grüne Mosaikjungfer

▲ *Aeshna viridis,* kopulierendes Paar in den frühen Morgenstunden in dichter Vegetation.

Bestimmung

Allgemein Ein zweifarbiges, hellblau und grün gefärbtes Mosaikjungfer-♂, das über einem Gewässer mit Krebsschere *(Stratiotes aloides)* patrouilliert, oder ein sehr grünes ♀, das seine Eier mit deutlichem Flügelknistern in die Blattrosetten dieser Pflanze legt, sind typische und meist unverwechselbare erste Eindrücke, die diese Art vermittelt.

Merkmale im Feld GL 65–75 mm, Ab 43–54 mm, HF 38–45 mm. Etwas kleiner als *A. juncea*. Schwarzer Querbalken der Frons nur mit sehr dünner Längsverbindung. Ähnlich *A. cyanea* Thorax mit 2 breiten, grünen Antehumeralstreifen, Thoraxseiten jedoch völlig grün mit kaum erkennbaren, dünnen, schwarzen Linien. Augen und Abdominalfleckung bei geschlechtsreifen ♂♂ hellblau, bei ♀♀ und frisch geschlüpften ♂♂ grün. Vorderkante der gelblich getönten Flügel leuchtend gelb, bei *A. cyanea* hingegen dunkelbraun. Ähnelt oberflächlich *Anax imperator,* der ebenfalls regelm. an Krebsscherengewässern zu sehen ist, aber z. B. völlig grünen Thorax ohne Antehumeralstreifen aufweist.

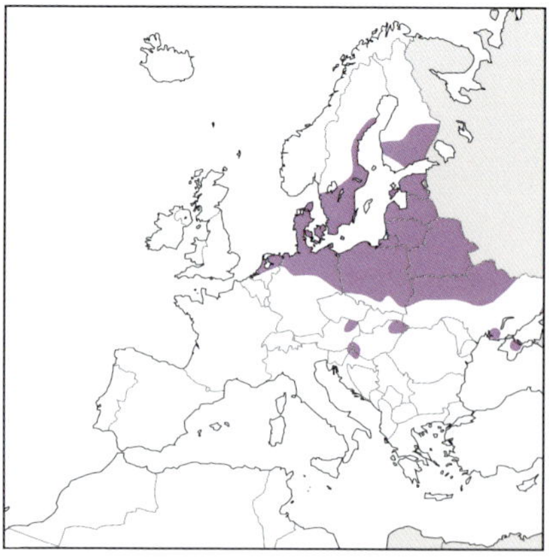

Merkmale in der Hand Keine schwarze Linie auf der Gesichtsnaht. Hinter den Augen mit kleinem, scharf umrissenem, gelbem Punkt, der bei Seitenansicht weniger deutlich sichtbar ist als bei *A. cyanea*. Diese Punkte fehlen anderen Arten mit grünem Thorax, z. B. *A. affinis*, die zudem völlig andere Habitatpräferenzen zeigt.

Verhalten Meist im näheren Umfeld von Krebsscherengewässern, kann sich jedoch zum Jagen weiter vom Wasser entfernen; in der Abenddämmerung oft auf Lichtungen und an Wegrändern zu finden, regelmäßig in Gruppen. Ruht meist tief unten in der Vegetation in Röhrichten, Hochstau-

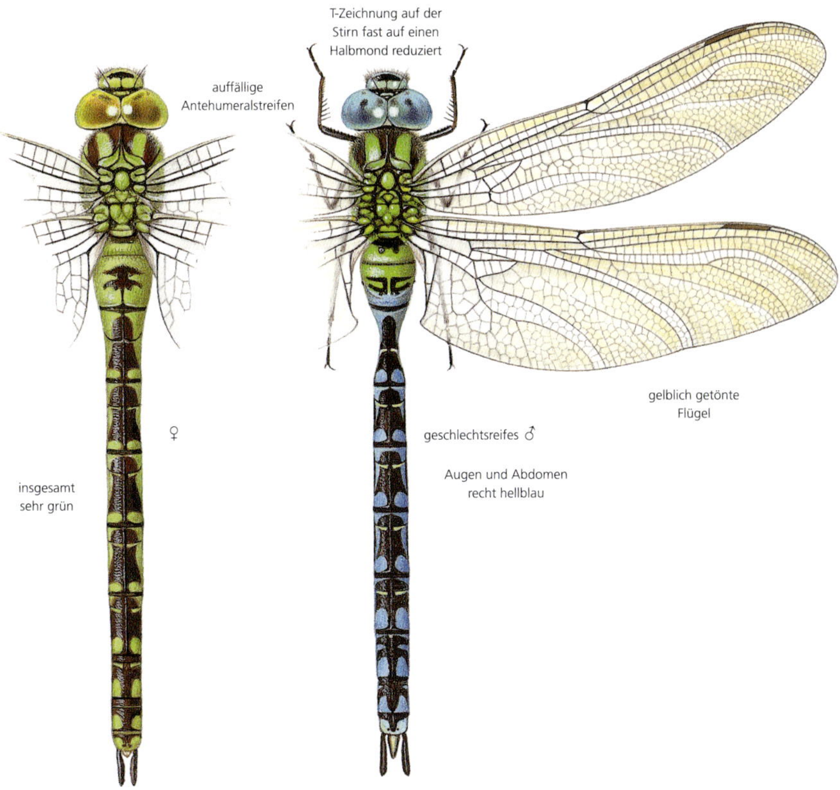

den und langgrasigen Wiesen. Wie bei *A. grandis* suchen ♂♂ noch ruhende ♀♀, um sich mit ihnen bei Sonnenaufgang zu paaren, was zu ähnlich wirren Paarungsrädern führen kann.

Vorkommen

Verbreitung/Status Vom westlichen Mitteleuropa bis nach W-Sibirien in den Verwaltungsbezirk Nowosibirsk. Habitatspezialist, der in Europa streng an Vorkommen von Krebsschere gebunden ist, daher selten und nur regional vorkommend und in einem Großteil des Verbreitungsgebiets bedroht.
Habitat Sümpfe, Gräben und Seen mit starkem Krebsscherenbewuchs.
Flugzeit Ende Juni–Anfang Oktober; am häufigsten im August.

Aeshna juncea (Linnaeus, 1758) — Torf-Mosaikjungfer

Bestimmung

Allgemein Die am weitesten verbreitete und häufigste Vertreterin eines Komplexes ähnlicher Arten, zu dem auch *A. subarctica, A. serrata* und *A. crenata* gehören. Diese Arten sollten bei der Bestimmung stets sorgfältig mit *A. juncea* verglichen werden.

Merkmale im Feld GL 65–80 mm, Ab 50–59 mm, HF 40–48 mm. Eine der größeren *Aeshna*-Arten, mit dunkler Gesamterscheinung. Folgender Merkmalskomplex ist diagnostisch: (1) Frons mit dicker, schwarzer T-Zeichnung; (2) Thorax dunkelbraun mit 2 breiten, gelben Binden auf jeder Seite (obere Enden manchmal bläulich) und 2 schmalen Antehumeralstreifen (beim ♀ kleiner); (3) Costa gelb; (4) Abdomen braunschwarz, bei geschlechtsreifen ♂♂ kleinteilig blau und gelb gemustert. ♀♀ (wie junge ♂♂) vorwiegend mit gelblichen Flecken, mit zunehmendem Alter grünlich (selten bläulich). ♂♂ von *A. crenata* und *A. subarctica* (zum Vergleich siehe dort) wirken noch dunkler und einheitlicher gefärbt und zeigen braune Costa. Im Feld unterscheidet sich *A. serrata* neben massiveren Proportionen und blauerer Gesamterscheinung v. a. durch die schmale Längsverbindung der T-Zeichnung der Frons.

Merkmale in der Hand Hinter den Augen je ein kleiner, scharf umrissener, gelber Fleck (fehlt bei ähnlichen Arten). ♀ Anhänge relativ zueinander gedreht, sodass sie zusammen im Querschnitt ein V bilden (Sicht von hinten).

Varianten Thoraxzeichnung sehr variabel. Weist manchmal stark verbreiterte gelbe Bänder oder sogar gänzlich gelbe Flanken auf. Gelbe Flecke hinter den Augen können in den südl. Gebirgspop. fehlen, sind aber im N immer vorhanden, wo die Art zusammen mit *A. subarctica* vorkommt.

Verhalten Kräftiger Flieger. ♂♂ patrouillieren rasch und unermüdlich über Wasserfläche und am Ufer. Sie sind aggressiv und neugierig, verjagen oft andere Libellen und suchen aktiv nach ♀♀, die in der Vegetation ihre Eier ablegen.

Vergleich von Arten, die *A. juncea* ähnlich sind

dunkel = Vorderkante der Flügel braun, Abdominalflecke des geschlechtsreifen ♂ ziemlich gleichmäßig gefärbt; hell = Vorderkante der Flügel gelb, geschlechtsreifes ♂ mit deutlichen gelben und blauen Flecken auf dem Abdomen.

♀ *A. serrata*

Hinterrand der Basalplatte des Ovipositors ziemlich gerade (Sicht von unten)

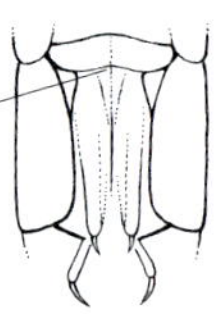

♀ *A. juncea*

Hinterrand der Basalplatte des Ovipositors tief eingeschnitten (Sicht von unten)

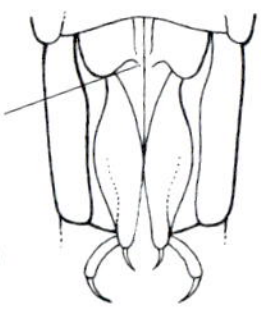

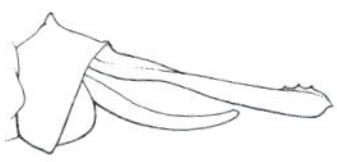

♂ *A. crenata*

Anhänge (Seitenansicht) mit gezähntem oberem Anhang

Bestimmungsmerkmale	Gesamteindruck	Eingeschnittene Basalplatte des Ovipositors	Gezähnte obere Anhänge	Art
HF oft länger als 53 mm. ♀ Anhänge spitz.	dunkel	nein	ja	*crenata*
Heller Fleck hinter beiden Augen.	hell	ja	nein	*juncea*
Schmaler T-Längsbalken auf der Stirn. Membranula gleichmäßig hell, nicht 2-farbig getönt. ♂ obere Anhänge stark aufwärts gekrümmt, mind. 2× so lang wie die unteren.	hell	nein	ja	*serrata*
Keines der obigen.	dunkel	ja	nein	*subarctica*

♀

Abdominalflecke beim ♀ können gelb, grün oder blau sein

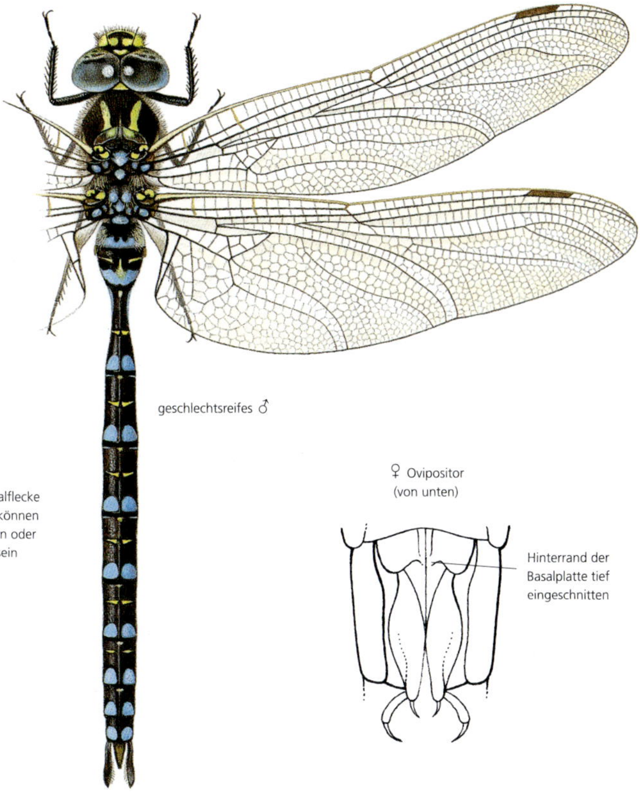

geschlechtsreifes ♂

♀ Ovipositor (von unten)

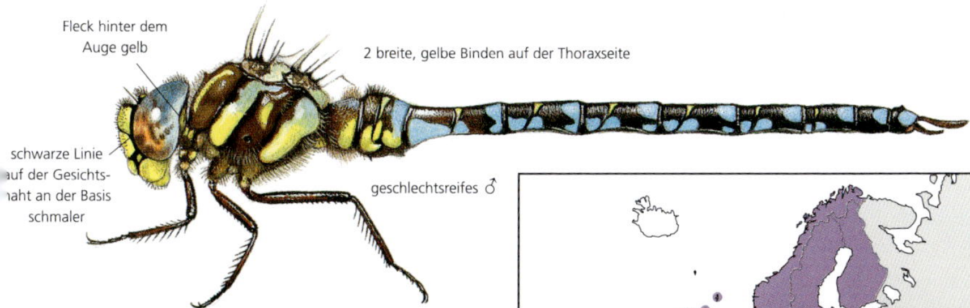

geschlechtsreifes ♂

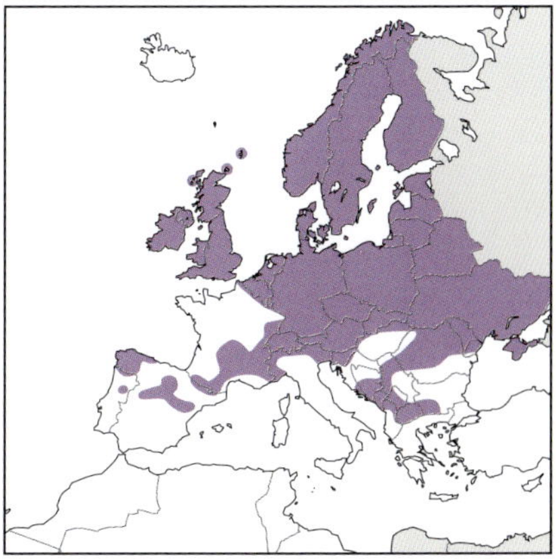

Vorkommen

Verbreitung/Status Holarktisch verbreitet. In N- und NO-Europa sowie in gebirgigen Regionen meist die häufigste Mosaikjungfer, mit lückenlosem Areal von der Eismeerküste bis zu den Alpen. Weiter südwärts zunehmend lokal und auf höhere Lagen beschränkt.
Habitat In tieferen Lagen Europas weitgehend beschränkt auf saure Heideseen und Moore, regelm. aber auch in kleinerer Zahl in Stillgewässern fast aller Art; in höheren Lagen und nördlicheren Breiten wird Habitatspektrum breiter.

Flugzeit Hpts. Juli–Sept. Schlüpft geleg. schon Ende Mai/Juni und kann bei Frostfreiheit bis in den November fliegen.

Bestimmung

Allgemein Doppelgänger von *A. juncea* und ausschließlich innerhalb des Verbreitungsgebiets dieser Art und oft zusammen mit ihr vorkommend. Im Unterschied zu dieser jedoch auf Moore mit *Sphagnum*-Schwingrasen beschränkt. Erscheint insgesamt dunkler und einheitlicher gefärbt als *A. juncea*.

Merkmale im Feld
GL 70–76 mm, Ab 47–57 mm, HF 3–46 mm. Größe und Proportionen wie *A. juncea*. Generell aber dunkler als diese, Costa eher braun als gelb. Im Gegensatz zur klarer differenzierten Gelb- und Blaumusterung des Abdomens bei *A. juncea* wirkt diese bei *A. subarctica* eintöniger und weniger kontrastreich. Eine sichere Bestimmung im Flug ist jedoch selten möglich.

Merkmale in der Hand Die beiden zuverlässigsten Unterschiede zu *A. juncea* finden sich am Kopf: (1) schwarze Linie auf der Gesichtsnaht (zw. Frons und Clypeus) von konstanter Dicke oder sogar (oft) sich an den Augen verbreiternd, während sie sich bei *A. juncea* zu den Seiten und Augen hin verengt; (2) hinter den Augen völlig schwarz, ohne den gelblichen Fleck wie bei *A. juncea*. Andere Unterscheidungsmerkmale sind: (3) Unterseite des Thorax oft mit 2 tränenförmigen, gelben Flecken, bei *A. juncea* meist einheitlich dunkel; (4) ♂ obere Anhänge breiter als bei *A. juncea*; (5) ♀ Anhänge ebenfalls breiter, symmetrischer und mit runderen Spitzen. Sie liegen in einer horizontalen Ebene (Sicht von hinten).

▲ *Aeshna subartica,* Paarungsrad.

Varianten In mitteleuropäischen Tieflandmooren i. d. R. deutlich heller als in borealen und alpinen Regionen. Derart helle Exemplare (nicht abgebildet) weisen folgende zusätzliche Unterschiede zu *A. juncea* auf: (6) Thoraxseiten mit einer dünnen, hellen Linie vor der ersten Seitenbinde und recht große, helle Zeichnung zw. den beiden Seitenbinden (heller Thorax kann im Flug erkennbar sein); (7) mittleres Fleckenpaar auf den Abdominalsegmenten fast so groß wie terminales Paar.

Verhalten ♂♂ patrouillieren über flutenden Torfmoosrasen. ♀♀, die dort Eier ablegen, bewegen sich oft so wenig und sind so gut zu sehen, dass eine Bestimmung per Fernglas möglich ist.

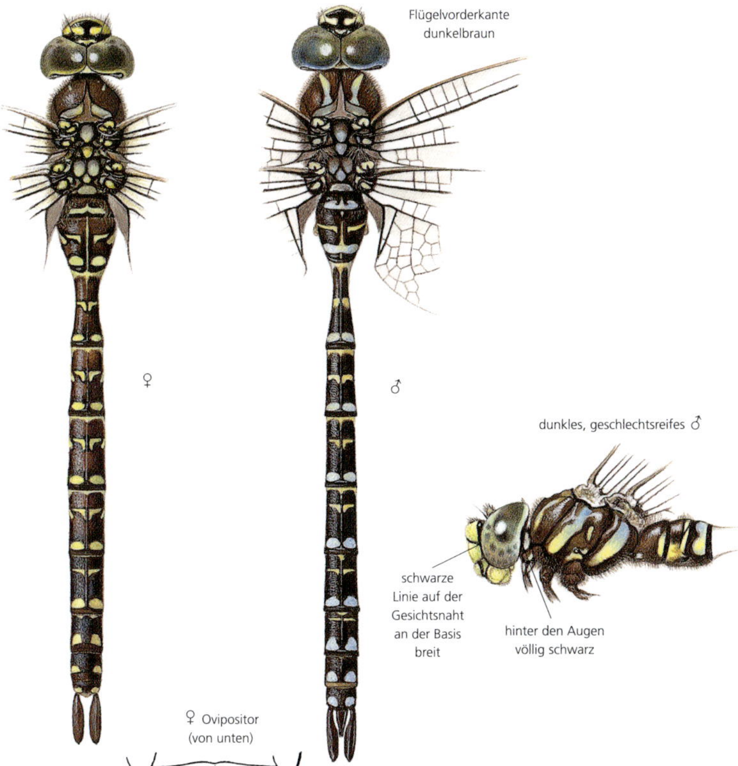

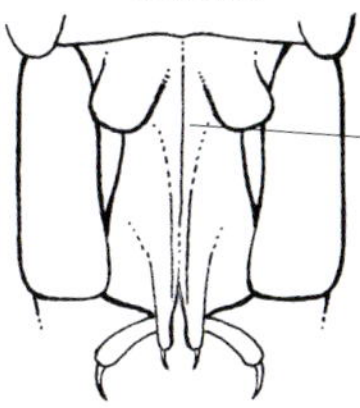

Vorkommen

Verbreitung/Status Holarktisch verbreitet, wobei die eurasischen Populationen der Unterart *elisabethae* zugerechnet werden. Aufgrund spezifischer Habitatansprüche meist recht lokal, in weiten Teilen des Gebietes nur zertreute Reliktvorkommen.
Habitat Reproduziert sich in Verlandungszonen von Hoch- und Übergangsmooren, meist in flutenden Teppichen aus Torfmoosen (Schwingrasen).
Flugzeit Schlupfbeginn Ende Mai, in den meisten Gebieten jedoch selten vor Mitte Juli; Hauptflugzeit im August und September.

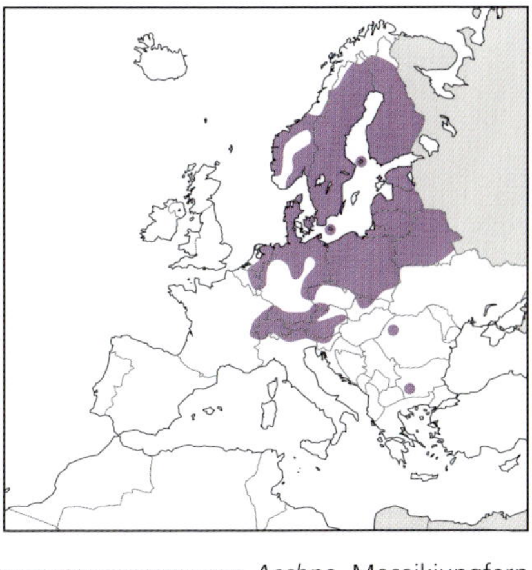

▲ *Aeshna serrata* ♂.

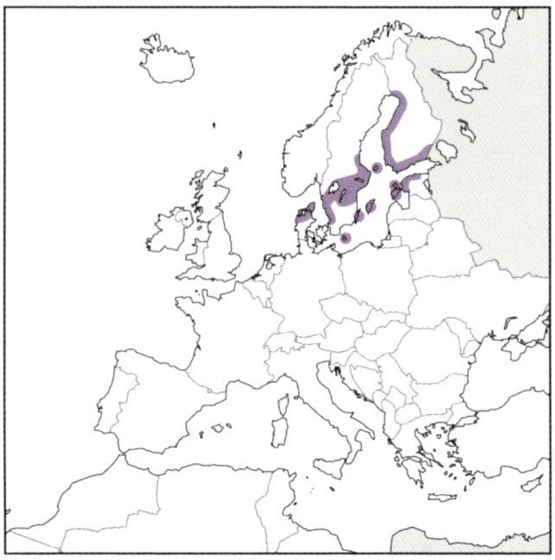

Bestimmung

Allgemein Große Mosaikjungfer, die im Gebiet nur an bzw. rund um die Ostsee vorkommt. Wird oft als *A. osiliensis* bezeichnet. Die morphologischen Unterschiede sind unbedeutend. Die über N-Russland verstreuten Populationen deuten darauf hin, dass die Ostsee-Population mit dem zentralasiatischen Hauptverbreitungsgebiet der Art in Verbindung steht, was die Rechtfertigung einer eigenen Art noch weiter schwächt.

Merkmale im Feld
GL 75–81 mm, Ab 50–62 mm, HF 48–53 mm. Gesamterscheinung ähnlich *A. juncea* und wie diese mit gelber Costa und klar differenzierter, gelber und blauer Abdominalmusterung. *A. serrata* ist jedoch deutlich massiver gebaut (v. a. Abdomen), die dorsalen abdominalen Fleckenpaare größer und satter gefärbt, was die Art insgesamt blauer erscheinen lässt. Anders als bei *A. juncea* haben ♀♀ große, helle Antehumeralstreifen. Die schwarze Längsverbindung der T-Zeichnung der Frons ist auffallend schmal. Zusammenfassung der Unterschiede ähnlicher Arten siehe Tab. auf S. 162.

Merkmale in der Hand Membranula gleichmäßig weißlich bis hellgrau, anders als die weitgehend dunkle, an der Basis weiße Membranula verwandter Arten. Unterer Anhang etwas weniger als ½ so lang wie die oberen Anhänge, Letztere gekrümmt und nahe der Spitze auf der Oberseite mit 4–7 Zähnchen (Seitenansicht). Unterer Anhang ähnlicher Arten mehr als ½ so lang wie die oberen Anhänge, Letztere sind gerade und nur bei *A. crenata* ebenfalls gezähnt.

Varianten Androchrome ♀♀ sind häufig und dürften lokal gegenüber gynochromen gelblichen ♀♀ in der Überzahl sein.

Verhalten Wirkt schwerer und im Flug etwas langsamer als *A. juncea*. Jagt gern in der offenen Landschaft über Wiesen, Feldern und an Waldrändern. Im Gegensatz zu anderen großen *Aeshna*-Arten bemerkenswert bodenorientiert und ruht oft niedrig in der Ufervegetation oder sonnt sich flach auf dem Boden sitzend (z. B. auf Kieswegen, Bohlenpfaden, Bootsstegen oder Booten), vor allem am frühen Morgen und bei kühlem, windigem Wetter.

Vorkommen

Verbreitung/Status An der Ostsee lokal häufig; 2006 auch in Dänemark nachgewiesen. Von der

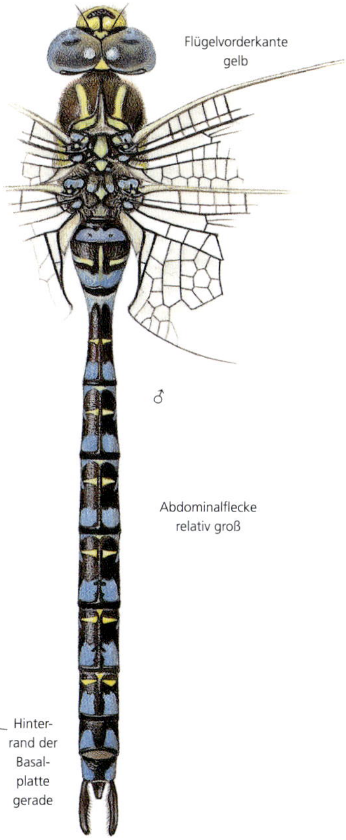

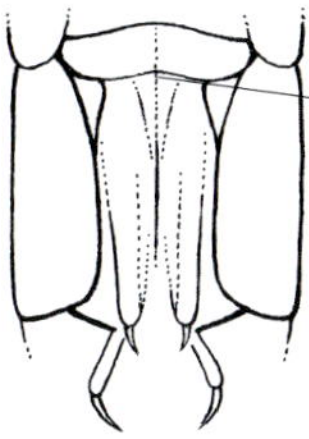

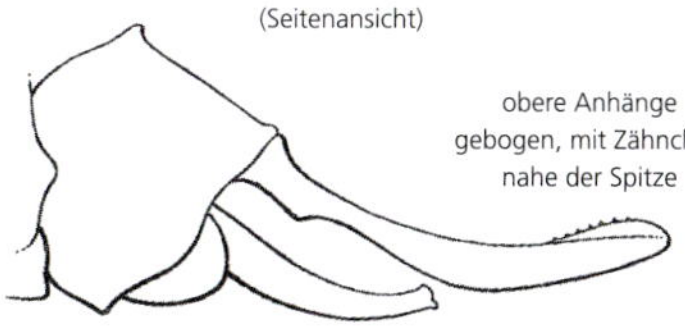

O-Türkei und den Bergsteppen Transkaukasiens bekannt. Man sollte auf diese Art an Schilfseen und in Salzsümpfen der Zentral- und N-Türkei achten. Verbreitungsschwerpunkt (Wald-)Steppen vom S-Ural ostwärts. Tritt auch in der Taiga N-Russlands auf, nach Osten bis Kamtschatka.

Habitat Um die Ostsee herum an Brackwasser, d. h. an flachen, verschilften Ostseebuchten und röhrichtbestandenen Lagunen. Im schwedischen Binnenland regional auch an flachen eutrophen Schilfseen, in N-Russland in Karstseen der Taiga. **Flugzeit** Juli–September.

Aeshna crenata Hagen, 1856 — Sibirische Mosaikjungfer

▲ *Aeshna crenata* ♂.

Bestimmung

Allgemein Beeindruckend große und dunkle Art mit Verbreitungsschwerpunkt entlang des sibirischen Taigagürtels, die in S-Finnland und NO-Litauen gerade noch das Gebiet erreicht. Geschlechtsreife ♂♂ sind rein blau, ♀♀ haben große, dunkelbraune Flecke auf den Flügeln.

Merkmale im Feld GL 71–86 mm, Ab 53–67 mm, HF 44–60 mm. Größte *Aeshna*-Art Europas, sogar größer als *Anax imperator*. Schwarze T-Zeichnung der Frons mit sehr dicker Längsverbindung. Costa braun, nicht gelb wie bei *A. juncea* und *A. serrata*. Bei ♂♂ dieser Arten sind die kleineren (medianen) abdominalen Fleckenpaare zudem gelb und kontrastieren mit den großen, blauen Fleckenpaaren, während geschlechtsreife *A. crenata*-♂♂ rein blau gezeichnetes Ab aufweisen. Auch Thoraxzeichnung tendenziell dunkler und oft blauviolett überhaucht, dadurch deutlich dunklere schwarz-blaue Gesamterscheinung. Meisten ♀♀ gelb bis grün gezeichnet, ältere ♀♀ oft mit dunklen, rauchigen Flecken zw. Nodi und Pt, die auch im Flug deutlich zu erkennen sind. Zusammenfassung der Unterschiede ähnlicher Arten siehe Tab. auf S. 162.

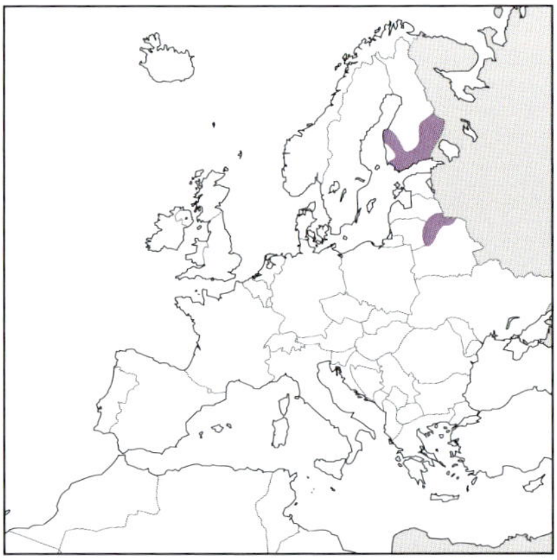

Merkmale in der Hand ♂ obere Anhänge auf OS mit einer Leiste, die direkt vor der Spitze 2 oder 3 recht kräftige Zähnen trägt. *A. serrata* ebenfalls Zähne an dieser Stelle, aber etwa 4–7, diese zudem deutlich kleiner (*A. crenata* kann ebenfalls bis zu 6 Zähne haben, doch diese zus. Zähne sind i. d. R. sehr klein). ♀ Anhänge sehr spitz, anders als diejenigen ähnlicher Arten, die eher abgerundet sind.

Varianten Bei geschlechtsreifen androchromen ♀♀ Antehumeralstreifen gut ausgeprägt und oft blau gefärbt, bei gynochromen ♀♀ fehlend oder auf kleinen, gelblich grünen Fleck reduziert. Manchmal beide Geschlechter mit auffällig vergrößerte, ausgebleichten Antehumeralstreifen, die fast gesamte Thorax-VS einnehmen.

Verhalten ♂♂ patrouillieren ausdauernd mit kräftigem und zügigem Flug über dem Wasser entlang eines als Revier verteidigten Uferabschnitts. Sie reagieren oft sehr aggressiv auf andere *Aeshna*-♂♂ und zwingen diese, ihr Verhalten zu ändern,

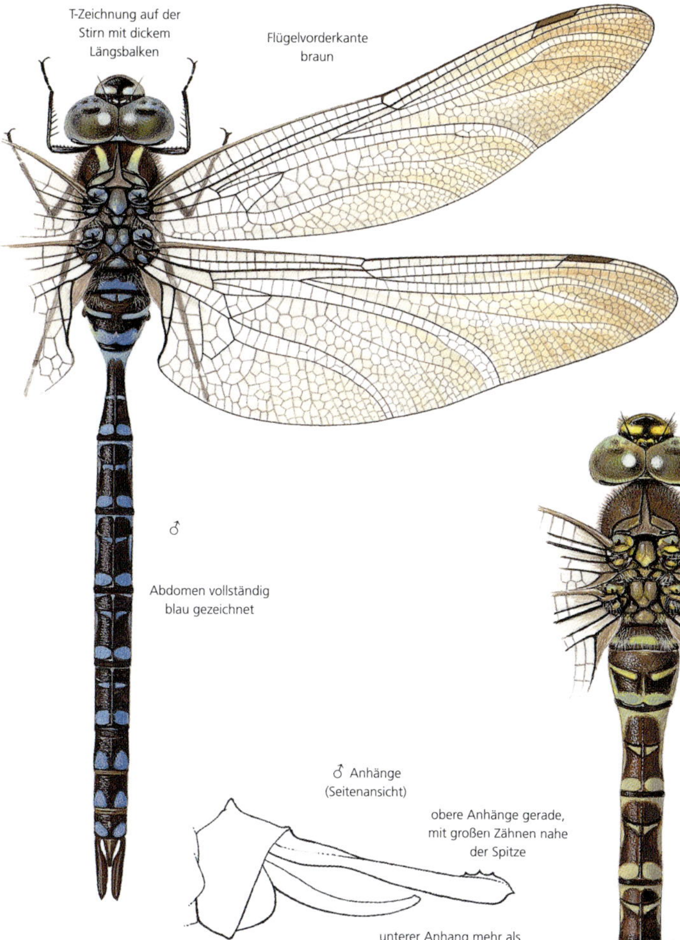

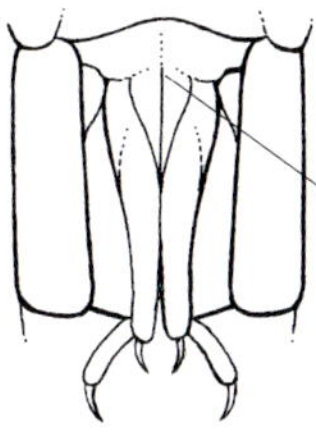

z. B. unauffälliger oder nur dann zu fliegen, wenn die *A. crenata*-♀♀ abwesend sind.

Vorkommen

Verbreitung/Status Von Finnland im W durch ganz Sibirien bis nach Kamtschatka und N-Korea verbreitet. Im Gebiet nur sehr lokal und nur in Finnland regional etwas häufiger.

Habitat Im Gebiet auf nährstoffarme Waldseen (meist Kesselmoore) mit *Sphagnum*-Schwingrasen beschränkt. Weiter östlich in Sibirien eurytop und z. B. auch an großen Seen, Altarmen und sogar Viehtränken.

Flugzeit Hochsommerart, die von Anfang Juli bis Mitte Sept. fliegt. Die meisten Beobachtungen stammen jedoch aus der 2. Julihälfte und August.

Anax Leach, 1815 Königslibellen

Bestimmung

Beschreibung Vertreter dieser Gattung gehören zu den größten Libellenarten des Gebiets. Abgesehen von einer Art des östlichen Mittelmeerraumes weisen alle Arten einen einheitlich braunen oder grünen Thorax und ein grünes, blaues oder braunes Abdomen mit einem breiten, schwarzen dorsalen Mittelstreifen auf. Die abweichende Art *A. immaculifrons* hat breite, schwarze Thoraxbinden und ein auffällig schwarz-gelb geringeltes Abdomen. Den ♂♂ fehlen Aurikel an S2 und weisen analog dazu keine Analdreiecke auf. IR_3 ist proximal des Pterostigmas nicht gegabelt, und R_3 ist in der Nähe des distalen Endes des Pterostigmas abrupt nach vorn gebogen. Rspl ist stark nach vorn gekrümmt und weist mit dem distalen Ende auf einen Punkt zwischen Pterostigma und Flügelspitze.

Unterscheidung von anderen Gattungen Andere Aeshnidae haben einen gestreiften Thorax und ein weitgehend dunkles Abdomen mit paarig angeordneten Farbflecken. Die ♂♂ besitzen Aurikel und Analdreiecke, IR_3 ist gewöhnlich gegabelt, R_3 biegt sich allmählich nach hinten, und die Rspl weist zur Flügelspitze. *A. immaculifrons* kann im Flug an eine *Cordulegaster* erinnern, hat aber andere Proportionen und ein deutlich massiveres Abdomen.

Unterscheidung der Arten Mit Ausnahme von *A. immaculifrons* kann die Bestimmung im Flug schwierig sein, da die meisten Merkmale (z. B. Färbung von Abdomen, Thorax und Augen) variieren und gewisse Überschneidungen aufweisen. Bei jungen Individuen bspw. ist der Körper oft grün statt braun oder blau. In der Hand sind Stirnzeichnung, ♂ Anhänge und das Vorhandensein von Fortsätzen am Hinterkopf der ♀♀ wichtige Merkmale. Die Tabelle vergleicht die 3 am weitesten verbreiteten Arten. An der Atlantikküste ist zusätzlich mit dem amerikanischen Irrgast *A. junius* zu rechnen.

Verhalten Alle Arten sind schnelle, kräftige Flieger. Die ♂♂ der meisten Arten patrouillieren ausdauernd über größeren Gewässern. Art und Weise der Eiablage variieren je nach Art.

V. J. Kalkman

▼ *Anax imperator* ♂ im Flug mit typischer, leicht nach unten gebogener Abdomenhaltung.

Feldkennzeichen von *Anax imperator, A. parthenope* und *A. ephippiger*

	imperator	***parthenope***	***ephippiger***
Größe und Form	Groß, Abdomen dick und länger als HF	Groß, Abdomen dick und länger als HF	Kleiner, Abdomen schlanker und so lang wie HF
Frons	Bläulicher Balken hinter dem Grat, schwarzes Fünfeck an der Basis	Bläulicher Balken hinter dem Grat, schwarzes Dreieck an der Basis	Schwarzer Balken auf dem Grat und an der Basis, niemals mit Blau
Augen	 Oben grün bis blau, mit gelber bis grüner Unterseite	 Einheitlich grün (etwas dunkler als *imperator*), manchmal gelb, blau und/oder braun getönt	 Oben braun, mit (grünlich) gelber Unterseite, niemals mit Blau
Thorax vor dem VF (Ansicht von oben)	Grün, bei ♂♂ normalerweise blau	Normalerweise braun	Normalerweise braun
Thorax	Grün, bei älteren Individuen manchmal bräunlich	Normalerweise braun, manchmal grau oder grün getönt	Normalerweise braun, Unterseiten oft kontrastfarben grüngelb
S1	Grün, manchmal blau	Normalerweise braun	Normalerweise braun
Basalring S2	Grün, nur bei Jungtieren gelb	Normalerweise gelb	Normalerweise braun, manchmal gelb
Blaue «Schabracke» S2	Nicht deutlich, da S3–10 ebenfalls blau (oder S2–10 bei den meisten ♀♀ und frisch Geschlüpften völlig grün)	Normalerweise deutlich, umschließt das Segment; erstreckt sich bis auf die Basis von S3	Meist deutlich (bei ♀♀ oft fehlend oder unauffällig), gewöhnlich auf die Segmentoberseite beschränkt (Segmentseiten sind mattgelb)
Grundfärbung S3–7	Grün, verfärbt sich bei allen geschlechtsreifen ♂♂ und einigen ♀♀ blau	Braun, manchmal bläulich	Braun oder strohfarben
S8–10	Färbung und Zeichnung ähnlich wie auf den vorherigen Segmenten, manchmal bräunlich	Färbung und Zeichnung ähnlich wie auf den vorherigen Segmenten, manchmal schwärzer	Schwärzer als vorherige Segmente, dadurch klar umrissene helle Flecke an den Hinterecken der Segmente (diese sind oft heller als die Braunfärbung von S3–7)
Flügel	Manchmal zwischen Dreieck und Spitze getönt	Zwischen Nodus und Pterostigma oft auffällig braun getönt	Flügelmitte oft leicht getönt

Bestimmung

Allgemein Häufige Libellenart afrik. Ursprungs, die erst kürzlich Teile des nördl. Europa besiedelt hat. Patrouillierende ♂♂ sind leicht an Größe, ungezeichnetem grünem Thorax und blauem Abdomen mit dorsalem, schwarzem Mittelstreifen zu erkennen.

Merkmale im Feld GL 66–84 mm, Ab 50–61 mm, HF 45–52 mm. Über weite Teile des Gebietes die größte Libellenart. *Anax* mit völlig blauem (geschlechtsreife ♂♂ und einige ältere ♀♀) oder grünem (frisch Geschlüpfte, die meisten ♀♀) Abdomen gehören meist zu *A. imperator*, doch einige *A. parthenope* und *A. ephippiger* können ähnlich aussehen. *A. imperator* zeigt (1) grüne bis blaue, höchstens braun getönte Augen; (2) Thorax und S1 grün, nicht (weitgehend) braun, gräulich oder grünbraun; (3) dünnen, gelben Ring auf S2 lediglich bei frisch geschlüpften, noch weitgehend grünen Individuen. Zudem ♂ Thorax direkt vor den Vorderflügelbasen in der Regel blau. Ein gelber Ring auf S2 ist typisch für geschlechtsreife *A. parthenope*, die weitgehend braun sind. Frons unterscheidet sich in Details von *A. ephippiger*, *A. parthenope* und *A. junius*. Zum Vergleich siehe Artbeschreibung von *A. junius* und zur Unterscheidung der ersten beiden die Tabelle für Feldkennzeichen (S. 171). Kann mit einigen *Aeshna*-Arten verwechselt werden, v. a. solchen mit auffällig blauen Augen und Abdomen sowie grünem Thorax *(A. affinis, A. viridis)*. Diese sind jedoch kleiner, mit schwarzer Thoraxzeichnung und mosaikartigem Abdominalmuster.

Merkmale in der Hand Unterer Anhang des ♂ mind. ¼ so lang wie die oberen, quadratisch (etwa so lang wie breit), nur distaler Rand mit dorsalen Zähnchen. ♂ obere Anhänge kürzer als S9–10, mit breit gerundeten Spitzen. Hinterkopf des ♀ glatt, ohne Fortsätze.

Varianten Durch Eiablage bedingte Verschmutzung des Abdomens kann ♀♀ dunkler erscheinen und diese dadurch *A. parthenope* oder *A. ephippiger* ähneln lassen.

Verhalten Patrouillierende ♂♂ halten das Abdomen leicht nach unten gebogen. Einziger *Anax* des Gebietes, bei dem die ♀♀ ihre Eier ohne das ♂ ablegen.

♀

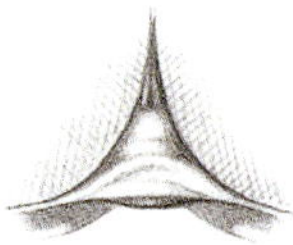

♀ Hinterkopf

glatt, ohne Fortsätze

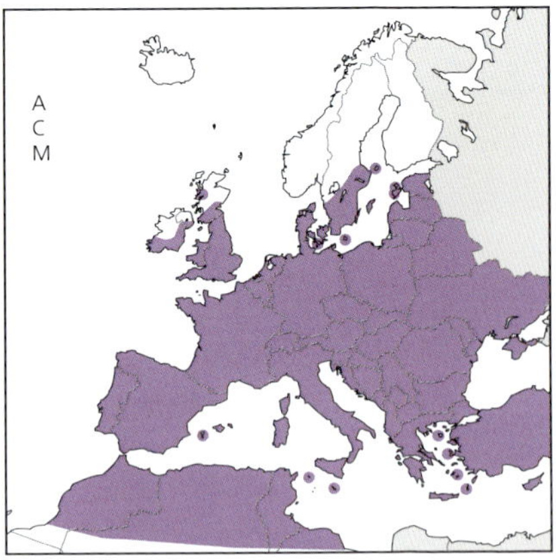

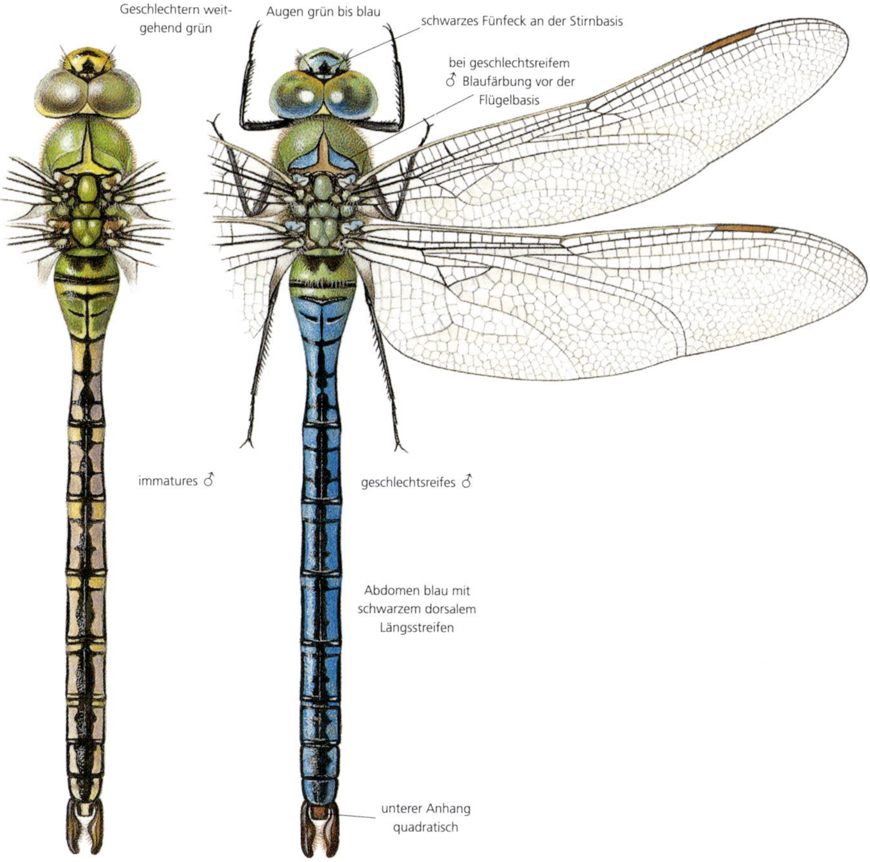

Vorkommen

Verbreitung/Status Äthiopisch-westpaläarktische Art, die in großen Teilen Afrikas und W-Eurasiens häufig und nach O bis Zentralasien verbreitet ist.

Habitat Größere und oft stark bewachsene, stehende Gewässer der offenen Landschaft.

Flugzeit In N-Afrika März–Dezember, im N deutlich kürzer und mit Höhepunkt zw. Juni–August.

Anax junius (Drury, 1773) Amerikanische Königslibelle

▲ *Anax junius* ♂. Auffällig sind die «Bullaugen»-Zeichnung auf der Frons und das teilweise braune Abdomen.

Bestimmung

Allgemein Amerik. Art, deren ♂♂ aufgrund des grünen Thorax und blauen Abdomens äußerlich an *A. imperator* erinnern, morphologisch jedoch eher *A. parthenope* ähneln.

Merkmale im Feld GL 68–80 mm, Ab 51–57 mm, HF 45–56 mm. Größe und Gesamteindruck ähnlich *A. imperator*, von diesem durch folgende Merkmale zu unterscheiden: (1) Schwarzer, dorsaler abdominaler Mittelstreifen des ♂ am Abdomenende am breitesten und sich nach proximal bis S2 deutlich verjüngend; (2) Frons mit unverkennbarer «Bullaugen»-Zeichnung und an den Augen seitlich des Vertex kein Schwarz; (3) Thorax vor den Basen der Vorderflügel oberseits ohne Blau. Blaues S2 kann zusammen mit dem dunkleren Abdomenende an *A. parthenope* erinnern. Zudem Abdomen bei *A. junius* oft teilweise braun (v. a. distale Segmente und bei ♀♀) und bei kühlerer Witterung bis auf blaues S2 dunkelpurpurn werdend.

Merkmale in der Hand ♂ unterer Anhang sehr kurz, weniger als ⅕ so lang wie die oberen Anhänge. Diese sind lang (so lang wie S9–10 zusammen), und das gestutzte Ende ist nach außen jeweils in einen Dorn ausgezogen. Hinterkopf des ♀ mit 2 Fortsätzen (wie *A. parthenope*, aber anders als *A. imperator*).

Verhalten Eiablage im Tandem (wie *A. parthenope*).

Vorkommen

Verbreitung/Status In Nord- und Zentralamerika häufig und weit verbreitet. Wenige Nachweise im September von der britischen und französischen Atlantikküste. Die brit. Nachweise fielen typischerweise mit einem atlantischen Tiefdruckgebiet und starken Westwinden zusammen.

Habitat Stehende, auch temporäre und leicht brackige Gewässer.

Flugzeit Im Süden des amerikanischen Verbreitungsgebiets ganzjährig, im Norden, der jedes Jahr von Wanderern aus dem Süden besiedelt wird, April–Oktober. Im Spätsommer Rückwanderung nach Süden.

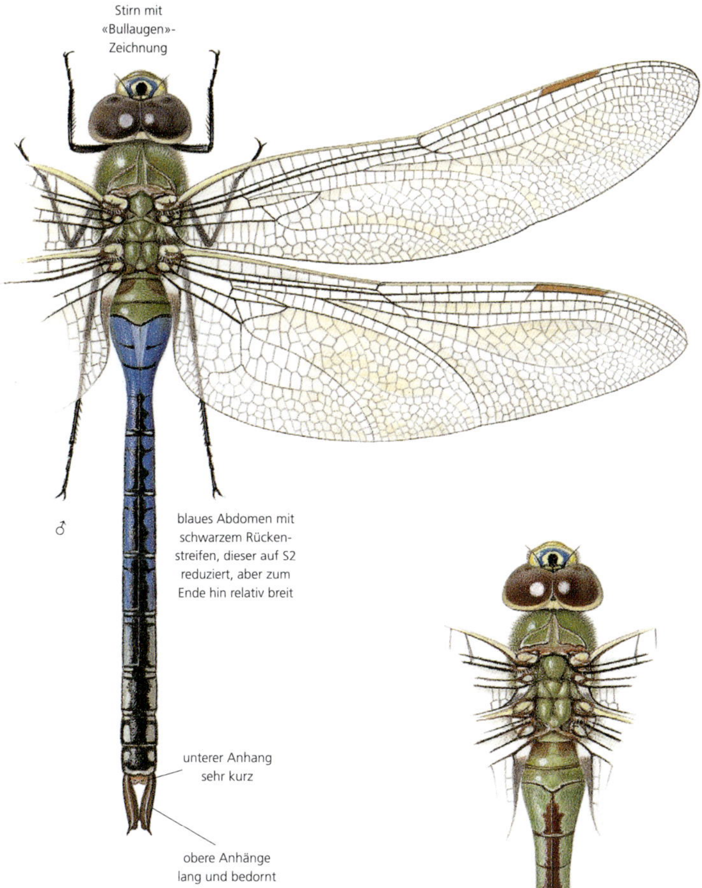
Stirn mit «Bullaugen»-Zeichnung
♂
blaues Abdomen mit schwarzem Rückenstreifen, dieser auf S2 reduziert, aber zum Ende hin relativ breit
unterer Anhang sehr kurz
obere Anhänge lang und bedornt

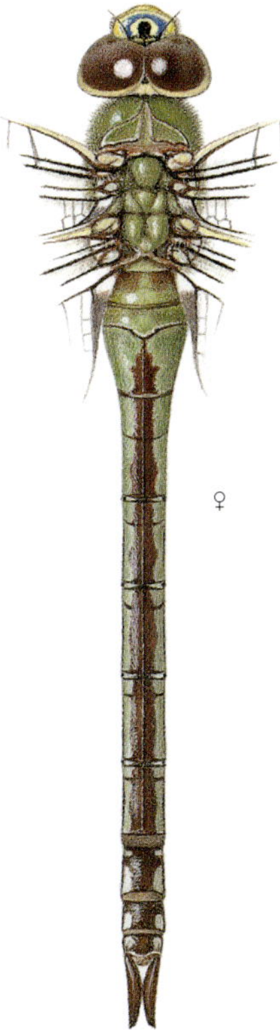
♀

Anax parthenope (Selys, 1839) Kleine Königslibelle

Bestimmung

Allgemein Große, überwiegend graubraun gefärbte Art. Im Kontrast zu dezenter Grundfärbung stehen grünliche Augen und eine blaue, sattelartige Zeichnung auf S2(3).

Merkmale im Feld GL 62–75 mm, Ab 46–53 mm, HF 44–51 mm. Etwas kleiner als *A. imperator*. Typ. Individuen am ehesten mit kleinerem und schlankerem *A. ephippiger* zu verwechseln, Individuen mit bläulichem statt braunem Abdomen hingegen mit *A. imperator* (zur Unterscheidung siehe Tab. auf S. 171 und die entsprechenden Artbeschreibungen). *A.-imperator*-♀♀ zeigen transparente oder von Dreieck bis Spitze bräunlich getönte Flügel, während diese bei älteren *A. parthenope* ♀♀ oft nur zwischen Pt und Nodus braun getönt sind.

Merkmale in der Hand ♂ unterer Anhang weniger als ⅕ so lang wie die oberen, kürzer als breit (Aufsicht) und mit zahlreichen Zähnchen auf der Oberseite. Obere Anhänge mit gestutzten Spitzen, die seitlich einen kleinen Dorn tragen. Im Gegensatz zu *A. ephippiger* und *A. imperator* Hinterkopf des ♀ mit 2 Fortsätzen.

Varianten Bei frisch geschlüpften Individuen blaue Teile des Abdomens grasgrün.

Verhalten ♂ hält das Abdomen im Flug i. d. R. gerader gestreckt als *A. imperator* und begleitet ♀ bei der Eiablage gew. im Tandem.

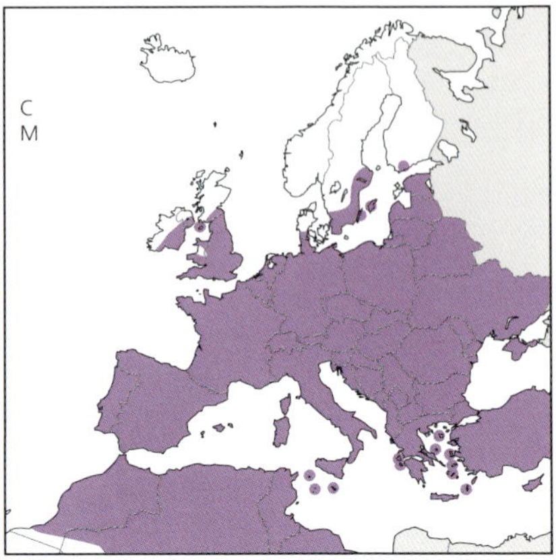

Vorkommen

Verbreitung/Status Im Mittelmeerraum und Nordafrika häufig, weiter nordwärts seltener, wenn auch lokal zahlreich. Sehr wanderfreudige Art, die ihr Areal gegenwärtig nach Norden erweitert und jüngst in Schweden und Finnland nachgewiesen wurde. Das Verbreitungsgebiet erstreckt sich östlich bis Japan.

Habitat Stehende, oft größere Gewässer.

Flugzeit Im Mittelmeerraum März–November, im Norden meist Juni–August.

◀ *Anax parthenope*, geschlechtsreifes ♂.

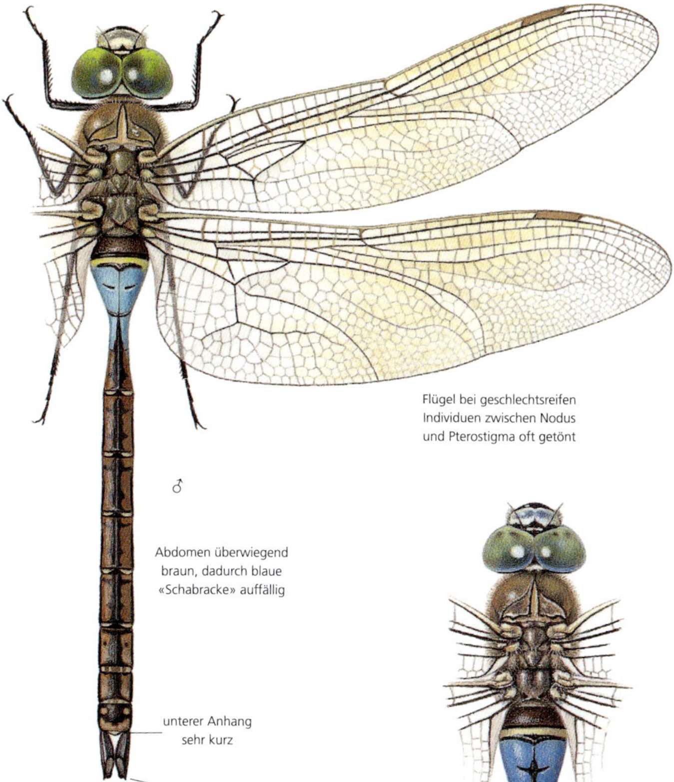
Flügel bei geschlechtsreifen
Individuen zwischen Nodus
und Pterostigma oft getönt
♂
Abdomen überwiegend
braun, dadurch blaue
«Schabracke» auffällig
unterer Anhang
sehr kurz
kleiner Dorn an Spitze der
oberen Anhänge

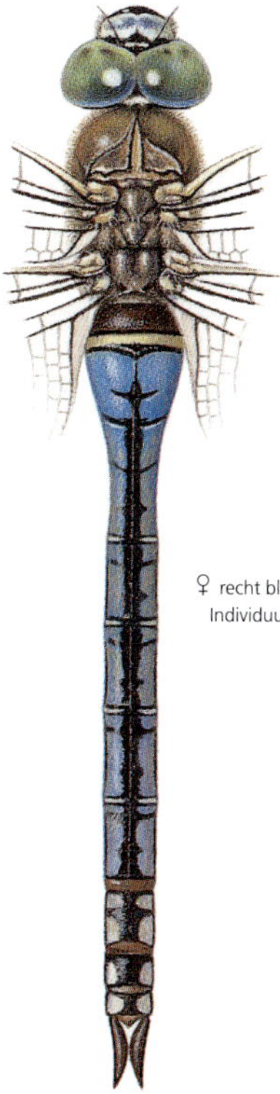
♀ recht blaues
Individuum

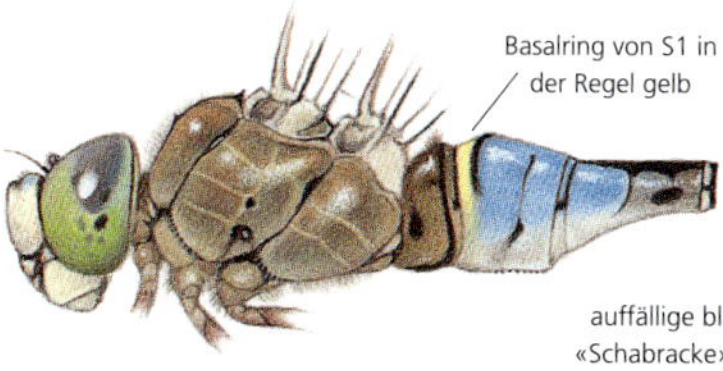
Basalring von S1 in
der Regel gelb
auffällige blaue
«Schabracke», die
die Taille umschließt
geschlechtsreifes ♂

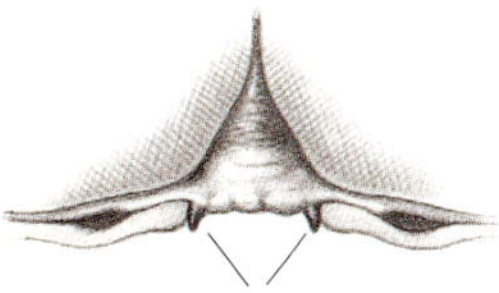
♀ Hinterkopf
Hinterkopf mit
2 Fortsätzen

Anax ephippiger (Burmeister, 1839) Schabracken-Königslibelle

◀ *Anax ephippiger,* Paarungsrad.

Bestimmung

Allgemein Diese sandfarbene Art ist eine ausgesprochene Wanderlibelle und kommt vorwiegend in den Trockenregionen Afrikas und Asiens vor; nur unregelm. erreicht sie auch Regionen jenseits des Mittelmeers. Aufgrund einiger morphologischer Besonderheiten wird sie oft in die Gattung *Hemianax* gestellt.

Merkmale im Feld GL 61–70 mm, Ab 43–56 mm, HF 43–48 mm. Etwas kleiner als andere *Anax*-Arten und durch breiten, kugeligen Kopf und kurzes, schlankes Abdomen auffällig proportioniert. Ausgefärbte ♂♂ mit auffälliger, leuchtend blauer «Schabracke» auf S2. Diese blaue Zeichnung ist jedoch auf die Oberseite des Segments beschränkt und im Flug meist weniger auffällig als bei *A. parthenope*, bei dem sich die entsprechende Blaufärbung seitlich das Segment herunterzieht. S3–10 braun mit schwarzer, dorsaler Längsbinde, die sich auf S8–10 verbreitert und je Segment ein Paar großer, hellbrauner Flecke abgrenzt. Blaue Schabracke junger ♂♂ sowie bei ♀♀ weniger ausgeprägt, und schwarze, abdominale Längsbinde bis auf S2 reichend. Augen und Thorax braun, untere Hälften oft charakteristisch gelbgrün. Frons oberseits mit zwei schwarzen Querbinden und Augen völlig ohne Blau.

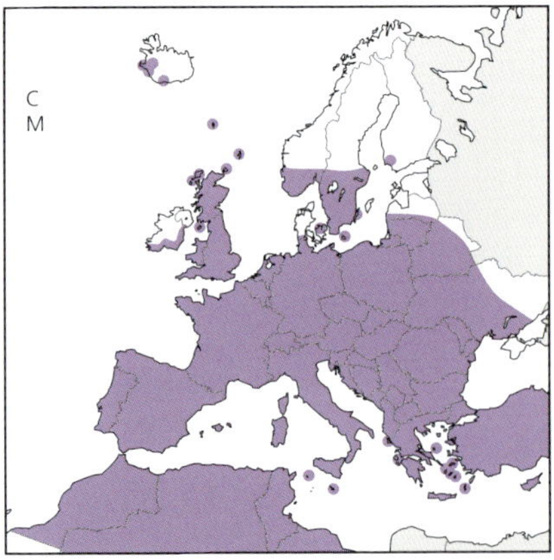

Merkmale in der Hand Einziger *Anax* mit jeweils nur einer seitlichen Abdominalleiste (nicht 2). Einziger Anax mit einem breiten Cubitalfeld aus 3 Zellreihen im Hinterflügel, d. h. eigentlich mit mehreren Zellen, die von 2 Zellreihen umschlossen sind. ♂ obere Anhänge spitz zulaufend. Unterer Anhang mind. ¼ so lang wie die oberen, 3-eckig (Aufsicht), Oberseite mit Zähnchen bestückt. Hinterkopf beim ♀ glatt, ohne Fortssätze. ♀ Anhänge breit, ähnlich den oberen beim ♂.

Varianten Blaue «Schabracke» kann bei manchen ♀♀ fehlen.

Verhalten Eiablage gewöhnlich im Tandem. Vorwiegend tagaktiv, aber häufiger dämmerungsaktiv als andere *Anax*-Arten.

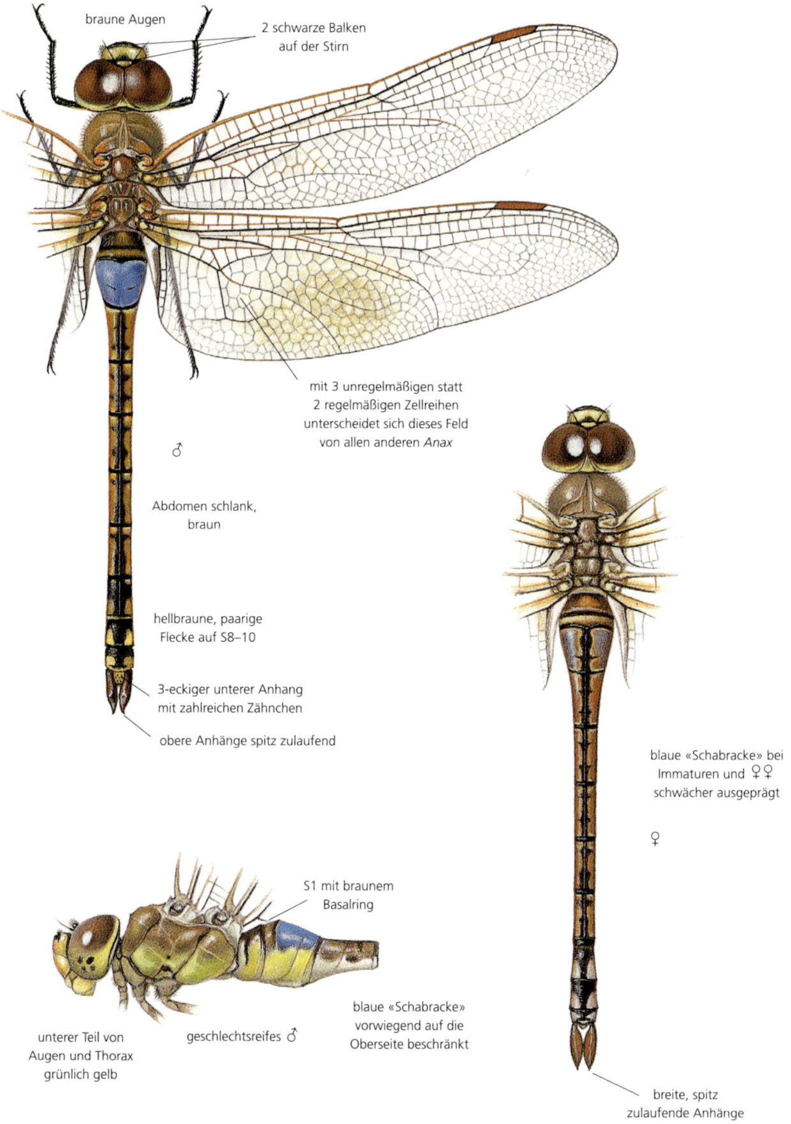

Vorkommen

Verbreitung/Status Verbreitungsschwerpunkt in den monsunbeeinflussten ariden und semiariden Gebieten Afrikas, Vorder- und Zentralasiens, befliegt aber einen riesigen Invasionsraum, der nach N bis Island, nach O bis Japan, nach W bis Brasilien reicht. Alljährliche Reproduktion einer Sommergeneration im südlichen Mittelmeerraum, nach Einflügen selten auch in Mitteleuropa.
Habitat Flache, voll besonnte Temporärgewässer.
Flugzeit Ganzjährig im S, im N meist Juli–September. Einflüge aber auch hier ganzjährig möglich.

Anax immaculifrons Rambur, 1842 Indische Königslibelle

Bestimmung

Allgemein Größte und eine der auffälligsten europäischen Libellen. Orientalische Art, die das Gebiet im östl. Mittelmeerraum erreicht und auf Fließgewässer beschränkt ist. Auffällig sind das schwarzgelbe Abdominalmuster und die typische, hellblau überlaufene Färbung von Kopf, Thorax und Abdomenbasis des ♂.

Merkmale im Feld GL 80–86 mm, Ab 55–60 mm, HF 54–60 mm. Unverwechselbar aufgrund der Größe und des schwarzen Abdomens, dessen Segmente auf S2–8 anterior helle Hälften aufweisen. Thorax hell, mit 2 breiten, schwarzen Binden auf jeder Seite. Frons ohne dunkle Zeichnung. Augen, Stirn und helle Zeichnung (grünlich) gelb bei ♀♀ und jungen ♂♂. Im Zug der Geschlechtsreife werden ♂♂ von Frons bis Abdomenbasis hellbläulich, mit leuchtend blauen Augen. ♂♂ oft mit stark braun gefleckten Flügeln, jene der ♀♀ höchstens leicht getönt. Im Gesamteindruck oft an ein blauäugiges *Cordulegaster*-Taxon erinnernd.

Merkmale in der Hand ♂ unterer Anhang lang (etwa ½ so lang wie obere Anhänge) und 3-eckig (Aufsicht).

Varianten ♂♂ ostasiat. Populationen ohne Blaufärbung und mit ziegelrotem Abdomen sind mglw. eigenem Taxon zuzuordnen.

Verhalten ♂♂ patrouillieren in raschem Flug entlang von Bächen. Bei der Eiablage überwacht das ♂ das ♀, indem es im Schwirrflug über ihm steht – ein innerhalb der Aeshnidae einzigartiges Verhalten.

Vorkommen

Verbreitung/Status In SO-Asien weit verbreitet, westlich bis in die Ägäis. Im Gebiet in der S-Türkei, auf Zypern und den griechischen Inseln Rhodos, Kárpathos und Ikaria.

Habitat Meidet i. Ggs. zu anderen *Anax*-Arten stehende Gewässer und reproduziert sich in größeren (oft teilweise beschatteten) felsigen Bächen.

Flugzeit In Griechenland und Türkei Mai–Sept.

▶ *Anax immaculifrons*, Paarungsrad.

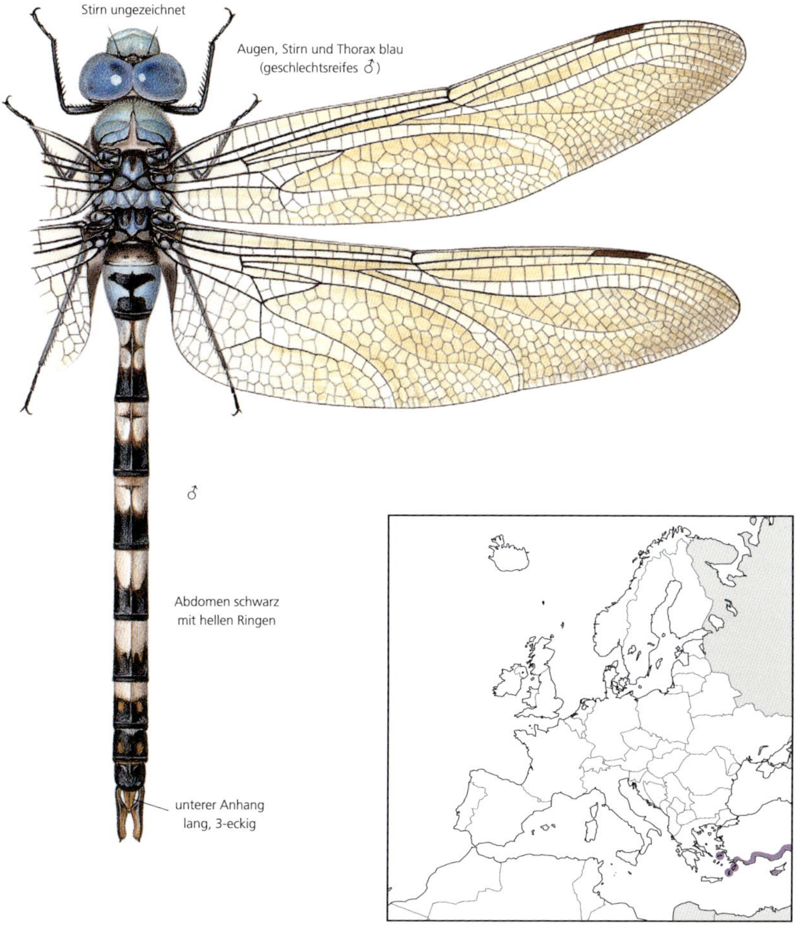
Stirn ungezeichnet
Augen, Stirn und Thorax blau (geschlechtsreifes ♂)
♂
Abdomen schwarz mit hellen Ringen
unterer Anhang lang, 3-eckig

Thorax gebändert
♀
♀ wie große *Cordulegaster*

Brachytron Evans, 1845 — Schilfjäger

Brachytron pratense (Müller, 1764) — Früher Schilfjäger

Bestimmung

Allgemein Kleine, untersetzt gebaute, auffällig behaarte Art. Repräsentiert monotypische Gattung, die durch Merkmale der Aderung, Körperform und Zeichnung charakterisiert ist, aufgrund ihrer geringen Größe aber oft mit kleineren *Aeshna*-Arten verwechselt wird. Als typische Art des Spätfrühlings und Frühsommers liegt die Hauptflugzeit von *Brachytron* jedoch deutlich früher.

Merkmale im Feld GL 54–63 mm, Ab 37–46 mm, HF 34–37 mm. Kürzer und stämmiger als *Aeshna mixta*. Thorax deutlich flaumig behaart, dessen grüne Seiten mit 2 durchgehenden, schwarzen Streifen. Abdomen beider Geschlechter zylindrisch und an der Basis nicht tailliert. ♂ Abdomen schwarz, mit hellblauem, paarigem Fleckenmuster und charakteristischem, zentralem, gelbem (oder grünem) Punkt auf S1. Paarige Flecke der distalen Abdominalsegmente deutlich langgestreckter als bei *Aeshna*.

Merkmale in der Hand Im Gegensatz zu *Aeshna* Pterostigmata auffallend lang und schmal. Vor Rspl meist nur 1 Zellreihe und gewöhnlich mit nur 2 Queradern zw. Basis und Flügeldreieck. Analdreieck kurz und Analwinkel gerundet. ♂ unterer Anhang etwa ⅓ so lang wie die oberen Anhänge, an der Spitze deutlich eingekerbt (bei *Aeshna* etwa ½ so lang wie die oberen und spitzer).

Verhalten ♂♂ patrouillieren niedrig über das Wasser und dringen bei der Suche nach ♀♀ oft dicht in die lückige Vegetation ein.

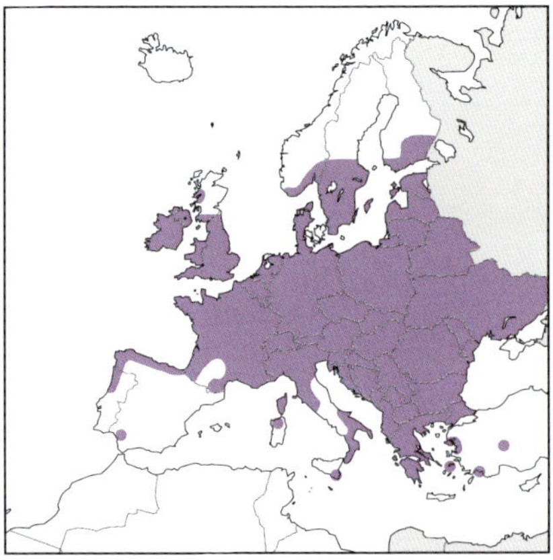

Vorkommen

Verbreitung/Status Eher lokal verbreitete Tieflandart, stellenweise aber häufig. Ostgrenze verläuft entlang des Urals und der Westküste des Kaspischen Meeres.

Habitat Vegetationreiche, stehende oder langsam fließende Gewässer wie Altarme, Gießen oder röhrichtbestandene Kanäle.

Flugzeit Ende März–Anfang August, im größten Teil des Verbreitungsgebiets hauptsächlich im Mai und Juni.

K.-D. B. Dijkstra

▲ *Brachytron pratense*, Paarungsrad.

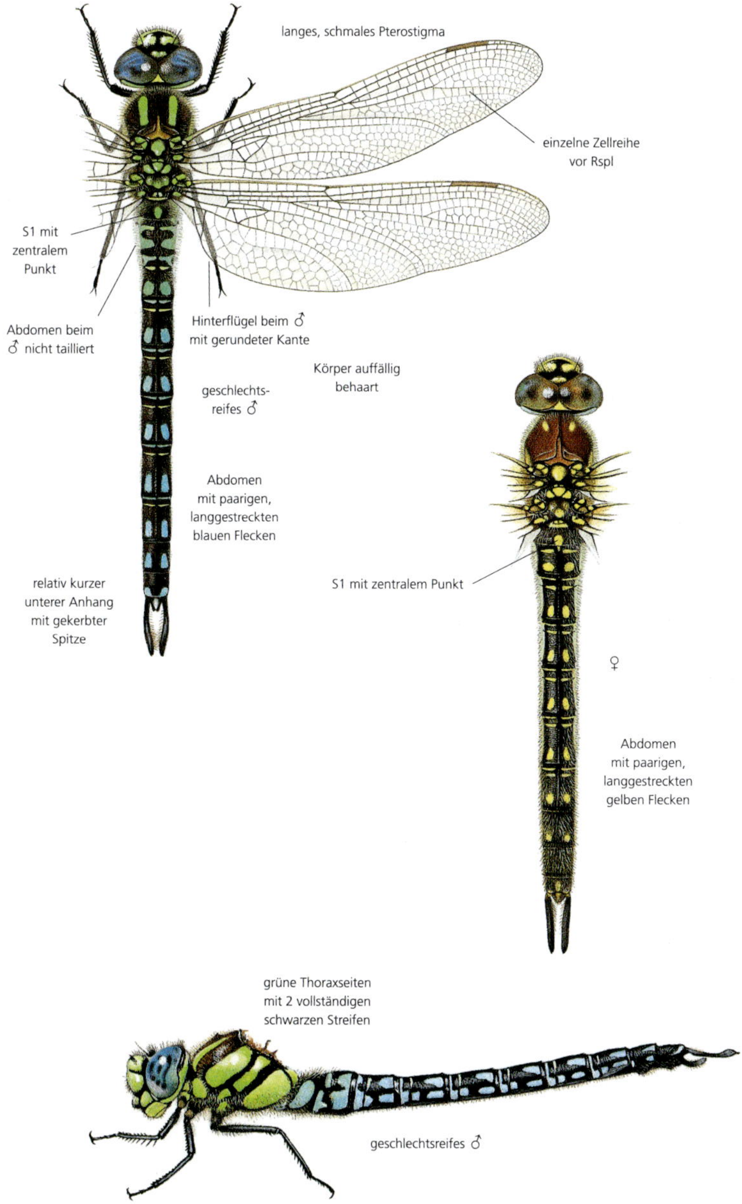
langes, schmales Pterostigma
einzelne Zellreihe vor Rspl
S1 mit zentralem Punkt
Abdomen beim ♂ nicht tailliert
Hinterflügel beim ♂ mit gerundeter Kante
Körper auffällig behaart
geschlechts-reifes ♂
Abdomen mit paarigen, langgestreckten blauen Flecken
relativ kurzer unterer Anhang mit gekerbter Spitze
S1 mit zentralem Punkt
♀
Abdomen mit paarigen, langgestreckten gelben Flecken
grüne Thoraxseiten mit 2 vollständigen schwarzen Streifen
geschlechtsreifes ♂

Boyeria McLachlan, 1896 — Geisterlibellen

Bestimmung

Beschreibung Die 2 europäischen Arten mit düsterer, an militärische Tarnmuster erinnernde graugrüner Grundfärbung. Die meisten ♂♂ und einige ♀♀ mit dunklen Flügelspitzen, v. a. an den HF. Felder vor Mspl und Rspl mit 2 Zellreihen, Medianraum (zw. Arculus und Basis) aller Flügel mit 2–4 Queradern, Ader IR_3 nicht gegabelt. Pterostigma mäßig lang, über 4–7 Zellen stehend.
Unterscheidung von anderen Gattungen *Caliaeschna* hat ähnliche ökologische Ansprüche, ist aber deutlich kleiner, kontrastreicher gefärbt, zeigt auffallend kurze Pterostigmata und ist geografisch von *Boyeria* getrennt. Die meisten *Aeshna*-Arten sind kräftiger gezeichnet, allen fehlen mediane Queradern, und vor Mspl und Rspl liegen 3 oder mehr unregelmäßige Zellreihen. Bei den letzten beiden Gattungen ist außerdem IR_3 gegabelt, die Flügelspitzen sind transparent.
Unterscheidung der Arten Artenarme Gattung mit reliktärem Verbreitungsmuster: 2 Arten im östl. N-Amerika, 3 in O-Asien sowie 2 in Europa.
Verhalten ♂♂ beider europ. Arten zeigen ausdauernde Patrouillenflüge, wobei sie langsam in geringer Höhe dem Gewässerrand folgen und bevorzugt im Schatten fliegen. Auf der Suche nach eierlegenden ♀♀ werden Buchten und Höhlungen der Ufers, z. B. unterspülte Baumwurzeln, genau inspiziert, oft mit lägeren Schwirrphasen. Besonders *B. irene* ist häufig bis zum Einbruch der Nacht aktiv. Anders als bei *B. irene* scheinen *B.-cretensis*-♂♂ keine Reviere zu unterhalten.

K.-D. B. Dijkstra

Boyeria irene (Fonscolombe, 1838) — Westliche Geisterlibelle

Bestimmung

Allgemein ♂♂ vollführt auf der Suche nach ♀♀ charakteristische Inspektionsflüge im Schatten entlang der Ufer, beide Geschlechter sind aber v. a. ab dem frühen Abend auch regelmäßig über offenem Gelände zu sehen, wo sie oft bis in die Abenddämmerung im Zickzackflug nach Beute jagen. Neben Hinweisen durch das typische Verhalten lässt sie sich im größten Teil ihres Verbreitungsgebiets schon anhand von Gattungsmerkmalen bestimmen und ist kaum zu verwechseln (s. o.).
Merkmale im Feld GL 63–71 mm, Ab 44–48 mm, HF 39–45 mm. In der Größe zw. *Aeshna mixta* und *A. cyanea* stehend und etwa *A. isoceles* entsprechend. Graubraune Grundfärbung mit nur recht schwach kontrastierenden, grauen oder grau-gelblichen bis -grünlichen Flecken. Färbungsmuster jedoch charakteristisch, und grau-grüne Basen von S2–9 und ebenso gefärbte OS von S9–10 aus der Entfernung wie 5–7 Ab-Ringe und ein Schlusslicht wirkend. Frons oberseits mit verschwommenem, schwarzem Fleck. Augen grün.
Merkmale in der Hand Siehe Gattungsbeschr.
Varianten Ausdehnung der schwarzen Flügelzeichnung variiert. ♀♀ treten in 2 Formen auf: *Forma typica* hat lange Anhänge (rund 6 mm, 3× so lang wie S10), während sie bei f. *brachycerca* nur rund 2 mm lang sind (so lang wie S10). Die typische Form ist trotz ihres Namens seltener und macht je Population max. ½ der ♀♀ aus.

Vorkommen

Verbreitung/Status Westmediterraner Endemit, der regional recht häufig sein kann. Hochgradig isolierte, aber große Population lebt an der Örtze in N-Deutschland.
Habitat Bäche und Flüsse mit schattigen Ufern. In der Schweiz auf große Voralpenseen beschränkt.
Flugzeit Ende Juni–Ende September, mit Schwerpunkt im Juli und August.

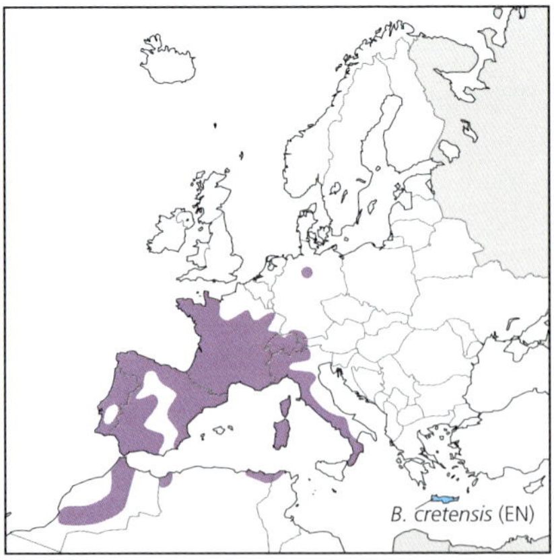

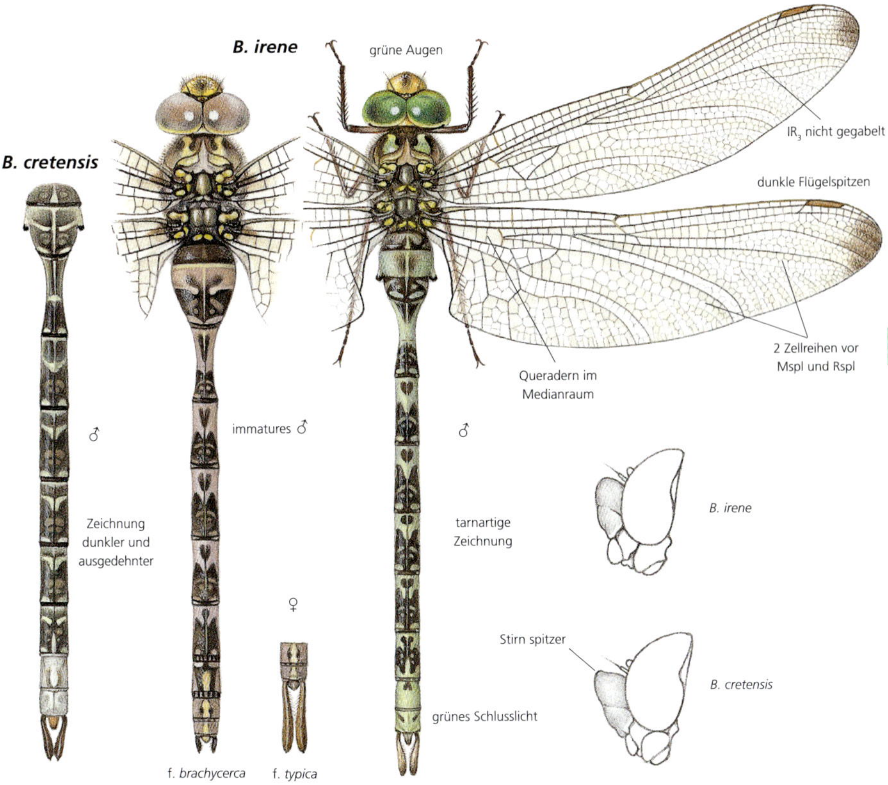

Boyeria cretensis Peters, 1991 — Kretische Geisterlibelle

Bestimmung

Allgemein Diese auf Kreta endemische Art ähnelt stark ihrem westl. Pendant *B. irene*. 1850 auf Kreta entdeckt, wurde ihr Status als eigenständige Art erst 141 Jahre später erkannt.

Merkmale im Feld GL 69–71 mm, Ab 45–49 mm, HF 44–47 mm. Durchschnittlich etwas größer als *B. irene*. Geschlechtsreifes ♂ mit grünen Augen, die mit dem dunklen, matt gefärbten Körper kontrastieren. Grundfärbung etwas gedeckter, dunkle Zeichnung v. a. auf S2–8 ausgedehnter als bei *B. irene*, das grau-gelbliche (weniger grüne) Fleckenmuster im Vergleich zu dieser deutlich reduziert, das Abdomen daher aus der Entfernung weniger geringelt wirkend.

Merkmale in der Hand Die Unterschiede zu *B. irene* sind nur geringfügig: (1) Pterostigmata der Hinterflügel 4–5 mm statt unter 4 mm; (2) Flügel durchschnittlich stärker geadert; (3) Frons etwas spitzer und stärker vorgewölbt (Seitenansicht); (4) Dorsalleiste der ♂ oberen Anhänge vor dem Ende nicht erhaben.

Varianten Anders als bei *B. irene* wurde die ♀ Form mit langen Anhängen nicht gefunden.

Vorkommen

Verbreitung/Status Nur auf Kreta (blau auf Karte S. 184), dort selten und schwer zu beobachten. Die wenigen, ständig wasserführenden Bäche Kretas leiden unter Verschmutzung und stehen unter hohem Nutzungsdruck durch touristische Infrastrukturprojekte und Landwirtschaft, weshalb diese Art, deren gesamter Bestand auf 15 Flusstäler beschränkt ist, inzwischen akut gefährdet ist.

Habitat Felsige, durch Galleriewälder beschattete Bäche.

Flugzeit Mai–Oktober, hpts. aber wohl im Juli und August.

Caliaeschna Selys, 1883 Schattenlibellen

Caliaeschna microstigma (Schneider, 1845) Schattenlibelle

◀ *Caliaeschna microstigma* ♂.

Bestimmung

Allgemein Kleine, schlanke Aeshnidae, deren Artnamen auf das ungewöhnlich kurze Pterostigma hinweist. Ähnlich *Boyeria* vorzugsweise dämmerungsaktiv und schattenliebend, aber deutlich kleiner als diese und kontrastreicher gezeichnet.

Merkmale im Feld GL 50–60 mm, Ab 39–47 mm, HF 35–41 mm. Im Gebiet kleinste Art der Familie. Pterostigma sehr dunkel und kurz (max. 2 mm) und nur über 2 Zellen stehend. Geschlechtsreife ♂♂ braunschwarz, mit klarer, hellblauer Zeichnung, gewöhnlich mit wie eine 7 geformten Antehumeralstreifen. Blaue Flecke auf S1–7 schmal, auf S8–10 breiter und dorsal teilweise verschmolzen und wie ein Schlusslicht wirkend. ♀♀ brauner und stärker gelblich gezeichnet. Frons weißlich, mit kontrastierendem, schwarzem Querbalken. Andere kleine Aeshnidae (z. B. *Aeshna mixta, Brachytron pratense*) unterscheiden sich durch Habitatpräferenzen und Verhalten.

Merkmale in der Hand Wie *Brachytron* vor Mspl und Rspl mit 1 einzigen Zellreihe, aber anders als *Boyeria* (gew. 2 Reihen) und *Aeshna* (3 oder mehr unregelm. Reihen). Medianraum zw. Arculus und Basis) aller Flügel mit Queradern, ein Merkmal, das nur mit *Boyeria* geteilt wird. Ader IR_3 gegabelt, wie bei *Aeshna* und *Brachytron* (bei *Anax* und *Boyeria* ungegabelt). ♀ Anhänge sehr kurz und stummelig. Basalstück des Ovipositors auffallend lang und dornartig hervorragend.

Varianten Östliche Populationen können deutlich dunkler sein, mit Antehumeralstreifen, die zu winzigen Punkten reduziert sind.

Verhalten Ähnlich wie *Boyeria* patrouillieren ♂♂ niedrig und langsam die schattigen Bachufer entlang und suchen jeden Winkel nach ♀♀ ab. Hauptsächlich am Spätnachmittag und in der Abenddämmerung aktiv. Jagt in der Dämmerung in Gruppen in raschem, unstetem Flug über Bächen und an Bäumen.

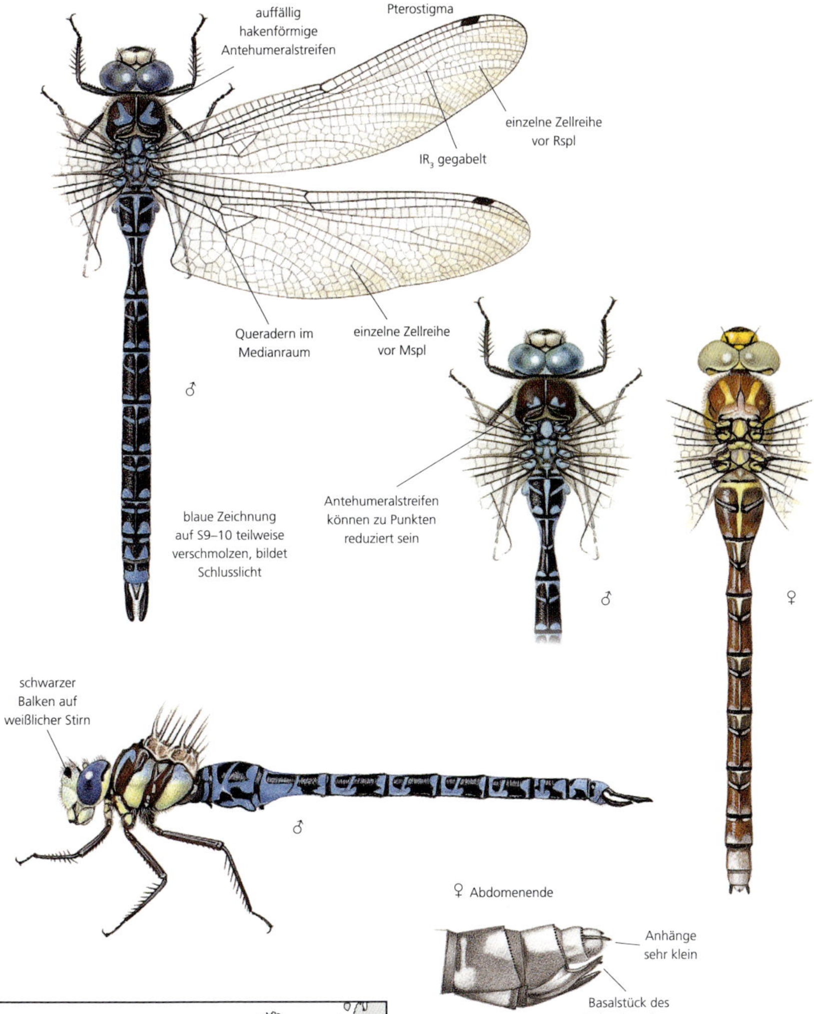

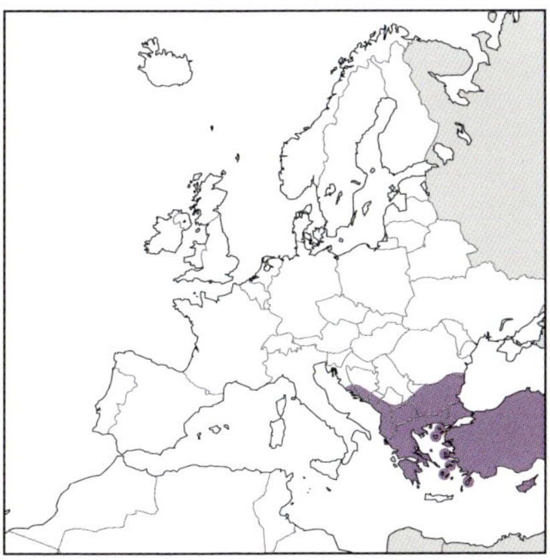

Vorkommen

Verbreitung/Status Nach O über den Kaukasus bis Afghanistan verbreitet. Fehlt auffälligerweise auf Kreta, wo sie ökologisch von *Boyeria cretensis* ersetzt wird. Im größten Teil ihres Verbreitungsgebiets häufig.

Habitat An schattigen, oft schnell strömenden Bächen.

Flugzeit Mitte Mai–August, gelegentlich bis Oktober.

K.-D. B. Dijkstra

Gomphidae

Gomphus Leach, 1815 & *Stylurus* Needham, 1897 — Keiljungfern

Bestimmung

Beschreibung Mittelgroße Libellen und *Stylurus* Needham, 1897 mit gelbem bis grünlichem, schwarz gezeichnetem Körper. Charakteristisch ist die fast durchgehende gelbe Linie, die sich mediodorsal von S1–S7 oder sogar bis S10 zieht. Hinterflügel ohne Analschleife und mit durchgehender senkrechter Ader zwischen Subtriangel und Hinterrand. Abdomen der meisten Arten keulenförmig verdickt, doch ohne seitliche, blattartige Ausstülpungen am Abdomenende. ♂ obere Anhänge recht kurz (etwa so lang wie S10) und deutlich nach außen weisend. Unterer Anhang nur wenig kürzer; dessen Äste werden bei Aufsicht weitgehend von den oberen verdeckt. Die Anhänge sind grundsätzlich kurz und in Aufsicht gespreizt, wodurch sie sich von den anderen Gomphiden des Gebietes unterscheiden (s. u.).

Unterscheidung von anderen Gattungen Mit Ausnahme von *Lindenia* und *Paragomphus* sind die Gomphiden des Gebiets in Größe und Gesamteindruck recht ähnlich. ♂♂ dieser beiden Gattungen tragen blattartige Ausstülpungen am Abdomenende und haben lange, parallele obere Anhänge. *Ophiogomphus* und *Onychogomphus* haben eine Analschleife und nach innen gebogene obere Anhänge, die die parallelen Äste des unteren Anhangs nicht verdecken. Zudem sind die ♂ Anhänge bei *Onychogomphus* lang und pinzettenartig, und das Abdomen erscheint geringelt oder gefleckt statt gestreift. Im Feld ist eine Verwechslung mit *Ophiogomphus* am wahrscheinlichsten, geschlechtsreife Imagines sind wegen der leuchtenden Grünfärbung von Kopf und Thorax sowie der gelben oberen Anhänge jedoch unverwechselbar. ♀♀ und Immature *Gomphus* und *Stylurus* können an Libellulidae erinnern, v. a. an *Orthetrum cancellatum*.

Unterscheidung der Arten Alle 9 Arten der Gattungen *Gomphus* und *Stylurus* können miteinander verwechselt werden. *Stylurus* ist eine überwiegend nordamerikanische Gattung mit nur wenigen Arten in Eurasien. Bis vor Kurzem wurden die letztgenannten gewöhnlich zu *Gomphus* gestellt, aber ihre lange vermutete Nähe zu *Stylurus* wurde nun genetisch belegt. Außerdem unterscheiden sie sich von *Gomphus* in subtilen Merkmalen wie schlankeren, spitzeren posterioren Hamuli und deutlich gestreckteren Larven mit fast hakenlosen Beinen, einer Anpassung für das Graben in Weichsedimenten. *G. schneiderii, G. lucasii* und *S. ubadschii* ähneln besonders stark ihren weiter verbreiteten Pendants *(G. vulgatissimus, G. simillimus, S. flavipes)*, die Arten des jeweiligen Paares sind geografisch jedoch (weitgehend) getrennt. Ein tabellarischer Schlüssel, der auf der Zeichnung beider Geschlechter und der Verbreitung basiert, findet sich gegenüber. Zur sicheren Bestimmung ist jedoch ein sorgfältiger Vergleich erforderlich, am besten in der Hand. Die Form der ♂ Anhänge und der ♀ Legescheide liefern wichtige Hinweise, diese sind insgesamt aber recht einheitlich. Ein wichtigeres und immer eindeutiges Bestimmungsmerkmal ist dagegen die Form der posterioren Hamuli des ♂.

Verhalten Meist relativ scheu. Die oft zahlreich an Flussufern zu findenden Exuvien stehen oft in keinem Verhältnis zu den wenigen vor Ort zu beobachtenden Imagines. Nach dem Schlupf reifen die Imagines in der Umgebung (Feldflur, Busch- und Brachland) heran. In der Fortpflanzungszeit nutzen die ♂♂ Äste oder Felsen am Ufer als Sitzwarte und warten dort auf die ♀♀, doch an größeren Flüssen fliegen sie auch ausdauernd über der Flussmitte (v. a. *S. flavipes*, aber auch *G. vulgatissimus*) oder

◀ *Gomphus pulchellus*, Paarungsrad. Die schwarzgelbe Färbung ist charakteristisch für alle *Gomphus* und *Stylurus*.

suchen gezielt die Ränder ab *(G. pulchellus)*. ♀♀ sind oft besonders scheu, fliegen im schnellen Flug aufs offene Wasser hinaus, oft zur Flussmitte, und setzen durch nur ein- oder mehrmaliges «Dippen» zahlreiche Eier auf der Wasseroberfläche ab.

F. Suhling & O. Müller

Tabellarischer Schlüssel zu den *Gomphus*- und *Stylurus*-Arten

Antehumeralstreifen: gelbe Binde zwischen 2. und 3. schwarzer Linie, vom Kopf aus gezählt
Humeralstreifen: 3. schwarze Linie, entlang der Humeralnaht verlaufend
Interpleuralstreifen: 4. schwarze Linie, direkt vor dem Metastigma
Metapleuralstreifen: 5. schwarze Linie, direkt hinter dem Metastigma

<table>
<tr><th>S8–9</th><th>Gelbe Streifen auf Beinen</th><th>Ante-humeral-/ Humeral-streifen</th><th>Bestimmungsmerkmale der Thoraxzeichnung (siehe Hinweispfeile auf Abb. unten)</th><th>Verbreitung</th><th>Art</th></tr>
<tr><td rowspan="2">dorsal meist schwarz</td><td rowspan="2">meist keine</td><td rowspan="2">schmaler bis gleich</td><td rowspan="6">keine</td><td>Europa</td><td>G. vulgatissimus</td></tr>
<tr><td>Türkei, S-Balkan</td><td>G. schneiderii</td></tr>
<tr><td rowspan="7">mit gelbem Mittel-streifen</td><td>Femora</td><td>schmaler</td><td>Frankreich, Ib. Halbinsel</td><td>G. graslinii</td></tr>
<tr><td rowspan="6">Femora + Tibien</td><td rowspan="2">gleich</td><td>Türkei</td><td>G. davidi</td></tr>
<tr><td>SW-Europa, Marokko</td><td>G. simillimus</td></tr>
<tr><td rowspan="4">breiter</td><td>Algerien, Tunesien</td><td>G. lucasii</td></tr>
<tr><td>Interpleuralstreifen nicht direkt über dem Metastigma blind endend, sondern voll-ständig, von der VF-Basis bis zum mittleren Bein</td><td>W-Europa</td><td>G. pulchellus</td></tr>
<tr><td rowspan="2">Metapleuralstreifen auf Höhe des Metastigmas nicht ge-gabelt; Antehumeralstreifen ventral nicht durch Schwarz begrenzt, erstreckt sich daher bis zum mittleren Bein</td><td>Europa</td><td>S. flavipes</td></tr>
<tr><td>Türkei</td><td>S. ubadschii</td></tr>
</table>

G. vulgatissimus

S. flavipes

S. ubadschii

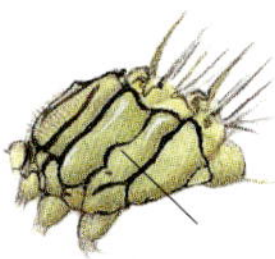

G. pulchellus

G. graslinii

G. davidi

G. lucasii

G. simillimus

Gomphus vulgatissimus Gemeine Keiljungfer

(Linnaeus, 1758)

Bestimmung

Allgemein Im Großteil des Gebiets der häufigste und am weitesten verbreitete *Gomphus*. Er ist dunkler als alle anderen Arten und zeigt eine grünere Grundfärbung.

Merkmale im Feld GL 45–50 mm, Ab 33–37 mm, HF 28–33 mm. Kräftiger und dunkler als Gattungsverwandte, mit dickem, keulenförmigem Abdomen. Wichtige Merkmale sind: (1) Beine i. d. R. komplett schwarz; (2) S8–10 i. d. R. dorsal schwarz, ohne gelben Mittelstreifen; (3) bei älteren ♂♂ wird die gelbe Grundfärbung deutlich grün, während andere Arten (grünlich) gelb bleiben; (4) bei Geschlechtsreife Augen (blau-)grün. Ein weiteres, oft beigezogenes, aber nicht immer verlässliches Merkmal ist: heller Antehumeralstreifen schmaler als Humeralstreifen und anteriorer schwarzer Streifen. ♂♂ von *G. graslinii, G. pulchellus, G. simillimus* und *S. flavipes*, die alle mit *G. vulgatissimus* zusammen auftreten können, zeigen bei Geschlechtsreife blaue Augen; zudem Femora und Oberseite von S8–10 gelb gestreift. *G. vulgatissimus* ähnelt am stärksten dem gewöhnlich blauäugigen *G. schneiderii*, deren Verbreitungsgebiete sich auf dem S-Balkan überschneiden (s. diese Art).

▲ *Gomphus vulgatissimus,* älteres ♂: Die gelbe Grundfärbung ist deutlich grün.

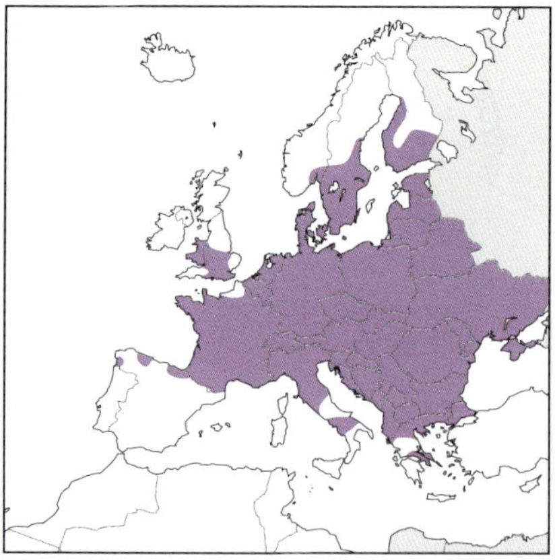

Merkmale in der Hand ♂ Analdreieck i. d. R. mit 4 oder mehr Zellen, bei anderen *Gomphus*- und *Stylurus*-Arten hingegen gewöhnlich nur 3.

Varianten Hybridisiert mit *G. schneiderii* in einer breiten Kontaktzone auf dem S-Balkan und macht dort eine Artbestimmung oft unmöglich.

Verhalten ♂♂ sitzen auf Pflanzen und Felsen an der Uferböschung. Beide Geschlechter bleiben gewöhnlich in Gewässernähe, können sich aber auch in benachbarte Baumkronen zurückziehen, wo sie schwer zu finden sind.

Vorkommen

Verbreitung/Status Im größten Teil N- und Mitteleuropas der häufigste *Gomphus*, nach O bis ins Westsibirische Tiefland verbreitet.

Habitat Mittel- und Unterläufe von Flüssen und Bächen. Bevorzugt ruhige Strömung und sandige Gewässersohlen (z. B. Bäche im Tiefland und kleine Flüsse), meidet kleine, schnell strömende Gewässer mit steiniger Sohle. Lokal sehr häufig in Stauseen und Kiesgruben.

Flugzeit Im S des Verbreitungsgebiets April–Juni, im N Juni–August. Schlüpft i. d. R. in großer Zahl während einer kurzen Periode im Frühjahr, gefolgt von einer kurzen Flugzeit; in Mitteleuropa Schlupfhöhepunkt Anfang Mai.

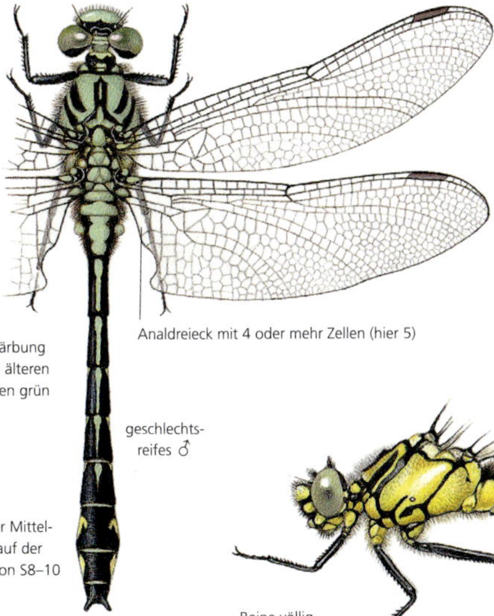

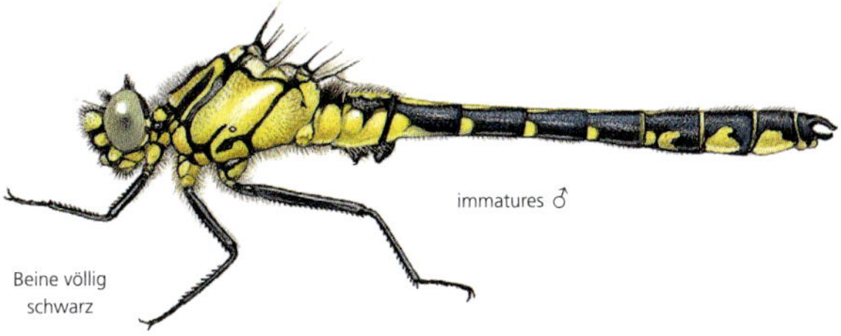

immatures ♂

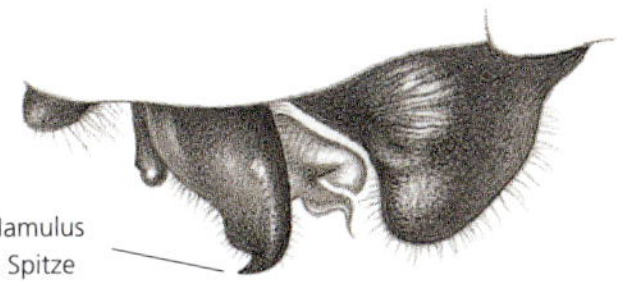

♂ sekundärer Kopulationsapparat

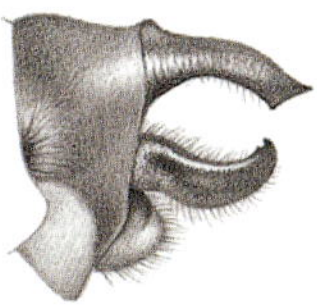

♂ Anhänge (Seitenansicht)

♀

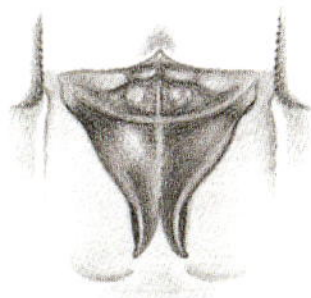

♀ Legescheide

Gomphus schneiderii Selys, 1850 — Türkische Keiljungfer

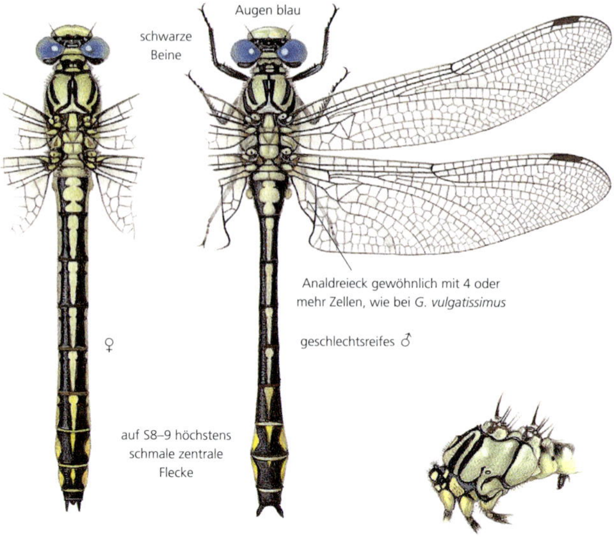

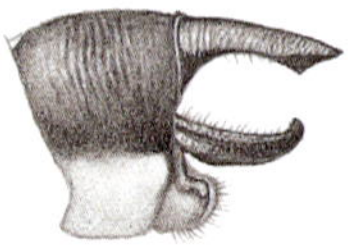

♂ Anhänge (Seitenansicht)

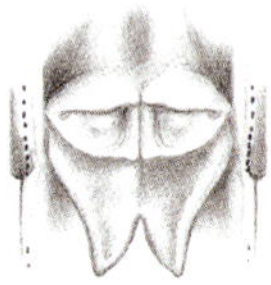

♀ Legescheide

Bestimmung

Allgemein Ersetzt *G. vulgatissimus* in der Türkei und auf dem S-Balkan *G. schneiderii* ist satter gelb gefärbt, hat blauere Augen und erinnert daher im Gesamteindruck eher an andere *Gomphus*-Arten. Doch beide Arten variabel und wohl nur über ♂ Anhänge und ♀ Legescheide unterscheidbar, obwohl auch diese beiden Merkmale nur sehr schwach unterschieden. Dies und die starke Hybridisierung in einem Gebiet von Montenegro bis Thrakien legen nahe, dass die beiden wieder zu einer Art zusammengefasst werden müssten, sofern kein Beleg der genetischen Sonderung erbracht werden kann.

Merkmale im Feld GL 40–48 mm, Ab 30–34 mm, HF 29–31 mm. Zumeist kleiner und schlanker als *G. vulgatissimus*, Augen geschlechtsreifer ♂♂ eher blau als grünlich, ansonsten dieser Art sehr ähnlich. Im Gegensatz zu *G. vulgatissimus* kann gelber Antehumeralstreifen breiter als schwarzer Humeralstreifen und anteriorer schwarzer Streifen sein, doch ist dies kein verlässliches Bestimmungsmerkmal. ♀♀ können ausgedehnter gelb gezeichnet sein und z. B. gelb gestreifte Beine zeigen ähnlich wie bei anderen *Gomphus*- oder *Stylurus*-Arten, z. B. *G. davidi* und *S. ubadschii,* mit denen die Art gemeinsam in der Türkei vorkommt (s. diese Arten).

Merkmale in der Hand Strukturell grundsätzlich sehr ähnlich wie bei *G. vulgatissimus*, die ♂ Anhänge sind in der Form bemerkenswerterweise tendenziell stark jenen von *G. simillimus* angenähert.

Vorkommen

Verbreitung/Status Vom S-Balkan über den Kaukasus bis Iran und Libanon. In der Türkei und Südgriechenland recht weit verbreitet.

Habitat Ähnlich wie *G. vulgatissimus* an Flüssen und Bächen, aber auch an Rinnsalen und großen Seen.

Flugzeit April–Juli, am häufigsten im Mai und Juni.

Gomphus graslinii Rambur, 1842 Französische Keiljungfer

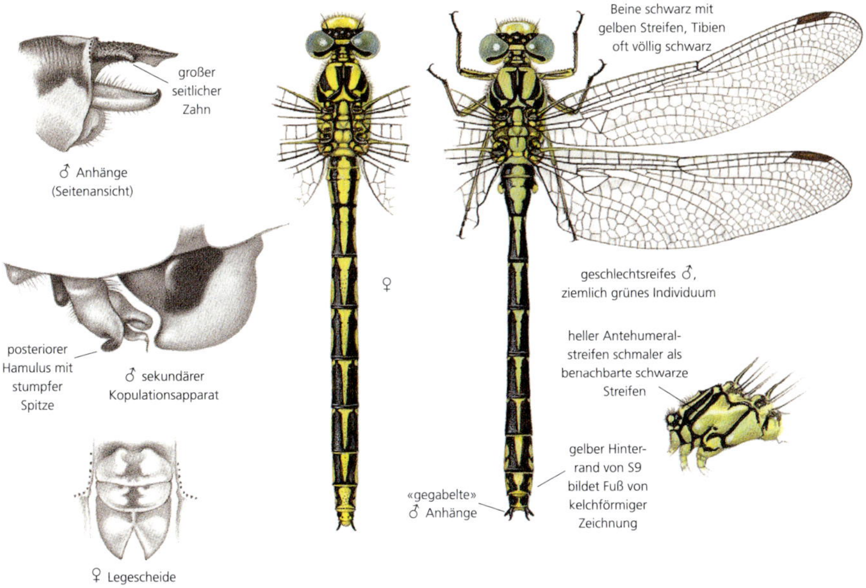

Bestimmung

Allgemein Auf Frankreich, Spanien und Portugal beschränkte Art, die durch leuchtend gelbe Grundfärbung und auffällig gezähnte ♂ Anhängen oft schon aus einiger Entfernung zu bestimmen ist.

Merkmale im Feld GL 47–50 mm, Ab 33–38 mm, HF 27–30 mm. Hinterer Abdomenbereich nur schwach keulenförmig und S8–9 nur leicht verbreitert. Am kontrastreichsten gefärbter *Gomphus* mit leuchtend gelbem Körper, klarer schwarzer Zeichnung und leuchtend blauen Augen. Schwarze Zeichnung ausgedehnter als jene der im selben Gebiet vorkommenden *G. simillimus* und *G. pulchellus*, insgesamt aber noch gelber als *G. vulgatissimus* (s. diese Arten). (1) Gelber Antehumeralstreifen deutlich schmaler als Humeralstreifen und anteriorer schwarzer Streifen; dorsales Ende des Letzteren oft mit schwarzer Zeichnung entlang des medio-dorsalen Kiels verbunden. Bei *G. simillimus* sind schwarzer Humeralstreifen, gelber Antehumeralstreifen sowie zu diesem anterior liegender schwarzer Streifen etwa gleich breit, und Letzterer ist nicht mit schwarzer Zeichnung entlang des medio-dorsalen Kiels verbunden; (2) S9 des ♂ mit gelbem Hinterrand, der wie der Fuß einer zentralen, kelchförmigen, gelben Zeichnung wirkt. S9 bei *G. vulgatissimus* meist dorsal völlig schwarz, bei *G. simillimus* der Hinterrand von S9 schwarz, auch wenn die zentrale gelbe Zeichnung manchmal bis dorthin reicht; (3) Beine schwarz, norm. nur Femora gelb gestreift. *G. simillimus* zeigt immer auch gestreifte Tibien, *G. vulgatissimus* in der Regel komplett schwarze Beine.

Merkmale in der Hand ♂ obere Anhänge mit je einem großen seitlichen Zahn, wodurch diese gegabelt wirken. Dieses unverkennbare Merkmal ist oft auch schon mit dem Fernglas zu erkennen. Der charakteristisch geformte posteriore Hamulus weist eine vorstehende, aber stumpfe Spitze auf. Diese Spitze ist bei *G. vulgatissimus* und *G. similli-*

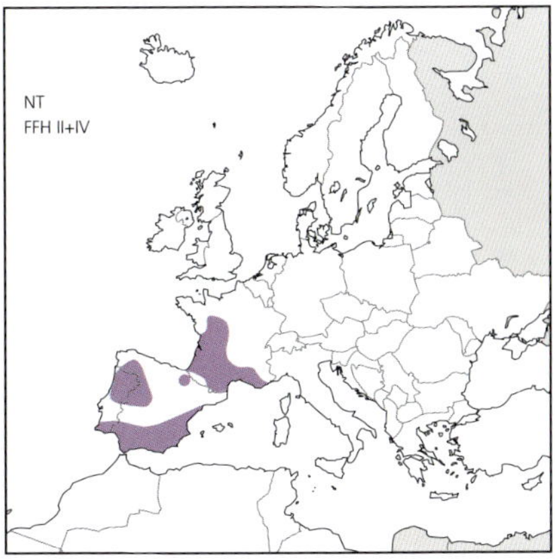

mus sehr scharf, bei *G. pulchellus* hingegen klein und verborgen.

Vorkommen

Verbreitung/Status Endemisch in SW-Frankreich (lokal häufig) und auf der Iberischen Halbinsel (weit verbreitet, aber ziemlich selten). Aufgrund beschränkter Verbreitung und zunehmenden anthropogenen Nutzungsdrucks auf Fließgewässerhabitate wird *G. graslinii* global auf der Vorwarnliste geführt.

Habitat Größere Flüsse mit langsamer Strömung, auch aufgestaute Bereiche.

Flugzeit In Frankreich Mitte Juni–Ende August, auf der Iberischen Halbinsel regional vermutlich etwas früher. Alle anderen gemeinsam vorkommenden *Gomphus*-Arten haben eine frühere Flugzeit (obwohl auch *Stylurus flavipes* spät fliegt).

Gomphus simillimus Selys, 1840 — Gelbe Keiljungfer

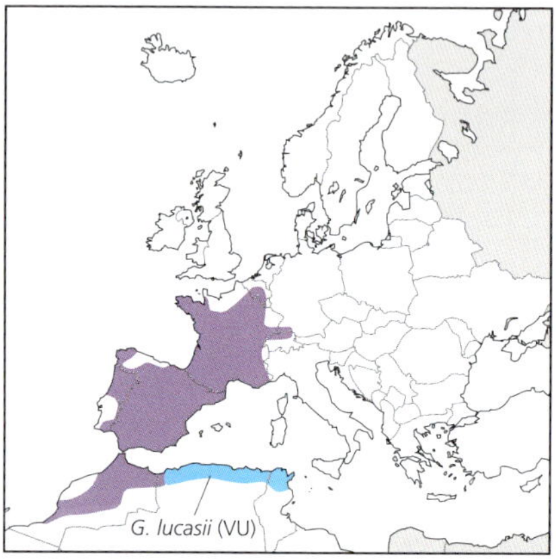

Bestimmung

Allgemein Diese leuchtend gelbe *Gomphus*-Art ist ein Endemit NW-Afrikas und SW-Europas, wo sich sein Verbreitungsgebiet mit jenen von 3 Gattungsverwandten und *S. flavipes* überschneidet. Legescheide des ♀ in Form und Größe unverkennbar.

Merkmale im Feld GL 45–50 mm, Ab 33–36 mm, HF 29–33 mm. Gemeinsam vorkommende *Gomphus*- und *Stylurus*-Arten lassen sich wie

▼ *Gomphus simillimus*, geschlechtsreifes ♂ mit gelber Mittellinie auf S8–9, keulig verdicktem Abdomenende sowie dem Antehumeralstreifen, der etwa genauso breit ist wie der schwarze Humeralstreifen.

♀

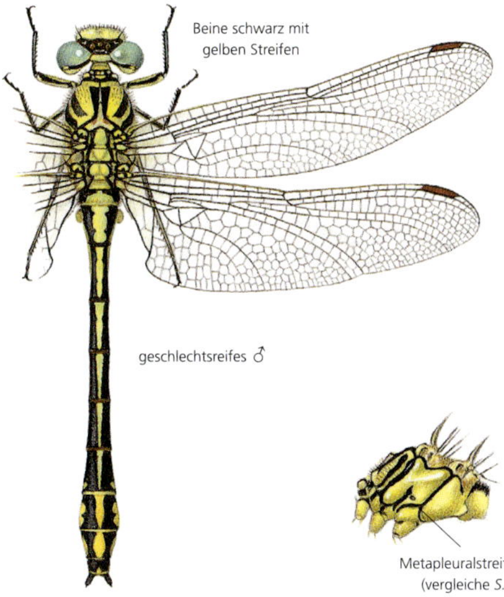

Beine schwarz mit gelben Streifen

geschlechtsreifes ♂

Metapleuralstreifen gegabelt (vergleiche *S. flavipes*)

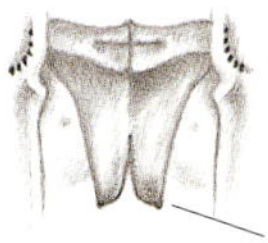

lange Legescheide mit stumpfer Spitze

♀ Legescheide

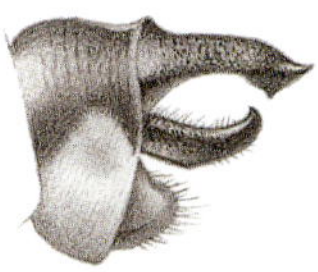

♂ Anhänge (Seitenansicht)

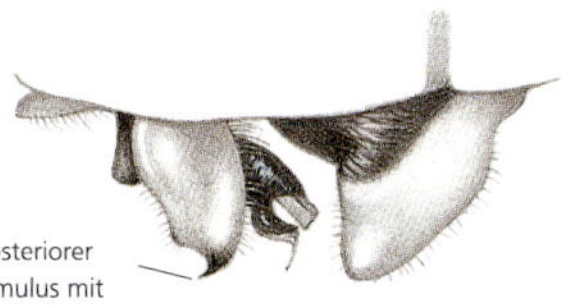

posteriorer Hamulus mit scharfer Spitze

♂ sekundärer Kopulationsapparat

folgt ausschließen (siehe Details bei den einzelnen Arten): (1) *G. vulgatissimus* ohne gelbe Streifen auf den Beinen und ohne gelbe Mittellinie auf S8–9. Geschlechtsreife ♂♂ mit grünlicher Grundfärbung und grünen (nicht blauen) Augen. (2) *G. pulchellus* heller und matter, Abdomenende kaum keulenförmig verdickt und mit durchgehenden Interpleuralstreifen. (3) *S. flavipes* auf Thoraxvorderseite links und rechts des medio-dorsalen Kiels jeweils mit hellem, ovalem und geschlossen schwarz umrandetem Fleck sowie ungegabelten Metapleuralstreifen. (4) *G. graslinii* ♂ obere Anhänge «gegabelt» und deutlichere schwarze Thoraxzeichnung. *G. lucasii* ist *G. simillimus* grundsätzlich sehr ähnlich und kann im marokkanisch-algerischen Grenzgebiet zu Verwechslungen führen (s. diese Art).

Merkmale in der Hand ♂ Anhänge und posteriore Hamuli sehr ähnlich jenen von *G. vulgatissimus*, ♀ Legescheide jedoch länger (etwa ½ so lang wie S9) und mit weniger spitzen Loben.

Verhalten ♂♂ sitzen gerne auf pflanzlichem Substrat wie Hochstauden oder Ästen.

Varianten Wie bei allen Gomphidae ist die schwarze Zeichnung in heißen, ariden Gebieten tendenziell reduziert, so auch bei maghrebinischen Populationen, die manchmal als Unterart *maroccanus* abgetrennt werden.

Vorkommen

Verbreitung/Status Verbreitung weitgehend auf Frankreich, Spanien, Portugal und Marokko beschränkt und dort recht häufig. In Mitteleuropa kommt die Art nur isoliert am Hochrhein im deutsch-schweizerischen Grenzgebiet sowie lokal am südlichen Oberrhein vor. Allgemein rückläufig, wird global auf der Vorwarnliste geführt.

Habitat Breites Spektrum von Fließgewässern, von großen, langsamen Flüssen und ihren Seitenarmen bis zu schneller fließenden Gebirgsbächen, wo die Larven in strömungsberuhigten Abschnitten leben.

Flugzeit In Frankreich Anfang Mai–Ende Juli, im Süden früher; Schlupf beginnt z. B. in Marokko Anfang April. Die Rheinpopulation schlüpft hingegen erst im Juli.

Gomphus lucasii Selys, 1849 — Atlas-Keiljungfer

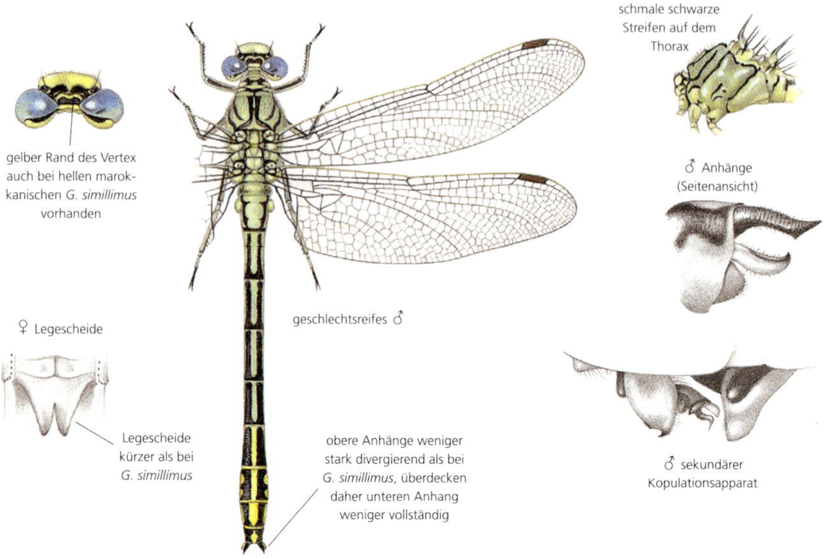

▲ *Gomphus lucasii* ♂.

Bestimmung

Allgemein Ersetzt *G. simillimus* in Tunesien und einem Großteil von Algerien, wo er die einzige Art der Gattung ist.

Merkmale im Feld GL 44–48 mm, Ab 31–40 mm, HF 28–37 mm. Sehr ähnlich *G. simillimus*, weist jedoch eine deutlich bleichere gelbe Grundfärbung auf. S 8–9 oft deutlich intensiver gelb gefärbt als basale Hälfte des Abdomens und Thorax, was den Eindruck eines gelben Schlusslichts vermittelt. Schwarze Thoraxlinien sehr dünn und gelbe Antehumeralstreifen viel breiter als schwarze Humeralstreifen und anteriore schwarze Streifen. Gelbe dorsale Längsflecke auf S8 und S9 können die apikalen Segmentränder gerade erreichen. Beine schwarz mit gelben Längslinien. Da beide Arten recht variabel sind, ist eine sichere Bestimmung fast nur in der Hand möglich.

Merkmale in der Hand ♂ obere Anhänge stärker zugespitzt und weniger stark divergierend als jene von *G. simillimus*, weshalb der untere Anhang nicht vollständig verdeckt ist (Aufsicht). ♀ im Unterschied zu *G. simillimus* mit kürzerer Legescheide und über die Ocelli emporragende, erhabene Rückseite des Vertex.

Vorkommen

Verbreitung/Status Auf Tunesien und Algerien beschränkt. Nachweise aus Marokko fragwürdig, dort bisher nur *G. simillimus* sicher nachgewiesen (s. Karte S. 194).

Habitat Den Atlas ins Mittelmeer entwässernde Bäche und Flüsse im Bereich der tieferen Lagen.

Flugzeit Schlupf mind. von März–Mai; Imagines fliegen bis Ende Juni.

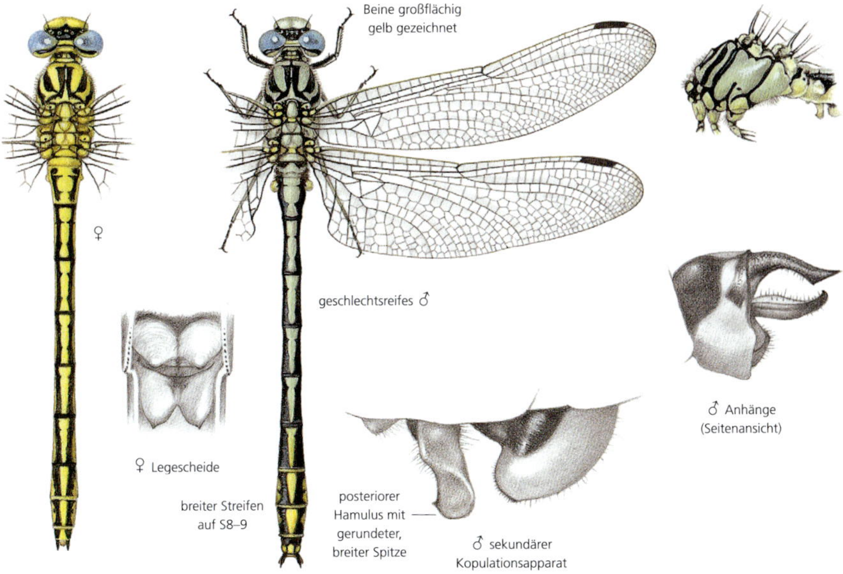

Bestimmung

Allgemein Ein weiterer *Gomphus*, der *G. simillimus* ähnelt, aber weit entfernt von dieser Art an der östlichen Mittelmeerküste vorkommt. Recht unauffällige Art, deren ♂♂ jedoch sofort anhand der abgerundeten posterioren Hamuli zu erkennen sind.

Merkmale im Feld GL 46–55 mm, Ab 35–40 mm, HF 31–35 mm. Etwas größer als der gemeinsam vorkommende *G. schneiderii* und gelber: Zumindest alle Femora weisen viel Gelb auf, und breite, fast ununterbrochene, zentrale, gelbe Streifen auf S8–9, wodurch auch der Hinterrand von S9 oft weitgehend gelb ist. Bei *S. ubadschii*, der im selben Gebiet vorkommt, ist S8–9 ebenfalls deutlich gelb, doch die entsprechenden Segmente (einschließlich S7) sind breiter und der Thorax ganz anders gezeichnet (s. bei *S. flavipes*).

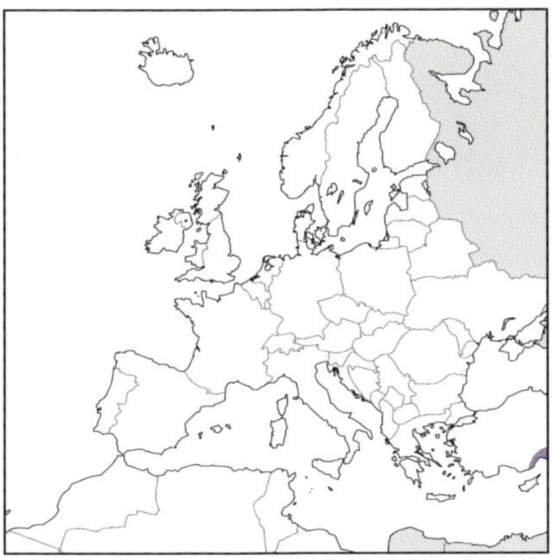

Merkmale in der Hand ♂ Anhänge und ♀ Legescheide durchaus arttypisch, allerdings als Merkmal wenig akzentuiert und der Form nach im Durchschnittsbereich der Gattung liegend. Unverwechselbar ist jedoch die runde Form des posterioren Hamulus des ♂.

Vorkommen

Verbreitung/Status Endemit des Nahen Ostens, etwa von Adana in der Südtürkei (wo er häufig ist) über das Jordantal bis Irak.

Habitat Flüsse mit eher langsamer Strömung, auch Gräben mit fast stehendem Wasser.

Flugzeit In der Türkei im Mai und Juni, anderenorts bereits ab März.

Gomphus pulchellus Selys, 1840 — Westliche Keiljungfer

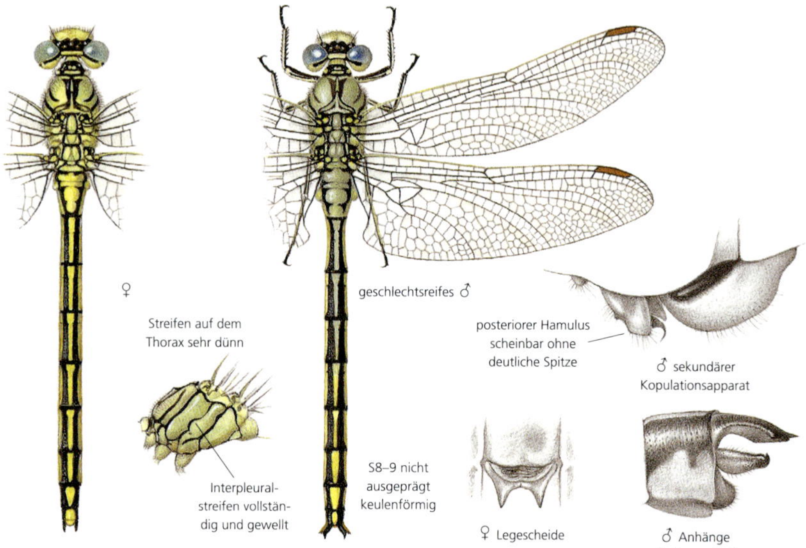

Bestimmung

Allgemein Schlanke, recht blasse Keiljungfer, die gewöhnlich ruhigere (häufig sogar stehende) Gewässer besiedelt als ihre Gattungsverwandten.

Merkmale im Feld GL 47–50 mm, Ab 34–38 mm, HF 27–31 mm. Abdomenende im Bereich S8–9 kaum keulenförmig verdickt. Grundfärbung blass hellgelb, oft mit grünlichem Anflug. Augen blass hellblau. Schwarze Thoraxlinien sehr dünn, als einzige Art der Gattung im Gebiet weist *G. pulchellus* jedoch einen vollständigen Interpleuralstreifen in Form einer durchgezogenen, schwarzen, gewellten Linie zwischen Vorderflügelbasis und mittlerem Beinpaar auf. *G. graslinii*, *G. simillimus*, *G. vulgatissimus* oder *S. flavipes* können zusammen mit *G. pulchellus* vorkommen, sind jedoch leuchtender gefärbt, zeigen ein stärker keulenförmig verdicktes Abdomenende, ein breiteres schwarzes Linienmuster auf dem Thorax mit stets direkt über dem Metastigma endendem, kurzem Interpleuralstreifen.

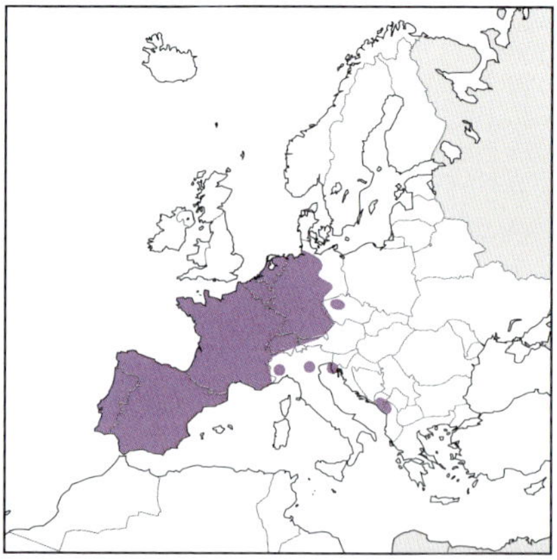

Merkmale in der Hand ♂ obere Anhänge etwas seitlich abgewinkelt (Aufsicht). I. Ggs. zu sympatrisch verbreiteten Gomphiden die Spitze des ♂ posterioren Hamulus klein und nach innen gebogen, daher von der Seite kaum zu sehen.

Verhalten ♂♂ suchen in wellenförmigem Flug längs der Uferlinie nach ♀♀. Dabei variieren sie ständig etwas die Flughöhe, bleiben aber stets nur einige Zentimeter über der Wasserfläche.

Vorkommen

Verbreitung/Status Fast-Endemit in SW-Europa und generell recht häufig. Hat sich im Lauf des 20. Jhs. nördl. und östl. des Rheins ausgebreitet, etwa bis zur Elbe, whs. in Reaktion auf die Schaffung künstlicher Habitate. Ein südöstliches Vorkommen wurde kürzlich am Skutarisee in Montenegro und Albanien entdeckt.

Habitat Langsam fließende und stehende Gewässer aller Art; meidet starke Strömung. Am häufigsten an Tieflandflüssen mit geringer Strömungsgeschwindigkeit und stehenden Seitenarmen, an temporären Tümpeln im Auenbereich und Staubecken. Im N gewöhnlich in Sand- und Kiesgruben, Fischteichen und Kanälen, aber auch an trägen Flüssen. Die Larven bewohnen sandige Bereiche, die von grobem Detritus bedeckt sein können.

Flugzeit Recht kurz und früh, schlüpft im Süden der Iberischen Halbinsel ab Anfang April oder sogar Ende März, in der Nähe der nördlichen Verbreitungsgrenze jedoch normalerweise erst ab Mai. Hier reicht die Flugzeit bis August, Höhepunkt jedoch Ende Mai und Juni.

Stylurus flavipes (Charpentier, 1825) Asiatische Keiljungfer

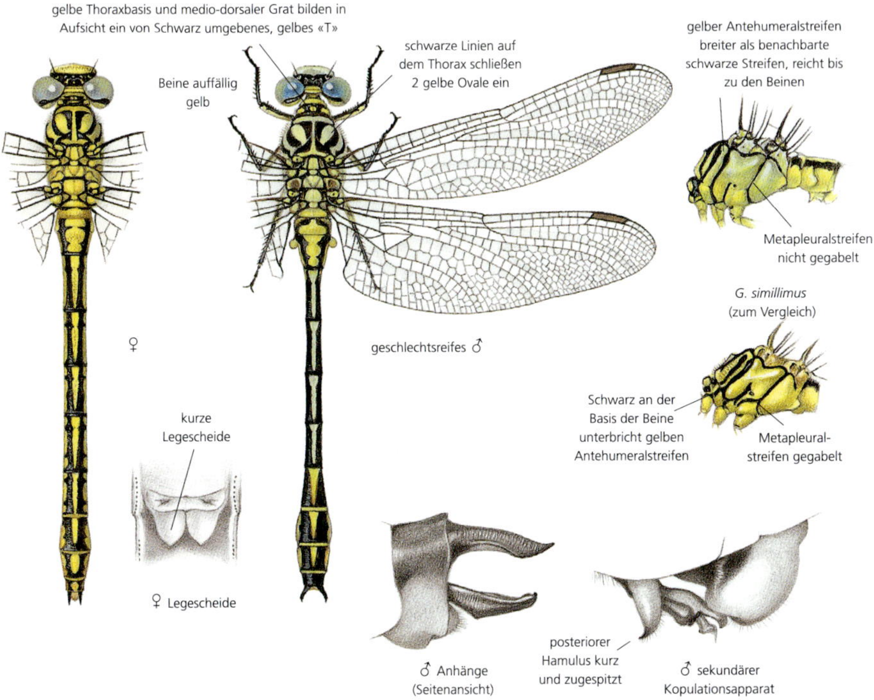

Bestimmung

Allgemein Bevorzugt große Flüsse und wird leicht übersehen. In der Türkei durch den sehr ähnlichen *S. ubadschii* ersetzt, der oft auch als Unterart von *S. flavipes* behandelt wird.

Merkmale im Feld GL 50–55 mm, Ab 37–42 mm, HF 30–35 mm. Etwas größer und mit schlankerem Abdomen als die meisten *Gomphus*-Arten, S8–9 jedoch stark verdickt und Abdomen deutlich keulig wirkend. Beine relativ gelb, wirken oft wie «gelb mit schwarzen Streifen» statt umgekehrt. Thoraxzeichnung unverwechselbar: (1) Medio-dorsaler Kiel bildet eine durchgehende gelbe Linie, die vor dem Prothorax mit quer verlaufendem, gelbem «Halsband» verbunden ist. Zusammen bilden sie ein gelbes T. (2) Der dem Antehumeralstreifen anterior liegende schwarze Streifen i. d. R. ventral sowie dorsal mit weiterem schwarzem Streifen entlang des medio-dorsalen Kiels verbunden, sodass pro Thoraxseite ein schwarz eingeschlossenes, gelbes Oval ensteht; in Aufsicht wirken diese zwei gelben Ovale wie ein Augenpaar; (3) gelber

▲ *Stylurus flavipes* ♂ mit schwarz eingeschlossenem, gelbem Oval auf der Thoraxseite.

Antehumeralstreifen ununterbrochen bis zum Mittelbeinpaar reichend und deutlich breiter sowohl als Humeralstreifen als auch als anteriorer schwarzer Streifen; (4) schwarze Metapleuralstreifen ventral nicht gegabelt. *G. simillimus* in Form und Gelbfärbung zwar ähnlich, beide Arten treffen aber nur lokal in Frankreich und SW-Deutschland aufeinander. Augen der ♂♂ blau, die der ♀♀ grünlich.
Merkmale in der Hand ♂ obere Anhänge mit relativ schlanken, sich verjüngenden Spitzen, wenn auch leicht seitlich abgewinkelt (Aufsicht). ♀ Legescheide kürzer als bei Gattungsverwandten, etwa ¼ von S9. Posteriorer Hamulus des ♂ vergleichsweise klein, sich verjüngend und zugespitzt.
Verhalten Geschlechtsreife ♂♂ patrouillieren in der Flussmitte und sind nur selten direkt am Ufer anzutreffen, ansonsten jagen beide Geschlechter gerne in der flussnahen Feldflur auf extensivem Grünland oder in Hochstaudenfluren.

Vorkommen

Verbreitung/Status Nordasiatische Art, die an großen Tieflandflüssen in O-Europa häufig ist und deren westlichste Vorkommen an den Flusssystemen von Rhone, Rhein, Loire und Po liegen. Galt im größten Teil von West- und Mitteleuropa als ausgestorben, konnte seit den 1990ern jedoch weite Teile des früheren Areals wiederbesiedeln und ist heute an Flusssystemen wie Rhein, Rhone, Elbe und Donau über weite Strecken wieder häufig. Unklar, ob diese Zunahme auf Expansion

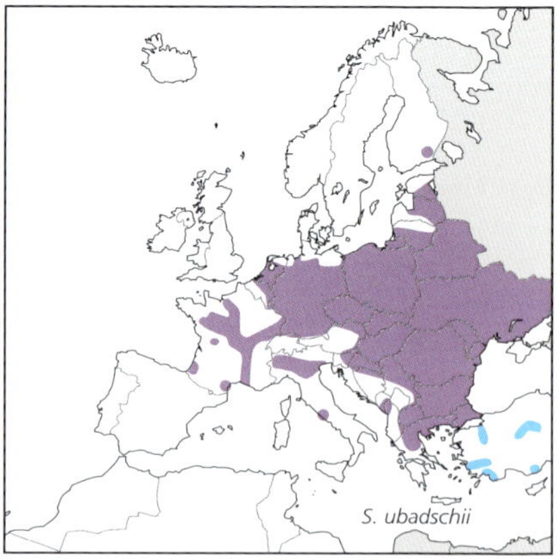

aus dem O zurückgeht oder eine Erholung bisher übersehener Reliktpopulationen widerspiegelt.
Habitat Unterläufe großer Flüsse mit geringer Strömung und sandiger Gewässersohle, wo sich die Larven flach in feines Substrat eingraben.
Flugzeit Im Vergleich zu anderen Gomphiden spät und zeitlich ausgedehnt: Anfang Juni–Anfang Oktober. Hauptschlupfzeit Juni und Juli.

Stylurus ubadschii (Schmidt, 1953) Keulen-Keiljungfer

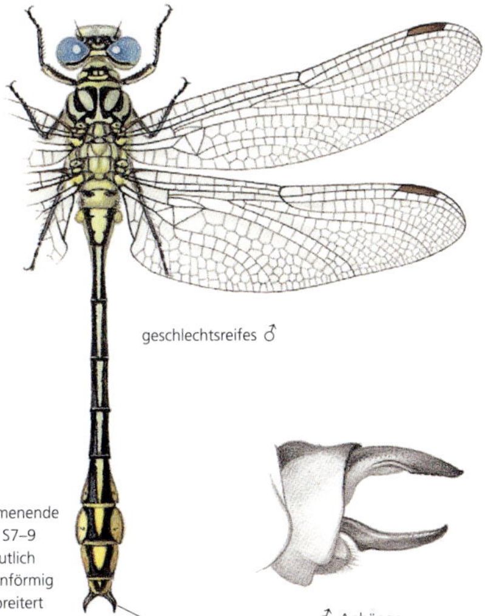

Thoraxzeichnung und sekundärer Kopulationsapparat unterscheiden sich von anderen *Gomphus* in derselben Weise wie *S. flavipes*

♂ Anhänge (Seitenansicht)

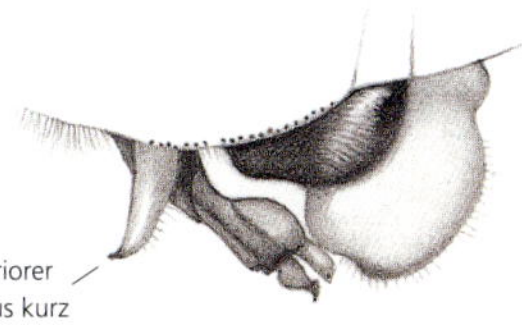

♂ sekundärer Kopulationsapparat

Bestimmung
Allgemein Ersetzt *S. flavipes* in der Türkei, im Kaukasus und in Zentralasien. Oft als Unterart von *S. flavipes* behandelt, weist jedoch v. a. hinsichtlich ♂ Anhänge sowie Form und Färbung des Ab signifikante Unterschiede zu diesem auf. Der früher oft verwendete Artname *Gomphus lineatus* wurde urspr. schon für *Paragomphus lineatus* gebraucht und ist daher nicht verfügbar.
Merkmale im Feld GL 44–51 mm, Ab 31–40 mm, HF 25–31 mm. Sehr änlich *S. flavipes*, aber etwas kleiner und das Abdomenende deutlich stärker keulig verdickt bzw. seitlich verbreitert, v. a. S7, das fast so breit ist wie S9, während es bei *S. flavipes* sichtlich schmaler als dieses ist. Zudem ist die gelbe Zeichnung auf S9–10 deutlich ausgedehnter (S10 bei *S. flavipes* meist ganz schwarz). Kommt zusammen mit *G. davidi* und *G. schneiderii* vor, unterscheidet sich jedoch von diesen u. a. durch die typische Thoraxzeichnung (s. *S. flavipes*).
Merkmale in der Hand ♂ obere Anhänge im Unterschied zu *S. flavipes* mit weitgehend gerundeten und ungewinkelten Außenrändern.
Varianten Abdominaler Gelbanteil variiert. Zentralasiatische Populationen sind dunkler als nahöstliche.

Vorkommen
Verbreitung/Status Von der Türkei über den Kaukasus bis Syrien, Iran und nach Zentralasien verbreitet. Berichte über Funde aus Thrakien und von Lemnos sind überprüfungsbedürftig.
Habitat Ähnlich *S. flavipes* an den Unterläufen größerer Flüsse mit sandiger Gewässersohle.
Flugzeit Mai–Anfang August.

Ophiogomphus Selys, 1854 **Flussjungfern**

Ophiogomphus cecilia (Fourcroy, 1785) Grüne Flussjungfer

Bestimmung

Allgemein Einziger Vertreter der Gattung im Gebiet. Gesamterscheinung ähnlich den *Gomphus*- und *Stylurus*-Arten, ist aber größer und massiger und durch apfelgrünen Kopf und Thorax sowie schwarz-gelbes Abdomen charakteristisch 3-farbig gezeichnet. An vielen sandigen Tieflandflüssen ist diese Art die typische Flussjungfer des Hochsommers.

Merkmale im Feld GL 50–60 mm, Ab 37–42 mm, HF 30–36 mm. Größer und kräftiger als die *Gomphus*- und *Stylurus*-Arten und nach *Lindenia tetraphylla* die größte und schwerste Gomphide des Gebiets. S8–9 des ♂ seitlich deutlich verbreitert und Abdomende keulig verdickt wirkend. Kopf, Augen, Thorax und S1–2 auffällig hellgrün, mit dünner schwarzer Zeichnung. Abgesehen vom grünlichen und grünäugigen *G. vulgatissimus* haben alle *Gomphus*- und *Stylurus*-Arten einen gelblichen Kopf und Thorax und bei Geschlechtsreife kontrastierende blaue Augen. Thoraxmuster ähnelt dem von *Gomphus pulchellus* und v. a. *G. simillimus*. S3–10 mit hellgelber dorsaler Zeichnung. Diese ist weniger linienförmig und stärker 3-eckig als bei *Gomphus*- und *Stylurus*-Arten, aber nicht so kurz und breit wie bei den *Onychogomphus*-Arten im selben Verbreitungsgebiet. I. Ggs. zu *Gomphus* und *Stylurus* sind die oberen Anhänge gelb, nicht schwarz. Beine gelb, mit nur dünnen schwarzen Streifen. Frisch geschlüpfte Exemplare sind noch nicht grün und am besten in der Hand zu bestimmen.

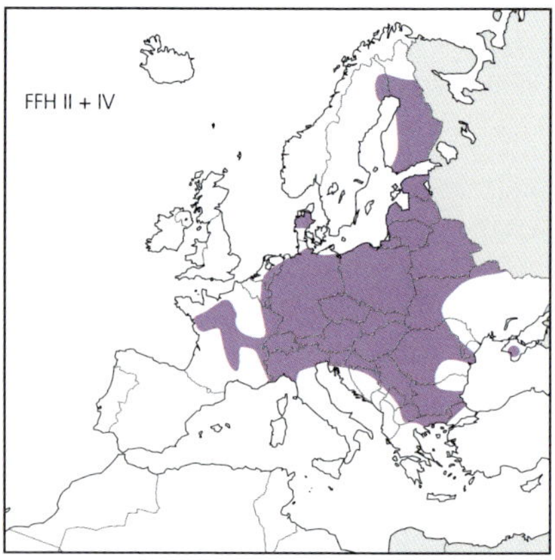

Merkmale in der Hand Aufgrund der gew. 3-zelligen Analschleife der HF keine senkrechte Ader, die vom Subtriangel direkt zum Flügelhinterrand verläuft, wie bei *Gomphus* und *Stylurus*. Die ♂ Anhänge sind auffallend kurz (so lang wie S10), gerade und parallel. ♀ mit 2 unregelmäßig gezähnten Ausstülpungen am Kopfhinterrand und in 2 feine, divergierende Spitzen ausgezogener Legescheide. *Ophiogomphus* ist eine hpts. nordamerikanische Gattung, und von den wenigen paläarktischen Vetretern, die v. a. in Zentralasien verbreitet sind, erreicht nur *O. cecilia* das Gebiet.

Varianten Die Thoraxstreifen sind stets dünn, können aber noch stärker reduziert sein.

Verhalten An kleineren Flüssen sitzen die ♂♂ meist passiv im Uferbereich und warten auf ♀♀, während sie an größeren Flüssen (20 m und breiter) auch aktiv über der Flussmitte patrouillieren.

Vorkommen

Verbreitung/Status Im größten Teil Ost- und Mitteleuropas weit verbreitet, in Frankreich und Italien jedoch nur in wenigen isolierten Populationen. Nach starken Rückgängen haben sich die Bestände in Mitteleuropa in jüngster Zeit deutlich erholt, sodass die Art nun regional wieder häufig ist.

Habitat Von kleinen Hochland- bis hin zu großen Tieflandflüssen, mit Schwerpunkt in den Mittelläufen großer Flüsse mit sandigem Boden. Die Larven bevorzugen zum Eingraben Sand sowie Kies und meiden schlammige Bereiche.

Flugzeit Emergenz kann lokal stark variieren, gewöhnlich ab Ende Mai, an großen Flüssen in warmen Regionen auch bereits Anfang Mai, an kühlen, schattigen Fließgewässern oft nicht vor Juli. Flugzeit zieht sich bis in den Oktober, der Höhepunkt liegt im Juli und August.

F. Suhling & O. Müller

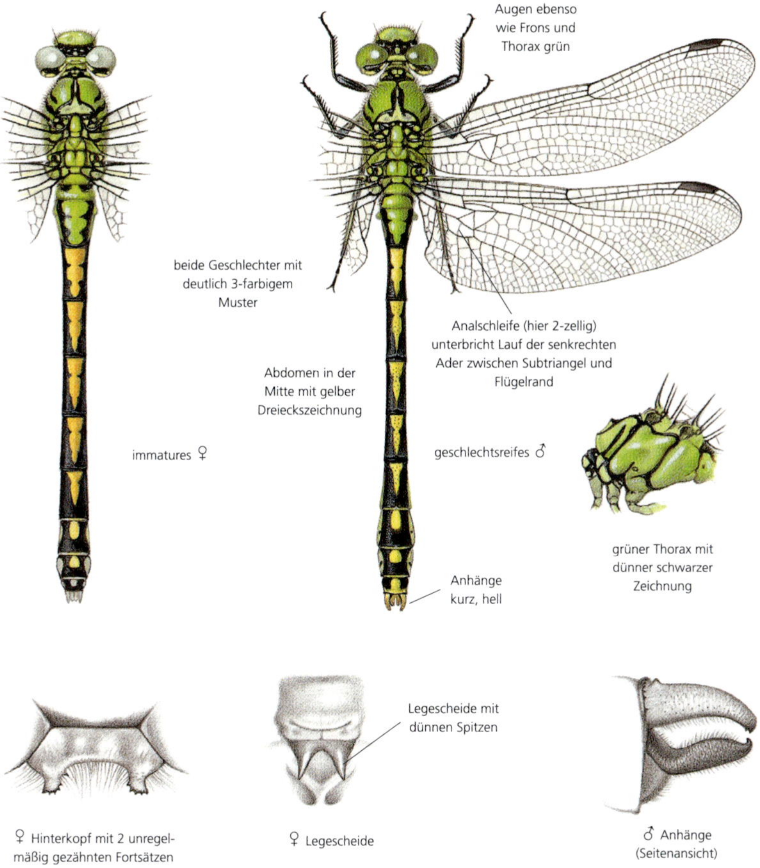

▼ *Ophiogomphus cecilia* ♂ mit charakteristischer Grünfärbung von Kopf und Thorax.

Onychogomphus Zangenlibellen

Selys, 1854

▲ *Onychogomphus assimilis* ♂ in typischer Haltung mit erhobenem Abdomen.

Bestimmung

Beschreibung Charakteristisch für die ♂♂ der Gattung sind die großen Anhänge, die deutlich länger als S10 sind und zangenartig gekrümmt auf einen Punkt zulaufen. Mit Ausnahme des braunen, schwach gezeichneten *O. costae* haben alle Arten ein gelbes Abdomen mit schwarzen Ringen und einen gelben Thorax mit schwarzen Streifen. Hinterflügel mit kleiner Analschleife aus 1–3 Zellen und daher wie bei *Ophiogomphus* (aber im Unterschied zu *Gomphus* und *Paragomphus*) ohne senkrechte Ader, die vom Subtriangel direkt zum Flügelhinterrand verläuft.

Unterscheidung von anderen Gattungen Die ♂♂ sind aufgrund ihrer Anhänge unverkennbar, doch die ♀♀ können mit *Gomphus, Ophiogomphus*, *Paragomphus* und *Stylurus* verwechselt werden. Nur *Ophiogomphus* hat eine Analschleife, der Thorax ist weitgehend grün und das ♀ weist 2 unregelm. gezähnte Ausstülpungen am Kopfhinterrand auf. *Paragomphus*-Arten sind kleiner, das ♂ hat breite, häutige Ausstülpungen an S8–9 und das ♀ eine Reihe schwarzer Zähnchen auf der Rückseite des Hinterkopfs. *Gomphus*- und *Stylurus*-Arten sind deutlich anders gezeichnet und das Abdomen erscheint schwärzer und längs gestreift statt geringelt.

▲ *Onychogomphus flexuosus,* Paarungsrad.

Unterscheidung der Arten Über weite Teile Europas ist *O. forcipatus* die einzige Art dieser Gattung. Im Mittelmeerraum kommen 7 zusätzliche Arten vor, wovon 4 nur in der Türkei vorkommen und 1 in Marokko endemisch ist. Neben den ♂ Anhängen sind bei den ♀♀ Vorhandensein und Form von postokularen Fortsätzen wichtige Bestimmungsmerkmale.

Verhalten ♂♂ sitzen oft mit angehobenem Abdomen auf Kiesbänken oder Felsbrocken am oder im Wasser, sodass ihre Anhänge gut sichtbar sind.

V. J. Kalkman & K.-D. B. Dijkstra

Tabellarischer Schlüssel zu den Arten (ohne jüngst hinzugekommener *O. cazuma*)

Verbreitung	S3–6	♂ obere Anhänge/ unterer Anhang	Merkmale des ♂ unteren Anhangs	♀ post-okulare Fortsätze	Art
SW-Europa, NW-Afrika	braun	länger	ganzrandig, Äste divergierend	fehlend	*costae*
	1 schwarzer Ring	gleich	nur mit subbasalen, kleinen Zähnen		*uncatus*
weit verbreitet			mit subbasalen, kleinen Zähnen und subterminaler Ausstülpung	kräftig	*forcipatus*
Marokko			ohne Zähnchen, aber mit schwachem Höcker etwa im Mittelteil	schwach	*boudoti*
Türkei			fast ganzrandig, halbmondförmig		*lefebvrii*
		länger	gerade, auf halber Länge verdickt	fehlend	*assimilis*
	2 schwarze Ringe		schlank und W-förmig gewellt		*flexuosus*
			auf halber Länge große, 3-eckige Zähne		*macrodon*

Anhänge von *Onychogomphus* ♂♂ (Seitenansicht)

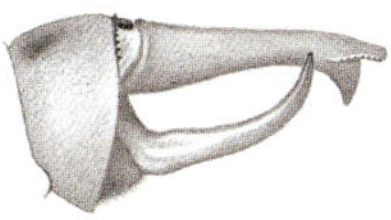
O. costae

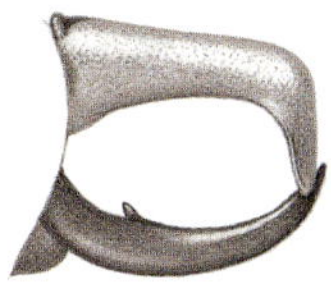
O. uncatus

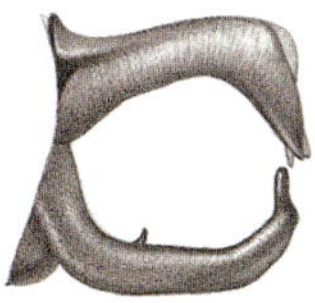
O. forcipatus

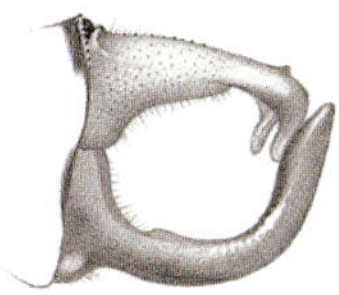
O. lefebvrii

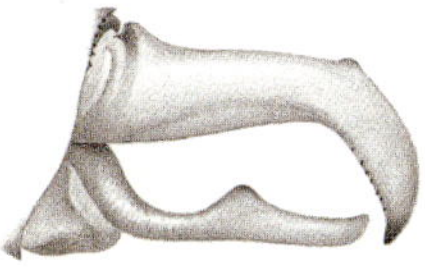
O. assimilis

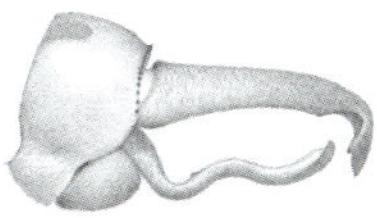
O. flexuosus

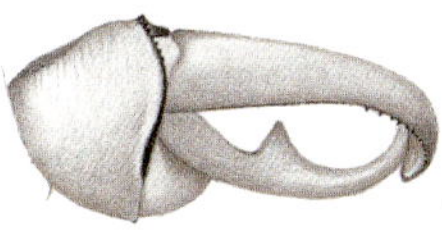
O. macrodon

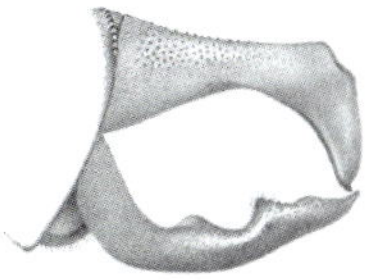
O. boudoti

Postokulare Fortsätze von *Onychogomphus* ♀♀ (Aufsicht)

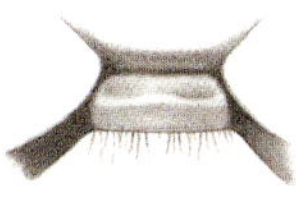
O. uncatus

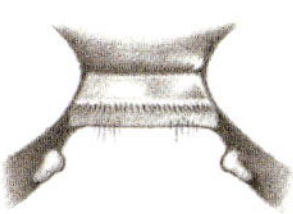
O. forcipatus

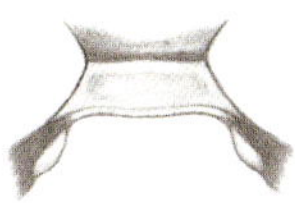
O. lefebvrii

Onychogomphus uncatus Große Zangenlibelle
(Charpentier, 1840)

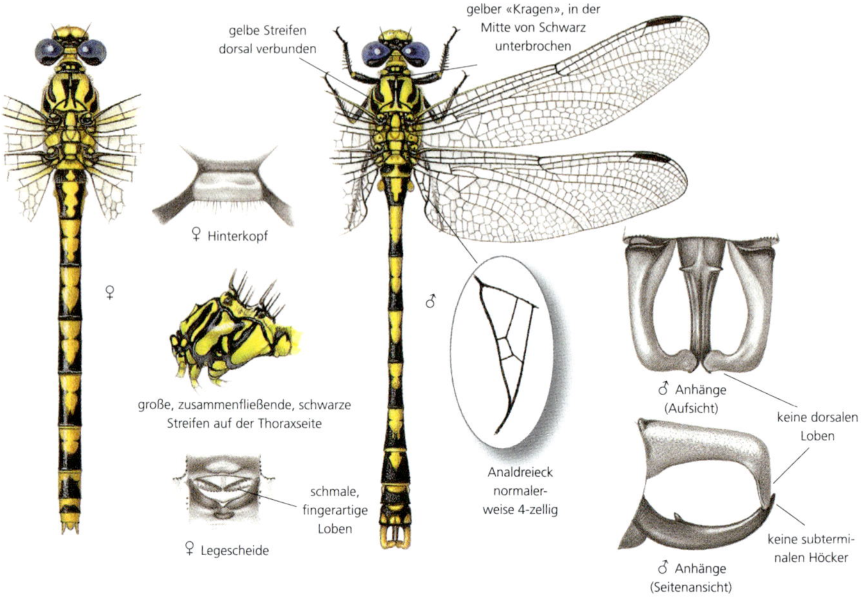

Bestimmung

Allgemein Kontrastreiche, schwarz-gelbe Art mit auffallend blauen Augen, die im südwestlichen Teil des Verbreitungsgebiets von *O. forcipatus* oft zusammen mit diesem vorkommt.

Merkmale im Feld GL 50–53 mm, Ab 34–42 mm, HF 29–33 mm. Gesamterscheinung ähnlich wie *O. forcipatus*, doch etwas größer und gelbe Zeichnung auf Abdomen i. Durchschn. ausgedehnter. In Abgrenzung zu *O. forcipatus* sind folgende Merkmale diagnostisch: (1) Vertex völlig schwarz und keine gelbe Längszeichnung zw. dem Gelb von Frons und Occiput. (2) Gelber Querbereich auf der vorderen Thoraxleiste wird von der schwarzen Fläche unterbrochen, die seitlich des medio-dorsalen Kiels entlangläuft. (3) Gelber Antehumeralstreifen dorsal mit dem anterioren, breiteren gelben Streifen verbunden. Daher steht der schwarze Streifen, der sie trennt, nicht mit dem Schwarzbereich längs des medio-dorsalen Kiels in Verbindung. (4) Schwarzanteil der Thoraxseiten größer und schwarze Streifen nicht unterbrochen, sondern oft teilweise zusammenfließend, wohingegen diese v. a. bei südlichen *O. forcipatus* oft deutlich reduziert sind. Kommt in sehr kleinem Gebiet im Mittleren Atlas (Marokko) gms. mit *O. boudoti* vor (s. diese Art).

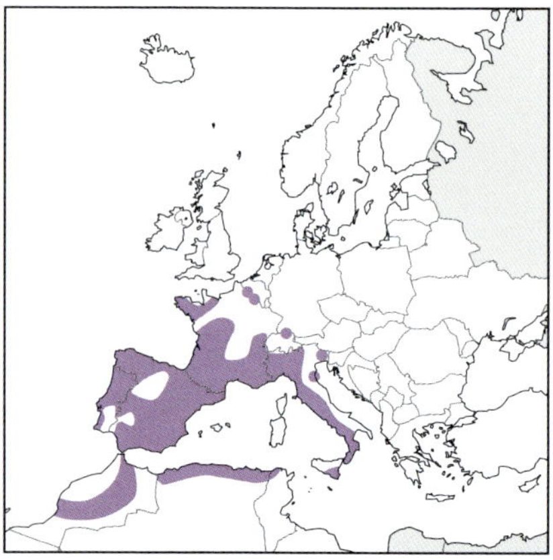

Merkmale in der Hand ♂ Analdreieck meist 4-zellig, bei den meisten *O. forcipatus* hingegen 3-zellig. ♂ untere Anhänge wie jene von *O. forcipatus* mit kleinen, subbasalen Zähnen, doch die bei dieser Art vorhandene subterminale Ausstülpung fehlt. Obere Anhänge aufeinander zugebogen (Aufsicht) und sich treffend, ohne sich jedoch zu überlappen, des Weiteren ohne daumenartige, dorsale Loben im Bereich des Knicks. ♀ ohne postokulare Fortsätze. Legescheide auf ein Paar fingerartige, zueinander weisende Fortsätze reduziert.

Vorkommen

Verbreitung/Status In Marokko, Spanien und Südfrankreich sowie Teilen von Italien recht häufig, im übrigen Verbreitungsgebiet eher spärlich bis selten.

Habitat Bäche, seltener Flüsse. Bevorzugt schneller fließende, stärker beschattete und kleinere Gewässer als *O. forcipatus*.

Flugzeit Mai–September.

Onychogomphus forcipatus Kleine Zangenlibelle

(Linnaeus, 1758)

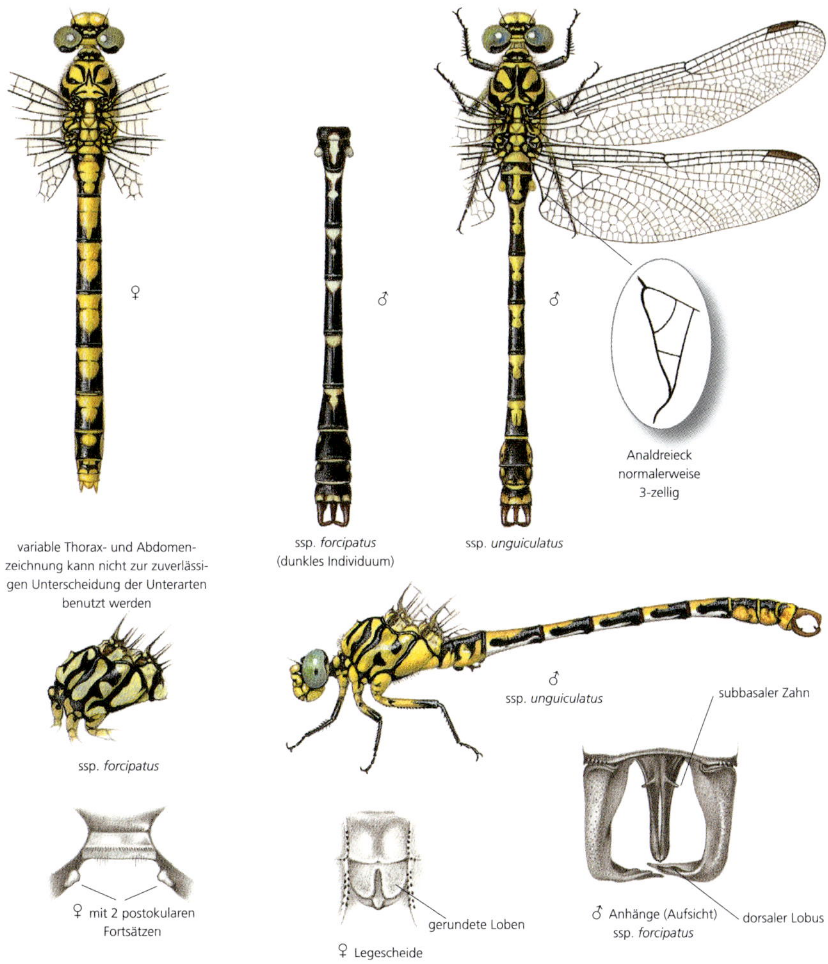

Bestimmung

Allgemein Häufigste, am weitesten verbreitete *Onychogomphus*-Art Europas, über weite Teile seines Verbreitungsgebiets sind die mit erhobenem Abdomen exponiert auf Steinen am und im Wasser auf ♀♀ wartenden ♂♂ ein typischer Anblick des Sommers.

Merkmale im Feld GL 46–50 mm, Ab 31–37 mm, HF 25–30 mm. Mittelgroße Art, etwa so groß wie *Orthetrum brunneum*. Einzige Art der Gattung, die dunkle (nicht gelbe) obere Anhänge und grüne Augen (ohne eine Spur von Blau) haben kann. Jedoch sehr variable Art, diese Merkmale gelten nicht für

Onychogomphus boudoti — Boudots Zangenlibelle

Ferreira, 2014

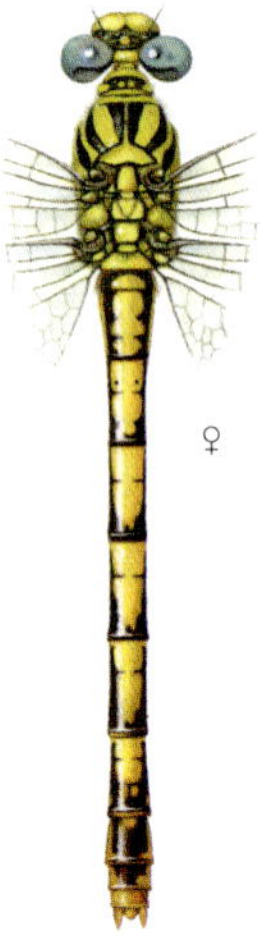

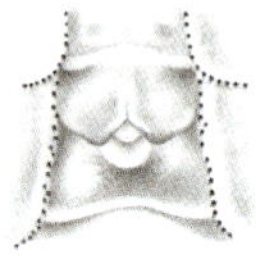

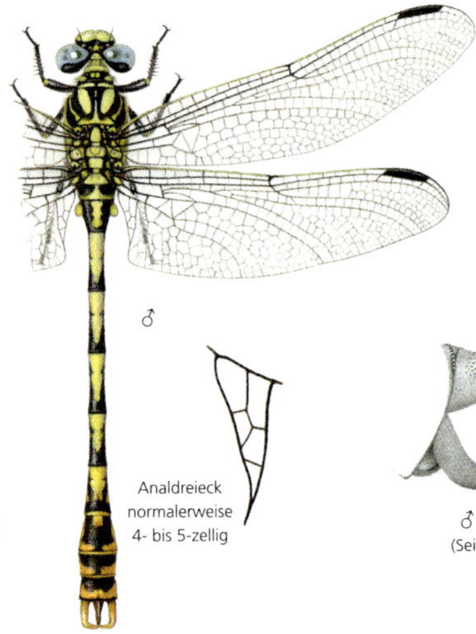

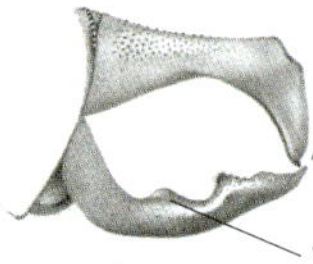

Bestimmung

Allgemein Die Art wurde erst im Jahr 2011 entdeckt, es sind nur zwei kleine Populationen aus dem Mittleren Atlas Marokkos bekannt. Sieht auf den ersten Blick aus wie zwei andere, dort vorkommende, mittelgroße und gelb-schwarze *Onychogomphus*-Arten, ist aber leicht zu unterscheiden anhand ♂ Anhänge und ♀ Legescheide.

Merkmale im Feld GL 49–50 mm, Ab 39–40 mm, HF 31–33 mm. Wirkt durch stark schwarz gemusterten Thorax deutlich dunkler als gms. vorkommender *O. forcipatus* und zumindest etwas dunkler als *O. uncatus*. Seine Zeichnungen kombinieren die Merkmale dieser beiden Arten: Wie *O. uncatus* (1) zusammenfließende schwarze Streifen an Thoraxseiten; (2) gelbes, schwarz unterbrochenes «Halsband» vorne über den Thorax; aber wie *O. forcipatus* (3) gelber Antehumeralstreifen nicht dorsal mit dem anterioren, breiteren gelben Streifen verbunden; (4) gelber Fleck auf Vertex zw. den Augen statt Vertex völlig schwarz. Bei *O. boudoti* wirken ♂ Anhänge gröber, v. a. in Auf- und Seitenansicht: der kräftige untere Anhang trägt weder subbasale noch subterminale Wülste, aber eine (unterschiedlich stark hervorstehende) stumpfe Verdickung auf halber Länge. Dieses besondere Merkmal der *O. boudoti*-♂♂ ist oft per Fernglas oder mit bloßem Auge zu erkennen. *O. assimilis* ist ähnlich dunkel gefärbt mit ähnlich groben ♂ Anhängen, hat aber ein anderes Verbreitungsgebiet.

Merkmale in der Hand Form der Anhänge bei ♂♂ verlässlichstes Bestimmungsmerkmal. ♂ Analdreieck enthält gewöhnlich 4 oder 5 Zellen (wie bei *O. uncatus*), bei *O. forcipatus* zumeist nur 3. ♀♀ besitzen 2 kleine postokuklare Fortsätze wie bei *O. forcipatus*, aber nicht bei *O. uncatus*. Die Loben der Legescheide sind abgerundet (wie bei *O. forcipatus*) statt schmal fingerförmig wie bei *O. uncatus*; jedoch ist der Spalt, der die Loben trennt, nur halb so tief als die Loben lang sind, statt die Loben fast vollständig zu trennen.

Verhalten Sitzt v. a. auf Stängeln, Stöcken oder Pflanzen, aber bei bedecktem Himmel auch auf blankem Boden. Beide Geschlechter scheinen sich nicht weit vom Fortpflanzungsgewässer zu entfernen.

Vorkommen

Verbreitung/Status Extrem lokaler Endemit Marokkos, beschränkt auf wenige Bäche in der Provinz Khénifra. Aufgrund winziger Populationsgröße, geringer genetischer Vielfalt und ungeordneter Landnutzung vom Aussterben bedroht.

Habitat Unterschiedliche, seichte kleine Bäche, die kleine Tümpel mit Wasserpflanzen und Riedvegetation über Grob- und Feinkies bilden. Diese liegen in sumpfigem Grasland, das im Sommer weitgehend trockenfallen kann. Die Bäche fließen über Viehweiden und Ackerland zu einem nahegelegenen Fluss mit *O. forcipatus* und *O. uncatus*.

Flugzeit Schlüpft Ende Juni und Anfang Juli, scheint aber bis August zu fliegen.

Onychogomphus cazuma Cazuma-Zangenlibelle

Barona, Cardo & Díaz, 2020

▲ *Onychogomphus cazuma* ♂.

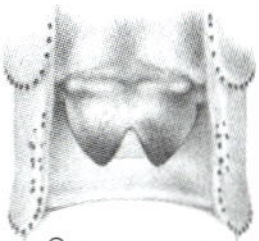

♀ Legescheide

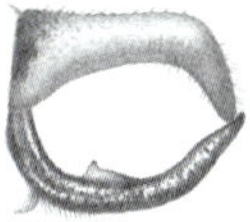

♂ Anhänge (Seitenansicht)

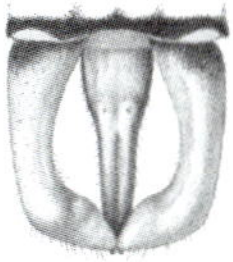

♂ Anhänge (Aufsicht)

Bestimmung

Allgemein Das Buch war schon fast im Druck, als Nachrichten durchsickerten, Privatforscher hätten 2017 in Spanien eine neue Libellenart gefunden. Dies ist die erste Neuentdeckung in Europa seit 20 Jahren und die erste in SW-Europa seit dem 19. Jh.! Die Art sieht zwar aus wie eine Mischung aus den mit ihr gemeinsam vorkommenden *O. forcipatus* und *O. uncatus*, doch ♂ Anhänge und ♀ Legescheide sind einzigartig. Die Art steht ansonsten *O. boudoti* aus Marokko am nächsten, die nur 6 Jahre früher entdeckt wurde.

Merkmale im Feld GL 43–47 mm, Ab 29–35 mm, HF 25–30 mm. Heller und kleiner als *O. uncatus*, wobei ♂ unterer Anhang nie dunkler als obere Anhänge. Kann daher auch für *O. forcipatus* gehalten werden, zeigt zudem eine verwirrende Mischung aus Merkmalen, die an beide Arten erinnern: (1) Gelber Antehumeralstreifen dorsal mit anterioren, breiteren gelben Streifen verbunden wie bei *O. uncatus*; (2) gelbes «Halsband» vorne über den Thorax nicht (oder nur sehr schmal) in der Mitte schwarz unterbrochen wie bei *O. forcipatus*; (3) auf Vertex kleiner, runder gelber Fleck, dagegen typw. bei *O. forcipatus* breiterer gelber Streifen und *O. uncatus* ohne gelbe Zeichnung.

Merkmale in der Hand Die Bestimmung erfordert eine genaue Untersuchung der ♂ und ♀ Geschlechtsmerkmale. Die Form der ♂ Anhänge liegt in etwa zw. *O. uncatus* und *O. boudoti*. Unterer Anhang ohne subterminale Ausstülpung von *O. forcipatus*, und auch die bei dieser Art sowie bei *O. uncatus* vorhandenen kleinen, subbasalen Zähne fehlen. Stattdessen befindet sich dort eine subbasale Leiste mit gerade aufwärts ragender Spitze, die daher bei Aufsicht nicht zu erkennen ist. Obere Anhänge dorsal nicht aufgewölbt wie bei *O. forcipatus*, sondern mit löffelförmiger Spitze ähnlich wie bei *O. uncatus*. Analdreieck bei ♂♂ gewöhnlich 3-zellig (wie bei *O. forcipatus*), bei *O. uncatus* hingegen meist 4- oder 5-zellig. ♀ ohne postokulare Fortsätze wie bei *O. uncatus* (bei *O. forcipatus* vorhanden). Doch sind die Loben der Legescheide nicht schmal fingerförmig wie bei *O. uncatus*, sondern breit (mehr wie bei *O. forcipatus*), allerdings sind sie stärker zugespitzt und der Spalt zw. ihnen erreicht nur ihre halbe Länge, statt sie fast vollständig zu teilen (wie meist bei *O. boudoti*).

Verhalten Ähnlich wie andere *Onychogomphus*.

Vorkommen

Verbreitung/Status Bisher nur von gut erhaltenen Nebenflüssen zweier Flusssysteme in der Provinz Valencia in O-Spanien bekannt. Dürfte nach den Rote-Liste-Kriterien der IUCN gefährdet sein, weil diese Habitate nur sehr wenig Wasser führen und durch Eingriffe, Verschmutzung und Trockenheit bedroht sind.

Habitat Quellabflüsse, Bäche und Oberläufe kleiner Flüsse auf Kalk im Mittelgebirge. Das Wasser ist dort sehr klar und nährstoffarm. ♂♂ sitzen an stärker bewachsenen und langsamer fließenden Gewässerabschnitten als diejenigen von *O. uncatus*.

Flugzeit Bisher beobachtet von Anfang Juni–Anfang September.

Onychogomphus assimilis Dunkle Zangenlibelle

(Schneider, 1845)

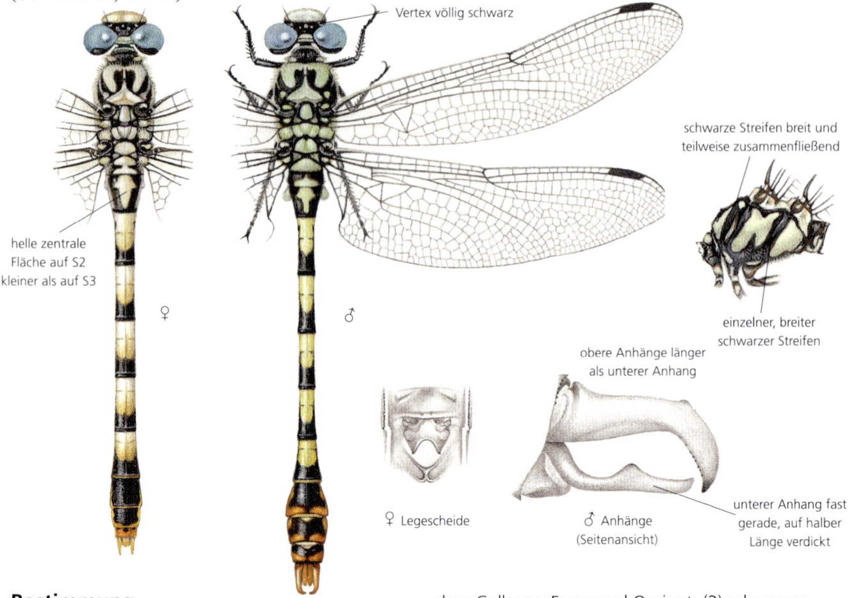

Bestimmung

Allgemein Größte, schwärzeste und am kontrastreichsten gefärbte *Onychogomphus*-Art des Gebiets, wo sie auf Gebirgsbäche entlang der türk. Mittelmeerküste und der Schwarzmeerküste beschränkt ist.

Merkmale im Feld GL 50–55 mm, Ab 35–42 mm, HF 31–34 mm. Etwas größer als *O. forcipatus* und schwarzes Abdominalmuster prinzipiell ähnlich, wenn auch meist ausgedehnter als bei *O. forcipatus*, der in der Türkei weit verbreitet ist. Zeichnungsmuster von Kopf und Thorax arttypisch: (1) Vertex völlig schwarz und ohne gelbe Längszeichnung zw. dem Gelb von Frons und Occiput; (2) schwarzer Humeralstreifen und anteriorer schwarzer Streifen breit und teilweise konfluent; (3) weitgehend helle Thoraxseiten nur von einem einzigen, breiten, schwarzen Streifen unterbrochen. Bei ♀♀ gelbe dorsale Zeichnung auf S2 kleiner als auf S3; bei *O. forcipatus* etwa so breit wie auf S3. Färbung kann an den gemeinsam auftretenden *Gomphus schneiderii* erinnern, dieser hat jedoch ein längs gestreiftes (statt geringeltes) abdominales Zeichnungsmuster.

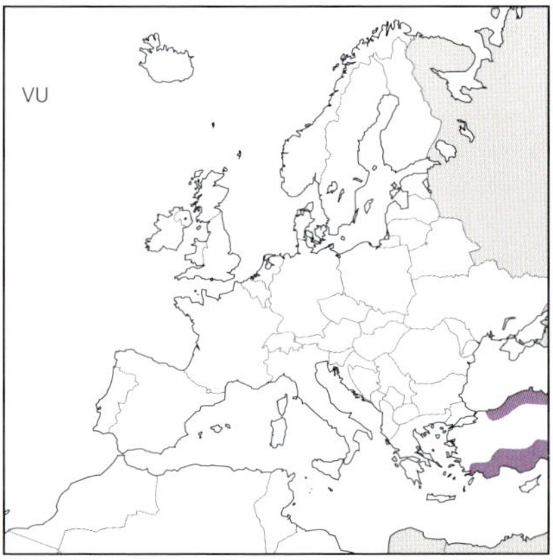

Merkmale in der Hand Obere Anhänge des ♂ schlank und viel länger als der untere Anhang. Unterer Anhang mit gerader Unterseite und dorsal mit stumpfer Verdickung auf halber Länge, doch ohne die subbasalen Zähne von *O. forcipatus*.

Varianten Abdomen kann variieren von satt gelb bis fast weiß, whs. altersabhängig.

Verhalten ♂♂ sitzen auf Steinen am oder im Wasser, aber i. Ggs. zu Gattungsverwandten auch einige Meter über dem Wasser auf Zweigen.

Vorkommen

Verbreitung/Status Von Turkmenistan nach W bis Türkei, dort an S-Küste nicht selten. Neunachweise am Schwarzen Meer legen nahe, dass die Art in NW-Türkei übersehen wurde.

Habitat Teilweise beschattete und oft kühle Gebirgsflüsse.

Flugzeit Ende Mai–Ende August.

Onychogomphus costae Selys, 1885 — Braune Zangenlibelle

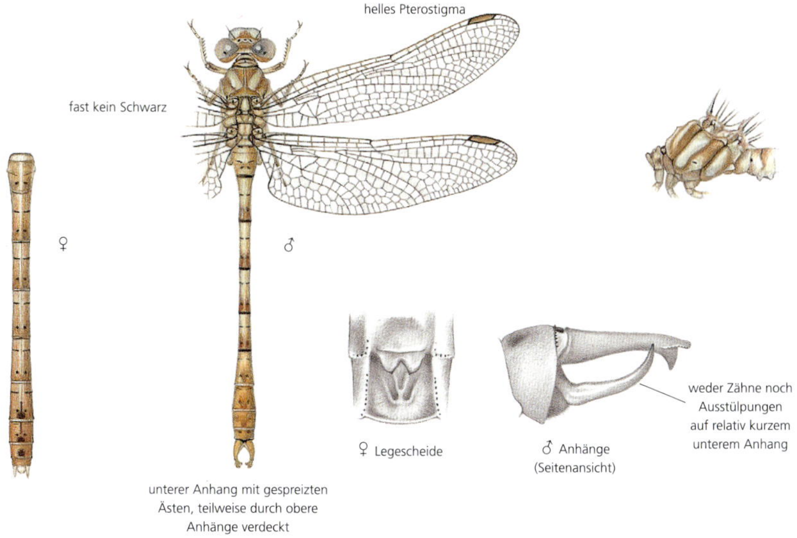

Bestimmung

Allgemein Kleiner, sandfarbener *Onychogomphus* des westl. Mittelmeerraums, dessen Farbmuster unterschiedliche Schattierungen von Elfenbein, Ocker und Rostfarben aufweist, aber so gut wie kein Schwarz.

Merkmale im Feld GL 43–46 mm, Ab 30–34 mm, HF 22–27 mm. Kleinster, hellster *Onychogomphus*. Von Gattungsverwandten leicht an Größe, blasserer, aber warm brauner Grundfärbung und Fehlen auffälliger schwarzer Zeichnungsmuster zu unterscheiden. Innerhalb seines Verbreitungsgebiets der einzige *Onychogomphus* mit beigen statt dunkelbraunen oder schwarzen Pt. Erinnert in Größe, Habitus, hellen Pt. und undeutlicher Zeichnung an *Paragomphus genei*, doch dieser hat abweichend geformte ♂ Anhänge, Frons und Thorax sind grün, Abdomen mit mehr Schwarzanteil, und ♂ mit breiten, häutigen Ausstülpungen an S8–9.

Merkmale in der Hand ♂ Anhänge schlank und unverwechselbar geformt. Unterer Anhang viel kürzer als obere Anhänge, langgestreckt und dorsal ganzrandig ohne Zähne oder Ausstülpungen, zudem tief eingeschnitten und beide Äste deutlich divergierend (Sicht von unten). Bei anderen *Onychogomphus* stehen die Äste dicht beieinander und verlaufen parallel, bei *O. forcipatus* und *O. uncatus* tragen sie subbasale Zähne. ♂♂ mit langen, weißlichen Haaren auf der Unterseite von S7, die 3–4× so lang sind wie auf S6.

Verhalten ♂ wartet in Gewässernähe auf ♀; Paarungsrad gew. auf Büschen und Bäumen; sitzt ansonsten gerne auf blankem Boden.

Vorkommen

Verbreitung/Status Endemisch in ariden Teilen der Ib. Halbinsel und des Maghreb. Im größten Teil seines Verbreitungsgebiets selten, in Marokko und Tälern des Guadalquivir und Ebro (E) lokal häufiger.

Habitat In Spanien kiesige Abschnitte breiter Tieflandflüsse. Regional auch an Restlachen teilweise trockengefallender Bäche (Oueds, Wadis). In Marokko auch im ariden Hochland.

Flugzeit Mai–August.

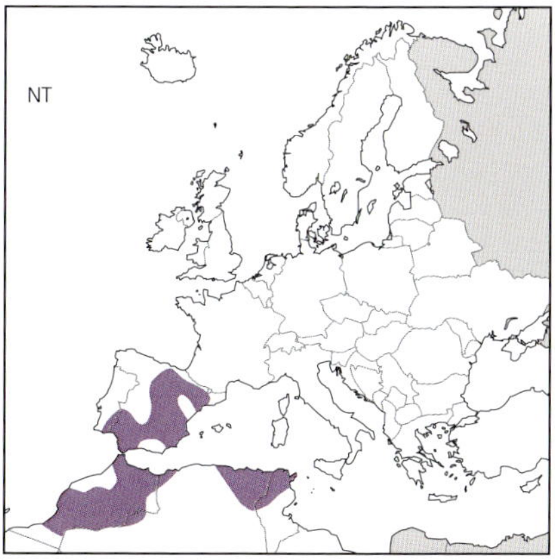

Onychogomphus flexuosus (Schneider, 1845)

Zierliche Zangenlibelle

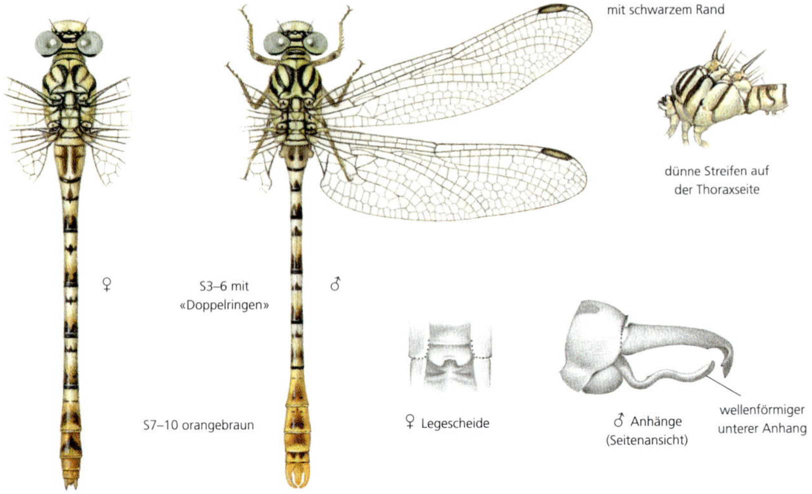

Bestimmung

Allgemein Kleine, leuchtend strohgelbe *Onychogomphus*-Art, die im Gebiet nur in der Türkei vorkommt, wo sie selten und lokal ist.

Merkmale im Feld GL 41–46 mm, Ab 30–35 mm, HF 25–30 mm. Etwas kleiner und schlanker als *O. forcipatus*. (1) Schwarzfärbung auf S3–6 je Segment aus apikalem und subbasalem schwarzem Ring bestehend, wodurch der Eindruck einer doppelten Ringelung entsteht. Subbasaler Ring dünner und manchmal auf Flecke reduziert. (2) S7–10 orangegelb mit dunklen, verschieden großen Flecken; deutlich kräftiger gefärbt als weißliche basale Ab-Hälfte und hellgelber Thorax, wie ein gelbes Schlusslicht wirkend. (3) Pt braungelb, von dicken schwarzen Adern begrenzt. (4) Schwarze Thoraxseitenlinien dünn und gerade. Humeralstreifen oft mehr oder weniger vollständig und von Basis des mittleren Beinpaares bis zu Flügelbasis reichend. *O. macrodon*, *O. lefebvrii* und reg. vorhandener *O. forcipatus albotibialis* ähnliches 3-farbiges Aussehen mit gelbem Thorax, blasser Ab-Basis und auffälliger Endkeule, aber nur *O. macrodon* ebenfalls mit schwarzen Doppelringen am Ab (s. diese Art).

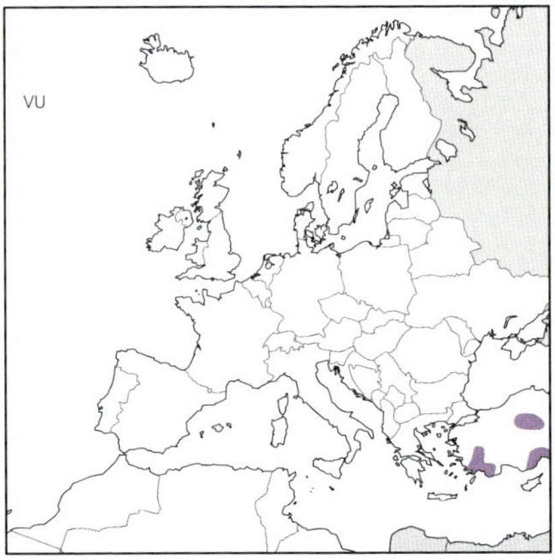

Merkmale in der Hand ♂ mit schlanken oberen Anhängen, die länger als der untere sind. Obere Anhänge aufeinander zugebogen und sich treffend, ohne sich jedoch zu überlappen. Unterer Anhang nicht verdickt oder gezähnt, sondern leicht gewellt, in Seitenansicht wie ein flaches W.

Varianten Ausmaß der schwarzen Zeichnung auf Thorax und Abdomen variiert.

Verhalten Wandert weit umher. V. a. sitzend in trockenem Buschwerk abseits von Gewässern zu finden. Paarung meist nachmittags in Offenlandschaft in einiger Entfernung vom Gewässer. Sitzt gerne auf Sand und Kies, dort hervorragend getarnt. Fliegt schnell dicht über dem Boden.

Vorkommen

Verbreitung/Status In der Türkei selten. Weiter ostwärts bis nach Kirgisistan und Kasachstan verbreitet und regional häufig, z. B. in Georgien.

Habitat Unbeschattete, breite Flüsse mit Kies- und Sandbänken.

Flugzeit Mitte Mai–Ende Juli.

Onychogomphus macrodon Gezähnte Zangenlibelle

Selys, 1887

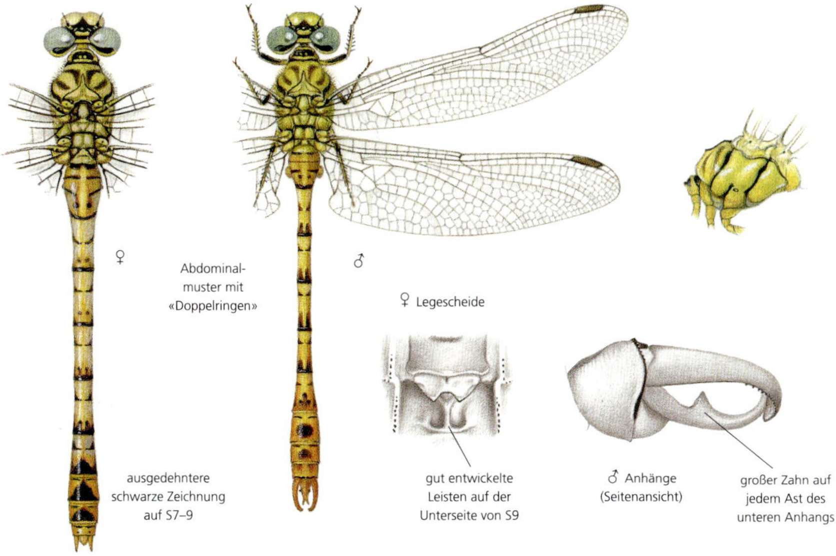

Bestimmung

Allgemein Sehr seltene und auf ein kleines Gebiet im Nahen Osten beschränkte Art mit orange- bis gelbbrauner Grundfärbung.

Merkmale im Feld GL 50–52 mm, Ab 35–37 mm, HF 26–28 mm. Größer und kräftiger als *O. flexuosus*, diesbezüglich ähnlich *O. forcipatus*. Abgesehen von Ersterem unterscheidet sich *O. macrodon* von anderen türkischen Gattungsverwandten durch schwarze Doppelringe auf S3–6. Von *O. flexuosus* zu unterscheiden durch weniger kontrastreiche schwarze Thoraxzeichnung; die zwei schwarzen Streifen auf der Thoraxvorderseite links und rechts des medio-dorsalen Kiels gew. ziemlich verwaschen und nicht über den Mittelkiel hinweg verbunden (bei *O. flexuosus* zumeist scharf gezeichnet und über den Mittelkiel verbunden). Eine gewisse Verwechslungsgefahr besteht mit *Paragomphus lineatus* (s. Text von *O. flexuosus*).

Merkmale in der Hand ♂ mit schlanken oberen Anhängen, diese länger als der untere Anhang. Letzterer trägt dorsal auf etwa halber Länge ein Paar großer, 3-eckiger Zähne. Unterseite von S9 weist beim ♀ (hinter der Legescheide) kräftige Längs- und Querleisten auf, die bei *O. flexuosus* kurz und kaum entwickelt sind.

Verhalten ♂♂ sitzen gerne auf Kiesbänken im Flussbett in einiger Entfernung vom Ufer, aber offenbar nicht auf Felsen im Wasser oder auf Büschen und Ästen. Beide Geschlechter jagen um Gebüsche am Flussufer, wo sie hervorragend getarnt sind.

Vorkommen

Verbreitung/Status Kommt nur von Nordisrael bis in die Region von Adana und Antakya in der Türkei vor. Innerhalb dieses eingeschränkten Verbreitungsgebiets überall selten, aufgrund von Habitatzerstörung akut gefährdet.

Habitat Große Flüsse, überwiegend im Tiefland, mit Kiesbänken.

Flugzeit Ende Mai–Mitte Juli.

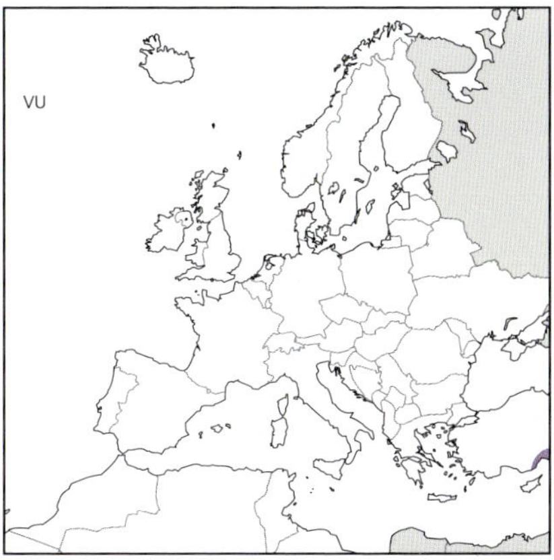

Paragomphus Cowley, 1934 Sandjungfern

Bestimmung

Beschreibung Durchgehend kleine Arten, deren ♂♂ breite, häutige Ausstülpungen an S8–9 und charakteristisch geformte Anhänge aufweisen: Obere Anhänge lang, parallel und hakenförmig nach unten gebogen; unterer Anhang max. ½ so lang.

Unterscheidung von anderen Gattungen *Lindenia tetraphylla* ist die einzige weitere Art des Gebiets mit vergleichbar breiten, häutigen Ausstülpungen, doch diese sitzen an S7–8 und die Art ist 70–80 mm lang. Kleinere, hellere *Onychogomphus*-Arten unterscheiden sich in Details der Zeichnung sowie durch anders geformte ♂ Anhänge. *Paragomphus* fehlt eine Analschleife im HF, und eine gerade, senkrechte Ader verläuft von der letzten, dicken Längsader in der Flügelbasis direkt zum Hinterrand des Flügels.

Unterscheidung der Arten Große paläotropische Gattung mit nur 2 Arten im Gebiet.

V. J. Kalkman

Paragomphus genei (Selys, 1841) Grüne Sandjungfer

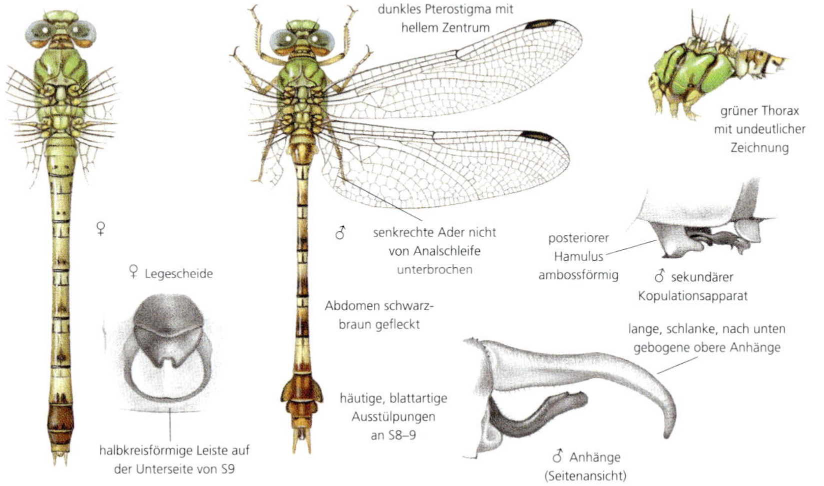

Bestimmung

Allgemein Einzige *Paragomphus*-Art im westl. Mittelmeerraum. Am gefleckten Abdomen und der Grünfärbung von Frons und Thorax leicht zu erkennen.

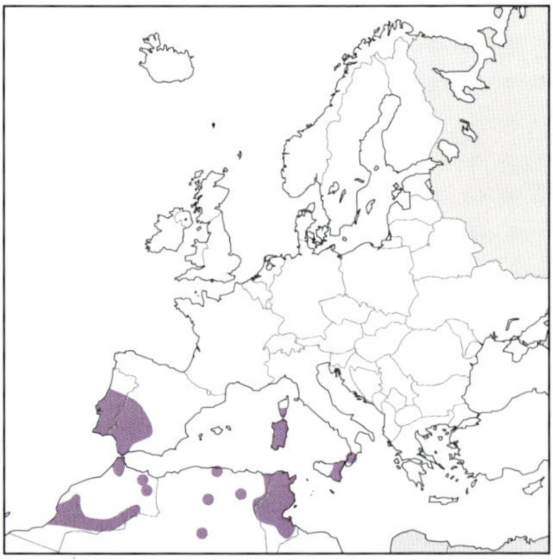

Merkmale im Feld GL 37–50 mm, Ab 30–36 mm, HF 21–26 mm. Kleiner als *Onychogomphus forcipatus*. Bisher wurden keine gemeinsamen Vorkommen mit *P. lineatus* festegestellt, doch in Größe, Form und Färbung ähnlich dem im selben Gebiet vorkommenden *O. costae*. I. Ggs. zu diesen beiden zeigt *P. genei*: (1) hellgrünes Gesicht und Thorax mit unscharfer, dunkler Zeichnung; (2) sand- bis strohfarbenes Abdomen mit etwas diffuser, braun-schwarzer Musterung. *O. costae* und *P. lineatus* fehlt die grünliche Färbung: *O. costae* zeigt eine warm sandbraune, praktisch zeichnungslose Grundfärbung, und ♂♂ fehlen die häutigen Ausstülpungen an S8–9. *P. lineatus* ist recht einheitlich strohfarben und, wenn auch nicht sehr ausgedehnt, so doch klarer und kontrastreicher schwarz gezeichnet. Für einen ausführlicheren Vergleich siehe *P. lineatus*.

Merkmale in der Hand ♂ obere Anhänge lang, schlank, stark nach unten gekrümmt, gew. in 2 Zähnen endend. Unterer Anhang nur ½ so lang, nach oben gebogen, berührt fast die oberen Anhänge. Bei *O. costae* unterer Anhang deutlich mehr als ½ so lang wie die oberen. Posteriorer Hamulus des *P. genei*-♂ char. ambossförmig. Halbkreisförmige Fläche vor der Legescheide der ♀♀ auf US von S9 von einer niedrigen, gleichmäßig dicken Leiste umgeben.
Varianten Ausdehnung und Intensität der schwarzen Zeichnung (v. a. des Abdomens) variiert stark.

Vorkommen

Verbreitung/Status Im Maghreb weit verbreitet, regional häufig. Auf Korsika und Sizilien selten, häufiger und zunehmend im SW der Ib. Halbinsel und Sardinien. In der Levante nicht selten, deshalb mglw. auch in der SO-Türkei zu finden. Sehr häufig in Afrika südl. der Sahara.
Habitat Stehende oder langsam fließende, oft temporäre Gewässer, wie Tümpel in trockenen Flussbetten.
Flugzeit Hauptsächlich April–Oktober, doch in Sahara-Oasen ganzjährig.

Paragomphus lineatus (Selys, 1850) Zarte Sandjungfer

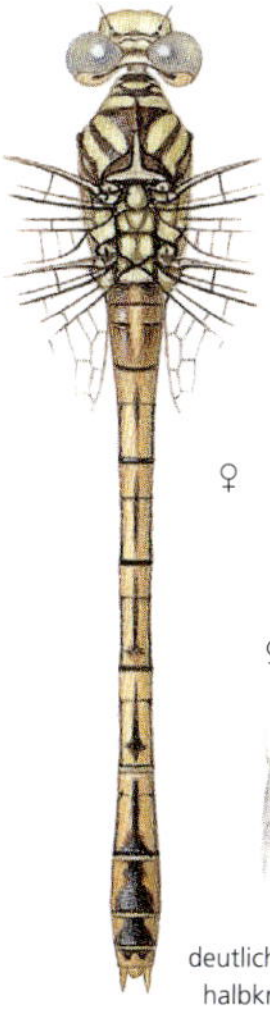

♀

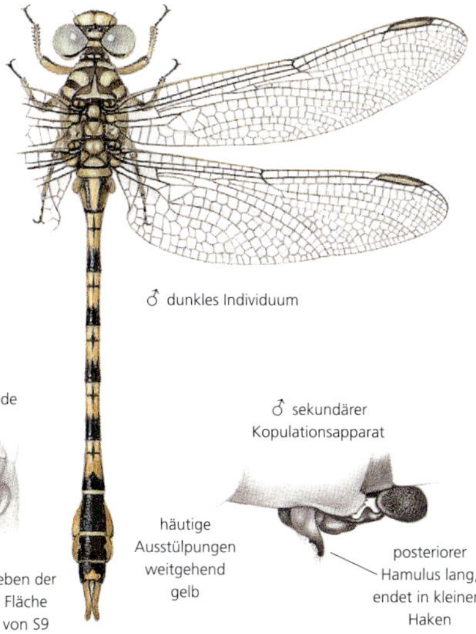

♂ dunkles Individuum

Thorax sandfarben, mit deutlicher Streifenzeichnung

♀ Legescheide

deutliche Wülste neben der halbkreisförmigen Fläche auf der Unterseite von S9

häutige Ausstülpungen weitgehend gelb

♂ sekundärer Kopulationsapparat

posteriorer Hamulus lang, endet in kleinem Haken

obere Anhänge dicker

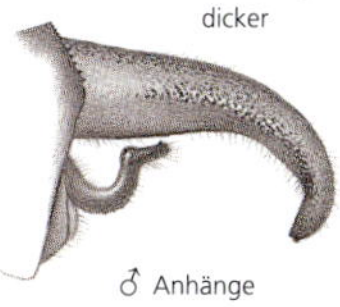

♂ Anhänge (Seitenansicht)

Bestimmung

Allgemein Kleine, helle *Paragomphus*-Art mit orientalischem Verbreitungsschwerpunkt, die ein charakteristisches schwarzes Zeichnungsmuster aufweist und ihre westliche Arealgrenze im SO der Türkei erreicht.
Merkmale im Feld GL 45–50 mm, Ab 32–35 mm, HF 23–28 mm. Größe ähnlich *P. genei*. Grundfärbung von Abdomen, Thorax und Frons sandfarben und mit klar konturiertem, schwarzem Zeichnungsmuster. *P. genei* zeigt eine grüne Frons und einen grünen Thorax mit schwächerer Zeichnung und diffuses abdominales Zeichnungsmuster. Häutige Ausstülpungen der ♂♂ an S8–10 größtenteils gelb, bei *P. genei* hingegen braun und schwarz gerandet. Gesamterscheinung kann an den kleinen, sandfarbenen *Onychogomphus flexuosus* erinnern, dessen ♂♂ aber keine häutigen Ausstülpungen aufweisen und zudem deutlich abweichend gebaute Anhänge tragen.
Merkmale in der Hand ♂ obere Anhänge dicker, stumpfer, unterer Anhang kürzer als bei *P. genei*. I. Ggs. zu diesem ist der posteriore Hamulus des ♂ lang und endet in einem kleinen Haken. Halbkreisförmige Fläche vor der Legescheide der ♀♀ auf US von S9 seitlich von 2 lippenartig aufgeschwollenen, halbmondförmigen Wülsten umgeben.

Vorkommen

Verbreitung/Status Um Adana und Antakya (Türkei) nicht selten, von wo sich das Verbreitungsgebiet der Art nach Osten über Nordindien bis Burma zieht (nicht abgebildet).
Habitat Offene und träge, oft saisonale Bäche und Kanäle sowie verschilfte, stehende Gewässer.
Flugzeit Mai–September.

Lindenia de Haan, 1826 — Seedrachen

Lindenia tetraphylla (Vander Linden, 1825) — Seedrache

Bestimmung

Beschreibung Durch bedeutende Größe (rund 70–80 mm), blattartige Ausstülpungen an S7–8 und von Adern durchzogene Flügeldreiecke weist *Lindenia tetraphylla* eine für das Gebiet einzigartige Merkmalskombination auf und ist weltweit die einzige Art dieser Gattung.

Merkmale im Feld GL 69–80 mm, Ab 49–57 mm, HF 36–40 mm. Größte und längste Gomphide des Gebiets, rund 10–20 mm länger als *Onychogomphus forcipatus* und damit etwa so groß wie eine der großen Mosaikjungfern. Abdomen lang und schlank, zum Ende hin abrupt verdickt wirkend. Aufgrund der Länge und der blattartigen Ausstülpungen an S7 ist *Lindenia* unverwechselbar. *Paragomphus* und *Onychogomphus* haben Ausstülpungen an S8–9 statt an S7–8, doch nur bei *Paragomphus* sind sie relativ gesehen ähnlich groß. Vertreter beider Gattungen zudem mit max. 60 mm Körperlänge deutlich kleiner. Grundfärbung in der Regel hellgelb, mit dunkelbrauner oder schwarzer Zeichnung, die jedoch beträchtlich variiert (s. u.). ♂ mit zahlreichen dunklen, mikroskopisch kleinen Dornen auf dem Abdomen, v. a. auf den mittleren Segmenten 3–7, was es dunkler erscheinen lässt. Das gelbe bis hellbraune Pterostigma ist relativ groß und lang. Kann auf den ersten Blick mit den schlanken und langen Blaupfeilen *Orthetrum sabina* und *O. trinacria* verwechselt werden, doch bei diesen fehlen die breiten, blattartigen Ausstülpungen und die Kompplexaugen sind nicht getrennt.

Merkmale in der Hand Flügeldreiecke sind durch Queradern in 3–4 Zellen geteilt, bei den anderen Gomphiden des Gebiets jedoch 1-zellig. ♂ obere Anhänge fingerartig und fast gerade, etwa 2× so lang wie S10, relativ zu diesen der untere Anhang sehr klein wirkend. *Paragomphus* und *Onychogomphus* haben stark (nach unten und/oder nach innen) gekrümmte obere Anhänge.

Varianten Thorax und Abdomen können weitgehend dunkel sein. Viele Individuen verdunkeln mit zunehmendem Alter, frisch geschlüpfte, weitgehend schwarze Exemplare lassen jedoch vermuten, dass die Dunkelfärbung z. T. auch von klimatischen Faktoren bestimmt wird. Alte Individuen entwickeln am Thorax oft eine bläulich violette Bereifung. Dunkle, bereifte Individuen sehen ganz anders aus als blasse, frisch geschlüpfte. Dunkelfärbung wie auch Bereifung sind für Gomphiden ungewöhnlich.

Verhalten Sitzt oft mit leicht über die Horizontale angehobenem Abdomen auf dem Boden. Sehr mobile Art mit ausgeprägter Neigung zu Wandern, was für eine Gomphide sehr ungewöhnlich ist.

▼ *Lindenia tetraphylla*, geschlechtsreifes ♂.

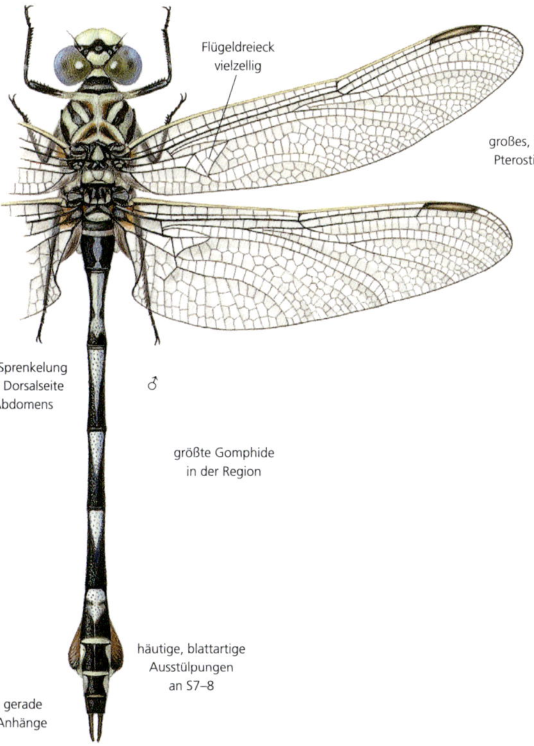

Vorkommen

Verbreitung/Status Von Zentralasien über den Nahen Osten bis in den Mittelmeerraum lückenhaft verbreitet. Im Gebiet sind nur wenige bodenständige Populationen bekannt, v. a. in Griechenland, Montenegro und der Türkei. Im westlichen Mittelmeerraum nur sehr sporadisch auftretend.

Habitat Seen, Stauseen und langsam strömende Flüsse. Meist handelt es sich um größere oder große Seen mit typischerweise ausgedehnten Schilfbeständen *(Phragmites australis)*, lokal kommt die Art aber auch an nur ganz spärlich bewachsenen Gewässern vor.

Flugzeit Mai–August. ***V. J. Kalkman***

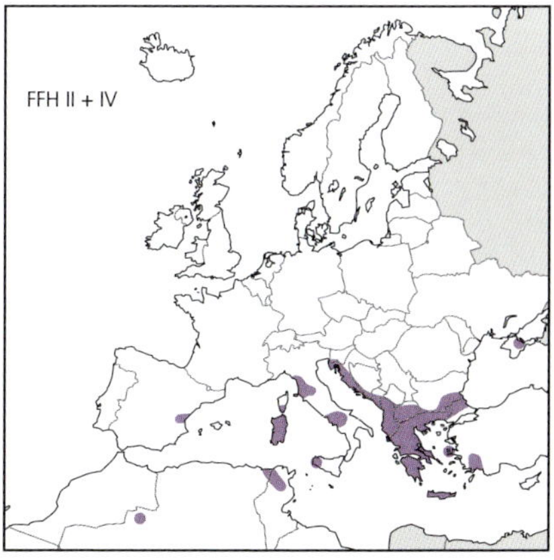

Cordulegastridae
Cordulegaster Leach, 1815 Quelljungfern

◀ *Cordulegaster insignis* ♀; die Eiablage erfolgt mit gezielten Stößen mit dem Legeapparat ins Bodensubstrat des Flachwasserbereichs.

Bestimmung

Beschreibung Große bis sehr große Arten (70–100 mm) mit schwarz-gelber Körperzeichnung sowie Augen, die sich auf der Kopfoberseite nur in einem Punkt berühren. ♂♂ mit Analdreieck in den Hinterflügeln und Aurikeln an den Seiten von S2. ♀♀ mit unverkennbarer, stilettartiger Legescheide, die das Abdomenende weit überragt und als Ovipositor dient. Damit legen sie die Eier ins Sohlsubstrat von Quellen und kleinen Bächen, wo Quelljungfern oft die einzigen Libellen sind.

Unterscheidung von anderen Gattungen Große Aeshnidae weisen eine ähnliche Aderung auf, doch ihre Augen berühren sich breitflächig. Viele Gomphidae sind ebenfalls schwarz-gelb, jedoch kleiner und mit auf der Kopfoberseite weit getrennten Augen. Die lokalen Arten *Macromia splendens* in S-Frankreich und auf Ib. Halbinsel sowie *Anax immaculifrons* in S-Türkei sehen auf den ersten Blick ähnlich aus, unterscheiden sich in Details jedoch deutlich.

Unterscheidung der Arten Gattung besteht aus 2 Artgruppen; jede besteht aus einem Komplex ähnlicher Taxa, deren Verbreitungsgebiete sich kaum überschneiden. Bei syntopem Auftreten von 2 *Cordulegaster*-Arten gehören diese meist unterschiedlichen Artgruppen an. Dort, wo *C. boltonii* und *C. bidentata* gemeinsam vorkommen (West- und Mitteleuropa), besiedelt Erstere meist größere Bäche bzw. deren Unterläufe. Daher ist *C. boltonii* eher eine Tieflandart, *C. bidentata* dagegen schwerpunktmäßig in den bewaldeten Mittelgebirgen verbreitet. Diese Verbreitungsunterschiede sind auf dem Balkan und in der Türkei jedoch weniger akzentuiert.

Nach Zuordnung eines Individuums zu einer der zwei Artgruppen (Tab. 1) gibt die geografische Lage des Fundorts weitere Hinweise zur Artbestimmung (Tab. 2 und 3). Quantität und Qualität der z. T. starken innerartlichen Variation der Färbungsmerkmale ist bei einigen Taxa noch weitgehend unklar. Auch innerhalb einer Population können Individuen einer Art in mehreren Merkmalen variieren, z. B. Größe des schwarzen Stirn-Querbalkens, Ausmaß der Schwarzfärbung auf anderen Kopfteilen, Form und Größe der gelben Zeichnung zwischen den beiden großen Thorax-Seitenstreifen, Form und Größe der gelben Zeichnung auf

Tabelle 1. Vergleich zwischen den *Cordulegaster*-Artgruppen (s. Abb. auf S. 223 und S. 229)

Gelbe Zeichnung auf Seite von S1	Obere Anhänge (Aufsicht)	Gruppe
Verläuft längs des unteren Hinterrandes, meist in Form von gespiegeltem C. aber manchmal reduziert zu rechtwinkeligem Fleck in unterer Segmenthälfte	Divergierend, mit gebogenem Außenrand und an Basis dicht zusammen (fast berührend).	*boltonii*
Schiefer Fleck oder breites Dreieck etwa in Mitte des Segments, reicht gelegentlich zum unteren Hinterrand ist dann gerade und nicht abgeknickt und setzt sich nicht längs des Unterrandes fort, bildet also kein gespiegeltes C.	Parallel, mit geradem Außenrand und an Basis getrennt.	*bidentata*

Tabelle 2. Geografischer Schlüssel zu den Arten der *boltonii*-Gruppe

Marokko: Hoher und Mittlerer Atlas	*princeps*
SW-Italien und Sizilien	*trinacriae**
N- und W-Türkei, Inseln in N- und O-Ägäis, SO-Balkan	*picta*
W- und S-Balkan	*heros***
Andere Teile von Europa oder NW-Afrika	*boltonii*

* *C. trinacriae* und *C. boltonii* überlappen und hybridisieren in den Regionen von Lazio und Marche in Mittelitalien.

** *C. heros* und *C. boltonii* überlappen in O-Österreich und vielleicht in W-Ukraine.

Tabelle 3. Geografischer Schlüssel zu den Arten der *bidentata*-Gruppe

S-Griechenland (samt Peloponnes, Euböa, Kykladen und mglw. Ikaria)	*helladica*
Türkei, Inseln in N- und O-Ägäis (samt Ikaria), SO-Balkan	*insignis****
Andere Teile Europas	*bidentata*

*** *C. insignis* und *C. bidentata* überlappen von O-Serbien bis Bulgarien und griech. Mazedonien.

S1 sowie Vorhandensein von kleinen, posteromedianen Fleckenpaaren auf S2–8. Abgesehen von in den Artbeschreibungen erwähnten Ausnahmen sind diese Merkmale daher für Bestimmungszwecke ungeeignet. Grundsätzlich sind ♀♀ größer als ♂♂, auch deren Abdominalzeichnung ist ausgedehnter. Daher werden für ♀♀ und ♂♂ eigene Maße angegeben.
Die Taxonomie der Cordulegastridae ist komplex und die Stellung vieler Formen nach wie vor weitgehend unklar, z. B. die zahlreichen Taxa des *C. insignis*-Komplexes.

Verhalten Alle Arten nutzen zur Fortpflanzung perennierende oder intermittierende Quellen und Bäche, wo sich die Larven innerhalb von 3–7 Jahren entwickeln. ♂♂ auf ♀-Suche patrouillieren niedrig und oft relativ langsam den Wasserläufen entlang, sind oft wenig scheu und lassen sich gut aus nächster Nähe beobachten. ♀♀ kommen nur zur Paarung und Eiablage an Gewässer. Dabei verharren sie auf typische Weise im Schwirrflug in senkrechter Stellung über strömungsberuhigten Flachwasserbereichen und legen mit gezielten Stößen mit dem Legeapparat Eier ins Bodensubstrat. ***G. J. van Pelt***

Cordulegaster boltonii
(Donovan, 1807)

Zweigestreifte Quelljungfer

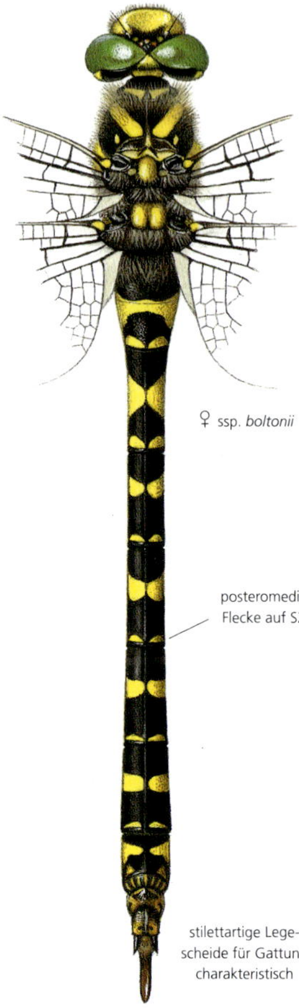

Bestimmung

Allgemein Einzige *Cordulegaster*-Art in großen Teilen W- und N-Europas (z. B. Britische Inseln, Fennoskandien, franz. Tiefland und südl. der Pyrenäen). In höheren Lagen W- und Mitteleuropas gemeinsam mit *C. bidentata*.

Merkmale im Feld ♂: GL 74–80 mm, Ab 52–64 mm, HF 40–47 mm; ♀: GL 80–85 mm, Ab 57–69 mm, HF 45–51 mm. Etwa so groß wie *Anax imperator*. Über weite Teile des Verbreitungsgebiets kommen für die Nominatform *boltonii* typische Individuen vor: S3–8 mit medianen Fleckenpaaren, die auf S4–8 bis zur Unterseite reichen und auf S2(–3) dorsal verbunden sind. Zusätzliche schmale, posteromediane Fleckenpaare auf S2–7(8), vor allem bei ♀♀; S9–10 (weitgehend) schwarz. Vorderseite des Occipitaldreiecks und Costa gelb. Stirn mit kleinem, schwarzem Querbalken. In SW-Europa und NW-Afrika ist *C. boltonii* deutlich gelber (siehe Varianten). Das Areal der Art überschneidet sich großflächig mit jenem von *C. bidentata*, beide Arten treten regelmäßig syntop auf. Typischerweise hat *C. boltonii* ein deutlich gelberes Gesamterscheinungsbild als die dunklere *C. bidentata*. *C. boltonii* überlappt weithin mit *C. bidentata,* weniger mit *C. heros* in O-Österreich, hybridisiert in Mittelitalien mit *C. trinacriae* und trifft im marokkanischen Atlas fast auf *C. princeps*.

Merkmale in der Hand Obere Anhänge relativ kurz, so lang wie S10.

Varianten Kann ausnahmsweise blaue Augen haben, v. a. in Spanien. In kleinem Teil NW-Italiens treten Individuen mit (teils) schwarzem Occipitaldreieck auf. Bei den folgenden Unterarten Frons ohne schwarze Zeichnung, mediane Fleckenpaare hingegen deutlich vergrößert (dorsal verschmelzend) und S9–10 zusätzlich gelb gezeichnet. In NW-Italien, S-Frankreich und Spanien kommt (mit regional breiter Übergangszone) ssp. *immaculifrons* vor: Zeichnung auf S3 so lang oder länger als breit (Aufsicht). Mediane Fleckenpaare auf S3–4 der ssp. *iberica* SO-Spaniens deutlich länger als breit, ihr Hinterrand auf S3–4 und S7 W-förmig. Ssp. *algirica* (S-Spanien und NW-Afrika) ähnlich: Medianflecke auf S5 ebenfalls länger als breit, Hinterrand der Ringe auf S3–7 W-förmig. Alle Unterarten sind schwach definiert und, mit Ausnahme der afrik. Populationen von *C. b. algirica,* auch nicht genetisch klar voneinander zu trennen.

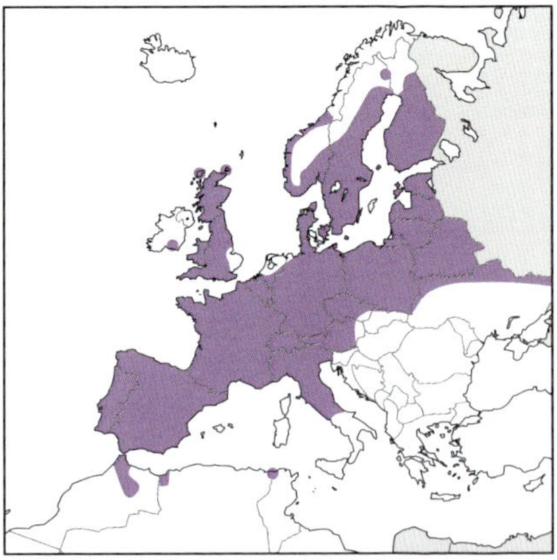

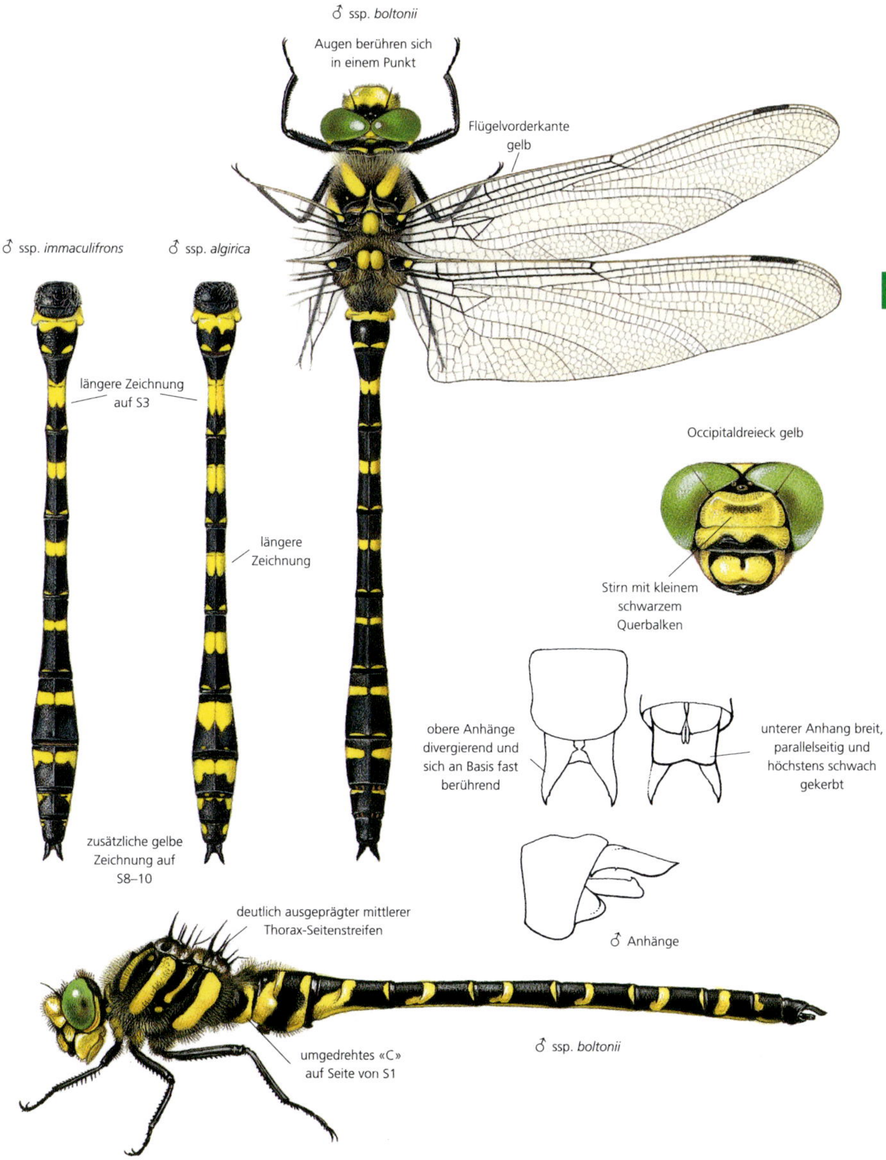

Vorkommen

Verbreitung/Status Lokal häufig. Erreicht den Polarkreis in Finnland und angrenzendem Russland; bis zum S-Ural verbreitet.

Habitat Bäche und kleine Flüsse, oft in Wäldern, aber auch in offenen Wiesengebieten und Heiden.
Flugzeit Anfang Mai–Ende September, vor allem Juli.

Cordulegaster princeps Morton, 1916 Atlas-Quelljungfer

♂

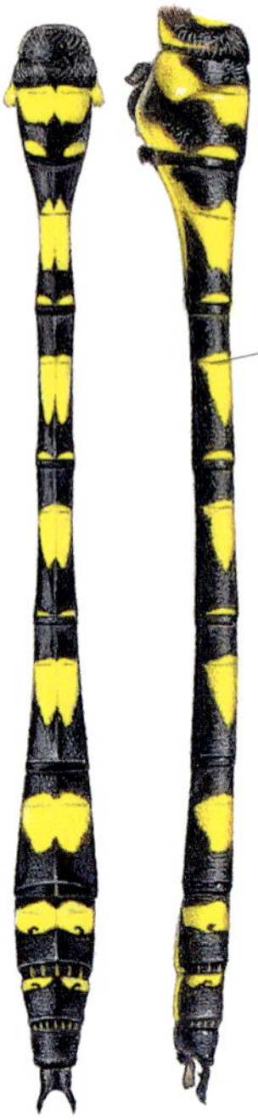

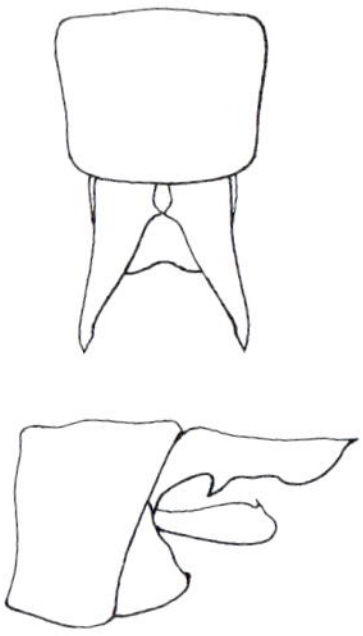

♂ Anhänge

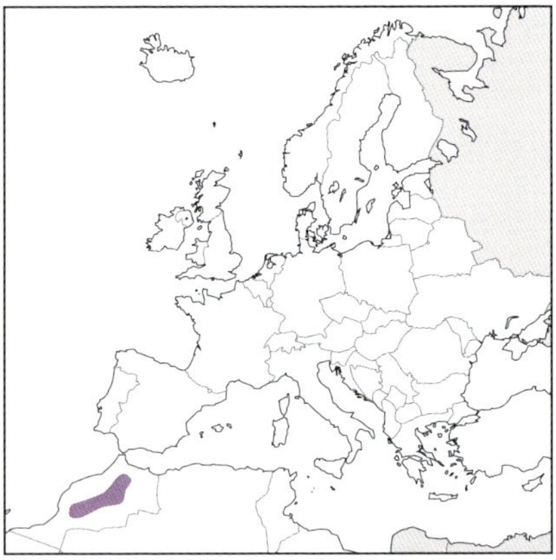

Bestimmung

Allgemein Ersetzt *C. boltonii* im Großteil des marokkanischen Atlas und fällt durch Körpergröße, konfluente mediane Fleckenpaare, weitgehend schwarze S9–10 und großflächig hellen Occiput auf.

Merkmale im Feld ♂: GL 75–86 mm, Ab 56–65 mm, HF 45–49 mm; ♀: GL 79–87 mm, Ab 60–66 mm, HF 47–53 mm. Paarige Medianflecke dorsal auf S2–8 großflächig verschmolzen und auf S3–6 nicht wie bei *C. boltonii* seitlich bis zur Ventralnaht herunterreichend, sondern auf halbem Weg lateral in eine Spitze ausgezogen endend. Apikaler Rand der Medianflecke auf S3–8 eingekerbt bzw. bifid (Aufsicht). S10 im Gegensatz zu *C. b. algirica* gewöhnlich vollständig schwarz. Frons und Occipitaldreieck wie bei *C. b. algirica* gelb, doch zusätzlich auch Occiput und Postgenae (hinter den Augen) weitgehend gelb.

Merkmale in der Hand Obere Anhänge wie bei *C. boltonii*, etwa so lang oder geringfügig länger als S10, Außenrand relativ gerade.

Vorkommen

Verbreitung/Status Endemisch im Hohen und Mittleren Atlas. Sympatrisches Auftreten mit *C. b. algirica* ist nicht bekannt, aber am Jebel Tazzeka im Norden des Mittleren Atlas möglich.

Habitat Bergbäche zwischen 700–2500 m. Meidet im Unterschied zu *C. b. algirica* kleine und kleinste Quellbäche.

Flugzeit Ende Mai–Mitte September.

Cordulegaster trinacriae

Waterston, 1976

Italienische Quelljungfer

Bestimmung

Allgemein Ersetzt *C. boltonii* in Teilen Italiens, wo sich südlich von Rom die Areale beider Arten überschneiden. Lässt sich von *C. boltonii* am sichersten in der Hand durch die Form der Anhänge unterscheiden.

Merkmale im Feld ♂: GL 73–79 mm, Ab 55–63 mm, HF 45–49 mm; ♀: GL 83–93 mm, Ab 64–72 mm, HF 51–53 mm. Ähnelt der Nominatform *C. b. boltonii*, hat jedoch grundsätzlich kleinere Abdominalzeichnungen. Die medianen Fleckenpaare auf S2–4(5) sind dorsal meist verbunden, jene auf S 5–7 reichen meist nicht vollständig bis auf die Unterseite. S2–6 mit posteromedianen Flecken und S9 anterior mit einem Paar kleiner schmaler Flecken. Occipitaldreieck gelb, Frons gelb, ♂♂ manchmal mit Spuren von Schwarz. ♀♀ immer mit kleinem, schwarzem Querbalken, dieser ist niemals spitz ausgezogen, sondern stumpf. (Regionale *C. b. boltonii* beider Geschlechter immer mit deutlichem, schwarzem Querbalken).

Merkmale in der Hand Obere Anhänge relativ lang, schlank und gebogen, an der Basis leicht getrennt und deutlich länger als S10 (Aufsicht). Hinterrand des unteren Anhangs tief gekerbt.

Varianten Breite Hybridisierungszone mit *C. boltonii* von zentralen Marken bis südliches Lazium. Anhänge der Hybrid-♂♂ kleiner und ähnlich *C. boltonii*, indem Hinterrand des unteren Anhangs nur schwach gekerbt ist. Genetische Untersuchungen weisen darauf hin, dass diese Unterschiede *boltonii*-ähnliche ♂♂ daran hindern, sich erfolgreich mit *trinacriae*-♀♀ zu paaren. Dies würde *C. trinacriae* erlauben, in das Verbreitungsgebiet von *C. boltonii* einzudringen und die Hybridisierungszone nach Norden auszubreiten.

Vorkommen

Verbreitung/Status In Süditalien und Sizilien endemisch.

Habitat Wie *C. boltonii*.

Flugzeit Juni–August.

♂

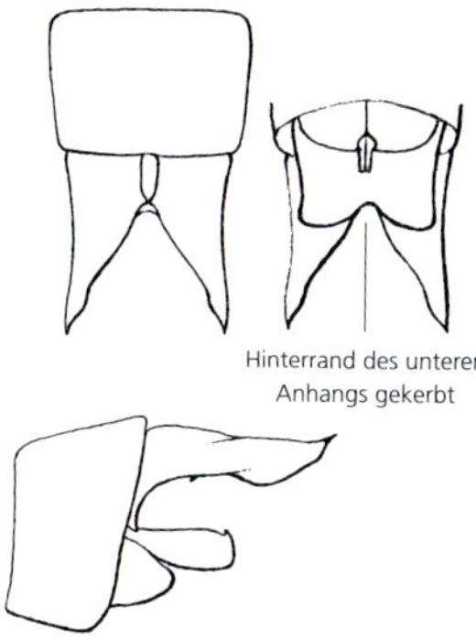

♂ Anhänge

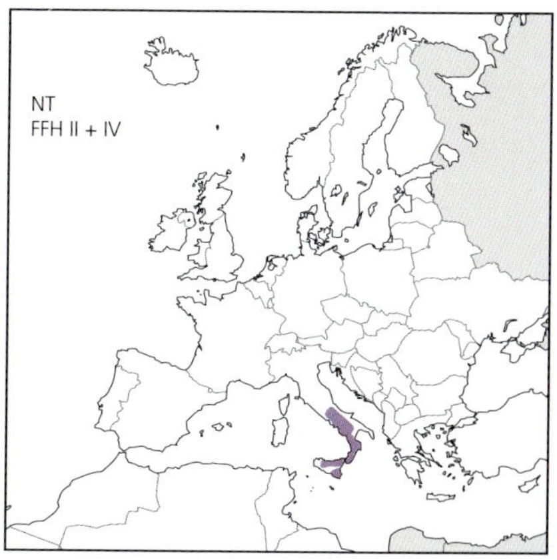

Cordulegaster heros Theischinger, 1979 — Große Quelljungfer

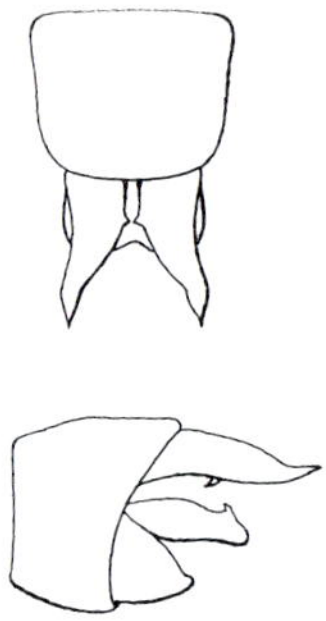

♂ Anhänge

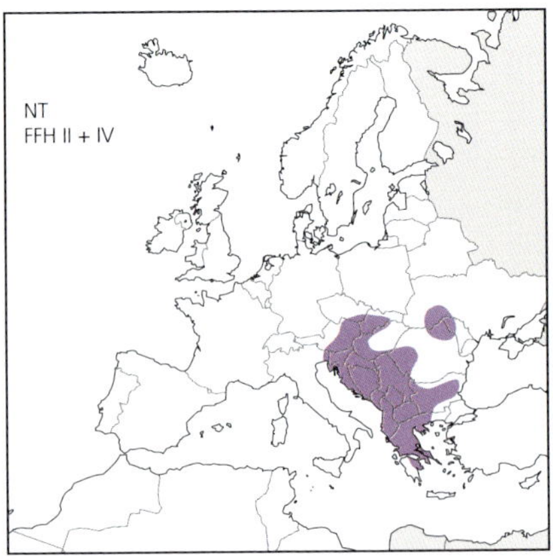

Bestimmung

Allgemein Ersetzt *C. b. boltonii* auf dem Balkan, ist aber deutlich größer und weist größere Abdominalzeichnungen auf.

Merkmale im Feld ♂: GL 77–84 mm, Ab 56–64 mm, HF 45–50 mm; ♀: GL 88–96 mm, Ab 68–76 mm, HF 53–58 mm. Größte *Cordulegaster*-Art und eine der größten Libellen des Gebietes, namentlich die ♀♀. Unterscheidet sich von *C. b. boltonii* wie folgt: (1) Occipitaldreieck schwarz, nicht gelb, manchmal aber mit 2 kleinen, gelben Flecken wie bei *C. picta*, insbesondere bei ♀♀; (2) Hinterrand der schmalen mittleren Thorax-Seitenbinde meist etwas unterhalb der Mitte gekrümmt bzw. eingebuchtet, sodass das untere Stück weiter anterior liegt als das obere; (3) mediane gelbe Fleckenpaare deutlich größer, auf S2–7 dorsal z. T. konfluent und auf S3–8 bis auf die Unterseite reichend. Posteromediane Fleckung reduziert und auf S7–8 sowie meist auch auf S5–6 fehlend, vor allem bei ♂♂ (vgl. *C. picta*). Die eckig gewinkelten oberen äußeren Ecken der Antehumeralstreifen gelten nicht als zuverlässiges Unterscheidungsmerkmal. Schwarzer Stirn-Querbalken bei ♀♀ immer deutlich ausgeprägt, was in Kombination mit schwarzem Occipitaldreieck auch zu Verwechslungen mit der oft gemeinsam auftretenden *C. bidentata* führen kann. Diese ist aber kleiner und durch die Merkmale der *bidentata*-Gruppe charakterisiert (Tab. 1, S. 221).

Merkmale in der Hand ♂ obere Anhänge ähnlich *C. boltonii*, aber etwas länger.

Varianten ♂♂ aus Österreich, Slowenien, Ungarn und Serbien höchstens mit schwach angedeutetem schwarzem Querbalken auf der Stirn (ssp. *heros*), dieser jedoch deutlich und rechteckig bei ssp. *pelionensis* aus Griechenland, Albanien und Bulgarien.

Vorkommen

Verbreitung/Status Endemisch in Mittel- und SO-Europa. Überlappt und tritt lokal in O-Österreich gms. mit *C. boltonii* auf. Beide Arten könnten auch an NW-Hängen der ukrainischen Karpaten gms. vorkommen.

Habitat Wie bei *C. boltonii*.

Flugzeit Juni–August.

Cordulegaster picta Selys, 1854 — Gezeichnete Quelljungfer

Bestimmung

Allgemein Ersetzt *C. heros* auf weiten Teilen des SO-Balkans und in der Türkei. Da *C. picta* sehr variabel ist und starke Ähnlichkeiten mit *C. heros* aufweist, am sichersten anhand der ♂ Anhänge zu bestimmen.

Merkmale im Feld ♂: GL 72–80 mm, Ab 53–60 mm, HF 43–46 mm; ♀: GL 80–89 mm, Ab 61–68 mm, HF 48–53 mm. Recht große *Cordulegaster*-Art, durchschnittlich aber kleiner als *C. heros*. Unterschiede zu dieser sind: (1) Occipitaldreieck mit zwei gelben Flecken und niemals ganz schwarz; (2) schmaler, gelber Streifen zwischen den breiten Thorax-Seitenbinden mit relativ geradem Hinterrand; (3) schwarzer Querbalken der Frons variabel, kann bei ♂♂ fehlen oder spitz ausgezogen sein, bei ♀♀ aber niemals so groß und weit ausgezogen wie bei *C. heros*. Abdominalzeichnung ähnlich *C. heros* und mediane Fleckenpaare auf S2–6(7) dorsal meist verbunden und auf S3–9 bis zur Unterseite verlaufend, können aber zusätzlich auch auf S8 oder nur auf S2–3 verbunden sein. Posteromediane Flecke gewöhnlich auf S2–7, aber regelmäßig winzig klein oder nur auf S2–3 beschränkt. Areal überschneidet sich weiträumig mit jenem von *C. insignis*, die allerdings im Großteil des Verbreitungsgebiets blaue Augen, ein gelbes Occipitaldreieck (nicht in N-Anatolien) sowie grundsätzlich Merkmale der *bidentata*-Artgruppe aufweist (Tab. 1, S. 221).

Merkmale in der Hand Obere Anhänge lang, schlank und nach außen weisend; länger als S10.

Varianten Abdominalzeichnung sehr variabel, sichere Bestimmung nur anhand ♂ Anhänge. Intensiv gelb gefärbte Populationen aus östl. Rhodopen, W- und S-Türkei sowie einigen ägäischen Inseln, wie Samos und Lesbos, bekannt. Diese Individuen können *C. heros, C. insignis* oder *C. helladica* zum Verwechseln ähnlich sehen. I. Ggs. dazu Populationen in westl. Rhodopen und N-Türkei (einschl. europ. Teil) dunkler und ähnlich *C. bidentata*.

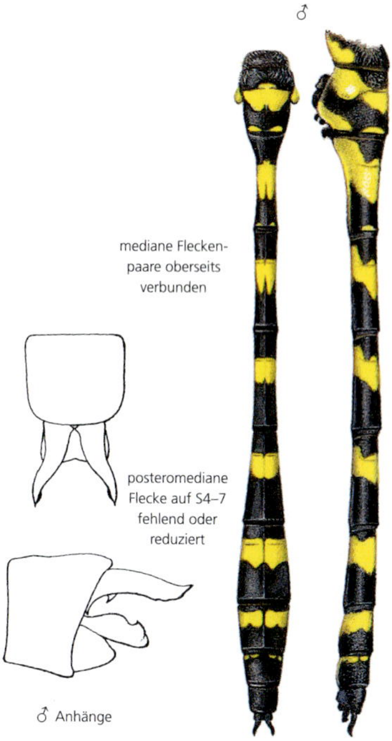

♂ Anhänge

Vorkommen

Verbreitung/Status Auf dem S-Balkan mglw. regional sympatrisch mit *C. heros* auftretend, die genauen Arealgrenzen, v. a. nach NW hin, sind aber nach wie vor wenig bekannt. Nach O über den südl. Kaukasus bis in den NW-Iran verbreitet.

Habitat Wie bei *C. boltonii* und *C. heros*.

Flugzeit Ende Mai–Mitte August.

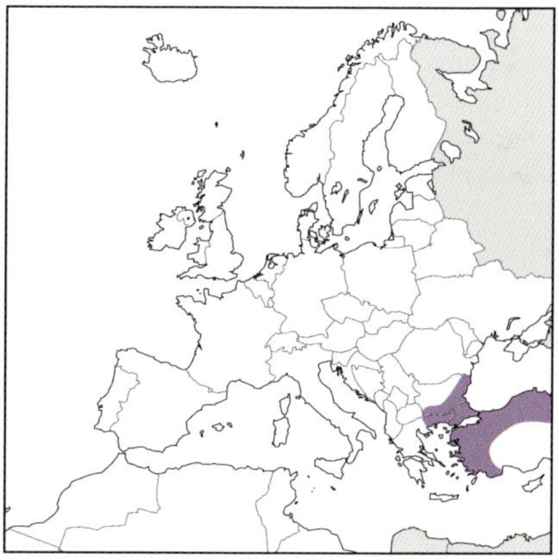

Cordulegaster bidentata Selys, 1843 Gestreifte Quelljungfer

▲ *Cordulegaster bidentata* ♂. Auffällig sind das dunkle Occipitaldreieck und die spitz zulaufenden Zeichnungen auf der Abdomenseite.

Bestimmung

Allgemein Kleinste, dunkelste *Cordulegaster*-Art außerhalb der Türkei.

Merkmale im Feld ♂: GL 69–78 mm, Ab 52–60 mm, HF 41–46 mm; ♀: GL 74–83 mm, Ab 55–63 mm, HF 45–50 mm. Durchschnittlich kleiner als *C. boltonii*. Verbreitungsgebiet überlappt weiträumig mit der gewöhnlich häufigeren und weiter verbreiteten *C. b. boltonii*. Beide lassen sich anhand von Artgruppen-Unterschieden (Tab. 1, S. 221) trennen. Weitere spezifische Merkmale sind: (1) Abdominalzeichnungen klein, mediane Fleckenpaare reichen nicht bis auf die Abdomenunterseite und wirken von der Seite relativ 3-eckig; posteromediane Flecke beschränkt auf S2–3(4); (2) Costa überwiegend schwarz statt gelb (Vorderansicht); (3) Occipitaldreieck schwarz; (4) schwarzer Querbalken auf Stirnvorderseite deutlich und ausgedehnt, meist spitz ausgezogen.

Merkmale in der Hand ♂ Anhänge: (1) jeder obere Anhang trägt 2 Zähne, die von lateral (Seitenansicht!) gut zu erkennen sind und voneinander etwa so viel Abstand haben wie von S10. Die Arten der *boltonii*-Artgruppe (vgl. Tab.1, S. 221) weisen dieses namengebende Merkmal (*bidentata*!) zwar ebenfalls auf, doch liegt der basale Zahn einiger dieser Arten typischerweise sehr nah an S10 und der mediane Zahn steht nicht senkrecht, sondern ist in fast waagerechter Ebene nach innen gezogen, weshalb Ersterer sich oft kaum von S10 absetzt und Letzterer in Seitenansicht kaum zu sehen ist; (2) unterer Anhang verjüngt sich zum recht schmalen Hinterrand hin, ist nicht breit und parallelseitig (Ansicht von unten).

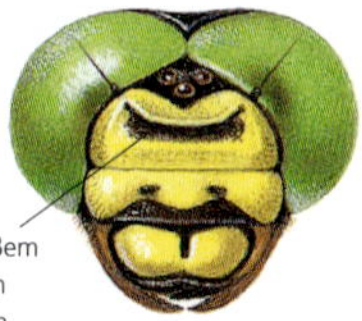

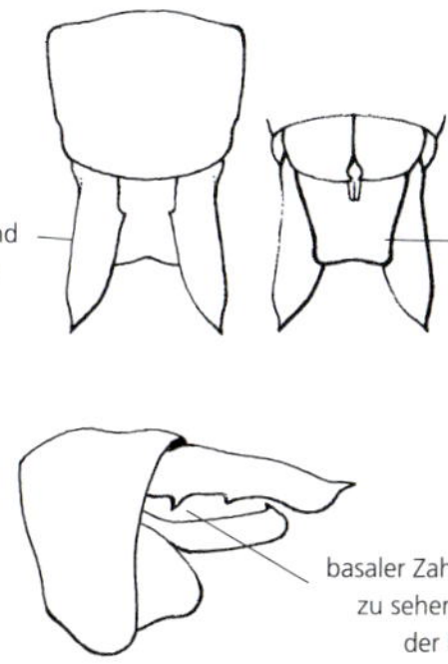

♂ Anhänge

Varianten Auf Sizilien kommt die gelbere ssp. *sicilica* vor: Medianflecke auf S5–8 dorsal fast verschmelzend und weiter zur Unterseite hin reichend, ferner gelbe Zeichnung auf S9–10. In Kalabrien wurden regional Übergangsformen zum Nominattaxon gefunden, doch keine genetische Bestätigung, sodass diese Unterart zu hinterfragen ist. Regional treten in Albanien und S-Griechenland, aber auch weiter im N in Slowenien, Individuen mit größeren Abdominalzeichnungen und manchmal mit gelber Occipitaldreieck-Vorderseite auf.

Vorkommen

Verbreitung/Status Europäischer Endemit. Grundsätzlich lokaler als die sympatrischen Taxa der *boltonii*-Gruppe, regional aber recht häufig.
Habitat Bevorzugt insgesamt kleinere Bäche als *C. boltonii,* pflanzt sich auch an kleinsten Kalktuffquellen oder sogar überrieselten Felsflächen fort.
Flugzeit Mitte Mai–Ende August.

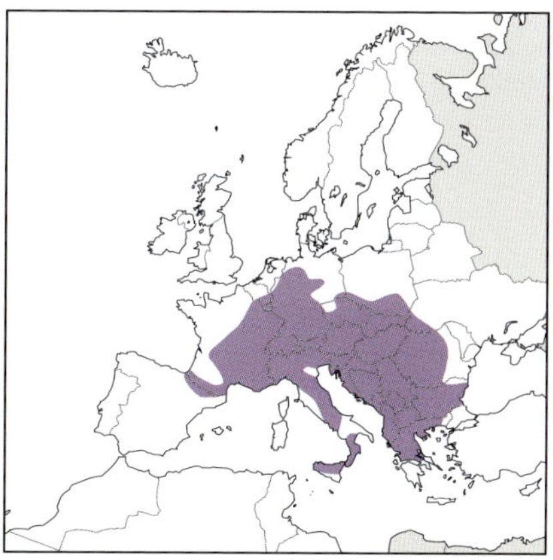

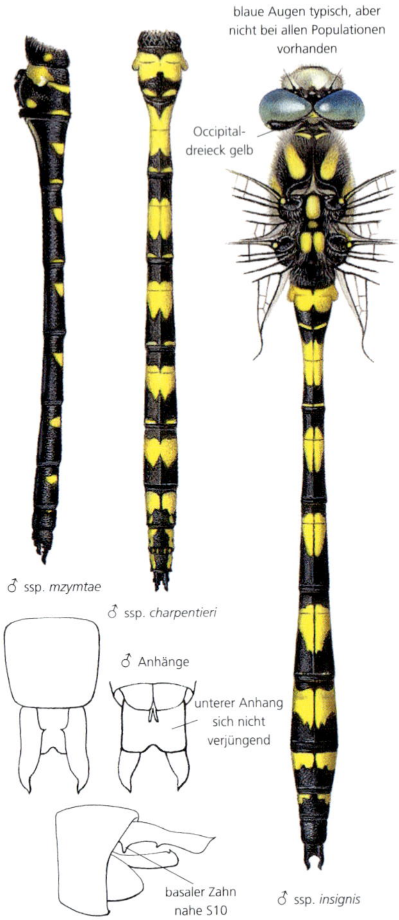

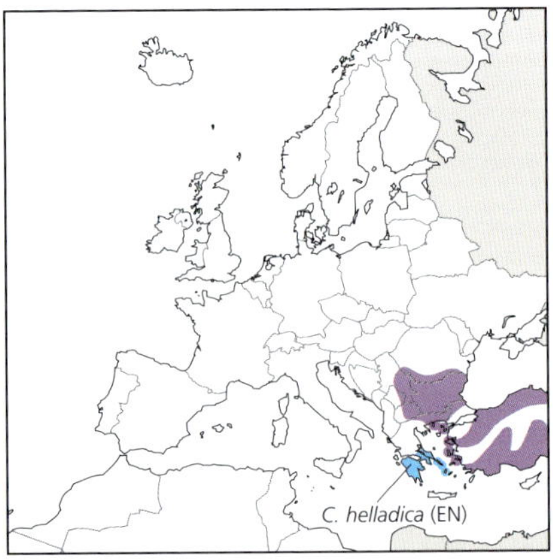

Bestimmung

Allgemein Einzige *Cordulegaster*-Art mit bläulichen Augen, allerdings kommen in Teilen der Türkei und auf Ikaria (Griechenland) grünäugige Formen vor.

Merkmale im Feld (Nur ssp. *insignis*)
♂: GL 71–78 mm, Ab 52–58 mm, HF 40–46 mm;
♀: GL 71–83 mm, Ab 51–63 mm, HF 41–49 mm.
Größe wie *C. bidentata*, doch insgesamt deutlich heller. Von dieser durch folgende Merkmale zu unterscheiden: (1) blaue Augen; (2) Frons gelb, doch manchmal mit kleiner, schwarzer Zeichnung; (3) Occipitaldreieck gelb statt schwarz, das Occiput geschwollen, nicht flach; (4) mediane Fleckenpaare auf S2–8 oberseits konfluent, S2–6 mit posteromedianen Flecken (manchmal auch auf S7 oder nur auf S2) und S9 anterior mit kleinem Fleckenpaar. Regionale Formen mit grünen Augen und oft schwarzem Occipitaldreieck lassen sich von *C. helladica* und *C. bidentata* nur durch Verbreitungsgebiet und ♂ Anhänge trennen. Weiträumig sympatrisch mit *C. picta*, diese hat jedoch grüne Augen und weist Merkmale der *boltonii*-Gruppe auf (Tab. 1, S. 221).

Merkmale in der Hand ♂ obere Anhänge ähneln jenen von *C. bidentata* (parallel, an Basis weit getrennt), doch basaler Zahn näher an S10 (Seitenansicht). Unterer Anhang breiter, stärker rechteckig, distal sich nicht verjüngend (wie bei *C. bidentata* und *C. helladica*).

Varianten Auf SO-Balkan und in W- und S-Türkei kommt die blauäugige Nominatform vor (s. o.). Ssp. *montandoni* mit unklarem Status wurde aus SO-Rumänien beschrieben und weicht nur marginal ab. In der Zentraltürkei (südl. des Pont. Gebirges) ist ssp. *charpentieri* verbreitet. Diese ist recht klein (♂: GL 64–67 mm) und zeigt deutlich ausgedehntere, gelbe abdominale Fleckenpaare, auf S9–10 typw. in Form einer gespiegelten «7». Andere, stärker lokale Formen sind grünäugig: in der NO-Türkei und dem Kaukasus (westl. mglw. bis Samsun) das recht kleine Taxon *mzymtae* (♂: GL 64–67 mm) mit stark red. abdominalen Fleckenpaaren, schwarzem Occipitaldreieck und flachem Occiput. In der NW-Türkei (etwa zw. Bursa und Samsun) kommt eine ähnliche Form vor, die etwas größere, relativ zum Nominattaxon aber immer noch recht kleine abdominale Fleckenpaare aufweist. Individuen in den Bergen nördl. von Adana zeigen gemischte Merkmale, wie z. B. grüne Augen, größere Zeichnungen als das nominotypische Taxon. Laufende genmolekulare Forschungen könnten zeigen, dass bestimmte Formen «gute» Arten sind, während andere genetisch nicht zu trennen sind und damit nicht einmal als Unterart anerkannt werden können. Eine große, grünäugige *Cordulegaster* von der griech. Insel Ikaria, die früher als *C. insignis* nahestehend angesehen wurde, könnte eine Hybride aus Letzterer und *C. helladica* von den Kykladen sein (s. diese Art).

Vorkommen

Verbreitung/Status Nach NW mind. bis Serbien verbreitet, O-Grenze im Bereich des iranisch-turkm. Grenzgebiets (Kopet Dag). In großen Teilen der Zentral- und S-Türkei die einzige *Cordulegaster*.
Habitat Durchschn. kleinere Bäche als *C. picta*, gelegentlich auch in größeren, tieferen Gewässern.
Flugzeit Ende Mai–Mitte August.

Cordulegaster helladica Griechische Quelljungfer

(Lohmann, 1993)

Bestimmung

Allgemein Endemit S-Griechenlands, ähnelt *C. insignis*, doch immer mit grünen Augen und von Letzterer durch die Ägäis und ein großes Gebiet in N-Griechenland getrennt, wo *C. bidentata* vorkommt. Ohne Fundortinf. lassen sich einzelne Individuen u. U. jedoch nicht von *C. insignis* unterscheiden.
Merkmale im Feld ♂: GL 68–78 mm, Ab 50–60 mm, HF 41–46 mm; ♀: GL 78–83 mm, Ab 59–63 mm, HF 46–49 mm. Unterscheidet sich von *C. bidentata* auf ähnliche Weise wie *C. insignis* (s. dort): Abdominalzeichnungen ausgedehnt (mediane Fleckenpaare dorsal auf S2–6(7) verbunden). S2–5 mit posteromedianen, paarigen Flecken, Costa weitgehend gelb, Frons ohne oder nur mit kleinem, schwarzem Querbalken. Augen grün und Occipitaldreieck gew. schwarz.
Merkmale in der Hand Obere ♂ Anhänge sehr ähnlich jenen von *C. insignis*; unterer Anhang nicht rechteckig, verjüngt sich zum Hinterrand hin.
Varianten Auf Peloponnes, auf Euböa (Evia) und in dazwischenliegenden Gebieten kommt ssp. *helladica* vor, deren Occipitaldreieck gew. eine schwarze VS zeigt. Rund um den Parnass (mglw. auch in kleinem Teil der NO-Peloponnes) tritt ssp. *kastalia* auf, die zw. den beiden großen Thorax-Seitenbinden einen großen, fast rechteckigen Mittelstreifen aufweist (beim Nominattaxon nur auf kleinen, oft 3-eckigen Fleck im oberen Bereich beschränkt). Die VS des Occipitaldreiecks ist gew. gelb, die gelbe Abdominalzeichnung stärker ausgedehnt. Beide Formen könnten eigenständig sein, obwohl laufende genmolekulare Forschungen darauf hinweisen, dass die beiden Unterarten nicht voneinander zu trennen sind. Auf den Kykladen (Andros, Tinos, Naxos) kommt mit kleineren abdominalen Fleckenpaaren sowie schwarzem oder gelbem Occipitaldreieck ssp. *buchholzi* vor. Früher als mögliche Unterart von *C. insignis* betrachtet (siehe dort). Grünäugige Population auf nahe gelegener Insel Ikaria könnte aus Hybriden aus dieser Art und ssp. *buchholzi* bestehen. Dortige Individuen sind größer (♂: GL 75–83 mm), tragen schwarzen Querbalken auf Frons, die VS des Occipitaldreiecks ist schwarz, das Occiput flach und die abdominalen Fleckenpaare mäßig ausgedehnt.

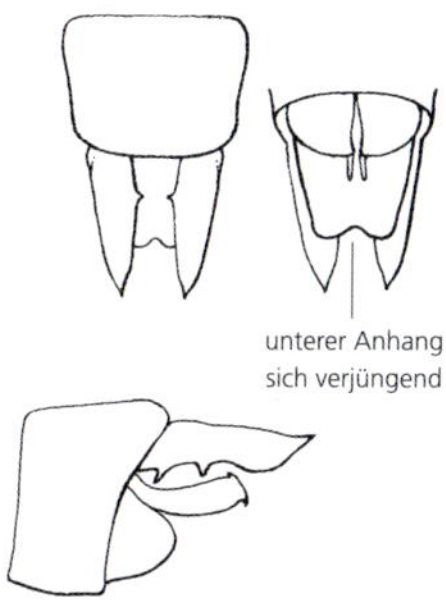

Vorkommen

Verbreitung/Status Auf S-Griechenland beschränkt, wo die Art im Gebiet des Parnass auf *C. bidentata* trifft (blau auf Karte S. 230).
Habitat Wie bei *C. insignis*.
Flugzeit Mitte Mai–Mitte August.

Familienzugehörigkeit unklar

Oxygastra Selys, 1870 — Flussfalken

Oxygastra curtisii (Dale, 1834) — Gekielter Flussfalke

Bestimmung

Allgemein Dunkle, schlanke Falkenlibelle, die dank der Kombination aus leuchtend grünen Augen und dunkelgelben Längsstreifen auf OS des dunklen, schlanken, keulenförmigen Abdomens leicht zu bestimmen ist. ♂♂ patrouillieren an kurzen Abschnitten von ruhig strömenden, baumbestandenen Flüssen. Monotyp. Gattung, mit unverwechselbarer Flügeladerung und Form der ♂ Anhänge.

Merkmale im Feld GL 47–54 mm, Ab 33–39 mm, HF 33–36 mm. Dunkler und schlanker als *Cordulia aenea* und *Somatochlora metallica* und mit noch leuchtend grüneren Augen. Abdomen zum Ende hin keulig verdickt (S8 am breitesten). Frons vollständig metallisch dunkel (bei *Somatochlora*-Arten gelb gezeichnet). Thorax metallisch grün, locker und kurz behaart (bei *C. aenea* dicht und lang behaart). Flügelbasen mit safrangelber Färbung, die sich bei ♀♀ längs der Costa erstreckt. Abdomen dunkel metallisch grün, mit Kette unpaarer, dorsaler, orangegelber Längsflecke auf S1–7 und S10. Abdomen bei *C. aenea* ♂♂ ungezeichnet und keulige Verdickung nicht so weit distal gelegen (S7–8 am breitesten). *Somatochlora*-Arten meist ohne keulenförmiges Abdomen, höchstens an Abdomenseiten mit paarigen gelben Flecken.

Merkmale in der Hand ♂ S10 dorsal mit gelblichem, häutigem Kiel. ♂ obere Anhänge stumpf und etwas divergierend (Aufsicht), jeweils in Basisnähe mit länglichem, ventralem Dorn (Seitenansicht). Unterer Anhang mit breitem, leicht gekerbtem Ende (Ansicht von unten). ♀ Anhänge kurz; Legescheide winzig und gerade die Basis von S9 erreichend. Aderung diagnostisch: (1) sackförmige (nicht stiefelförmige) Analschleife aus 2 langen Zellreihen; (2) alle Flügeldreiecke ohne Queradern;

▼ *O. curtisii* ♂. Auffallend sind das schlanke Abdomen mit keulenförmigem Ende und der helle Kiel auf S10.

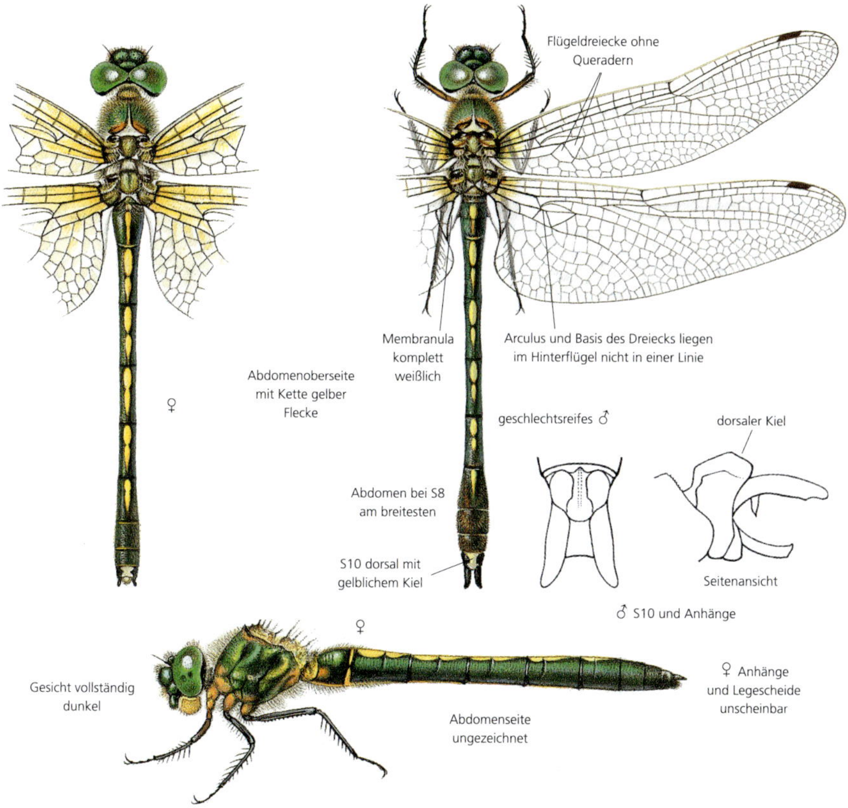

(3) HF-Dreieck deutlich von Arculus getrennt und zur Flügelspitze hin verschoben; (4) Membranula ganz weißlich; (5) Analwinkel des ♂ HF stärker gerundet als bei *Somatochlora* und *Cordulia*.

Varianten Intensität und Umfang der Safrantönung auf Flügelbasen variabel, bei Immaturen deutlicher.

Verhalten ♂♂ patrouillieren gemächlich an kurzen, bis zu 20 m langen Abschnitten recht niedrig über dem Wasser entlang der Ufer. Eiablage in Ufernähe, oft unter überhängenden Bäumen und in Höhlungen, auch auf Wurzeln, durchnässten Stämmen, bemoosten Felsen und flutenden Algenmatten.

Vorkommen

Verbreitung/Status In SW-Europa und Marokko endemisch. Allgemein selten, im Zentrum des Verbreitungsgebiets lokal auch häufig. In Deutschland nur an der Our an der Grenze zu Luxemburg.

Habitat Baumbestandene, langsam strömende Flüsse und Bäche, seltener Ufer großer Seen (z. B. Südschweiz).

Flugzeit Ende Mai–Ende August, mit Höhepunkt im Juli, im Süden eventuell einen Monat (oder mehr) früher.

H. Wildermuth

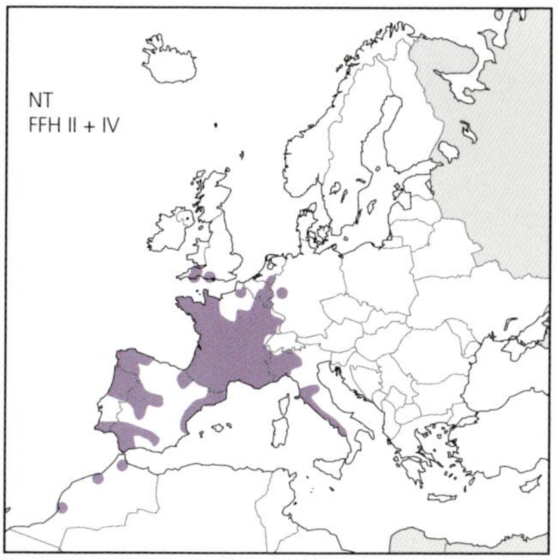

Macromiidae

Macromia Rambur, 1842 — Flussherrscher

Macromia splendens (Pictet, 1843) — Europäischer Flussherrscher

Bestimmung

Allgemein Imposante, große Libelle, die an ruhigen Flussabschnitten und Stauseen in raschem Flug die Ufer entlang patrouilliert. Seltener Endemit SW-Europas, dessen nächste Verwandte in Asien und Nordamerika vorkommen. Aussehen unverkennbar, obschon durch Größe und gelb-schwarze Grundfärbung eine gewisse Ähnlichkeit zu *Cordulegaster* besteht.

Merkmale im Feld GL 70–75 mm, Ab 48–55 mm, HF 42–49 mm. Etwa so groß wie *Cordulegaster* und mit keulig verdicktem, jedoch schlankerem Abdomen. Augen groß und leuchtend grün. Frons dunkel mit breiter, gelber Zeichnung, recht massiv und dorsal mit breiter, von 2 großen gelben Flecken flankierter Mittelfurche. Thorax dunkel metallisch grün und mit gelben Seitenstreifen, die sich zwischen den Flügelpaaren über die Metastigmata ziehen sowie einem Paar anteriorer gelber Streifen und einem gelben Halbkreis vor dem Ansatz der Vorderflügel. Beine lang und spinnenähnlich; Hinterbeine reichen ausgestreckt bis auf S5. Abdomen schwarz, oberseits mit gelbem Querstreifen auf S2, gelben Flecken auf S3–4(–6), die Richtung Abdomenende kleiner werden, sowie einem auffällig größeren Fleck auf S7 und (nur bei ♂) einem kleinen auf S8. Im Flug Verwechslung mit *Cordulegaster*-Arten möglich. Diese jedoch mit Augen, die sich kaum berühren, ohne grünen Glanz, mit kürzeren Beinen, abstehender, stilettartiger Legescheide und abweichender Aderung und gelben Zeichnungen. Beide Gattungen treten regelm. gemeinsam auf, doch *Cordulegaster* patrouilliert langsamer und unauffälliger, setzt sich häufiger in Wassernähe ab.

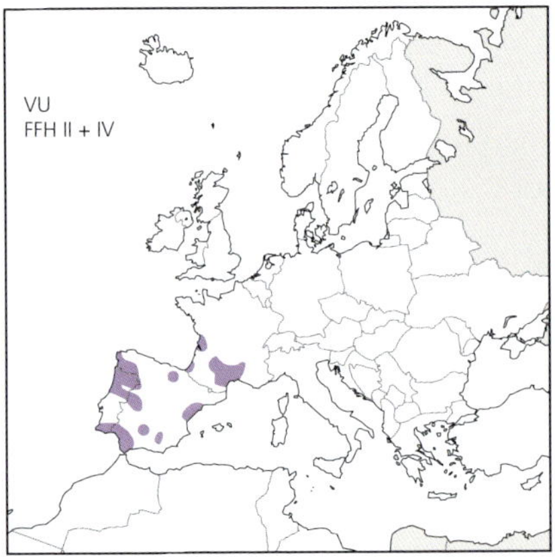

Merkmale in der Hand Aderung und Anhänge diagnostisch: VF mit 12–15 Ax und gewöhnlich 3 Queradern zw. Flügeldreieck und -basis. Flügeldreiecke ohne Queradern, HF-Dreieck weit vom Arculus entfernt und Analschleife annähernd quadratisch. ♂ obere Anhänge nur etwa so lang wie S10, jeweils mit großem, latero-ventralem Zahn und kürzer als der 3-eckige untere Anhang. ♀ Legescheide flach, breit und randlich abgerundet.

Varianten Größe der gelben Abdominalflecke sehr variabel, manchmal auf S5–6 (fast) fehlend.

Verhalten Starker, anscheinend unermüdlicher Flieger, der recht selten sitzend zu beobachten ist, dann meist senkrecht an Zweigen hängend. Jagdflüge an Waldrändern, in Baumnähe und über Brachland. Bevorzugt sonniges, windstilles Wetter und ist v. a. am Spätvormittag und -nachmittag über den Gewässern zu beobachten. ♂♂ patrouillieren entlang mehrere Hundert Meter langer Strecken 1 m oder mehr vom Ufer entfernt und etwa 0,5 m über dem Wasser. Regelm. auch einige Meter über dem Boden fliegend über Wegen oder zw. Bäumen in Gewässernähe anzutreffen. Bei der Eiablage fliegen ♀♀ schnell über die Wasserfläche und tippen das Abdomenende jeweils 3–10× innerhalb eines kleinen Bereichs aufs Wasser.

Vorkommen

Verbreitung/Status Auf Südfrankreich und die Ib. Halbinsel beschränkt, dort lokal und selten und fast immer in relativ geringer Individuenzahl auftretend.

Habitat Warme Wasserläufe mit ruhigen Abschnitten oder aufgestaute Flüsse in tiefen Tälern mit oft felsigen Ufern und überhängenden Bäumen und Büschen. Lokal auch an Stauseen mit stark schwankendem Wasserstand und ohne Uferbewuchs.

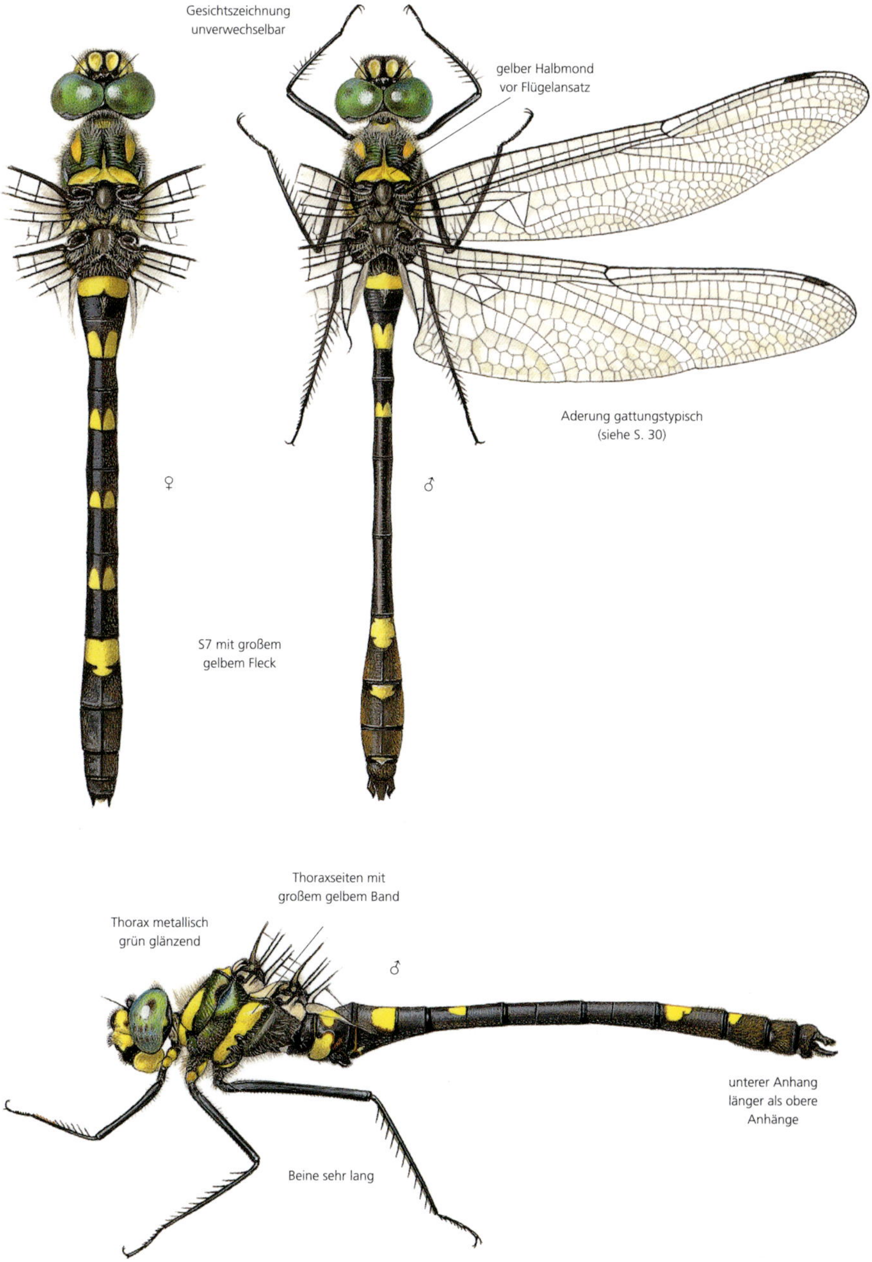

Flugzeit Ende Mai–Mitte August, mit Höhepunkt Mitte Juni–Mitte Juli, im Süden der Ib. Halbinsel eventuell früher.

H. Wildermuth

Corduliidae

Cordulia Leach, 1815 — Falkenlibellen

Cordulia aenea (Linnaeus, 1758) — Falkenlibelle

Bestimmung

Allgemein Dunkle, kompakte, mittelgroße Art mit auffallend leuchtend grünen Augen. ♂♂ patrouillieren – das keulenförmige Abdomen leicht erhoben – rastlos am Ufer von Weihern und Kleinseen. Flug rasch und nah über der Wasserfläche, immer wieder von Rüttelphasen unterbrochen. Kleine Gattung mit nur jeweils einer weiteren sehr ähnlichen Art in N-Amerika und O-Asien.

Merkmale im Feld GL 47–55 mm, Ab 30–39 mm, HF 29–35 mm. Etwas kleiner als *Somatochlora metallica* und mit ähnlicher Gesamterscheinung, gesamter Körper in variabler Tönung dunkel metallisch glänzend, oft weniger metallisch grün als bronzefarben und im Alter zunehmend dunkler werdend. Thorax dichter mit langen, hellen Haaren besetzt und flaumiger wirkend als bei *Somatochlora*-Arten, Flügel an der Basis meist dunkler safrangelb, v. a. Hinterflügel. Diagnostische Merkmale von *C. aenea* sind: (1) Frons komplett dunkel, ohne gelbe Flecke; (2) ♂ keulenförmiges Abdomen maximal verdickt im Bereich S7–8 (bis auf die lokale *S. borisi* vom SO-Balkan Abdomen der *Somatochlora* ♂♂ im Bereich S5–7 gleichmäßiger verdickt). Abdomen basal unterseits mit großer, gelber (bei ♀ auch weißlicher) Zeichnung, dorsal jedoch ungezeichnet. Bei *Somatochlora* können von oben Flecke sichtbar sein, z. B. auf S2–3. *Oxygastra* ebenfalls mit dunkler Stirn und keuligem Abdomen, dieses jedoch dorsal mit auffälligem gelbem Fleckenmuster und die Analschleife nicht stiefelförmig.

Merkmale in der Hand HF zw. Flügeldreieck und Basis mit nur 1 Querader, bei *Somatochlora* dagegen gewöhnlich 2. ♂ Anhänge unverwechselbar: obere zylindrisch und stumpf, unterer Anhang tief gegabelt und beide Äste mit 2 kräftigen Haken. Legescheide des ♀ kurz, flach und tief gekerbt.

Verhalten Territoriale ♂♂ patrouillieren unermüdlich nahe des Gewässerrands an kleinen, unbeschatteten Buchten und sitzen nur selten ab. Nahrungssuche oft in benachbarten Waldbereichen. Relativ tolerant gegenüber kühlen Temperaturen, fliegt bereits zeitig im Jahr und im Tagesverlauf oft früher bzw. später als andere Libellen, häufig auch

◀ *Cordulia aenea*, patrouillierendes ♂. Man beachte das keulenförmige Abdomen, die Bronzetönung, den behaarten Körper und das Fehlen einer hellen Zeichnung.

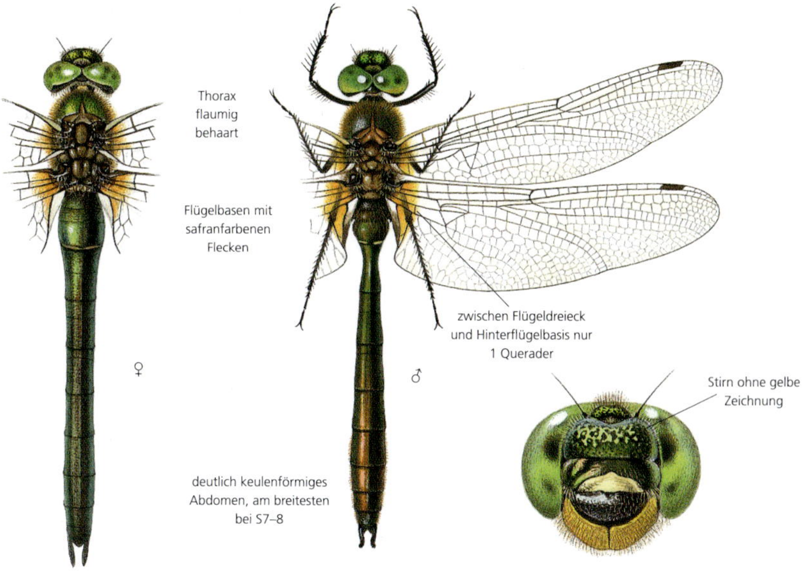

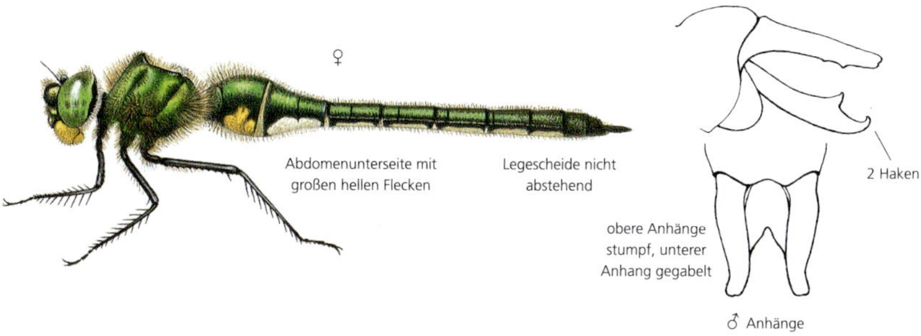

bei bewölktem Wetter aktiv. ♀♀ verhalten sich heimlich und legen ihre Eier alleine ab.

Vorkommen

Verbreitung/Status Über weite Teile N-Eurasiens häufig, lokal sehr häufig. Vorwiegend Tieflandart, am Südrand des Verbreitungsgebiets lokaler und meist auf Bergseen beschränkt.

Habitat Waldseen, Moor- und Heidegewässer aller Art sowie Altarme, Kiesgruben- und Fischteiche, seltener auch dichtbewachsene Abschnitte träger Flüsse oder Kanäle.

Flugzeit Früher als andere Falkenlibellen: Ende April–Ende Aug., hpts. im Mai und Juni. Im hohen Norden nicht vor Mitte Juni.

H. Wildermuth

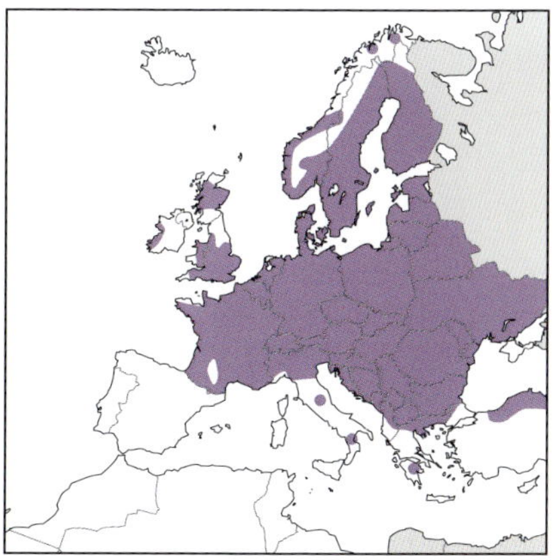

Somatochlora Smaragdlibellen

Selys, 1871

Bestimmung

Beschreibung Mittelgroße, recht heimliche Arten mit weitgehend dunklem, metallisch grün glänzendem Körper. Augen nach Schlupf rötlich braun, später leuchtend smaragdgrün. Frons dunkel metallisch grün, mit gelben Flecken auf beiden Seiten. Bis auf *S. borisi* (die diesbezüglich an *Cordulia* erinnert) sind die Abdomen der ♂♂ gattungstypisch an S1–2 verdickt, an S3 eingeschnürt und an S4–10 allmählich bis etwa zur Hälfte (S6–7) verbreitert und dann allmählich verjüngt, d. h. zum Ende hin nicht keulig verdickt. Abdomen dunkelgrün bis fast schwarz, Seiten mit eingeschränkter gelblicher Zeichnung. ♂ obere Anhänge ziemlich lang, oft mit aufwärts gebogener Spitze und mehreren, unregelmäßigen, ventralen Zähnen. Unterer Anhang 3-eckig, mit schmaler, aufwärts gebogener Spitze. ♀ Anhänge sehr lang, Legescheide groß, in Seitenansicht sichtbar, oft schnabel- oder rinnenförmig und bei den meisten Arten deutlich abstehend.

Unterscheidung von anderen Gattungen *Cordulia* und *Oxygastra* mit einfarbig dunkler Stirn, ♂ mit auffällig keulenförmigem Abdomen (S7 und/oder S8 am breitesten) und tief eingekerbtem unterem Anhang, ♀ mit unauffälliger Legescheide. *Cordulia* zudem nur mit 1 Querader zw. HF-Dreieck und -Basis (nicht 2), *Oxygastra* Abdomen dorsal mit auffälliger gelber Längsmusterung.

Unterscheidung der Arten Artenreiche Gattung mit Verbreitungsschwerpunkt in Nordamerika, bei uns die einzige Corduliiden-Gattung mit mehr als einer Art. Die 7 Arten des Gebiets lassen sich am besten anhand der ♂ Anhänge und ♀ Legescheide bestimmen, doch auch die Fleckenmuster auf Frons, Postclypeus, Thorax und Abdomen sind diagnostisch.

Verhalten Patrouillenflüge der ♂♂ schnell und oft unauffällig. ♀♀ besonders scheu, können aber aufgrund ihres Flügelraschelns entdeckt werden, wenn sie ihre Eier vom ♂ unbewacht im Schutz dichter Vegetation ablegen. Beide Geschlechter eher in und an Bäumen sitzend als direkt am Gewässer.

H. Wildermuth

Cordulia aenea

S. metallica

S. arctica

S. borisi

Tabellarischer Schlüssel zu den Arten (Artenpaaren). Falls Aussage zutrifft, vergleiche die angegebenen Arten. Bei Nichtzutreffen weiter zur nächsten Zeile.

1	Gelbe Seiten der Frons laufen im unteren Teil zu gelbem Querband zusammen. Abdomen kräftig metallisch grün, nie glänzend schwarz. ♀ Legescheide ein langer, senkrecht abstehender Dorn.	*metallica* *meridionalis*
2	S2–8 und Thorax mit lateralen, gelben Flecken.	*flavomaculata*
3	Gelbe, seitliche Flecke der Frons ziehen sich bis auf Postclypeus. ♂ Abdomen keulenförmig (S7–8 am breitesten). Nur SO-Balkan.	*borisi*
4	♂ Anhänge in Aufsicht wie ein Tastzirkel rund nach innen gebogen. ♀ S3 dorsal mit 2 rundlichen, gelborangen Flecken.	*arctica*
5	♂ Anhänge biegen nach basalen zwei Dritteln ein- und abwärts, in geschwungen nach oben ausgezogenen Spitzen endend. ♀ S3 dorsal schwarz.	*alpestris* *sahlbergi*

Somatochlora metallica Glänzende Smaragdlibelle
(Vander Linden, 1825)

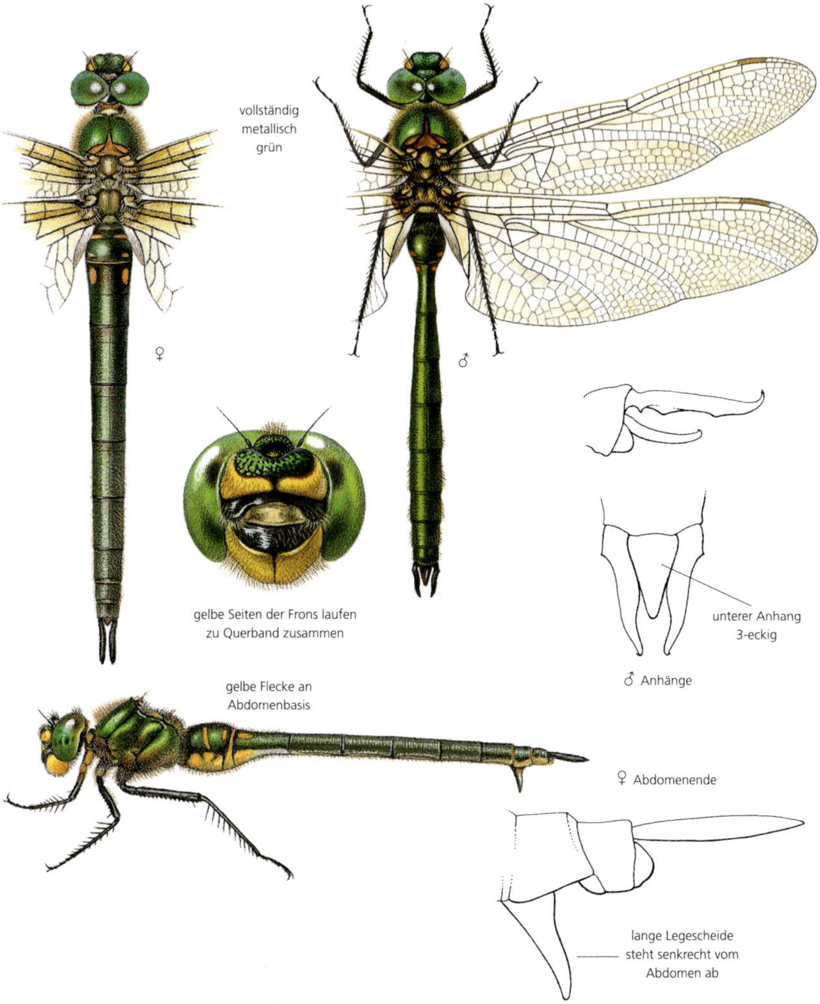

Bestimmung

Allgemein Gemeinsam mit *S. meridionalis*, ihrem südöstlichen Pendant, die größte und grünste *Somatochlora*-Art. Im Großteil Europas die häufigste Art der Gattung und an mitteleuropäischen Tieflandgewässern oft im tiefem Schatten fliegend, in höheren Lagen und im hohen Norden auch in voller Sonne.

Merkmale im Feld GL 50–55 mm, Ab 37–44 mm, HF 34–38 mm. Zusammen mit der sehr ähnlichen *S. meridionalis* die größte Smaragdlibelle und leuchtender grün als andere Gattungsverwandte. Zudem beide Arten mit auffälliger Legescheide beim ♀ (s. u.), gelbem Querband, das die gelben Seiten der Frons verbindet (dieses manchmal in der Mitte schmal geteilt). Abdomenbasis bei beiden Geschlechtern mit gelben Flecken, diese bei ♂♂ kleiner als bei ♀♀. *S. metallica* und *S. meridionalis* sind sehr ähnlich, Letztere mit arttyp. gelben Flecken auf den Thoraxseiten (Genaueres siehe diese Art). Tritt oft gms. mit der ebenfalls metallisch grünen *Cordulia aenea* auf, deren ♂♂ jedoch mit deutlich keulenförmigem Abdomen und eher bronzegrüner (nicht rein grüner) Färbung. Beide Merkmale sind im Flug jedoch nicht immer gut zu sehen.

Merkmale in der Hand ♂ obere Anhänge wirken in Aufsicht schlank und gezackt, an Basis divergierend (3-eckiger unterer Anhang daher gut sichtbar), dann konvergierend. Unterseite mit 2 Zähnen. Anhänge bei *S. alpestris* ähnlich, aber an der Basis stärker parallel und Außenkanten doppeleckig (Aufsicht). ♀ mit sehr großer, schnabelförmiger und senkrecht abstehender Legescheide.

Varianten Ausprägung der Abdominalflecke und bernsteinfarbene Basen der Hinterflügel variabel, ebenso Färbung der Pterostigmata sowie Position der Zähne auf ♂ oberen Anhängen. Manche Individuen mit gelber Längszeichnung auf Labrum. In Anbetracht dessen sind Unterarten, die auf diesen Merkmalen basieren, zweifelhaft, ebenso ihr Vorkommen in Europa (z. B. die sibirische ssp. *abocanica*, mit farblosen HF-Basen und schwarzen Pt).

Verhalten ♂♂ patrouillieren in Ufernähe über dem Gewässer, oft im Schatten und bis in die Dämmerung, im Unterschied zu *C. aenea* auch regelmäßig unter überhängenden Bäumen. Eiablage der ♀ erfolgt meist ins Wasser, mithilfe der spitzhackenförmigen ♀ Legescheide aber auch in Schlamm, Moos oder andere feuchte und weiche Substrate.

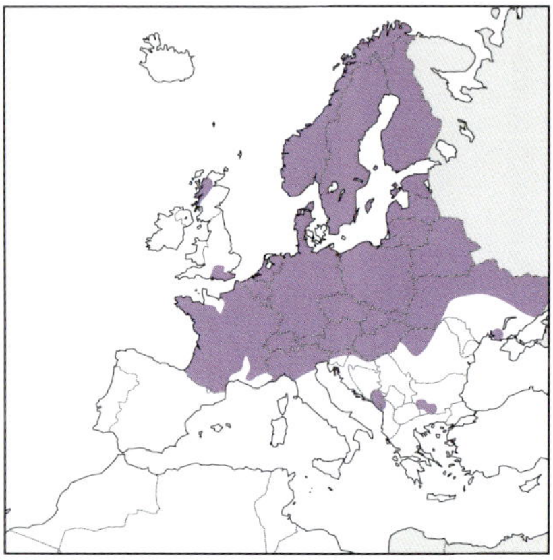

Vorkommen

Verbreitung/Status Über weite Teile Europas häufig, v. a. in ganz Fennoskandien. Im Süden auf Gebirgsseen beschränkt. Ostwärts bis mind. ins Westsibirische Tiefland verbreitet.

Habitat Neben verschiedensten Stillgewässern wie Weihern, Teichen, Altarmen, Moor- und Bergseen regelmäßig auch in Kanälen und langsam fließenden Flüssen aber auch in der offenen Tundra. Bevorzugt häufig etwas Baumschatten und für die Eiablage geeignete, steile Uferränder – beides findet sich oft in Waldgebieten.

Flugzeit Ende Mai–Ende September. Höhepunkt Juni–August, im hohen Norden ab Ende Juni.

◄ *Somatochlora metallica*, patrouillierendes ♂ im Rüttelflug. Vergleiche Färbung und Körperbau mit *Cordulia aenea* auf S. 236.

Somatochlora meridionalis Balkan-Smaragdlibelle

Nielsen, 1935

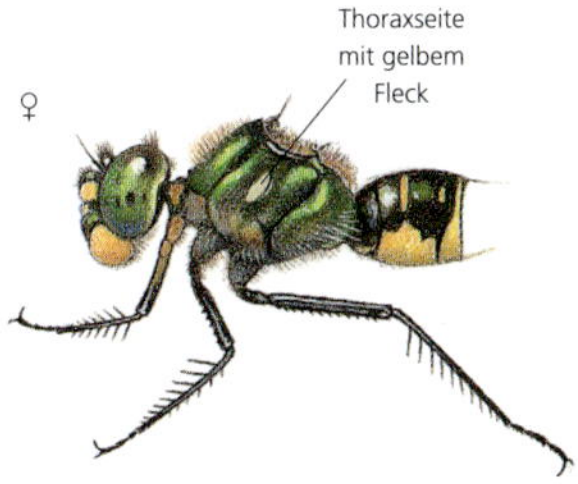

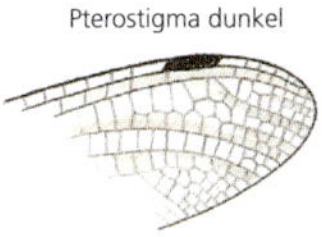

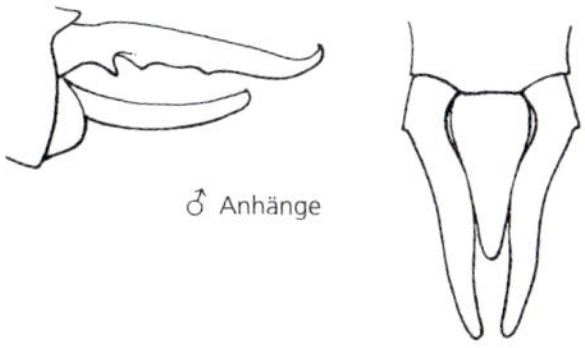

▲ *Somatochlora meridionalis* ♂. Auffällig ist der helle Fleck auf der Thoraxseite.

Bestimmung

Allgemein Ersetzt die sehr ähnliche *S. metallica* in SO-Europa, wo sie vorwiegend an beschatteten Bächen fliegt. Lässt sich nur durch genaue Untersuchung sitzender Individuen unterscheiden (besser noch in der Hand). Artstatus umstritten, da Unterschiede nur sehr gering sind und Populationen mit Übergangs- bzw. Hybridformen gefunden wurden.

Merkmale im Feld GL 50–55 mm, Ab 35–44 mm, HF 34–38 mm. In Größe und Gesamterscheinung ähnlich *S. metallica*. Einziges sicheres Differenzialmerkmal im Feld ist das Vorhandensein von 1, selten 2 gelben Flecken auf jeder Thoraxseite. Helle Zeichnung auf S2–3 tendenziell etwas größer und Pt tiefschwarz statt orangebraun, aber auch einige *S.-metallica*-Pop. weisen schwarze Pt auf.

Merkmale in der Hand ♂ obere Anhänge etwas länger und dicker als bei *S. metallica*, ventrale Zähne etwas kräftiger, aber die Unterschiede sind oft subtil, sogar im Direktvergleich.

Verhalten ♂♂ patrouillieren an langen Bachabschnitten, folgen in niedriger Höhe genau dem Bachlauf, oft im Tiefschatten, vermeiden besonnte Stellen und Lichtungen. Flug rasch, von Schwirrhalten unterbrochen. Kann auch bei bedecktem Wetter aktiv sein.

Vorkommen

Verbreitung/Status In Teilen des Verbreitungsgebiets recht häufig. Erreicht im N Österreich, Tschechien, Slowakei und SW-Ukraine. In Gebieten, wo die Areale beider Arten überlappen, besiedelt *S. metallica* eher höhere Lagen. Europ. Endemit.

Habitat Fortpflanzung – i. Ggs. zu *S. metallica* – fast ausschließlich in Fließgewässern, gew. stark beschattete Tieflandbäche und -flüsse, in höheren Lagen aber auch sonnige Abschnitte.

Flugzeit Hauptsächlich von Juni–August.

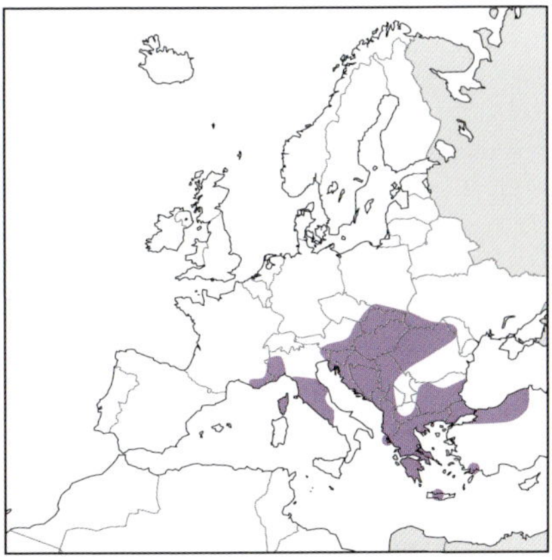

Somatochlora flavomaculata Gefleckte Smaragdlibelle

(Vander Linden, 1825)

◀ *Somatochlora flavomaculata*, Paarungsrad.

Bestimmung

Allgemein Durch eine Reihe gelber Flecke auf beiden Abdomenseiten gut zu erkennen. Oft weit entfernt von Gewässern an Waldrändern patrouillierend.

Merkmale im Feld GL 45–54 mm, Ab 34–43 mm, HF 32–39 mm. Mittelgroße *Somatochlora*-Art, kleiner als *S. metallica* und diesbezüglich näher an *Cordulia aenea*. Durch gelbes Fleckenmuster auf Thorax und Abdomen leicht von anderen metallisch grünen Großlibellen zu unterscheiden: Thorax beiderseits mit 2 langen Flecken, S2–3 mit paarigen, großen, gelben Seitenflecken, S4–8 jeweils mit einem Paar keilförmiger Flecke. Flecke bei ♀♀ größer und bei jungen Individuen heller. *Oxygastra curtisii* dorsal auf Abdomen mit gelben Längsflecken, aber Frons ganz dunkel ohne gelbe Seiten.

Merkmale in der Hand ♂ obere Anhänge gerade, glatt und fast parallel (Aufsicht), zu den hochgebogenen Spitzen hin leicht konvergierend, in Basisnähe mit recht kleinem, aber auffälligem, ventralem Zahn (Seitenansicht). ♀ Legescheide kürzer als S9, eine senkrecht abstehende Rinne mit gerundetem, gekerbtem Rand.

Varianten Abdominalflecke verdunkeln und können bei älteren Individuen fast unsichtbar sein.

Verhalten ♂♂ verteidigen oft ein Revier über trockener Vegetation oder Wegen im Randbereich von Büschen und Bäumen oder in Schilfschneisen, patrouillieren aber auch über kleinen Gewässern, v. a. gegen Ende der Fortpflanzungszeit. Paarungsräder können dicht über Schilfflächen minutenlang ihre Kreise ziehen.

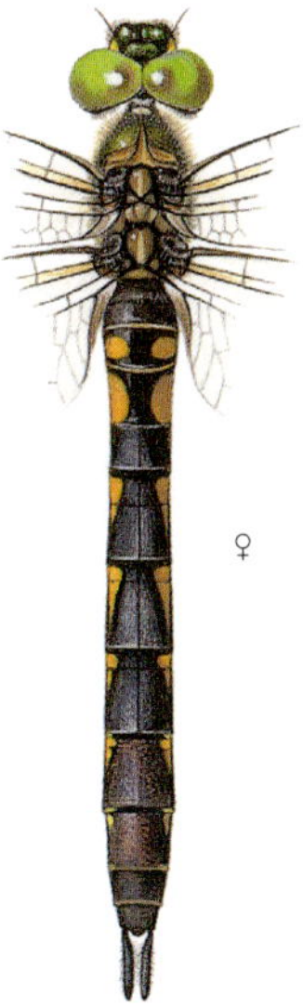

♀

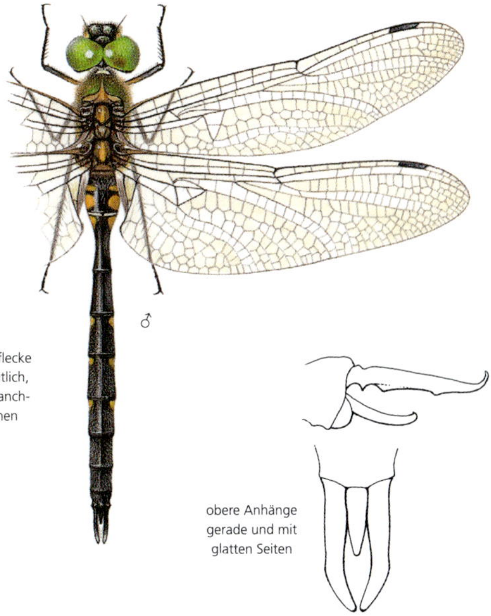

♂

laterale Abdominalflecke normalerweise deutlich, bei älteren ♂♂ manchmal verschwommen

obere Anhänge gerade und mit glatten Seiten

♂ Anhänge

♀

Thorax und Abdomen mit gelben Seitenflecken

♀ Abdomenende

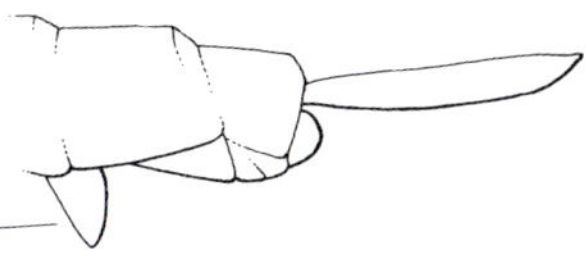

Legescheide kürzer als S9

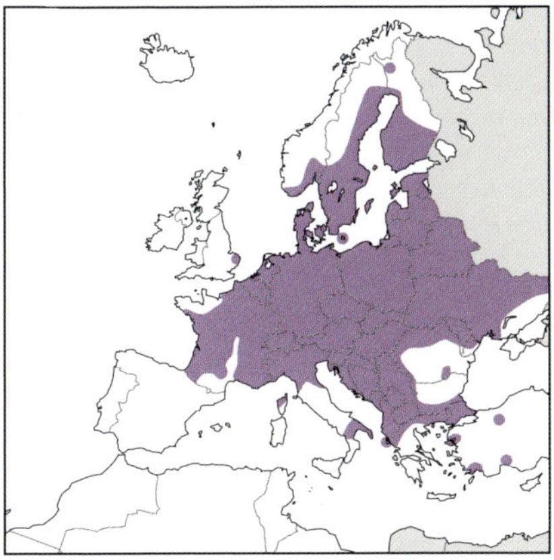

Vorkommen

Verbreitung/Status

Recht selten, regional jedoch häufig, wie z. B. im nördl. Alpenvorland, in Teilen des Baltikums und in Finnland. In Mitteleuropa z. T. stark zurückgehend und im nördl. Mittelmeerraum nur sehr wenige, stark isolierte Vorkommen. Nach O bis NO-Kasachstan verbreitet.

Habitat Meist stehende, stark verwachsene, flache Gewässer in Verlandungszonen von Seen, in Flussauen und Niedermooren, Torfstichen und Moorgräben. I. Ggs. zu den meisten anderen *Somatochlora*-Arten schwerpunktmäßig im Tiefland der kühl-gemäßigten Klimazone verbreitet.

Flugzeit Ende Mai–Mitte August, am häufigsten im Juni/Juli; im Norden meist nicht vor Juli.

Somatochlora arctica Arktische Smaragdlibelle

(Zetterstedt, 1840)

◀ *Somatochlora arctica* ♂ mit scharfem Kontrast zwischen grünen Augen und glänzend schwarzem Körper, markanten zangenähnlichen Anhängen und stark tailliertem Abdomen.

Bestimmung

Allgemein Eher kleinere, dunkle, unauffällige *Somatochlora*-Art, die in der borealen und subarktischen Zone N-Europas sowie in den Alpen oft gms. mit *S. alpestris* vorkommt, im Unterschied zu dieser aber auch in Tieflandmooren anzutreffen ist und ein größeres, fragmentiertes Verbreitungsgebiet aufweist.

Merkmale im Feld GL 45–51 mm, Ab 30–37 mm, HF 28–35 mm. Eine der kleineren Falkenlibellen. Im Vergleich zu *S. alpestris* etwas zierlicher, Taille (S3) des ♂ schmaler und die auffälligen weißen Ringe der Abdomenbasis fehlen (siehe *S. alpestris* zu weiteren Vergleichsmerkmalen). ♂ Anhänge unverwechselbar und schon bei sitzenden Individuen oft gut zu erkennen. ♀ mit 2 auffallenden orangegelben Flecken an Basis von S3, davor ein gelber Ring.

Merkmale in der Hand Anders als *S. alpestris* nur mit einer Querader zwischen VF-Dreieck und -Basis. ♂ obere Anhänge tastzirkelförmig und an der Basis parallel, dann nach außen gebogen und apikal wieder konvergierend, nicht unähnlich den Zangen eines Ohrwurms (*Forficula* sp.) (Aufsicht). In Aufsicht keine Zähne sichtbar, doch ventral unregelmäßig gezähnt. ♀ Legescheide groß, rinnenförmig, mit stumpfspitzigem Rand, kaum vom Abdomen abstehend und S9 oft deutlich überragend.

Verhalten Jagt zwischen Bäumen, oft in Kronenhöhe. ♂♂ patrouillieren im Zickzack- oder Rüttelflug über kleinen und kleinsten Schlenken des Torfmoos-Schwingrasens und vermeiden im Gegensatz zu *S. alpestris* freiere, größere Wasserflächen. Beim Jagdflug oft in größerer Zahl in den bewaldeten Moorrandbereichen anzutreffen.

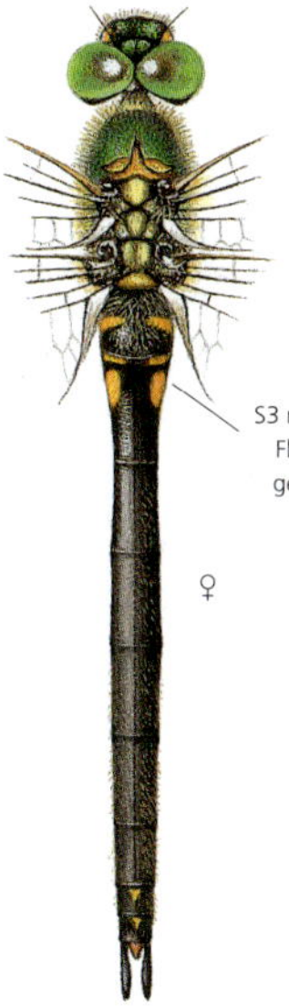

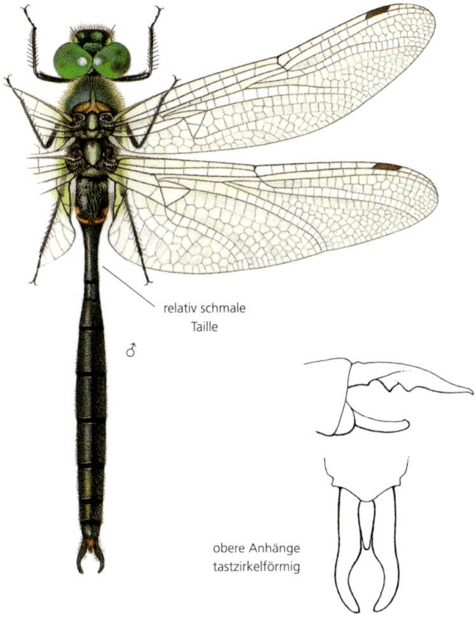

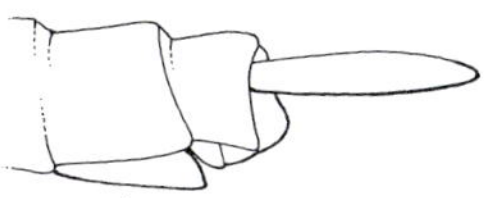

Vorkommen

Verbreitung/Status Lokal, meist in geringer Anzahl und in vielen Gebieten zurückgehend, v. a. in den Mooren des Tieflands. In Fennoskandien und NO-Europa reg. häufiger und lokal in höheren Abundanzen anzutreffen. Von Britischen Inseln über gesamten asiatischen Kontinent bis nach Kamtschatka und Japan verbreitet.

Habitat Larven leben in kleinen, nassen Schlenken von Hochmooren und mesotrophen Niedermooren, wobei diese Schlenken im Sommer oberflächlich austrocknen können und auf den ersten Blick oft kaum als Libellenhabitat wahrgenommen werden.

Flugzeit Mitte Juni–Mitte September; im hohen Norden von Juli–Mitte August.

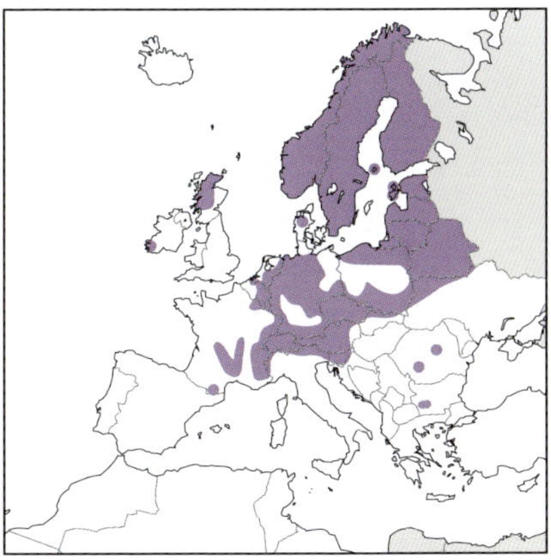

Somatochlora alpestris (Selys, 1840) Alpen-Smaragdlibelle

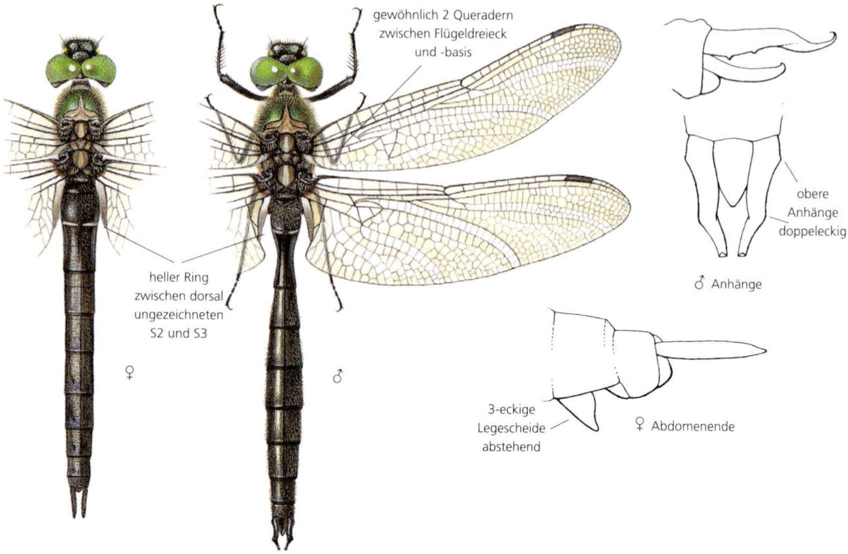

Bestimmung

Allgemein Eher kleinere, aber kräftige und düster grünlich schwarz wirkende *Somatochlora* mit leuchtend grünen Augen, die in Gebirgen Mitteleuropas und in der Taiga und Strauchtundra Nordeuropas an Moorgewässern und Seen angetroffen werden kann.

Merkmale im Feld GL 45–50 mm, Ab 31–36 mm, HF 30–34 mm. Größe ähnlich *S. arctica*. Im Vergleich zu dieser Augen jedoch eher blaugrün als olivgrün, Thorax behaarter und ♂ aufgrund des weniger stark eingeschnürten S3 etwas robuster und weniger zierlich wirkend. Abdomen in Aufsicht komplett dunkel (auch bei ♀♀), doch heller Ring zwischen S2 und S3 intensiver weiß und abgesehen von der sehr ähnlichen und seltenen *S. sahlbergi* auffälliger als bei anderen *Somatochlora*-Arten.

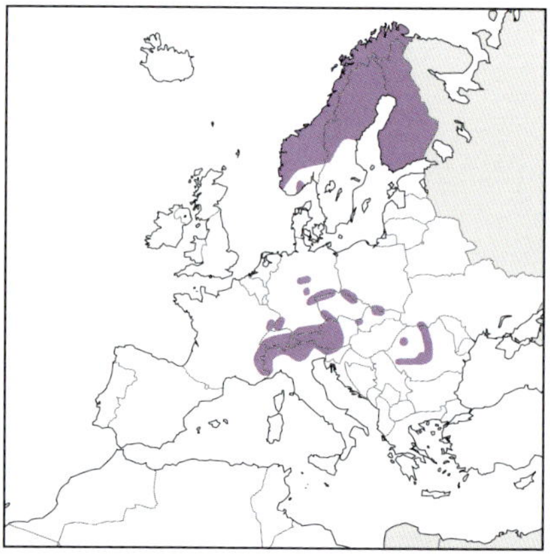

Merkmale in der Hand Im Gegensatz zu anderen Corduliiden meist mit 2 (statt 1) Queradern zw. VF-Dreieck und -Basis. ♂ obere Anhänge mit deutlich doppeleckigem Außenrand, konvergierenden Spitzen und in der basalen Hälfte mit 2 ventralen Zähnen. ♀ Legescheide groß und 3-eckig, reicht etwa bis zur Hälfte von S9 und steht im rechten Winkel zur Abdomenachse ab.

Verhalten ♂♂ patrouillieren, oft von Schwirr- oder Zickzackflugphasen unterbrochen, niedrig über Gewässern oder randlicher Verlandungszone und verhalten sich aggressiv gegenüber Artgenossen.

Vorkommen

Verbreitung/Status Im europäische Teil des ostwärts bis Japan reichenden Gesamtareals ist die Art boreo-alpin verbreitet und kommt einerseits in Gebirgen Mitteleuropas (hier fast ausschließlich oberhalb 1200 m) und andererseits in Taiga und Strauchtundra jenseits von 60°N vor.

Habitat Ein breites Spektrum stehender Gewässer in Hoch- und Übergangsmooren der subalpinen Zone sowie Taiga und Strauchtundra.

Flugzeit Mitte Juni–August oder September, je nach Höhenlage und Breitengrad, z. B. im hohen Norden Ende Juni–Mitte August.

Somatochlora sahlbergi Trybom, 1889 Polar-Smaragdlibelle

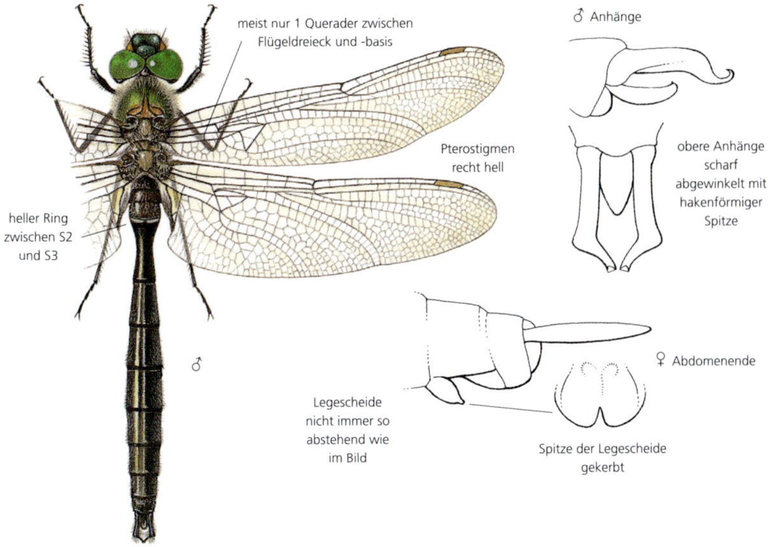

Bestimmung

Allgemein Libellenart mit der nördlichsten Verbreitung und im Gebiet nur ganz lokal im Bereich der nördlichen Baumgrenze und Strauchtundra innerhalb des subarktischen Palsamoorgürtels des hohen Nordens. Gesamterscheinung sehr ähnlich der viel häufigeren *S. alpestris* und am sichersten anhand der ♂ Anhänge zu unterscheiden

Merkmale im Feld GL 48–50 mm, Ab 32–35 mm, HF 30–33 mm. Etwa gleich groß und ähnlich proportioniert wie *S. alpestris,* mit relativ stark behaartem und dunklem, ungezeichnetem Abdomen sowie weißlichem oder gelblichem Ring zwischen S2 und S3. Pterostigmata eher heller braun. Siehe *S. alpestris* zur Unterscheidung von anderen nördlichen Gattungsverwandten.

Merkmale in der Hand Meist nur 1 Querader zwischen Vorderflügeldreieck und -basis, bei *S. alpestris* dagegen meist 2. ♂ obere Anhänge recht kräftig und behaart, von der Basis aus fast parallel verlaufend, dann abrupt nach innen und unten gebogen, in scharf aufwärts gebogener Spitze endend. Außenränder in Aufsicht glatt. ♀ Legescheide kürzer und weniger abstehend als bei anderen nördlichen *Somatochlora*-Arten, Rand mittig gekerbt statt gerundet oder spitz.

Verhalten ♂♂ kräftige Flieger, patrouillieren entlang 30–50 m langen Uferabschnitten oder 0,5–1 m vom Ufer entfernt im Zickzackflug über dem Wasser. Nur bei Sonnenschein und ≥20 °C aktiv, verschwinden sofort bei aufziehender Bewölkung. Sitzen bei kaltem Wind gerne flach auf dem Boden.

Vorkommen

Verbreitung/Status In Europa sehr lokal im hohen Norden Fennoskandiens und Russlands. Als Klimaspezialist beschränkt auf trockenste, kälteste, aber sonnigste Gebiete der Subarktis.

Habitat Tiefere Weiher (≥50 cm) und Seen mit moorigem Ufer aus Segge, Wollgras oder Torfmoos in Taiga-Tundra-Übergangszone und weiter nördl. in Tundra mit niedriger Knieholzvegetation.

Flugzeit Juli und August; die meisten Imagines werden in der letzten Juli-Dekade beobachtet.

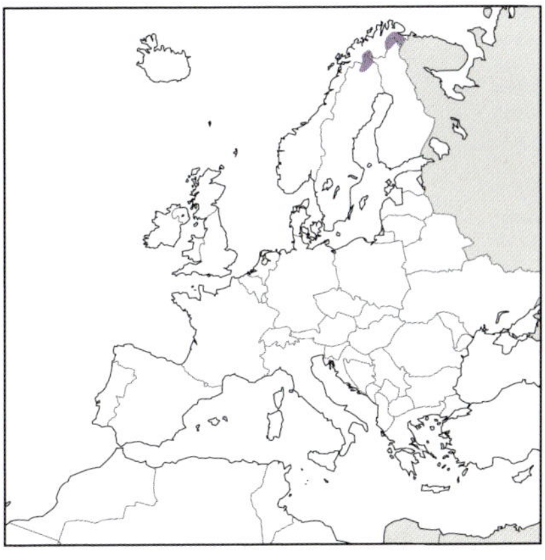

Somatochlora borisi Marinov, 2001 Thrakische Smaragdlibelle

◀ *Somatochlora borisi* ♂ mit auffallend gelben Flecken auf der Abdomenunterseite, ungezeichneter Thoraxseite und gelben Seiten des Postclypeus.

Bestimmung

Allgemein Erst 1999 entdeckt und bisher nur von einem sehr begrenztem Gebiet auf dem SO-Balkan bekannt, wo die Art an beschatteten, langsam fließenden Flüssen vorkommt. *S. borisi* weist einige morphologische Besonderheiten auf, die an *Cordulia* erinnern; lässt sich von Letzterer anhand der ausgedehnt gelben Kopffärbung und Abdomenbasis unterscheiden. Obwohl eigens für diese Art die Gattung *Corduliochlora* geschaffen wurde, wurde dieses Taxon nicht allgemein akzeptiert, weil genauere Analysen der verwandten Gattungen noch ausstehen.

Merkmale im Feld GL 45–50 mm, Ab 34–37 mm, HF 31–34 mm. Etwas kleiner als die gms. vorkommende *S. meridionalis*. In Größe und Gesamterscheinung ähnlich *Cordulia aenea*. I. Ggs. zu anderen *Somatochlora*-Arten ist das ♂ Abdomen zum Ende hin an S7–8 stark keulig verdickt. Frons metallisch grün, mit großen gelben Seitenflecken, die sich zur Mitte hin ausdehnen, aber sich nicht (wie bei *S. meridionalis*) berühren. Diese gelben Flecke ziehen sich bis auf die Seiten des glänzend schwarzen Postclypeus herunter (dieser bei *C. aenea* und anderen *Somatochlora*-Arten vollständig schwarz). Abdomen bis auf auffällige gelbe Flecke an der Basis bei beiden Geschlechtern ungezeichnet. ♂ weist auf S2 dorso-laterale gelbe Flecke variabler Ausdehnung auf sowie auf S3 basal seitlich jeweils einen großen Fleck. ♀ zeigt 4 dorso-laterale Flecke auf S2–3 und eine Reihe großer ventro-lateraler Flecke auf S2–4 sowie manchmal S5. Diese ventro-lateralen Flecke sind zudem unterseits schwarz gerandet. Thorax bei beiden Geschlechtern einheitlich metallisch grün und ungefleckt (anders als *S. meridionalis*).

Merkmale in der Hand I. Ggs. zu *C. aenea*, aber wie die meisten *Somatochlora* zwischen HF-Dreieck und -Basis mit 2 Queradern. ♂ obere Anhänge basal zunächst nach außen, dann nach innen gebogen (Aufsicht), mit dicken, stumpfen, abwärts geboge-

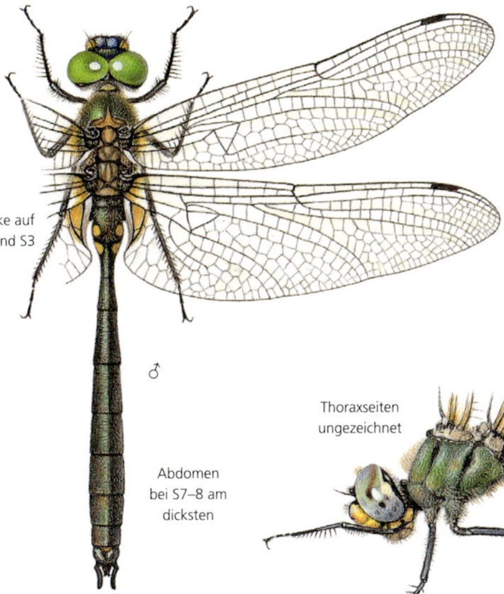

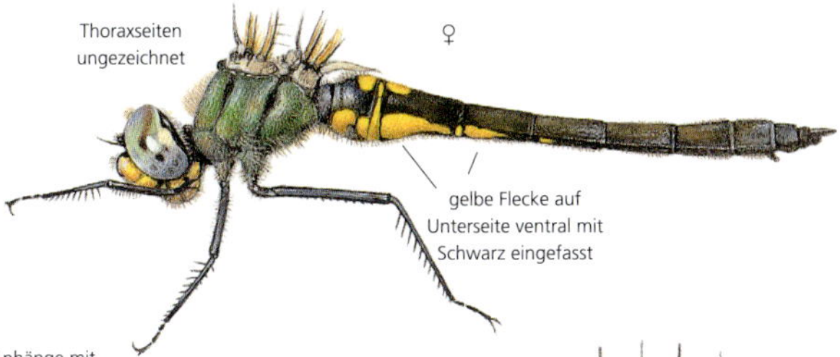

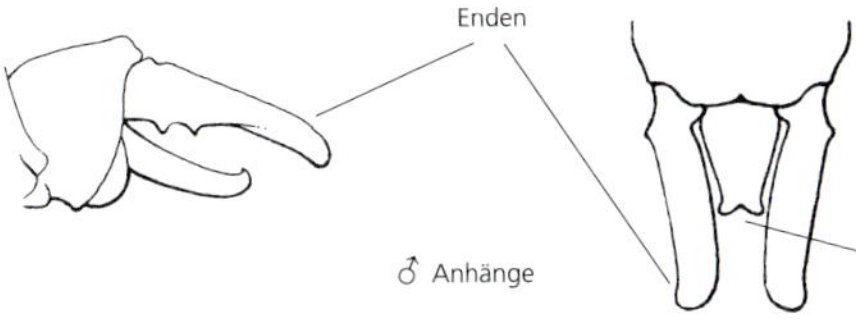

♂ Anhänge

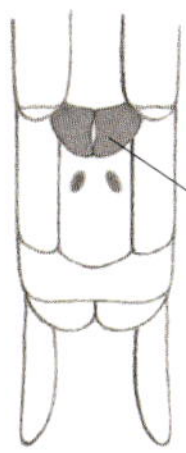

♀ Abdomenende (Ansicht von unten)

nen Enden (Seitenansicht) sowie 2 kleinen, ventralen Basalzähnen. Unterer Anhang recht ähnlich wie bei anderen *Somatochlora*, doch am Ende breiter und leicht gebuchtet (nicht gegabelt wie bei *C. aenea*). Genitalloben i. Ggs. zu allen anderen Gattungsverwandten in Spitzen ausgezogen (nicht abgebildet). ♀ Legescheide weniger als ½ so lang wie S9, halbkreisförmig, mit vom Apex bis fast zur Basis reichendem, engem, tiefem Mittelspalt (Ansicht von unten).
Varianten Abdominalflecke können in Form und Größe variieren.
Verhalten Revierverteidigende ♂♂ patrouillieren über dem Wasser entlang der Ufer.

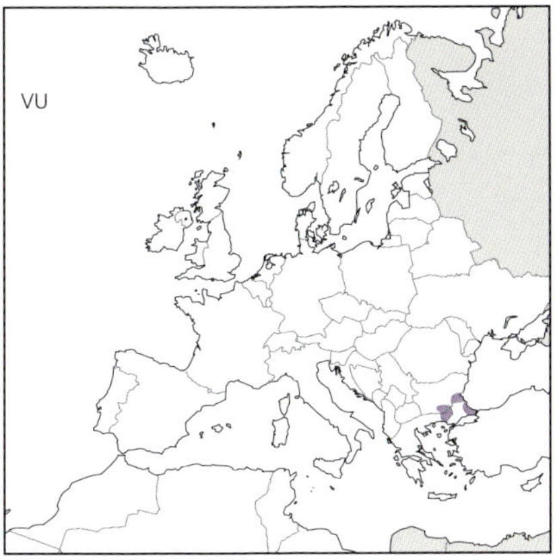

Vorkommen

Verbreitung/Status Endemisch im Dreiländereck Griechenland/Bulgarien/Türkei in einem Teil der historischen Landschaft Thrakien (Name!), wo die Art ganz lokal und in geringen Abundanzen auftritt.
Habitat Beschattete Abschnitte langsam fließender und oft auch bisweilen trockenfallender Flüsse und Bäche bewaldeter Gegenden mit heißem, feuchtem Klima unterhalb 300 m.
Flugzeit Schlupf beginnt Anfang Mai und damit ähnlich früh wie C. *aenea*. Hauptflugzeit whs. Mitte Mai–Anfang Juli.

Epitheca Burmeister, 1839 **Zweiflecke**

Epitheca bimaculata (Charpentier, 1825) Zweifleck

Bestimmung

Allgemein Zweiflecke sind große Arten und kräftige Flieger, die meist über offenem Wasser patrouillierend zu beobachten sind, selten sitzend. *E. bimaculata*, die einzige Art der Gattung in Europa (weitere in Japan und v. a. N-A), ist eine scheue, bräunliche Corduliide mit kräftig gezeichneten Flügeln und ohne jeden grünlichen Metallglanz. Trotz zahlreicher typischer Familienmerkmale wie ausdauerndem Flug, senkrechter Ruheposition, ausgebuchtetem Augenrand, langen Beinen, Analdreieck des ♂ sowie Tibialkielen besteht auch nicht zuletzt aufgrund der bräunlichen Gesamterscheinung ein gewisses Verwechslungspotenzial mit *Libellula*-Arten. Obwohl der Zweifleck oft weit vom Ufer entfernt auf der offenen Wasserfläche patrouilliert, lässt er sich dank seiner Größe meist gut mit dem Fernglas beobachten.

Merkmale im Feld GL 55–65 mm, Ab 37–43 mm, HF 36–44 mm. Größer als alle gms. auftretenden Corduliiden oder Libelluliden. Im Gegensatz zu anderen Corduliiden braun, schwarz und gelb gefärbt und ohne Metallglanz. Augen bei Geschlechtsreife graublau bis grünlich, nicht lebhaft grün. Kopf schmutzig gelb mit kontrastierend schwarzem Labrum und OS der Frons. Thorax braungelb mit kräftigen, schwarzen Binden. Flügel v. a. entlang der Vorderseite bernsteinfarben und HF mit großem, dunkelbraunem Basalfleck. Abdomen des ♂ pfriemförmig und an der Basis breit, zum Ende hin aber sehr schlank werdend; schwarz mit gelblicher Basis, S3–8 (♀ ebenso S9, gelegentlich S10) weitgehend schwarz mit gelben bis orangebraunen Seitenflecken. Aussehen erinnert an *Libellula quadrimaculata* und (nicht bereifte) *L. fulva*, diese sind jedoch beide deutlich kleiner, bleiben näher am Gewässerrand, fliegen niedrig und setzen sich oft hin (in weniger hängender Haltung). *L. quadrimaculata* mit schwarzen Flecken an den Nodi, Flügelspitzen bei *L. fulva* oft dunkel.

Merkmale in der Hand Aderung ähnlich wie bei *Cordulia* und *Somatochlora*. Flügeldreieck gew.

▼ *Epitheca bimaculata,* frisch geschlüpftes ♀. Typisch sind die langen Beine und die bernsteinfarben getönten Flügel.

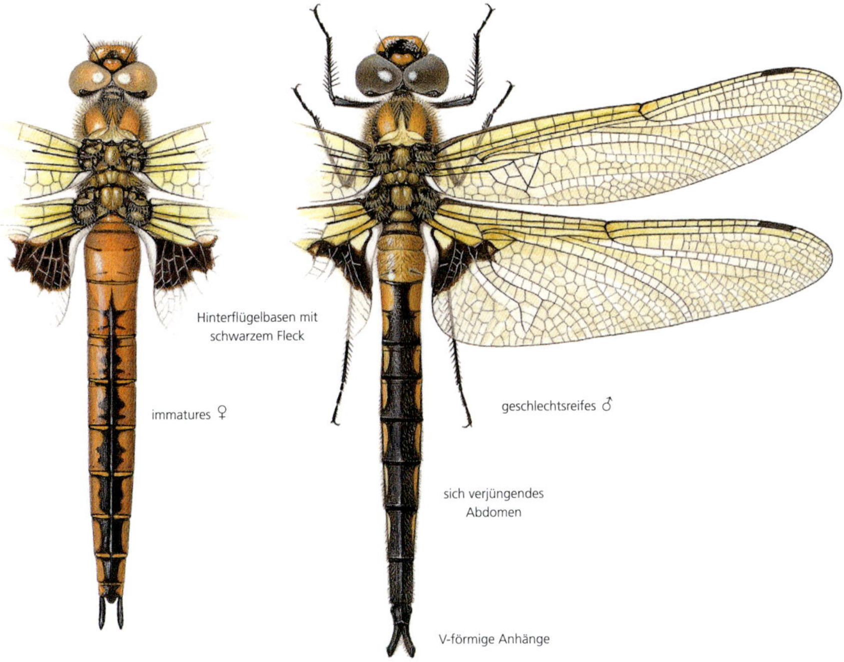

3-zellig im VF und 2-zellig im HF, nicht 2- (manchmal 3-) bzw. 1- bis 2-zellig. Beine viel länger als bei *Libellula*, hinteres Paar reicht ausgestreckt bis zu S6. ♂ obere Anhänge lang, divergierend, in Aufsicht V- oder fischschwanz-förmig. Unterer Anhang mit breitem, tief gekerbtem Ende. Hamuli massig, von sehr großen, scheidenartigen Genitalloben umhüllt (Seitenansicht). ♀ Legescheide sehr groß, V-förmig (Ansicht von unten), beide Loben fast bis zum Ende von S10 reichend (nicht abgebildet).
Varianten Intensität der bernsteinfarbenen Flügeltönung variiert mit Alter und Geschlecht.
Verhalten Territoriale ♂♂ patrouillieren stetig und ausdauernd in kraftvollem, geradlinigem Flug in 30–50 cm Höhe über dem offenem Wasser, selten weniger als 3 m vom Ufer entfernt. Gemeinsam vorkommende andere Corduliiden patrouillieren ebenfalls ausdauernd, doch näher an Gewässerrand und -oberfläche. ♀♀ tragen bei Suche nach geeignetem Eiablageplatz einen Eiballen unter aufwärts gebogenem Abdomenende, der sich bei der Ablage an Schwimmpflanzen zu einer gallertartigen Eischnur entrollt, die dem Substrat anhaftet.

Vorkommen

Verbreitung/Status Allgemein sehr lokal und nur regional etwas häufiger, wird wegen kurzer Flugzeit und heimlichen Verhaltens sicherlich auch oft übersehen. Paläarktische Art, die in einem breiten Gürtel über den ganzen asiatischen Kontinent östlich bis nach Kamtschatka und Japan verbreitet ist.
Habitat Kleine bis mittelgroße, meso- bis eutrophe oder dystrophe tiefe Seen mit Fischbestand und reicher submerser und flutender Vegetation, teilweise oder vollständig von Bäumen oder Sträuchern umgeben.
Flugzeit Mitte Mai–Ende Juni, im Norden Mitte Juni–August.

H. Wildermuth

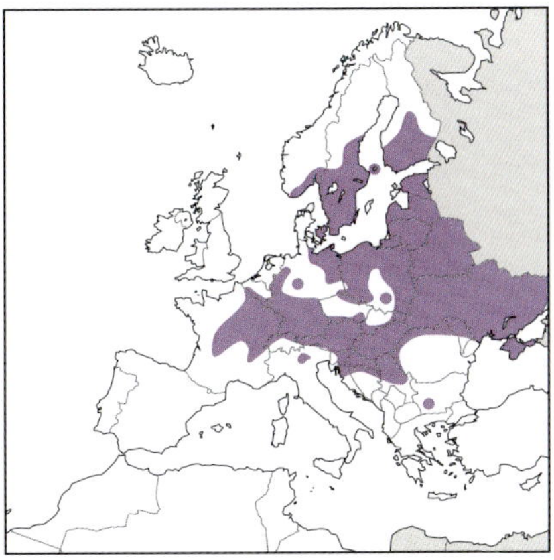

Libellulidae

Libellula Linnaeus, 1758 Segellibellen

◀ *Libellula pontica* ♂. An der rechten Vorderflügelbasis sitzt eine Gnitze *(Forcipomyia paludis)*.

Bestimmung

Beschreibung Massige, mittelgroße Libellen mit charakteristischen dunklen, 3-eckigen, von hellen Adern durchzogenen Flecken an der Hinterflügelbasis und 12–20 Antenodalqueradern. Einzige Libelluliden-Gattung des Gebiets mit stets mehr als 1 Querader je Brückenraum (langer, 3-eckiger Raum unterhalb des Subnodus).

Unterscheidung von anderen Gattungen *Leucorrhinia*-Arten weisen ebenfalls dunkle HF-Flecke auf, diese sind jedoch kleiner und nicht hell geädert. Arten dieser Gattung sind zudem deutlich kleiner, haben 7–8 Ax sowie leuchtend weiße Frons und Postclypeus. Geschlechtsreife ♂♂ von *Diplacodes lefebvrii* und *Trithemis festiva* zeigen ebenfalls dunkle HF-Flecke, sind aber viel kleiner, schlanker und dunkler. *Orthetrum*-Arten können ähnlich kräftig und bereift sein, doch deren HF-Basen sind höchstens leicht gelb getönt.

Unterscheidung der Arten Problemlose Bestimmung anhand von Abdomenform, Flügelmuster und Färbung. Die 3 weit verbreiteten Arten haben zudem recht unterschiedliche Habitatpräferenzen.

Verhalten Die ♂♂ verteidigen ihr Revier aggressiv und vertreiben Rivalen im Flug, der von exponierten Sitzwarten aus, z. B. Stöcken, erfolgt. Eierlegende ♀♀ werden gew. vom ♂ bewacht, das im Schwirrflug darübersteht; ♂♂ von *L. fulva* und *L. pontica* lassen ♀♀ bei der Eiablage nach einiger Zeit häufiger alleine.

K.-D. B. Dijkstra

Tabellarischer Schlüssel zu den Arten (Artenpaaren). Falls Aussage zutrifft, vergleiche die angegebenen Arten. Bei Nichtzutreffen weiter zur nächsten Zeile.

1	Alle Flügel mit schwärzlichen Flecken am Nodus. VF-Basis bernsteinfarben, aber ohne schwärzliche Striche oder Fleck. Abdomen niemals bereift.	*quadrimaculata*
2	Vorder- und Hinterflügel mit gleich großen, basalen, dunklen Flecken, die Medianraum und HF-Dreieck einnehmen. Abdomen sehr breit, oft mit gelben Seiten.	*depressa*
3	Vorderflügel höchstens mit kleinen, basalen, dunklen Strichen; Medianraum und HF-Dreieck hyalin. Abdomen weniger breit, nie mit gelben Seiten.	*fulva* *pontica*

Libellula quadrimaculata
Linnaeus, 1758

Vierfleck

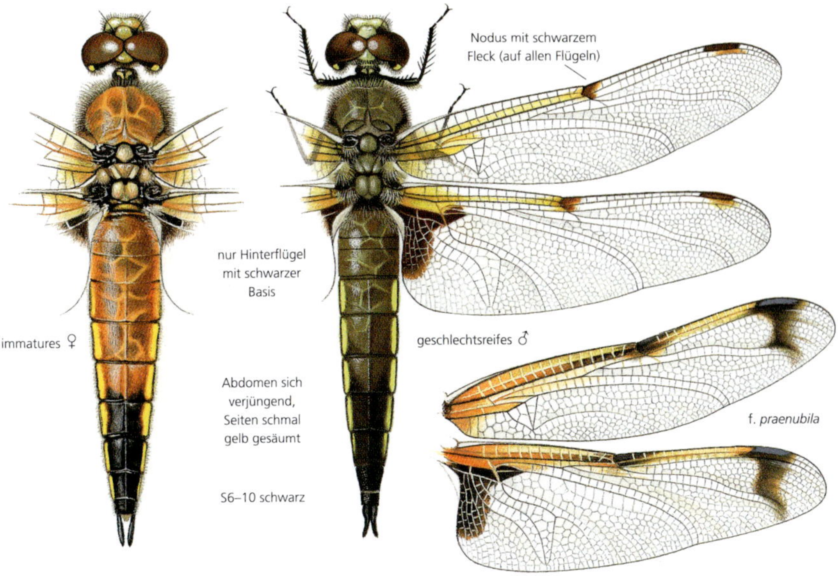

Bestimmung

Allgemein An stehenden Gewässern in fast ganz Europa häufig. Anhand des braunen Körpers und der namengebenden schwarzen Flügelflecke (je 1 am Nodus jedes Flügels) leicht zu erkennen.

Merkmale im Feld GL 40–48 mm, Ab 27–32 mm, HF 32–40 mm. So lang wie *L. depressa*, aber schlanker und daher kleiner wirkend. Körper bei beiden Geschlechtern großenteils einförmig durchschimmernd mattbraun. Ab sich verjüngend, terminale ⅗ (S6–10) schwarz, Seiten von S4–8 schmal gelb gesäumt. Ab des ♂ entwickelt keine blaugraue Bereifung wie bei *L. depressa* und *L. fulva*. Alle Flügel an der Basis dunkel bernsteinfarben, mit unverwechselbarem Fleck am Nodus. HF-Basis mit großem, schwärzlichem Dreieck, i. Ggs. zu anderen *Libellula* VF-Basis aber bernsteinfarben statt schwarz.

Merkmale in der Hand Obere Anhänge bei beiden Geschlechtern ziemlich lang, jene des ♂ divergierend.

Varianten Ausdehnung und Intensität der Flügelzeichnung variabel. Dunkle Individuen mit großen Nodalflecken sowie brauner Binde unterhalb der Pterostigmata werden als f. *praenubila* bezeichnet.

Verhalten ♂♂ zeichnen sich durch kräftigen Flug und aggressives Verhalten aus. Im Gegensatz zur entfernt ähnlichen *Epitheca bimaculata* setzen sich ♂♂ von *L. quadrimaculata* jedoch regelmäßig ab, oft auf exponierten Sitzwarten im Uferbereich.

Vorkommen

Verbreitung/Status Holarktisch verbreitete, häufige Art; früher für spektakuläre Massenzüge in Eurasien bekannt.

Habitat Fast alle Arten pflanzenreicher Stillgewässer und oft in hohen Abundanzen auftretend.

Flugzeit Ende April–Mitte September, am häufigsten aber im Frühsommer.

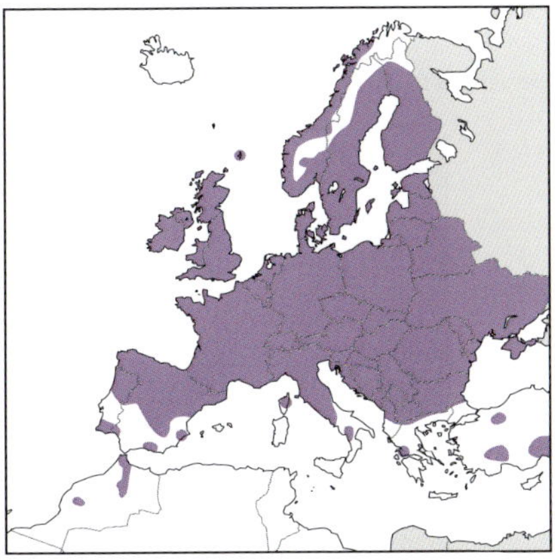

Libellula depressa Linnaeus, 1758 — Plattbauch

◀ *Libellula depressa* ♂ mit hellen Antehumeralstreifen, charakteristischer Flügelzeichnung und auffallend breitem Abdomen.

Bestimmung

Allgemein Ein aggressiv sein Revier an einem Gartenteich oder kleinen Tümpel verteidigendes, großes, hellblaues Plattbauch-♂ ist über weite Teile des Gebiets ein vertrauter Anblick. Durch Abdomenform und 4 große, schwarze Bereiche an den Flügelbasen ist die Art unverkennbar.

Merkmale im Feld GL 39–48 mm, Ab 22–31 mm, HF 32–38 mm. Wirkt wegen des sehr breiten, abgeflachten Ab sehr kräftig. VF-Basen mit länglich rechteckigen, HF-Basen mit 3-eckigen schwarzen Flecken, die auf allen Flügeln etwa bis zur äußeren Spitze des Flügeldreiecks reichen. ♀ und immatures ♂ ziemlich gleichm. gelbbraun, mit 2 breiten weißlichen Antehumeralstreifen sowie mit gelben seitlichen Flecken auf S3–8. Die beiden letzten Merkmale können mit dem Alter verschwinden, v. a. beim reifen ♂, dessen Ab auf S3–9 blaugrau bereift. I. Ggs. zu *Orthetrum*- oder anderen *Libellula*-Arten Ab breiter und Flügelbasen ausgedehnter gezeichnet.

Merkmale in der Hand ♂ ventral auf S1 (anterior zum sekundären Kopulationsapparat) 2 kräftige Dorne – vergleichbare Strukturen sind im Gebiet bei keiner anderen Art zu finden.

Verhalten Von einer exponierten Sitzwarte aus verteidigen ♂♂ mit rasanten Kurzflügen ihr Revier gegenüber Artgenossen.

Vorkommen

Verbreitung/Status Über weite Teile Europas eine der häufigsten Arten, nach Osten bis ins östliche Kasachstan verbreitet. Typische Pionierart, die rasch neu entstandene Gewässer besiedelt.

Habitat Weites Spektrum meist stehender Gewässer, typw. an flachen, sonnigen und vegetationsarmen Kleingewässern wie Viehtränken, wassergefüllten Senken oder Kiesgrubentümpeln.

Flugzeit Ende April–Mitte September, mit Höhepunkt im Mai/Juni.

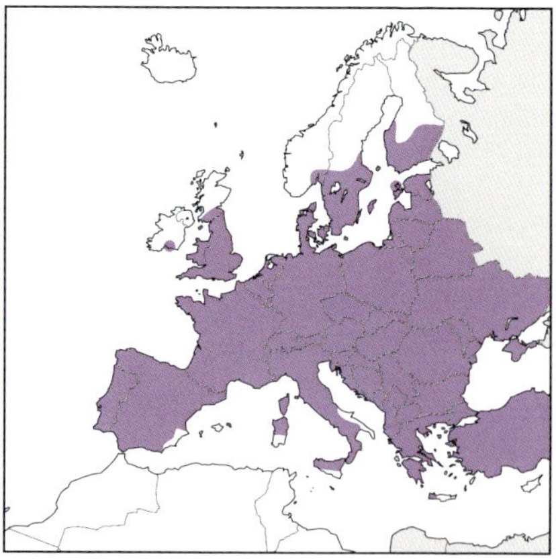

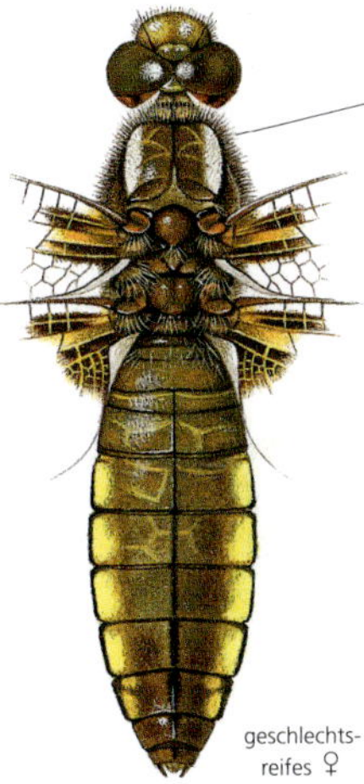

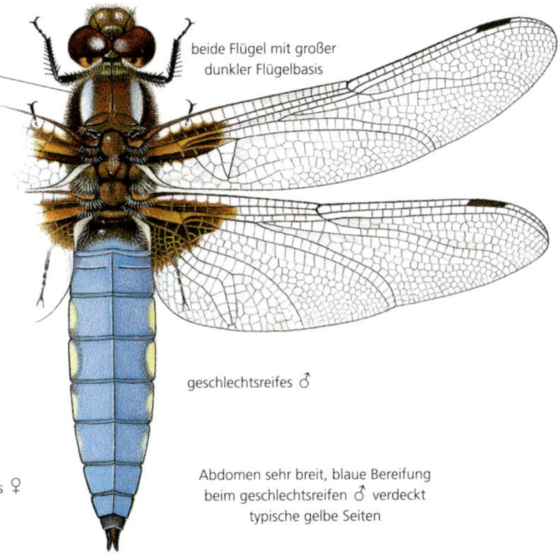

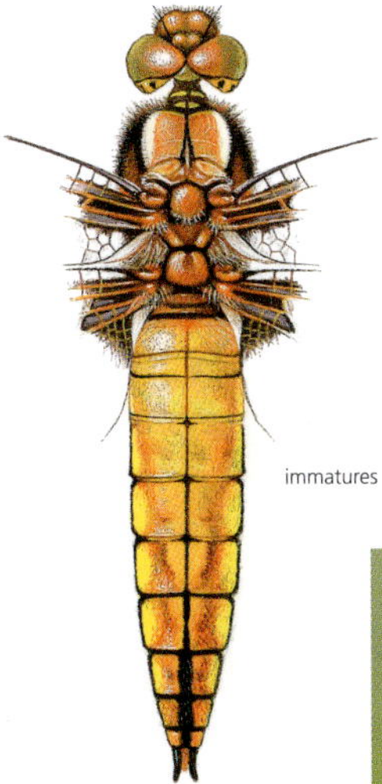

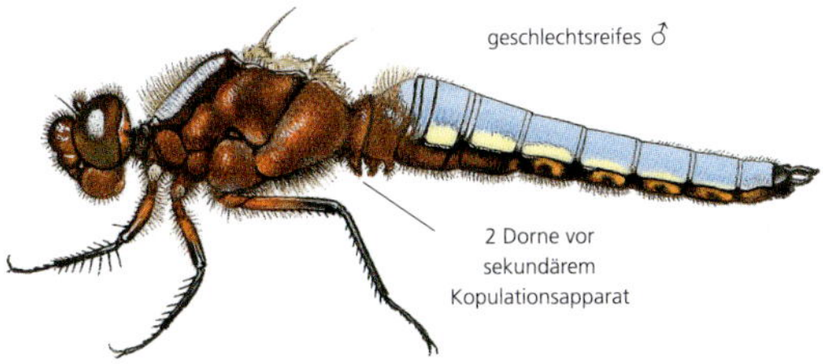

▶ *Libellula depressa* ♀, das im Flug an eine Hornisse erinnern kann!

◀ *Libellula fulva* ♀ mit Orangefärbung und dunklen Flügelspitzen.

▼ *Libellula fulva,* immatures ♂ mit einer Spur von Orange am Abdomen und makelloser Bereifung (ohne Kopulationsmarken).

Bestimmung

Allgemein Im gesamten Gebiet nur lokal verbreitete Art, bevorzugt langsam fließende Gewässer mit hohem emersem Randbewuchs. Im Laufe der Reifungsperiode verändern ♂♂ stark ihr Aussehen: Nach dem Schlupf zunächst leuchtend orange gefärbt, wandeln sich dann zu schwarz und graublau gefärbten, territorialen ♂♂. Anhand von Körper- und Flügelfärbung ist die Art jedoch in allen Altersstadien gut zu erkennen.

Merkmale im Feld GL 42–45 mm, Ab 25–29 mm, HF 32–38 mm. Kürzer und gedrungener als *Orthetrum cancellatum*. Beide Geschlechter als Immature am ganzen Körper lebhaft orangebraun mit schwarzem abdominalem Streifen längs der dorsalen Carina, dunklen Flügelbasen (an VF-Basis als dunkle Striche ausgebildet), dunklen Flügelspitzen (v. a. bei ♀♀) und leuchtend gelben, zentralen Flügeladern. ♀♀ dunkeln mattbraun nach. ♂♂ werden vollständig schwarz und entwickeln milchig graue Augen sowie eine graublaue Bereifung auf S3–7. Geschlechtsreife ♂♂ unterscheiden sich durch ausgedehnter schwarze Abdomenenden und milchig graue Augen von anderen *Libellula*-Arten, durch die schwarze Flügelzeichnung von *Orthetrum* sowie von beiden durch schwarze Frons und schwarzen Anteclypeus.

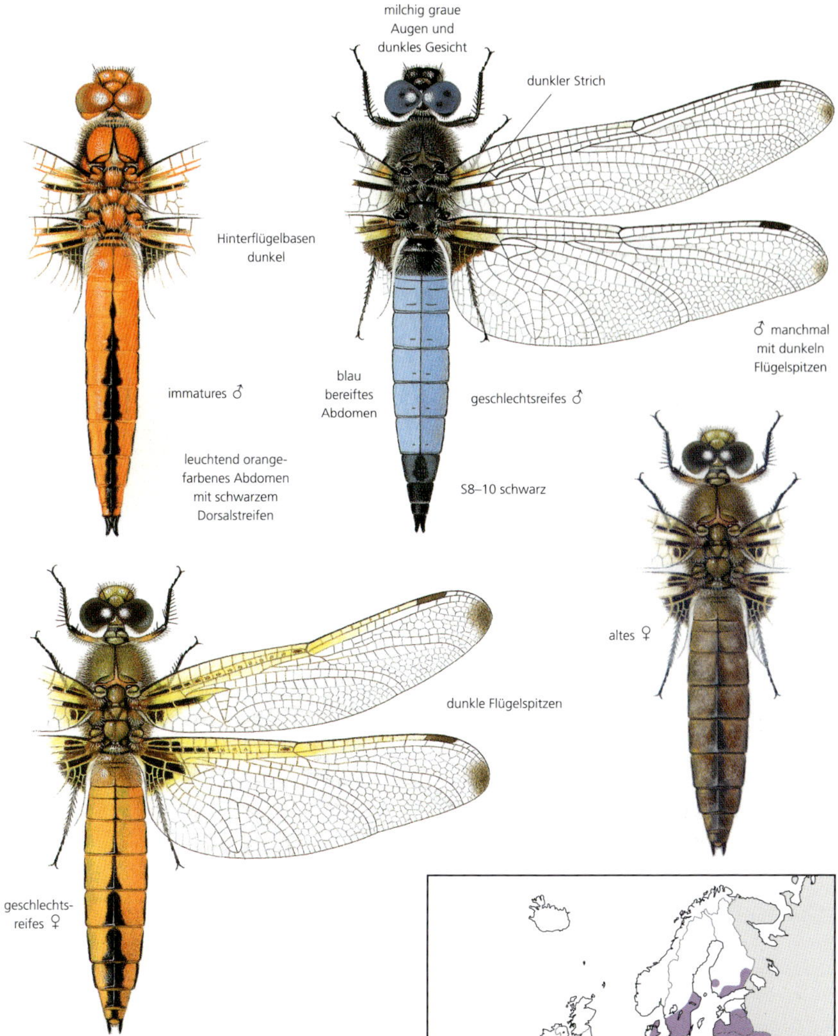

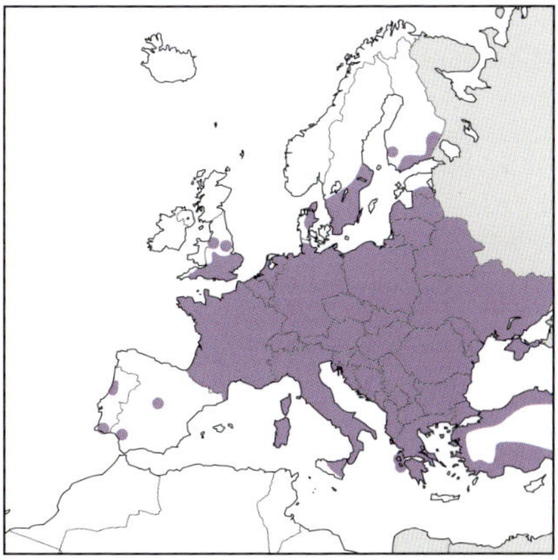

Varianten Die für bereifte Libelluliden-♂♂, typischen, durch die Beine des kopulierenden ♀ hervorgerufenen, dunklen Kopulationsmarken sind bei *L. fulva* oft besonders deutlich. Bei türkischen ♂♂ reicht die Bereifung bis auf S9.

Verhalten ♂♂ sitzen oft auf exponierten Warten am Ufer, um von dort rasche Kurzflüge zu unternehmen.

Vorkommen

Verbreitung/Status Verbreitet, aber aufgrund spez. Habitatansprüche nur lokal häufig. Nach O über Georgien bis mind. in Kaspische Senke.

Habitat Charakterart der Auen von Tieflandflüssen. Typ. Habitate sind besonnt, weisen eine gute Wasserqualität, einen gut ausgebildeten Röhrichtsaum sowie Submersvegetation auf.

Flugzeit Ende April–Anfang Aug. Hauptflugzeit im größten Teil des Verbreitungsgebiets Mai/Juni.

Libellula pontica Selys, 1887 — Rotrücken

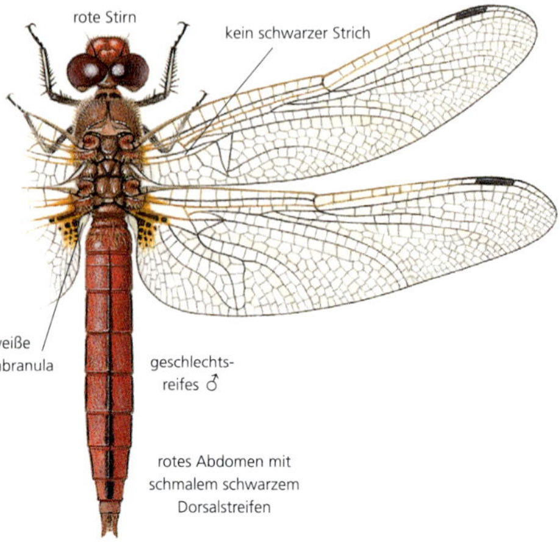

♂ sekundärer Kopulationsapparat

Bestimmung

Allgemein Kleines Pendant zu *L. fulva* und diese im SO des Gebiets ersetzend; doch in der Türkei breite Überlappung dieser Zwillingsarten. Beide Arten sind beim Schlupf sehr ähnlich, doch bei Geschlechtsreife sind *L. pontica*-♂♂ auf Frons und Abdomen ziegelrot und unbereift. Die Art erinnert daher auf den ersten Blick oft mehr an *Sympetrum* oder *Crocothemis* als an *Libellula*.

Merkmale im Feld GL 39–42 mm, Ab 22–26 mm, HF 29–32 mm. Deutlich kleiner und etwas schlanker als *L. fulva*. Immature ♂♂ und ♀♀ unterscheiden sich von *L. fulva* durch Größe, schmaleren schwarzen abdominalen Längsstreifen entlang der dorsalen Carina, das Fehlen von dunklen Flügelspitzen und dunklen Strichen an der Vorderflügelbasis sowie das Vorhandensein einer weißlichen Membranula. Letztere bei *L. fulva* grau und damit unauffällig, bei *L. pontica* dagegen mit dunkler Hinterflügelbasis und braunem bis rotem Abdomen kontrastierend. Geschlechtsreife ♂♂ mit braunem Thorax, roter Frons und rotem Abdomen mit schmalem, schwarzem dorsalem Längsstreifen entlang der dorsalen Carina. Ähnelt anderen roten Libelluliden, v. a. den ähnlich proportionierten *Crocothemis*-Arten.

Merkmale in der Hand Morphologisch im Wesentlichen identisch mit *L. fulva*.

Vorkommen

Verbreitung/Status Allgemein seltene Art und im Gebiet nur sehr lokal. Nach Osten über die Levante bis Iran und Irak verbreitet.

Habitat Vor allem langsam fließende, stark bewachsene Gewässer, wie z. B. verschilfte Bäche, Kanäle und Gräben, auch Abflüsse stark zugewucherter Kiesgruben und Teiche.

Flugzeit Anfang Mai–Mitte Juli.

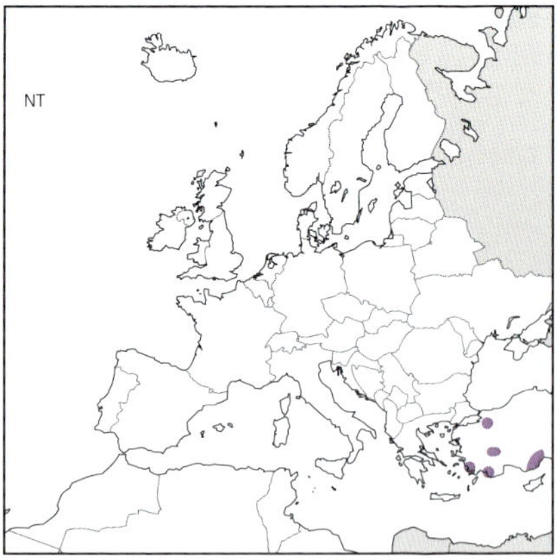

Orthetrum Newman, 1833 Blaupfeile

▲ *Orthetrum brunneum,* Paarungsrad. ♀ sowie Kopfrückseite des ♂ mit kontrastreicher Färbung der sardischen Unterart *cycnos.*

Bestimmung

Beschreibung Innerhalb des Gebietes sind blau bis grau bereifte Großlibellen mit transparenten Flügeln mit hoher Wahrscheinlichkeit *Orthetrum*-♂♂. Die Kombination von transparenter HF-Basis (höchstens gelblich getönt) und 10–14 Ax im VF (auch die distale ist also komplett) ist unter Libelluliden einmalig.

Unterscheidung von anderen Gattungen *Libellula*-Arten sind ähnlich in Aderung, Körperbau und Bereifung, doch HF-Basis mit großem, dunklem Fleck. Bereifte *Leucorrhinia*-Arten sind dunkel mit kontrastierendem weißem Gesicht sowie dunklen HF-Flecken. ♀♀ und junge ♂♂ der meisten *Orthetrum*-Arten sind relativ eintönig braun und werden oft mit *Sympetrum* und *Crocothemis* verwechselt. Norm. ist bei den Arten dieser Gattungen aber mind. die letzte Ax unvollständig, wobei *Sympetrum*-Arten nur 6–7 vollständige Ax im VF aufweisen, *Crocothemis* auf den HF-Basen zudem große gelbe Flecke. V. a. frisch geschlüpfte gelbe *O. cancellatum* und das schwarz-weißliche *O. sabina* mit keuligem Abdomen erinnern an Gomphiden, doch ihre Augen berühren sich.

Unterscheidung der Arten Die etwa 60 *Orthetrum*-Arten sind in Australien, Eurasien und v. a. Afrika heimisch. Artbestimmung oft schwierig, insbesondere bei geschlechtsreifen ♂♂, bei denen die Zeichnung durch Bereifung überdeckt ist und die daher ganz anders aussehen als ♀♀ und jüngere ♂♂. Aus praktischen Gründen teilt man die Arten in 3 Gruppen ein (Tab. 1). Im Großteil Europas wird die Unterscheidung zwischen O. *albistylum* und *O. cancellatum* (Gruppe 1) bzw. zwischen *O. brunneum* und *O. coerulescens* (Gruppe 3) die größten Schwierigkeiten bereiten. Im Mittelmeerraum kommen 2 char. Arten aus Gruppe 2 vor sowie 4 weitere Arten aus Gruppe 3. Da auf der Ib. Halbinsel, in N-Afrika oder der Türkei bis zu 5 Arten aus Gruppe 3 gms. auftreten können und die Bestimmung schwierig ist, sind die Hauptmerkmale dieser Arten in Tab. 2 zusammengefasst. Am aussage-

Tabelle1. Tabellarischer Schlüssel zu den Artgruppen. Falls Aussage zutrifft, vergleiche die angegebenen Arten. Bei Nichtzutreffen weiter zur nächsten Zeile. Tabelle gilt für beide Geschlechter.

1	Pt schwärzlich, nicht gelb bis braun. Falls Ab nicht bereift, mit 2 breiten Längsstreifen. Falls Ab bereift, ist letztes Drittel schwarz.	*albistylum* *cancellatum*
2	Ab dünn und mind. so lang wie HF, S1–3 blasig verdickt und 3× so dick wie andere Abdominalsegmente. Falls nicht bereift, Ab schwarz mit blassen Strichen oder Ringen. Falls bereift, Ab tief blaugrau. GL nie unter 43 mm.	*trinacria* *sabina*
3	Ab dick und höchstens so lang wie HF; an Basis nicht stark verdickt. Falls nicht bereift, Ab braun mit schwarzen Linien. Falls bereift, Ab hellblau bis -grau. GL nie über 52 mm.	*brunneum* *chrysostigma* *coerulescens* *nitidinerve* *ransonnetii* *taeniolatum*

kräftigsten ist die Untersuchung des ♂ sekundären Kopulationsapparats mit einer Handlupe.

Verhalten Aktive Arten, die oft auf dem Boden oder Steinen sitzen. ♂ bewacht im Schwirrflug über dem ♀ stehend dessen Eiablage und verjagt Rivalen. ***V. J. Kalkman***

Tabelle 2. Tabellarischer Schlüssel zu den Arten aus Gruppe 3. Zu Details siehe Artbeschreibungen. Erläuterung der Spaltenkürzel:

(1) Nur 2 Arten sind weit verbreitet (v), die anderen 3 sind auf den Süden (S) beschränkt, davon je 1 nur im westl. (SW) bzw. östl. (SO) Mittelmeerraum.

(2) Mittlere Größe entspricht HF- bzw. Gesamtlänge von etwa 30 mm resp. 40 mm; klein bzw. groß entspricht mind. 2 mm Längenabweichung darüber oder darunter.

(3) Pterostigma (Pt) der mittleren Größe etwa 3 mm lang und gerade etwas länger als 1/10 der HF-Länge; klein bzw. groß im Bereich 2–5 mm bzw. 7–13 % reichend.

(4) Zwischen IR_3 und Rspl (alle Flügel kontrollieren!) 1 oder 2 Zellreihen (selten mehr als 3 bzw. weniger als 4 Zellverdoppelungen).

(5) Membranula (Memb) hell (weißlich) bis dunkelbraun.

Verbreitung	Bestimmungsmerkmale	Größe	Pt	Rspl	Memb	Art
(1)		(2)	(3)	(4)	(5)	
v	Gesicht nie hellblau	mittel	groß	1	intermediär	*coerulescens*
v	keine	groß	klein	2	hell	*brunneum*
S	Thoraxseite mit 1 hellen, dunkel gerandeten Streifen. Abdomen tailliert, nicht parallelseitig.	mittel–groß	mittel	1 (2)	dunkel	*chrysostigma*
SW	Radius zwischen Basis und Nodus kontrastfarbig gelb, nicht dunkel. Unterrand S8 bei ♀ gerade, nicht ausgebuchtet.	groß	groß	2	hell	*nitidinerve*
SW	Schwarze Queradern im Subcostalfeld zwischen Flügelbasis und Nodus.	groß	klein	1	hell	*ransonnetii*
SO	Thoraxseite mit 2 hellen, dunkel gerandeten Streifen. Augen-OS dunkelbraun, nicht grau.	klein	klein	1 (2)	intermediär	*taeniolatum*

Orthetrum cancellatum — Großer Blaupfeil

(Linnaeus, 1758)

Bestimmung

Allgemein Diese häufige Art ist über weite Teile des Gebietes ein vertrauter Anblick und die ♂♂ machen dem Gattungsnamen oft alle Ehre und fliegen pfeilschnell niedrig über das Wasser oder aber sitzen in offenen Uferbereichen auf dem steinig-kiesigen Boden.

Merkmale im Feld GL 44–50 mm, Ab 29–35 mm, HF 35–41 mm. Etwas länger als *Libellula depressa* und *L. quadrimaculata*. Schwarze Pterostigmata, ein Abdomen mit 2 dicken, schwarzen Längsstreifen, das bei ♂♂ später graublau bereift ist und eine schwarze Spitze auf S(6–)8–10 zeigt, kommt in Kombination mit transparenten Flügeln sonst nur noch bei einer weiteren Libellulide, *O. albistylum,* vor; auf Sardinien und Korsika können ♀♀ und immature ♂♂ von *O. brunneum* ähnlich aussehen (s. diese Arten). *O. cancellatum* ist insgesamt dunkler und einheitlicher gefärbt, ohne helle Binden oder Anhänge. Aufgrund des gelben Körpers mit schwarzem Gittermuster werden frisch geschlüpfte Imagines oft mit *Gomphus*-Arten verwechselt (diese

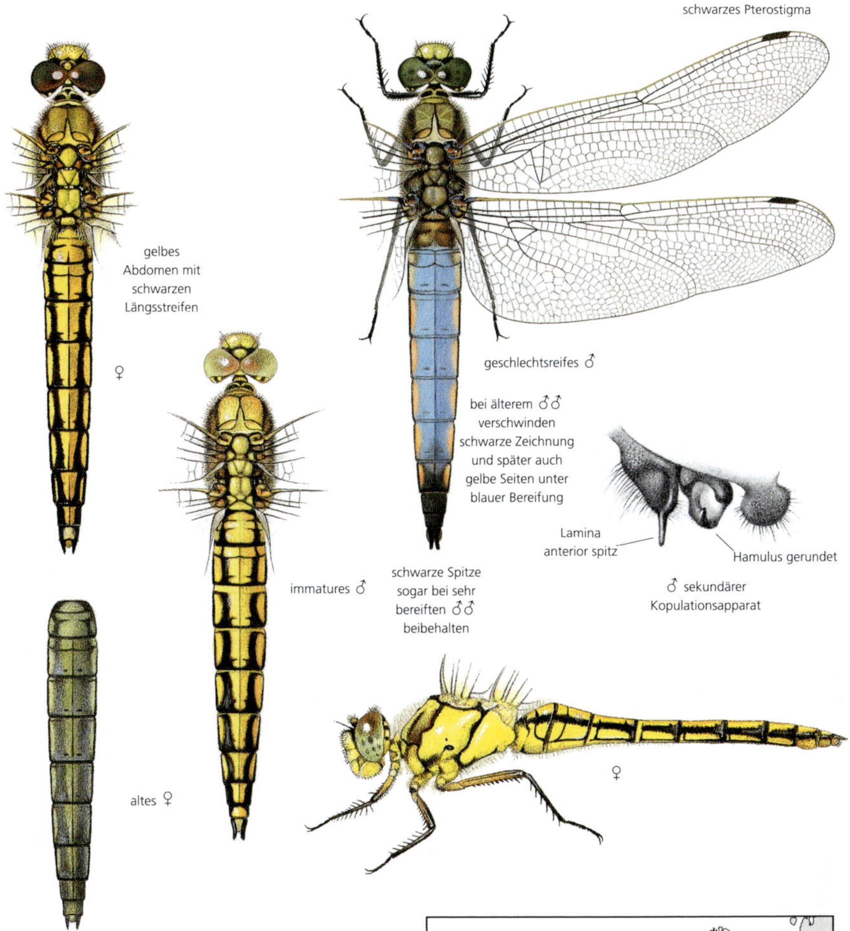

aber nicht annähernd so kräftig, schwarze Abdominalstreifen zudem viel breiter als dazwischenliegender gelber Streifen, statt anders herum).

Merkmale in der Hand ♂ Hamulus mit sehr großem, gerundetem Kopf, Lamina anterior in 2 scharfe Spitzen auslaufend (Ansicht von hinten).

Varianten Abdomen bei älteren ♀♀ braun und oft schwach bereift.

Verhalten ♂ unternimmt schnelle, niedrige Patrouillenflüge über dem Wasser und sitzt oft an offenen Uferstellen.

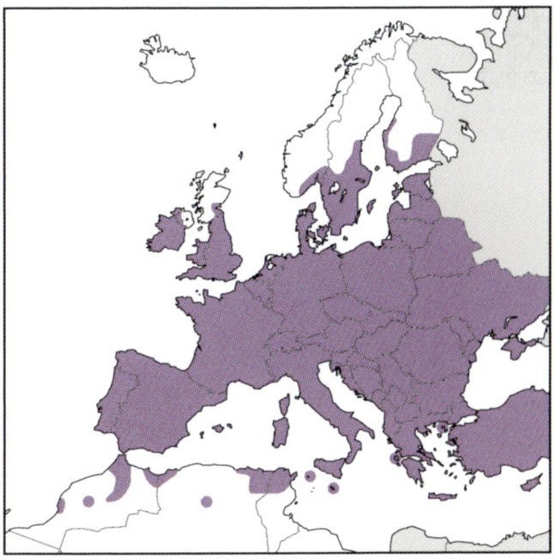

Vorkommen

Verbreitung/Status Sehr häufige Art, bis auf nördl. Fennoskandien im gesamten Gebiet verbreitet, östlich bis N-China und Mongolei.

Habitat Größere stehende oder langsam fließende Gewässer, gew. offen und oft mit vegetationslosen Ufern, wie Seen, Kiesgrubenteiche, Flüsse, Kanäle.

Flugzeit Ende April–Anfang September; am häufigsten von Juni–August.

Bestimmung

Allgemein Starke Ähnlichkeit mit *O. cancellatum*, mit dem es v. a. im SO des Gebiets sowie westl. bis Frankreich gemeinsam vorkommt. *O. albistylum* ist allerdings schlanker sowie heller und kontrastreicher gezeichnet. Der wissenschaftliche Name bezieht sich auf die hellen Anhänge beider Geschlechter, doch gelegentlich kommen ♂♂ mit schwarzen Anhängen vor.

Merkmale im Feld GL 45–50 mm, Ab 30–37 mm, HF 33–38 mm. So groß wie *O. cancellatum*, aber weniger kräftig und mit schmalerem Ab. Wie bei *O. cancellatum* mit schwarzen Pt und 2 deutlichen schwarzen Längsstreifen auf dem Ab, die beim ♂ im Laufe des Alters unter Bereifung verschwinden, S(6–)8–10 werden dabei schwarz. Unterscheidung im Flug nicht leicht, doch folgende Merkmale sind für *O. albistylum* typisch: (1) weißliche Anhänge bei beiden Geschlechtern, beim ♀ ist auch S10 weiß; (2) 2 kontrastierende, milchig weiße Binden auf Thoraxseite sowie dorsal zwischen den Flügeln verlaufender, heller Streifen; (3) Grundfarbe des Ab heller und schwarze Streifen auf jedem Segment

◀ *Orthetrum albistylum* ♀ mit weißen Anhänge, gebogenen schwarzen Längsstreifen auf dem Abdomen und schwarzen Pterostigmata.

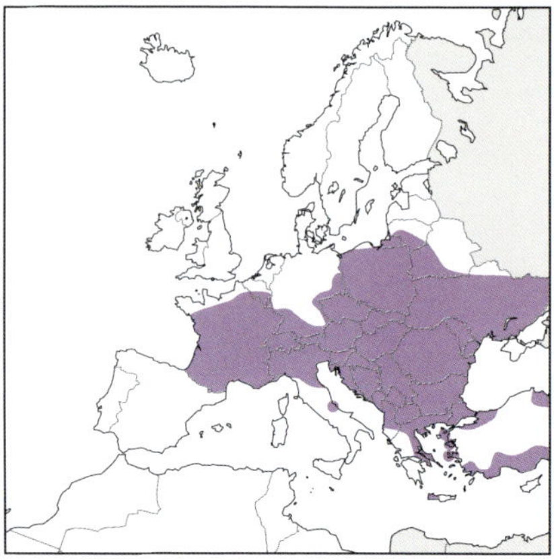

etwas stärker gebogen; (4) geschlechtsreifes ♂ heller bereift, fast weiß; (5) relativ größere Pt.

Merkmale in der Hand Sekundärer Kopulationsapparat recht ähnlich wie bei *O. cancellatum*, doch Hamulus spitzer und Lamina anterior nicht so tief gegabelt.

Verhalten Wie *O. cancellatum*, ♂ sitzt oft auf offenen Stellen in Gewässernähe und unternimmt sehr schnelle, niedrige Patrouillenflüge über dem Wasser.

Vorkommen

Verbreitung/Status Insgesamt nicht selten, aber eher lückenhaft, östlich bis nach China und Japan.

Habitat Offene Weiher und Seen.

Flugzeit Ende Mai–Mitte September.

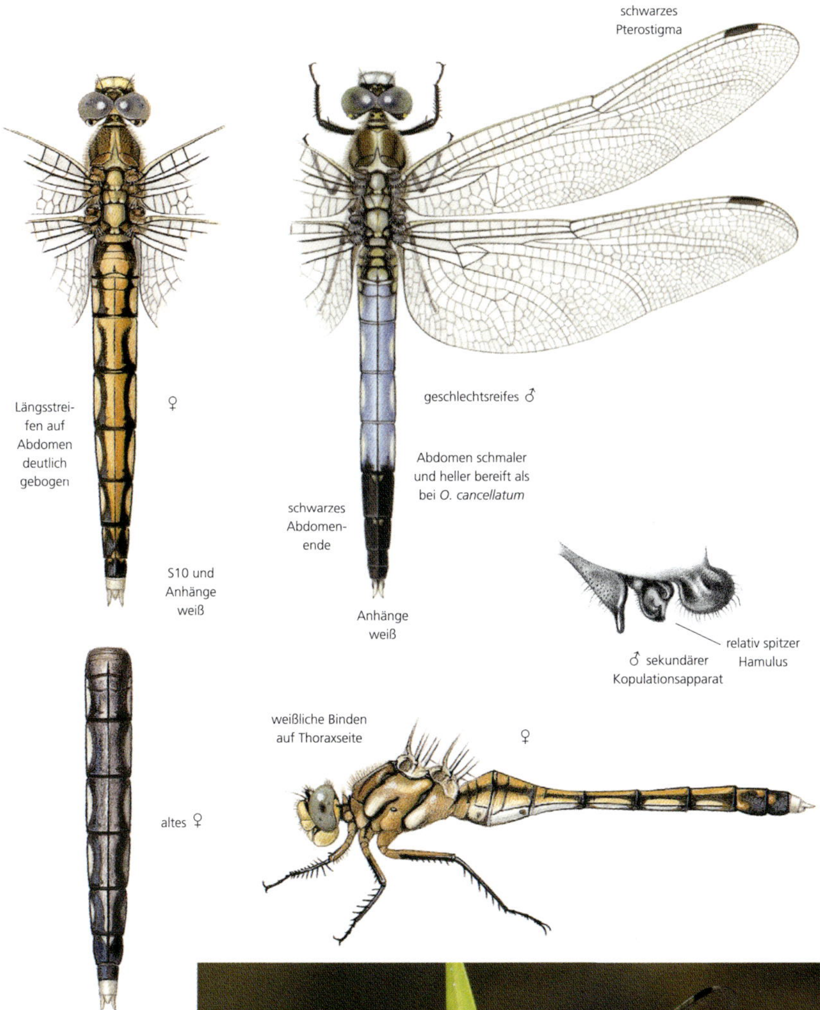

▶ *Orthetrum albistylum* ♂.
Typisch sind die kontrastierenden weißen Anhänge und die hellen Binden seitlich auf dem Thorax.

◀ *Orthetrum coerulescens* ♀ mit dünner dorsaler Linie mit Querbalken und großen gelben Pterostigmata.

Bestimmung

Allgemein Im größten Teil des Gebiets an Fließgewässern die typische kleine *Orthetrum*-Art, die oft gemeinsam mit *O. brunneum* und im äußersten Süden auch mit weiteren ähnlichen Arten auftritt. Unterschiede sind in Tabelle 2 (S. 260) zusammengefasst.

Merkmale im Feld GL 36–45 mm, Ab 23–38 mm, HF 28–33 mm. Etwa so groß wie *Sympetrum striolatum*. In den meisten Gebieten unterscheidet sich geschlechtsreifes ♂ von allen Libelluliden bis auf *O. brunneum* durch vollständig bereiftes Abdomen und gelbe Pterostigmata (s. Beschreibung von *O. brunneum* für umfassenden Vergleich, ferner die Beschreibungen von *O. chrysostigma*, *O. nitidinerve, O. ransonnetii* und *O. taeniolatum* für deren Unterscheidungsmerkmale). Typisch für *O. coerulescens* sind recht kleine Größe, relativ schlankes, sich verjüngendes Abdomen und große Pterostigmata (etwa 4 mm lang). Geschlechtsreifes ♂ – anders als ähnliche Arten – auf Thorax kaum bereift, mit hellen Antehumeralstreifen und braunem Gesicht, daher 2-farbig und nicht komplett blau wirkend (doch siehe Varianten).

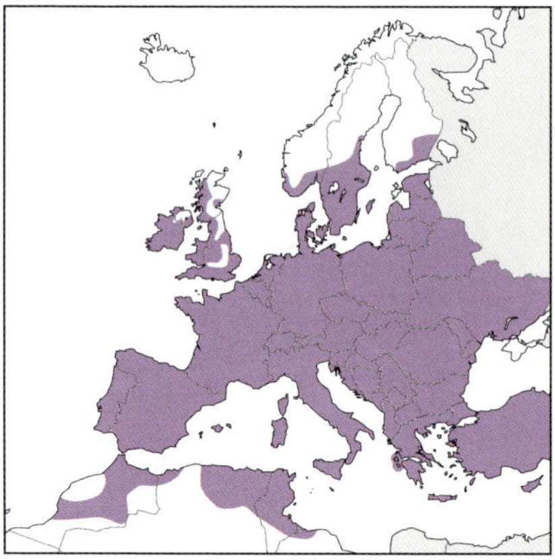

Merkmale in der Hand Zwischen IR_3 und Rspl fast immer eine einfache Zellreihe mit max. 5 Zellverdoppelungen, ähnliche Arten dagegen oft oder immer mit mehr Zellverdoppelungen. Im Vergleich zu ähnlichen Arten Lamina anterior des ♂ viel größer als Hamulus (aber s. Varianten).

Varianten Flügelbasen oft bernsteinfarben überlaufen. 2 Unterarten: Die südl. ssp. *anceps* (früher oft als *O. ramburii* bezeichnet) mit Übergangsbereich zur Nominatform, wo intermediäre Individuen auftreten. Lamina anterior typischer ssp. *coerulescens*-♂♂ fast senkrecht zur Abdomenlängsachse stehend (Seitenansicht), bei typischen ssp. *anceps*-♂♂ ist diese stärker zugespitzt, 3-eckiger, deutlicher rückwärts gerichtet. Südl. ♂♂

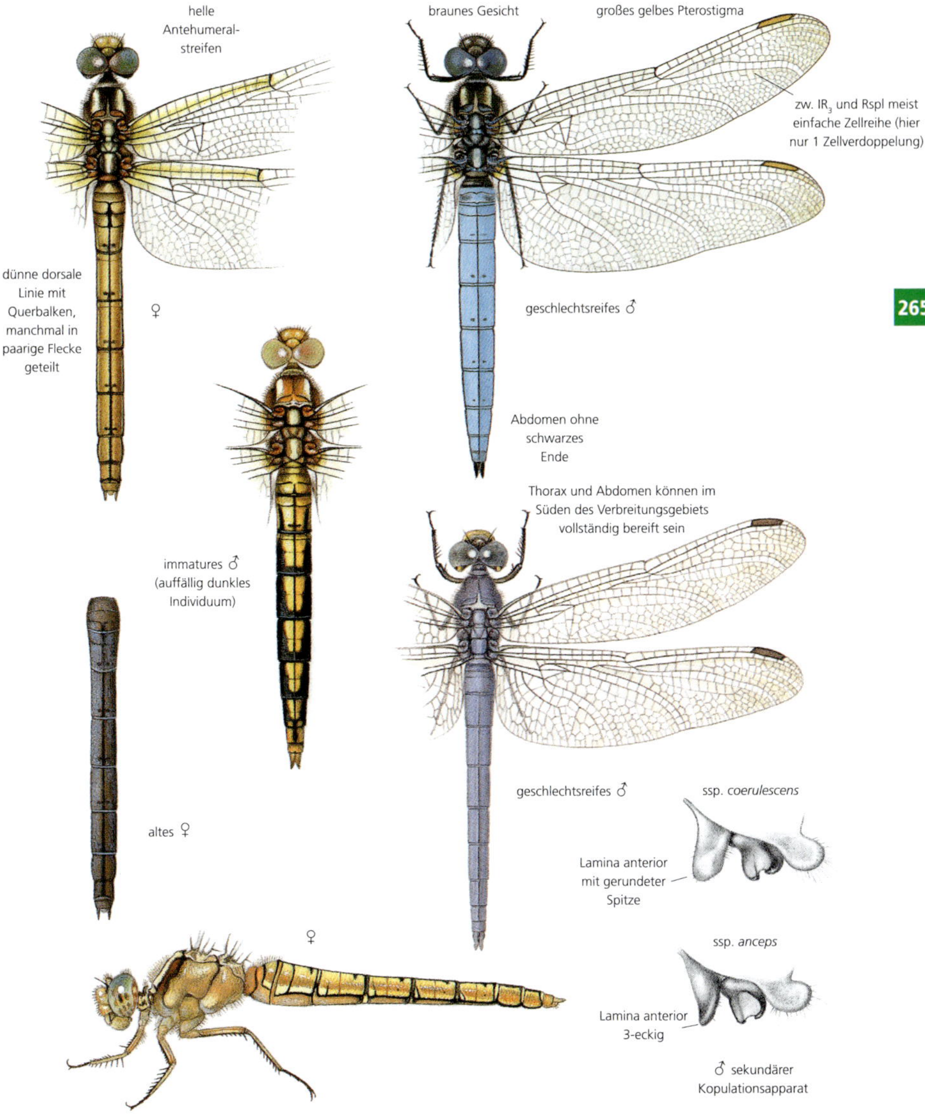

(also auch ssp. *anceps*) sind tendenziell stärker und großflächiger bereift und erscheinen oft vollständig blau.

Verhalten Sitzt typw. auf Vegetation, seltener auf dem nackten Boden.

Vorkommen

Verbreitung/Status Rund ums Mittelmeer häufig, doch in Mittel- und N-Europa generell lokal. Das Gebiet typischer ssp. *anceps* zieht sich von N-Afrika, Sardinien und dem S-Balkan über den südl. Kaukasus und Zentralasien bis N-Indien. Intermediärformen überwiegen auf Ib. Halbinsel, Sizilien und in großen Teilen SO-Europas. Andernorts kommt typische ssp. *coerulescens* vor.

Habitat Fließgewässer wie Bäche und Gräben, im N des Verbreitungsgebiets v. a. in moorigen Habitaten.

Flugzeit April–November, mit Schwerpunkt Juni–August.

Orthetrum brunneum Südlicher Blaupfeil

(Fonscolombe, 1837)

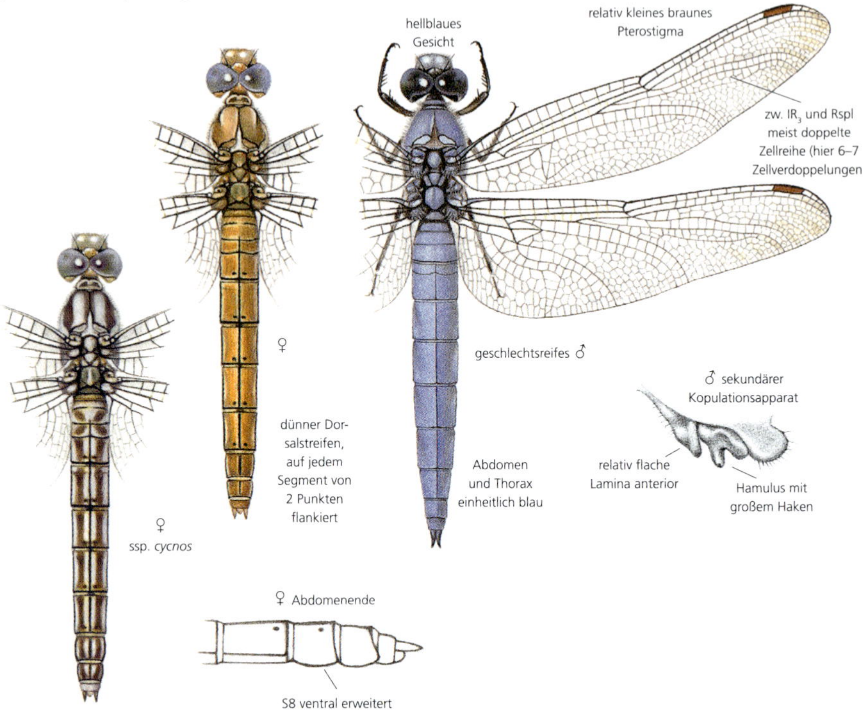

Bestimmung

Allgemein Relativ einfarbiger, mittelgroßer Blaupfeil, an Fließgewässern im Süden häufig. ♂♂ werden vollständig blau, ♀♀ sind kontrastarm braun und beide Geschlechter von ähnlichen mediterranen Arten am besten durch Ausschlussverfahren zu bestimmen.

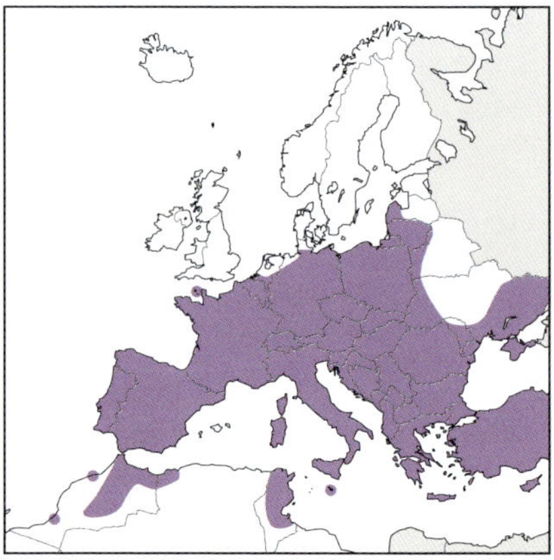

Merkmale im Feld GL 41–49 mm, Ab 25–32 mm, HF 33–37 mm. In Größe und Körperbau zwischen *O. cancellatum* und *O. coerulescens*. Unterscheidet sich von Ersterem (und *O. albistylum*) durch rötlich braune Pterostigmata und fast ungezeichneten Körper, geschlechtsreife ♂♂ weitgehend blau. Unterscheidungsmerkmale gegenüber dem ähnlichen *O. coerulescens*: (1) etwas größer und schwerer, mit breiterem Abdomen; (2) Gesicht des adulten ♂ weißlich mit blauer Tönung; (3) Thorax einfarbig braun, beim geschlechtsreifen ♂ vollständig blau bereift (bei *O. coerulescens* Thorax selten dicht bereift und oft 2 hellere Antehumeralstreifen sichtbar); (4) falls nicht bereift, Abdomen einheitlich braun, mit dünnem schwarzem Längsstreifen entlang der dorsalen Carina (gilt nicht für Sardinien und Korsika, s. «Varianten»). Dieser ist am Ende jedes Segments von 2 Punkten flankiert, die bei *O. brunneum* nur selten zu Querbalken verschmolzen sind (bei *O. coerulescens* aber meistens); (5) Pt ist bei Geschlechtsreife rötlich braun, statt gelb wie bei *O. coerulescens*. Diesen Merkmalen kommt nur Indizcharakter zu (v. a. 4 und 5), sind nicht absolut

zuverlässig, daher Bestimmung in der Hand empfohlen. Siehe *O. nitidinerve*, *O. chrysostigma* und *O. taeniolatum* zur Unterscheidung von diesen Arten.
Merkmale in der Hand Weitere Unterscheidungsmerkmale: (6) zwischen IR_3 und Rspl meist eine doppelte Zellreihe, d. h. 4–9 (selten weniger) Zellverdoppelungen; (7) Pt relativ kurz (2,5–3 mm); (8) ♂ Hamulus mit sehr großem Haken, der weit über Lamina anterior hinausragt.
Varianten Ssp. *cycnos* auf Sardinien und Korsika mit auffälligen braunen Längsstreifen auf Abdomen, ähnelt *O. cancellatum* und dunklen *O. caerulescens*. Bei ♂♂ verschwindet dieses Muster bei Geschlechtsreife unter Bereifung. Jedoch zeigen beide Geschlechter und alle Altersklassen kräftige, schwarze und weiße Striche hinter den Augen, i. Ggs. zu gelblicher und brauner Zeichnung von ssp. *brunneum*.
Verhalten Sitzt oft auf dem nackten Boden oder auf kurzen vertikalen Warten neben Fließgewässern.

Vorkommen

Verbreitung/Status Rund ums Mittelmeer häufig, seit den 1990ern deutliche Arealerweiterung nach Norden. Verbreitungsgebiet erstreckt sich bis Ostchina.
Habitat Meist kleine Bäche, langsam fließende Gräben und Quellaustritte. Mehr als *O. coerulescens* vegetationsarme Habitate bevorzugend und v. a. im N meist an vegetationsfreien Rinnsalen.
Flugzeit April–September.

Orthetrum nitidinerve Gelbader-Blaupfeil

(Selys, 1841)

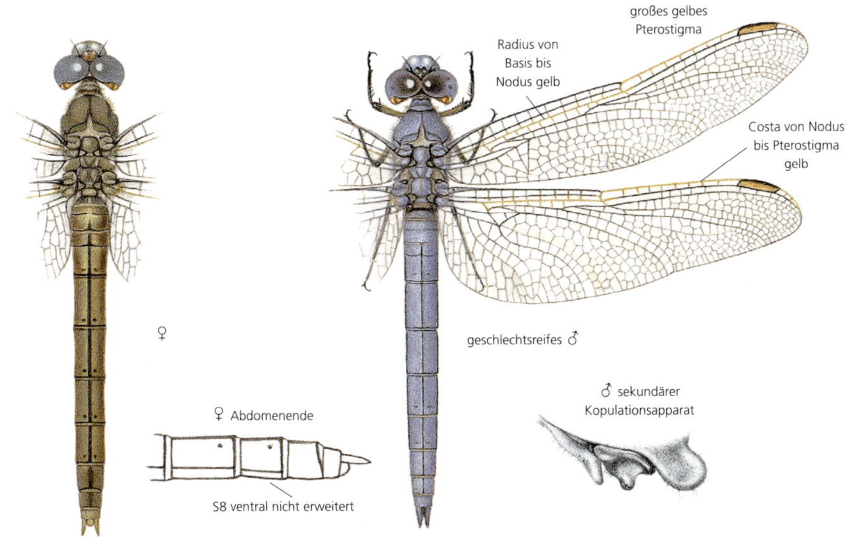

Bestimmung

Allgemein Diese relativ große *Orthetrum*-Art mit langen, goldgelben Pt und auffallend gelben Flügeladern ist im westl. Mittelmeerraum endemisch.
Merkmale im Feld GL 46–50 mm, Ab 28–33 mm, HF 31–38 mm. In Größe, Körperbau und Gesamterscheinung ähnlich *O. brunneum*, von diesem sowie *O. coerulescens* und *O. chrysostigma* jedoch unterschieden durch: (1) Radius (3. Längsader, gezählt von Costa) von Basis bis Nodus gelb. Costa zwischen Nodus und Pterostigma ähnlich lebhaft gefärbt und auffälliger als bei anderen *Orthetrum*-Arten; (2) gelbe Pterostigmata besonders groß (etwa 4–5 mm); (3) ♂♂ mit vollständig weißlich blau bereiftem Körper, etwas heller als bei anderen Arten. ♀♀ und junge ♂♂ einfarbig und kontrastarm und abgesehen von zentralem, dorsalem, dünnem, schwarzem Längsstreifen auf Abdomen meist ohne deutliche helle oder dunkle Zeichnung.
Merkmale in der Hand S8 bei ♀ ventral nicht erweitert und unterer Rand in gerader Verlängerung zu jenem von S7.
Verhalten Eiablage des ♀ erfolgt auf einem Stein sitzend, indem es sein Abdomen ins Wasser taucht

und einen gelatinösen Strang weißer Eier an den Stein klebt; währenddessen wacht das ♂ in der Nähe auf einer Sitzwarte. Dieses Verhalten ist unter den Libelluliden einzigartig.

Vorkommen

Verbreitung/Status Häufigkeits- und Verbreitungsschwerpunkt im Maghreb, deutlich lokaler dagegen auf Ib. Halbinsel, Sardinien, Sizilien und im Raum Neapel.

Habitat V. a. kleine Fließgewässer (Quellen, Rinnsale, Sickerflächen) mit Sumpfvegetation in eher ariden Gegenden, aber manchmal auch größere Gewässer wie Restlachen zeitweise trockengefallener Bäche und Flüsse.

Flugzeit April–Oktober.

Orthetrum chrysostigma (Burmeister, 1839) — Rahmstreif-Blaupfeil

Bestimmung

Allgemein Eine der häufigsten Großlibellen Afrikas, die nach N bis zur Ib. Halbinsel vorkommt. Anhand des taillierten Abdomens und breiten, weißen, schwarz gerandeten «Epauletten» auf jeder «Schulter» meist leicht zu erkennen.

Merkmale im Feld GL 39–48 mm, Ab 26–33 mm, HF 27–32 mm. Größe ähnlich wie *O. brunneum* und v. a. *O. coerulescens*. Eine von mehreren Arten des Gebiets mit überwiegend bereiftem Körper beim geschlechtsreifen ♂ und einem gelblichen Pterostigma. Diagnostische Merkmale: (1) Ab recht schlank und zw. S3 und S4 deutlich eingeschnürt; (2) Thorax mit auffälligem rahmweißem Streifen unterhalb der VF-Basis, der beiderseits durch schwarze Linien (besonders deutlich entlang der Humeralnaht) betont wird; (3) Membranula rußig, an der Flügelbasis meist von kleinem gelbem Fleck begrenzt. HF-Basis bei anderen Arten generell transparent. *O. brunneum*, *O. nitidinerve* und *O. ransonnetii* – diese drei größer und mit breiterem, untailliertem Ab – fehlen die hellen Thoraxseiten-

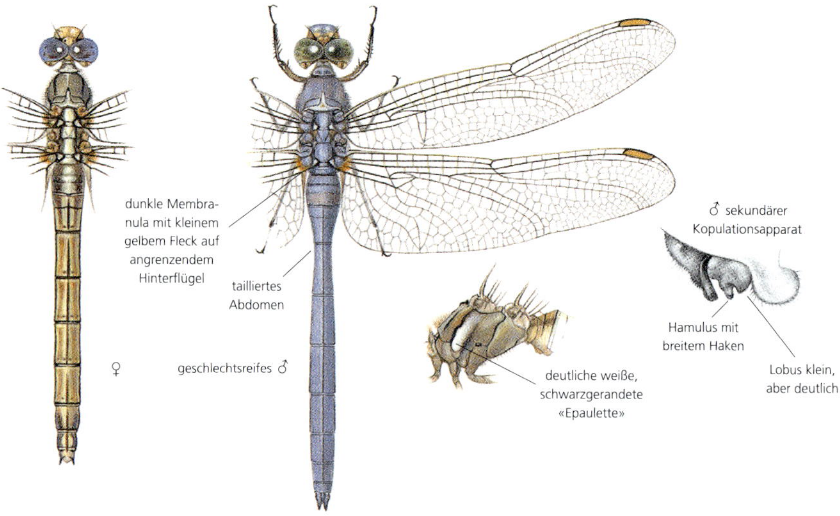

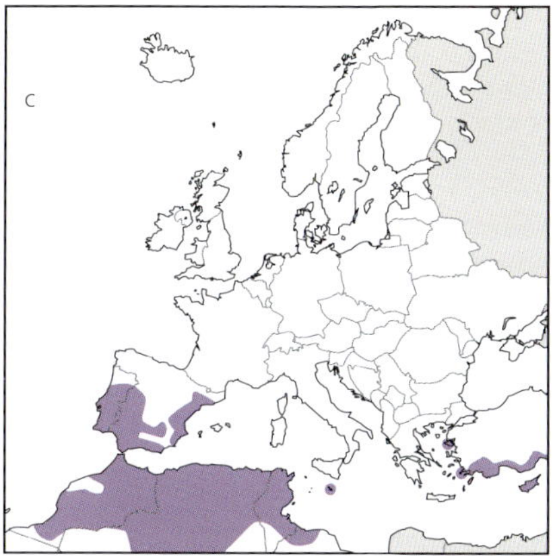

streifen und Membranula weißlich. Beim kleineren *O. coerulescens* liegen die Streifen weiter anterior und sind weniger hell. Das noch kleinere *O. taeniolatum* mit 3 Streifen auf jeder Thoraxseite, ebenso wie *O. coerulescens* jedoch ohne tailliertes Ab und mit graubrauner Membranula.

Merkmale in der Hand Hamulus mit breitem Haken, dieser deutlich größer als der kleine, aber klar ausdefinierte Lobus.

Verhalten Spezifisch in der Türkei angeblich selten in Obeliskenhaltung sitzend, im Gegensatz zu *O. taeniolatum*.

Vorkommen

Verbreitung/Status In ganz Afrika außerhalb von Wäldern häufig. Im SW der Ib. Halbinsel, auf Kanaren, im Küstengebiet der Türkei und angrenzenden griech. Inseln regional ebenfalls nicht selten.

Habitat Größere Bäche und flache Stillgewässer in Offenlandschaften.

Flugzeit In der Türkei von April–Ende August; im Maghreb bis mind. November, dort vermutlich jedoch ganzjährig aktiv.

Orthetrum taeniolatum — Zierlicher Blaupfeil

(Schneider, 1845)

Bestimmung

Allgemein Sehr kleine *Orthetrum*-Art mit kontrastreicher Thoraxzeichnung aus milchig weißen Streifen, die bei alten ♂♂, wie der gesamte Körper, durch blaue Bereifung bedeckt ist. Dringt aus den asiatischen Trockengebieten nach W bis in die Ägäis vor.

Merkmale im Feld GL 33–38 mm, Ab 21–26 mm, HF 25–28 mm. Kleinste *Orthetrum*-Art, die sich von weiteren Arten mit gelblichen Pterostigmata und komplett blauen geschlechtsreifen ♂♂ durch folgende Merkmale unterscheidet: (1) GL gewöhnlich geringer als 40 mm (*O. coerulescens* durchschnittlich mind. 5 mm länger); (2) Thorax mit 2

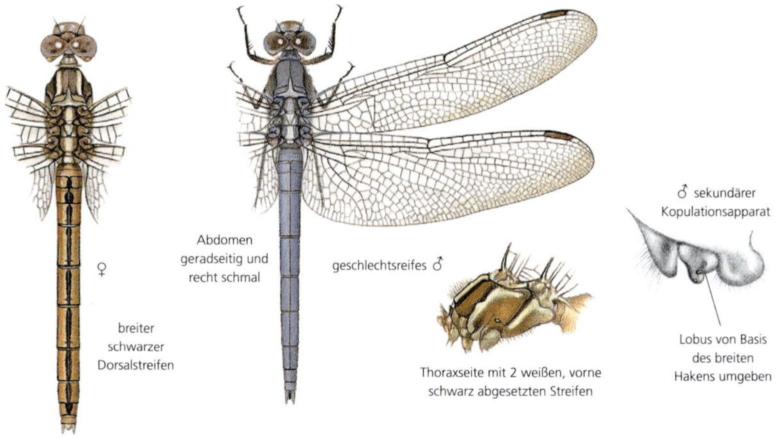

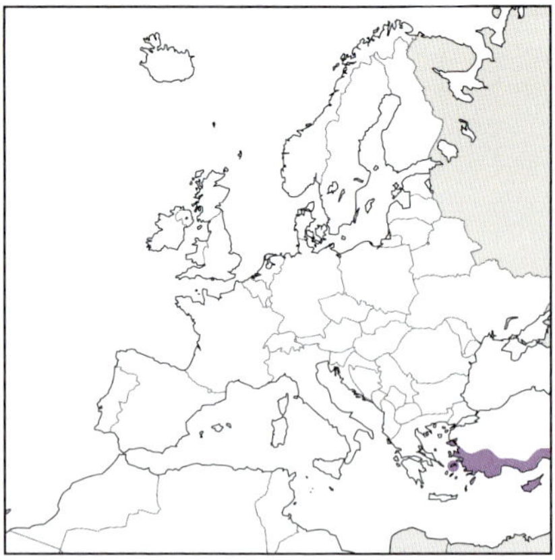

hellen Antehumeralstreifen sowie 2 hellen Streifen je Seite, die durch schwarze Linien auf ihrer anterioren Seite betont werden; (3) schlankes, sandfarbenes, untailliertes und sich langsam verjüngendes Abdomen mit relativ breitem, dorsalem, schwarzem Längsstreifen; (4) Pterostigma mit 2–2,5 mm auch in Relation zur geringen GL kurz; (5) Augen-OS geschlechtsreifer ♂♂ braun und mit blauer Bereifung kontrastierend. ♀♀ und junge ♂♂ anhand des auffälligen Zeichnungsmusters leicht zu bestimmen, doch Zeichnungen bei älteren ♂♂ durch Bereifung vollständig verdeckt. Geschlechtsreife ♂♂ anderer Arten größer, mit breiterem oder tailliertem Ab und (grün) bläulichen Augen.

Merkmale in der Hand Hamulus mit breitem Haken, dessen Basis den kleinen Lobus umgibt.

Verhalten Sitzt bevorzugt auf Felsen oder Sandboden und im Gegensatz zu anderen *Orthetrum*-Arten oft in Obeliskenhaltung.

Vorkommen

Verbreitung/Status Asiatische Art mit Verbreitungsschwerpunkt zwischen Levante und Indien, die jedoch auch entlang der südtürkischen Küste und auf einigen griech. Inseln nicht selten ist.

Habitat Stehende oder langsam fließende Gewässer, oft spärlich bewachsen, wie z. B. in felsigen Gewässerbetten.

Flugzeit Anfang April–Anfang Oktober.

Orthetrum ransonnetii (Brauer, 1865) Wüsten-Blaupfeil

Bestimmung

Allgemein Diese seltene Art ist eine der wenigen echten Wüstenlibellen. Wurde im Gebiet kürzlich am Nordrand der Sahara in Marokko und auf Fuerteventura (Kanaren) entdeckt. ♀♀ aufgrund des recht breiten, lederbraun gefärbten Abdomens mit dunklen Ringen leicht zu erkennen. ♂♂ anfangs ähnlich, werden dann aber vollständig bereift und haben i. Ggs. zum allgemein kleineren, häufigeren *O. chrysostigma* kein tailliertes Abdomen, keinen gelben Flecke an HF-Basis sowie kürzeres Pt und bräunliche Tönung der Augen.

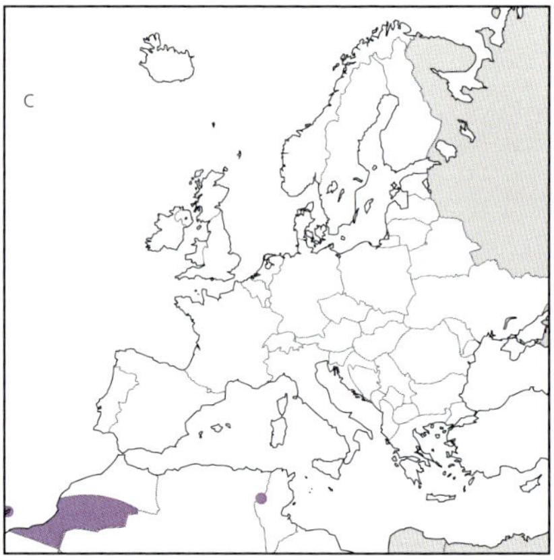

Merkmale im Feld GL 45–59 mm, Ab 28–34 mm, HF 27–32 mm. Im Durchschnitt größer als *O. chrysostigma*. ♂♂ mit zunehmendem Alter vollständig bereift. Diagnostisch für hellbraune ♀♀ und junge ♂♂ sind: (1) dunkle, lederbraune Ringe um Vorderenden der Abdominalsegmente; (2) unterbrochener oder sogar fehlender dünner, schwarzer Rückenstreifen auf Abdomen; (3) ungemusterter Thorax ohne weißliche, dunkel gerandete Streifen. Vollständig bereifte ♂♂ unterscheiden sich von *O. chrysostigma* durch: (4) Abdomen fast parallelseitig, in Aufsicht zw. S3 und S4 nicht tailliert; (5) vollständig transparente HF-Basis, weißliche Membranula; (6) Pt rötlich und auffällig klein (ca. 2,5 mm lang). Einzigartig innerhalb der *Orthetrum*-Arten in der Sahara: (7) alle Queradern und meiste Längsadern (außer Teilen der Costa) schwarz und bei ♂♂ schließlich bereift; bei anderen Arten zumindest subcostale Queradern (2. Reihe zw. Flügelbasis und Nodus) gelblich.

Merkmale in der Hand Meist keine (selten 1–2) doppelte Zellreihe zwischen IR_3 und Rspl. Haken

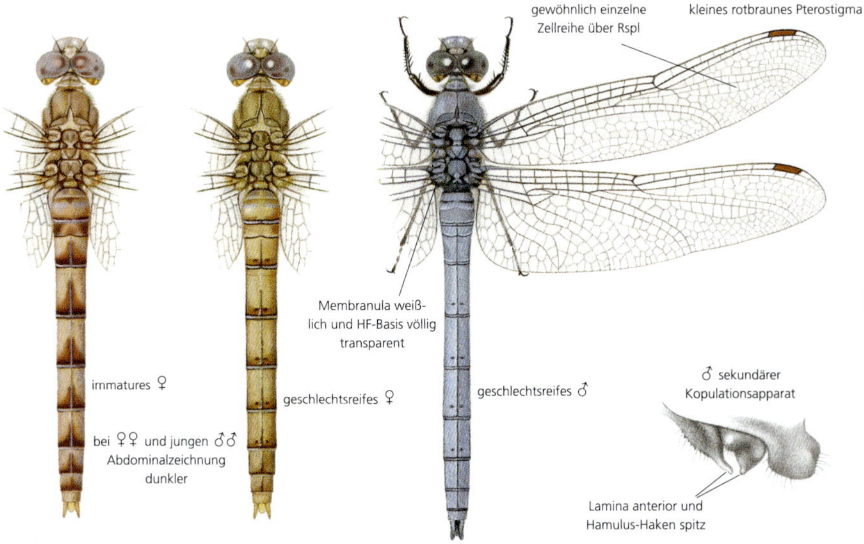

des ♂ Hamulus spitz, mit breiter, 3-eckiger Basis und auswärts gedrehten Spitzen, während der Lobus nur eine basale Schwellung darstellt. Lamina anterior ebenfalls zugespitzt.

Varianten Abdominalzeichnung der ♀♀ besonders deutlich und 3-eckig, kann mit zunehmendem Alter verblassen oder sogar verschwinden. Ältere ♀♀ können eine helle Bereifung auf Körperunterseite ausbilden.

Verhalten Sitzt auf Felsen und blankem Boden; sucht oft auf senkrechten Oberflächen oder unter überhängendem Gestein Schutz vor der Sonne.

Vorkommen

Verbreitung/Status Sehr lokal von Marokko und Mauretanien bis Iran und Afghanistan, aber stellenweise nicht selten, besonders in Gebirgen der zentralen Sahara, z. B. in S-Algerien und Libyen knapp außerhalb des abgebildeten Gebiets. Könnte auch in S-Tunesien gut vertreten sein. Eine alte Fundmeldung aus O-Türkei ist unbelegt. Ein junges ♂, das 2018 auf Fuerteventura fotografiert wurde, brachte den Erstnachweis für die Kanaren und Europa. Dieser Fund lag nahe einer engen Schlucht mit einem streckenweise trockenfallenden Bach mit Restlachen. Solche *barrancos* sind typisch für die Kanaren, sodass weitere Nachweise zu erwarten sind.

Habitat Lebt an dauerhaften, gewöhnlich felsigen Stillgewässern, die salzig oder künstlich sein können und von temporären oder ganzjährig wasserführenden Bächen und Quellen gespeist werden (i. Ggs. zu den meisten Wüstenlibellen, die sich an temporären Gewässern fortpflanzen und dazu weit umherwandern).

Flugzeit Hpts. März–Oktober, aber am häufigsten im Frühjahr in tieferen Lagen. Kann in zentraler Sahara ganzjährig auftreten.

Orthetrum trinacria (Selys, 1841) Langer Blaupfeil

Bestimmung

Allgemein Großes, langes, kräftiges *Orthetrum*, erinnert im Flug an eine Aeshnide. Das dünne, zylindrische Abdomen mit blasig verdickter Basis, ferner die lebhaft gezeichneten ♀♀ und jungen ♂♂ sowie die schieferfarbenen geschlechtsreifen ♂♂ machen die Art unverwechselbar.

Merkmale im Feld GL 51–67 mm, Ab 38–44 mm, HF 34–38 mm. Längste, schlankeste *Orthetrum*-Art des Gebiets. Durch blasig verdickte S1–2 (mehr als 3× so dick wie restliche Segmente), olivgelbe Grundfarbe, relativ schwarzes Ab und große, helle Pt an ähnlich proportioniertes *O. sabina* erinnernd, i. Ggs. zu diesem jedoch: (1) GL immer über 50 mm

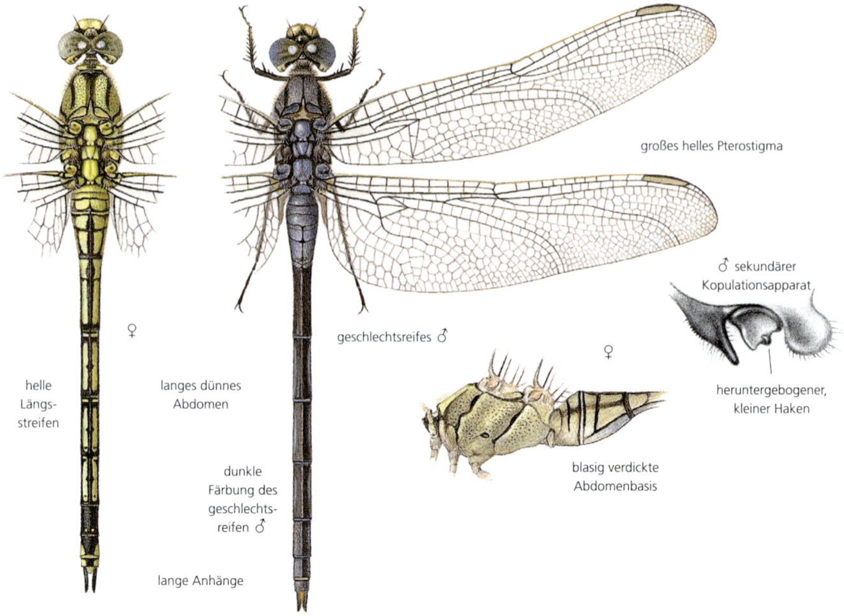

(*O. cancellatum* im Durchschn. etwa 10 mm kürzer); (2) S3–10 gleichm. schlank; (3) schwarzes Ab mit hellen Längsstreifen bis mind. zu S7; (4) geschlechtsreife ♂♂ und alte ♀♀ mit relativ dünner, bläulicher Bereifung, dunkler wirkend als andere bereifte *Orthetrum* ♂♂ und Ab kann weitgehend schwarz erscheinen. *O. sabina* ist kleiner, nie bereift, anders gezeichnet, hat niemals graublaue Augen.

Merkmale in der Hand Anhänge länger als bei anderen Orthetren: ♀ Anhänge fast 3× so lang wie S10; ♂ obere Anhänge fast 2× so lang wie unterer. Hamulus etwa in der Mitte der posterioren Kante mit char. kleinem, heruntergebogenem Haken und damit abgesehen von *O. sabina* deutlich von jenen anderer Gattungsverwandter abweichend.

Verhalten Aggressive und fluggewandte Art, die regelmäßig andere Großlibellen erbeutet.

Vorkommen

Verbreitung/Status Häufige Art des trop. Afrika und Teilen SW-Asiens, die auch im Maghreb weit verbreitet, aber nicht häufig ist. Im S und SW der Ib. Halbinsel heute regional häufig. Recht häufig auf Sizilien und Sardinien; hat kürzlich Kanaren (Fuerteventura) und Malta besiedelt, aber in Griechenland und Türkei noch sehr selten und lokal.

Habitat Stehende, meist große Gewässer oft anthropogenen Ursprungs.

Flugzeit April–Oktober.

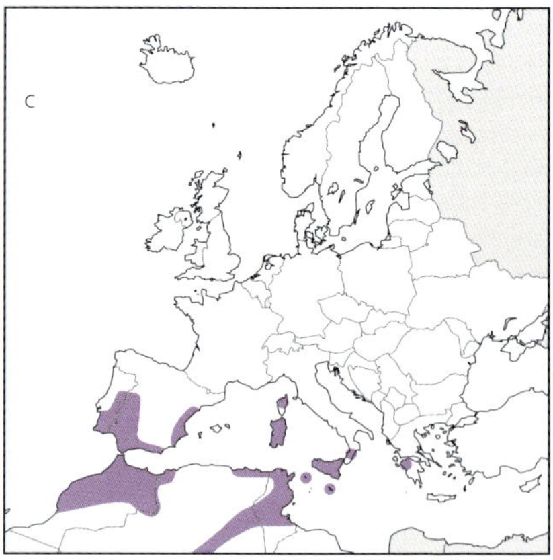

Orthetrum sabina (Drury, 1773) Schlanker Blaupfeil

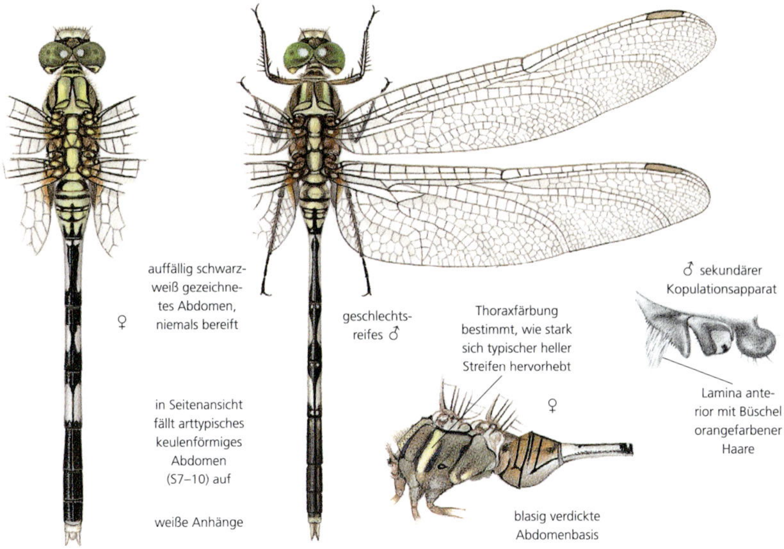

Bestimmung

Allgemein Sehr agile Art ohne blaue Bereifung, die aufgrund kontrastreicher Färbung, keulig verdickten Abdomens und auffallender Wespentaille auf den ersten Blick an eine Gomphide erinnern kann. Orientalische Art, deren Areal westlich bis in den Maghreb reicht.

Merkmale im Feld GL 43–50 mm, Ab 31–36 mm, HF 28–33 mm. Größe ähnlich *O. cancellatum*, doch deutlich anders proportioniert und mit folgenden diagnostischen Merkmalen: (1) Abdomen an S1–2 stark balsig verdickt (mehr als 3× dicker als die sehr schlanken S4–6), S7–10 v. a. nach dorsal keulenförmig verbreitert (Seitenansicht); (2) Abdomen überwiegend schwarz, niemals blau bereift mit char. Muster aus 3 weißlichen Ringen auf S4–6 sowie auffallenden, (teilweise) weißen Anhängen; (3) Thorax hell grünlich gelb mit zahlreichen kräftigen schwarzen Streifen, im Alter verdunkelt mit einer einzigen kräftigen weißlichen Binde je Seite; (4) Augen nie graublau wie bei geschlechtsreifen ♂♂ anderer Arten, sondern grünlich oder bräunlich. Am ehesten Verwechslung mit ♀♀ und jungen ♂♂ des ähnlich proportionierten *O. trinacria*, dieses jedoch größer, ohne keulig verdicktes Abdomenende.

Merkmale in der Hand Im Gegensatz zu allen anderen *Orthetrum* Lamina anterior mit einem auffälligen Büschel orangebrauner Borstenhaare.

Varianten Thoraxfärbung und Umfang der schwarzen Abdomenfärbung variieren beträchtlich.

Verhalten Sehr flugaktive und oft sehr wachsame Art, die meist nur kurzzeitig auf dem Boden oder auf niedrigen Pflanzen rastet.

Vorkommen

Verbreitung/Status Bis nach Australien verbreitete, sehr häufige orientalische Art, die auch im Gebiet entlang der türk. Mittelmeerküste und auf einigen griech. Inseln häufig ist, etwas seltener und lokaler dagegen in Tunesien und Algerien. Jüngst in Marokko nachgewiesen.

Habitat Eine Vielzahl stehender oder langsam fließender Gewässer.

Flugzeit April–Oktober.

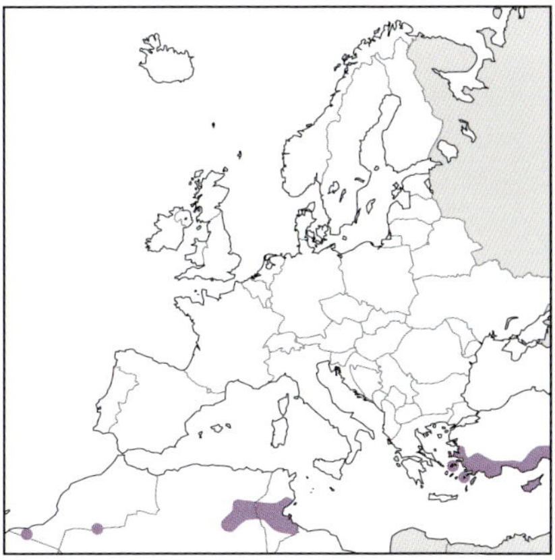

Leucorrhinia Moosjungfern

Brittinger, 1850

▲ *Leucorrhinia caudalis* ♂.

Bestimmung

Beschreibung Moosjungfern sind durch auffälligen Kontrast zw. weißem Gesicht (Frons, Post- und Anteclypeus sowie z. T. Labium) und weitgehend schwarzem Körper meist schon aus einiger Entfernung dieser Gattung zuzuordnen. Flügel mit dunklen Flecken an den HF-Basen, nur 7–8 (selten 9) VF-Ax sowie bemerkenswert kurzen, rechteckigen Pterostigmata. Ab überwiegend schwarz, mit einfacher Reihe heller dorsaler Flecke, die bei 3 Arten bei den geschlechtsreifen ♂♂ tiefdunkelrot werden. Bei 2 weiteren Arten verschwinden sie mit zunehmendem Alter, und das Ab ist an der Basis später grau bereift.

Unterscheidung von anderen Gattungen Andere Libelluliden nicht mit rein weißem Gesicht (Färbung bei jungen Individuen mglw. schwach entwickelt!) und bei den meisten anderen Gattungen überwiegen helle Farben auf Abdomen. Bei Arten, deren ♂♂ Bereifung entwickeln (z. B. *Orthetrum, Libellula*), ist meist mehr als das halbe Abdomen bereift, Verwechslungsgefahr besteht jedoch im Fall von alten *Leucorrhinia*-♂♂ mit abgenutzter Bereifung. Die einzige überwiegend schwarze Libellulide, die gms. mit *Leucorrhinia*-Arten vorkommt, ist *Sympetrum danae*, v. a. die kleinste Art, *L. dubia*, kann mit dieser verwechselt werden. *S. danae* hat immer eine gelbe oder dunkle Frons, die HF-Basis ist höchstens gelb gefärbt.

Unterscheidung der Arten Im Gebiet 5 Arten, die alle nach NO hin zunehmend häufiger werden und bis weit nach Sibirien verbreitet sind. Weitere 7 Arten in N-Amerika heimisch. Arten des Gebiets lassen sich leicht in 2 Gruppen trennen: 2 Arten mit weißen Anhängen und ♂♂, die verdunkeln und bereifte Abdomenbasis ausbilden, sowie 3 weitere Arten mit dunklen Anhängen und später mit dunkelroter Zeichnung, aber ohne Bereifung. Arten beider Gruppen kommen oft gms. vor. Zur sicheren Bestimmung v. a. der rot gefleckten Arten ist eine Untersuchung des ♂ Hamulus und der ♀ Legescheide empfehlenswert. Junge Individuen aller Arten erscheinen schwarz mit gelblichen Flecken, eine zuverlässige Bestimmung erfordert dann eine genaue morphologische Untersuchung unter Einbeziehung des Fleckenmusters.

Verhalten Alle Arten mit unstetem, etwas tanzendem Flug, v. a. die kleineren, rot gezeichneten Arten, die man oft zahlreich in Mooren antrifft. Größere, bereifte Arten mit langsamerem Flug, oft über freien Wasserflächen oder sogar zw. Bäumen um Fortpflanzungsgewässer. ♀♀ aller Arten können Eier alleine ablegen oder werden dabei vom ♂ bewacht. Alle Arten sitzen bei heißem Wetter gerne in Obeliskenhaltung. ***G. Sahlén***

Tabellarischer Schlüssel zu den Arten (Artenpaaren). Falls Aussage zutrifft, vergleiche die angegebenen Arten. Bei Nichtzutreffen weiter zur nächsten Zeile.

1	Anhänge weiß, nicht schwarz. Abdomen an Basis graublau bereift; falls nicht, S7 höchstens mit winzigem Fleck, nie mit roter Zeichnung auf Thorax und Abdomen.	*albifrons* *caudalis*
2	Fleck auf S7 gelber als Flecke auf S4–6, diese rötlich braun bei ♂♂ und gelbbraun bei ♀♀.	*pectoralis*
3	Fleck auf S7 höchstens stärker rötlich oder orange als jene auf S4–6.	*dubia* *rubicunda*

Leucorrhinia dubia Kleine Moosjungfer

(Vander Linden, 1825)

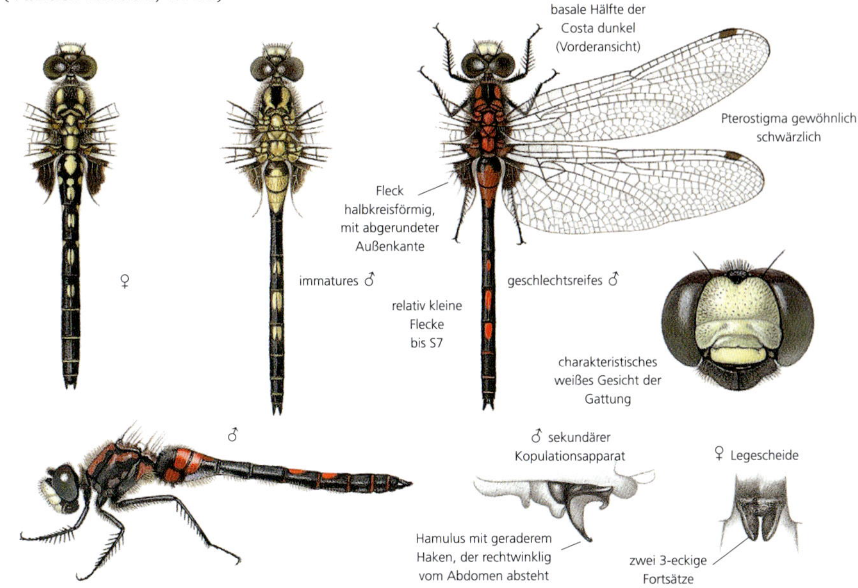

Bestimmung

Allgemein Vielerorts die häufigste und im SW und S des Verbreitungsgebiets oft die einzige Moosjungfer-Art, über weite Teile des Areals jedoch sympatrisch mit der sehr ähnlichen *L. rubicunda* vorkommend. Obschon relative Unterschiede in Größe, Körperbau, Abdominal- und Flügelflecken im Feld durchaus auffällig sein können, ist eine sichere Unterscheidung der beiden Arten ohne Fang oft kaum möglich.

Merkmale im Feld GL 31–36 mm, Ab 21–27 mm, HF 23–28 mm. Kleinste *Leucorrhinia*, fast so klein wie *Sympetrum danae* und ohne Fang oder genaue Untersuchung leicht mit *L. rubicunda* zu verwechseln (s. diese Art zum Vergleich). Beide Arten schwarz mit (gelblich) braunen Flecken auf Thorax und S2–7. Geschlechtsreife ♂♂ mit kleineren und dunkleren Flecken, die zw. Flügeln und auf Abdomen später orange und schließlich dunkelrot werden. Bei *L. dubia* alle Flecke gew. kleiner als bei anderen rot gefleckten Arten, Flecke auf S4–6 gewöhnlich dunkler als Fleck auf S7, Erstere können im Alter sogar völlig verschwinden. *Sympetrum danae* mit ähnlichen Habitatpräferenzen und ähnlicher Gesamterscheinung ist ebenfalls schlank und schwarz, aber Gesicht und Zeichnung höchstens gelblich, nicht weiß bzw. rot. ♀♀ und junge ♂♂ können mit *L. albifrons* und *L. caudalis* verwechselt werden, doch diese beiden ohne den großen Fleck auf S7 und mit weißlichen Anhängen.

Merkmale in der Hand I. Ggs. zu *L. rubicunda* schwarze basale Flecke der HF meist ausgedehnter, fast halbkreisförmig und mit tendenziell runderen Außenkanten. Auch untere Ecken der VF-Basen meist deutlicher und ausgedehnter schwarz gefärbt. ♂ Hamulus mit geraderem Haken als bei anderen *Leucorrhinia* und fast senkrecht vom Ab abstehend. ♀ Legescheide mit zwei 3-eckigen Fortsätzen.

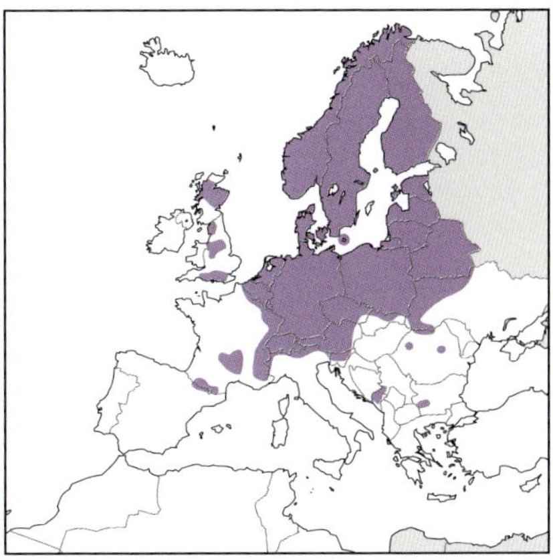

Varianten Androchrome ♀♀ treten regelm. auf.
Verhalten Wie *L. rubicunda* im unsteten, tanzenden Flug über Gewässern und Umgebung. Sitzt häufig auf dem Boden in dichter Vegetation.

Vorkommen

Verbreitung/Status Vor allem in Moorgebieten oft sehr häufig, doch wie auch andere *Leucorrhinia*-Arten am SW-Rand des Verbreitungsgebiets oft nur isolierte, reliktartige Vorkommen. In Großbritannien, den höheren Lagen der Alpen sowie in den Pyrenäen die einzige *Leucorrhinia*-Art.
Habitat Besiedelt vorzugsweise fischfreie, saure Gewässer in oligo- bis mesotrophen Hoch- und Übergangsmooren, oft in Wäldern.
Flugzeit Mitte April–Anfang September. Im Tiefland der warmgemäßigten Breiten Höhepunkt Ende Mai–Mitte Juli.

Leucorrhinia rubicunda
(Linnaeus, 1758)

Nordische Moosjungfer

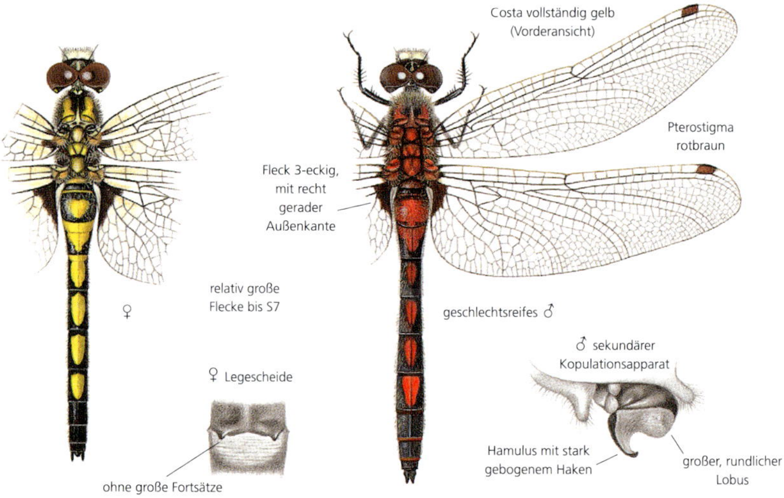

Bestimmung

Allgemein Kommt oft zusammen mit der kleineren, schlankeren und kleingefleckteren *L. dubia* vor und ist leicht mit dieser zu verwechseln, Vorderflügel in Ansicht von vorne jedoch mit durchgehend gelben Costae, was oft schon aus einiger Entfernung gut zu erkennen ist.
Merkmale im Feld GL 31–38 mm, Ab 23–28 mm, HF 27–31 mm. Mittelgroße *Leucorrhinia* und fast so groß wie *Sympetrum vulgatum*. Im Gegensatz zu *L. dubia*: (1) etwas größer und kräftiger; (2) Abdominalflecke (rot bei ♂♂, gelb bei Immaturen und ♀♀) meist größer, v. a. bei ♀♀. Deren Flecke annähernd so groß wie bei *L. pectoralis* und auf S3–4 dorso-lateral erweitert, bei *L. dubia* laterale Flecke dagegen von schmalen dorsalen Flecken getrennt; (3) HF-Basalfleck 3-eckig mit recht gerader Außenkante (bei *L. dubia* halbkreisförmig und rundere Außenkante); (4) Costa des VF von Basis bis Pt gelb (Ansicht von vorn), bei *L. dubia* dagegen von Basis bis (fast) zum Nodus dunkelbraun bis schwarz; (5) Pt rotbraun statt schwärzlich bei *L. dubia* (einzelne Individuen dieser Art jedoch ebenfalls mit rötlichen Pt). Merkmale 1–4 erinnern an *L. pectoralis*, bei dieser Fleck auf S7 jedoch generell satter gelb als Flecke auf S2–6.
Merkmale in der Hand Dunkler VF-Basalfleck gew. kleiner als bei *L. dubia,* kaum die untere Flügelecke bedeckend. ♂ Hamulus mit relativ kleinem, gebogenem Haken und großem, rundlichem Lobus. ♀ Legescheide ohne paarige, 3-eckige Fortsätze wie bei *L. dubia* und *L. pectoralis*.
Varianten Sehr alte Individuen sind manchmal sehr matt und dunkel gefärbt, nur Fleck auf S7 deutlich. Androchrome ♀♀ treten regelm. auf.
Verhalten Ähnlich *L. dubia*.

Vorkommen

Verbreitung/Status Wie *L. dubia* in geeigneten Habitaten oft sehr häufig und zu Massenauftreten neigend. Die kleinen, isolierten Populationen des nördl. Alpenvorlands sind jedoch gefährdet, und im Gegensatz zu *L. dubia* fehlt *L. rubicunda* in den Gebirgen Mittel- und S-Europas.
Habitat Wie *L. dubia* vorzugsweise in oligotrophen, sauren Moorgewässern. Habitatsprektrum jedoch breiter und regional z. B. auch an Gewässern in ehemaligen Braunkohlegruben oder Heideweihern mit z. T. hohen Fischbeständen.
Flugzeit Als früheste Moosjungfer von Mitte April–Anfang August, Höhepunkt in gemäßigten Breiten von Mitte Mai–Mitte Juni.

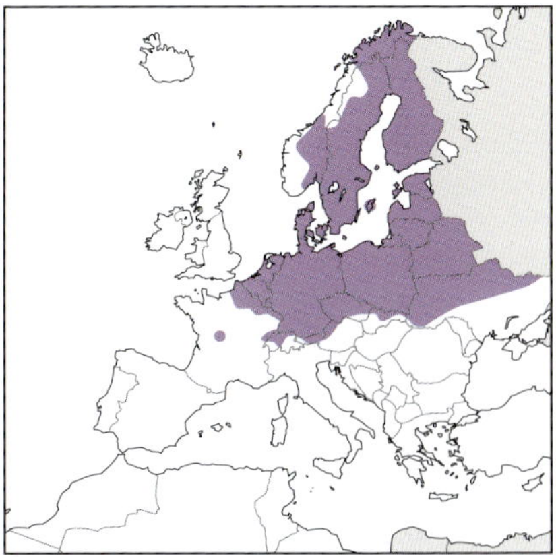

Leucorrhinia pectoralis Große Moosjungfer

(Charpentier, 1825)

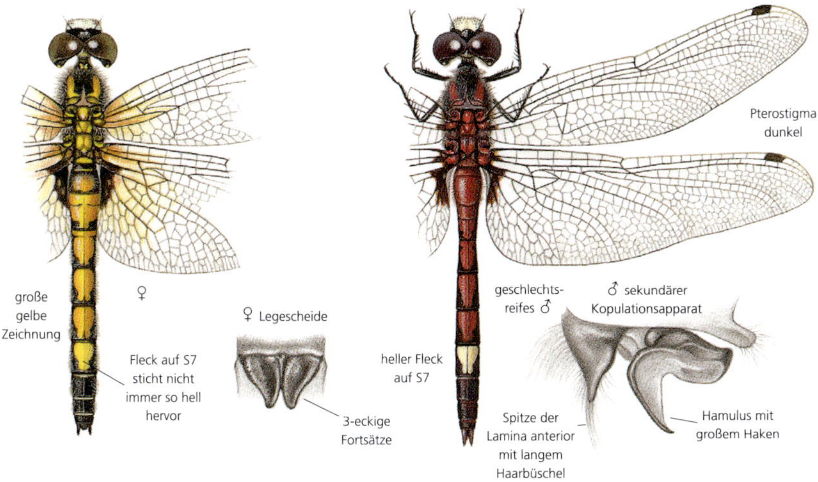

Bestimmung

Allgemein Größte und meist nur recht lokal vorkommende Moosjungfer, in stärker von eutrophen Verhältnissen geprägten Tieflandregionen jedoch die vorherrschende *Leucorrhinia*-Art. Aufgrund des auffälligen gelben Flecks auf S7 lassen sich ♂♂ und die meisten ♀♀ meist schon aus einiger Entfernung bestimmen.
Merkmale im Feld GL 32–39 mm, Ab 23–27 mm, HF 30–33 mm. Größte, stämmigste *Leucorrhinia* und in allen Merkmalen *L. rubicunda* am ähnlichsten, doch größer als diese, mit dickerem Ab und größeren Flecken. Zeichnung auf S1–6 relativ mattbraun, bei ♂♂ deutlich orange oder rot getönt. Fleck auf S7 dagegen leuchtend zitronengelb, im Alter dunkler, matter. Pterostigmata dunkler als bei *L. rubicunda*, aber grundsätzlich leicht mit dieser sowie *L. dubia* zu verwechseln, gilt v. a. für sehr alte und sehr junge, wenig kontrastreich gefärbte Individuen. Bei letzteren beiden Arten ist Fleck auf S7 jedoch nie zitronengelb, falls er sich farblich von jenen auf S1–6 unterscheidet, ist er rötlicher, nicht gelber. Homogen gelb gefleckte Individuen sollten in der Hand bestimmt werden.
Merkmale in der Hand ♂ Hamulus ähnlich jenem von *L. rubicunda*, aber Haken deutlich größer. Gattungstypisch deutlich behaarter sekundärer Kopu-

lationsapparat der ♂♂ zusätzlich mit auffälligem, langem Haarbüschel an der Spitze der Lamina anterior. ♀♀ im Gegensatz zu *L. rubicunda*, aber ähnlich *L. dubia,* mit zwei 3-eckigen Fortsätzen.

Varianten Fleck auf S7 bei alten ♂♂ matt und kontrastarm.

Verhalten ♂♂ besetzen bei sonnigem, warmem Wetter Reviere und sitzen gern auf waagerechten Strukturen in der Ufervegetation, von wo sie kurze Patrouillienflüge starten.

Vorkommen

Verbreitung/Status *Leucorrhinia*-Art mit der südlichsten Gesamtverbreitung. Ziemlich häufig und weit verbreitet im Baltikum und in S-Schweden. In W-, S- und Mitteleuropa generell nicht häufig und meist lokal und nur in geringen Abundanzen. In der Türkei und auf weiten Teilen des Balkans einzige Art der Gattung.

Habitat Im Gegensatz zu *L. dubia* und *L. rubicunda* in weniger sauerem und nährstoffarmem Milieu, typw. in mesotrophen Randgewässern von Hochmooren wie etwa ehemaligen Torfstichen mittlerer Verlandungsstadien. Nach NO hin Lockerung der Moorbindung und ein breites Sprektrum meso- bis leicht eutropher Gewässer besiedelnd, regional auch an vegetationreichen, langsam fließenden Flüssen oder Kanälen.

Flugzeit Anfang Mai–Anfang August, mit Höhepunkt Ende Mai und Juni.

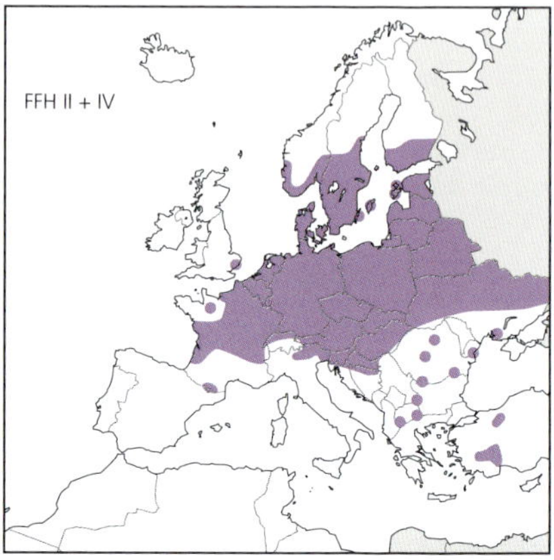

▲ *Leucorrhinia rubicunda,* androchromes ♀.
▼ *Leucorrhinia caudalis* ♀, das im Alter eine leichte Bereifung aufweist.

▲ *Leucorrhinia pectoralis,* junges ♀.
▼ *Leucorrhinia dubia,* androchromes ♀.

Leucorrhinia albifrons Östliche Moosjungfer

(Burmeister, 1839)

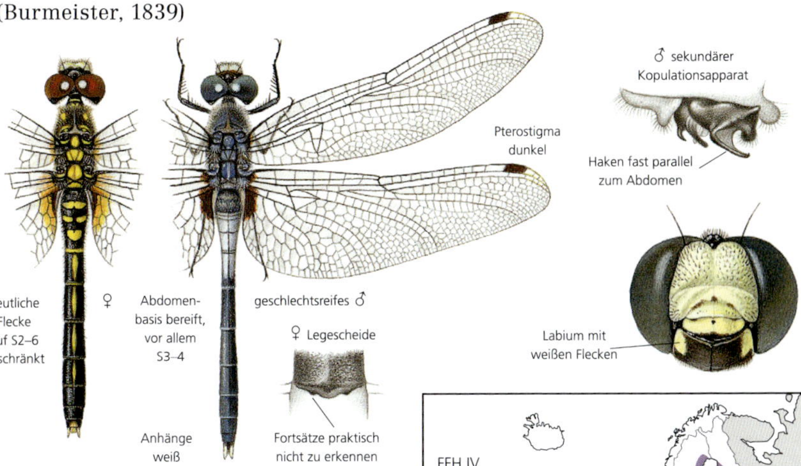

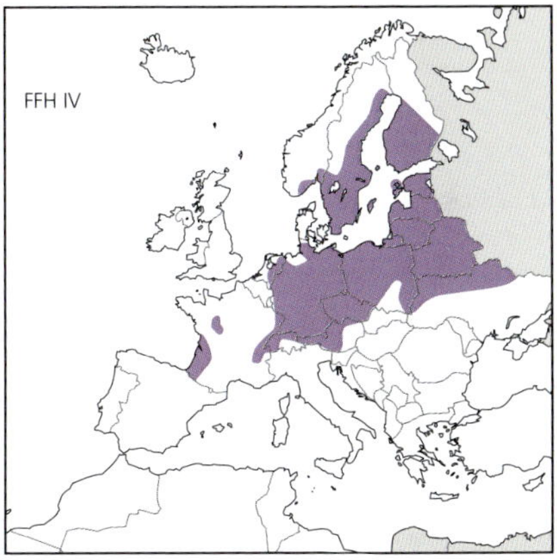

Bestimmung

Allgemein ♂♂ dieser dunkelsten und mattesten *Leucorrhinia*-Art haben eine graue Gesamterscheinung und das Labium beider Geschlechter zeigt diagnostische weiße Flecke.

Merkmale im Feld GL 33–39 mm, Ab 22–27 mm, HF 23–28 mm. Mittelgroße *Leucorrhinia*, unterscheidet sich bis auf *L. caudalis* wie folgt von Gattungsverwandten: (1) weitgehend dunkel, ohne rötliche Flecke; (2) Abdominalflecke der ♀♀ und junger ♂♂ klein, auf S2–6 beschränkt, auf S7 höchstens Spuren; (3) Anhänge bei beiden Geschlechtern weiß; (4) geschlechtsreife ♂♂ vollständig dunkel mit blaugrauer Bereifung, v. a. an Ab-Basis und Flügelgelenken. Deutliche Bereifung meist auf S3–4 beschränkt, heller Ring an Ab-Basis daher schmaler und diffuser als bei *L. caudalis*. I. Ggs. zu dieser durch nicht keulig verdicktes Ab kleiner und schlanker wirkend; Pt bei beiden Geschlechtern schwarzbraun.

Merkmale in der Hand Labium lateral weiß, bei anderen *Leucorrhinia* jedoch komplett schwarz. Haken des ♂ Hamulus fast parallel zum Abdomen gestellt. ♀ Legescheide mit 2 sehr kurzen, fast unsichtbaren Fortsätzen. ♀♀ am einfachsten anhand des Labiums zu bestimmen.

Varianten Bei dunklen ♀♀ Flecke nur auf S2–3 sichtbar. ♀♀ dunkler HF-Basalfleck von diffusem, oft recht ausgedehntem, gelbem Bereich umgeben. Frisch geschlüpfte ♀♀ können am Ab-Ende keulenförmig sein, dann von *L. caudalis* nur durch sorgfältigen Vergleich der Gelbzeichnung auf S3 zu unterscheiden: bei *L. albifrons* hat dieses Segment einen basalen Ring sowie zwei zentrale, quer und nebeneinander liegende Flecke; bei *L. caudalis* gibt es nur einen größeren zentralen Fleck, der längs ausgerichtet und mittig eingeschnürt ist.

Verhalten ♂♂ beziehen oft wasserseitig in der höheren Ufervegetation Reviere und zeigen im Gegensatz zu *L. caudalis* keine diesbezügliche Präferenz für Schwimmblattvegetation.

Vorkommen

Verbreitung/Status Verbreitungsschwerpunkt im Gebiet im fennoskand.-balt. Raum, regional zu Massenvermehrungen neigend. In Mitteleuropa generell selten, wenn auch lokal in hohen Abundanzen.

Habitat Weites Spektrum oligo- bis mesotropher, oft saurer Kleinseen mit gut entwickelter Unterwasser- oder Schwimmblattvegetation sowie dystrophe Seen und Weiher in Hoch- oder Übergangsmooren oder Kesselmoore mit Schwingrasengürtel.

Flugzeit Ende Mai (Ende April im Süden)–Mitte August, mit Höhepunkt im Juni.

Leucorrhinia caudalis — Zierliche Moosjungfer

(Charpentier, 1840)

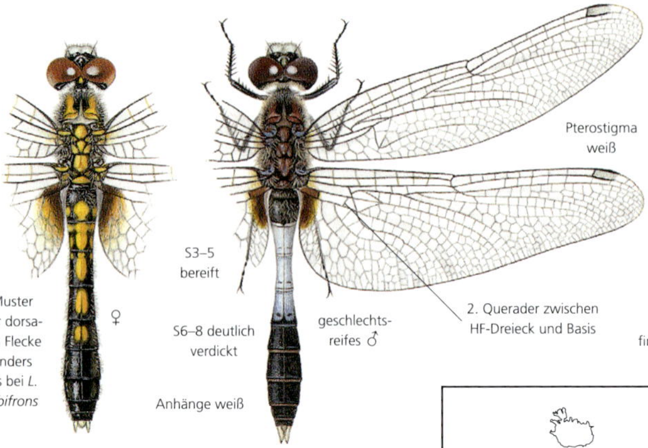

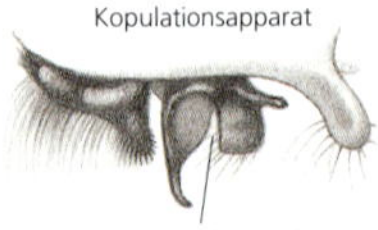

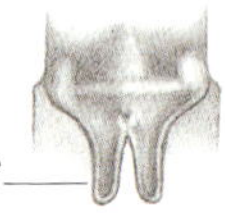

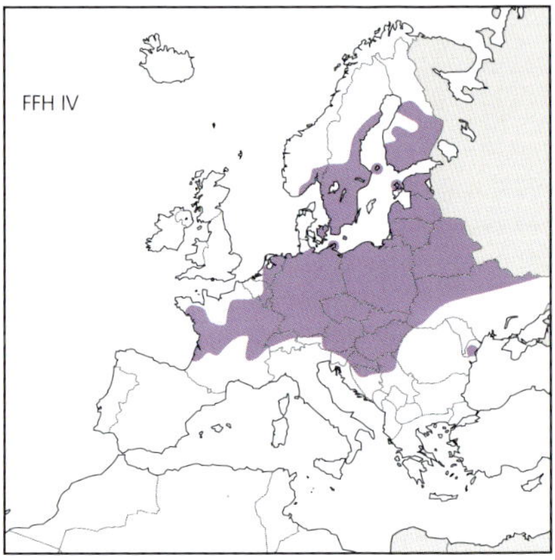

Bestimmung

Allgemein Große, kräftige Art mit keulig verdicktem Abdomen, deren kontrastreich gefärbte ♂♂ oft auf Schwimmblattpflanzen sitzen und aufgrund weißlicher Zeichnung von Gesicht, Taille, Anhängen und Pterostigmata meist schon aus einiger Entfernung gut zu bestimmen sind.

Merkmale im Feld GL 33–37 mm, Ab 23–25 mm, HF 29–32 mm. Fast so groß wie *L. pectoralis*, jedoch etwas kürzer, gedrungener und breitflügeliger wirkend. Im Unterschied zu *L. albifrons*: (1) S6–8 verdickt und Abdomen deutlich keulenförmig (aber s. Varianten bei *L. albifrons*); (2) Abdominalzeichnung (♀♀ und junge ♂♂) ausgedehnter und S3–4 mit dorsalen, oft miteinander verbundenen Flecken sowie kleinen, separaten, lateralen Flecken; (3) Oberseite der Pterostigmata bei ♂♂ weißlich (dunkelbraun bei ♀♀, jungen ♂♂ und anderen Arten); (4) Bereifung des ♂ intensiver und satter weiß, auf S3–5 deutlich.

Merkmale in der Hand I. Ggs. zu anderen *Leucorrhinia* HF meist mit 2 (nicht 1) Queradern zw. Flügelbasis und -dreieck. Labium ist – anders als bei *L. albifrons* – vollständig dunkel. Haken und Lobus des ♂ Hamulus ziemlich groß und dicht beieinander. ♀ Legescheide läuft in 2 fingerartige, fast parallele Fortsätze aus, die etwa ⅓ so lang wie S9 sind.

Varianten Flügelbasen des ♀ oft diffus gelb.

Verhalten ♂♂ verteidigen im typisch tänzelnden Patrouillienflug Reviere, sitzen gerne auf Schwimmblattpflanzen *(Nuphar, Nymphaea, Potamogeton)* und präsentieren mit angehobenen Flügeln und exponiertem Abdomen ihre weißen Anhänge und Pterostigmata.

Vorkommen

Verbreitung/Status In Mittel- und W-Europa generell lokal und Abundanzen oft gering. Im nördl. Mitteleuropa in jüngster Zeit jedoch weiträumig positiver Bestandstrend mit regionalen Ausbreitungstendenzen. Östlichste Vorkommen jenseits des Jenissei an der Angara in der zentralsibirischen Baikalregion.

Habitat Mesotrophe, oft grundwasserbeeinflusste Gewässer in fortgeschrittenen Sukzessionsstadien mit üppiger submerser Vegetation, wie Altwasser in Flussauen oder ehemalige Fischteiche. Larven auffallend bedornt und Fische für Larvengewässer obligat.

Flugzeit Mitte Mai–Anfang August, mit Höhepunkt im Juni.

Sympetrum Newman, 1833 Heidelibellen

▲ *Sympetrum sinaiticum* ♂.

Bestimmung

Beschreibung Recht kleine Libelluliden, deren ♂♂, mit Ausnahme einer schwarzen Art, ein überwiegend rotes Abdomen aufweisen. Ausdehnung dunkler Zeichnungelemente sehr variabel, doch gewöhnlich mind. ansatzweise auf Thoraxnähten, Beinen und Abdomen vorhanden. Hinterflügelbasis transparent, gelb oder bernsteinfarben gezeichnet. Vorderflügel mit charakteristischer Aderung: 6½–8½ Antenodalqueradern; Discoidalfeld zum Flügelrand hin verjüngt und basal aus 3 Zellreihen; Flügeldreieck und Subtriangel 2- bzw. 3-zellig; zwischen IR_3 und Rspl eine einzige Zellreihe.

Unterscheidung von anderen Gattungen Über weite Teile des Gebiets die einzigen kleineren Libelluliden ohne dunklen Hinterflügelfleck sowie oft mit rotem Abdomen.

Crocothemis zeigt im Vorderflügel 8½–10½ Ax, ein sich verbreiterndes Discoidalfeld, Beine ohne Schwarz und ein breiteres Abdomen (nur einige *Sympetrum*, die in der Türkei, S-Frankreich und Spanien auftreten, praktisch ohne Schwarz auf Beinen).

Rote *Trithemis*-Arten haben 9½–12½ Ax, Zellverdoppelungen zw. IR_3 und Rspl und geschlechtsreife ♂♂ deutlich lebhafter gefärbt.

Brachythemis mit ähnlicher Aderung, doch Abdomen gedrungen und zylindrisch, Vorderflügel-Dreieck und -Subtriangel ohne Queradern.

Unterscheidung der Arten Artenreiche Gattung mit zahlreichen häufigen Arten. Die größte Herausforderung ist es, die immer häufiger werdende, aber trügerisch variable *S. meridionale* unter den zahlreichen *S. striolatum* und *S. vulgatum* herauszufinden.

Verhalten Fast alle Heidelibellen-Arten zeigen ein recht ähnliches Verhalten. ♂♂ sitzen oft auf exponierten Warten am Gewässerrand und unternehmen von dort kurze Flüge, um Rivalen zu verjagen oder Beute zu fangen. Dabei verteidigen sie kein klar definiertes Revier, sondern meist nur den unmittelbaren Raum um die Sitzwarte. Die Eiablage beginnt immer im Tandem, in Flugweise und Wahl des Eiablageplatzes gibt es jedoch artspezifische Unterschiede.

K.-D. B. Dijkstra

Tabellarischer Schlüssel zu den Arten (Artgruppen). Falls Aussage zutrifft, vergleiche die angegebenen Arten. Bei Nichtzutreffen weiter zur nächsten Zeile.

1	Flügel mit braunen Binden zwischen Pterostigmata und Nodi.	*pedemontanum*
2	Tibien und gewöhnlich Femora vollständig schwarz, ohne gelbe Striche.	*danae, depressiusculum* *sanguineum*
3	HF an Basis mit auffälligem gelbem Fleck. Legescheide mittig tief eingeschnitten (Ansicht von unten).	*flaveolum* *fonscolombii*
4	Kopfrückseite komplett hell, ohne dunkle Striche. Nur Türkei.	*haritonovi* *vulgatum* (Türkei)
5	Schwarze Färbung auf Thoraxnähten fast fehlend und nur diffus. Beine mit nur wenig Schwarz auf Innenseiten statt schwarz mit hellen Streifen.	*meridionale* (typische) *sinaiticum* *vulgatum* (Spanien)
6	Schwarze Färbung zw. Frons und Vertex zieht sich an Augenrändern herunter. Legescheide rechtwinklig vom Ab abstehend.	*vulgatum* (typische)
7	Schwarze Färbung zw. Frons und Vertex zieht sich nicht seitlich Frons herunter. Legescheide stärker gegen Abdomen gedrückt.	*striolatum* (einschl. *nigrescens* & *nigrifemur*)

Tabellarischer Schlüssel zu *S. meridionale*, *S. striolatum* (*s.*) und *S. vulgatum* (*v.*) sowie ähnlicher Taxa.
Hell: fast kein Schwarz auf Thoraxnähten; Beine mit nur wenig Schwarz auf Innenseiten.
Dunkel: klare schwarze Thoraxlinien vorhanden; schwarze Beine mit hellen Streifen.
Sehr hell: insgesamt kontrastarm und hell, Kopfrückseite und Beine fast ungezeichnet.
Sehr dunkel: dunkel, mit schwarzen, teils zusammenfließenden Thoraxstreifen; Femora weitgehend schwarz.
HHk: Hamulus-Haken lang (+) oder kurz (–). Lgs: Legescheide (stark) abstehend ((+)+) oder angedrückt (–).

Bestimmungsmerkmale	Verbreitung	Farbe	HHk	Lgs	
	Türkei	sehr hell	–	++	*v. decoloratum*
sehr klein (GL <33 mm)			–	+	*haritonovi*
	Spanien		–	++	*v. ibericum*
Augen-US braun bis leicht bläulich, nicht grünlich. S2–3 lateral mit dunklen Streifen. ♂ unterer Anhang reicht deutlich über ventralen Knick der oberen Anhänge hinaus. Hamulus-Haken in Seitenansicht norm. hinter Lobus verborgen.	Spanien, N-Afrika	hell	–	+	*sinaiticum*
Hamulus-Haken besonders groß. ♀ paarige Fortsätze auf US von S9 fehlend.	im S weit verbreitet		+	–	*meridionale* (typische)
			+	+	*s. striolatum*
Schwarz zw. Frons und Vertex zieht sich seitlich Frons herunter.	weit verbreitet	dunkel	–	++	*v. vulgatum*
	N-Atlantik		+	+	(*s.*) *nigrescens*
groß (GL oft < 44 mm)	Kanaren, Madeira	sehr dunkel	+	+	(*s.*) *nigrifemur*

Sympetrum, Genitalien von ♂ und ♀

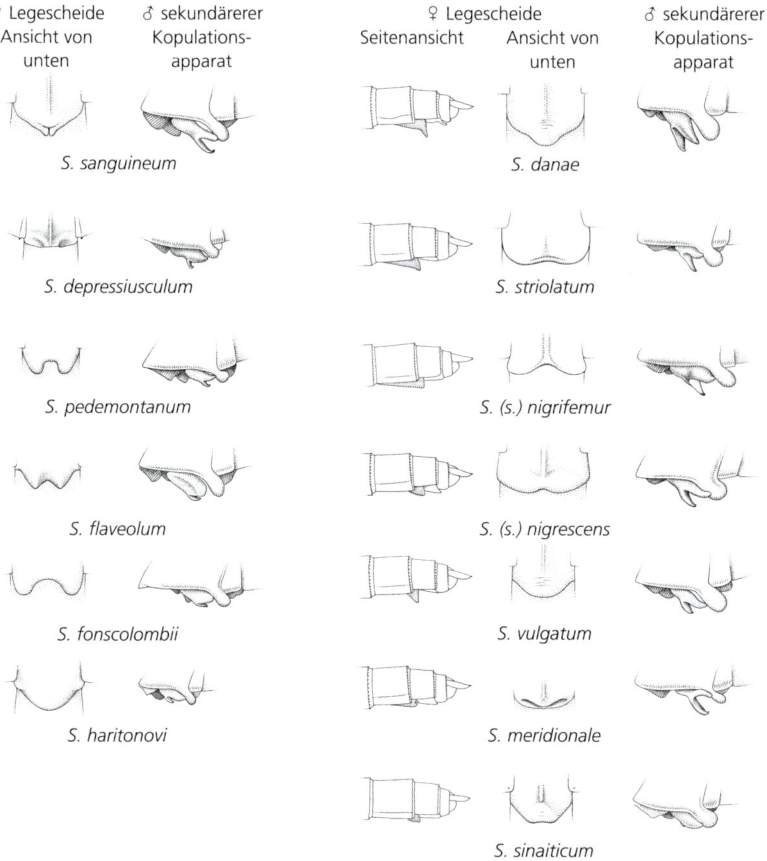

Köpfe von _Sympetrum_ mit unterschiedlicher Schwarzfärbung der Frons

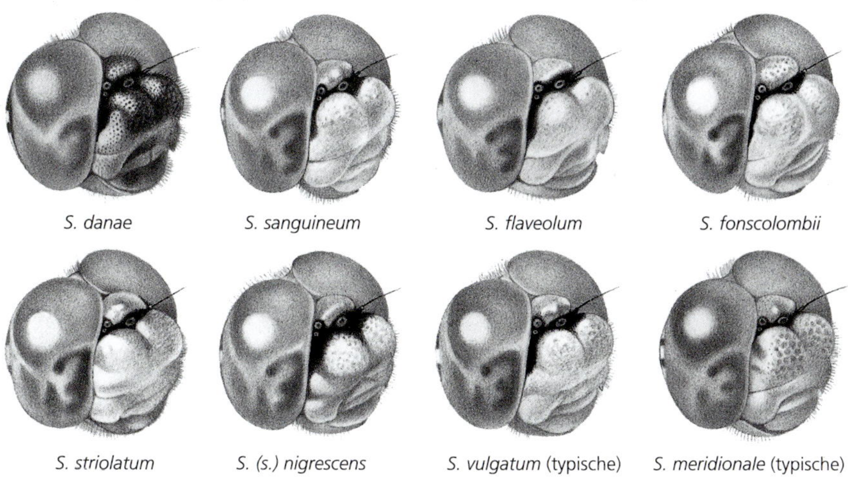

Sympetrum danae (Sulzer, 1776) Schwarze Heidelibelle

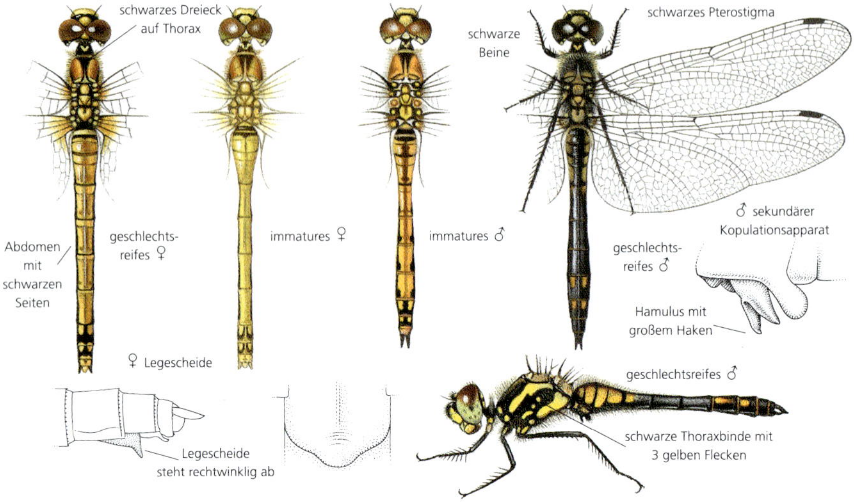

Bestimmung

Allgemein Die kleinen, komplett schwarzen ♂♂ dieser Art sind v. a. in moorreichen Regionen des Gebiets ein charakteristischer Anblick. Weitere schwarze oder ähnlich dunkle Libelluliden kommen nur südlich ihres Verbreitungsgebiets vor.

Merkmale im Feld GL 29–34 mm, Ab 18–26 mm, HF 20–30 mm. Schwärzeste Art der Gattung und im größten Teil des Gebiets auch kleinste *Sympetrum*-Art. Geschlechtsreife ♂♂ werden nicht rötlich, sondern komplett schwarz (auch Pt). ♀♀ und immature ♂♂ mit ganz schwarzen Beinen, breiten schwarzen Seitenbinden über gesamte Ab-Länge, 3-eckig schwarz eingefaßtem mediodorsalem Kiel und schwarzen Thoraxseitenbinden mit jeweils 3 gelben Flecken. Letztere Zeichnungen können bei *Leucorrhinia dubia* und dunklen *S. (striolatum) nigrescens* ähnlich sein. Erstere jedoch mit schwarzem Fleck an HF-Basis, Letztere ist deutlich größer und ohne breit schwarz gezeichnete Ab-Seiten.

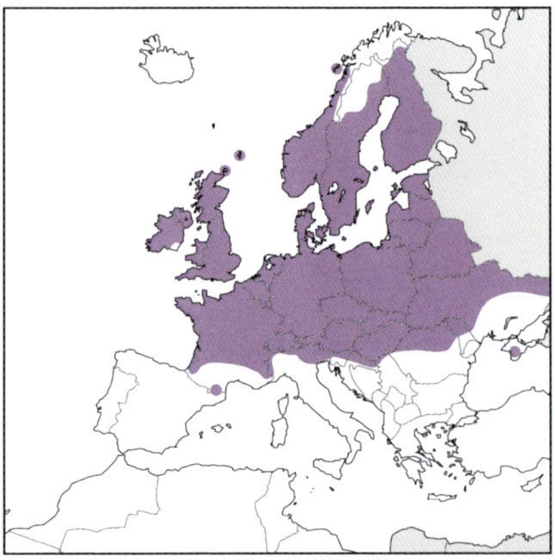

Merkmale in der Hand Haken des Hamulus sehr groß. Legescheide ähnlich wie bei *S. vulgatum* rechtwinkling vom Abdomen abstehend.

Varianten Verschiedene Färbungsstadien der ♂♂ im Laufe ihrer Reifung.

Verhalten Eiablage an Wasserlinie, vzw. auf nassem Moos, Pflanzenresten, Uferschlamm.

Vorkommen

Verbreitung/Status Zirkumboreal verbreitete Art. Allgemein häufig, an vielen sauren Gewässern sogar sehr häufig. Nach S hin stärker lokal und auf höhere Lagen beschränkt (Pyrenäen, Alpen). Neigt zu Wanderungen und kann Züge anderer *Sympetrum*-Arten begleiten.

Habitat In Mitteleuropa typw. flache, fischfreie, oligo- bis mesotrophe, saure Gewässer am Rand von Hoch- und Übergangsmooren; in gestörten Mooren oder überstauten Moor-Regenerationsflächen oft sehr zahlreich. Daneben auch in Gebirgsseen, verwachsenen Fließgewässern oder verschilften Weihern.

Flugzeit Mitte Juni–Anfang November, mit Höhepunkt im August.

Sympetrum pedemontanum Gebänderte Heidelibelle

(Müller in Allioni, 1766)

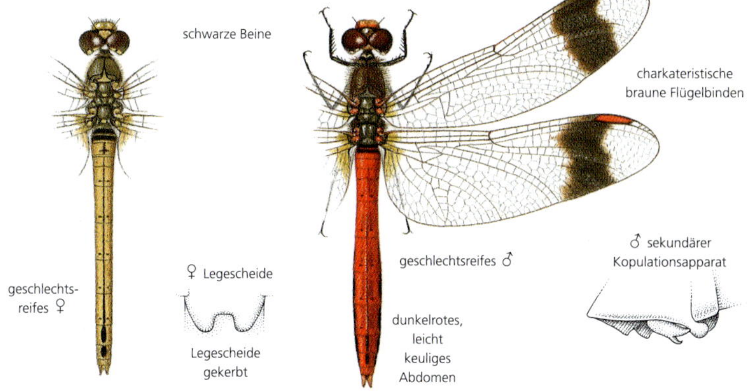

Bestimmung

Allgemein Attraktive, unverwechselbare, kleine Heidelibelle mit auffällig gebänderten Flügeln, deren komplexe Populationsdynamik und ökologischen Ansprüche aufgrund starker regionaler Abweichungen im Gebiet noch weitgehend unklar sind.

Merkmale im Feld GL 28–35 mm, Ab 18–24 mm, HF 21–28 mm. Gehört zu kleinsten *Sympetrum*-Arten und ist anhand der braunen Flügelbinden in Kombination mit kontrastierenden, großen, cremeweißen (♀♀, Immature) bis roten (geschlechtsreife ♂♂) Pterostigmata leicht zu erkennen. Abgesehen von den Flügelbinden größte Ähnlichkeit mit *S. sanguineum*: Beine komplett schwarz, Thorax gleichmäßig braun, ♂ Abdomen einheitlich dunkelrot, verbreitert und etwas keulenförmig. *Brachythemis impartita* als einzige andere *Sympetrum*-ähnliche Art mit Flügelbinden ist dunkel gefärbt und auf den südl. Mittelmeeraum beschränkt.

Merkmale in der Hand ♀ Legescheide mit kleinem Einschnitt.

Varianten Flügelbinden zwar schon kurz nach dem Schlupf sichtbar, Breite und Intensität jedoch individuell und altersbedingt variierend.

Verhalten Fliegt charakteristisch schmetterlingshaft flatterndernd und eher langsam meist dicht über die Vegetation, darin *S. depressiusculum* nicht unähnlich.

Vorkommen

Verbreitung/Status Grundsätzlich lokal, an geeigneten Fortpflanzungshabitaten oft jedoch in hohen Abundanzen. Wanderfreudige, transpaläarktisch bis nach Japan verbreitete Art, die nach O hin deutlich häufiger wird.

Habitat Habitatpräferenzen im Gebiet heterogen und regional sehr unterschiedlich. Am Westrand des Areals und in Deutschland typw. an geraden Wiesen- und Meliorationsgräben mit z. T. hoher Fließgeschwindigkeit, daneben und andernorts auch in flachen Kiesgrubenteichen, Überschwemmungszonen oder Reisfeldern. Viele Habitate befinden sich in frühen Sukzessionsstadien und weisen Wasserstandsschwankungen auf.

Flugzeit Hochsommerart, schlüpft regional ab Ende Juni, v. a. aber von Mitte Juli an. Regelmäßig bis Mitte Oktober anzutreffen, Höhepunkt August–Anfang September.

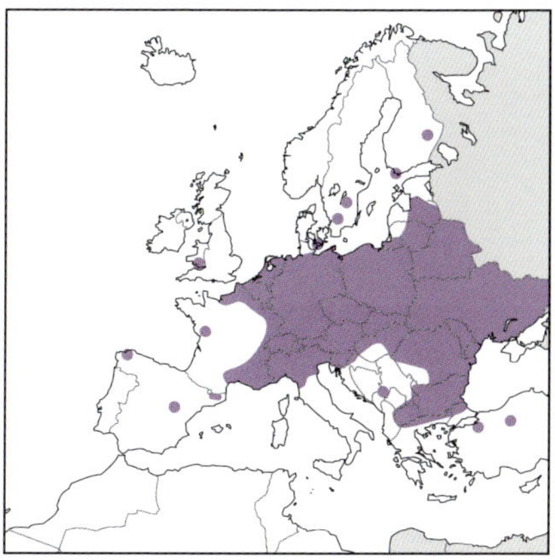

Sympetrum sanguineum (Müller, 1764) Blutrote Heidelibelle

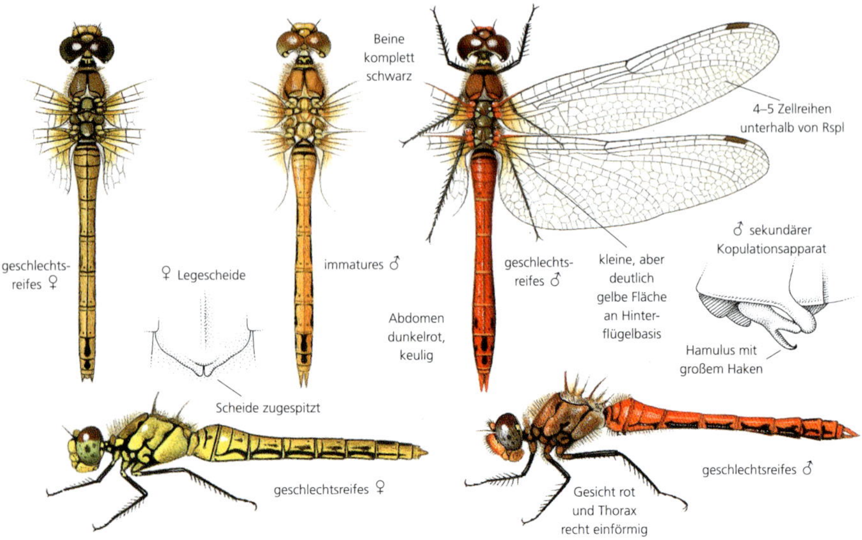

Bestimmung

Allgemein Häufiges, im Gebiet weit verbreitetes *Sympetrum*, dessen ♂♂ anhand der komplett schwarzen Beine und des etwas keuligen, blutroten Abdomens leicht zu bestimmen sind.

Merkmale im Feld GL 34–39 mm, Ab 20–26 mm, HF 23–31 mm. Im Durchschnitt kleiner als *S. striolatum* und fast überall die häufigste schwarzbeinige *Sympetrum*-Art. ♂ Abdomen dunkler rot und stärker keulenförmig als bei anderen Gattungsverwandten. Zur Unterscheidung vom generell lokalen *S. depressiusculum* siehe diese Art. HF-Basis mit kleinem, aber auffälligem, gelbem Fleck und geschlechtsreifes ♂ mit leuchtend rotem Gesicht und recht einförmig gefärbtem Thorax.

Merkmale in der Hand Haken des Hamulus groß. ♀ Legescheide zugespitzt und im Gegensatz zu den meisten *Sympetrum*-Arten (auch *S. depressiusculum*) ohne paarige Fortsätze auf Unterseite von ♀ S9 (direkt hinter Legescheide).

Varianten Vor allem ♀♀ der SW-Türkei oft mit intensiver gelb gefärbten Flügeln, besonders rund um die Nodi. Solche Individuen erinnern an *S. flaveolum*, haben aber immer ganz schwarze Beine. Weiter nach Osten können viele Individuen auffallend gelb gestreifte Femora (aber nicht Tibien) aufweisen.

Verhalten Hüpfend-tanzender, gaukelnder Flugstil. Eiablage meist auf nassem Uferschlamm.

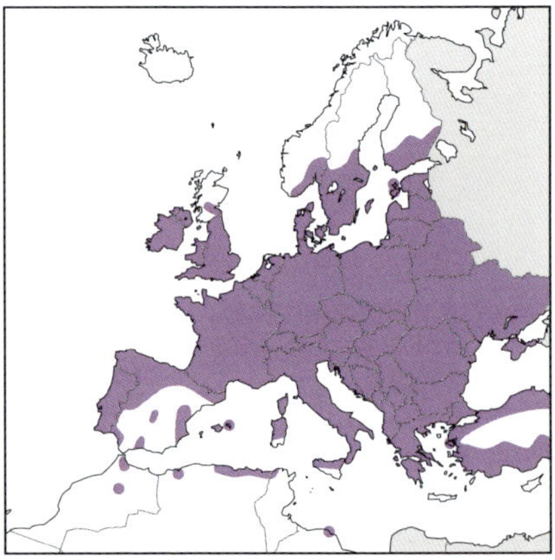

Vorkommen

Verbreitung/Status Über weite Teile Europas eine der häufigsten Libellen. Nach O über Zentralasien bis in die Baikalregion. Regelmäßig Wanderzüge von *S. flaveolum* begleitend.

Habitat Breites Spektrum meso- bis eutropher Gewässer mit üppiger Verlandungsvegetation. Bevorzugt permanente Gewässer, diese jedoch oft mit ausgeprägten Wasserstandsschwankungen.

Flugzeit In Türkei und N-Afrika bereits im April/Mai zu beobachten, in N-Europa ab Anfang Juni. Höhepunkt im August, oft bis weit in den Nov. zu beobachten.

Sympetrum depressiusculum (Selys, 1841) Sumpf-Heidelibelle

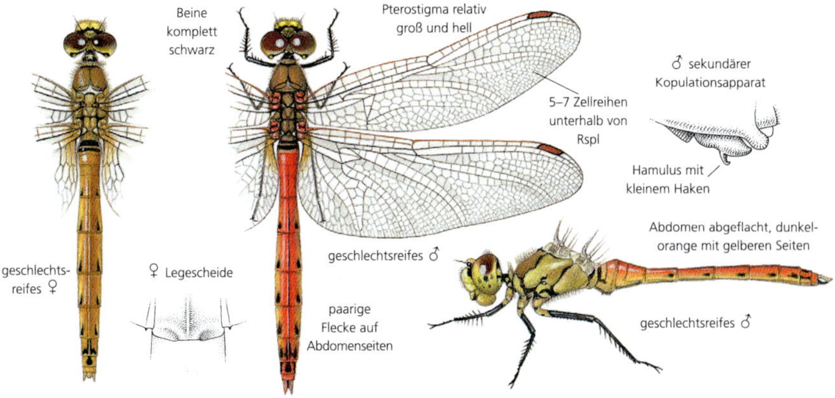

Bestimmung

Allgemein ♂♂ dieser Art zeichnen sich durch ein orangegelbes, leicht abgeflachtes Abdomen mit 2 Reihen auffälliger, schwarzer, tropfenförmiger Flecke aus. Im Gebiet generell sehr lokal, in geeigneten Habitaten aber oft sehr zahlreich.

Merkmale im Feld GL 29–34 mm, Ab 20–24 mm, HF 24–28 mm. Im Gegensatz zum ebenfalls schwarzbeinigen *S. sanguineum* mit folgenden Merkmalen: (1) ♂ Abdomen dunkelorange mit gelblichen Seiten sowie flacher und weniger deutlich keulenförmig; (2) Abdomen auf beiden Seiten mit einer Reihe dorso-lateraler, schwarzer, tropfenförmiger oder länglich 3-eckiger Flecke, akzentuiert auf S4–7; (3) dorsale schwarze Zeichnung auf S8–9 weniger deutlich und teils diffus mit dorso-lateralen Flecken zusammenfließend; (4) Pterostigma größer und heller.

Merkmale in der Hand Diagnostisch relativ zu *S. sanguineum*: (1) Aderung dichter, Flügel mit 5–7 Zellreihen zw. Rspl und Hinterrand, nicht nur 4–5; (2) Haken des Hamulus kleiner; (3) ♀ mit paarigen Fortsätzen auf Unterseite von S9; (4) Occipitaldreieck mit dünnen, leicht abbrechenden, paarigen Fortsätzen; dieses Merkmal ist unter den *Sympetrum*-Arten des Gebiets einzigartig.

Verhalten Ähnlich *S. pedemontanum* mit schmetterlingshaft flatterndem, langsamem und etwas unbeholfen wirkendem Flug. Bildet regional riesige Schlafgemeinschaften.

Vorkommen

Verbreitung/Status Sehr lokale, wenig mobile *Sympetrum*-Art. Nach O in einem schmalen Band über Zentralasien bis zum Pazifik verbreitet.

Habitat Habitatspezialist periodisch überschwemmter Lebensräume. Typw. in Überschwemmungssümpfen von Seen und Flussauen mit (prä-)nivalem Abflussregime (wintertrocken) oder in Sekundärhabitaten mit vergleichbarer Wasserstandsdynamik, wie Reisfeldern oder Fischteichen.

Flugzeit Spätsommerart. Schlupfbeginn meist nicht vor Juli. Flugzeithöhepunkt im August, regelmäßig bis in den Oktober zu beobachten.

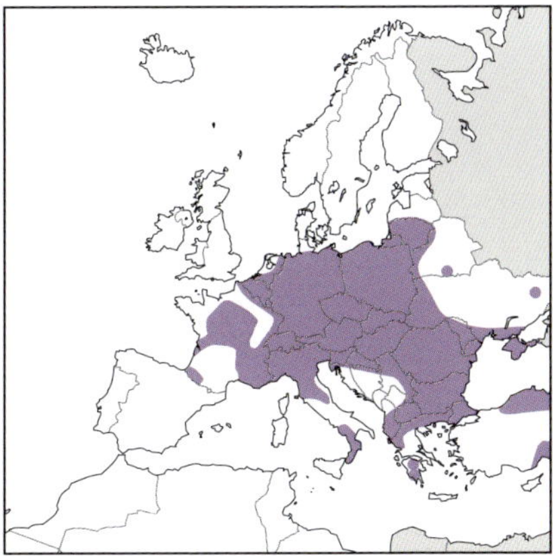

Sympetrum flaveolum
(Linnaeus, 1758)

Gefleckte Heidelibelle

Bestimmung

Allgemein Anhand der safrangelben Flügelbasen meist leicht zu bestimmende, sehr mobile und nomadische Art, die regional lange Zeit fehlen kann, in großen Zahlen plötzlich auftaucht, für ein paar Jahre bodenständig ist, um dann rasch wieder zu verschwinden.

Merkmale im Feld GL 32–37 mm, Ab 19–27 mm, HF 23–32 mm. So groß wie *S. sanguineum*. Beide Geschlechter leicht zu bestimmen anhand des HF, der bis jenseits des Flügeldreiecks, manchmal sogar bis zum Nodus, gelb ist. VF an der Basis meist ebenfalls gelb, ebenso die (VF-)Nodi der ♀♀. Abdomen der ♂♂ parallelseitig und nicht keulig, dunkelorange gefärbt und auffallend mit schwarzer Unterseite bzw. latero-ventraler Längszeichnung kontrastierend. ♀♀ Abdomen mit deutlichen, fast durchgehenden, schwarzen lateralen Längslinien. *S. fonscolombii* ebenfalls mit gelben Flügelbasen, jedoch mit hellerer Aderung und helleren Pterostigmata.

▲ *Sympetrum flaveolum,* geschlechtsreifes ♂ mit auffallend schwarzer Abdomenunterseite.

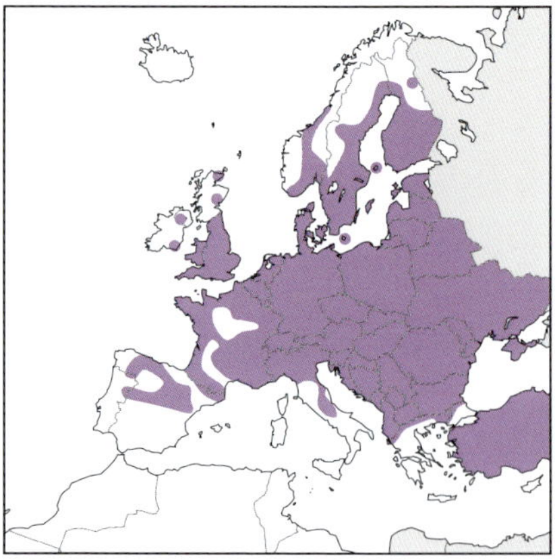

Merkmale in der Hand Haken des Hamulus klein. ♀ Legescheide angedrückt, mit 2 deutlichen Spitzen. Im Gegensatz zu *S. fonscolombii* anstelle paariger Fortsätze auf Unterseite von S9 unmittelbar hinter Legescheide 2 kleine Gruben.

Varianten ♀♀ recht häufig mit stark oder völlig reduzierter Gelbfärbung der Flügel.

Verhalten Flug eher langsamer und flatternd. Eiablage an trockeneren Stellen als andere *Sympetrum*, normalerweise auf feuchten Schlamm, an Stellen, die im Lauf des Herbstes überschwemmt werden.

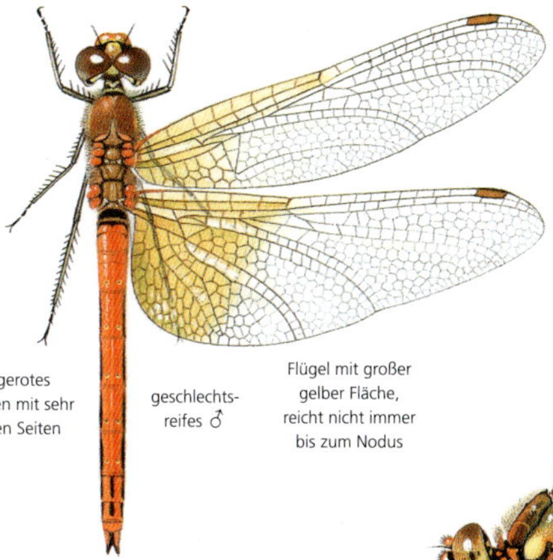

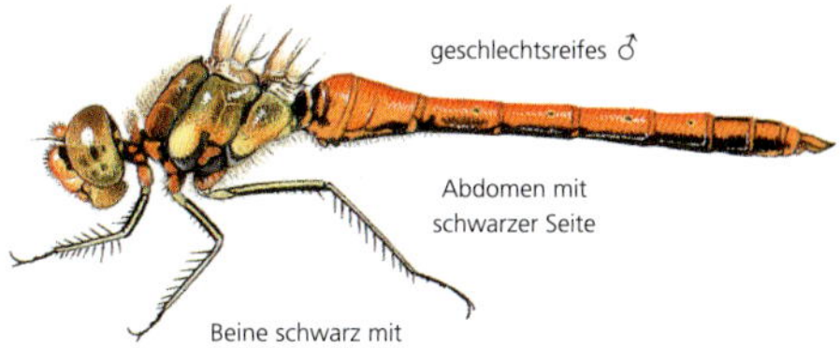

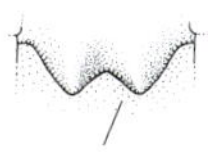

Vorkommen

Verbreitung/Status Von Japan über Sibirien und Zentralasien bis nach Europa verbreitet. Am Südrand des Areals lokaler und auf höhere Lagen beschränkt. V. a. im Westen des Gebiets Vorkommen unstet und mit wenig zeitlicher Kontinuität; v. a. nach Einflügen regional oft sehr zahlreich.

Habitat Bevorzugt lückig bewachsene, sich rasch erwärmende Flachgewässer mit ausgeprägten Wasserstandsschwankungen, wie periodisch überschwemmte Riede und Sumpfwiesen. Im NO oft auch an flachen Moorgewässern mit schwankendem Wasserstand, an Ostseebuchten oder versumpften Ufern träger Flüsse.

Flugzeit Ende Mai–Okt., Höhepunkt im August.

Bestimmung

Allgemein Die auffallend bunte Gesamterscheinung und das sehr flugaktive Verhalten der ♂♂ dieser Art deuten auf eine gewisse Ausnahmestellung innerhalb der Gattung hin; in der Tat stützen auch genetische und morphologische Befunde die Zweifel, ob *S. fonscolombii* ein *Sympetrum* ist. Beobachtungen von ausgefärbten roten Heidelibellen im Mai/Juni in Mittel- und Nordeuropa betreffen mit hoher Wahrscheinlichkeit Individuen der eingeflogenen Frühjahrsgeneration dieser wanderfreudigen Art.

Merkmale im Feld GL 33–40 mm, Ab 22–29 mm, HF 26–31 mm. Eine der größeren *Sympetrum*-Arten mit folgenden Merkmalen: (1) Hauptadern im Bereich der Flügelbasis gelb, bei geschlechtsreifen ♂♂ schließlich leuchtend; (2) HF-Basis mit auffälligem gelbem Fleck, dieser durchschnittlich größer als bei *S. sanguineum*, aber kleiner als bei *S. flaveolum*; (3) Augenunterseite grau-bläulich, nicht gelbgrünlich; (4) Pterostigmata relativ hell, von dicken, kontrastierenden, schwarzen Adern begrenzt; (5) Thoraxseiten geschlechtsreifer ♂ anterior der Interpleuralnaht mit auffallend hellem, weiß-bläulichem Streifen; (6) lebhaft rote Frons und Postclypeus des geschlechtsreifen ♂ mit auffallend kontrastierenden weißen Seiten. *Crocothemis* deutlich stämmiger und fast ohne Schwarz auf Frons und Vertex. *S. flaveolum* ♀ zeigt andere Augenfarbe und anders geformte Legescheide, ♀ von *S. sinaiticum* mit grau-bläulichen Augen, jedoch insgesamt deutlich matter gefärbt und mit lateralem schwarzem Längsmuster auf S2–3.

◀ *Sympetrum fonscolombii* ♀ mit grau-bläulicher Augenunterseite.

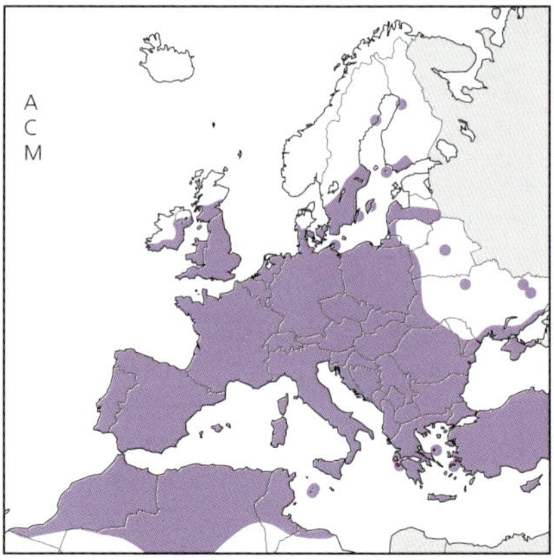

Merkmale in der Hand Haken des Hamulus sehr klein. Legescheide angedrückt, mit breit U-förmiger Kerbe.

Varianten Umfang des HF-Flecks variabel. Beine der Azoren-Population (ssp. *azorense*) schwarz.

Verhalten ♂♂ deutlich territorialer und flugaktiver als andere *Sympetrum*-Arten und im Verhalten ähnlich *Crocothemis erythraea* oder *Orthetrum cancellatum*. Eiablage ins freie Wasser.

Vorkommen

Verbreitung/Status Das für *Sympetrum* einzigartige Areal zieht sich von Japan über die warmen, ariden Teile Asiens bis Europa und umfasst ganz Afrika. Im Gebiet ganzjährig und häufig im südl. Mittelmeerraum, von wo die Art regelmäßig im

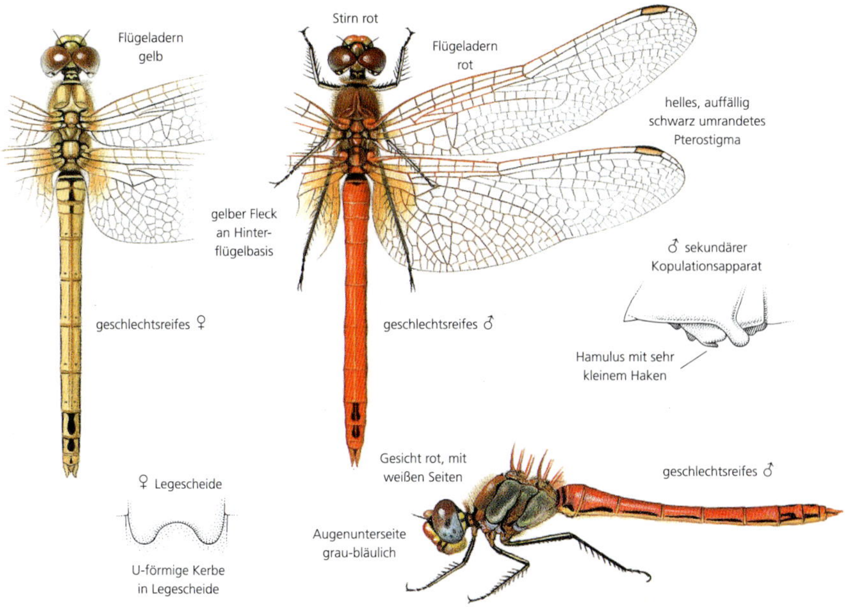

▶ *Sympetrum fonscolombii*, geschlechtsreifes ♂ mit diagnostischem weißlichem Streifen auf der Thoraxseite und weißer Stirnseite.

Frühsommer nach Mitteleuropa einwandert und eine Sommergeneration etabliert. Nördlich bis Finnland nachgewiesen.

Habitat Typw. temporäre und semitemporäre warme Flachgewässer arider und heißer Regionen. In Mitteleuropa eine Vielzahl (meist anthropogener) Gewässertypen, die ähnliche Bedingungen bieten, z. B. Teiche in Sand- und Kiesgruben, Überflutungstümpel der Flussauen, Küstenlagunen, aber auch in Betonzisternen oder Springbrunnen.

Flugzeit Für *Sympetrum* ungewöhnlich rascher Entwicklungszyklus ohne Ei-Diapause und mit 2 oder mehr Jahresgenerationen. Im südl. Mittelmeerraum ganzjährig anzutreffen, in Mitteleuropa v. a. Mai/Juni (einwandernde Frühsommergeneration) sowie ab Mitte August (2. Generation) – je nach Witterung – bis November.

Sympetrum striolatum Große Heidelibelle

(Charpentier, 1840)

Bestimmung

Allgemein Vermutlich das am weitesten verbreitete und zahlenmäßig häufigste *Sympetrum* des Gebiets. Leicht mit den ebenfalls weit verbreiteten *S. vulgatum* und *S. meridionale* zu verwechseln und am besten durch Ausschluss anderer Arten zu bestimmen.

Merkmale im Feld GL 35–44 mm, Ab 20–30 mm, HF 24–30 mm. Eine der größeren *Sympetrum*-Arten, deren ♂♂ ein fast parallelseitiges, kaum keuliges Abdomen aufweisen. Geschlechtsreife ♂♂ im Vergleich zu *S. vulgatum* mit stärker zylindrischem und eher orangerotem Abdomen sowie deutlicher ausgeprägten geblichen Thorax-Seitenstreifen. Folgende Merkmale sind außerdem bezeichnend: (1) Beine schwarz mit gelbem Strich entlang der gesamte Tibien- und Femurlänge (vgl. die ebenfalls häufigen *S. danae* und *S. sanguineum*); (2) Flügelbasis höchstens schmal gelb, selten so ausgedehnt wie bei *S. sanguineum*, geschweige denn *S. flaveolum*; (3) schwarze Zeichnung zw. Frons und Vertex nicht an Augenrändern herablaufend wie bei *S. vulgatum* (vgl. Tab. S. 282).

Merkmale in der Hand Haken des ♂ Hamulus länger und gerader als bei *S. vulgatum*. Legescheide ♀ in Seitenansicht durch geraden, ungewinkelten Unterrand weniger deutlich abstehend als bei *S. vulgatum*.

Varianten Siehe Text zu den nah verwandten, dunklen «Atlantischen» Heidelibellen *S. nigrescens* und *S. nigrifemur*.

▲ *Sympetrum striolatum*, geschlechtsreifes ♂.

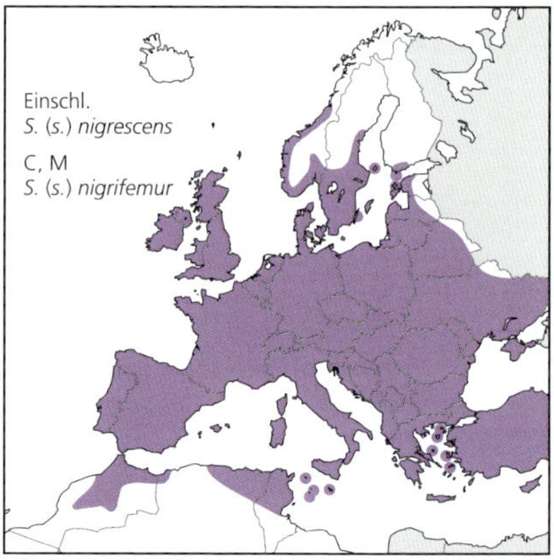

Verhalten Eiablage über offenem Wasser, oft an seichten Stellen mit lockerer Vegetation.

Vorkommen

Verbreitung/Status Über weite Teile des Gebiets häufig bis sehr häufig, nach NO hin aber relativ zu *S. vulgatum* seltener werdend. Wanderfreudige Art, die riesige Schwärme bilden kann und mit 3 nah verwandten Taxa über Zentralasien und China bis Japan verbreitet ist.

Habitat Sehr breites Habitatspektrum. Typw. an flachen und vegetationsarmen, stehenden

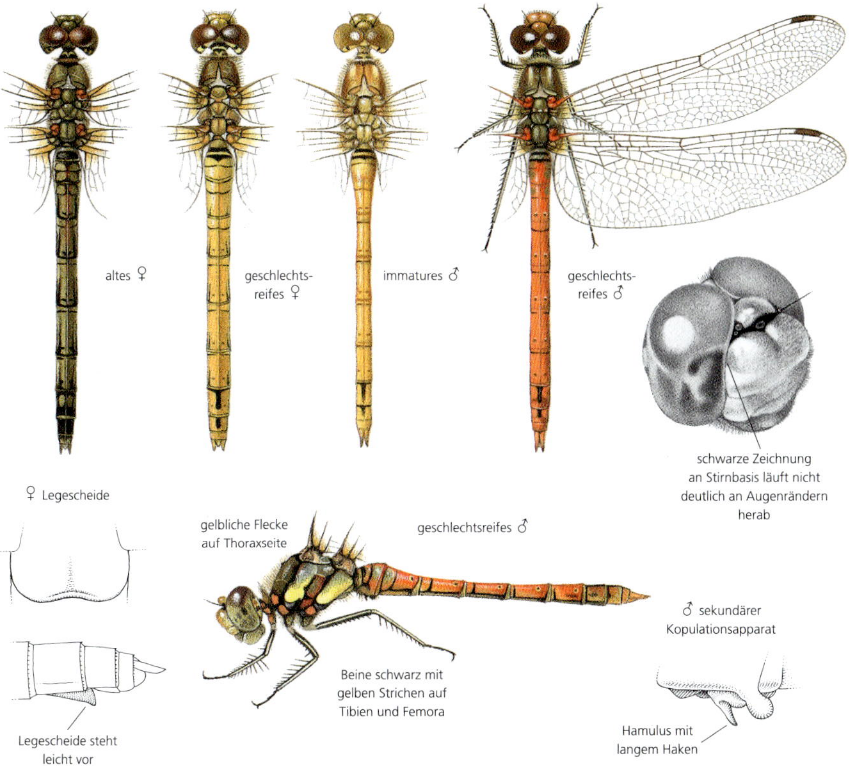

◀ *Sympetrum striolatum* ♀. Man beachte die gelb gestreiften Tibien und die leicht abstehende Legescheide.

Gewässern früher Sukzessionsstadien, aber auch an dichter bewachsenen Weihern und Teichen sowie langsamen Fließgewässern oder Brackwasserlagunen.

Flugzeit Im Mittelmeerraum ganzjährig. In Mitteleuropa Juni–November, regelm. bis Dezember. Schlüpft in Mitteleuropa regelm. noch im Spätsommer und Herbst, was 2. Generation vermuten lässt.

«Atlantische» Heidelibellen

Allgemein An der Atlantikküste kommen 2 dunkle Formen aus dem Umfeld von *S. striolatum* vor, die oft als Arten oder Unterarten behandelt werden: *S. nigrescens* kommt in Teilen Irlands, Großbritanniens und Fennoskandiens vor, *S. nigrifemur* auf den Makaronesischen Inseln. Genetische Untersuchungen weisen darauf hin, dass es sich zumindest bei *S. nigrescens* um eine melanistische Form von *S. striolatum* handelt, die sich im kühlen atlantischen Klima ausgebildet hat. Von *S. nigrifemur* gibt es keine solchen Untersuchungen, aber seine geografische Isolation, seine bedeutendere Größe und feinen, aber konstanten Unterschiede im ♂ sekundären Kopulationsapparat könnten eine taxonomische Berücksichtigung rechtfertigen. Weil ihr genauer taxonomischer Status noch unklar ist, wird den «Atlantischen» Heidelibellen im Folgenden eine Zwischenstellung gegeben, wobei ihre enge Verwandtschaft mit *S. striolatum* dadurch zum Ausdruck gebracht wird, dass deren Name, in Klammern gesetzt, mit aufgeführt wird.

Sympetrum (striolatum) nigrifemur «Madeira-Heidelibelle»
(Selys, 1884)

Bestimmung

Merkmale im Feld GL 43–48 mm, Ab 26–30 mm, HF 29–33 mm. Größtes *Sympetrum* des Gebiets. Entgegen wissenschaftl. Namen Femora nicht einheitlich schwarz, sondern meist mit dünnen, gelben bis roten Längsstreifen. Kommt gms. mit *S. fonscolombii* vor, dieses jedoch kleiner, zeigt deutlich gelbe Flügelbasen, grau-bläuliche Augen-US, hellere Pt und hell gefärbte Flügel-Hauptadern.
Merkmale in der Hand Unterschiede zu nominotyp. *S. striolatum*: Haken des ♂ Hamulus gerader und mit schmalerer Basis, Haken und Lobus etwas weiter auseinanderstehend. Lobus vergleichsweise massig und ähnlich groß (statt deutlich kleiner) wie ziemlich schlanker Genitallobus. Legescheide ♀ in Seitenansicht kräftiger, stumpfer, stärker angedrückt.

Vorkommen

Verbreitung/Status Ersetzt *S. striolatum* auf den Makaronesischen Inseln der Archipele Kanaren, Madeira und Ilhas Selvagens, bisher sichere Reproduktionsnachweise von Madeira, Teneriffa, La Gomera, La Palma und Gran Canaria.
Habitat Besiedelt fast alle Formen verfügbarer Gewässer, wie Resttümpel sommerlich trockengefallener Schluchtbäche (Barrancos), Stauseen, künstliche Wasserbecken zur landw. Bewässerung aller Art sowie Teiche in Sand- und Lehmgruben. Imagines oft auch abseits von Gewässern anzutreffen und auf den besiedelten Inseln praktisch überall in der offenen Landschaft zu erwarten.
Flugzeit Ganzjährig.

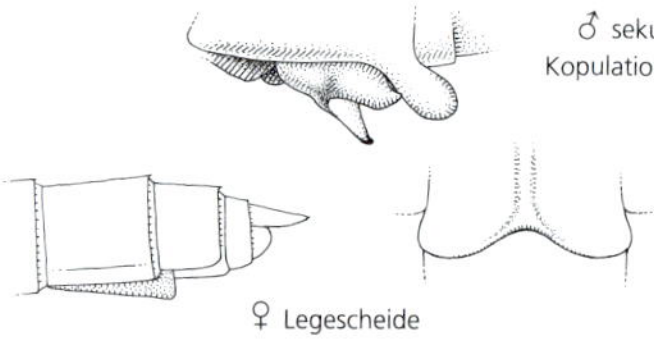
♂ sekundärer Kopulationsapparat
♀ Legescheide

◀ *Sympetrum (s.) nigrifemur* ♂ mit dunklen, jedoch nicht komplett schwarzen Beinen.

Sympetrum (striolatum) nigrescens «Küsten-Heidelibelle»
Lucas, 1912

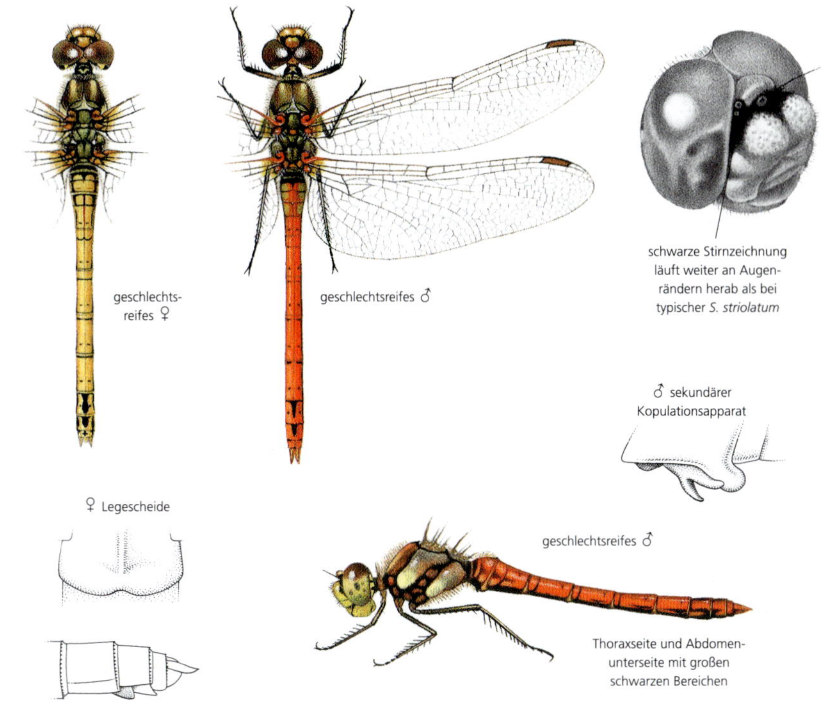

Bestimmung

Merkmale im Feld GL 33–38 mm, Ab 24–28 mm, HF 25–30 mm. Ähnelt typischem *S. striolatum*, Schwarzfärbung jedoch auf allen Körperteilen ausgedehnter: (1) schwarze Färbung zw. Vertex und Frons läuft an Augen herab, jedoch weniger stark als bei *S. vulgatum*; (2) Beine schwärzer und Femora manchmal fast völlig dunkel; (3) dunkler oder schwarzer Bereich der Thoraxseiten schließt 3 hellere Flecke ein; (4) laterale und ventrale Schwarzfärbung des Abdomens satter und dunkler. Merkmal 3 ist besonders markant, kann jedoch an ♀ oder immature *S. danae* erinnern. Das Verbreitungsgebiet von *S. danae* überlappt vollständig mit dem von *S. (s.) nigrescens*, weshalb Individuen dieser Form früher auch für *danae* × *striolatum*-Hybriden gehalten wurden. *S. danae* lässt sich aufgrund der geringen Größe, völlig schwarzer Beine und Abdomenseiten jedoch rasch ausschließen.

Merkmale in der Hand Unterschiede zu nominotypischem *S. striolatum*: Haken des Hamulus stärker gebogen und Haken und Lobus etwas weiter auseinanderstehend. Legescheide in Seitenansicht eckiger und stärker abstehend.

Varianten Kann stark typischen *S. striolatum* angenähert sein.

Vorkommen

Verbreitung/Status Atlantikküste Irlands, Schottlands und Norwegens sowie auf Isle of Man. *S. striolatum*-Pop. auf Åland-Inseln und Hanko-Halbinsel in S-Finnland stimmen morphologisch ebenfalls mit *S. (s.) nigrescens* überein. In Norwegen und Großbritannien (aber nicht in Irland) offenbar durch eine Zone von typischem *S. striolatum* getrennt, in der es nur wenige Nachweise beider Taxa gibt.

Habitat Stehende Gewässer aller Art; finnische Populationen v. a. an flachen Ostseebuchten.

Flugzeit Juni–September.

Sympetrum vulgatum Gemeine Heidelibelle

(Linnaeus, 1758)

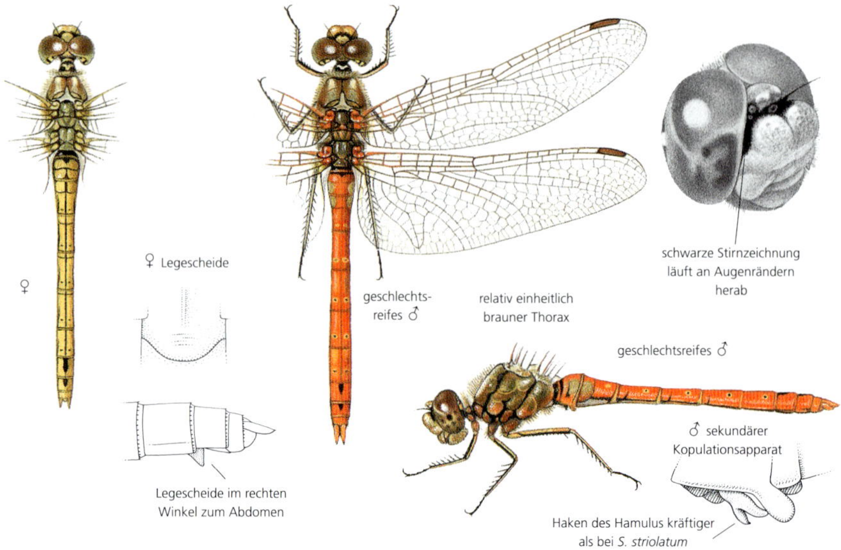

Bestimmung

Allgemein Leicht mit *S. striolatum* zu verwechseln, beide Geschlechter lassen sich jedoch anhand der schwarzen Zeichnung zw. Frons und Vertex, die sich seitlich deutlich die Frons entlang der Augen herunterzieht, leicht von diesem unterscheiden. Dieses Merkmal fehlt den hellen Unterarten in Spanien und in der Türkei. Die im Gebiet auf die Türkei beschränkte, sehr helle ssp. *decoloratum* weicht äußerlich stark ab und wird deshalb separat behandelt.

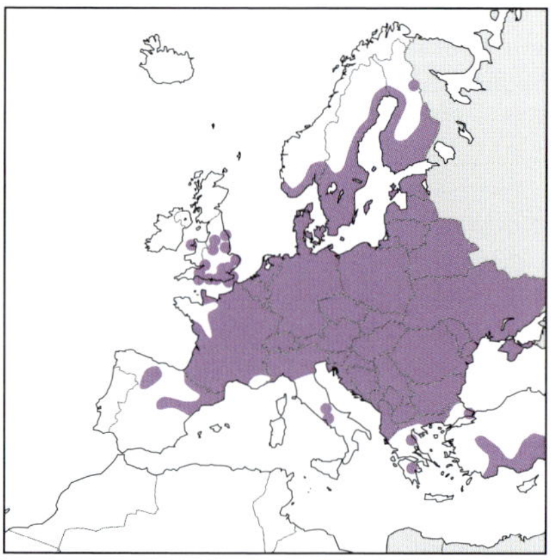

Merkmale im Feld GL 35–40 mm, Ab 23–28 mm, HF 24–29 mm. Durchschnittlich etwas kleiner als *S. striolatum*. Geschlechtsreife ♂♂ vom Gesamteindruck her sehr ähnlich *S. striolatum*, doch Thorax einheitlicher braun (gelbliche Binden weniger deutlich) und Abdomen dunkler ziegelrot und stärker keulenförmig, da S6–8 deutlich breiter als S3–5. Bis auf Spanien und Türkei (s. Varianten) ist die seitlich die Frons entlang der Augenränder herablaufende schwarze Zeichnung diagnostisch. Bei den hellen Formen besteht in der Türkei Verwechslungsgefahr mit *S. haritonovi*, *S. meridionale* und *S. arenicolor* (s. bei *S. sinaiticum*), ferner in Spanien mit *S. meridionale* und *S. sinaiticum* (s. Varianten und Tab. S. 282).

Merkmale in der Hand Unterrand ♀ Legescheide zum Ende hin gewinkelt und diese deutlich fast rechtwinklig abstehend, was oft schon mit bloßem Auge zu sehen ist. ♂♂ lassen sich im Zweifelsfall durch den kräftigeren Haken des Hamulus von *S. striolatum* unterscheiden.

Varianten Die Im Norden der Ib. Halbinsel und in der Türkei disjunkt von typischem *S. vulgatum* vorkommenden Unterarten sind morphologisch mit diesem identisch, aber deutlich heller und ohne die schwarze Zeichnung seitlich der Frons entlang der Augen. Diese hellen Taxa werden daher eher

mit anderen hellen *Sympetrum* als mit typischen *vulgatum* verwechselt, insbesondere die türkische ssp. *decoloratum* (daher gesondert behandelt). Die auf Spanien und die französischen Pyrenäen beschränkte ssp. *ibericum* ist meist auffällig klein (GL 30–36 mm, Ab 20–24 mm, HF 22–27 mm; mglw. in NO-Katalonien größer), hat auf dem Thorax sehr dünne schwarze Linien und überwiegend helle Beine.
Verhalten Eiablage im Flachwasser, oft über submerser Vegetation.

Vorkommen
Verbreitung/Status In N- und O-Europa eine der häufigsten Libellenarten und über die gemäßigte Zone Asiens östlich bis nach Sachalin verbreitet. Weniger wanderfreudig, einzelne Individuen begleiten aber regelmäßig Züge anderer wandernder Arten wie *S. flaveolum*.
Habitat Stehende, verglichen mit *S. striolatum* tendenziell reifere Gewässer aller Art.
Flugzeit Juni–November, mit Höhepunkt Juli–September.

Sympetrum vulgatum decoloratum
(Selys, 1884)

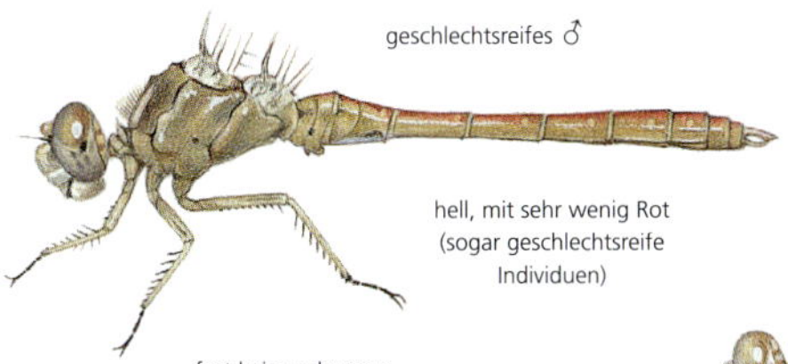

Bestimmung
Allgemein Unscheinbare, beige-sandfarbene und fast völlig zeichnungslose Heidelibelle semiarider Gebiete Zentralasiens, die westlich bis in die Türkei vorkommt.
Merkmale im Feld GL 34–38 mm, Ab 22–26 mm, HF 24–27 mm. Tendenziell etwas kleiner als nominotypisches *S. v. vulgatum* und Gesamterscheinung noch heller als typisches *S. meridionale*: (1) Bereich zw. Vertex und Frons, Kopfrückseite praktisch zeichnungslos; (2) Thorax nur mit Spuren von Schwarz im Bereich der Fossae (Gruben nahe Flügelbasis), der Metastigmata und auf Humeral- und Metapleuralnähten; (3) Beine zeichnunglos und nur Tarsen etwas verdunkelt. Das ähnlich helle *S. arenicolor* (s. unter *S. sinaiticum*) zeigt kontrastreich gefärbte Beine mit ausgedehnt schwarzen Innenseiten sowie blaugrüne Augen-US. Zum Vergleich mit dem ebenfalls fast zeichnungslosen *S. haritonovi* siehe dort.
Merkmale in der Hand Morphologisch identisch mit nominotypischem *S. vulgatum*. Unterer Anhang des ♂ reicht bis oder gerade über ventralen Knick der oberen Anhänge, bei *S. arenicolor* bis mind. zur Mitte zw. diesem Knick und der Spitze. Pterostigmata kleiner als jene von *S. meridionale*.
Varianten Abgebildetes ♂ nur rot überhaucht, ist typisch für Individuen aus Zentralasien. ♂♂ in W-Türkei meist auf Abdomen dunkler rot gefärbt.

Vorkommen
Verbreitung/Status Im Gebiet nur in der Türkei, dort weit verbreitet, aber nicht häufig.
Habitat Stehende oder langsam fließende, flache Gewässer aller Art, wie etwa Randbereiche flacher Quellsümpfe trockener Bergregionen.
Flugzeit Ende Juni–Ende August.

Sympetrum meridionale (Selys, 1841) Südliche Heidelibelle

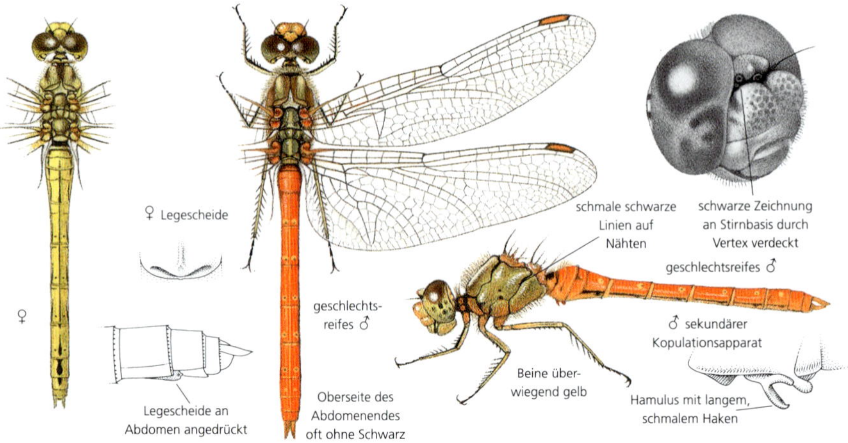

Bestimmung

Allgemein Unauffällige und generell recht zeichnungslose Art, die im größten Teil des Gebiets anhand kontrastarmer Gesamterscheinung recht gut zu erkennen ist. V. a. im küstennahen Spanien, dem Maghreb und der Türkei jedoch Verwechslungsgefahr mit ähnlichen Arten. Aufgrund ihrer großen Variabilität sollte die Bestimmung möglichst anhand des ♂ Hamulus und der ♀ Legescheide erfolgen. In Mitteleuropa nur unregelmäßig zu beobachteten, wobei Einzelindividuen regelmäßig durch arttypischen starken Befall mit roten Wassermilben auffallen.

Merkmale im Feld GL 35–40 mm, Ab 22–28 mm, HF 25–30 mm. Größe etwa wie *S. striolatum* und im Durchschnitt deutlich heller und kontrastärmer als dieses sowie *S. vulgatum*. Ausdehnung der schwarzen Zeichnung jedoch variabel, und regelmäßig treten auch dunkle Individuen auf, die v. a. *S. vulgatum* stark ähneln können. Typische Merkmale sind: (1) schwarze Zeichnung auf Frons meist klein und von Vertex verdeckt; selten, aber regelmäßig auch seitlich die Frons herablaufend; (2) Schwarzfärbung der Thoraxnähte sehr dünn, am deutlichsten im Bereich der Fossae; (3) S8–9 meist ohne oder mit stark reduzierter, schwarzer dorsaler Zeichnung; (4) Gelbanteil der Beine überwiegt meist den Schwarzanteil. Die 2. und 4. Längsader in der Flügelbasis sind meist deutlich heller als die 1. und 3., statt gleich dunkel zu sein. Aber aufgrund der Variabilität bei den anderen verwandten Arten muss dieses Merkmal mit größter Vorsicht gewertet werden. *S. vulgatum decoloratum*, *S. arenicolor* (s. unter *S. sinaiticum*) und *S. haritonovi* (alle Türkei) sind noch heller und zeichnungsloser. *S. sinaiticum* aus Spanien und dem Maghreb insgesamt etwas schwärzer als typisches *S. meridionale*, mit braungrauen statt grünlich gelben Augen-US und lateral auf S2–3 charakteristischen schwarzen Streifen (s. Tab. S. 282).

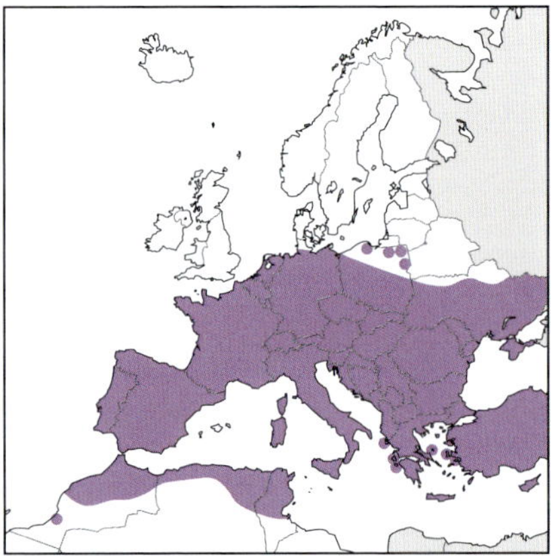

Merkmale in der Hand (1) Haken und Lobus des ♂ Hamulus länger und schmaler als bei den meisten anderen Arten. (2) ♀ Legescheide eng an das Abdomen angepresst und von der Seite kaum sichtbar; (3) paarige Fortsätze auf US von S9 (direkt hinter Legescheide) fehlen und durch flache Gruben ersetzt. Pterostigmata recht groß.

Varianten Intensität und Ausdehnung der schwarzen Zeichnung sehr variabel. Einige Individuen können so dunkel sein wie andere *Sympetrum*-Arten, mit großen schwarzen Flecken auf den Seiten jedes Abdominalsegments, viel Schwarz auf den Beinen, deutlichen schwarzen Linien auf Thoraxnähten und schwarzer Färbung zw. Frons und Vertex, die sich seitlich Frons herunterzieht.

Vorkommen

Verbreitung/Status Häufigkeitsschwerpunkt im Gebiet im kontinentalen O-Europa. Wird mit wachsender Regelmäßigkeit in Deutschland, Belgien und den Niederlanden festgestellt. Neigung zu Massenauftreten und Migration; wandernde Individuen regelmäßig auch in höheren Gebirgslagen anzutreffen.
Habitat Gut besonnte Flachgewässer aller Art, diese meist temporär oder semitemporär.
Flugzeit Im Maghreb Mai–November. Weiter nördlich, z. B. in Frankreich, Anfang Juni–Mitte Oktober.

Sympetrum sinaiticum Dumont, 1977 Wüsten-Heidelibelle

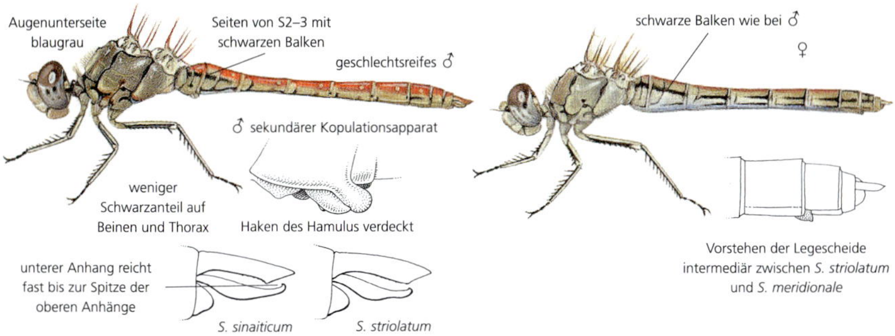

Bestimmung

Allgemein Diese Art (früher fälschlich als *S. decoloratum* bezeichnet) kommt nur in ariden Gebieten vor. Durch charakteristische schwarze Zeichnung der Abdomenbasis und braungraue Augen auffallend, am sichersten jedoch durch ♂ Anhänge und sekundären Kopulationsapparat zu bestimmen.
Merkmale im Feld GL 34–37 mm, Ab 21–26 mm, HF 24–29 mm. Etwas kleiner und meist heller als *S. striolatum*, doch mit mehr Schwarz als typisches *S. meridionale*. Von diesen beiden v. a. zu unterscheiden durch: (1) Augen-US braungrau, nicht grünlich gelb; (2) ♂♂ mit schwarzer lateraler Längszeichnung auf S2–3, mit übrigem zeichnungslosem Ab kontrastierend. Geschlechtsreife ♂♂ nicht intensiv rot, eher lachsfarben. Basale Adern können ähnlich dem graublau-äugigen *S. fonscolombii* rötlich sein, diese jedoch ohne char. Zeichnung auf S2–3; diese Zeichnung fehlt auch hellem span. *S. vulgatum* ssp. *ibericum*. Das aus der O-Türkei bekannte, nah verwandte *S. arenicolor* ersetzt *S. sinaiticum* in Vorder- und Zentralasien und ist auch im Gebiet zu erwarten. *S. arenicolor* ist noch heller, fast so hell wie *S. vulgatum decoloratum*, mit dem sie oft gms. auftritt, hat aber deutlich schwarz gestreifte Beine, morphologisch fast identisch mit *S. sinaiticum*. Geschlechtsreife *S. arenicolor* zeigen i. Ggs. zu *S. sinaiticum* auffallend bläulich grüne Augen-US, dunkle Zeichnung auf S2–3 ist bei ♂♂ meist deutlich schwächer ausgeprägt und kann fast ganz fehlen.
Merkmale in der Hand Haken des Hamulus klein, in Seitenansicht meist völlig durch Lobus verdeckt. Unterer Anhang lang, reicht bis zur Mitte zw. ventralem Knick und Spitze der oberen Anhänge. Legescheide ♀ weniger abstehend als bei *S. striolatum*, deutlicher als bei *S. meridionale* (Seitenansicht).
Varianten Ausdehnung und Intensität der schwarzen Zeichnungsmuster variiert leicht.
Verhalten Analog dem zentralasiat. *S. arenicolor* mit an heißes Wüstenklima angepasster, langer Flugzeit und verzögerter Reife- und Fortpflanzung:

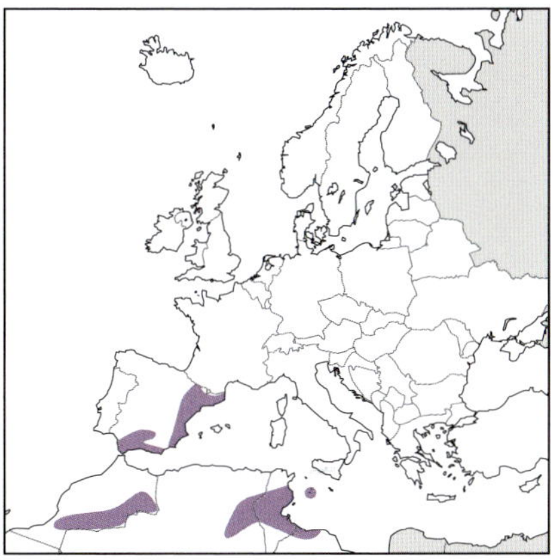

Nach Schlupf im zeitigen Frühsommer Überdauerung der heißen, trockenen Monate in Sommerrefugien (Ästivation; *S. sinaiticum*-Individuen sammeln sich auf Sträuchern und Bäumen) und Paarung und Eiablage im Herbst/Winter.

Vorkommen

Verbreitung/Status Vom Nahen Osten über N-Afrika bis zur span. Mittelmeerküste; 2007 auch in Marokko nachgewiesen und wohl vielfach übersehen. Wandernde Individuen haben die italienische Insel Lampedusa erreicht.

Habitat Quellsümpfe und Bäche sowie Oasengewässer aller Art wie Gräben, Staubecken und Sickerteiche. Ästivation oft weit abseits von Gewässern.

Flugzeit Schlupf im Frühsommer; in Spanien Anfang Juni, in Tunesien schon im Mai. Fortpflanzung in Spanien von Sept.–Anfang Nov., in Tunesien von Okt.–mind. März (also hpts. im Winter).

Sympetrum haritonovi Borisov, 1983 Zwerg-Heidelibelle

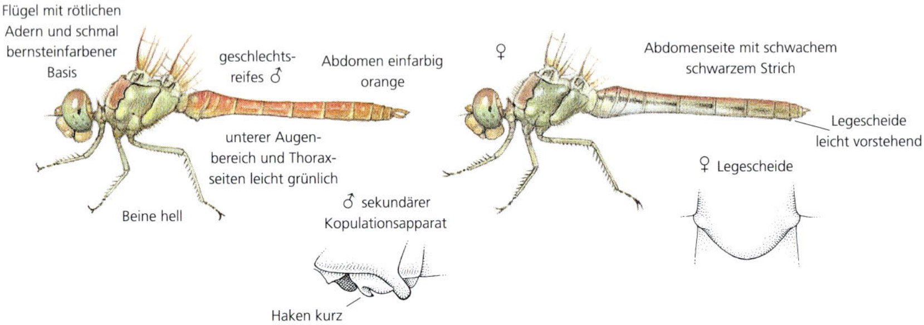

Bestimmung

Allgemein Kleinste und hellste *Sympetrum*-Art des Gebiets und nur von subalpinen Tümpel- und Sickerquellen bei Alanya (Türkei) bekannt. Das sehr kleine ♂ ist anhand gleichmäßig oranger bis grünlich gelber Gesamterscheinung ziemlich unverwechselbar.

Merkmale im Feld GL 27–31 mm, Ab 17–20 mm, HF 20–22 mm. ♂ völlig ohne jede schwarze Zeichnung (bis auf dünne Thoraxnähte). ♀ ähnlich, aber mit diffusen, dunklen lateralen Längsstreifen auf S2–6(9). Vom gms. vorkommenden und ähnlich hellen, aber beige-sandfarbenen *S. vulgatum decoloratum* durch folgende Merkmale zu unterscheiden: (1) deutlich kleiner (Ab meist <20 mm) und durch relativ großen Kopf und gedrungenen Körper kompakter proportioniert; (2) helle Adern bei geschlechtsreifem ♂ rötlich gelb; (3) Flügelbasis schmal bernsteinfarben; (4) Augen-US sowie Thoraxseiten zw. Humeral- und Metapleuralnaht auffallend grünlich. *S. arenicolor* mit ähnlich gefärbten Augen, dieses jedoch ohne grünlichen Thorax und mit schwarz gezeichneten Beinen.

Merkmale in der Hand ♂ Hamulus ähnlich *S. vulgatum decoloratum*, Haken und Lobus jedoch kürzer; unterer Anhang etwas länger und über ventralen Knick der oberen Anhänge hinausreichend. Legescheide ♀ kaum abstehend, Form ähnlich der von *S. striolatum*.

Vorkommen

Verbreitung/Status Zentralasiatische Gebirgsart. Im Gebiet nur vom Gökbel-Plateau bei Alanya (Türkei) bekannt, dort durch Habitatzerstörung akut bedroht. Allgemein seltener Habitatspezialist, der jedoch auch leicht zu übersehen ist.

Habitat Teiche, Wasserläufe und Pools von Tümpel- und Sickerquellen zwischen 1800–2200 m.

Flugzeit In der Türkei nur im Aug. nachgewiesen.

Crocothemis Brauer, 1868 Feuerlibellen

▲ *Crocothemis erythraea,* geschlechtsreifes ♂ in Obeliskenhaltung. Typisch sind die safrangelben Flügelbasen sowie die fehlende schwarze Zeichnung.

Bestimmung

Beschreibung Geschlechtsreife ♂♂ bis auf bläuliche Augen-US komplett leuchtend scharlachrot und beide Geschlechter fast ohne schwarze Zeichnung, doch Abdomen oft mit schmalem schwarzem Längsstreifen entlang der dorsalen Carina. Beine hell und ungezeichnet. Pterostigmata groß und hell, HF mit breiter, safrangelber Basis. VF mit 8½–11½ Ax und mit zum Flügelrand breiter werdendem Discoidalfeld, das an Basis 3 Zellreihen aufweist. Zwischen IR_3 und Rspl nur einfache Zellreihe.

Unterscheidung von anderen Gattungen Bis auf *Sympetrum haritonovi* und *S. vulgatum decoloratum* alle anderen Libellulidae mit zumindest etwas Schwarz auf den Beinen. *Crocothemis* ♂♂ breiter gebaut und mit lebhafter rotem Gesamteindruck als andere rote Arten der Familie. *Sympetrum*-Arten weniger intensiv rot und mit schwarzer Körperzeichnung, schlankeren Proportionen und weniger kräftigem Flug, Augen und Thorax zudem oft braun. Rote *Trithemis* ähnlich farbenintensiv, aber kleiner. Bräunliche Individuen erinnern an *Orthetrum*, diese Gattung zeigt jedoch in den VF vollständige distale Antenodalqueradern, Schwarz auf den Beinen sowie HF-Basen mit höchstens einer Spur von Gelb.

Unterscheidung der Arten Im Gebiet überschneiden sich die Areale beider Arten nur regional in der SO-Türkei, dort sind beide jedoch syntop zu erwarten. Frisch geschlüpft und immatur leicht zu unterscheiden, geschlechtsreife und ausgefärbte Individuen jedoch nur mit einer starken Lupe oder besser noch einem Stereomikroskop sicher zu bestimmen.

Verhalten ♂ verteidigt von exponierter Sitzwarte aus durch schnelle Flüge aggressiv sein Revier und bewacht im Schwirrflug über dem ♀ stehend die Eiablage.

K.-D. B. Dijkstra

Crocothemis erythraea (Brullé, 1832) Feuerlibelle

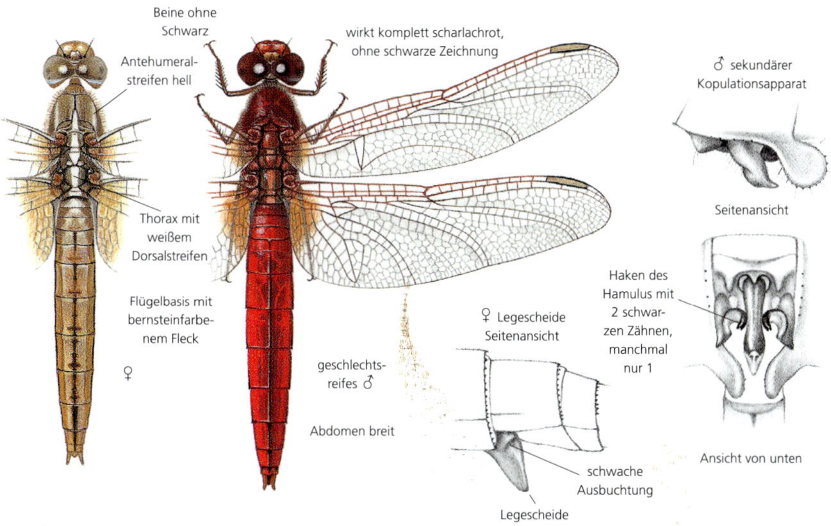

Bestimmung

Allgemein Diese über ganz Afrika bis nach Zentralasien verbreitete Art war bis vor wenigen Jahrzehnten fast nur im Mittelmeergebiet häufig, hat aber seither ihr Areal stark nach Norden ausgedehnt und ist inzwischen auch in weiten Teilen des nördl. Mitteleuropa zu finden.

Merkmale im Feld GL 36–45 mm, Ab 18–33 mm, HF 23–33 mm. Etwas größer und deutlich gedrungener als *Sympetrum striolatum*. Geschlechtsreife ♂♂ komplett rot. ♀♀ und junge ♂♂ dagegen braungelb, mit hellen Antehumeralstreifen, hellem Längsstreifen zw. Flügeln sowie oft mit schwacher schwärzlicher Linie entlang der abdominalen Carina. Flügel in jedem Alter transparent, HF mit mittelgroßem, bernsteinfarbenem Basisfleck. Bis auf *C. servilia* (s. Gattungstext und Artbeschreibung) durch HF-Basisflecke, breites Abdomen und Fehlen schwarzer Zeichnung an Beinen, Kopf und Thorax von allen anderen (z. B. *S. fonscolombii*, rote *Trithemis*-Arten) roten Libelluliden zu unterscheiden.

Merkmale in der Hand Haken des ♂ Hamulus (Ansicht von unten) meist in 2 deutlich ausdifferenzierte, schwarze Zähne auslaufend. Legescheide ♀ fast senkrecht vom Abdomen abstehend, lateral mit schwacher, abgerundeter, nach hinten weisender Ausbuchtung (Seitenansicht).

Varianten Selten, aber regelm. androchrome ♀♀ mit roter Färbung. Bei einigen ♀♀ schwarzer Dorsalstreifen fast über gesamte Ab-Länge, dann nur in der Hand von *C. servilia* zu unterscheiden.

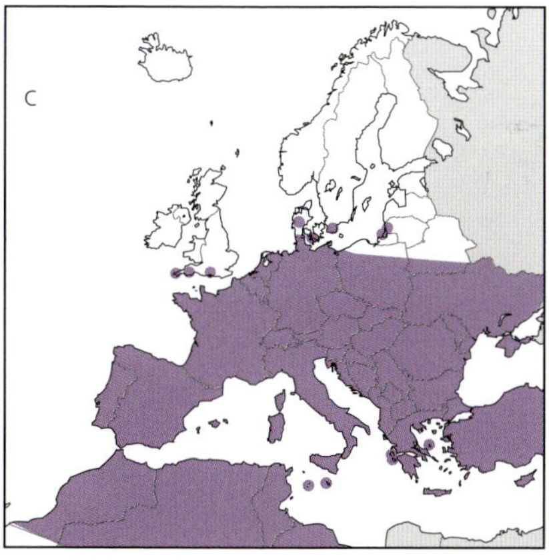

Vorkommen

Verbreitung/Status Aufgrund kontinuierlicher Arealerweiterung nach Norden in weiten Teilen Süd- und Mitteleuropas inzwischen nicht mehr selten, im nördlichen Teil noch lokal.

Habitat Besonnte Stillgewässer aller Art, auch Reisfelder und Brackwasserlagunen. In Mitteleuropa oft Gewässer anthropogenen Ursprungs mit dichter Submersvegetation, wie Kies- und Sandgruben, aber auch an Altarmen und in Mooren.

Flugzeit Im S-Maghreb vermutlich ganzjährig, in Mitteleuropa Mitte Juni–Anfang Sept. Im Mittelmeerraum von Nov.–Feb. weitgehend fehlend.

Crocothemis servilia (Drury, 1773) Orient-Feuerlibelle

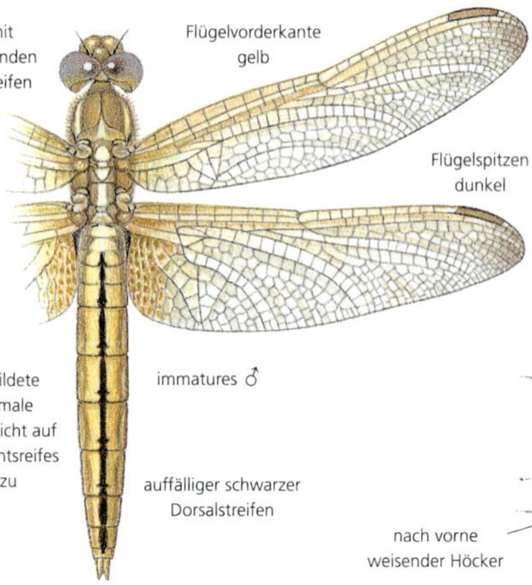

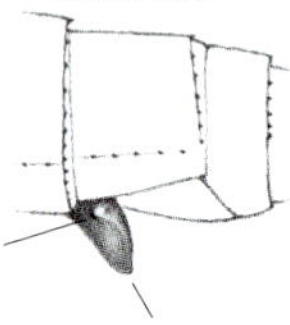

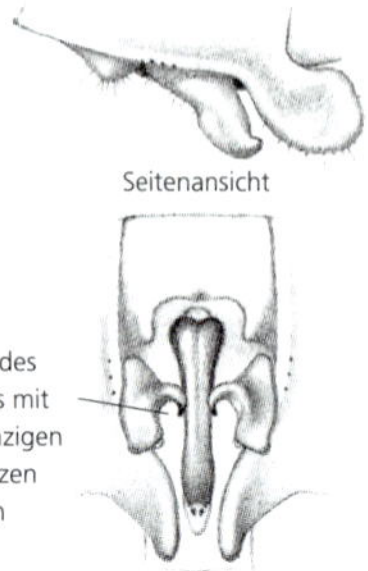

Bestimmung

Allgemein Asiatische Schwesterart von *C. erythraea*, mit der sie in Vorder- und Zentralasien weiträumig sympatrisch vorkommt, was auch für die SO-Türkei gilt, wo die Art das behandelte Gebiet gerade noch erreicht. Während geschlechtsreife, ausgefärbte Individuen nur in der Hand sicher von typ. *C. erythraea* zu unterscheiden sind, weichen frisch geschlüpfte im Aussehen ab und erinnern etwas an *Orthetrum coerulescens*-♀♀.

Merkmale im Feld GL 34–37 mm, Ab 20–25 mm, HF 26–29 mm. Unterschiede zu typ. *C. erythraea*: (1) im Durchschnitt etwas kleiner und schlanker, Abdomen und Flügel etwas schmaler; (2) cremeweiße Antehumeralstreifen frisch geschlüpfter Individuen leuchtender und kontrastreicher; (3) Abdomen mit meist markanter schwarzer Linie entlang der dorsalen Carina auf S2–10, besonders bei frisch geschlüpften Individuen; schwarze Linie bei *C. erythraea* jedoch meist kürzer und oft auf S8–10 beschränkt; (4) Flügel nach dem Schlupf mit rauchig-dunkelbraunen Spitzen und breitflächig gelber Vorderkante, bei *C. erythraea* meist nur Flügelbasen bernsteinfarben. Mit zunehmendem Alter werden die Flügel transparent und Abdominal- und Thoraxmuster verlieren an Kontrast. Die großen, bernsteinfarbenen Flecke der HF-Basen bleiben erhalten (wie bei *C. erythraea*).

Merkmale in der Hand Haken des ♂ Hamulus läuft in einen einzigen schwarzen Zahn aus, nie in 2 wie bei *C. erythraea* (Letztere aber auch mit 1 oder keinem Zahn). Legescheide ♀ grundsätzlich ähnlich jener von *C. erythraea*, aber etwas zierlicher und mit kleinem, aber deutlich nach vorne weisendem, zapfenförmigem Höcker (Seitenansicht).

Varianten Das Aussehen frisch geschlüpfter Individuen ändert sich mit Alter und zunehmender sexueller Reife noch stärker als bei *C. erythraea* (s. Merkmale im Feld).

Vorkommen

Verbreitung/Status Türkische Vorkommen markieren Westgrenze des Areals. Im Gebiet zusammen mit *C. erythraea*, aber seltener und in geringeren Abundanzen. Nach O bis Japan verbreitet und in ganz S-Asien sehr häufig.

Habitat In der Türkei vmtl. wie *C. erythraea*.

Flugzeit In der Türkei von April–September.

Trithemis Brauer, 1868 Sonnenzeiger

◀ *Trithemis kirbyi,* ♂ in Obelisken-haltung.

Bestimmung

Beschreibung Mittelgroße Arten mit charakteristischer Vorderflügeladerung mit 9½–12½ Ax, einem Discoidalfeld, das sich zum Flügelrand hin verengt und an Basis aus 3 Zellreihen besteht sowie zw. IR_3 und Rspl meist mit 2 Zellreihen. Die oft farbenfrohen ♂♂ sind in der Hand durch metallisch glänzende Frons und Vertex sowie stark gebogene Haken der Hamuli unverkennbar.

Unterscheidung von anderen Gattungen Rote Arten ähneln *Sympetrum* und *Crocothemis*, diese jedoch beide meist mit einer einzigen Zellreihe zw. IR_3 und Rspl und *Sympetrum* mit 6½–8½ Ax im VF. Größte Verwechslungsgefahr besteht mit dem rot geaderten und grau-blauäugigen *S. fonscolombii*. *Crocothemis*-Arten ohne jedes Schwarz an den Beinen, das Discoidalfeld des VF verbreitert sich zum Flügelrand hin.

Unterscheidung der Arten Paläotropische Gattung mit über 40 Arten, v. a. in Afrika. 4 sehr unterschiedliche Arten mit ziemlich unverwechselbaren ♂♂ erreichen den südl. Randbereich des Gebiets. Bestimmung der ♀♀ trotz arttypischem schwarzem abdominalem Zeichnungsmuster manchmal schwierig.

Verhalten Die sehr agilen ♂♂ beziehen oft exponierte Warten im Uferbereich und verhalten sich gegenüber Artgenossen aggressiv. *Trithemis*-Arten sind sehr sonnen- und wärmeliebend und gehören zu den hitzetolerantesten Libellen des Gebiets, sind oft noch in der sengenden Mittagshitze aktiv; auf die dann oft mit tief nach unten gestellten Flügeln und senkrecht zur Sonne gestrecktem Ab eingenommene sog. Obeliskenhaltung spielt auch der deutsche Gattungsname an.

K.-D. B. Dijkstra

Tabellarischer Schlüssel zu den Arten (Artenpaaren). Falls Aussage zutrifft, vergleiche die angegebenen Arten. Bei Nichtzutreffen weiter zur nächsten Zeile.

1	Aderung dunkel, nicht gelb bis rot. Abdomen vorwiegend schwarz oder dunkelblau, nicht gelb, braun oder rot.	*festiva*
2	Basales Flügeldrittel großflächig gelb bis orange, Flecke überdecken norm. Flügedreiecke. Tibien gelb bis rot. Pterostigmata etwa 2 mm lang. Hamulus sichelförmig. ♀ Abdomen mit schwarzer Linie zwischen dorsaler und lateraler Carina.	*kirbyi*
3	Flügeldreiecke transparent. Beine ganz schwarz. Pt ≥2,5 mm. Hamulus mit klauenähnlichem Haken. ♀ schwarze abdominale Längsmuster entlang dorsaler oder lateraler Carina.	*annulata* *arteriosa*

Trithemis annulata
(Palisot de Beauvois, 1807)

Violetter Sonnenzeiger

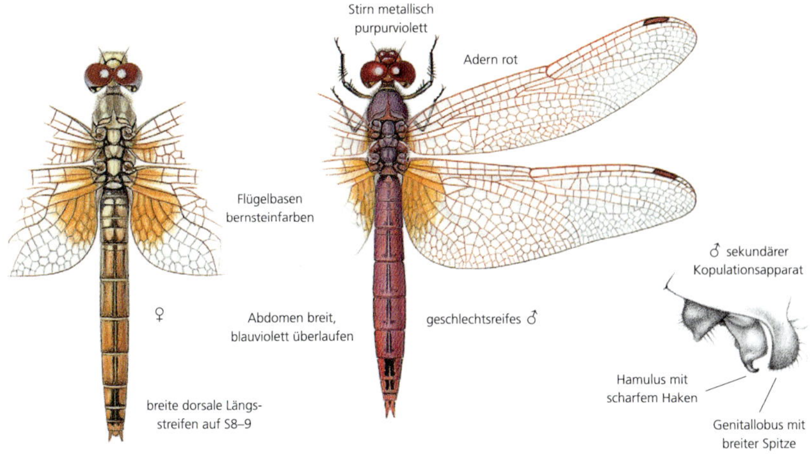

Bestimmung

Allgemein Afrik. Art mit anhaltender Arealexpansion nach N, deren ♂♂ aufgrund lebhaft violetter Bereifung ziemlich unverkennbar sind.

Merkmale im Feld GL 32–38 mm, Ab 17–29 mm, HF 20–35 mm. Deutlich kleiner als *Crocothemis erythraea*. Geschlechtsreifes ♂ gut an metallisch purpurvioletter Frons und Vertex, roten Adern, dunkel bernsteinfarbener HF-Basis, verbreitertem Abdomen und rot-violettem Gesamteindruck zu erkennen; char. Violettfärbung wird durch Bereifung von rotem Thorax und Ab hervorgerufen. ♀ gelbbraun, mit großem gelbem Fleck an HF-Basen, von anderen *Trithemis* durch kräftigeres Ab mit breiten, schwarzen dorsalen Längszeichnungen auf S8–9 zu unterscheiden.

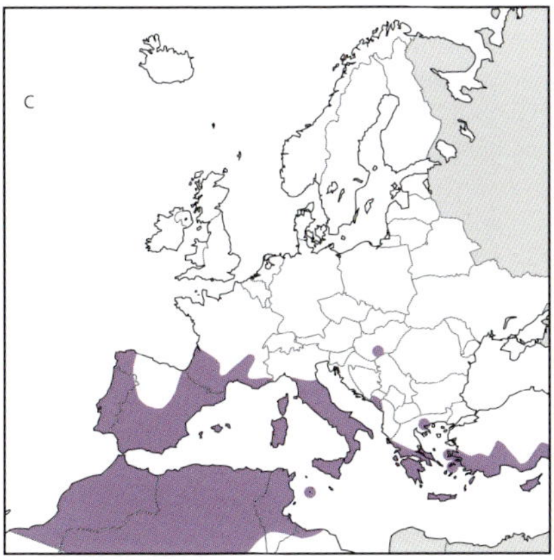

Merkmale in der Hand *Trithemis* ♂♂ haben (bis auf *T. kirbyi*) ähnliche Hamuli mit scharf gebogenen Haken, Genitallobi von *T. annulata*-♂♂ sind i. Ggs. zu den anderen Arten des Gebiets an den Spitzen jedoch deutlich stärker verbreitert.

Varianten ♂♂ beim Schlupf gelblich, später orange und rot, bevor sie ihre endgültige violette Färbung ausbilden.

Verhalten ♂♂ sitzen oft recht auffällig auf exponierten Warten entlang der Uferlinie.

Vorkommen

Verbreitung/Status Im größten Teil des tropischen Afrika sehr häufig und im Gebiet entlang der Mittelmeerküste weit verbreitet. Auffällige Arealerweiterungen der letzten Jahrzehnte nach N halten an, weshalb die Art in absehbarer Zeit z. B. über das inzwischen besiedelte Rhonetal oder den Balkan, wo *T. annulata* nördl. bis Montenegro vorkommt, auch das südl. Mitteleuropa erreichen könnte (2016 Erstfund in Ungarn).

Habitat In Afrika und dem Maghreb offene Gewässer jeder Form. An der Nordperipherie des Verbreitungsgebiets oft Gewässer anthropogenen Ursprungs in sonnigen, geschützten Lagen mit vorteilhaften Mikroklimata, wie flache Kies- und Sandgruben, aber auch Seen oder Lagunen.

Flugzeit In der Sahara vermutlich ganzjährig, in Marokko vorw. Mai–Okt., in der Türkei von Anfang April–Mitte Okt.

Trithemis arteriosa Rotader-Sonnenzeiger

(Burmeister, 1839)

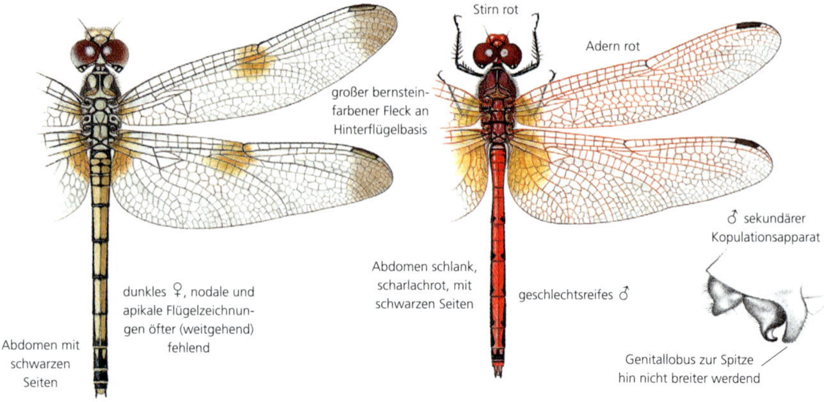

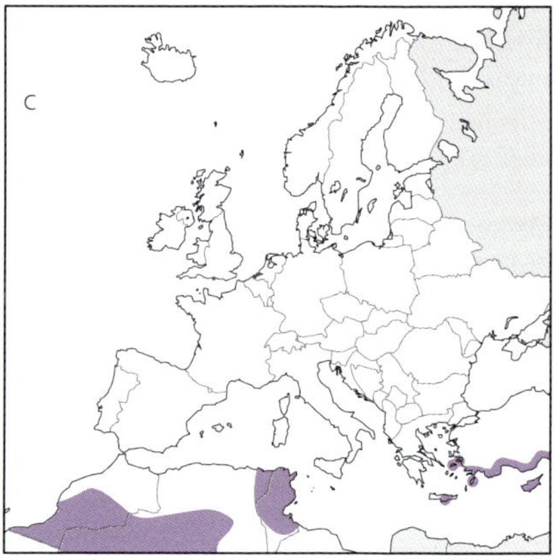

Bestimmung

Allgemein Schlankste der roten *Trithemis*-Arten des Gebiets, deren ♂♂ durch leuchtend rotgeäderte Flügel und scharlachrote Abdomen mit schwarzen seitlichen Zeichnungsmustern unverkennbar sind.

Merkmale im Feld GL 32–38 mm, Ab 20–26 mm, HF 23–30 mm. Etwa so lang wie *T. annulata*, aber Abdomen bei beiden Geschlechtern deutlich schlanker. I. Ggs. zu *T. annulata* geschlechtsreifes ♂ zudem nicht bereift (höchsten vorderer Thoraxbereich leicht violett überhaucht) und mit scharlachrotem Abdomen und intensiver rot gefärbten Flügeladern. Abdomen lateral mit ausgedehnter schwarzer Zeichnung, v. a. auf S6–9. Frons bis auf schmales Band nahe Vertex rot. HF und oft auch VF mit auffälligen bernsteinfarbenen Basalflecken. Färbung und Gesamterscheinung ähnlich *Sympetrum fonscolombii*, dieses jedoch weniger leuchtend rot, mit gelb gestreiften Beinen und deutlich weniger Schwarz auf Abdomen.

Merkmale in der Hand ♂ Genitalien ähnlich *T. annulata*, doch Genitallobus mit schmalerer Spitze.

Varianten Frisch geschlüpfte ♂♂ an Stellen, wo sie später rot werden, gelb oder orange. Umfang von Flügelflecken und schwarzer Zeichnung bei beiden Geschlechtern sehr variabel, kann in ariden Gegenden stark verringert sein. Das abgebildete ♀ ist atypisch, da nodale und apikale Flügelzeichnungen regelmäßig fehlen.

Verhalten ♂♂ sitzen gern auf exponierten Warten im Uferbereich.

Vorkommen

Verbreitung/Status Ökologische Ansprüche ähnlich *T. annulata* und wie diese insgesamt eine der häufigsten afrikanischen Libellenarten. Doch *T. arteriosa* im Gebiet noch nicht so weit ausgebreitet. Tritt zwar nur sehr lokal auf, doch in den letzten Jahrzehnten langsame Arealerweiterung westwärts entlang der türkischen Südküste, hat die griech. Inseln Kreta, Rhodos und Samos erreicht.

Habitat Ähnlich wie bei *T. annulata*; im Gebiet oft auch an periodischen Gewässern, z. B. auf den Kanaren in Pools trockengefallener Schluchtbäche (Barrancos).

Flugzeit Im Maghreb Mai–Oktober, in der Türkei Mai–Juli.

Trithemis kirbyi Selys, 1891 Feuerroter Sonnenzeiger

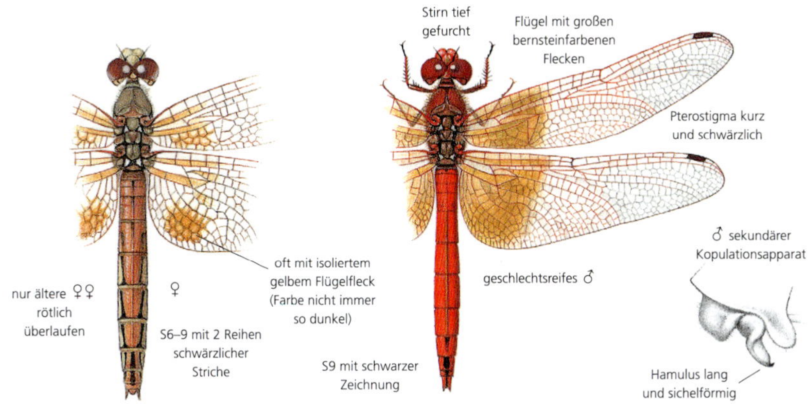

Bestimmung

Allgemein Die leuchtend roten ♂♂ mit ausgedehnt orangefarbenen Flügeln dieser Charakterart offener arider Landschaften von Afrika bis Indien sind im Gebiet nicht zu verwechseln.

Merkmale im Feld GL 30–34 mm, Ab 19–23 mm, HF 23–29 mm. Meist etwas kürzer und kompakter als andere rote *Trithemis*. Geschlechtsreifes ♂ wirkt bis auf auffälligen schwarzen dorsalen Fleck auf S(8)9 komplett rot und ohne schwarze Zeichnung. Flügel von den Basen bis halbe Strecke zu den Nodi auffällig orangefarben, Beine (v. a. Tibien) weitgehend rot. Pt schwärzlich, etwa 2 mm lang, deutlich kürzer als bei anderen *Trithemis*. ♀ strohfarben, mit hellen Tibien und kurzen Pt. Auf S6–9 mit 2 Reihen schwarzer abdominaler Längsstriche zw. dorsaler und lateraler Carina. Flügelzeichnungen des ♀ selten so ausgedehnt wie beim ♂, HF oft mit char. isoliertem, rundlichem, gelborangem Fleck. Proportionen und Färbung ähnlich *Crocothemis erythraea*, diese jedoch deutlich größer, mit längeren, helleren Pt und deutlich weniger ausgedehnt gefärbten Flügeln.

Merkmale in der Hand Hamulus länger ausgezogen und sichelförmiger sowie Frons tiefer gefurcht als bei anderen *Trithemis*-Arten.

Varianten Zeichnung auf Flügeln und Abdomen der ♀♀ variabel.

Verhalten ♂♂ sitzen gerne auf Steinen, Felsen oder offenem Boden.

Vorkommen

Verbreitung/Status Nach *T. annulata* die *Trithemis* mit den aktuell deutlichsten nordwärts gerichteten Ausbreitungstendenzen im Gebiet und vom Maghreb, wo die Art häufig ist, inzwischen nördl. bis Zentralspanien vorgedrungen. Auch jüngste Einzelnachweise in Frankreich (2017) deuten auf hohes Ausbreitungspotential hin. Das Gesamtareal umfasst neben Afrika die Arabische Halbinsel und reicht ostwärts bis nach Indien.

Habitat Fortpflanzungsgewässer oft klein, kahl und mit kiesig-felsiger Gewässersohle, z. B. Felstümpel und Lithothelmen, aber auch Wassertanks und Betonbecken jeder Art.

Flugzeit Im Maghreb wohl ganzjährig, am häufigsten jedoch von Mai–November.

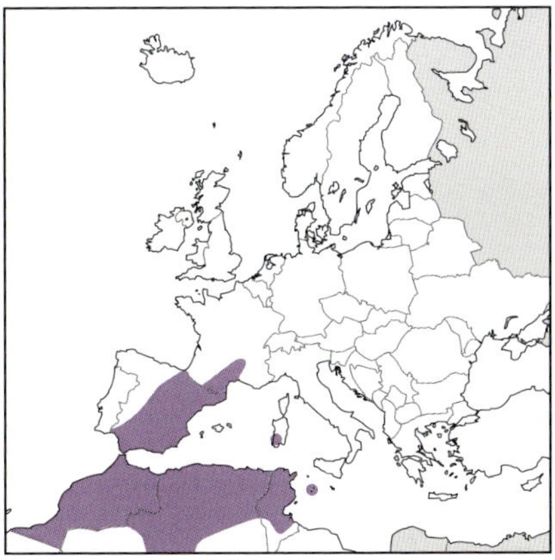

Trithemis festiva

(Rambur, 1842)

Schwarzer Sonnenzeiger

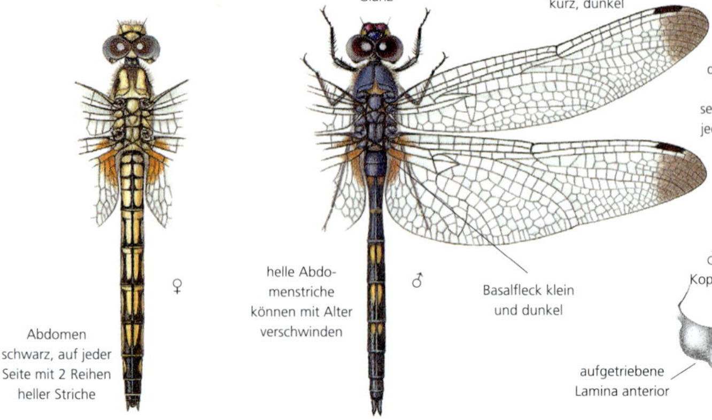

Bestimmung

Allgemein Färbung, Ökologie und Verbreitungsgebiet dieser asiatischen Art weichen von den anderen Sonnenzeiger-Arten des Gebiets ab und die charakteristisch dunkelblau-schwarzen geschlechtsreifen ♂♂ sind nur entlang von Fließgewässern zu finden.

Merkmale im Feld GL 31–37 mm, Ab 20–28 mm, HF 23–32 mm. Etwa so groß wie *T. annulata*. ♀♀ und immature ♂♂ mit schwarzem Abdomen und auf S1–7 jeweils mit paarigen gelben Längsstrichen links und rechts der dorsalen Carinae sowie einfachen Längsstrichen entlang der lateralen Carinae. S8 nur mit lateralen Strichen, S9–10 komplett schwarz. ♀♀ mit ausgedehnt dunklen Flügelspitzen und kleinen, bernsteinfarbenen Basisflecken an den HF. ♂♂ entwickeln kleinen, 3-eckigen, dunklen Basalfleck auf den HF und können ebenfalls dunkle Flügelspitzen aufweisen. ♂♂ werden mit zunehmender Geschlechtsreife und Alter dunkler, sodass gelbe Zeichnungsmuster verschwinden. Reife ♂♂ sind auf Thorax und S1–3 tiefblau bereift und S4–10 weitgehend schwarz, ebenso Frons und Vertex, die dann metallisch violett glänzen. Durch dunklen Gesamteindruck können *T. festiva*-♂♂ an *Diplacodes lefebvrii* erinnern, diese ist jedoch kleiner, hat gerundete Flügel mit lockerem Adernetz und großen Pterostigmata und weist eine reinere Schwarzfärbung mit oft kontrastierenden weißen Anhängen auf.

Merkmale in der Hand ♂ Genitalien ähnlich *T. annulata*, doch Genitallobus mit schmalerer Spitze sowie auffallend blasig aufgetriebener Lamina anterior.

Varianten Ausmaß und Intensität der dunklen Zeichnung der Flügelspitzen variiert oder fehlt ganz, v. a. bei ♂♂. Im Gegensatz zu anderen *Trithemis* zw. IR_3 und Rspl oft nur 1 einzige (wie beim abgebildeten ♂) Zellreihe.

Verhalten ♂♂ sitzen typischerweise auf Felsen oder sonstigen exponierten Warten entlang von Bächen und Flüssen.

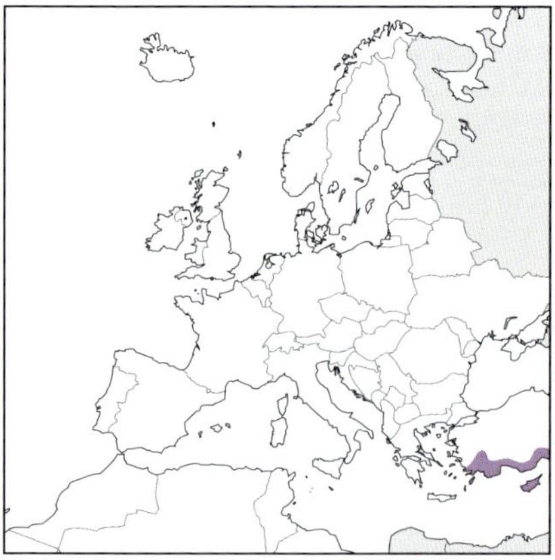

Vorkommen

Verbreitung/Status Von Papua-Neuguinea über das südl. Zentralasien bis in den Mittelmeerraum verbreitet, wo die Art entlang der türk. Südküste westl. bis Rhodos vorkommt. Innerhalb des begrenzten türk. Verbreitungsgebiets häufig.

Habitat Besonnte, meist kiesige und felsige Bäche und kleine Flüsse.

Flugzeit Ende April–Ende September.

Brachythemis Brauer, 1868 **Kurzpfeile**

▲ *Brachythemis fuscopalliata*, immatures ♂.

Bestimmung

Beschreibung Kleine, untersetzt proportinierte Libelluliden ohne tailliertes Abdomen. ♀♀ und junge ♂♂ beigefarben, mit dünner, komplexer und oft diffuser dunkler Zeichnung. Über die Komplexaugen ziehen sich oft 1–3 charakteristische dunkle Querstreifen. Flügel transparent oder mit dunklen Flecken; Pterostigmata großenteils cremefarben. Geschlechtsreife ♂♂ werden vollständig schwärzlich, mit großen, dunklen Flügelflecken. Die Kombination von Zellreihen-Verdopplung zwischen IR_3 und Rspl sowie das Fehlen von Queradern in den Flügeldreiecken (und oft Subtriangeln) schließt alle anderen Libelluliden-Gattungen aus. Nur *Acisoma, Pantala* und *Tramea* weisen ebenfalls eine transversale Carina nahe der Basis von S4 auf (ähnlich wie jene auf S3). Die ♀ Anhänge sind relativ lang und klauenähnlich.

Unterscheidung von anderen Gattungen
Geschlechtsreife ♂♂ nur mit anderen Libelluliden mit ebenfalls gemusterten Flügeln zu verwechseln, z. B. *Sympetrum pedemontanum* oder *Rhyothemis semihyalina*; diese unterscheiden sich jedoch beträchtlich hinsichtlich Proportionen, Verhalten, Verbreitungsgebiet und Färbung. ♀♀ und junge ♂♂ mit ungezeichneten Flügeln können *Sympetrum*, *Orthetrum* und *Trithemis* ähneln, unterscheiden sich aber von diesen durch ihre (großenteils) weißlichen Pterostigmata.

Unterscheidung der Arten 6 Arten in den warmen Regionen der Alten Welt, von denen im Gebiet eine afrik. und eine asiat. Art vorkommen. Diese beiden Arten könnten in der Türkei aufeinandertreffen, lassen sich aber in beiden Geschlechtern anhand der Pterostigmata-Färbung unterscheiden, ♂♂ zudem anhand der Flügelmuster.

V. J. Kalkman

Brachythemis fuscopalliata (Selys, 1887) — Mantel-Kurzpfeil

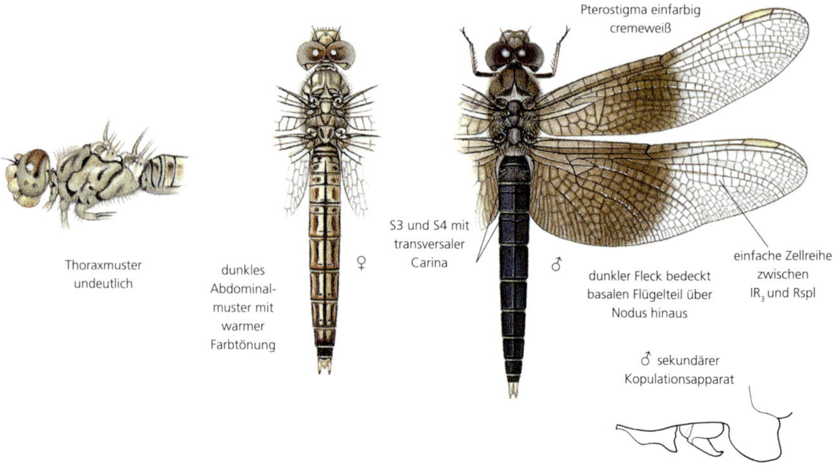

Bestimmung

Allgemein Die ebenholzschwarzen ♂♂ gehören zu den auffälligsten und unverwechselbarsten Libellen, während die ♀♀ dieser im Gebiet nur in der Türkei anzutreffenden Art nicht immer leicht von *B. impartita* zu unterscheiden sind.

Merkmale im Feld GL 31–39 mm, Ab 19–25 mm, HF 25–30 mm. Größer und gedrungener als *B. impartita*, mit vergleichsweise kürzerem Abdomen. Geschlechtsreife ♂♂ aufgrund der dunkelbraunen (z. T. auch schwarz oder rötlich wirkenden) Flügelflecke, die die basalen ³/₅ – von Basis bis jenseits des Nodus – bedecken, ziemlich unverwechselbar. Diese fehlen (vmtl. immer) den ♀♀ und frisch geschlüpften ♂♂, die meisten Individuen mit transparenten Flügeln lassen sich jedoch anhand der gedrungeneren Proportionen, des Abdominalmusters, der dunklen Aderung sowie der hellen Pterostigmata von anderen Libelluliden (bis auf *B. impartita*) trennen. *B. fuscopalliata* zeigt: (1) völlig cremefarbene (selten etwas braunere) Pterostigmata; bei *B. impartita* diese distal verdunkelt; (2) dunkles Abdominalmuster mit teilweise warmen Brauntönen und nicht einförmig schwarz wie bei *B. impartita*; (3) Thoraxmuster weniger ausgedehnt, diffuser und kontrastärmer als bei *B. impartita*. Geschlechtsreife ♂♂ können an *Rhyothemis semihyalina* erinnern, die jedoch hyaline VF aufweist; beide Arten sind zudem geografisch getrennt.

Merkmale in der Hand Morphologisch ähnlich *B. impartita*, aber zw. IR_3 und Rspl meist nur 1 Zellreihe.

Varianten Ähnlich wie *B. impartita*.

Verhalten Schnell fliegende, relativ scheue Art. ♂♂ sitzen oft mit hoch erhobenem Abdomen in der Ufervegetation.

Vorkommen

Verbreitung/Status Verbreitungsschwerpunkt in den ausgedehnten Sümpfen des Euphrat und Tigris im Irak, von wo sich das Areal nach W über die Levante bis in die S-Türkei erstreckt, wo die Art im Raum Adana nicht selten ist.

Habitat Stehende und langsam fließende, vegetationsreiche Gewässer wie Sümpfe, verschilfte Sandgruben, Entwässerungsgräben oder Bäche.

Flugzeit Anfang Mai–Ende September.

Brachythemis impartita Treuer Kurzpfeil

(Karsch, 1890)

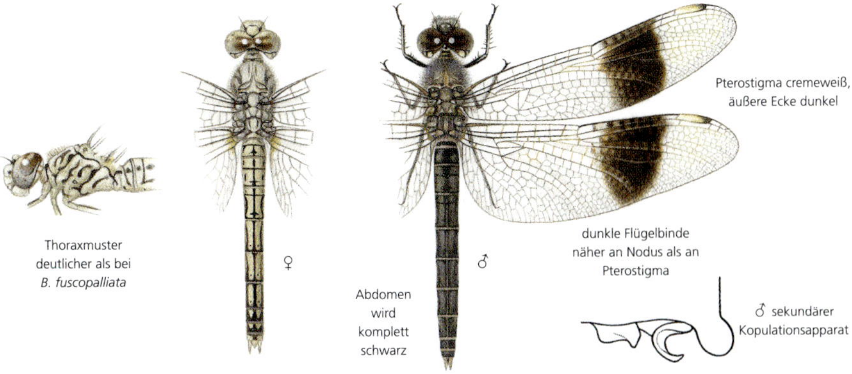

Bestimmung

Allgemein Neben dem auffälligen Äußeren der schwarzen ♂♂ mit gebänderten Flügeln und hellen Pterostigmata fällt diese Art v. a. durch das im Gebiet einzigartige Verhalten auf, im flatternden, bodennahen Flug Großsäugern im offenen Gelände zu folgen (deutscher Name!).

Merkmale im Feld GL 25–34 mm, Ab 16–21 mm, HF 20–26 mm. Größe ähnlich *Sympetrum sanguineum*, aber untersetzter. Anhand der breiten, dunklen Binden auf äußeren Flügelhälften gut zu erkennen; diese fehlen meist bei ♀♀, diese jedoch mit typ. Proportionen und Zeichnungsmuster sowie 2-farbigen Pt. Im Gebiet nur *Sympetrum pedemontanum* mit ähnlicher Flügelzeichnung, dieses jedoch geografisch von *B. impartita* getrennt. Letztere zeigt außerdem folgende Merkmale: (1) Flügelbinden näher an Nodi als an Pt; (2) Pt weißlich, nicht einheitlich gelb bis rot, und distales ¼ oder ⅓ dunkel; (3) Thorax und Ab mit komplexem, dunklem Muster und ♂♂ bei Geschlechtsreife einheitlich schwarz (nicht rot). In der Türkei ähneln ♀♀ der dort häufigeren *B. fuscopaliata* (s. dort), diese jedoch immer mit einheitlich hellen Pt.

Merkmale in der Hand ♂ Hamulus arttypisch geformt und lange, gekrümmte Anhänge des ♀ im Gebiet diagnostisch für die Gattung.

Varianten Beide Geschlechter beim Schlupf gelblich. ♂ wird schwarz, ♀ wird bräunlich, verwaschen-braune Flügelbinden bei uns selten, obgleich südlich der Sahara sehr häufig vorhanden.

Verhalten Fliegt gerne niedrig über nackten Boden und setzt sich auch oft dort ab. Folgt häufig Großsäugern, wie Rindern oder Menschen – vmtl. um aufgescheuchte Insekten zu erbeuten. Während Mittagshitze oft in großen Gruppen im Schatten.

Vorkommen

Verbreitung/Status Weit verbreitet in N-, W- und Zentralafrika. Artstatus erst kürzlich erkannt, vorher irrtümlich als konspezifisch mit der insgesamt südlicher verbreiteten *B. leucosticta* betrachtet. In den letzten Jahrzehnten mit deutlichen, nordwärts gerichteten Ausbreitungstendenzen, im Zuge dessen Sardinien und Ib. Halbinsel besiedelt wurden. Im Nahen Osten lokal sehr häufig, in S-Türkei nur wenige außerhalb des Gebiets gelegene Nachweise.

Habitat Vegetationsarme, stehende Gewässer aller Art.

Flugzeit April–Oktober.

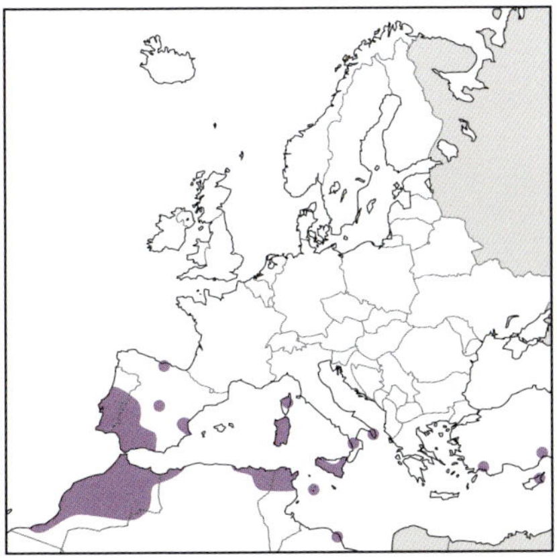

Diplacodes Kirby, 1889 Schwarzpfeile

Diplacodes lefebvrii (Rambur, 1842) Glänzender Schwarzpfeil

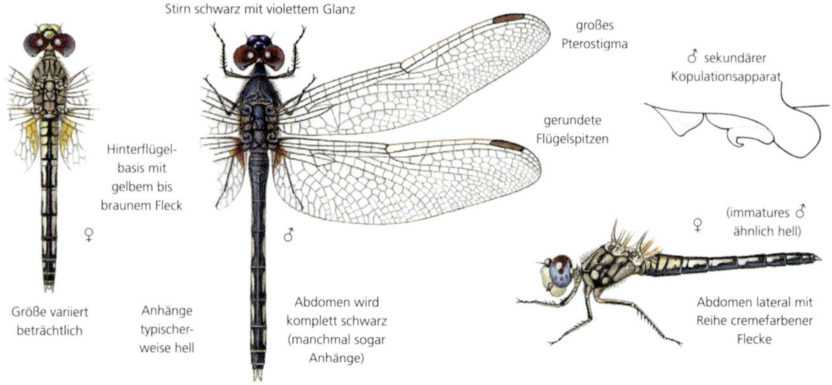

Bestimmung

Allgemein Kleine, agile Libellenart, deren geschlechtsreife ♂♂ völlig schwarz werden.
Merkmale im Feld GL 25–34 mm, Ab 15–25 mm, HF 19–29 mm. Kleiner als *Trithemis festiva*, mit der sie im Osten des Verbreitungsgebiets am ehesten verwechselt werden kann. Flügelspitzen relativ rund und mit großen, hellen bis braunen Pterostigmata. ♀♀ und immature ♂♂ strohfarben, mit etwas Gelb an HF-Basen. Abdomen schwarz, mit 3-eckigen, cremefarbenen, lateralen Flecken auf S1–8(9). Geschlechtsreife ♂ werden vollständig matt schwarz und zeigen metallisch violette Frons sowie dunkelbraune, 3-eckige HF-Basisflecken; Anhänge im Laufe des Reifungsprozesses oft noch lange hell bleibend. *Trithemis festiva* ♂ größer, mit spitzer zulaufenden Flügeln, kleinen, dunklen Pt, tiefblauem (anstelle von reinschwarzem) Körper sowie niemals weißen Anhängen. Alle Altersstadien können mit *Selysiothemis nigra* verwechselt werden, diese jedoch mit breiten, milchig hell geäderten Flügeln, kurzen, hellen Pt und ohne Basalflecke.

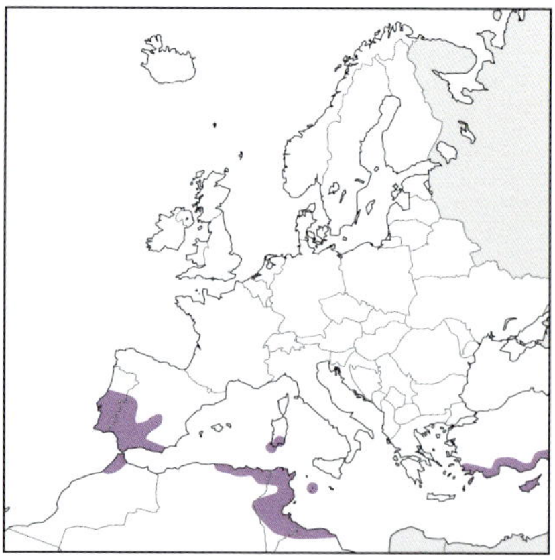

Merkmale in der Hand Adernetz auffallend locker: 6½–8½ VF-Ax, VF-Discoidalfeld basal mit nur 2 Zellreihen, zw. IR_3 und Rspl nur eine einzige Zellreihe sowie VF-Dreieck und Subtriangel meist 1-zellig. Aderung bei *T. festiva* deutlich dichter; sekundärer Kopulationsapparat der ♂♂ beider Arten jeweils diagnostisch.
Varianten Umfang und Intensität der schwarzen Zeichnung und Körpergröße individuell sehr variabel; v. a. in ariden Gebieten können frisch Geschlüpfte fast einfarbig gelb erscheinen.
Verhalten ♂♂ sitzen typw. in Sumpf- und Ufervegetation, wo sie aggressiv Reviere gegen Artgenossen verteidigen, aufgrund geringer Größe und unscheinbarer Gesamterscheinung aber auch leicht übersehen werden können.

Vorkommen

Verbreitung/Status Das Areal dieser in ganz Afrika häufigen Art reicht über die Levante und die Arabische Halbinsel bis ins südl. Zentralasien. Im Gebiet lokal sehr häufig, jedoch selten küstenfern anzutreffen. Erste italienische Pop. wurde 2014 auf der Insel San Pietro vor SW-Küste Sardiniens entdeckt.
Habitat Vegetationsreiche, sumpfige Gewässer aller Art.
Flugzeit Vermutlich ganzjährig im Maghreb, sonst April–November.

K.-D. B. Dijkstra

Selysiothemis Ris, 1897 Schwarze Barone

Selysiothemis nigra (Vander Linden, 1825) Schwarzer Baron

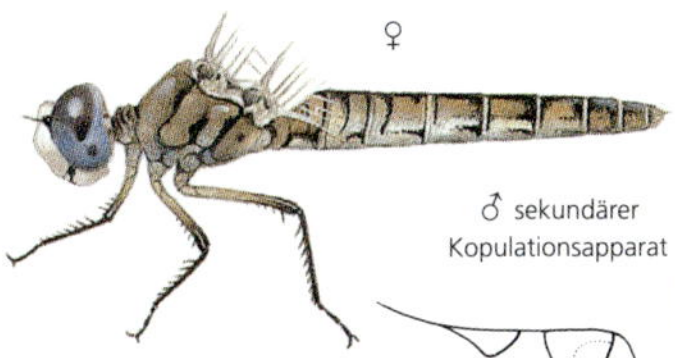

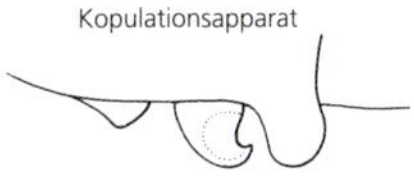

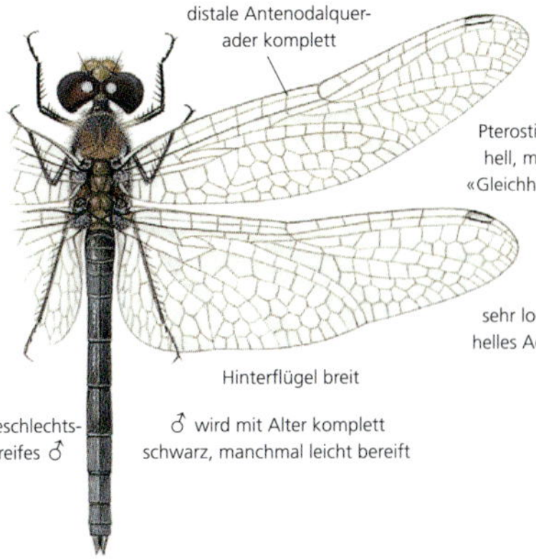

Bestimmung

Allgemein Adulte ♂♂ dieser kleinen, flugaktiven Art mit überproportional großem Kopf und auffallend milchig durchsichtigen Flügeladern sind einheitlich schwärzlich.

Merkmale im Feld GL 30–38 mm, Ab 21–26 mm, HF 24–27 mm. Etwas größer als *Diplacodes lefebvrii*, deren ♂♂ ebenfalls weitgehend schwarz sind und mit der sie leicht verwechselt werden kann. *Selysiothemis* jedoch mit breiteren Flügeln (v. a. HF) und mit auffallend offener, großzelliger Flügeladerung und sehr hellen, fast unsichtbaren Adern. Pterostigmata hell, auffällig kurz und durch kontrastierende schwarze posteriore und anteriore Adern an «Gleichheitszeichen» (=) erinnernd. ♀♀ und junge ♂♂ weitgehend sandfarben, mit dunkelbraunem Thoraxmuster und kräftigem schwarzem Längsstreifen auf ansonsten weitgehend ungezeichnetem Ab. ♂♂ werden schwarz, auch Anhänge werden ziemlich dunkel (bei *D. lefebvrii* oft hell), während Frons und Postclypeus meist hell bleiben (*D. lefebvrii* dunkel). Thorax und Ab können leichte blau-weißliche Bereifung entwickeln.

Merkmale in der Hand Aderung ähnelt am stärksten *Diplacodes* und *Acisoma* (ebenfalls mit nur 2 Zellreihen distal des VF-Dreiecks), doch mit kompletter distaler Antenodalquerader. Nah verwandt mit der viel größeren *Urothemis edwardsii*.

Verhalten Oft im Schwirrflug etwa 1 m über dem Boden zu beobachten und trotz geringer Größe sehr flugtüchtig und bemerkenswert windresistent. Ausgeprägte Tendenz zur Massenmigration und oft weit entfernt von Gewässern anzutreffen. Rastet typw. auf exponierten Sitzwarten in der offenen Landschaft, dabei oft Abdomen und Flügel etwas erhoben und wie ein Wimpel im Wind wehend.

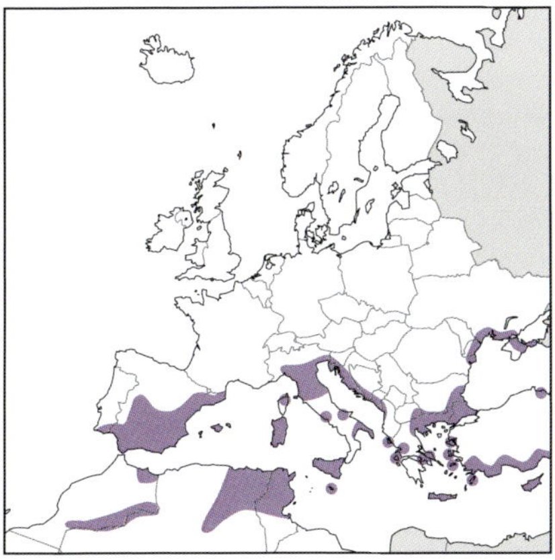

Vorkommen

Verbreitung/Status Monotypische Gattung mit zentralasiatischem Verbreitungsschwerpunkt. Von NW-Indien über die ariden Zonen Asiens bis in den Mittelmeerraum verbreitet. Im Gebiet nur zerstreut und meist küstennah, lokal jedoch sehr zahlreich; im Maghreb v. a. auf Oasen der Sahara beschränkt. Jüngst in Slowenien (2012), Rumänien (2013) und Frankreich (2015) nachgewiesen.

Habitat Typw. temporäre und semipermanente Flachgewässer aller Art, lokal z. B. auf der Ib. Halbinsel auch tiefe, große Seen.

Flugzeit Türkei Mitte Mai–Anfang August; in Spanien bis September, im Maghreb bis mind. Oktober.

V. J. Kalkman

Acisoma Rambur, 1842 **Nadelschwanzlibellen**

Acisoma inflatum Harlekin-Nadelschwanzlibelle

Selys, 1882

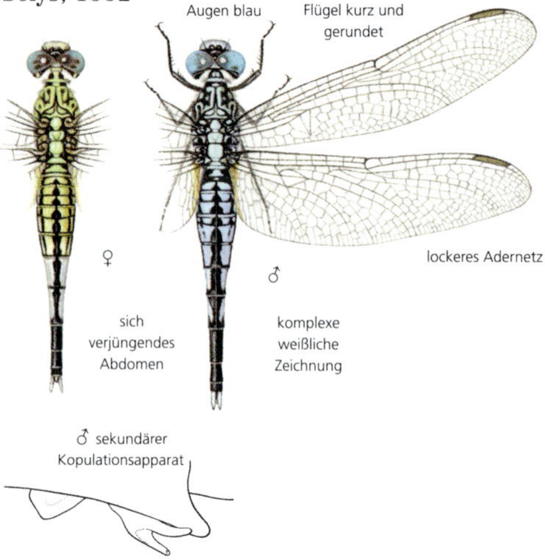

▲ *Acisoma inflatum* ♂.

Bestimmung

Allgemein Diese sehr kleine, attraktive Libellenart mit einzigartigen Proportionen ist in der Paläotropis weit verbreitet und oft an Weihern und Reisfeldern zu finden. Im Gebiet nur reliktär und sehr lokal in NO-Algerien. Die Art wurde über ein Jahrhundert lang irrtümlich für die asiatische *Acisoma panorpoides* gehalten.

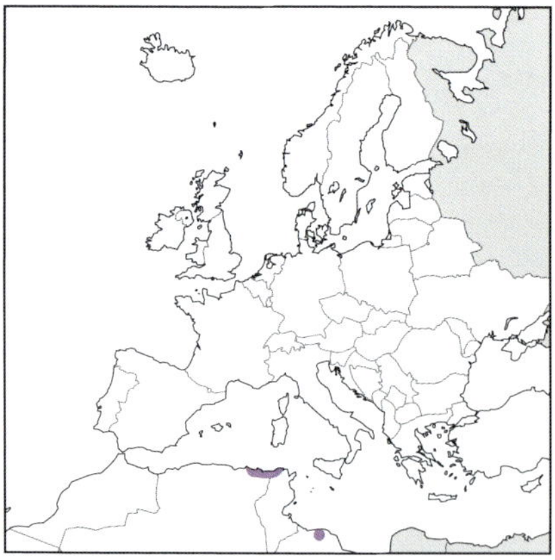

Merkmale im Feld GL 24–31 mm, Ab 16–22 mm, HF 19–25 mm. Etwa so groß wie *Diplacodes lefebvrii*. Durch arttyp. Zeichnungsmuster und konisches, an der Basis blasig aufgetriebenes und zum Ende hin schmal werdendes Abdomen v. a. ♂♂ unverwechselbar. ♀♀ spezifische Proportionen etwas weniger ausgeprägt, matter und weniger kontrastreich gefärbt.

Merkmale in der Hand Adernetz sehr locker und ähnlich offen wie bei *Diplacodes lefebvrii*: Vorderflügel gewöhnlich nur mit 7½ Ax, keine Queradern in Flügeldreieck und Subtriangel und distal des Flügeldreiecks nur 2 Zellreihen.

Varianten Körpergröße variiert in den Tropen erheblich.

Verhalten Sitzt oft tief in der Sumpfvegetation und ist leicht zu übersehen.

Vorkommen

Verbreitung/Status Im tropischen Afrika häufig. Im Gebiet nur eine kleine Reliktpopulation im El-Kala-Nationalpark in Algerien.

Habitat Vegetationsreiche Verlandungszonen von Weihern und Seen.

Flugzeit In Algerien Ende Mai–Ende September.

K.-D. B. Dijkstra

Pachydiplax Brauer, 1868 Amerikanische Blauspeere

Pachydiplax longipennis Amerikanischer Blauspeer

(Burmeister, 1839)

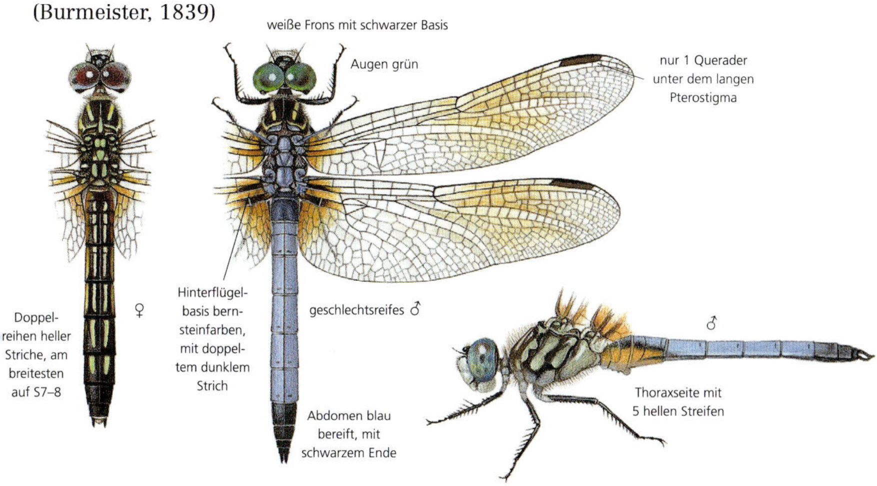

Bestimmung

Allgemein Eine der häufigsten nordamerik. Großlibellenarten überhaupt, aus Europa nur durch den Nachweis eines einzelnen Weibchens bekannt.

Merkmale im Feld GL 26–45 mm, Ab 23–35 mm, HF 30–43 mm. Etwa so groß wie *Sympetrum striolatum*. Geschlechtsreifes ♂ mit glänzenden, grünen Augen und auffallend weißem Postclypeus und weißer Frons, nur deren Oberseite sowie der angrenzende Vertex kontrastierend metallisch blauschwarz. Thorax dunkelbraun mit 5 gelben Streifen auf jeder Seite. Abdomen breit und eher kurz wirkend, auf S1–7 hellblau bereift, S8–10 schwarz. Blaue Bereifung zieht sich dorsal bis auf den Thorax. Flügelbasen großflächig bernsteinfarben, HF-Basen mit 2 dunklen Strichen und distale Flügelhälften oft rauchig getönt. ♀ ähnlich, aber Augen stärker braun, ohne Bereifung, Flügelbasen nur schmal bernsteinfarben, HF ohne schwarze Basalstriche. Abdomen auf S2–8 mit 2 Reihen gelber Längsstriche, diese sind auf S7–8 deutlich breiter.

Merkmale in der Hand Bis auf 1 am distalen Ende unterhalb Pterostigmata ohne Queradern; alle anderen Anisopteren des Gebiets weisen zusätzliche Queradern auf, die die Pterostigmata in der Mitte oder weiter promixal berühren.

Varianten Manche ♀♀ entwickeln grüne Augen und bereiftes Abdomen.

Verhalten ♂♂ sind sehr flugaktiv und aggressiv und setzen sich meist nur kurz auf exponierten Warten im Uferbereich ab, oft mit gesenkten Flügeln.

Vorkommen

Verbreitung/Status Der einzige europäische Nachweis dieser von S-Kanada bis Mexiko sehr häufigen Art bezieht sich auf ein einzelnes ♀, das am 6.9.1999 tot auf einer Ölplattform östlich der Shetlandinseln gefunden wurde. Dieser Nachweis der allgemein wenig wanderfreudigen Art geht jedoch mutmaßlich eher auf Schiffsverfrachtung als auf einen genuinen Transatlantikflug zurück.

Habitat Stillgewässer aller Art, bis auf saure Moore.

Flugzeit In den südlichen USA ganzjährig, in Kanada Mitte Juni–Anfang September.

K.-D. B. Dijkstra

Pantala Hagen, 1861 Wanderlibellen

Pantala flavescens (Fabricius, 1798) Wanderlibelle

◀ *Pantala flavescens* ♂.

Bestimmung

Allgemein Weltweit wohl die erfolgreichste Libellenart, bis auf die Antarktis auf allen Kontinenten anzutreffen, doch im Gebiet erstaunlich selten. Durch Körperbau und Verhalten zwar recht unverkennbar, doch wurde kürzlich im Gebiet die etwas ähnliche *Tramea basilaris* gefunden.

Merkmale im Feld GL 45–55 mm, Ab 26–37 mm, HF 38–42 mm. Gehört zu den größeren Libelluliden, Größe ähnlich *Orthetrum cancellatum*. Flügel lang und zugespitzt, HF an Basis sehr breit und deutlich 3-eckig. ♂ äußerste HF-Spitzen braun gezeichnet. Leicht zylindrisches Abdomen mit schwarzen dorsalen Längsmustern, bei frisch geschlüpften Tieren gelblich, geschlechtsreife Individuen dorsal rot überlaufen, adulte ♂♂ und manche ♀♀ daher mit orangem Gesamteindruck. Augen dorsal rotbraun, unterhalb blaugrau. Aufgrund ähnlicher Proportionen und ähnlichen Verhaltens ist im südlichsten N-Afrika *Tramea basilaris* eine potenzielle Verwechslungsart, diese weist im Gegensatz zu *P. flavescens* jedoch 2 große orangebraune Flecke an der HF-Basis auf.

Merkmale in der Hand Pterostigmata kurz, in HF deutlich kürzer als in VF. R_3- und IR_3-Adern auffallend deutlich gewellt. HF mit 2 Queradern zw. Flügeldreick und -basis. Beide Geschlechter mit auffallend langen Anhängen sowie diagnostischen transversalen Carinae auf S3–5.

Varianten Abdominaler Schwarzanteil, Intensität und Ausprägung der Rotfärbung, Gelbanflug der HF und braune Flügelspitzen variieren beträchtlich; Flügel können völlig transparent und Abdomen einzelner ♂♂ dunkelrot sein.

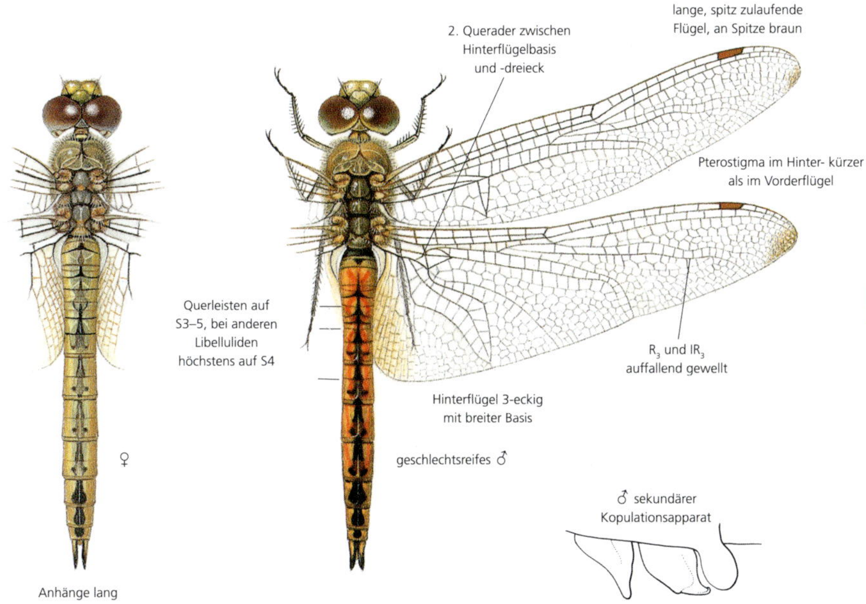

Verhalten Ausgeprägte, v. a. auf die Dynamik der Innertropischen Konvergenzzone (ITCZ) spezialisierte Wanderart und ausgezeichnet an Besiedlung temporärer Habitate angepasst, da Entwicklungszyklus innerhalb eines Monats vollendet werden kann. Hervorragender Flieger, gleitet oft in Wipfelhöhe über Wege oder patrouilliert ausdauernd über Wasserflächen. Setzt sich nur selten ab, nimmt dabei eine senkrecht hängende Haltung ein.

Vorkommen

Verbreitung/Status Zirkumtropisch verbreitet und regelmäßig transozeanisch wandernde Art, die überall in den Tropen und in N-Amerika sehr zahlreich vorkommt, in Europa jedoch insgesamt erstaunlich selten beobachtet wird. Im Gebiet nur auf Zypern, Sizilien und insbesondere in SO-Türkei häufig; daneben weit verstreute Funde im restlichen östl. Mittelmeerraum. Im W des Gebiets selten; alte Fundmeldungen aus Spanien, Frankreich und England gehen wohl zumindest teilweise auf Schiffsverfrachtungen zurück. Neuerdings erreichte die Art erstmals Kroatien (2010), Bulgarien (2012), die ital. Inseln Linosa und Lampedusa (2012), Kaliningrad/Russland (2013), Gran Canaria (2013), São Miguel/Azoren (2014) und Polen (2016). Im Jahr 2019 erstmals in Weißrussland, Frankreich und ital. Festland nachgewiesen, und hat sich in Deutschland und der Schweiz erfolgreich fortgepflanzt. Unregelm. am NW-Rand der Sahara seit Mitte der 1990er-Jahre, mit nur einer Handvoll Fundorten in Marokko und Tunesien. Die Art könnte in Zukunft häufiger auftreten; die meisten Individuen sind aus Tropisch-Afrika zu erwarten, doch im W durchaus auch aus N-Amerika.

Habitat Äußerst mobil und potenziell fast überall zu erwarten, vom offenen Meer bis in die nivale Stufe der Hochgebirge. Spezialisiert auf Fortpflanzung in kleinen, vegetationsfreien, temporären, stehenden Gewässern.

Flugzeit In der Türkei von Juni–September; in der Sahara ganzjährig zu erwarten.

K.-D. B. Dijkstra

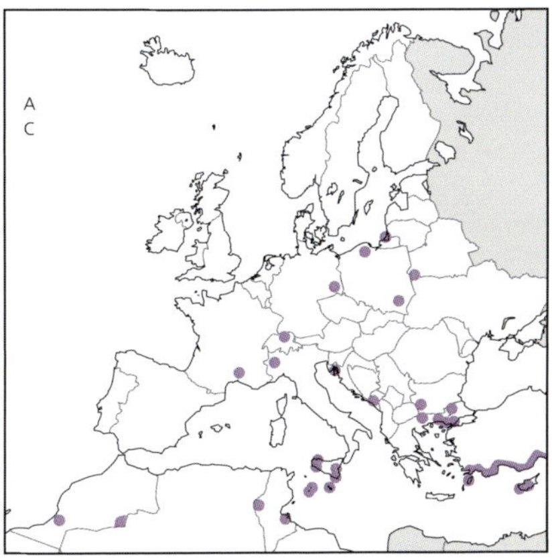

Tramea Hagen, 1861 — Gleiter

Tramea basilaris — Afrikanischer Gleiter

(Palisot de Beauvois, 1817)

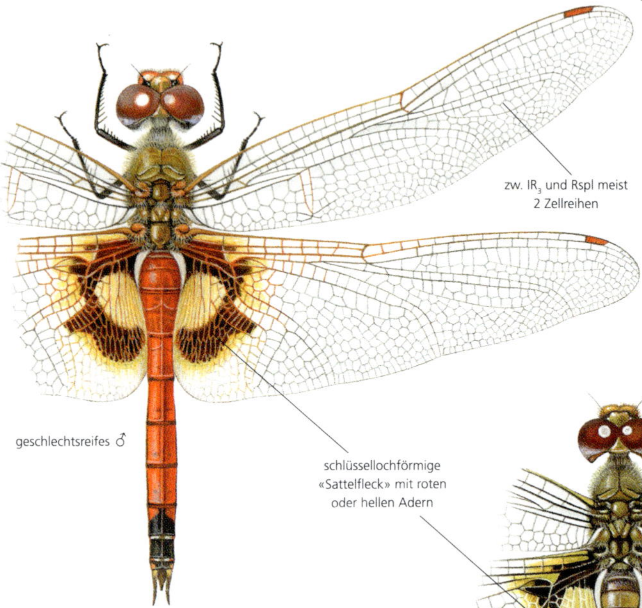

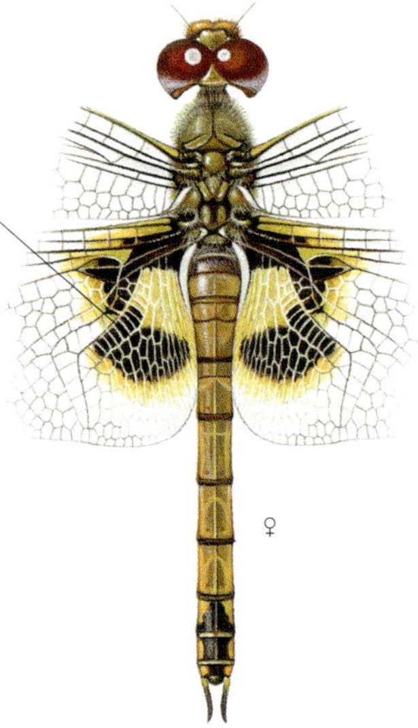

Bestimmung

Allgemein Ein umherstreifendes Paar dieser großen, roten und braunen Libelle aus dem tropischen Afrika wurde im Jahr 2016 von der kleinen italienischen Insel Linosa gemeldet. Obgleich der schlüssellochförmige «Sattelfleck» auf den breiten HF diese Art unverwechselbar macht, erinnert ihr hoher Segelflug auf spitzen Schwingen an die ähnlich wendige *Pantala flavescens*. Die Beobachtungen dieser beiden Gleitflieger dürften im Mittelmeerraum zunehmen.

Merkmale im Feld GL 47–50 mm, Ab 30–36 mm, HF 38–43 mm. Ähnelt in Größe, Gestalt und Färbung *P. flavescens*, obwohl nicht näher mit ihr verwandt. Beide Geschlechter im Gebiet einzigartig durch das Farbmuster auf den breiten HF-Basen. Dieses besteht pro Flügel aus einem dunklen, sichelförmigen Fleck, der von einem großen, gelben Hof umgeben ist. Ausgefärbte ♂♂ haben rotbraunes Abdomen, dessen Ende, zumindest auf S8–10, schwarz gefärbt. Zudem sind ihre Flügelflecke tief braunrot und die Adern leuchtend rot. Junge ♂♂ und ♀♀ mehr olivbraun mit schwärzlichen Flügelflecken und kontrastierenden, hellen Adern.

Merkmale in der Hand Hat mit *P. flavescens* die kleinen Pt gemeinsam, die im HF kürzer sind als im VF. Obere Anhänge in beiden Geschlechtern sogar noch länger als bei *P. flavescens*. Die einzige Libellulide im Gebiet, die im VF entlang der Mspl deutlich erkennbar 2 Zellreihen statt nur 1 aufweist.

Varianten Europ. Raum wurde whs. von Afrika aus erreicht. Vertreter aus asiat. Populationen neigen zu dunkleren Thoraxnähten und Vorderrändern der Ab-Segmente; Letztere wirken besonders bei ♀♀ wie schwarze Ringe. Diese dunklen Pop. werden manchmal als ssp. *burmeisteri* geführt.
Verhalten Meist im Flug zu sehen, wobei sie regelmäßig gms. mit *P. flavescens* schwärmt. Beide Arten wandern in Abhängigkeit vom Regen und ruhen in der Vegetation in hängender Position. Aber *T. basilaris* sitzt auch oft auf der Spitze hoher, exponierter Warten, wobei sie die Flügel anhebt und das Abdomen entweder auch leicht anhebt oder senkt. Verhalten bei Eiablage gattungstypisch: Das Paar fliegt im Tandem, und ♂ lässt ♀ immer dann los, wenn dieses zur Eiablage auf dem Wasser abwärts schwingt, und greift es danach sofort wieder auf.

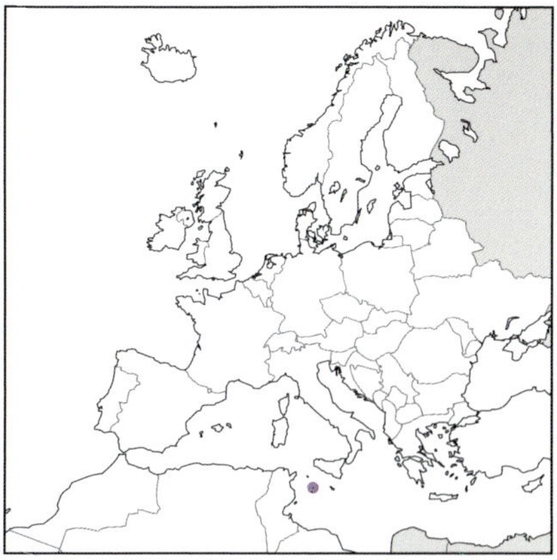

Vorkommen

Verbreitung/Status Von Tropisch-Afrika über Arab. Halbinsel und Indien bis Japan, doch wandernde Individuen haben sogar schon S-Amerika und Karibik erreicht. Im Oktober 2016 wurden 1 ♂ und 1 ♀ auf der Insel Linosa zw. Malta und Tunesien fotografiert. Dies war der erste Nachweis nördlich der Sahara und im europäischen Raum.
Habitat Vielzahl stehender, zumeist zeitweilig trockenfallender Gewässer in offener Landschaft, wie ephemere Tümpel und Riedsümpfe, kann aber auf den Wanderungen überall auftreten.
Flugzeit In Afrika ganzjährig, erscheint und reproduziert mit den Regenzeiten. Juli bis September ist die nasseste Zeit in südlicher Sahara. Daher sind nördliche Migranten im Herbst am wahrscheinlichsten.

K.-D. B. Dijkstra & A. Schröter

◀ *Tramea basilaris* ♂ fliegt hoch über der Mittelmeerinsel Linosa, europäischer Erstnachweis dieser afrikanischen Wanderart.

Rhyothemis Hagen, 1867 — Falterlibellen

Rhyothemis semihyalina (Desjardins, 1832) — Opal-Falterlibelle

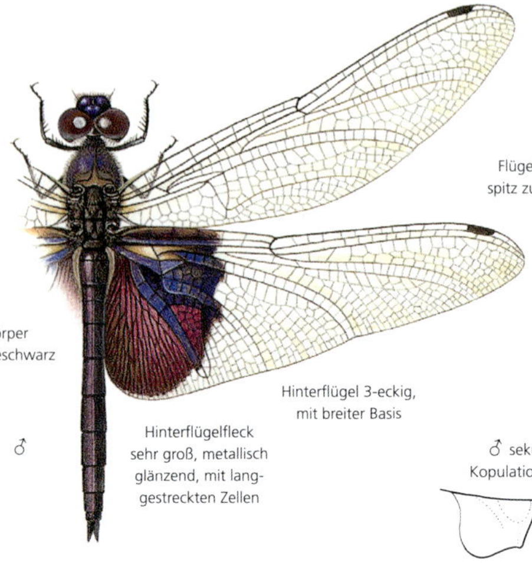

♂ sekundärer Kopulationsapparat

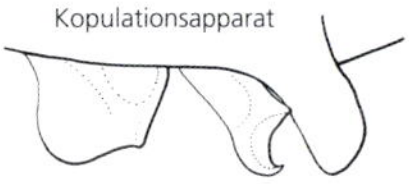

Bestimmung

Allgemein Afrikanische Art, im Gebiet nur von einem einzigen algerischen Nachweis aus der 1. Hälfte des 19. Jh. bekannt. Da ausgesprochen wanderfreudig, erscheint ein weiterer Fund dieser durch ihren ungewöhnlich flatternden Flug, den komplett bronzeschwarzen Körper und die stark vergrößerten Hinterflügel mit großem, metallisch glänzendem Basalteil unverkennbaren Art durchaus möglich.

Merkmale im Feld GL 24–34 mm, Ab 15–22 mm, HF 23–31 mm. Etwa so lang wie eine kleine *Sympetrum*-Art, aber durch auffallend große und v. a. sehr breite Flügel deutlich anders proportioniert. HF mit 3-eckiger Grundform, Pterostigmata klein und dunkel. Basale Drittel der HF (fast bis zum Nodus) schwarz mit metallisch violettem Glanz. Körper vollständig bronzeschwarz.

Merkmale in der Hand Meist nur 7½ Ax in den VF. Aufgrund der, durch die Breite der Flügel bedingt, besonders gestreckten Zellen der HF-Basen in Kombination mit von Adern durchzogenen Flügeldreiecken (2–3 Zellen) und Subtriangel (4–6 Zellen) der VF unverwechselbar.

Varianten Form der HF-Flecke variiert, diese jedoch immer ausgedehnt und auffällig.

Verhalten Spezifisch flatternder, schmetterlingsähnlicher Flug unter den Arten des Gebiets einzigartig. Gleitet bisweilen mit flachen, langsamen Flügelschlägen und rastet auf exponierten Warten, die metallisch blitzenden Flügel meist leicht erhoben.

Vorkommen

Verbreitung/Status In Tropisch-Afrika weit verbreitet und oft zahlreich, urspr. von Mauritius beschrieben. Reliktpopulationen in NO-Algerien sowie im israelischen Jordantal gelten als erloschen.

Habitat Sümpfe und vegetationsreiche Verlandungsufer.

Flugzeit In Israel von Mai–August.

K.-D. B. Dijkstra

Urothemis Brauer, 1868 Sonnenlibellen

Urothemis edwardsii (Selys, 1849) Blaue Sonnenlibelle

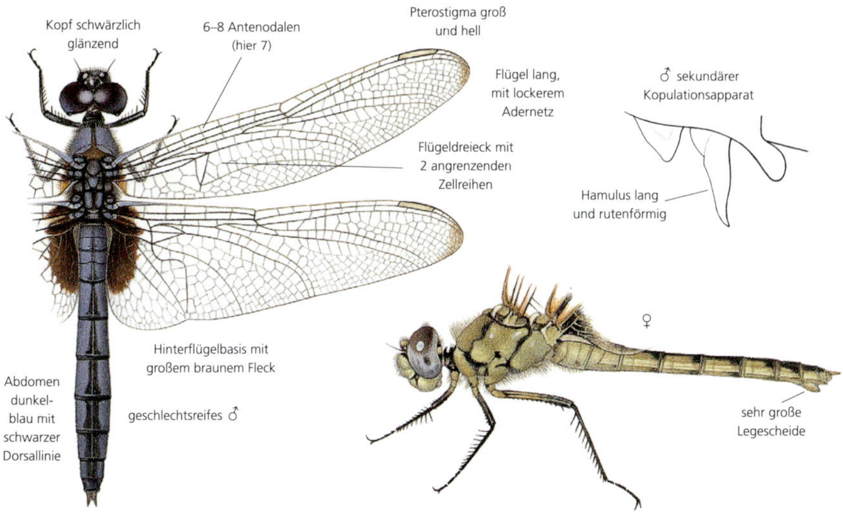

Bestimmung

Allgemein Diese relativ große, dunkelblaue Art ist in offenen Landschaften des gesamten subsaharischen Afrika weit verbreitet, im Gebiet jedoch nur von einer akut bedrohten maghrebinischen Reliktopulation bekannt, von wo die Art auch wissenschaftlich beschrieben wurde.

Merkmale im Feld GL 38–47 mm, Ab 26–30 mm, HF 35–37 mm. Größe zw. *Orthetrum brunneum* und *O. cancellatum*. Flügel lang, mit sehr großen, hellen Pterostigmata, HF mit großen, dunkelbraunen Basalflecken. ♀ und immatures ♂ eintönig hellbraun, mit kräftiger schwarzer Längszeichnung entlang der dorsalen Carina des Abdomens. ♂♂ entwickeln mit zunehmendem Alter bis auf die schwarze abdominale Zeichnung am ganzen Körper eine dunkelblaue Bereifung. Vertex und Frons glänzen schwarz, nur die Seiten letzterer bleiben weißlich; Augen oberseits glänzend kastanienbraun, unterseits meist bläulich weiß.

Merkmale in der Hand Adernetz für eine recht große Art auffallend locker: VF nur mit 6–8 Ax und 2 Zellreihen distal des Flügeldreiecks. ♂ Hamulus sehr lang und rutenförmig; 2-lappige Legescheide des ♀ sehr groß, dem Abdomen angedrückt.

Varianten Ausdehnung der HF-Basisflecke variabel, bei ♀♀ oft kleiner und von hellen Adern durchzogen. Bei ♂♂ subsaharischer Populationen ziehen sich die Flecke meist bis auf die Analschleife und zur ersten Antenodalquerader, bei ♂♂ israelischer Herkunft deutlich kleiner, während die Flecke algerischer ♂♂ manchmal sogar die Flügeldreiecke erreichen.

Verhalten ♂♂ sitzen oft auf exponierten Warten in der Ufervegetation und verhalten sich aggressiv gegenüber Artgenossen und anderen Arten.

Vorkommen

Verbreitung/Status In Afrika südlich der Sahara weit verbreitet. Neben einem Sichtnachweis aus Tunesien im Gebiet nur von einer einzelnen, isolierten und akut bedrohten Reliktpop. im El-Kala-Nationalpark NO-Algeriens bekannt. Eine weitere Reliktpopulation in N-Israel gilt als ausgestorben.

Habitat Vegetationsreiche Sümpfe; in Algerien sumpfige Verlandungszonen küstennaher Seen mit Schilf *(Phragmites australis)* und Weißer Seerose *(Nymphaea alba)*.

Flugzeit In Algerien Mai–September, in Israel bis November.

K.-D. B. Dijkstra

Zygonyx Selys in Hagen, 1867 Wasserfallkreuzer

Zygonyx torridus (Kirby, 1889) Gefleckter Wasserfallkreuzer

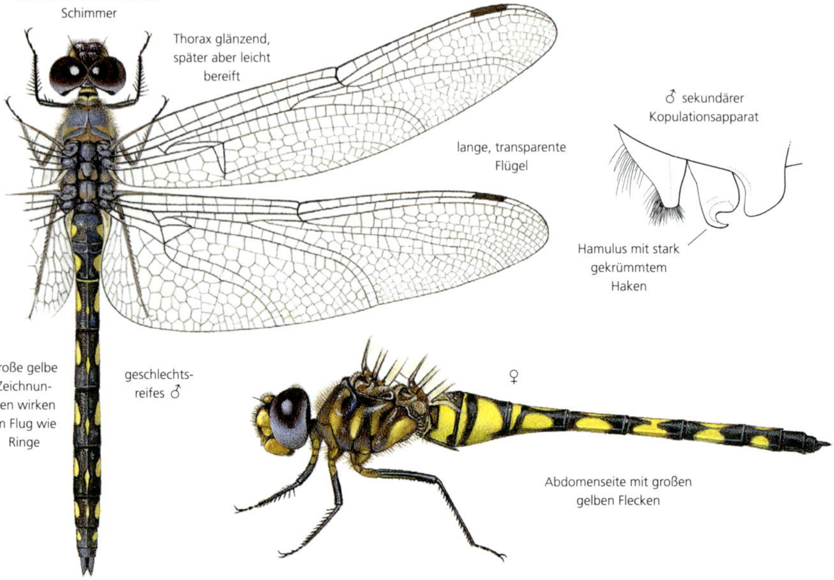

Bestimmung

Allgemein Erinnert durch beträchtliche Größe, ausdauernde Patrouillenflüge und gelb gefleckten, schwarzen Körper in der Gesamterscheinung eher an eine Aeshnide, Cordulegastride oder Corduliide als eine Libellulide. Auch die Präferenz für sehr schnell fließende Fortpflanzungsgewässer ist unter den Libelluliden des Gebiets einzigartig.

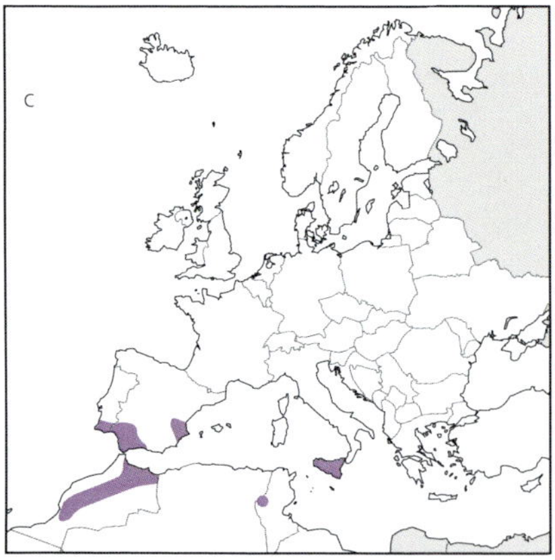

Merkmale im Feld GL 50–60 mm, Ab 35–43 mm, HF 45–50 mm. Größte Libellulide des Gebiets, etwa so groß wie *Aeshna mixta*. Körper dunkel, Frons und Thorax mit starkem Bronzeglanz. Ab schwarz, S2–8 mit paarigen, halbkreisförmigen, gelben, lateralen Flecken, wirken im Flug wie 6–7 helle Ringe.
Merkmale in der Hand Hamulus mit sehr kräftigem, gekrümmtem Haken, Lamina anterior dicht behaart.
Verhalten Kräftiger, schneller Flieger. ♂♂ patrouillieren ausdauernd über Stromschnellen, verhalten sich sehr aggressiv gegenüber anderen Libellen. Setzt sich nur selten ab, dann grundsätzlich in senkrecht hängender Position. Wanderfreudige Art.

Vorkommen

Verbreitung/Status In ganz Afrika südlich der Sahara häufig und nach O über Levante bis Indien verbreitet. Im Gebiet generell selten und auf Maghreb, Ib. Halbinsel sowie Sizilien beschränkt. Einzelnachweis in SW-Türkei läßt dort zukünftige weitere Funde als wahrscheinlich erscheinen.
Habitat Offene Fließgewässer mit rascher Strömung, v. a. Wasserfälle und Stromschnellen.
Flugzeit April–August. ***K.-D. B. Dijkstra***

Anhang 1

Ungeklärte taxonomische Zuordnungen bei europäischen Libellen

Gattungsebene

Wie schon zuvor erläutert, sind große Gattungen wie *Lestes*, *Aeshna*, *Gomphus*, *Libellula* und *Sympetrum* oft heterogen (nicht monophyletisch). Oft basieren die bisher vorgeschlagenen Aufspaltungen nicht auf fundierten Untersuchungen, sondern vielmehr auf einer unkritischen Abtrennung oberflächlich unähnlicher Arten.

In der folgenden Tabelle ist unsere Zuordnung von Arten zu Gattungen zusammengefasst. Die taxonomischen Analysen wurden folgendermaßen bewertet: (0) unzureichend aufgrund von Methode oder Auswahl von Merkmalen und/oder Arten; (1) unschlüssig, aber teilweise die vorgeschlagene Änderung befürwortend; (2) vollständig befürwortend. Die Änderung führt zu: (1) Aufspaltungen von Gattungen; (2) Zusammenführen von Gattungen. Da ein Zusammenführen von Gattungen die Taxonomie allgemein weniger stört als eine Aufspaltung, haben wir einen vorgeschlagenen Gattungswechsel angenommen, falls die Summe der Zahlenwerte in «Analyse» und «Änderung» bei drei oder darüber liegt. Wie zu sehen ist, konnten die meisten Fälle inzwischen geklärt werden; zuletzt die Bestätigung, dass *Chalcolestes* und *Stylurus* separate Gattungen sind. Es spricht Vieles dafür, dass auch *Aeshna isoceles* und *Somatochlora borisi* in Zukunft in andere Gattungen gestellt werden. *Libellula quadrimaculata* scheint ebenso wenig in dieselbe Gattung wie *L. depressa, L. fulva* und *L. pontica* zu gehören. Die Unklarheit besteht nicht nur in den exakten Verwandtschaftsbeziehungen, sondern auch darin, ob *L. depressa* oder *L. quadrimaculata* den Namen *Libellula* beibehalten kann, den ältesten Gattungsnamen unter den Libellen.

Bisherige Gattung	**Vorgeschlagene Gattung**	**Betroffene Arten**	**Analyse**	**Änderung**	**Akzeptiert**
Lestes	*Chalcolestes*	*parvidens* *viridis*	2	1	ja
Cercion	*Erythromma*	*lindenii*	2	2	ja
Aeshna	*nicht benannt*	*isoceles*	1	1	noch nicht
Aeshna	*nicht benannt*	*affinis* *mixta*	1	1	noch nicht
Hemianax	*Anax*	*ephippiger*	1	2	ja
Gomphus	*Stylurus*	*flavipes* *ubadschii*	2	1	ja
Cordulegaster	*Thecagaster*	*bidentata*	0	1	nein
Cordulegaster	*Sonjagaster*	*helladica* *insignis*	0	1	nein
Somatochlora	*Corduliochlora*	*borisi*	1	1	noch nicht
Libellula	*Ladona**	*depressa* *fulva* *pontica*	1	1	noch nicht
Sympetrum	*Tarnetrum*	*fonscolombii*	0	1	nein

* Die Unterstützung, mehr Gattungen, wie *Platetrum*, einzubeziehen, ist schwächer.

Artebene

Auf Art- und Unterartebene sind die taxonomischen Probleme sogar noch größer. Einige frühere Unterarten werden immer häufiger als «gute» Arten behandelt. Dies trifft auf etwa ein Viertel unserer Arten zu. Zudem gibt es zahlreiche kleinere Änderungen bei der ursprünglichen Schreibweise (z. B. Namen, die auf -i, -ii oder -ei enden), Autor und Jahr der Beschreibung von Gattungen und Arten. Die Liste in Anhang 2 liefert die zurzeit aktuellsten Informationen. Alle Trivialnamen wurden von einem Expertenteam unter der Leitung von Andreas Martens und Hansruedi Wildermuth überprüft und, wo es notwendig schien, neu entwickelt.

Wir haben mithilfe eines einfachen, aber unvollständigen Tests entschieden, welches Taxon als «gute» Art anzusehen ist. Diskrete (klar erkennbare) Merkmale werden wir folgt bewertet: (0) fehlend; (1) schwach, etwa bei Färbung oder Größe; (2) eindeutig, z. B. morphologische Details oder DNA-Daten. Für Verbreitungsgebiete gilt: (0) überlappen sich; (1) sind getrennt, sodass nicht untersucht werden kann, ob zwei Taxa paarungsfähig sind; (2) überlappen sich, ohne dass es zu einer Vermischung kommt; (2*) Überlappung mit begrenztem Ausmaß an Hybridisierung. Da «gute» Arten durch ihr Erscheinungsbild unterscheidbar sein müssen und sich nicht ohne Weiteres vermischen können, klassifizieren wir Taxa als eigene Arten, wenn die Summe der Zahlenwerte bei drei oder darüber liegt. Fragliche Fälle (?) wurden im Zweifelsfall positiv bewertet und müssen durch weitere Forschung im Freiland, Museum und Labor gelöst werden (siehe Forschung und Sammeln, S. 7).

Anerkanntes Taxon	**Strittiges Taxon**	**Merkmale**	**Verbreitung**	**Eigene Art**
Calopteryx splendens	*exul*	2	1	ja
"	*xanthostoma*	2	2*	ja
Calopteryx virgo	*meridionalis*	1	0	nein
Lestes virens	*numidicus*	2?	2?	ja?
Chalcolestes viridis	*parvidens*	2	2*	ja
Coenagrion hylas	*freyi*	0	1	nein
Coenagrion puella	*intermedium*	2	1	ja
"	*syriacum*	2	1	ja
Ceriagrion tenellum	*georgifreyi*	2	1	ja
Enallagma cyathigerum	*deserti*	2	2	ja
Ischnura elegans	*genei*	2	2	ja
"	*graellsii*	2	2*	ja
Ischnura graellsii	*saharensis*	2	2	ja
Pyrrhosoma nymphula	*elisabethae*	2	1	ja
Aeshna serrata	*osiliensis*	0	1	nein
Boyeria irene	*cretensis*	2	1	ja
Stylurus flavipes	*ubadschii*	2	1?	ja?
Gomphus simillimus	*lucasii*	2	1?	ja?
Gomphus vulgatissimus	*schneiderii*	2	0–2?	ja?
Onychogomphus forcipatus	*albotibialis*	2	0	nein
"	*lefebvrii*	2	2	ja
"	*unguiculatus*	2	0	nein
Cordulegaster boltonii	*heros*	2	2	ja
"	*princeps*	2	1	ja
"	*trinacriae*	2	2*	ja
Cordulegaster insignis	*helladica*	2	1	ja
Somatochlora metallica	*meridionalis*	1	2?	ja?
Crocothemis servilia	*erythraea*	2	2	ja
Libellula fulva	*pontica*	1	2	ja?
Orthetrum coerulescens	*anceps*	2	0	nein
Sympetrum striolatum	*nigrescens*	1	0?	nein
"	*nigrifemur*	1	1	nein
Sympetrum vulgatum	*decoloratum*	1	0	nein
"	*ibericum*	1	0?	nein

Anhang 2

Liste der im Führer behandelten Arten

Die Familien sind so geordnet, dass sie die evolutionären Verwandtschaftsbeziehungen wiedergeben. Die Gattungen stehen in alphabetischer Reihenfolge. In Anhang 1, der Einleitung oder den jeweiligen Artbeschreibungen wird erläutert, welche taxonomischen Zuordnungen getroffen wurden. Häufig gebrauchte Synonyme, alternative Gattungsnamen und unkorrekte Schreibweisen sind mit = gekennzeichnet. Von uns nicht anerkannte Arten, die aber bei einer anderen Art eingeschlossen sind, sind durch vorangestelltes + gekennzeichnet.

wissenschaftlicher Name	deutscher Name	Synonyme
ZYGOPTERA	**Kleinlibellen**	
Lestidae	**Teichjungfern**	
Chalcolestes Kennedy, 1920	**Weidenjungfern**	
C. parvidens (Artobolevski, 1929)	Östliche Weidenjungfer	= *Lestes parvidens* Artobolevski, 1929
C. viridis (Vander Linden, 1825)	Westliche Weidenjungfer, Weidenjungfer	= *Lestes viridis* (Vander Linden, 1825)
Lestes Leach, 1815	**Binsenjungfern**	
L. barbarus (Fabricius, 1798)	Südliche Binsenjungfer	
L. dryas Kirby, 1890	Glänzende Binsenjungfer	
L. macrostigma (Eversmann, 1836)	Dunkle Binsenjungfer	
L. numidicus Samraoui et al. 2003	Numidische Binsenjungfer	
L. sponsa (Hansemann, 1823)	Gemeine Binsenjungfer	
L. virens (Charpentier, 1825)	Kleine Binsenjungfer	
Sympecma Burmeister, 1839	**Winterlibellen**	
S. fusca (Vander Linden, 1820)	Gemeine Winterlibelle	
S. paedisca (Brauer, 1877)	Sibirische Winterlibelle	+ *S. annulata* (Selys, 1887)
Calopterygidae	**Prachtlibellen**	
Calopteryx Leach, 1815	**Prachtlibellen**	
C. exul Selys, 1853	Atlas-Prachtlibelle	
C. haemorrhoidalis (Vander Linden, 1825)	Bronzene Prachtlibelle	
C. splendens (Harris, 1780)	Gebänderte Prachtlibelle	
C. virgo (Linnaeus, 1758)	Blauflügel-Prachtlibelle	
C. xanthostoma (Charpentier, 1825)	Westliche Prachtlibelle	
Euphaeidae	**Orientjungfern**	
Epallage Charpentier, 1840	**Orientjungfern**	
E. fatime (Charpentier, 1840)	Blaue Orientjungfer	
Platycnemididae	**Federlibellen**	
Platycnemis Burmeister, 1839	**Federlibellen**	
P. acutipennis Selys, 1841	Orange Federlibelle	
P. dealbata Selys in Selys & Hagen, 1850	Elfen-Federlibelle	
P. kervillei (Martin, 1909)	Bereifte Federlibelle	
P. latipes Rambur, 1842	Weiße Federlibelle	
P. pennipes (Pallas, 1771)	Blaue Federlibelle	
P. subdilatata Selys, 1849	Maghreb-Federlibelle	

Coenagrionidae	**Schlanklibellen**	
Ceriagrion Selys, 1876	**Rubinjungfern**	
C. georgifreyi Schmidt, 1953	Große Rubinjungfer	
C. tenellum (de Villers, 1789)	Zarte Rubinjungfer	
Coenagrion Kirby, 1890	**Azurjungfern**	
C. armatum (Charpentier, 1840)	Hauben-Azurjungfer	
C. caerulescens (Fonscolombe, 1838)	Südliche Azurjungfer	
C. hastulatum (Charpentier, 1825)	Speer-Azurjungfer	
C. hylas (Trybom, 1889)	Bileks Azurjungfer	+ *C. freyi* (Bilek, 1954)
C. intermedium Lohmann, 1990	Kretische Azurjungfer	
C. johanssoni (Wallengren, 1894)	Nordische Azurjungfer	
C. lunulatum (Charpentier, 1840)	Mond-Azurjungfer	
C. mercuriale (Charpentier, 1840)	Helm-Azurjungfer	
C. ornatum (Selys, 1850)	Vogel-Azurjungfer	
C. puella (Linnaeus, 1758)	Hufeisen-Azurjungfer	
C. pulchellum (Vander Linden, 1825)	Fledermaus-Azurjungfer	
C. scitulum (Rambur, 1842)	Gabel-Azurjungfer	
C. syriacum (Morton, 1924)	Syrische Azurjungfer	
Enallagma Charpentier, 1840	**Becherjungfern**	
E. cyathigerum (Charpentier, 1840)	Gemeine Becherjungfer	
E. deserti (Selys, 1871)	Wüsten-Becherjungfer	
Erythromma Charpentier, 1840	**Granataugen**	+ *Cercion* Navàs, 1907
E. lindenii (Selys, 1840)	Saphirauge (Pokaljungfer)	= *Cercion lindenii* Selys, 1840
E. najas (Hansemann, 1823)	Großes Granatauge	
E. viridulum (Charpentier, 1840)	Kleines Granatauge	
Ischnura Charpentier, 1840	**Pechlibellen**	
I. elegans (Vander Linden, 1820)	Große Pechlibelle	
I. fountaineae Morton, 1905	Oasen-Pechlibelle	
I. genei (Rambur, 1842)	Insel-Pechlibelle	
I. graellsii (Rambur, 1842)	Spanische Pechlibelle	
I. hastata (Say, 1839)	Rätselhafte Pechlibelle	= *Anomalagrion hastatum* (Say, 1839)
I. intermedia Dumont, 1974	Persische Pechlibelle	
I. pumilio (Charpentier, 1825)	Kleine Pechlibelle	
I. saharensis Aguesse, 1958	Sahara-Pechlibelle	
I. senegalensis (Rambur, 1842)	Senegal-Pechlibelle	
Nehalennia Selys, 1850	**Zwerglibellen**	
N. speciosa (Charpentier, 1840)	Zwerglibelle	
Pseudagrion Selys, 1876	**Elfenjungfern**	
P. sublacteum (Karsch, 1893)	Kirschaugen-Elfenjungfer	
Pyrrhosoma Charpentier, 1840	**Adonislibellen**	
P. elisabethae Schmidt, 1948	Balkan-Adonislibelle	
P. nymphula (Sulzer, 1776)	Frühe Adonislibelle	

ANISOPTERA	**Großlibellen**	
Aeshnidae	**Edellibellen**	
Aeshna Fabricius, 1775	**Mosaikjungfern**	
A. affinis Vander Linden, 1820	Südliche Mosaikjungfer	
A. caerulea (Ström, 1783)	Alpen-Mosaikjungfer	
A. crenata Hagen, 1856	Sibirische Mosaikjungfer	
A. cyanea (Müller, 1764)	Blaugrüne Mosaikjungfer	
A. grandis (Linnaeus, 1758)	Braune Mosaikjungfer	
A. isoceles (Müller, 1767)	Keilfleck-Mosaikjungfer	= *A. isosceles*
A. juncea (Linnaeus, 1758)	Torf-Mosaikjungfer	
A. mixta Latreille, 1805	Herbst-Mosaikjungfer	
A. serrata Hagen, 1856	Baltische Mosaikjungfer	+ *A. osiliensis* (Mierzejewski, 1913)
A. subarctica Walker, 1908	Hochmoor-Mosaikjungfer	
A. viridis Eversmann, 1836	Grüne Mosaikjungfer	
Anax Leach, 1815	**Königslibellen**	
A. ephippiger (Burmeister, 1839)	Schabracken-Königslibelle	= *Hemianax ephippiger* (Burmeister, 1839)
A. immaculifrons Rambur, 1842	Indische Königslibelle	
A. imperator Leach, 1815	Große Königslibelle	
A. junius (Drury, 1773)	Amerikanische Königslibelle	
A. parthenope (Selys, 1839)	Kleine Königslibelle	
Boyeria McLachlan, 1896	**Geisterlibellen**	
B. cretensis Peters, 1991	Kretische Geisterlibelle	
B. irene (Fonscolombe, 1838)	Westliche Geisterlibelle	
Brachytron Evans, 1845	**Schilfjäger**	
B. pratense (Müller, 1764)	Früher Schilfjäger	
Caliaeschna Selys, 1883	**Schattenlibellen**	
C. microstigma (Schneider, 1845)	Schattenlibelle	
Gomphidae	**Flussjungfern**	
Gomphus Leach, 1815	**Keiljungfern**	
G. davidi Selys, 1887	Levante-Keiljungfer	
G. graslinii Rambur, 1842	Französische Keiljungfer	
G. lucasii Selys, 1849	Atlas-Keiljungfer	
G. pulchellus Selys, 1840	Westliche Keiljungfer	
G. schneiderii Selys, 1850	Türkische Keiljungfer	
G. simillimus Selys, 1840	Gelbe Keiljungfer	
G. vulgatissimus (Linnaeus, 1758)	Gemeine Keiljungfer	
Lindenia de Haan, 1826	**Seedrachen**	
L. tetraphylla (Vander Linden, 1825)	Seedrache	
Onychogomphus Selys, 1854	**Zangenlibellen**	
O. assimilis (Schneider, 1845)	Dunkle Zangenlibelle	
O. boudoti Ferreira, 2014	Boudots Zangenlibelle	
O. cazuma Barona, Cardo & Díaz, 2020	Cazuma-Zangenlibelle	
O. costae Selys, 1885	Braune Zangenlibelle	
O. flexuosus (Schneider, 1845)	Zierliche Zangenlibelle	
O. forcipatus (Linnaeus, 1758)	Kleine Zangenlibelle	
O. lefebvrii (Rambur, 1842)	Blasse Zangenlibelle	
O. macrodon Selys, 1887	Gezähnte Zangenlibelle	
O. uncatus (Charpentier, 1840)	Große Zangenlibelle	

Ophiogomphus Selys, 1854	**Flussjungfern**	
O. cecilia (Fourcroy, 1785)	Grüne Flussjungfer	
Paragomphus Cowley, 1934	**Sandjungfern**	
P. genei (Selys, 1841)	Grüne Sandjungfer	
P. lineatus (Selys, 1850)	Zarte Sandjungfer	
Stylurus Needham, 1897	**Keiljungfern**	
S. flavipes (Charpentier, 1825)	Asiatische Keiljungfer	= *Gomphus flavipes* (Charpentier, 1825)
S. ubadschii (Schmidt, 1953)	Keulen-Keiljungfer	= *G. (flavipes) lineatus* Bartenef, 1929
Cordulegastridae	**Quelljungfern**	
Cordulegaster Leach, 1815	**Quelljungfern**	
C. bidentata Selys, 1843	Gestreifte Quelljungfer	= *C. bidentatus*
C. boltonii (Donovan, 1807)	Zweigestreifte Quelljungfer	
C. helladica (Lohmann, 1993)	Griechische Quelljungfer	
C. heros Theischinger, 1979	Große Quelljungfer	
C. insignis Schneider, 1845	Türkische Quelljungfer	
C. picta Selys, 1854	Gezeichnete Quelljungfer	= *C. pictus*
C. princeps Morton, 1916	Atlas-Quelljungfer	
C. trinacriae Waterston, 1976	Italienische Quelljungfer	
Familienzugehörigkeit unklar		
Oxygastra Selys, 1870	**Flussfalken**	
O. curtisii (Dale, 1834)	Gekielter Flussfalke	
Macromiidae	**Flussherrscher**	
Macromia Rambur, 1842	**Flussherrscher**	
M. splendens (Pictet, 1843)	Europäischer Flussherrscher	
Corduliidae	**Falkenlibellen**	
Cordulia Leach, 1815	**Falkenlibellen**	
C. aenea (Linnaeus, 1758)	Falkenlibelle	
Epitheca Burmeister, 1839	**Zweiflecke**	
E. bimaculata (Charpentier, 1825)	Zweifleck	
Somatochlora Selys, 1871	**Smaragdlibellen**	
S. alpestris (Selys, 1840)	Alpen-Smaragdlibelle	
S. arctica (Zetterstedt, 1840)	Arktische Smaragdlibelle	
S. borisi Marinov, 2001	Thrakische Smaragdlibelle	
S. flavomaculata (Vander Linden, 1825)	Gefleckte Smaragdlibelle	
S. meridionalis Nielsen, 1935	Balkan-Smaragdlibelle	
S. metallica (Vander Linden, 1825)	Glänzende Smaragdlibelle	
S. sahlbergi Trybom, 1889	Polar-Smaragdlibelle	
Libellulidae	**Segellibellen**	
Acisoma Rambur, 1842	**Nadelschwanzlibellen**	
A. inflatum Selys, 1882	Harlekin-Nadelschwanzlibelle	
Brachythemis Brauer, 1868	**Kurzpfeile**	
B. fuscopalliata (Selys, 1887)	Mantel-Kurzpfeil	
B. impartita (Karsch, 1890)	Treuer Kurzpfeil	früher zu *B. leucosticta* (Burmeister, 1839) gestellt
Crocothemis Brauer, 1868	**Feuerlibellen**	
C. erythraea (Brullé, 1832)	Feuerlibelle, Westliche Feuerlibelle	
C. servilia (Drury, 1773)	Orient-Feuerlibelle	

Diplacodes Kirby, 1889	**Schwarzpfeile**	
D. lefebvrii (Rambur, 1842)	Glänzender Schwarzpfeil	= *D. lefebvrei*
Leucorrhinia Brittinger, 1850	**Moosjungfern**	
L. albifrons (Burmeister, 1839)	Östliche Moosjungfer	
L. caudalis (Charpentier, 1840)	Zierliche Moosjungfer	
L. dubia (Vander Linden, 1825)	Kleine Moosjungfer	
L. pectoralis (Charpentier, 1825)	Große Moosjungfer	
L. rubicunda (Linnaeus, 1758)	Nordische Moosjungfer	
Libellula Linnaeus, 1758	**Segellibellen**	
L. depressa Linnaeus, 1758	Plattbauch	
L. fulva Müller, 1764	Spitzenfleck	
L. pontica Selys, 1887	Rotrücken	
L. quadrimaculata Linnaeus, 1758	Vierfleck	
Orthetrum Newman, 1833	**Blaupfeile**	
O. albistylum (Selys, 1848)	Östlicher Blaupfeil	
O. brunneum (Fonscolombe, 1837)	Südlicher Blaupfeil	
O. cancellatum (Linnaeus, 1758)	Großer Blaupfeil	
O. chrysostigma (Burmeister, 1839)	Rahmstreif-Blaupfeil	
O. coerulescens (Fabricius, 1798)	Kleiner Blaupfeil	+ *O. anceps* (Schneider, 1845) + *O. ramburii* (Selys, 1848)
O. nitidinerve (Selys, 1841)	Gelbader-Blaupfeil	
O. ransonnetii (Brauer, 1865)	Wüsten-Blaupfeil	
O. sabina (Drury, 1773)	Schlanker Blaupfeil	
O. taeniolatum (Schneider, 1845)	Zierlicher Blaupfeil	
O. trinacria (Selys, 1841)	Langer Blaupfeil	
Pachydiplax Brauer, 1868	**Amerikanische Blauspeere**	
P. longipennis (Burmeister, 1839)	Amerikanischer Blauspeer	
Pantala Hagen, 1861	**Wanderlibellen**	
P. flavescens (Fabricius, 1798)	Wanderlibelle	
Rhyothemis Hagen, 1867	**Falterlibellen**	
R. semihyalina (Desjardins, 1832)	Opal-Falterlibelle	
Selysiothemis Ris, 1897	**Schwarze Barone**	
S. nigra (Vander Linden, 1825)	Schwarzer Baron	
Sympetrum Newman, 1833	**Heidelibellen**	
S. danae (Sulzer, 1776)	Schwarze Heidelibelle	
S. depressiusculum (Selys, 1841)	Sumpf-Heidelibelle	
S. flaveolum (Linnaeus, 1758)	Gefleckte Heidelibelle	
S. fonscolombii (Selys, 1840)	Frühe Heidelibelle	= *S. fonscolombei*
S. haritonovi Borisov, 1983	Zwerg-Heidelibelle	
S. meridionale (Selys, 1841)	Südliche Heidelibelle	
S. pedemontanum (Müller in Allioni, 1766)	Gebänderte Heidelibelle	
S. sanguineum (Müller, 1764)	Blutrote Heidelibelle	
S. sinaiticum Dumont, 1977	Wüsten- Heidelibelle	
S. striolatum (Charpentier, 1840)	Große Heidelibelle	
S. (s.) nigrescens Lucas, 1912		
S. (s.) nigrifemur (Selys, 1884)		
S. vulgatum (Linnaeus, 1758)	Gemeine Heidelibelle	+ *S. decoloratum* (Selys, 1884)

Tramea Hagen, 1861	**Gleiter**	
T. basilaris (Palisot de Beauvois, 1817)	Afrikanischer Gleiter	
Trithemis Brauer, 1868	**Sonnenzeiger**	
T. annulata (Palisot de Beauvois, 1807)	Violetter Sonnenzeiger	
T. arteriosa (Burmeister, 1839)	Rotader-Sonnenzeiger	
T. festiva (Rambur, 1842)	Schwarzer Sonnenzeiger	
T. kirbyi Selys, 1891	Feuerroter Sonnenzeiger	
Urothemis Brauer, 1868	**Sonnenlibellen**	
U. edwardsii (Selys, 1849)	Blaue Sonnenlibelle	
Zygonyx Selys in Hagen, 1867	**Wasserfallkreuzer**	
Z. torridus (Kirby, 1889)	Gefleckter Wasserfallkreuzer	= *Z. torrida*

Bildnachweis

Fotos

Toni Alcocer 211 / Jörg Arlt 176 / Angelika Borkenstein 5, 9, 13 (oben), 72 (unten), 76 (oben), 77, 81 (rechts), 84, 97 (unten), 105, 113 (beide), 121 (oben, 2. Reihe rechts, 3. Reihe, 4. Reihe), 135 (unten), 139, 145, 152, 158, 164, 170, 188, 203, 240, 254, 255, 256 (oben), 274, 278 (oben links und unten links), 288, 292, 293 / Jean-Pierre Boudot 67, 92, 110, 112, 196, 314 / Christophe Brochard 36 (alle), 37 (all), 125 / Stefan Cherrug 309 / Amata Franco Ciro 90, 121 (2. Reihe links), 148, 150, 290, 291 / Adolfo Cordero-Rivera 116 / John Curd 316 / Christian Dreifert 262 / André Günther 97 (oben), 151, 294 / Rüdiger Heins 107 (unten) / Sebastian Hennigs 250 / Reinhard Jödicke 72 (oben), 107 (oben), 117, 135 (oben), 143, 152, 236, 256 (unten), 259, 278 (unten rechts), 301 / Sami Karjalainen 40 / Stefan Kohl 108, 109, 121 (unten), 182, 194 / Mathias Lohr 263 / Cosmin Manci 248 / Alex Minicò 200, 232, 241, 264 / Hero Moorlag 278 (oben rechts) / Kent Olsen 166 / Han Onderwater 93, 220 / Robert Pieters 180 / Paul Ritchie 182 / Walter Sanford 174 / Roberto Scherini 154, 244 / Malte Seehausen 76 (unten), 94, 204 (beide) / Norbert Steffan 156 / Pipa Terrer 178, 281, 304 / Jukka Toivanen 168 / Antoine van der Heijden 80, 81 (links), 186 / Michele Viganò 319 / Martin Waldhauser 218 / Hansruedi Wildermuth 228, 242, 252.

Karten

Die Karten wurden von Asmus Schröter erstellt und basieren auf dem «Atlas of the European dragonflies and damselflies» (Boudot & Kalkman, 2015).

Register

Fett gesetzte Seitenzahlen verweisen auf den Art- resp. Gattungstext, *kursiv* gesetzte Seitenzahlen auf Fotos.

T

U

V

W

Z

Abkürzungsverzeichnis

Ab	Abdomen	N	Nord-/Norden
allg.	allgemein	norm.	normalerweise
anschl.	anschließend	O	Ost-/Osten
Ax	Antenodalqueradern	OS	Oberseite
best.	bestimmte	Pop.	Population
bzw.	beziehungsweise	Pt	Pterostigma/-ta
char.	charakteristisch	Px	Postnodalqueradern
Cux	Cubitalqueradern	red.	reduziert
einschl.	einschließlich	reg.	regional
exp.	experimentell	regelm.	regelmäßig
geleg.	gelegentlich	Rspl	Radialsupplementader
gew.	gewöhnlich	S	Süd-/Süden
GL	Gesamtlänge	spez.	spezifisch
gleichm.	gleichmäßig	typ.	typisch
gms.	gemeinsam	typw.	typischerweise
HF	Hinterflügel	untersch.	unterschiedlich
hpts.	hauptsächlich	urspr.	ursprünglich
HS	Hinterseite	US	Unterseite
i. A.	im Allgemeinen	u. U.	unter Umständen
Ib.	Iberische	v. a.	vor allem
i. d. R.	in der Regel	VF	Vorderflügel
i. Durchschn.	im Durchschnitt	vmtl.	vermutlich
i. Ggs.	im Gegensatz	vorw.	vorwiegend
Inf.	Informationen	VS	Vorderseite
kont.	kontinental	vzw.	vorzugsweise
lat.	lateral	W	West-/Westen
maghr.	maghrebinisch	whs.	wahrscheinlich
mglw.	möglicherweise	zus.	zusätzlich
mind.	mindestens	zuverl.	zuverlässig
Mspl	Mediansupplementader	zw.	zwischen